医院建筑给水排水系统设计

周建昌　于晓明　编著

中国建筑工业出版社

图书在版编目（CIP）数据

医院建筑给水排水系统设计/周建昌，于晓明编著.
—北京：中国建筑工业出版社，2021.1（2022.10重印）
ISBN 978-7-112-25624-2

Ⅰ.①医⋯　Ⅱ.①周⋯ ②于⋯　Ⅲ.①医院-给水工
程-建筑设计②医院-排水工程-建筑设计　Ⅳ.①TU82

中国版本图书馆 CIP 数据核字（2020）第 231922 号

本书包括医院建筑的生活给水系统、生活热水系统、排水系统、雨水系统、各种消防灭火系统、医用气体系统、医疗用水系统等，还涵盖绿色建筑设计、抗震设计、BIM 设计、装饰设计等内容。从概念方案、设计依据、设计方法、设计计算、设备选型等方面系统论述了医院建筑给水排水各个系统的设计流程，提出了一些医院建筑给水排水新的设计方法、设计思路。

本书可作为建筑及医疗行业给水排水从业人员的参考资料、工具书。

责任编辑：于　莉
责任校对：李美娜

医院建筑给水排水系统设计

周建昌　于晓明　编著

＊

中国建筑工业出版社出版、发行（北京海淀三里河路 9 号）
各地新华书店、建筑书店经销
霸州市顺浩图文科技发展有限公司制版
北京建筑工业印刷厂印刷

＊

开本：787 毫米×1092 毫米　1/16　印张：28　字数：699 千字
2020 年 11 月第一版　　2022 年 10 月第三次印刷
定价：**108.00** 元
ISBN 978-7-112-25624-2
（36574）

序

    医院建筑是保证人民健康不可或缺的社会服务设施，每个人都需要其提供的服务。随着我国国民经济的快速发展，为满足人民群众对身体健康的需求，国家在医院建筑及医疗设施方面投入了大量的资金，建设了从建筑本体到设施、设备一流的医院建筑。医院建筑包括门诊楼、医技楼、病房楼等，功能复杂、系统多、流程专业是其显著的特点，是对专业设计要求很高的一类民用建筑。目前世界范围内正进行针对新型冠状病毒的战役，医疗资源、医院建筑的作用更加重要，特别是传染病医院，由于数量难以满足突发的公共卫生安全事件，各国都临时建设一些传染病医院。医院建筑的给水排水系统设计因建筑功能复杂、人员密集、医疗工艺对用水安全可靠性要求高，一些设备的排水危害性大、给水排水系统众多等特点，对建筑给水排水设计师的设计能力也提出了更高要求。

    建筑给水排水设计师在进行医院建筑设计时，需要学习并掌握医院建筑专业化的标准规范、技术措施等，但专门系统性地介绍医院建筑给水排水设计的专业资料却很少。本书的作者作为专门从事医院建筑给水排水设计二十余年的从业人员，在医院建筑工程设计实践中积累了丰富经验，本次将其多年的设计经验进行了系统的梳理、总结，呈现给全国的给水排水设计同行。

    本书包括医院建筑的生活给水系统、生活热水系统、排水系统、雨水系统、各种消防灭火系统、医用气体系统、医疗用水系统等，还涵盖绿色建筑设计、抗震设计、BIM设计、装饰设计等内容。从概念方案、设计依据、设计方法、设计计算、设备选型等方面系统论述了医院建筑给水排水各个系统的设计流程，提出了一些医院建筑给水排水新的设计方法、设计思路。

    本书可作为建筑及医疗行业给水排水从业人员的参考资料、工具书。期待本书的出版将为提高我国医院建筑给水排水设计作出贡献。

中国建筑设计研究院副院长、总工程师

中国建筑学会建筑给水排水研究分会理事长

住房和城乡建设部建筑给水排水标准化技术委员会主任委员

前 言

本书为一本关于医院建筑给水排水系统设计的专业书籍。

医院建筑包括病房楼、门诊楼、医技楼等类型，基于其功能复杂化、系统多样化、流程专业化等特点，医院建筑是对专业设计要求最高的民用建筑。作为医院建筑设计的组成部分，医院建筑给水排水设计同样因为建筑平面复杂、用水安全可靠性要求高、人员密集、给水排水系统繁多等特点，对建筑给水排水设计人员设计能力提出了很高的要求。目前我国医院建筑专业给水排水设计人员较为缺乏，设计水平参差不齐，设计工作中专业化规范、标准、技术措施等设计资料较为缺乏，影响了医院建筑给水排水专业设计水平发展。作为专业从事医院建筑给水排水设计二十余年的从业人员，笔者在多年医院建筑工程设计实践中积累了丰富的经验，期待通过本书出版为我国医院建筑给水排水设计发展做出一定贡献。

本书自 2013 年开始构思，中间数年通过笔者具体从事国内各地医院建筑工程专业设计过程中不断归纳总结设计体会、设计经验，同时积累相关资料，逐渐完善本书架构。自2014 年开始，多部建筑给水排水专业相关规范、标准进行了修订实施，如《综合医院建筑设计规范》GB 51039—2014、《建筑机电工程抗震设计规范》GB 50981—2014、《消防给水及消火栓系统技术规范》GB 50974—2014、《公共建筑节能设计标准》GB 50189—2015、《绿色医院建筑评价标准》GB/T 51153—2015、《室外排水设计规范》GB 50014—2006（2016 年版）、《自动喷水灭火系统设计规范》GB 50084—2017、《自动喷水灭火系统施工及验收规范》GB 50261—2017、《室外给水设计标准》GB 50013—2018、《建筑设计防火规范》GB 50016—2014（2018 年版）、《绿色建筑评价标准》GB/T 50378—2019 等，最近的是 2020 年 3 月 1 日实施的《建筑给水排水设计标准》GB 50015—2019。上述规范、标准均是建筑给水排水专业最主要的设计依据，相对于老版本规范、标准，其涉及内容的深度、广度、难度均有很大的变化和增加，对建筑给水排水设计人员提出了更高的要求。因此在本书写作过程中，在加强对规范、标准准确理解并应用的基础上，不断调整充实本书内容的深度、广度，以适应新的变化和要求。

当前，国内外正进行针对新型冠状病毒的战役，医疗资源、医院建筑的作用日渐重要，对于保护人民生命健康安全具有重要意义，因此增加国内医院建筑尤其是传染性医院建筑建设，做到包括给水排水专业在内的各专业设计安全可靠，是下一步工作的优先方向。在此背景下，厄待医院建筑给水排水设计的快速发展。基于此，本书完善了传染病医院给水排水设计相关内容。

建筑给水排水专业内容有了很大的拓展，生活给水由单纯市政供水、恒压供水拓展增加了管网叠压供水、智能供水等；生活热水由锅炉供水拓展增加了太阳能、空气能热泵供水等；排水增加了分质排水、分质处理等；雨水增加了海绵城市、雨水集蓄回用等；消防系统由单纯消火栓系统、自动喷水灭火系统拓展增加了气体灭火系统、高压细水雾灭火系统、自动扫描射水灭火系统等。绿色建筑设计对给水排水专业节水、节能等提出了新的要求。抗震设计、物联网设计等新的需求对给水排水专业提出了挑战。医院建筑的特殊要求，如防止交叉感染、保证安全可靠性、保证医疗特殊功能等，对建筑给水排水专业的设计深度、设计广度、设计难度等均提出了更高要求。最近抗击新型冠状病毒战役，对传染病医院给水排水设计又提出了新的挑战。因此，建筑给水排水专业发展需要对医院建筑给水排水设计技术进行总结、提炼和提高。

近年来给水排水学科得到了快速发展，建筑给水排水技术的研究和发展呈现跳跃式。随着人民生活水平的极大提高，对生活品质、环境卫生、饮水用水有着越来越大的需要，从全民推崇节约用水到贯彻科学发展理念，建筑给水排水发展迎来了黄金时代。近年来推出了新的饮用水标准，太阳能、绿色能源、节水设施、节水洁具、新型管材大量涌现，编制了新中国成立以来最多的行业标准和规范，国内近百所高等院校开设了给水排水专业学科。2008年，给水排水工程专业名称更改为给水排水科学与工程，这是本专业由应用科学向理论研究科学过渡的一个标志。作为给水排水科学与工程的重要分支，建筑给水排水占据的份额越来越大，而医院建筑给水排水无疑是最重要、最复杂的系统之一。给水排水学科的发展需要医院建筑给水排水快速发展的支撑，新理念、新工艺、新材料、新设备、新方法、新系统在医院建筑给水排水中的快速、优良、稳定应用直接推动了给水排水学科的进步。因此，给水排水学科的发展需要对医院建筑给水排水设计技术进行总结、提炼和提高。

近年来给水排水行业的发展也进入了快车道。人民群众对于居住的更高需求带来了房地产行业的大发展，大量的居住项目鳞次栉比；人民群众对于精神生活的更高需求带来了公共活动建筑的大发展；人民群众对于健康身体的更高需求带来了医院的大发展，全国各地新建、扩建医院院区项目持续进行；随着我国逐渐迈入老龄化社会，医疗康养项目得到了较快发展，而作为项目核心的具备医疗功能的配套医院也必不可少。作为建筑行业的重要组成部分，建筑给水排水行业在快速发展的同时对于供水、消防、绿建、环保等方面提出了更高要求，安全、可靠、经济、绿色、环保成了建筑给水排水行业发展的优先理念，医院建筑给水排水更应该贯彻这一理念。因此，给水排水行业的发展同样需要对医院建筑给水排水设计技术进行总结、提炼和提高。

鉴于医院建筑设计的专业性、复杂性，国内从事医院建筑专业设计的大型设计单位数量不多，尤其是常年专门从事医院建筑专业设计的设计单位屈指可数。作为在国内医院建筑设计领域具有领头羊地位的山东省建筑设计研究院有限公司，自1988年起在国内外先后承接医院建筑项目数百个，在医疗卫生项目设计方面形成了自己的专业优势、技术优势。笔者自1995年大学毕业后进入山东省建筑设计研究院有限公司，一直从事医院建筑给水排水设计工作，设计的医院建筑项目超过80个，项目遍布国内二十多个省、市、自治区，积累了丰富的实践经验。作为山东省建筑给水排水专业的学术带头人，笔者通过本书对医院建筑给水排水设计进行系统总结，并提出设计新思路、新方法进行技术创新提高，以期填补我国医院建筑给水排水设计著述的不足和空白，为我国建筑给水排水发展做出一定贡献。

本书内容全面，涉及医院建筑给水排水专业设计的所有系统，阐述了医院建筑给水排水系统设计体系；本书内容详实，涉及设计依据、设计数据、设计方法、设计心得总结等；本书与时俱进，针对许多系统提出了新的设计方法、设计思路；本书结构合理，贴合最新国家标准规范，既有概念理论阐述，又有设计实践案例分析；本书结合目前传染病防治特点，专篇论述了传染病医院建筑给水排水设计方法；本书具有一定的前瞻性，提出了许多创新性论述。因此，本书具有很高的学术水平。

本书可作为医疗行业、建筑行业相关专业人员的学习教材、参考资料、工具书。对于国内各级政府医疗卫生健康部门及专业医疗机构，可通过本书熟悉医院建筑给水排水系统的设计重点、防止交叉感染与避免传染控制关键方法手段，提高决策手段的水平，促进医疗卫生事业更加进步完善；对于国内近百所开设给水排水科学与工程专业的本科生、研究生，可通过本书系统了解医院建筑给水排水各个系统的设计概念、设计理论、设计依据、设计过程；对于国内近五千家建筑设计单位从事建筑给水排水设计的给水排水工程师，可通过本书巩固医院建筑给水排水设计依据，学习各系统设计思路、设计方法，利用书中表格、工具简化工作，提高工作效率，拓展设计思路，提高设计水平；对于国内近十万家建筑施工企业的施工安装人员，可通过本书理解给水排水设计文件，指导给水排水系统安装，通过竣工验收，提高安装效率，满足使用要求；对于国内近万家建筑监理企业的给水排水监理人员，可通过本书熟悉给水排水设计要点、重点部位，从经济、工期、质量、安全等方面监督管理医院建筑工程；对于国内近四万家医院业主方、技术管理人员，可通过本书熟悉本医院给水排水各个系统技术要求，提高医院建筑安全性、实用性、绿色性；对于国内方兴未艾的医疗康养项目投资方、开发商，可通过本书熟悉医院建筑给水排水系统在康养项目中的具体应用方法、手段、措施，增加康养项目的核心价值和经济价值；对于国内数千家给水排水及相关专业设备生产企业，可通过本书掌握医院建筑、康养建筑的专业需求、发展思路、设备产品研发重点及方向，以适应医疗行业的快速发展。本书对于建筑相关其他专业从业人员同样具有很好的启发和帮助。因此，本书具有很高的应用价值。

鉴于医院建筑设计的专业性、特殊性，国内关于医院建筑给水排水设计的专业著作极为缺乏。与同类书比较，本书具有以下特点：

（1）全面性。本书包括医院建筑给水排水设计的所有系统，包括生活给水系统、生活热水系统、排水系统、雨水系统、各种消防系统、医用气体系统、医疗用水系统等；本书还涵盖绿色建筑设计、抗震设计、BIM设计、装饰设计等内容。

（2）系统性。本书从概念、设计依据、设计方法、设计计算、设备选型等方面系统详细论述了医院建筑给水排水各个系统的设计流程。

（3）实用性。本书根据笔者多年设计实践，提炼总结出各个系统的多个经验表格、数据、参数等，便于设计人员直接选择使用，提高工作效率。

（4）指向性。本书对医院建筑给水排水各个系统的概念、方法等进行了明确、定性，避免了给水排水从业人员的概念不清、理解分歧。

（5）创新性。本书针对多个给水排水系统设计提出了新的设计方法、设计思路，许多填补了国内医院建筑给水排水设计的空白。

（6）前瞻性。本书针对多个给水排水系统提出了超前的思路，与国外先进给水排水设计理念对接，具有开阔视野的作用。

（7）与时俱进。本书利用专门章节介绍了传染病医院和相关特殊场所医院建筑给水排水设计方法、设计要点，与当前防控新冠病毒战役的形势密切相关。

（8）实用性。本书提供了多个工程实例初步设计说明、施工图设计说明，提供了多个系统设计计算实例、系统原理图，具有很高的实用指导意义。

本书作为山东省建筑设计研究院有限公司多年来医院建筑工程设计技术总结提炼的重要成果，始终得到了公司各级领导、同事的肯定、支持和帮助，在此向他们表达敬意！

本书在构思、写作、成稿、出版的全过程中，业内资深人士李继来先生提出了许多有价值的思路、意见、建议，提供了宝贵支持，在此表示衷心感谢！

医院建筑给水排水工程设计与本行业产品、设备、技术息息相关，本书的出版得到了本行业众多卓越企业的大力支持，他们提供了许多有针对性的技术资料，在此一并表示感谢！他们是：欧文托普（中国）暖通空调系统技术有限公司、山东庆达管业有限公司、上海逸通科技股份有限公司、山东金力特管业有限公司、金品冠科技集团有限公司、江苏蓝天沛尔膜业有限公司、青岛三利中德美水设备有限公司、洪恩流体科技有限公司、上海同泰火安科技有限公司、宁波铭扬不锈钢管业有限公司、中德亚科环境科技（上海）有限公司、湖北大洋塑胶有限公司、北京安启信安装工程有限公司、上海瑞好管业有限公司、艾欧环境技术（天津）有限公司。

限于作者水平和实践经验的局限性，本书一定有许多不完善和错误之处，恳请广大同行和读者批评指正，提出宝贵意见，不胜感激。

周建昌

2020 年 7 月 6 日于泉城济南

目　　录

第1章
生活给水系统

生活给水系统（domestic water supply systems，简称给水系统），相对于生活热水系统也称为"生活冷水系统"，是指将满足生活水质卫生标准的冷水水源，按照建筑物和用户生活用水的水量、水压要求，直接或通过冷水贮存装置，利用市政给水管网水压或生活给水泵组加压，通过给水管道迅速、及时地输送至各生活给水用水末端的系统。生活给水系统包括水源、冷水贮存装置、生活给水供水设备、生活给水供水管网、生活给水用水末端等。生活给水系统是建筑给水排水系统的基础。

医院建筑对生活给水系统有较高的要求。病房楼、门诊医技楼等几乎所有场所的洗浴、功能用水等均需要迅捷、可靠的生活给水供应。医院建筑生活给水系统既涉及系统的供水，又涉及给水的贮存，供水安全可靠性要求高，因此生活给水系统设计是医院建筑给水排水设计的基础、重点。

1.1 用水量标准

1.1.1 生活用水量标准

医院建筑生活用水量是医院建筑的重要指标之一。在设计前期，对于业主与市政自来水公司对接是重要控制指标；在设计阶段，对于绿色医院建筑节水要求方面是重要控制指标；在使用运营阶段，对于医院用水成本方面同样是重要控制指标。合理确定医院建筑生活用水量标准是生活给水系统设计的优先和重要步骤，在设计中应通过生活用水量表（包括医院建筑用水部位、最高日生活用水定额、小时变化系数、使用时间等项目）详细准确体现。

《建筑给水排水设计标准》GB 50015—2019（以下简称《水标》）对于医院建筑生活用水定额的规定见表1-1。

医院建筑生活用水定额 　　　　　　　　　　　　　　　　表1-1

序号	建筑物名称		单位	生活用水定额（L）		使用时间（h）	最高日小时变化系数 K_h
				最高日	平均日		
1	医院住院部	设公用卫生间、盥洗室	每床位每日	100～200	90～160	24	2.5～2.0
		设公用卫生间、盥洗室、淋浴室		150～250	130～200		
		设单独卫生间		250～400	220～320		
		医务人员	每人每班	150～250	130～200	8	2.0～1.5

1

序号	建筑物名称		单位	生活用水定额(L)		使用时间(h)	最高日小时变化系数 K_h
				最高日	平均日		
1	门诊部、诊疗所	病人	每病人每次	10~15	6~12	8~12	1.5~1.2
		医务人员	每人每班	80~100	60~80	8	2.5~2.0
	疗养院、休养所住房部		每床位每日	200~300	180~240	24	2.0~1.5
2	洗衣房		每千克干衣	40~80	40~80	8	1.5~1.2
3	餐饮业	中餐酒楼	每顾客每次	40~60	35~50	10~12	1.5~1.2
		快餐店、职工及学生食堂		20~25	15~20	12~16	
4	办公	坐班制办公	每人每班	30~50	25~40	8~10	1.5~1.2
5	科研楼	生物	每工作人员每日	310	250	8~10	2.0~1.5
		药剂调制					
6	会议厅		每座位每次	6~8	6~8	4	1.5~1.2
7	停车库地面冲洗水		每平方米每次	2~3	2~3	6~8	1.0
8	宿舍	居室内设卫生间	每人每日	150~200	130~160	24	3.0~2.5
		设公用盥洗卫生间		100~150	90~120		3.5~3.0

注：1. 医疗建筑用水中已含医疗用水；
    2. 空调用水应另计。

表 1-1 中基本涵盖了医院建筑各种生活给水用水场所类型，设计时应根据医院建筑各用水场所的性质选择合适的生活用水定额。

在根据表 1-1 选用用水量标准时，应注意以下几点：

(1) 生活用水定额应根据建筑物卫生器具完善程度、地区等影响用水定额的因素确定。

(2) 表 1-1 中所规定的用水量标准为生活用水，包括生活热水用水量和直饮水用水量，也包括正常漏水量和间接用水，如清洁用水。但不包括空调、供暖、水景绿化、场地和道路浇洒等用水。

(3) 生活用水定额除包括主要用水对象（医院病人等）用水外，还包括工作人员（医院医务人员等）用水。工作人员用水折算在按用水对象为单位的用水定额内。

影响医院建筑生活用水定额的主要因素有：卫生器具完善程度、地区、使用要求、服务对象等。

计算医院建筑最高日最大时用水量时，某一类型生活用水定额、最高日小时变化系数（K_h）均为一个范围值时，生活用水定额取定额的最低值时对应选择最高日小时变化系数（K_h）的最大值；生活用水定额取定额的最高值时对应选择最高日小时变化系数（K_h）的最小值；生活用水定额取定额的中间值时对应选择最高日小时变化系数（K_h）的中间值（按内插法确定）。

门诊部和诊疗所的就诊人数一般应由甲方或建筑专业提供，当无法获得确切人数时可参照公式（1-1）估算：

$$n_m = (n_g \cdot m_g)/300 \qquad (1\text{-}1)$$

式中　　n_m——每日门诊人数；

n_g——门诊部、诊疗所服务居民数；

m_g——每一位居民一年平均门诊次数，城镇按7～10次计，农村按3～5次计；

300——每年工作日数。

洗衣房的每日洗衣量可按公式（1-2）计算：

$$G=(\sum m_i \cdot G_i)/D \tag{1-2}$$

式中 G——每日洗衣总量，kg/d；

m_i——医院的计算单位数，床；

G_i——每一计算单位每月水洗衣服的数量，kg/（床·月），应根据医院提供的数量计；当医院不提供时，可参考表1-2；

D——洗衣房每月工作日数。

医院水洗织品的数量 　　　　　表1-2

序号	类别	计算单位	干织品数量（kg）
1	100病床以下的综合医院	每一病床每月	50.0
2	内科和神经科	每一病床每月	40.0
3	外科、妇科和儿科	每一病床每月	60.0
4	妇产科	每一病床每月	80.0

注：1. 表中干衣服数量为综合指标，包括各类工作人员和公共设施的衣服在内；
　　2. 大中型综合医院可按分科数量累加计算。

每种干衣服单件重量可参考表1-3。

每种干衣服单件重量 　　　　　表1-3

序号	织品名称	规格（cm）	单位	干织品质量（kg）	备注
1	床单	200×235	条	0.8～1.0	
2	床单	167×200	条	0.75	
3	床单	133×200	条	0.50	
4	被套	200×235	件	0.9～1.2	
5	罩单	215×300	件	2.0～2.15	
6	枕套	80×50	只	0.14	
7	枕巾	85×55	条	0.30	
8	枕巾	60×45	条	0.25	
9	毛巾	55×35	条	0.08～0.1	
10	擦手巾		条	0.23	
11	面巾		条	0.03～0.04	
12	浴巾	160×80	条	0.2～0.3	
13	地巾		条	0.3～0.6	
14	毛巾被	200×235	条	1.5	
15	毛巾被	133×200	条	0.9～1.0	
16	线毯	133×200	条	0.9～1.4	
17	桌布	135×135	件	0.3～0.45	

续表

序号	织品名称	规格(cm)	单位	干织品质量(kg)	备注
18	桌布	165×165	件	0.5~0.65	
19	桌布	185×185	件	0.7~0.85	
20	桌布	230×230	件	0.9~1.4	
21	餐巾	50×50	件	0.05~0.06	
22	餐巾	56×56	件	0.07~0.08	
23	小方巾	28×28	件	0.02	
24	家具套		件	0.5~1.2	平均值
25	擦布		条	0.02~0.08	平均值
26	男上衣		件	0.2~0.4	
27	男下衣		件	0.2~0.3	
28	工作服		套	0.5~0.6	
29	女罩衣		件	0.2~0.4	
30	睡衣		套	0.3~0.6	
31	裙子		条	0.3~0.5	
32	汗衫		件	0.2~0.4	
33	衬衣		件	0.25~0.3	
34	衬裤		件	0.1~0.3	
35	绒衣、绒裤		件	0.75~0.85	
36	短裤		件	0.1~0.3	
37	围裙		条	0.1~0.2	
38	针织外衣裤		件	0.3~0.6	

医院进行初步设计时，综合用水量标准可参考表1-4。

医院生活综合用水量及小时变化系数　　　　表1-4

序号	类别	单位	生活用水量标准（最高日）	小时变化系数	备注
1	100病床以下	L/(病床·d)	500~800	2.0	1. 包括除消防用水及空调冷冻设备补充水外的其他部分综合用水量； 2. 不包括水疗、泥疗等设备用水
2	101~500病床	L/(病床·d)	1000~1500	2.0~1.5	
3	500病床以上	L/(病床·d)	1500~2000	1.8~1.5	

《综合医院建筑设计规范》GB 51039—2014对于医院生活用水量定额的规定见表1-5。

医院生活用水量定额　　　　表1-5

项目	设施标准	单位	最高日用水量	小时变化系数
每病床	公共卫生间、盥洗	L/(床·d)	100~200	2.5~2.0
	公共浴室、卫生间、盥洗	L/(床·d)	150~250	2.5~2.0
	公共浴室、病房设卫生间、盥洗	L/(床·d)	200~250	2.5~2.0

续表

项目	设施标准	单位	最高日用水量	小时变化系数
每病床	病房设浴室、卫生间、盥洗	L/(床·d)	250~400	2.0
	贵宾病房	L/(床·d)	400~600	2.0
门、急诊患者		L/(人·次)	10~15	2.5
医务人员		L/(人·班)	150~250	2.5~2.0
医院后勤职工		L/(人·班)	80~100	2.5~2.0
食堂		L/(人·次)	20~25	2.5~1.5
洗衣		L/kg	60~80	1.5~1.0

注：1. 医务人员的用水量包括手术室、中心供应室等医院常规医疗用水；
　　2. 道路和绿化用水应根据当地气候条件确定。

1.1.2　绿化浇灌用水量标准

绿化浇灌用水定额应根据气候条件、植物种类、土壤理化性状、浇灌方式和管理制度等条件确定。医院院区绿化浇灌最高日用水定额可按浇灌面积 1.0~3.0L/(m² · d) 计算，通常取 2.0L/(m² · d)，干旱地区可酌情增加。

1.1.3　浇洒道路用水量标准

浇洒道路、广场用水定额应根据路面种类、气候条件和管理制度等条件确定。

医院院区道路、广场浇洒最高日用水定额可按浇洒面积 2.0~3.0L/(m² · d) 计算，也可参照表1-6。

浇洒道路和绿化用水量　　　　　　　　　　　表1-6

路面性质	用水量标准[L/(m² · 次)]
碎石路面	0.40~0.70
土路面	1.00~1.50
水泥及沥青路面	0.20~0.50
绿化及草地	1.50~2.00

注：浇洒次数一般按每日上午、下午各一次计算。

1.1.4　空调循环冷却水补水用水量标准

医院建筑空调循环冷却水补充水量，应根据气候条件、冷却塔形式、浓缩倍数等因素确定，可按式（1-3）计算，亦可由暖通空调专业提供。

$$q_{bc} = q_z \cdot N_n / (N_n - 1) \qquad (1-3)$$

式中　q_{bc}——冷却塔补充水量，建筑物空调、冷冻设备的补充水量应按冷却水循环水量的 1%~2% 确定，m³/h；

　　　q_z——冷却塔蒸发损失水量，m³/h；

　　　N_n——浓缩倍数，设计浓缩倍数不宜小于3.0。

1.1.5 汽车冲洗用水量标准

工程设计中常遇到医院建筑在地下室设置地下停车库，应该在生活用水量中加上汽车冲洗用水量。汽车冲洗用水定额应根据冲洗方式、车辆用途、道路路面等级和沾污程度等确定，汽车冲洗用水量标准可按 10.0～15.0L/(辆·次)考虑。

1.1.6 消防用水量标准

消防用水量标准见第 5 章、第 6 章。

1.1.7 供暖锅炉补充水量

供暖锅炉补充水量由暖通、动力专业提供。

1.1.8 给水管网漏失水量和未预见水量

这两项水量之和可按最高日用水量的 8％～12％计算，通常按 10％计。
最高日用水量（Q_d）应是以上几项生活用水量（第 1.1.1 项至第 1.1.7 项）之和。
最大时用水量（Q_{hmax}）按公式（1-4）计算。

$$Q_{hmax}=K_h \cdot Q_d/24 \qquad (1-4)$$

式中　Q_{hmax}——最大时用水量，m^3/h；

K_h——小时变化系数，当用水定额、小时变化系数取值均为范围值时，用水定额取最低值对应小时变化系数最高值，用水定额取最高值对应小时变化系数最低值，用水定额取中间值按内插法确定对应小时变化系数值；

Q_d——最高日用水量，m^3/d。

1.2 水质标准和防水质污染

1.2.1 水质标准

生活饮用水的水质应符合现行国家标准《生活饮用水卫生标准》GB 5749—2006 的要求。

1.2.2 防水质污染

医院建筑中防止水质污染是一项重要要求。《水标》对于防水质污染有 3 条强制性条文规定。

3.1.2 自备水源的供水管道严禁与城镇给水管道直接连接。

3.1.3 中水、回用雨水等非生活饮用水管道严禁与生活饮用水管道连接。

3.1.4 生活饮用水应设有防止管道内产生虹吸回流、背压回流等污染的措施。

绝大多数医院建筑生活给水水源来自市政给水管网，个别医院采用自备井作为备用水源，在此情况下，主要水源（市政给水管网）与备用水源（自备井）供水管道应避免直接连接，两种水源应分别接至医院建筑生活贮水装置（通常为生活水箱），同时市政给水管接入生活水箱的进水管口最低点标高应高于水箱溢流水位且二者之间必须保证有有效的空气间隙。

从卫生角度出发，绝大多数医院建筑不会采用中水用于室内冲厕、室外绿化浇洒。从绿色建筑要求出发，雨水集蓄回用于室外绿化浇洒较为常见，此时应避免与室外生活给水管道连接。当采用生活饮用水作为回用雨水补充水时，严禁二者管道连接（即使设置倒流防止器亦不允许），生活给水补水管应接至回用雨水贮存池（回用雨水集蓄装置），其进水管口最低点标高应高于水池溢流水位且二者之间必须保证有有效的空气间隙。

医院建筑防止水质污染通常采用空气间隙、倒流防止器、真空破坏器等措施。

1. 空气间隙

《水标》对于采取空气间隙措施防水质污染有下述规定。

3.3.4 卫生器具和用水设备等的生活饮用水管配水件出水口应符合下列规定：出水口不得被任何液体或杂质所淹没；出水口高出承接用水容器溢流边缘的最小空气间隙，不得小于出水口直径的 **2.5** 倍。

3.3.5 生活饮用水水池（箱）进水管应符合下列规定：进水管口最低点高出溢流边缘的空气间隙不应小于进水管管径，且不应小于 **25mm**，可不大于 **150mm**；当进水管从最高水位以上进入水池（箱），管口处为淹没出流时，应采取真空破坏器等防虹吸回流措施；不存在虹吸回流的低位生活饮用水贮水池（箱），其进水管不受以上要求限制，但进水管仍宜从最高水面以上进入水池。

3.3.6 从生活饮用水管网向下列水池（箱）补水时应符合下列规定：向消防等其他非供生活饮用的贮水池（箱）补水时，其进水管口最低点高出溢流边缘的空气间隙不应小于 **150mm**；向中水、雨水回用水等回用水系统的贮水池（箱）补水时，其进水管口最低点高出溢流边缘的空气间隙不应小于进水管管径的 **2.5** 倍，且不应小于 **150mm**。

医院建筑内通常采用生活水箱，其进水管管径常采用 $DN100$，按照第 3.3.5 条规定，进水管口的最低点高出溢流边缘的空气间隙应为 100mm，一般采用 150mm，在生活水箱剖面大样图中应标注其溢流水位标高、进水管口的最低点标高（亦可采用标高对照表格示意），二者之间标高差控制在 150mm。

《水标》第 3.3.6 条规定在医院建筑中主要体现在：生活给水管向消防水池补水；生活给水管向消防水箱补水；生活给水管向雨水回用水池补水。通常生活给水进水管口最低点高出溢流边缘的空气间隙控制为 150mm。

《医院洁净手术部建筑技术规范》GB 50333—2013 第 10.2.4 条规定了医院洁净手术部防止水质污染措施：给水管与卫生器具及设备的连接应有空气隔断或倒流防止器，不应直接连接。

2. 倒流防止器

倒流防止器是一种采用止回部件组成，通过严格限定管道中水只能单向流动、防止给水管道水流倒流的水力控制组合装置，其功能是在任何工况下防止管道中的介质倒流，以达到避免倒流污染市政自来水管网的目的。目前医院建筑生活给水系统中采用的倒流防止器通常为低阻力倒流防止器（水头损失小于 $3mH_2O$）。

《水标》对于倒流防止器的设置有如下规定（强制性条文）。

3.3.7　从生活饮用水管道上直接供下列用水管道时，应在用水管道的下列部位设置倒流防止器：从城镇给水管网的不同管段接出两路及两路以上至小区或建筑物，且与城镇给水管形成连通管网的引入管上；从城镇生活给水管网直接抽水的生活供水加压设备进水管上；利用城镇给水管网直接连接且小区引入管无防回流设施时，向气压水罐、热水锅炉、热水机组、水加热器等有压容器或密闭容器注水的进水管上。

3.3.8　从小区或建筑物内的生活饮用水管道系统上接下列用水管道或设备时，应设置倒流防止器：单独接出消防用水管道时，在消防用水管道的起端；从生活用水与消防用水合用贮水池中抽水的消防水泵出水管上。

3.3.9　生活饮用水管道系统上连接下列含有有害健康物质等有毒有害场所或设备时，必须设置倒流防止设施：贮存池（罐）、装置、设备的连接管上；化工剂罐区、化工车间、三级及三级以上的生物安全实验室除按本条第1款设置外，还应在其引入管上设置有空气间隙的水箱，设置位置应在防护区外。

通常医院建筑生活给水系统配置模式为：给水水源来自市政给水管网，有一路或两路给水引入管接自市政给水管网，生活给水管在医院院区内形成环状给水管网；院区内各个建筑入户管就近接自院区环状给水管网供给建筑低区（市政直供区）生活给水系统，院区或建筑内生活水泵房内生活水箱进水管接自院区环状给水管网，各加压区变频给水泵组自生活水箱吸水，加压供给各相应分区生活给水系统。

在此种配置模式下，在市政给水管网给水引入管上阀门井处设置倒流防止器即可有效防止水流倒流污染市政给水管网，建筑内各用水点按规范需要设置倒流防止器的位置设置止回阀即可，无需重复设置倒流防止器。只有在给水引入管处未设置倒流防止器的情况下，上述部位必须设置倒流防止器。

3. 真空破坏器

真空破坏器应用于各种容易产生真空的系统，在系统形成负压的时候及时吸入空气保护系统。

《水标》对于真空破坏器的设置有如下规定（强制性条文）。

3.3.10　从小区或建筑物内的生活饮用水管道上直接接出下列用水管道时，应在用水管道上设置真空破坏器等防回流污染设施：当游泳池、水上游乐池、按摩池、水景池、循环冷却水集水池等的充水或补水管道出口与溢流水位之间应设有空气间隙，且空气间隙小于出口管径 2.5 倍时，在其充（补）水管上；不含有化学药剂的绿地喷灌系统，当喷头为地下式或自动升降式时，在其管道起端；消防（软管）卷盘、轻便消防水龙；出口接软管的冲洗水嘴（阀）、补水水嘴与给水管道连接处。

医院建筑集中空调系统设有冷却塔时，冷却塔集水池的补水管道出口与溢流水位之间的空气间隙，当小于出口管径 2.5 倍时，应在其补水管上设置真空破坏器。

4. 其他措施

《水标》对于防水质污染还有如下规定（强制性条文）。

3.3.13　严禁生活饮用水管道与大便器（槽）、小便斗（槽）采用非专用冲洗阀直接连接。

3.3.21　在非饮用水管道上安装水嘴或取水短管时，应采取防止误饮误用的措施。

5. 生活饮用水水池（箱）

针对生活饮用水水池（箱）的设置，《水标》做了如下规定（强制性条文）。

3.3.16 建筑物内的生活饮用水水池（箱）体，应采用独立结构形式，不得利用建筑物的本体结构作为水池（箱）的壁板、底板及顶盖。生活饮用水水池（箱）与消防用水水池（箱）并列设置时，应有各自独立的池（箱）壁。

3.3.20 生活饮用水水池（箱）应设置消毒装置。

在医院建筑生活给水系统中，生活贮水设施的防水质污染尤为重要。在设计中，生活贮水设施首选不锈钢生活水箱，避免采用生活水池，箱体独立设置在生活水泵房内，生活水箱上方应禁止污水排水管敷设，即其上方的房间不应有卫生间、浴室、盥洗室、厨房、污水处理间等，不宜设置有洗手盆的诊室、办公室等房间。生活水箱的构造和配管应采取下列措施：人孔设置密闭盖板并加锁；通气管、溢流管、泄水管处均设置18目金属丝防虫网罩；进水管从水箱溢流水位以上接入（进水管最低处高出溢流水位150mm）；进水管、出水管宜设置在箱体相对侧；溢流管、泄水管均采用间接排水至集水沟，排至集水沟的排水管高于集水沟300mm；设置水消毒处理装置（电子水处理器、光催化杀菌设备、水箱自洁消毒器等）。

1.3 给水系统和给水方式

1.3.1 医院建筑给水系统

医院建筑给水系统通常分为两种：生活给水系统、消防给水系统。生活给水系统主要供给医院建筑病人、医务人员、医院餐饮、医院办公用水。消防给水系统包括：消火栓系统、自动喷水灭火系统（包括湿式、干式、预作用等自动喷水灭火系统）等。

典型的医院建筑生活给水系统原理图见图1-1。

1.3.2 医院建筑生活供水方式

医院建筑生活供水主要采取以下方式。

（1）市政给水管网直接供水

此种供水方式主要适用于医院建筑周边市政给水管网比较完善且比较可靠的情形。在此情况下，市政给水管网直接供给医院建筑低楼层生活用水。此种供水方式从节能节水角度是最佳方式，但采用前需要落实院区周边市政给水管网的管径、压力、是否经常停水、市政允许接入点的数量及允许接入管管径等参数信息。只有周边市政给水管网的供水能力（包括供水流量、供水压力值较高且稳定、不常停水且停水时间较短、允许接入管至少一路且接入管管径满足设计要求等）符合医院建筑供水要求，方可采用此种供水方式。当医院建筑拟采用市政给水管网直接供水区域不允许短暂停水时，不应采用市政给水管网直接供水或需要解决两路水源问题。

（2）生活水箱加变频生活给水泵组联合供水

此种供水方式主要适用于医院建筑超出周边市政给水管网供水能力范围的情形。在此情况下，生活水箱加变频生活给水泵组供给医院建筑高楼层生活用水。医院建筑中的较高

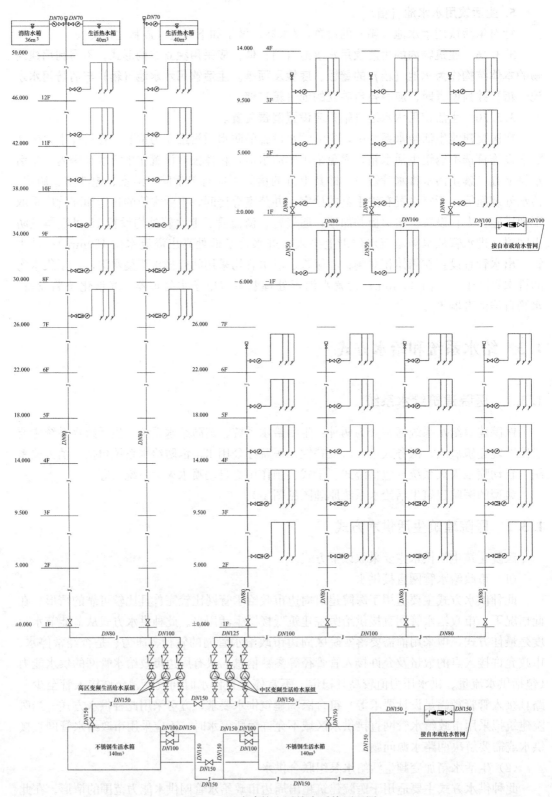

图 1-1　医院建筑生活给水系统原理图

楼层用水，市政给水管网的压力达不到要求，需要采用变频生活给水泵组加压供给；较高楼层用水量则通过生活水箱和变频生活给水泵组保证。

高层医院建筑除市政给水管网直接供水的分区外，其他竖向分区通常采用垂直分区并联变频供水的供水方式，即此多个竖向分区变频供水泵组集中设置在建筑底部（通常为地下室或室外）生活水泵房内，每个竖向分区的供水干管、立管并联敷设。

（3）不宜采用传统管网叠加供水

《全国民用建筑工程设计技术措施·节能专篇：给水排水》（2007）第 3.3.2 条规定了以下区域不得采用管网叠加供水：经常性停水的区域；供水干管可资利用的水头过低的区域；供水干管压力波动过大的区域；采用管网叠加供水后，会对周边现有（或规划）用户造成严重影响的区域；供水干管的供水总量不能满足用水需求的区域；供水干管管径偏小的区域；当地供水行政主管部门及供水部门认为不得使用的区域。

上述规定明确了管网叠加供水的使用条件或适用范围。

管网叠加供水适用于市政给水管网比较完善且比较可靠的区域，通常是规模发展比较成熟、各项配套较为完善的大中城市。

管网叠加供水的特点和优势在于能充分利用市政给水管网压力，市政给水管网压力越高，采用管网叠加供水越能利用供水干管的可资利用压力，管网叠加供水设备就越有价值。按设计经验，市政给水管网压力值宜在 0.20～0.30MPa 之间。在医院建筑生活给水系统设计之前，应充分了解当地市政给水管网的常年压力值。

市政给水管网压力的稳定性也很重要。如果市政给水管网压力忽高忽低，亦会大大影响管网叠加供水设备正常运行，甚至不能运行。

管网叠加供水的特性决定了其对于其接入处市政给水管网的流量及压力有影响，进而造成对周边现有（或规划）用户供水的影响。使用管网叠加供水不能"损人利己"，在采用管网叠加供水方案之前应分析其对周边的不利影响程度。

在对医院建筑进行生活给水系统设计前，应该对医院附近的市政给水管网的情况做到充分了解和确认，包括其压力、管径等参数以及稳定性等。通常一个综合性医院均处于一个城镇的中心地带，一般位于老城区，其周围的市政给水管网应该比较完善，其压力和管径等参数一般可以满足要求。这种情况有利有弊：有利的方面是管网完善、压力稳定，不利的方面是管网管径偏小。如果这个医院是个新建医院，通常建在一个城镇的开发区等新兴区域，由于市政配套均做得更规范、更合理且考虑了本区域的生活发展，所以市政给水管网可以满足管网叠加供水的条件。

《全国民用建筑工程设计技术措施·节能专篇：给水排水》（2007）第 3.3.3 条规定了以下用户不得采用管网叠加供水：用水时间过于集中，瞬间用水量过大且无有效调贮措施的用户（如学校、影院、剧院、体育场馆）；供水保证率要求高，不允许停水的用户；对有毒物质、药品等危险化学物质进行制造、加工、贮存的工厂、研究单位和仓库等用户（含医院）。

医院建筑尤其是病房楼为人员集中的公共建筑，人员众多、用水集中，瞬间用水量大。若无有效调贮措施，采用管网叠加供水会对市政给水管网造成负面影响。

传统的管网叠加供水对于市政给水管网有依赖性，本身无多少水量调贮能力。医院建筑作为重要的公共建筑，不论是病房楼、门诊楼、医技楼还是医疗综合楼，均属于对供水保证率要求高、不允许停水的建筑，故医院建筑不宜采用传统管网叠加供水技术。

1.3.3　医院建筑生活给水系统竖向分区

《水标》第3.4.3条：当生活给水系统分区供水时，各分区的静水压力不宜大于0.45MPa；当设有集中热水系统时，分区静水压力不宜大于0.55MPa。

《水标》第3.4.4条：生活给水系统用水点处供水压力不宜大于0.20MPa，并应满足卫生器具工作压力的要求。

医院建筑尤其是高层医院建筑生活给水系统竖向分区应根据上述原则划分。

竖向分区分为下述3个步骤。

第一步，从节能角度应根据医院院区接入市政给水管网的最小工作压力确定由市政给水管网直接供水的楼层。市政给水管网压力通常为0.20～0.30MPa，0.20MPa对应供水楼层范围大体为地下楼层至地上二层，0.30MPa对应供水楼层范围大体为地下楼层至地上四层。

第二步，根据市政给水管网直接供水楼层以上楼层的竖向建筑高度合理确定分区的个数及分区范围。基于高层医院建筑（主要是高层病房楼）标准楼层层高为4.0m左右，以4.0m计算，单一竖向分区包括最多楼层数为11层（45/4＝11.25）左右。

一方面：配水横管静水压力大于0.35MPa需设置减压设施（通常是减压阀）。根据绿色医院建筑要求，卫生器具用水点供水压力均要求不大于0.20MPa，即配水横管静水压力大于0.20MPa需要设置减压阀。竖向分区楼层越多，给水系统下部需要设置减压阀的楼层就越多。

另一方面：高层病房楼设有生活热水系统，考虑到同一楼层冷水、热水用水点的压力平衡，生活热水系统的竖向分区通常应与生活给水系统一致。竖向分区楼层越多，生活热水系统下部需要设置减压阀的楼层也就越多。考虑到生活热水系统的特点，生活热水系统减压阀通常采用支管减压阀，若需要减压的楼层较多则需要设置大量支管减压阀，增加成本。"当设有集中热水系统时，分区的静水压力不宜大于0.55MPa"的规定使生活给水系统的竖向分区可以在满足规范的基础上更加灵活，可以适当减少系统竖向分区。

从供水安全可靠性考虑，生活给水系统竖向分区包括楼层数较多，若该竖向分区给水供水设备检修或故障，受停水影响的楼层数亦较多。

基于上述理由，生活给水系统竖向分区包括楼层数不宜太多。根据工程设计实践，生活给水系统竖向分区包括楼层数宜为6～8层（竖向高度30m左右）。

第三步，根据需要加压供水的总楼层数，合理调整需要加压的各竖向分区高度基本一致，即以涉及楼层数基本相同为宜。

1.3.4　医院建筑生活给水系统形式

医院建筑生活给水系统通常采用下行上给式，即：生活水箱及各区域（分区）供水泵组设置在地下室或医院院区生活水泵房，各区域（分区）给水干管横向敷设至各区域水管井，经给水立管向上接至各给水用水点。

根据医院建筑给水计量要求，病房楼按照各楼层、各科室护理单元计量，门诊医技楼按照各楼层、各科室门诊区域计量。每个区域给水横干管自各区域水管井给水立管接出，

接出横管上依次设置阀门、减压阀（若需要的话）、冷水表，管中标高宜设置在地面上
1.0m。区域给水横干管沿该区域吊顶内敷设，与冷水表后给水横管连接的给水立管设置
在该区域水管井内。

区域给水横干管宜在公共区域内敷设。对于病房楼，每个病房护理单元病房区卫生间
给水横干管宜与医护人员区洗浴给水横干管分开敷设。

给水支管就近接自本区域给水横干管，接至用水点处自吊顶向下接至用水卫生器具，
给水支管上在吊顶内宜设置同管径关断检修阀门。

在病房卫生间处，给水支管可设置在病房卫生间管井内，鉴于该管井内需要设置排水
立管、通气立管，在管井尺寸不充足的情况下，通常将给水支管直接接至各个病房卫生
间，给水横支管沿病房卫生间吊顶内敷设，接至卫生器具处向下敷至卫生器具，病房卫
生间内给水立管宜暗装。配置 1 个洗脸盆、1 个坐便器、1 个淋浴器的给水横支管管径为
$DN20$；配置 1 个洗脸盆、1 个蹲便器、1 个淋浴器的给水横支管管径为 $DN25$。医护人
员值班卫生间给水管设置可参照病房卫生间。

在公共卫生间处，给水支管可设置在公共卫生间管井内，鉴于该管井内需要设置排水
立管、通气立管，在管井尺寸不充足情况下，通常将给水支管直接接至公共卫生间，给水
横支管沿公共卫生间吊顶内敷设，接至卫生器具处向下敷至卫生器具，公共卫生间内给
水立管宜暗装。配置包括 1 个蹲便器的公共卫生间给水横支管管径宜为 $DN25$；配置包括
2 个蹲便器的公共卫生间给水横支管管径宜为 $DN40$；配置包括 3 个及 3 个以上蹲便器的
公共卫生间给水横支管管径宜为 $DN50$。

医院建筑内水处理间、洗衣房、新风机房、净化机房、洗婴室、水中分娩室、洗澡抚
触室、污物处置间、医疗废物存放间、纯水制作间等场所通常需要预留生活给水管，管道
上宜设置同管径关断检修阀门。

1.4　给水系统管材及附件

1.4.1　生活给水系统管材

医院建筑生活给水系统管道应选用耐腐蚀、安装连接方便可靠、符合国家现行有关产
品标准要求及饮用水卫生要求的管材，其工作压力不得大于产品标准公称压力或标称的允
许工作压力。

医院建筑生活给水卫生条件要求高，常用的管材包括薄壁不锈钢管、PVC-C 冷水用
（氯化聚氯乙烯）管、内衬不锈钢复合钢管、钢塑复合管、铝塑复合管、薄壁铜管等，
生活给水干管、立管应采用金属管、金属复合管、PVC-C 冷水用（氯化聚氯乙烯）管，
末端支管亦可采用其他塑料给水管。医院洁净手术部给水管道应使用薄壁不锈钢管、
PVC-C 冷水用（氯化聚氯乙烯）管、铜管或其他无毒给水塑料管。鉴于管道损坏漏水
等对于医院建筑的使用、医院的正常运营等影响很大，在选择给水管材时应选择质量
更好的管材。

生活给水管道的连接很重要，工程实践中出现漏水或损坏的常常不是管道本身，而是
出现在管道连接处，因此在确定好给水管材后应确定稳定可靠的连接方式。

1. 薄壁不锈钢管

2019 年 8 月 1 日起实施的《绿色建筑评价标准》GB/T 50378—2019 第 4.2.7 条：采取提升建筑部品部件耐久性的措施，评价总分值为 10 分，并按下列规则分别评分并累计：

1 使用耐腐蚀、抗老化、耐久性能好的管材、管线、管件，得 5 分；

2 活动配件选用长寿命产品，并考虑部品组合的同寿命性；不同使用寿命的部品组合时，采用便于分别拆换、更新和升级的构造，得 5 分。

条文说明中部分常见的耐腐蚀、抗老化、耐久性能好的管材：室内给水系统采用铜管或不锈钢管。

对于医院建筑来说，采用铜管价格较高，从综合性价比（经济性、强度性能、卫生性、耐腐蚀性、使用寿命、安装便利性）指标来说，薄壁不锈钢管是医院建筑生活给水系统管道的最佳选择之一。

对于一般淡水薄壁不锈钢采用奥氏体不锈钢 SUS304，对于耐腐蚀性要求较高（海水或氯离子浓度较高）的地方宜采用奥氏体不锈钢 SUS316 或 SUS316L。

薄壁不锈钢管材具有以下特点：

（1）卫生性。薄壁不锈钢管材不含环境污染物（无铅、无聚氯乙烯、无环境荷尔蒙等），因此不会对水质造成二次污染，保证管道内用水达到国家饮用水水质标准。不锈钢材料是常见给水管道材料中唯一可以植入人体的健康材料。

（2）安全可靠。薄壁不锈钢管的"五高"特性，从根本上解决了传统管道的安全隐患。

（3）优良的力学和物理性能。薄壁不锈钢给水管道强度非常高，304 不锈钢材料抗拉强度大于 520MPa，是镀锌钢管的 2 倍、铜管的 3～4 倍、PPR 管的 8～10 倍。薄壁不锈钢给水管道具有良好的延展性和韧性，管材遇低温不脆变，抗震和抗冲击性能强，保温性能是铜管的 24 倍、镀锌钢管的 4 倍。

（4）优异的耐腐蚀性。薄壁不锈钢管道表面薄而坚固的氧化膜使不锈钢管对包括软水在内的所有水质均有优异的耐腐蚀性，并且具有良好的耐冲蚀性能，能经受高速水流冲蚀，水锤不会造成任何影响。其他金属管材几乎没有此种性能，因此薄壁不锈钢管材耐腐蚀性能远超出一般金属管材。

（5）全寿命周期长，成本最低。薄壁不锈钢管材和管件安装一次到位，在建筑物的全寿命周期内不需要更换，管道与建筑物同寿命，超出其他管材。薄壁不锈钢水管、管件综合成本低于其他相关水管、管件。大量实验数据表明，即使在周期性震动条件下，薄壁不锈钢管使用寿命也可达 70 年以上。

（6）优良的耐温性能。薄壁不锈钢热膨胀系数低，在 −270～400℃ 的温度区间内均可以长期安全工作，无论是高温还是低温，薄壁不锈钢材料均不会析出有害物质，材料性能相当稳定。

（7）高耐磨性能。薄壁不锈钢管因硬度高，具有极强的耐磨性。

（8）优异的水力流通性。薄壁不锈钢内壁光滑，管件内径与水管内径相等，摩擦阻力小，长时间使用不积垢，输送压力小，流量稳定，节约水流输送运行成本。

（9）施工简便。薄壁不锈钢管质量轻，安装时易于搬运，施工设备体积小，操作简单，方便快捷。

（10）外形美观。薄壁不锈钢管管体表面金属感强，具有很强的现代感，能与现代建筑完美融合，美观大方。

（11）节能环保。薄壁不锈钢管每吨消耗的能源比镀锌钢管低 33%，每吨排放的二氧化硫低 32%，排放的二氧化碳低 70%。以同样安装 1000m 管路系统，镀锌钢管 15 年寿命，薄壁不锈钢管 70 年寿命为例，镀锌钢管的质量约为薄壁不锈钢管的 3.5 倍，70 年内，镀锌钢管需要投入安装 6 次，因此 1000m 管路长度镀锌钢管消耗的能源为薄壁不锈钢管的 7.6 倍，每吨排放的二氧化硫为 6.76 倍，排放的二氧化碳为 13.6 倍。

2. 承插压合式薄壁不锈钢管

（1）QN1803 特性

QN1803 是在 S30408 不锈钢基础上，通过高氮、高铬和高铜的技术使得材料的耐腐蚀性、硬度、屈服强度和抗拉强度等特性全面优于 S30408。

按照《不锈钢点蚀电位测量方法》GB/T 17899—1999、《金属和合金的腐蚀不锈钢三氯化铁点腐蚀试验方法》GB/T 17897—2016，QN1803 的抗点腐蚀性能是 S30408 的 2 倍。

QN1803 的硬度、屈服强度、抗拉强度是 S30408 的 1.5 倍，180°折弯无裂痕。

（2）阴极电泳

阴极电泳是不锈钢材料的双保险。

原理：以不锈钢为基材，采用电泳漆膜技术，在不锈钢表面镀上一层致密的（丙烯酸树脂）高分子保护膜。

颜色：根据实际需要可使不锈钢表面形成红色、黄色等醒目保护层。

作用：硬度大于等于 4H，耐摩擦次数大为提升。附着力强，180°弯曲无剥落，耐腐蚀性大为提高，杜绝外界介质形成的腐蚀。

（3）连接方式

薄壁不锈钢管采用承插压合式连接，符合《薄壁不锈钢承插压合式管件》CJ/T 463—2014 的规定，可以根据现场工况随时调整，安装便捷，是理想的装配式连接方式。

（4）执行标准

承插压合式薄壁不锈钢管道执行下列标准：《流体输送用不锈钢焊接钢管》GB/T 12771—2008，《薄壁不锈钢承插压合式管件》CJ/T 463—2014，《55°密封管螺纹 第 1 部分：圆柱内螺纹与圆锥外螺纹》GB/T 7306.1—2000，《工程机械 厌氧胶、硅橡胶及预涂干膜胶 应用技术规范》JB/T 7311—2016，《生活饮用水输配水设备及防护材料的安全性评价标准》GB/T 17219—1998，《建筑给水排水薄壁不锈钢管连接技术规程》CECS 277—2010。

（5）规格

承插压合式薄壁不锈钢管道规格：$DN15 \sim DN350$，工作压力 $\leqslant 3.0$MPa。

（6）优越特性

1）材质优越、抗腐蚀性好。根据客户要求可以采用 S30408、QN1803 等不锈钢材料制造，卫生性能好，耐腐蚀性能强，完全杜绝了传统镀锌管道或无缝钢管内外壁氧化生锈问题，大大降低了后期运营过程中对管路系统除锈、防腐的人工成本及维护费用，同时管路系统使用寿命大幅度延长。

2）独特结构、密封可靠。根据《薄壁不锈钢承插压合式管件》CJ/T 463—2014，采用厌氧胶取代传统橡胶圈密封方式，密封原理由挤压式密封进化提升为填充式密封，压接后使管材与管件内外壁相互嵌入贴合为一体，是现有机械式连接中密封性能最可靠的连接方式。

3）耐高温、抗老化。依据《薄壁不锈钢承插压合式管件》CJ/T 463—2014 第 8.6.8 条耐火性能检测要求：燃烧 15min（约 740℃），试验压力 2.5MPa，保持 5min；接头处无泄漏和变形损坏。高分子材料密封胶在高温下已经完全碳化的情况下，仍然能做到无泄漏，彻底地消除了大家对密封胶性能老化而漏水的担忧，从根本上避免了因传统橡胶密封圈老化而出现的渗水、漏水问题。

4）抗低温、抗负压。−60℃低温、−80kPa 负压下承插压合接头处无变形、无泄漏。

5）抗高压、抗冲击。20MPa 压力状态下不泄漏；可承受 78.4J 超强冲击力。

6）抗振动、抗拉拔强度高。根据《薄壁不锈钢承插压合式管件》CJ/T 463—2014 第 7.4.3 条连接性能表 4 的要求，在 3.0MPa 试验压力下，持续振动 100 万次后，各连接部位应无渗漏及其他异常。抗拉拔强度是传统卡压的 3 倍以上。

7）安装简便、快捷。薄壁不锈钢管比无缝钢管重量轻很多，搬运及安装都比较轻便，并且安装效果由工具来保证，作业难度较低，操作简单，对作业人员要求不高，普通工人经现场培训后就上岗，无需特殊工种（焊接资质）人员；安装均采用液压钳压接，无需焊接，施工速度快，比如 DN200 管道每个接头压接仅需 2min 左右，而焊接方式约需 10min 以上，因而使得安装人工成本得到大幅度节约。

8）满足施工安全要求。薄壁不锈钢管道全规格（DN15～DN350）安装时都可采用承插压合式压接，不需要进行焊接，在施工现场完全能达到"无明火作业"、"无有害气体产生"的安全作业要求，大大消除了作业过程中的安全隐患。

9）静态综合性价比高。根据合格运行 70 年的各项实际成本所做的分析，在全生命周期中，采用承插压合式不锈钢管比采用碳钢管节约至少 90％以上的综合成本。

3. 薄壁抗菌不锈钢管

（1）抗菌不锈钢

抗菌不锈钢是一种结构/功能一体化新材料，兼具抗菌、装饰美化和结构材料的多功能的杀菌机理，能够使附着在其上的细菌不繁殖、被杀死或把细菌抑制在低水准状态的不锈钢材料。

抗菌不锈钢是指在冶炼常规不锈钢过程中添加抗菌金属元素，再进行特殊的抗菌热处理获得良好抗菌性能的不锈钢。抗菌不锈钢磨损后仍具有优良的抗菌性。抗菌不锈钢具有以下特点：

1）广谱抗菌性：对大肠杆菌、金黄色葡萄球菌等杀灭率均在 99％以上；

2）抗菌持久性：表面磨损后仍保持良好的抗菌性能；

3）人体安全性：抗菌不锈钢在毒性和人体安全性方面完全符合国家技术标准；

4）不锈钢性能：力学、耐蚀、冷热加工、焊接等性能与原有不锈钢相当。

（2）薄壁抗菌不锈钢管

薄壁抗菌不锈钢管执行标准：《薄壁抗菌不锈钢管》T/SDAS 107—2019。

薄壁抗菌不锈钢管采用双卡压式连接、承插焊连接、卡压式连接。其中双卡压式连接最大工作压力为 1.6MPa，不锈钢卡压式管件执行标准：《不锈钢卡压式管件组件 第 1 部分：卡压式管件》GB/T 19228.1—2011；不锈钢卡压式管件连接用薄壁不锈钢管执行标准：《不锈钢卡压式管件组件 第 2 部分：连接用薄壁不锈钢管》GB/T 19228.2—2011；不锈钢卡压式管件用 O 形橡胶密封圈执行标准：《不锈钢卡压式管件组件 第 3 部分：O 形橡胶密封圈》GB/T 19228.3—2011。

薄壁抗菌不锈钢管是以抗菌不锈钢为原料，经冷轧、制管等一系列加工步骤制成的薄壁不锈钢管。

医院建筑生活给水、高纯度水、直饮水系统建议采用薄壁抗菌不锈钢管道。

（3）薄壁抗菌不锈钢管件

薄壁抗菌不锈钢管件是以抗菌不锈钢为原料，经冷轧、制管、弯管、成型、固溶等一系列加工步骤制成的薄壁不锈钢卡压式或沟槽式管件。

薄壁抗菌不锈钢管件执行标准：《薄壁抗菌不锈钢卡压式和沟槽式管件》T/SDAS 108—2019。

薄壁抗菌不锈钢双卡压式管件具有以下特点：

1）施工便利快捷。可避免现场焊接作业和套丝作业。管件的现场焊接或套丝作业施工费力、漏水率高、污染环境、容易造成风险。卡压式管件现场安装极为便利，安装时间仅为焊接管件或套丝管件的 1/3，达到了缩短工期、降低费用、避免漏水、减少风险的效果。

2）耐腐蚀、使用寿命长。双卡压式薄壁不锈钢给水管道使用寿命几乎与建筑物相同，其耐久及防腐性能主要是不锈钢的铬元素在有氧环境下会在管道表面形成氧化铬保护膜，即使遭到机械破坏也能迅速再生。

3）连接安全可靠。卡压式管件连接强度高、抗振动。将连接部位一次性卡压连接到位，避免了"活接头"松动的可能性，如房屋振动、水锤振动、管道共振、地震造成的松动。

4）适合嵌入式安装。卡压式管件满足了嵌入式安装的要求，极大地降低了隐蔽环境中水管漏水的可能性，降低了维修和更新风险，满足了《建筑给水薄壁不锈钢管管道工程技术规程》T/CECS 153—2018 的要求（螺纹式管件不能做嵌入式安装）。管件接头紧凑，不会对建筑物造成根本性损坏。

5）免维护、免更新，经济性能优越。在建筑物使用期内，几乎不需要对管件进行更新和维护，大量节约了环境更新成本，使客户财产损失和服务损失趋于零。

6）先进的固溶处理工艺。不锈钢管件经过成型焊接等工艺后，必须经过 1050℃的固溶处理（在全氢氛围保护下的处理）。这样可以消除管件生产过程中的应力，降低使用过程中应力腐蚀的可能性；可以恢复管件生产过程中的晶间变化，防止使用过程中晶间腐蚀；可以消除管件焊接中的敏化现象，提高焊缝的耐腐蚀性能；可以消除管件加工过程中的改性现象，恢复材料的耐腐蚀性能；可以还原不锈钢材料表面的光泽（不同于抛光光泽）。

7）表面钝化工艺。阻止不锈钢腐蚀的是其表面那一层薄而致密的钝化膜（富铬氧化膜）。钝化处理可以把加工过程中破坏掉的富铬氧化膜恢复原状，从而达到耐腐蚀要求。

4. 双密封多卡式（薄壁不锈钢管）

薄壁不锈钢管现有的卡压式连接管件主要有 2 种形式：单卡压式（M 型）和双卡压

式（V型）。双密封多卡式连接技术（VV型）是针对现有不锈钢管卡压式连接形式的新一代技术升级产品，提高了薄壁不锈钢管连接的安全可靠性。

（1）VV型双密封多卡式连接结构

不锈钢双密封多卡式管件承口部位有2道环状U形槽，内装有2个O形密封圈，管件与管道压接变形成六边形位置有3处，大大增加了抗拉拔力，是普通卡压式连接的3倍。将不锈钢管插入管件承口至定位位置，采用专用的卡压工具，将管件2个凸环放入卡钳口的2个凹槽内，对每个凸环两侧同时进行挤压，使2个密封圈同时受挤压，使2道环状U形槽内部缩径后形成双道密封作用，管件和管材的3道卡压部位同时收缩变形（剖面成六角形状），起定位固定作用，从而实现了不锈钢管道的连接。这样的双道密封完全杜绝了只有单道密封的渗水现象，3道卡压部位增加了固定作用，大大提高了管材和管件之间的拉拔力。

（2）双密封圈结构

卡压式不锈钢管道系统使用年限很大程度上取决于管件内橡胶密封圈的寿命。橡胶密封圈的选材和抗老化是决定管道系统寿命的关键节点。

目前水系统内最佳橡胶密封圈选用材料为三元乙丙橡胶。三元乙丙橡胶具有以下特点：适应温度范围为$-20\sim120℃$、强度较高、抗高温及水蒸气性能好、高耐寒性、抗腐蚀性能好、卫生性好。因此三元乙丙橡胶具有杰出的耐水、耐过热水、耐水蒸气性能。

VV型双密封多卡式管件的双密封圈设计明显解决了疲劳老化及氧化老化2个问题。双密封圈基本可以做到和不锈钢管路系统同寿命，从而大大增加不锈钢管道系统的实际使用寿命。

（3）VV型双密封多卡式连接结构的优点

结合了单卡压式（M型）和双卡压式（V型）安装简便的优点；增加了管件承口长度，加强了不锈钢管与管件连接后的抗拉拔力；改进了单密封圈密封性能不足及橡胶材料寿命不长的弱点，将单个密封圈改进为两个密封圈大大增加了连接的可靠性、安全性，起到双保险作用，延长了管道系统寿命；不锈钢管与管件连接部位压接槽有3处位置，消除了单卡压式连接结构管与管件连接部位不能碰撞的隐患，大大增加了连接部位的抗拉拔力；经耐压、气密、拉拔和负压等各项试验的数据表明，连接强度、密封性能较其他连接方式具有明显优势；适用范围更广，除明装、暗敷外，在管道井、嵌墙等复杂场合具有特殊优势。

5. PVC-C冷水用（氯化聚氯乙烯）管

作为新型绿色产品，嘉泓®AGS·PVC-C冷水用（氯化聚氯乙烯）管道在生活给水系统中的应用越来越广。

（1）管材性能特点及优势

1）环保性。本产品原料取材70%以上来自于海水盐，30%左右来源于石油，因此本产品环保、经济、长效，属于绿建产品。

2）卫生性。本产品采用二次充氯技术，二次氧化，使产品自身密度提升，分子结构更加完整，管道内外壁坚固不透氧，管道自身具有独特的耐菌抑菌性能，管道系统内壁光滑，使得菌膜、藻类及水中杂质很难附着而不易结垢，进而保证水质安全。

3）耐腐蚀性。国内自来水采用氯消毒，水中余氯对很多塑料管道具有侵蚀作用，从而导致管道系统漏水失效，本产品耐氯侵蚀，具有很好的水质适应性。

4）杰出的技术性能。本产品具有不低于 10MPa 的高承压性；耐低温－26℃；耐火阻燃（极限氧指数 60LOI）；保温系数低，接近 A 级保温材料保温系数（仅为 0.137W/(m・K)）；低膨胀性（膨胀系数为 0.06mm/(m・K)）；耐紫外线等。

5）安装施工便捷性。本产品安装施工采用冷溶连接，施工超级便捷，安装简单，节省人工，节约工期。

6）经济性。本产品与建筑同寿命，设计寿命 50 年，项目一次使用，终身受益，能降低项目成本，属于长效经济型产品。

（2）产品符合的标准

本产品符合产品检测标准《冷热水用氯化聚氯乙烯（PVC-C）管道系统 第 3 部分：管件》GB/T 18993.3—2003、《冷热水用氯化聚氯乙烯（PVC-C）管道系统 第 2 部分：管材》GB/T 18993.2—2003；符合卫生评定标准《生活饮用水输配水设备及防护材料的安全性评价标准》GB/T 17219—1998。

（3）产品取得的认证

本产品取得了：《生活饮用水输配水设备及防护材料的安全性评价标准》GB/T 17219—1998 卫生性能检测报告；《冷热水用氯化聚氯乙烯（PVC-C）管道系统 第 3 部分：管件》GB/T 18993.3—2003 生产标准检测报告；《冷热水用氯化聚氯乙烯（PVC-C）管道系统 第 2 部分：管材》GB/T 18993.2—2003 生产标准检测报告；涉及饮用水卫生安全产品卫生许可批件（2019 年 8 月）。

（4）产品规格型号及连接方式

本产品管材管件规格型号：$dn20 \sim dn160$。

本产品安装施工采用冷溶连接；有螺纹连接、法兰连接等多种连接转换方式。

6.（e-PSP）钢塑复合压力管

（e-PSP）钢塑复合压力管是以合金焊接钢带为中间层，内外层为无规共聚聚丙烯（PP-R）塑料，采用专用进口热熔胶，通过挤出成型方法复合成一体，采用智能电磁感应双热熔管件连接的管材。

（1）特点

（e-PSP）钢塑复合压力管的独特连接方式在于智能电磁感应焊接。

（e-PSP）钢塑复合压力管采用智能电磁感应双热熔管件（适用管材规格 $dn20 \sim dn250$）。

（e-PSP）钢塑复合压力管用电磁感应双热熔管件以内层聚乙（丙）烯为主体材质，由连接件本体和设置在连接件本体两端的承插凹槽组成。该承插凹槽包括承插凹槽内壁和承插凹槽外壁，承插凹槽内壁内表层嵌入有 U 形支撑套，两连接件本体两端的承插凹槽电磁感应加热定位槽。通过承插凹槽将钢塑复合压力管插入连接件本体内，采用电磁热熔焊接管材和管连接件时，管材的金属层在焊接夹具产生的高频磁场作用下发热，使位于其内外两侧的塑料层熔化，实现管材与管连接件塑料相互热熔连接。双热熔管件具有独特的加强筋结构及焊接夹具定位槽，大大提升了管道系统的寿命及焊接精准度。

（e-PSP）钢塑复合压力管用电磁感应双热熔管件承插口尺寸与《钢塑复合压力管用管件》CJ/T 253—2007 中的尺寸有区别；电磁感应双热熔管件最小承压壁厚与相应外径

的比值关系、管件的物理力学性能及其他技术要求应符合《钢塑复合压力管》CJ/T 183—2008 中相同管系列的要求。

（2）优点

1）卫生性能好。全塑包装，内外防腐，（e-PSP）钢塑复合压力管的内、外层均采用食品级 PP-R 原料，卫生无毒，能耐各种酸、碱、盐等溶液的腐蚀；中间用钢管增强并利用芯层塑封技术对金属层进行了密封处理；采用电磁感应双热熔管件连接，确保管材端面的金属层不被腐蚀。

2）承压安全性高。工作压力 2.0～2.5MPa，爆破压力 6.0～7.5MPa，抗水锤冲击能力强；刚性、抗冲击性好，拉伸强度高达 275～320MPa，是纯塑料管的 7～8 倍。

3）线性膨胀系数小。线性膨胀系数为 $(1.2～10)×10^{-5}/℃$，接近于钢管的线性膨胀系数 $(1.1～1.2)×10^{-5}/℃$，是纯 PP-R 管线性膨胀系数 $(1.6×10^{-4}/℃)$ 的 1/13；焊接完整的钢管层为管体的主承压层，管材不高于 85℃的承压能力不受塑料层性能变化的影响，有利于作为主干输水管道使用，克服塑料管材线性膨胀系数大不能做输水主立管的缺陷。

4）安装成本低。开创了全新的先预装后焊接的施工工艺，实现模块化安装，大大缩短工期，节约大量人工。

5）防腐能力强，使用寿命长。

6）管道系统弹性好，反沉降能力强。

7）中间结构为金属层管道漏损追踪能力强，漏损处定位精准。

8）漏损后可进行带水作业维修，维修时间短、费用低。

（3）适用场所

（e-PSP）钢塑复合压力管在医院建筑项目中适用于室外生活给水系统、室外消防给水系统、室内生活给水系统、管道直饮水系统。

1.4.2 生活给水系统阀门

为了满足系统检修、控制的需要，医院生活给水系统应设置一定数量的阀门，具体设置部位有：院区接自市政给水管网的引入管段上；院区室外环状给水管网的节点处（按分隔要求设置；管段过长时，宜设置分段阀门）；自院区室外环状给水管网给水干管上接出的支管起端；医院建筑入户管、水表前；建筑室内生活给水各分支干管起端、各分支立管起端（通常位于立管底部）；建筑室内生活给水立管向各楼层、各区域、各护理单元等接出的配水管起端、水表前；建筑室内生活给水管道向公共卫生间、病房卫生间、浴室、预留给水管道场所等接出的配水管起端；水箱、生活水泵房、电热水器、电开水器、汽-水（水-水）换热器、减压阀、倒流防止器等进水管处。

阀门设置的位置应便于检修人员检修、操作。

1.4.3 生活给水系统止回阀

为了控制水流单向流动，医院生活给水系统通常应在下列部位设置止回阀：直接从市政给水管网接入建筑物的引入管上；接至水箱（包括生活冷水箱、生活热水箱、消防水箱）间、生活热水机房（内设各区域生活热水汽-水换热器或水-水换热器）、冷热源机房、空气源热泵热水系统、水处理间等场所的给水管起端；每台生活给水泵组出水管上。

在已装有倒流防止器的给水管段上，不需再装设止回阀。

1.4.4　生活给水系统减压阀

生活给水系统减压阀用于当给水管网的压力高于配水点允许最高使用压力的情况。根据绿色医院建筑要求，医院建筑配水横管静水压力大于 0.20MPa 的楼层或区域配水横管起端应设置减压阀，减压阀位置介于阀门和水表之间。

减压阀可采用比例式减压阀和可调式减压阀。比例式减压阀的减压比不宜大于 3∶1；可调式减压阀应用更为灵活，其阀前与阀后的最大压差不宜大于 0.3MPa，超过规定时宜串联设置。

减压阀的公称直径与管道管径一致；减压阀前应设置阀门和过滤器；减压阀节点处前后应设置压力表；比例式减压阀宜垂直安装，可调式减压阀宜水平安装。

1.4.5　生活给水系统水表

根据建筑节能要求，同时为了满足医院各科室成本核算需要，医院建筑生活给水系统按下列原则设置水表：病房区按照分科室、分护理单元计量；其他区域按照分楼层、分区域计量。医院建筑水表设置位置：直接从市政给水管网接入建筑物的引入管上；院区各建筑自院区环状给水管网接入的入户管上；门诊医技楼各楼层、各区域给水干管上；病房楼各楼层、各护理单元给水干管上；接至生活冷水箱、生活热水箱、消防水箱、消防水池、空调补水进水管上；室外绿化用（补）水给水管上；地下车库冲洗用水给水管上；有特殊计量要求场所的给水进水管上。水表设置在给水阀门井内或给水管道井内。

水表阻力损失要求不大于 0.0245MPa。

水表应安装在便于人员观察及维修的地方。从智能化要求出发，水表宜采用远传智能水表或 IC 卡智能化水表，并应将水表设置位置提供给智能化专业设计人员。

水表管径确定：给水管管径≥DN50 时，水表管径比给水管管径小 2 号；给水管管径＜DN50 时，水表管径比给水管管径小 1 号。

1.4.6　生活给水系统其他附件

1. 排气阀

医院建筑生活给水系统管网末端和最高点应设置自动排气阀，生活给水立管顶端应设置自动排气阀。

2. 水位控制阀

生活水箱的生活给水进水管上应设置自动水位控制阀，其公称直径同进水管管径。

3. 过滤器

生活给水阀件（减压阀、持压泄压阀、倒流防止器、自动水位控制阀、温度调节阀等）前、水加热器（电热水器、电开水器等）的进水管上、换热装置的循环冷却水进水管上、生活水泵的吸水管上应设置管道过滤器。

4. 卫生器具开关

为防止交叉感染，《综合医院建筑设计规范》GB 51039—2014 第 6.2.5 条对于医院建筑卫生器具的开关做了以下规定（强制性条文）：**下列场所的用水点应采用非手动开关，并应采取防止污水外溅的措施：公共卫生间的洗手盆、小便斗、大便器；护士站、治疗室、中心（消毒）供应室、监护病房等房间的洗手盆；产房、手术刷手池、无菌室、血液病房和烧伤病房等房间的洗手盆；诊室、检验科等房间的洗手盆；有无菌要求或防止院内感染场所的卫生器具。**

采用非手动开关的用水点应符合下列要求：公共卫生间的洗手盆应采用感应自动水龙头，小便斗应采用感应式自动冲洗阀，蹲式大便器宜采用脚踏式自闭冲洗阀或感应式冲洗阀。护士站、治疗室、洁净室和消毒供应中心、监护病房等房间的洗手盆，应采用感应自动、膝动或肘动开关水龙头。产房、手术刷手池、洁净无菌室、血液病房和烧伤病房等房间的洗手盆，应采用感应自动水龙头。有无菌要求或防止院内感染场所的卫生器具，应按前述条款要求选择水龙头或冲洗阀。

另外，坐式大便器宜采用设有大、小便分档的冲洗水箱。

1.5　给水管道布置及敷设

1.5.1　室外生活给水系统布置与敷设

从供水可靠性考虑，医院院区的室外生活给水管网宜布置成环状管网，管网管径宜为 $DN150$。环状给水管网与市政给水管网的连接管不宜少于 2 条，引入管管径宜为 $DN150$，不宜小于 $DN100$。

医院院区的室外生活给水管道应沿院区内道路敷设，宜平行于建筑物敷设于人行道、慢车道或草地下；管道外壁距建筑物外墙的净距不宜小于 1m，且不得影响建筑物的基础。院区室外生活给水管道与其他地下管线及乔木之间的最小净距，应符合表 1-7 规定。

医院院区地下管线（构筑物）间最小净距一览表　　　　　表 1-7

种类	给水管		污水管		雨水管	
	水平净距（m）	垂直净距（m）	水平净距（m）	垂直净距（m）	水平净距（m）	垂直净距（m）
给水管	0.5～1.0	0.10～0.15	0.8～1.5	0.10～0.15	0.8～1.5	0.10～0.15
污水管	0.8～1.5	0.10～0.15	0.8～1.5	0.10～0.15	0.8～1.5	0.10～0.15
雨水管	0.8～1.5	0.10～0.15	0.8～1.5	0.10～0.15	0.8～1.5	0.10～0.15
低压煤气管	0.5～1.0	0.10～0.15	1.0	0.10～0.15	1.0	0.10～0.15
直埋式热水管	1.0	0.10～0.15	1.0	0.10～0.15	1.0	0.10～0.15
热力管沟	0.5～1.0	—	1.0	—	1.0	—
乔木中心	1.0	—	1.5	—	1.5	—
电力电缆	1.0	直埋 0.50 穿管 0.25	1.0	直埋 0.50 穿管 0.25	1.0	直埋 0.50 穿管 0.25
通信电缆	1.0	直埋 0.50 穿管 0.15	1.0	直埋 0.50 穿管 0.15	1.0	直埋 0.50 穿管 0.15
通信及照明电缆	0.5	—	1.0	—	1.0	—

注：1. 净距指管外壁距离，管道交叉设套管时指套管外壁距离，直埋式热水管指保温管壳外壁距离；
　　2. 电力电缆在道路的东侧（南北方向的路）或南侧（东西方向的路）；通信电缆在道路的西侧或北侧；均应在人行道下。

医院院区室外管线综合处理方式：当室外管线交叉按设计不能通过时，可适当调整压力管的高程，但应遵循压力管道让重力管道、小管径管道让大管径管道、支线管道让干线管道、可弯曲管道让不可弯曲管道、新设管道让已建管道、临时性管道让永久性管道的原则，管线交叉垂直净距应符合表 1-7 的规定。

为了防止生活给水受到污染，室外给水管道与污水管道交叉时，给水管道应敷设在上面，且接口不应重叠；当给水管道必须敷设在下面时，应设置钢套管，钢套管的两端应采用防水材料封闭。

室外给水管道管顶最小覆土深度不得小于土壤冰冻线以下 0.15m，行车道下的管线覆土深度不宜小于 0.70m。

为了便于控制、检修，室外给水管道应根据管道负责供水区域、管道长度等因素在管道上设置一定数量的阀门，阀门宜设置在阀门井内。

1.5.2 室内生活给水系统布置与敷设

医院建筑室内生活给水管道宜布置成枝状管网，单向供水。

供给洁净手术部生活用水应有两路进口，由处于连续正压状态下的管道系统供给。鉴于洁净手术部通常设置于门诊医技楼上部楼层（四层或五层），洁净手术部两路供水方案如下：一路由本区域所在竖向分区变频供水泵组供水，就近接自本区域水管井内给水立管；另一路设置不锈钢生活水箱，水箱设置位置应高于洁净手术部，通常设置于洁净手术部上方楼层辅助房间，水箱进水管就近接自洁净手术部供水干管，水箱出水管接至洁净手术部给水管网（接入点宜在给水管网起端）。生活水箱贮水作为备用水源，水箱贮水容积按 2.0~3.0m³ 计，进水管上设置常闭阀门、止回阀。为保持水箱贮水水质，定期打开常闭阀门由水箱供给洁净手术部用水。

医院建筑室内生活给水管道宜沿室内公共区域敷设。

医院建筑室内生活给水管道不应布置场所：医院建筑中有些特殊或重要场所，其内不应敷设生活给水管道，否则会损坏设备和引发事故。

医院建筑中的电气机房包括高压配电室、低压配电室（包括其值班室）、柴油发电机房（包括贮油间）、智能化系统机房（计算机房、网络中心机房、弱电机房）、UPS 机房、消防控制室等，其内的各种电气设备均要求不得接触水，否则会造成设备损坏、影响医院安全运营。所以生活给水管道不得敷设在此类电气机房内。

医院建筑中的影像功能机房包括影像中心机房（MR、数字胃肠、CT、DR、乳腺机等）、介入中心机房（DSA 等）、核医学科（直线加速器、ECT、PET/CT、模拟定位机等），其内的各种设备昂贵，均要求不得接触水，否则会造成设备财产重大损坏。所以生活给水管道不得敷设在此类医技机房内。

医院建筑中的手术室、电梯机房内也不应敷设生活给水管道。

医院建筑中的药库、药房、病案室、档案室，不宜敷设生活给水管道。

医院建筑中的生活水泵房、消防水泵房等场所通常设有配电柜，室内生活给水管道应避免从配电柜上方通过。

生活给水管道不得敷设在烟道、风道、电梯井、排水沟内；不宜穿越橱窗、壁柜（通常病房内、医护人员更值室内会布置）；不得穿过大便槽和小便槽，且立管离大、小便槽端部不得小于 0.5m。

生活给水管道在穿越防火卷帘时应绕行；不宜穿越伸缩缝、沉降缝、变形缝，必须穿越时应设置补偿管道伸缩和剪切变形的装置（通常采用不锈钢金属软管）。

医院建筑室内生活给水管道的横干管宜沿本层吊顶内明装敷设（若无吊顶，宜沿本层顶板下贴梁底敷设），立管宜沿水管井明装敷设；生活给水接至卫生器具的给水支立管、支横管（通常管径≤DN25）宜暗装敷设在管槽内。若生活给水支管采用塑料给水管，其不得与水加热器（电开水器、电热水器）或热水炉直接连接，应有不小于 0.4m 的金属管段过渡。

室内生活给水管道应避免埋地敷设，确需埋地敷设时，生活给水管与排水管之间的最小净距：平行埋设时不宜小于 0.50m；交叉埋设时不应小于 0.15m，且给水管应在排水管的上面。

1.5.3　室内生活给水管道防护

室内生活给水横干管、立管超过一定长度时（可以 50m 作为参考值），应设伸缩补偿装置，常采用波纹伸缩节等，补偿量应经过计算确定。

室内生活给水管道应避免穿越人防地下室，必须穿越时应在穿越人防围护结构处人防侧设置防爆波阀门，管道穿越处应设防护套管。本要求属于强制性条文要求。

生活给水管道穿越下列部位时，应设置防水套管：穿越地下室或地下构筑物外墙处；穿越屋面处；穿越钢筋混凝土水池（箱）的壁板或底板处。防水套管分为刚性防水套管和柔性防水套管 2 种，建议采用柔性防水套管，尤其是穿越钢筋混凝土水池（箱）处。对于管径≤DN100 的给水管道，其防水套管管径宜比管道管径大 2 号；对于管径≥DN125 的给水管道，其防水套管管径宜比管道管径大 1 号。

1.5.4　生活给水管道保温

敷设在有可能结冻的房间、地下室及管井、管沟等处的给水管道应有防冻措施。生活水泵房、消防水泵房、热水水箱间、消防水箱间等场所有可能结冻的房间应要求暖通专业采取供暖措施，使室温不低于 5℃。

屋顶水箱间内的生活给水管道均需做保温，所有给水横管及管井内的给水立管均需做防结露保温。室内满足防冻要求的管道可不做防结露保温。

需要保温的管道若采用柔性泡沫橡塑保温材料，其保温材料厚度可参照表 1-8、表 1-9 确定，需要防结露的管道保温材料厚度为 20mm。柔性泡沫橡塑保温材料应符合《建筑材料及制品燃烧性能分级》GB 8624—2012 中 B1 级防火标准，并达到 S_2，d_0，t_1 指标要求；氧指数≥39%；导热系数≤0.033W/(m·K)；湿阻因子≥10000；真空吸水率≤5%。

需要保温的管道若采用离心玻璃棉保温材料，其保温材料厚度可参照表 1-8、表 1-9 确定，需要防结露的管道保温材料厚度为 30mm。离心玻璃棉保温材料应符合《建筑材料及制品燃烧性能分级》GB 8624—2012 中 B1 级防火标准。

室内生活给水管经济绝热厚度（使用期 105d）   表 1-8

离心玻璃棉		柔性泡沫橡塑	
公称直径(mm)	厚度(mm)	公称直径(mm)	厚度(mm)
≤DN25	40	≤DN40	32
DN32～DN80	50	DN50～DN80	36
DN100～DN350	60	DN100～DN150	40
≥DN400	70	≥DN200	45

室内生活给水管经济绝热厚度（使用期 150d）   表 1-9

离心玻璃棉		柔性泡沫橡塑	
公称直径(mm)	厚度(mm)	公称直径(mm)	厚度(mm)
≤DN40	50	≤DN50	40
DN50～DN100	60	DN70～DN125	45
DN125～DN300	70	DN150～DN300	50
≥DN350	80	≥DN350	55

保温应在试压合格及完成除锈防腐处理后进行。

需要注意的是：当生活给水管道采用薄壁不锈钢管时，不应直接采用柔性泡沫橡塑保温材料，宜采用离心玻璃棉管壳保温材料或管道外表面覆塑后再采用柔性泡沫橡塑保温材料。

1.6　生活给水系统给水管网计算

1.6.1　医院院区室外生活给水管网

医院院区室外生活给水管网设计流量应按医院院区生活给水最大时用水量确定。最大时用水量可由生活给水用水量表计算得到。

从供水可靠性考虑，医院院区室外生活给水管网宜布置成环状；医院院区室外生活给水管网与室外消防给水管网分开设置；从院区周边不同市政道路的市政给水管网接入。

医院院区给水引入管的设计流量应按最大时用水量确定；当引入管为 2 条时，应保证当其中一条引入管发生故障时，另一条引入管可以提供不小于 70% 的流量。

市政给水部门会根据医院院区生活用水量表（包括最高日用水量和最大时用水量指标），结合医院院区周边市政给水管网配置情况，给出给水引入管的条数、管径、接入位置等资料。

基于工程实践，医院院区室外生活给水管网管径通常采用 DN150、DN200 两种，根据最大时用水量经计算确定，中小型医院宜采用 DN150，中大型医院宜采用 DN200。

室外环状生活给水管网上通常设置适量的绿化洒水栓（洒水栓前的给水管道上设置真空破坏器），引入管上设水表及倒流防止器，入户管阀门之后设软接头。

1.6.2 医院建筑室内生活给水管网

1. 医院建筑生活给水引入管流量

医院建筑现有 2 种供水模式：低区采用市政给水管网直接供水，自院区室外生活给水管网接入入户管（简称供水模式一）；高区（低压以上楼层）通常采用生活水箱＋变频给水泵组供水，自院区室外生活给水管网接入入户管至建筑地下室生活水泵房生活水箱（简称供水模式二）。

供水模式一的给水引入管设计流量（Q_1）应按低区生活给水设计秒流量计。

供水模式二的给水引入管设计流量（Q_2）应按高区生活水箱设计补水量计，设计补水量不得小于高区最高日平均时用水量，不宜大于最高日最大时用水量。

供水模式一与供水模式二的给水引入管合并为 1 根引入管时，其设计流量（Q_3）应按 Q_1、Q_2 之和计，即 $Q_3 = Q_1 + Q_2$。

2. 医院建筑室内生活给水管设计流量

医院建筑室内生活给水管计算所依据的重要指标为设计秒流量。

医院建筑室内生活给水设计秒流量应按式（1-5）计算：

$$q_g = 0.2 \cdot \alpha \cdot (N_g)^{1/2} \tag{1-5}$$

式中　q_g——计算管段的给水设计秒流量，L/s；

　　　N_g——计算管段的卫生器具给水当量总数；

　　　α——根据医院建筑用途的系数，对于门诊部、诊疗所取 1.4，对于医院、疗养院、休养所取 2.0。

注：如计算值小于该管段上一个最大卫生器具给水额定流量时，应采用一个最大卫生器具给水额定流量作为设计秒流量；如计算值大于该管段上按卫生器具给水额定流量累加所得流量值时，应按卫生器具给水额定流量累加所得流量值采用；有大便器延时自闭冲洗阀的给水管段，大便器延时自闭冲洗阀的给水当量均以 0.5 计，计算得到的 q_g 附加 1.20L/s 的流量后，为该管段的给水设计秒流量。

对于门诊部、诊疗所，生活给水设计秒流量计算公式为式（1-6）：

$$q_g = 0.2 \cdot \alpha \cdot (N_g)^{1/2} = 0.2 \cdot 1.4 \cdot (N_g)^{1/2} = 0.28 \cdot (N_g)^{1/2} \tag{1-6}$$

对于医院、疗养院、休养所，生活给水设计秒流量计算公式为式（1-7）：

$$q_g = 0.2 \cdot \alpha \cdot (N_g)^{1/2} = 0.2 \cdot 2.0 \cdot (N_g)^{1/2} = 0.4 \cdot (N_g)^{1/2} \tag{1-7}$$

对于医院综合楼，生活给水设计秒流量计算公式为式（1-8）：

$$q_g = 0.2 \cdot \alpha \cdot (N_g)^{1/2} = 0.2 \cdot 1.7 \cdot (N_g)^{1/2} = 0.34 \cdot (N_g)^{1/2} \tag{1-8}$$

在进行医院建筑生活给水设计秒流量计算时，对于建筑内负责门诊、医技等场所的生活给水系统供水管网，设计秒流量按照式（1-6）计算；对于建筑内负责病房等场所的生活给水系统供水管网，设计秒流量按照式（1-7）计算；对于建筑内既负责门诊、医技等场所的又负责病房等场所的生活给水系统供水管网，设计秒流量按照式（1-8）计算。

在医院建筑设计实践中，病房区域功能分区较为集中、单一，其生活给水设计秒流量应按式（1-7）计算；门诊、医技区域功能分区较为分散、多元，其生活给水设计秒流量应按式（1-6）计算；部分病房区域附带有门诊、医技功能，其生活给水设计秒流量应按公式（1-7）或式（1-8）计算，建议采用式（1-7）。

为了设计便利，医院建筑生活给水设计秒流量计算可参照表 1-10。

医院建筑生活给水设计秒流量（L/s）计算表　　　　　　表 1-10

卫生器具给水当量数 N_g	门诊部、诊疗所 $\alpha=1.4$	医院、疗养院、休养所 $\alpha=2.0$	卫生器具给水当量数 N_g	门诊部、诊疗所 $\alpha=1.4$	医院、疗养院、休养所 $\alpha=2.0$	卫生器具给水当量数 N_g	门诊部、诊疗所 $\alpha=1.4$	医院、疗养院、休养所 $\alpha=2.0$
1	0.20	0.20	48	1.94	2.77	135	3.25	4.65
2	0.40	0.40	50	1.98	2.83	140	3.31	4.74
3	0.48	0.60	52	2.02	2.88	145	3.37	4.82
4	0.56	0.80	54	2.06	2.94	150	3.43	4.90
5	0.63	0.89	56	2.10	2.99	155	3.49	4.98
6	0.69	0.98	58	2.13	3.05	160	3.54	5.06
7	0.74	1.06	60	2.17	3.10	165	3.60	5.14
8	0.79	1.13	62	2.20	3.15	170	3.65	5.22
9	0.84	1.20	64	2.24	3.20	175	3.70	5.29
10	0.89	1.26	66	2.27	3.25	180	3.75	5.37
11	0.93	1.33	68	2.31	3.30	185	3.81	5.44
12	0.97	1.39	70	2.34	3.35	190	3.86	5.51
13	1.01	1.44	72	2.38	3.39	195	3.91	5.59
14	1.05	1.50	74	2.41	3.44	200	3.96	5.66
15	1.08	1.55	76	2.44	3.49	205	4.01	5.73
16	1.12	1.60	78	2.47	3.54	210	4.06	5.80
17	1.15	1.65	80	2.50	3.58	215	4.11	5.87
18	1.19	1.70	82	2.54	3.62	220	4.15	5.93
19	1.22	1.74	84	2.57	3.67	225	4.20	6.00
20	1.25	1.79	86	2.60	3.71	230	4.25	6.07
22	1.31	1.88	88	2.63	3.75	235	4.29	6.13
24	1.37	1.96	90	2.66	3.79	240	4.34	6.20
26	1.43	2.04	92	2.69	3.84	245	4.38	6.26
28	1.48	2.12	94	2.71	3.88	250	4.43	6.32
30	1.53	2.19	96	2.74	3.92	255	4.47	6.39
32	1.58	2.26	98	2.77	3.96	260	4.51	6.45
34	1.63	2.33	100	2.80	4.00	265	4.56	6.51
36	1.68	2.40	105	2.87	4.10	270	4.60	6.57
38	1.73	2.47	110	2.94	4.20	275	4.64	6.63
40	1.77	2.53	115	3.00	4.29	280	4.69	6.69
42	1.81	2.59	120	3.07	4.38	285	4.73	6.75
44	1.86	2.65	125	3.13	4.47	290	4.77	6.81
46	1.90	2.71	130	3.19	4.56	295	4.81	6.87

续表

卫生器具给水当量数 N_g	门诊部、诊疗所 $\alpha=1.4$	医院、疗养院、休养所 $\alpha=2.0$	卫生器具给水当量数 N_g	门诊部、诊疗所 $\alpha=1.4$	医院、疗养院、休养所 $\alpha=2.0$	卫生器具给水当量数 N_g	门诊部、诊疗所 $\alpha=1.4$	医院、疗养院、休养所 $\alpha=2.0$
300	4.85	6.93	420	5.74	8.20	900	8.40	12.00
305	4.89	6.99	425	5.77	8.25	950	8.63	12.33
310	4.93	7.04	430	5.81	8.29	1000	8.85	12.65
315	4.97	7.10	435	5.84	8.34	1050	9.07	12.96
320	5.01	7.16	440	5.87	8.39	1100	9.29	13.27
325	5.05	7.21	445	5.91	8.44	1150	9.50	13.56
330	5.09	7.27	450	5.94	8.49	1200	9.70	13.86
335	5.12	7.32	455	5.97	8.53	1250	9.90	14.14
340	5.16	7.38	460	6.01	8.58	1300	10.10	14.42
345	5.20	7.43	465	6.04	8.63	1350	10.29	14.70
350	5.24	7.48	470	6.07	8.67	1400	10.48	14.97
355	5.28	7.54	475	6.10	8.72	1450	10.66	15.23
360	5.31	7.59	480	6.13	8.76	1500	10.84	15.49
365	5.35	7.64	485	6.17	8.81	1550	11.02	15.75
370	5.39	7.69	490	6.20	8.85	1600	11.20	16.00
375	5.42	7.75	495	6.23	8.90	1650	11.37	16.25
380	5.46	7.80	500	6.26	8.94	1700	11.54	16.49
385	5.49	7.85	550	6.57	9.38	1750	11.71	16.73
390	5.53	7.90	600	6.86	9.80	1800	11.88	16.97
395	5.56	7.95	650	7.14	10.20	1850	12.04	17.20
400	5.60	8.00	700	7.41	10.58	1900	12.20	17.44
405	5.63	8.05	750	7.67	10.95	1950	12.36	17.66
410	5.67	8.10	800	7.92	11.31	2000	12.52	17.89
415	5.70	8.15	850	8.16	11.66			

医院建筑有自闭式冲洗阀时生活给水设计秒流量计算可参照表1-11。

医院建筑有自闭式冲洗阀时生活给水设计秒流量计算表 表 1-11

N_g	q_g(L/s)	N_g	q_g(L/s)	N_g	q_g(L/s)	N_g	q_g(L/s)
6	1.69	42	2.50	78	2.97	114	3.34
12	1.89	48	2.59	84	3.03	120	3.39
18	2.05	54	2.67	90	3.10	126	3.44
24	2.18	60	2.75	96	3.16	132	3.50
30	2.30	66	2.82	102	3.22	138	3.55
36	2.40	72	2.90	108	3.28	144	3.60

续表

N_g	q_g(L/s)	N_g	q_g(L/s)	N_g	q_g(L/s)	N_g	q_g(L/s)
150	3.65	288	4.59	426	5.33	984	7.47
156	3.70	294	4.63	432	5.36	1032	7.62
162	3.75	300	4.66	438	5.39	1080	7.77
168	3.79	306	4.70	444	5.41	1128	7.92
174	3.84	312	4.73	450	5.44	1176	8.06
180	3.88	318	4.77	456	5.47	1224	8.20
186	3.93	324	4.80	462	5.50	1272	8.33
192	3.97	330	4.83	468	5.53	1320	8.47
198	4.01	336	4.87	474	5.55	1368	8.60
204	4.06	342	4.90	480	5.58	1416	8.73
210	4.10	348	4.93	486	5.61	1464	8.85
216	4.14	354	4.96	492	5.64	1512	8.98
222	4.18	360	4.99	498	5.66	1560	9.10
228	4.22	366	5.03	504	5.69	1608	9.22
234	4.26	372	5.06	552	5.90	1656	9.34
240	4.30	378	5.09	600	6.10	1704	9.46
246	4.34	384	5.12	648	6.29	1752	9.57
252	4.37	390	5.15	696	6.48	1800	9.69
258	4.41	396	5.18	744	6.66	1848	9.80
264	4.45	402	5.21	792	6.83	1896	9.91
270	4.49	408	5.24	840	7.00	1944	10.02
276	4.52	414	5.27	888	7.16	1992	10.13
282	4.56	420	5.30	936	7.32	2040	10.23

1.6.3　医院建筑内卫生器具给水当量

医院建筑常见卫生器具的给水额定流量、给水当量、连接给水管管径和最低工作压力按表1-12确定。

常见卫生器具给水额定流量、给水当量、连接给水管管径和最低工作压力　表1-12

序号	卫生器具名称	给水额定流量(L/s)	给水当量	连接给水管管径(mm)	最低工作压力(MPa)
1	洗涤盆	0.15～0.20	0.75～1.00	15	0.100
2	拖布池	0.15～0.20	0.75～1.00	15	0.100
3	盥洗槽	0.15～0.20	0.75～1.00	15	0.100
4	洗脸盆(冷水供应)	0.15	0.75	15	0.100
5	洗脸盆(冷水、热水供应)	0.10	0.50	15	0.100

续表

序号	卫生器具名称	给水额定流量 (L/s)	给水当量	连接给水管管径 (mm)	最低工作压力 (MPa)
6	洗手盆(冷水供应)	0.10	0.50	15	0.100
7	洗手盆(冷水、热水供应)	0.10	0.50	15	0.100
8	浴盆(冷水供应)	0.20	1.00	15	0.100
9	浴盆(冷水、热水供应)	0.20	1.00	15	0.100
10	淋浴器(冷水、热水供应)	0.20	0.50	15	0.100~0.200
11	大便器(冲洗水箱浮球阀)	0.10	0.50	15	0.050
12	大便(延时自闭式冲洗阀)	1.20	6.00	25	0.100~0.150
13	小便器(手动或自动自闭式冲洗阀)	0.10	0.50	15	0.050
14	医院倒便器		1.00	15	
15	实验室化验水嘴(鹅颈)(单联)	0.07	0.35	15	0.020
16	实验室化验水嘴(鹅颈)(双联)	0.15	0.75	15	0.020
17	实验室化验水嘴(鹅颈)(三联)	0.20	1.00	15	0.020

1.6.4 医院建筑内给水管管径

医院建筑内给水管的管径，应根据该给水管段的设计秒流量、允许给水流速等查相关计算表格确定。

生活给水管道内的给水流速，宜按表 1-13 控制。

生活给水管道内给水流速   表 1-13

公称直径 DN (mm)	15~20	25~40	50~70	≥50
水流速度 v (m/s)	≤1.0	≤1.2	≤1.5	≤1.8

病房楼生活给水系统是医院建筑最常见的也是最重要的给水系统，鉴于病房楼护理单元内给水使用场所（病房卫生间）配置的标准化（每个病房卫生间标准配置 1 个坐便器、1 个淋浴器、1 个台板洗脸盆）、模块化（无论是单人、双人还是三人病房，卫生间配置基本相同）特点，每一楼层每一个护理单元作为一个小的生活给水系统可按照标准化设计。

每个病房卫生间的生活给水支管采用 $DN20$，自本层病房内侧走道吊顶内生活给水干管接出至该卫生间靠走道墙体暗装接至卫生间给水用水点，每根给水支管上均设置 $DN20$ 阀门 1 个。病房卫生间个数与给水干管管径的对照见表 1-14。

病房卫生间个数与给水干管管径对照表一   表 1-14

病房卫生间个数(个)	1~2	3~6	7~10	11~18	19~30
给水干管公称直径 DN (mm)	25	32	40	50	70

少数医院病房楼护理单元内每个病房卫生间的标准化配置为 1 个蹲便器、1 个淋浴器、1 个台板洗脸盆。这种情况下，每个病房卫生间的生活给水支管采用 $DN25$，同样自本层病房内侧走道吊顶内生活给水干管接出至该卫生间靠走道墙体暗装接至卫生间给水用

水点，每根给水支管上均设置 $DN25$ 阀门 1 个。病房卫生间个数与给水干管管径的对照见表 1-15。

病房卫生间个数与给水干管管径对照表二　　　　　　　　　　表 1-15

病房卫生间个数（个）	1～2	3～8	9～22	23～30
给水干管公称直径 DN（mm）	40	50	70	80

医院建筑内公共卫生间内连接 1 个蹲便器的给水管道管径宜为 $DN25$；连接 2 个蹲便器的给水管道管径宜为 $DN40$；连接 3 个及以上蹲便器的给水管道管径宜为 $DN50$。

整个生活给水系统的生活给水立管、干管均按照其服务的给水设计秒流量确定其管段管径。

1.7　生活水泵和生活水泵房

1.7.1　生活水泵

《水标》第 3.9.1 条：选择生活给水系统的加压水泵，应遵守下列规定：水泵的 $Q\sim H$ 特性曲线应是随流量增大，扬程逐渐下降的曲线；应根据管网水力计算进行选泵，水泵应在其高效区内运行；生活加压给水系统的水泵机组应设备用泵，备用泵的供水能力不应小于最大一台运行水泵的供水能力；水泵宜自动切换交替运行。

上述规定提出了生活给水加压水泵的选泵原则要求，重点是水泵应在其高效区内运行，选泵时应根据经计算出的设计流量、设计压力参数，结合水泵的 $Q\sim H$ 特性曲线选择符合设计要求的加压水泵，做到既满足建筑供水要求又满足节能节水要求。医院建筑生活给水加压水泵通常采用 3 台（2 用 1 备）的配置模式，根据设计流量要求亦可采用 2 台（1 用 1 备）或 4 台（3 用 1 备）的配置模式。

（1）生活给水加压水泵的设计流量（Q）计算

医院建筑生活给水加压通常采用变频调速给水泵组，其设计流量应按其负责供水给水系统的最大设计秒流量确定。设计时应通过统计该系统内各用水点卫生器具的生活给水当量数，经式（1-9）计算或查表得出设计流量值。

$$Q = q_g = 0.4(N_g)^{1/2} \tag{1-9}$$

式中　q_g——生活给水设计秒流量，L/s；
　　　N_g——生活给水当量数。

（2）生活给水加压水泵的设计工作压力（H）计算

生活给水加压水泵的设计工作压力可按式（1-10）计算：

$$H = h_1 + h_2 + \sum h \tag{1-10}$$

式中　H——生活给水加压水泵设计工作压力，mH_2O；
　　　h_1——最不利生活给水用水点处与生活给水加压给水泵组吸水管处的高差，mH_2O；
　　　h_2——最不利生活给水用水点处最小压力水头，mH_2O；
　　　$\sum h$——最不利生活给水用水点与生活给水加压给水泵组之间的水头损失，mH_2O。

医院建筑生活给水泵组应采用自灌式吸水，即卧式离心泵的泵顶放气孔、立式多级离心泵吸水端第一级（段）泵体应置于生活水箱最低有效设计水位以下。设计时可根据选用生活给水泵的自灌要求确定生活水箱的最低有效设计水位，最低有效设计水位以上的水箱内贮水为生活水箱有效贮水。生活给水泵组吸水（总）管标高不应高于生活水箱出水管标高。

当生活水泵房内设有 1 个生活水箱时，每个分区生活给水泵组自水箱吸水，每组泵组设置 1 根吸水管；当生活水泵房内设有 2 个（格）生活水箱时，每个分区生活给水泵组自水箱吸水，每组泵组统一设置 1 根吸水管，吸水管两端分别接自 2 个（格）水箱，吸水管管径相同。

当生活水泵房内设置 2 个及 2 个以上分区生活给水泵组时，各个分区生活给水泵组可共用吸水总管，每个分区生活给水泵组中的给水泵直接从吸水总管上吸水。为了保证供水的可靠性，当生活水泵房内设有 1 个生活水箱时，吸水总管的引水管两端分别接自水箱；当生活水泵房内设有 2 个（格）生活水箱时，吸水总管的引水管两端分别接自 2 个（格）水箱；相邻各分区生活给水泵组之间的吸水总管上设置检修阀门。生活给水泵吸水管与吸水总管的连接应采用管顶平接或高出管顶连接。吸水管自生活水箱接出处应设置阀门。为了进一步提高医院建筑生活供水的可靠性，吸水总管宜布置成环状管网。

生活给水泵吸水管上按水流方向依次设置过滤器、阀门、橡胶软接头、压力表，吸水管内的流速宜采用 1.0～1.2m/s，吸水管管径按照水泵流量和吸水管水控制流速确定，吸水总管管径按照其负责吸水的各水泵流量之和和吸水总管水控制流速（小于 1.2m/s）确定；出水管上按水流方向依次设置橡胶软接头、止回阀、压力表、阀门，出水管内的流速宜采用 1.2～2.0m/s，出水管管径按照水泵流量和出水管水控制流速确定。

1.7.2 生活水泵房

医院生活水泵房的设置位置应根据其所供水服务的范围确定。

若一个院区所有建筑加压供水均由一个生活水泵房负责，则此水泵房称为院区生活水泵房。在院区室外有空间（常见于新建医院院区）的情况下，建议在院区室外集中设置生活水泵房。生活水泵房宜与消防水泵房、消防水池、暖通冷热源机房、锅炉房等集中设置。院区生活水泵房独立设置时，宜靠近用水量较大的医院建筑，如高层病房楼等。院区生活水泵房亦可设置在用水量较大的医院建筑的地下室楼层。

当医院院区采取分期建设时，建议每期医院建筑统一设置 1 个独立的生活水泵房；当医院院区面积较大，甚至出现跨越市政道路的情况时，建议分区域设置独立的生活水泵房。

医院建筑单体生活水泵房常设置在建筑地下室，宜设置在地下一层或地下二层。鉴于生活水泵房在医院建筑中的重要性，为防止生活水泵房被淹影响建筑供水，生活水泵房不宜设置在最低地下楼层，且建议生活水泵房地面标高高出生活水泵房室外地面 200～300mm。

从降低噪声影响考虑，生活水泵房不应毗邻病房、诊室、手术室、影像科室、办公室、会议室等医疗功能房间或在其上层或下层，生活水泵机组宜设在水池的侧面、下方。

生活水泵房应采取下列减振防噪措施：选用低噪声生活给水泵组；生活给水泵吸水管

和出水管上设置减振装置，通常设置橡胶软接头；生活给水泵组的基础设置减振装置，通常设置橡胶减振垫；管道支架、吊架采取防止固体传声措施，通常设置抗振支架、吊架；管道穿墙、楼板处采取防止固体传声措施，通常在穿越处管道周边设置柔性填充材料；必要时，生活水泵房的墙壁和顶板设置隔声板等隔声吸声措施。

生活水泵房应设置排水沟或排水地漏（不宜小于 $DN100$）等排水设施；设置通风设施；设置防冻措施（室内温度不宜低于 5℃）。

为了方便安装、检修，生活给水泵组之间及与墙体之间应有一定距离，间距要求见表 1-16。

生活给水泵组之间及与墙体之间间距要求　　　　　　　　　　　　表 1-16

生活给水泵组电动机额定功率(kW)	生活给水泵组外廓面与墙面之间最小间距(m)	相邻生活给水泵组外轮廓面之间最小距离(m)
$N \leqslant 22$	0.8	0.4
$22 < N < 55$	1.0	0.8

注：生活水泵侧面有管道时，外轮廓面计至管道外壁面；给水泵组是指水泵与电动机的联合体，或已安装在金属座架上的多台生活水泵组合体。

鉴于生活给水泵组均设置在水泵基础上，泵组外轮廓面一般在基础范围之内，因此根据生活给水泵组选型得到的电动机额定功率数值，以表 1-16 为依据确定各生活给水泵组基础之间距离、泵组基础与墙体之间距离。

生活水泵房内每个分区设置 1 套生活给水泵组，配置模式通常为 3 台（2 用 1 备）或 2 台（1 用 1 备），每套生活给水泵组设置在一个泵组基础上。各分区的生活给水泵组宜集中布置。

生活给水泵组基础通常采用素混凝土基础，宜高出水泵房地面 100～200mm，常采用 200mm。生活水泵房内管道管外底距地面的距离，当管径≤$DN150$ 时，不应小于 0.20m，通常采用管中标高高于地面标高 0.30m；当管径≥$DN200$ 时，不应小于 0.25m，通常采用管中标高高于地面标高 0.40m。

1.7.3　SLB/SLSB 智能立式多级变速泵

1. 概述

生活给水泵作为基础性工程和供水设备的配套件，其应用范围极其广泛。智能变速泵组作为机电控制一体化的新型产品，是在总结多年供水经验的基础上，充分利用水泵、电机、变频器的技术优势，结合传统的变频供水和离心泵的运行特点，开发出的一款智能化水泵。它将水泵的驱动电机、无级变速装置以及智能控制系统进行了高度集成，实现了智能集成控制；每台智能变速泵都是独立的模块单元；具有独立的控制模块、驱动模块和显示调节单元，可独立完成无级变速和恒压供水控制，也可多台相互联动起来满足各种供水要求。

2. 泵组说明

SLB/SLSB 智能立式多级变速泵为非自吸的立式多级离心泵，是采用最新研制的动态自平衡供水专利技术，自动动态检测进水情况与下游用户用水情况，自动调整运行工况，实现动态自平衡供水；根据实际工况自动收集数据，进行计算、优化，使水泵运行在最佳工况点，运行更稳定、更节能。

泵组型号说明如下：

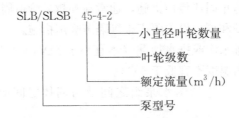

SLB：智能立式多级变速泵（用于液体输送、冷热清洁水的循环和增压）；

SLSB：不锈钢智能立式多级变速泵（泵的所有过流部件为高等级的不锈钢）。

3. 泵组应用领域

动力站、工厂中的生产给水系统；各类自来水厂、供水站；医院、写字楼、住宅楼、学校等生活给水系统。

4. 泵组工作条件

SLB/SLSB 智能立式多级变速泵的工作介质要求为稀薄、非易燃易爆、不含固体颗粒或纤维的液体。其应在或接近设计规定的压力和流量条件下运行。

液体温度：$-20 \sim +120℃$；环境温度：$-10 \sim +40℃$；环境湿度：90%以下，不结露；海拔：1000m 以下（超过 1000m 特殊制作）；使用场所：室内。

5. 泵组技术参数

流量：$1 \sim 220 m^3/h$；扬程：$10 \sim 280 m$；功率：$0.37 \sim 90 kW$；最大工作压力：4.0MPa。

电机：电机为全封闭、风冷式二级变速电机；绝缘等级：F；防护等级：IP55；标准电源：AC $3 \times 380V$，50Hz；电机启停次数：$0.37 \sim 4.0 kW$，30 次/h，4.0kW 以上，20 次/h。

6. 泵组优势、特点

泵组具有优异的 $Q \sim H$ 特性曲线，水泵性能曲线平缓，高效区域宽，适用范围广，在工况变化的情况下能够最大限度地运行在高效区。

泵组供水更稳定。变速水泵实现了全频集中控制，单泵一频运行，两泵双频同步，双频双用，多泵全频，频率互补，无工频运行，动态响应灵敏度更高，供水压力更加稳定。

泵组供水更可靠。控制系统更简洁，采用双控制系统，互为备用，可靠性提高一倍，供水更加可靠。

泵组供水更节能。以最优化的节能模式达到需要的供水效果，使设备简化高效。

变速系统与电机高度集成一体化，替代原来的低压电气控制柜、控制器、变频器，占地面积减小 70%以上，安装灵活方便。每台电机都由单独的变速系统独立控制，比传统的一台变频器拖动多台电机的控制方式更灵活，效率更高，更节能。

SLBP 系列电机与传统的变频电机相比，具备更宽广的调速范围和更高的设计质量，经特殊的磁场设计，进一步抑制高次谐波磁场，以满足宽频、节能和低噪声的设计指标要求。具有宽范围、恒转矩的特性，调速平稳，无转矩脉动。采用高分子绝缘材料及真空压力浸漆制造工艺和特殊的绝缘结构，足以胜任电机高速运转及抵抗变频部分高频电流冲击以及电压对绝缘的破坏。平衡质量高，振动等级为 R 级（降振级）；机械零部件加工精度高，配合精度高，转子、端盖等主要零部件均采用高精密数控机床加工制造。

强制通风散热系统全部采用高质量轴流风机，超静音、长寿命、强劲风力，保障变速电机在任何转速下都能得到有效散热，可实现高速或低速长期运行。采用原装进口轴承，保证了电机的使用寿命。能通过变频装置的电压提升，保证电机在 5Hz 时输出额定转矩而不致使电机因发热而烧毁。

矢量控制和 PID 转速闭环控制，均可实现零转速全转矩、低频大力矩与高精度转速控制、位置控制、快速动态响应控制及超低速无级调速精准控制。水泵采用 GPRS、WNCS 无线网络监控系统，实现了运行数据的存储和传输等，可根据用户要求方便地实现远程监控、监测功能，运行数据实时存储功能、大数据处理系统，可根据用户的运行数据，为优化设计提供数据支撑，为用户提供最优运行方案。

具有单台泵变频自动运行、多泵联动变频运行、主泵交替运行功能，对电源缺相、欠压、过压、过热、堵转、短路、欠流、过载、三相不平衡等故障，都能及时作出判断和保护，保证水泵安全运行。同时具有下列功能：无水自动停机保护功能，有水自动开机功能；压力超高自动保护功能；故障泵自动切除功能；每天根据用水高峰期分时段供水功能；传感器故障自动保护功能；各类报警信息的中文显示和存储功能；锁定变频及控制参数，防止非专用人员误操作功能等。

一台变速水泵既可作一台恒压水泵专用，又可以控制两台水泵同时变速恒压供水，克服了原始设备只能一台水泵变频供水其他水泵工频供水的缺点。

变速水泵智能显示器可以显示电机的实际电流、电压、频率、温度、转速、累计运转时间、累计用电量、运行数据存储，可实现 RS 485 输出、故障保护输出等功能。

根据用水量恒压供水，无需任何控制，接入电源即可使用。

调速控制采用专用的数字信号处理器 DSP 控制芯体，与传统的 PLC 供水控制相比，反应速度快、功能强大、可靠性高，极大地保障了恒压供水性能。

IPM 智能模块：使用了由高速低功耗的管芯和优化的门极驱动电路以及快速保护电路构成的高可靠智能功率模块，即使发生负载事故或使用不当，也可以保证电机不受损坏，系统可靠性大大提高。

1.8　生活贮水池（箱）

1.8.1　贮水容积

在进行建筑物的生活用水贮水池（箱）有效容积计算时，其生活用水调节量应按进水量与用水量变化曲线经计算确定，当资料不足时，宜按最高日用水量的 20%～25% 确定，最大不得大于 48h 的用水量。在确定医院建筑生活用水贮水池（箱）的有效容积时，也应按照以上数据确定。首先应详细准确地计算本建筑的最高日用水量，按 20%～25% 最高日用水量（即 4.8～6.0h 用水量）确定生活贮水池（箱）的有效容积。在有条件的情况下，可适当增加生活贮水池（箱）有效容积以更好地保证医院建筑生活用水。

对于医院建筑，生活用水贮水设备可采用贮水池，亦可采用贮水箱。贮水箱通常设置在室内，便于管理控制，有利于水质卫生条件维持，且易于与生活供水泵组连接；贮水池通常设置在室外，亦可设置在室内，但应做好防护措施，以保证池体内水质不受污染。根据工程设计经验，宜优先采用贮水箱。

综上所述，对于医院建筑生活给水系统，如果在前期确认可以采用管网叠加供水，应采用生活贮水箱加管网叠加供水设备的供水方式；如果在前期确认不能采用管网叠加供水，应采用生活贮水箱加变频供水设备的供水方式。

1.8.2 生活水箱

医院建筑生活供水推荐采用生活水箱贮水。

生活水箱有效贮水容积超过 $50m^3$ 时，宜设置为相同容积的 2 个水箱或 2 格，建议设置为 2 个水箱。

生活水箱材质采用不锈钢板，通常采用装配式制作，长度、宽度、高度尺寸宜为 1.0m 的倍数，特殊情况下可为 0.5m 的倍数。生活水箱侧面距墙面不应小于 0.7m，不宜小于 1.0m；生活水箱顶面距泵房梁下不宜小于 0.5m。生活水箱底部沿水箱短边方向每隔 1.0m 设置素混凝土基础，基础尺寸宜为 250mm×600mm，基础高度不宜低于 400mm。设计时可依据上述控制要求确定生活水箱尺寸。生活水箱顶板、侧板、底板根据水箱贮水容积不同，其板厚均有要求，设计时应注明。

1.8.3 生活水箱相关管道、装置设置要求

生活水箱应设置进水管、出水管、溢流管、泄水管、通气管和信号装置。

生活水箱进水管与出水管应分别设置，且宜沿水箱相对侧或不同侧设置以避免水流短路。

生活水箱进水管管径宜为 DN100；进水管可以自水箱上部侧面接入，亦可自水箱顶面向下接入，进水管管底应满足高于溢流水位不小于 150mm；每根进水管上均设置阀门。

医院建筑生活水泵房内的生活水箱通常利用市政给水管网压力直接供水，水箱应设置自动水位控制阀，控制阀直径与进水管管径相同。当采用直接作用式浮球阀时，每个水箱宜设置 2 个，且进水管标高相同。

生活水箱出水管可以自水箱下部侧面接出（出水管底部贴水箱底），亦可自水箱底面向下接出；生活水箱出水管管径与生活水泵吸水（总）管管径相同，标高不低于吸水（总）管标高；出水管上设置阀门。

生活水箱溢流管的管径宜比其进水管管径大一级，通常采用 DN150。溢流管宜采用水平喇叭口集水；喇叭口下的垂直管段长度不宜小于 4 倍溢流管管径，以溢流管管径 DN150 计，喇叭口下的垂直管段长度不小于 600mm，设计应予以标注。

生活水箱泄水管的管径宜与其进水管管径相同，通常采用 DN100；泄水管与水箱接口处应位于水箱最底部（宜位于水箱底板）。泄水管上应设置阀门。设计中，生活水箱溢流管通常与泄水管汇集接至水泵房内排水沟或集水坑，汇集管管径为 DN150。生活水箱溢流管、泄水管的接管位置宜避开进水管、出水管一定距离。

生活水箱通气管管径为 DN100，通气管不得进入其他房间。

生活水箱应设置水位显示装置，位置设在水箱侧面。

生活水箱顶部在进水管处靠近箱体侧边缘应设置检修口，尺寸不小于 600mm×

600mm；检修口处水箱侧面应设置爬梯。

生活水箱各水位指标确定方法及取值经验值见表1-17。

生活水箱各水位指标确定方法及取值经验值 表 1-17

序号	名称	确定方法	取值范围	常规取值
1	生活水箱最低有效水位 $H_{最低}$	根据出水管侧面出流的淹没深度确定	$H_{箱底}+(100\sim200)$mm	$H_{箱底}+200$mm
		根据出水管底面出流的淹没深度确定	$H_{箱底}+(50\sim100)$mm	$H_{箱底}+100$mm
2	生活水箱最低报警水位 $H_{最低报警}$	根据其与生活水箱最低有效水位标高关系确定	$H_{最低}-(50\sim100)$mm	$H_{最低}-100$mm
3	生活水箱最高有效水位 $H_{最高}$	根据其与最低有效水位间的水体容积不小于生活水箱有效贮水容积确定	—	—
4	生活水箱最高报警水位 $H_{最高报警}$	根据其与生活水箱最高有效水位标高关系确定	$H_{最高}+(50\sim100)$mm	$H_{最高}+50$mm
5	生活水箱溢流水位 $H_{溢流}$	根据其与生活水箱最高有效水位标高关系确定	$H_{最高}+(100\sim200)$mm	$H_{最高}+100$mm
6	生活水箱进水管中标高 $H_{进水管}$	根据其与生活水箱溢流水位标高关系确定	$H_{溢流}+(\geqslant150$mm$)$	$H_{溢流}+200$mm

第2章
生活热水系统

生活热水系统（domestic hot water systems，简称热水系统）是指将冷水水源通过加热或换热过程，使其达到设计温度，通过热水贮存装置和热水供水设备、热水循环设备等将热水迅速、及时地输送至各热水用水末端的系统。热水系统包括热源、换热设备、贮热设备、热水供水设备、热水循环设备、热水供水（回水）管网、热水用水末端等。

医院建筑对热水系统有较高的要求。病房楼病人洗浴、医护人员洗浴；门诊医技楼医护人员洗浴；手术部医护人员淋浴、手术洗手等场所均需要迅捷、可靠的生活热水供应。

医院建筑生活热水系统既涉及系统的供水，又涉及系统的循环，还涉及热水的制备、贮存、热交换等，因此生活热水系统设计是医院建筑给水排水设计的重点、难点，对于医院建筑给水排水设计人员提出了很高的要求。

2.1　热水系统类别

医院建筑热水系统主要指医院建筑生活热水系统，其工艺热水系统设计本书暂不涉及。

2.1.1　根据热水系统供应范围划分

根据不同的生活热水系统供应范围，医院建筑生活热水系统主要分为集中生活热水系统、局部（分散）生活热水系统、区域生活热水系统、分布式生活热水系统4种。

1. 集中生活热水系统

医院建筑集中生活热水系统指在医院院区内或医院建筑内锅炉房或热水机房将冷水集中加热或换热达到设计水温，通过热水管网输送至医院建筑各生活热水用水末端的生活热水系统。此种系统适用于生活热水用水量较大、生活热水用水末端数量较多、较密集的场所。医院建筑中的病房楼病房卫生间病人洗浴及医护人员洗浴即属于此种类型，通常这类场所的生活热水系统采用集中生活热水系统。

医院建筑集中生活热水系统要求具备：稳定可靠的集中热水热源、保证一定使用时间的集中热水贮存设备、保证各热水用水点压力的集中热水供水设备、保证迅捷输送热水的热水输水管网、保证热水系统温度的集中热水循环设备等。

2. 局部（分散）生活热水系统

医院建筑局部生活热水系统，亦称医院建筑分散生活热水系统，指在医院建筑内各分散或局部区域生活热水用水末端附近采用各种小型水加热设备将冷水分别加热达到设计水温，通过热水供水管输送至该分散或局部区域一个或几个热水用水末端的生活热水系统。

此种系统适用于生活热水用水量较小、生活热水用水末端数量较少、较分散的场所。医院建筑中的门诊医技楼医护人员洗浴、手术部医护人员洗浴等即属于此种类型，通常这类场所的生活热水系统采用局部（分散）生活热水系统。

医院建筑局部（分散）生活热水系统要求具备：稳定可靠的局部热水热源、保证迅捷输送热水的热水输水管道等。

3. 区域生活热水系统

区域生活热水系统指在区域性锅炉房或热水机房将冷水集中加热或换热达到设计水温，通过市政热水管网输送至整个建筑群的生活热水系统。该系统在医院建筑生活热水系统中极少采用。

4. 分布式生活热水系统

分布式生活热水系统指根据建筑生活热水使用特点，将整个生活热水系统分成多个小的区域生活热水系统，每个区域生活热水系统均包括区域生活热水换热机组及生活热水供水管网、回水管网；各个区域生活热水换热机组均由整个建筑热媒机房提供热媒（通常是高温热水），热媒机房与各个区域生活热水换热机组之间通过热媒供水管、回水管连接，系统换热分散在各个区域进行。各个区域生活热水系统相互之间为并联运行，彼此相对独立运行、互不影响，可独立控制。鉴于区域生活热水换热机组的生活冷水就近由本区域生活给水管提供，天然保证了本区域冷水、热水的压力平衡。该系统目前在医院建筑生活热水系统中逐步得到采用，具有广阔的应用前景。

相对于传统的集中生活热水系统，分布式生活热水系统减少了热水机房的面积，减少了生活热水供水管、回水管的数量，提高了各个区域生活热水系统的安全可靠性、独立性、灵活性，有利于热水计量，提高了系统的节能性。

2.1.2 根据热水管网循环方式划分

根据不同的热水管网循环方式，医院建筑生活热水系统主要分为热水干管立管支管循环生活热水系统、热水干管立管循环生活热水系统、热水干管循环生活热水系统、不循环生活热水系统 4 种。

1. 热水干管立管支管循环生活热水系统

热水干管立管支管循环生活热水系统指热水系统所有热水配水干管、立管、支管等均设有相应的回水管道，保证热水配水干管、立管、支管中热水水温的生活热水系统。此种系统适用于要求随时获得设计温度热水的场所。医院建筑中的 VIP 病房病人洗浴属于此种类型，但此类场所在医院建筑中较为少见。

2. 热水干管立管循环生活热水系统

热水干管立管循环生活热水系统指热水系统所有热水配水干管、立管等均设有相应的回水管道，保证热水配水干管、立管中热水水温的生活热水系统。此种系统适用于不要求随时（可以延时一定短暂时间）获得设计温度热水或对水温没有特殊要求的场所。医院建筑中除 VIP 病房以外的病房病人洗浴属于此种类型，此类场所在医院建筑中最为常见。热水干管立管循环生活热水系统是医院建筑集中生活热水系统最常采用的形式，或者说是标准形式。

3. 热水干管循环生活热水系统

热水干管循环生活热水系统指热水系统所有热水配水干管均设有相应的回水管道，保证热水配水干管中热水水温的生活热水系统。此种系统适用于对水温要求不严格，热水支管、分支管较短，用水较集中或一次用水量较大的场所。医院建筑中的厨房属于此种类型。

4. 不循环生活热水系统

不循环生活热水系统指不设热水回水管道的生活热水系统。医院建筑中的各局部（分散）生活热水系统均属于此种形式。

2.1.3　根据热水管网循环水泵运行方式划分

根据不同的热水管网循环水泵运行方式，医院建筑生活热水系统主要分为全日循环生活热水系统、定时循环生活热水系统 2 种。

1. 全日循环生活热水系统

全日循环生活热水系统指全天任何时刻，都维持热水循环管网中的水温不低于设计温度的生活热水系统。此种系统适用于全日均须保证热水供应的场所。医院建筑中的 VIP 病房病人洗浴属于此种类型。根据医院建筑设计实践，采用全日循环生活热水系统的医院建筑较为少见。

医院建筑中的病房区、门诊医技区、手术部等区域的医护人员洗浴，均要求 24h 全日提供生活热水。因此不论上述区域的生活热水系统是采用集中生活热水系统还是局部（分散）生活热水系统，均应采用全日循环生活热水系统，系统中的加热或换热设备等均应 24h 全日运行。

2. 定时循环生活热水系统

定时循环生活热水系统指生活热水系统在一天中某一时段运行，在热水系统集中运行前，利用热水循环水泵和热水回水管道将热水配水管网中已经冷却的水强制循环加热，在系统运行前将热水配水管网中水温提升到规定温度的生活热水系统。此种系统适用于仅在每天特定时段保证热水供应的场所。医院建筑中的普通病房病人洗浴属于此种类型。根据医院建筑设计实践，采用定时循环生活热水系统的医院建筑占绝大多数，这通常是从医院管理、节水节能等角度决定的。通常医院建筑生活热水系统每天定时供应 2 个时段：中午时段 2～3h，晚上时段 2～3h。

2.1.4　根据热水管网循环动力划分

根据不同的热水管网循环动力，医院建筑生活热水系统主要分为强制循环生活热水系统、自然循环生活热水系统 2 种。

1. 强制循环生活热水系统

强制循环生活热水系统指生活热水系统热水循环采用热水循环泵组等机械动力运行的生活热水系统。机械动力强制循环可以扩大集中生活热水系统的范围，保证热水系统的使用效果。医院建筑集中生活热水系统几乎全部为强制循环生活热水系统。

2. 自然循环生活热水系统

自然循环生活热水系统指热水循环采用重力高差运行的生活热水系统。自然循环生活热水系统在医院建筑中很少采用，常见的是用于医院锅炉房内热水锅炉与热水罐之间的循环热水管路。

2.1.5　根据热水系统是否敞开划分

根据热水系统是否敞开，医院建筑生活热水系统主要分为闭式生活热水系统、开式生活热水系统 2 种。

1. 闭式生活热水系统

闭式生活热水系统指整个生活热水系统为封闭系统，不与大气相通，热水膨胀采用膨胀水罐。基于该种系统的稳定性和卫生性，医院建筑生活热水系统绝大多数采用闭式系统。

2. 开式生活热水系统

开式生活热水系统指整个生活热水系统为非封闭系统，与大气相通，热水膨胀采用膨胀管或膨胀水箱。医院建筑生活热水系统很少采用开式系统。

2.1.6　根据热水管网布置形式划分

根据不同的热水管网布置形式，医院建筑生活热水系统主要分为上供下回式生活热水系统、下供下回式生活热水系统、分层上供上回式生活热水系统 3 种。

1. 上供下回式生活热水系统

上供下回式生活热水系统的热水供水干管设置在建筑顶层、热水回水干管设置在建筑底层，热水供水管自上向下供水。基于该系统特点，热源位于建筑顶部的系统，如由屋顶太阳能热水设备及（或）空气能热泵热水设备提供热水热源等的生活热水系统，通常采用该种系统形式。医院建筑生活热水系统较多采用该种系统。

2. 下供下回式生活热水系统

下供下回式生活热水系统的热水供水干管、热水回水干管均设置在建筑底层，热水供水管自下向上供水。基于该系统特点，热源位于建筑底部的系统，如由锅炉房提供热媒（高温蒸汽或高温热水），经汽-水换热器或水-水换热器换热提供热水热源等的生活热水系统，通常采用该种系统形式。医院建筑生活热水系统也较多采用该种系统。

3. 分层上供上回式生活热水系统

分层上供上回式生活热水系统系针对某一楼层来定义的。对于医院建筑主要是对病房楼集中生活热水系统来说，基于热水计量、分区域（分楼层或分护理单元）控制的要求，每个区域（楼层或护理单元）的热水供水管、热水回水管分别接自本区域热水供水立管、热水回水立管，均沿本区域楼层顶板下（或吊顶内）敷设，热水供水支管均自上向下接至热水用水末端，此种热水系统即为分层上供上回式生活热水系统。医院建筑生活热水系统主要采用该种系统。

2.1.7　根据热水管路距离划分

根据不同的热水管路距离，医院建筑生活热水系统主要分为同程式生活热水系统、异程式生活热水系统 2 种。

1. 同程式生活热水系统

同程式生活热水系统指热水系统各热水管路（包括供水管路、回水管路）的距离长度相同或相差不大的生活热水系统。同程式生活热水系统的水力、热力条件较好，可以保证整个系统的平衡和使用效果。医院建筑生活热水系统绝大多数采用该种系统。

2. 异程式生活热水系统

异程式生活热水系统指热水系统各热水管路（包括供水管路、回水管路）的距离长度不同或相差较大的生活热水系统。异程式生活热水系统的水力、热力条件较差，难以保证整个系统的平衡和使用效果。医院建筑生活热水系统目前较少采用该种系统。

近年来，鉴于生活热水多功能阀可以解决生活热水的水力平衡和热量平衡问题，生活热水温控循环阀在医院建筑生活热水系统中得到了越来越多的应用。在采用生活热水温控循环阀的情况下，医院建筑生活热水系统可以且宜采用异程式生活热水系统。生活热水系统异程运行，可以大大缩短热水回水管敷设长度，提高热水循环效率，节省管道占用空间，具有较大优势，异程式生活热水系统将得到更多运用。

2.1.8 根据热水系统分区方式划分

根据不同的热水系统分区方式，医院建筑生活热水系统主要分为加热器集中设置生活热水系统、加热器分散设置生活热水系统、加热器分布设置生活热水系统 3 种。

1. 加热器集中设置生活热水系统

医院内各个建筑生活热水系统距离较近、规模相差不大或为同一建筑内不同竖向分区系统时，通常采用加热器集中设置生活热水系统。该系统集中设置热媒设备（加热设备）、换热设备、贮热设备、热水供水泵组、热水循环泵组，有利于集中控制管理。

2. 加热器分散设置生活热水系统

医院内各个建筑生活热水系统距离较远、规模相差较大时，通常采用加热器分散设置生活热水系统。该系统根据热水系统分散区域的不同，分别设置热媒设备（加热设备）、换热设备、贮热设备、热水供水泵组、热水循环泵组，每个区域独立设置，可以节省大量管材，减少热损耗。

3. 加热器分布设置生活热水系统

除了上述 2 种系统，不受医院建筑距离、规模限制，医院建筑生活热水系统宜采用加热器分布设置生活热水系统。该系统根据热水系统分散区域的不同，集中设置热媒设备（加热设备）、贮热设备、热媒供水泵组、热媒循环泵组，分别设置换热设备（每个区域分别设置）。通过将换热设备分区域设置，可以减少热水供水、回水管材长度，提高换热效率，更加节能。

综上所述，目前常见的医院建筑生活热水系统为集中生活热水系统、热水干管立管循环生活热水系统、定时循环生活热水系统、强制循环生活热水系统、闭式生活热水系统、分层上供上回式生活热水系统、同程式生活热水系统、加热器集中设置生活热水系统。基于生活热水系统的技术发展，现在及未来常见的医院建筑生活热水系统为集中生活热水系统、热水干管立管循环生活热水系统、定时循环生活热水系统、强制循环生活热水系统、闭式生活热水系统、分层上供上回式生活热水系统、异程式生活热水系统、加热器分布设置生活热水系统。

典型的医院建筑生活热水系统原理图见图 2-1、图 2-2。

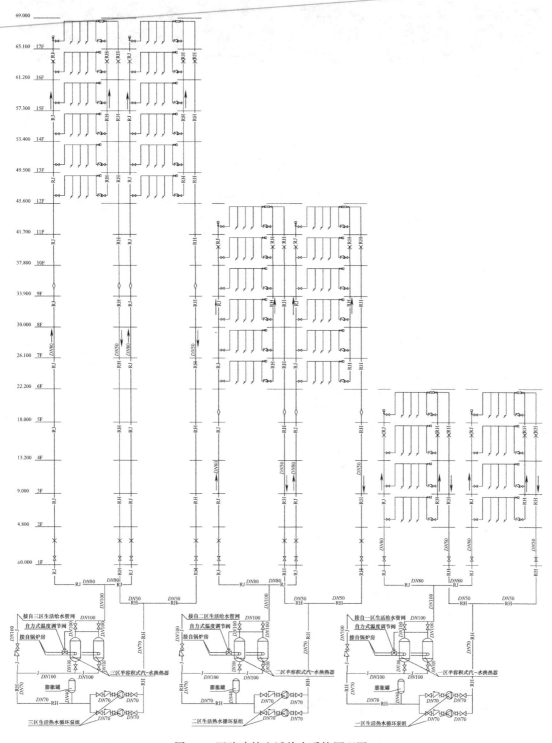

图 2-1　医院建筑生活热水系统原理图一

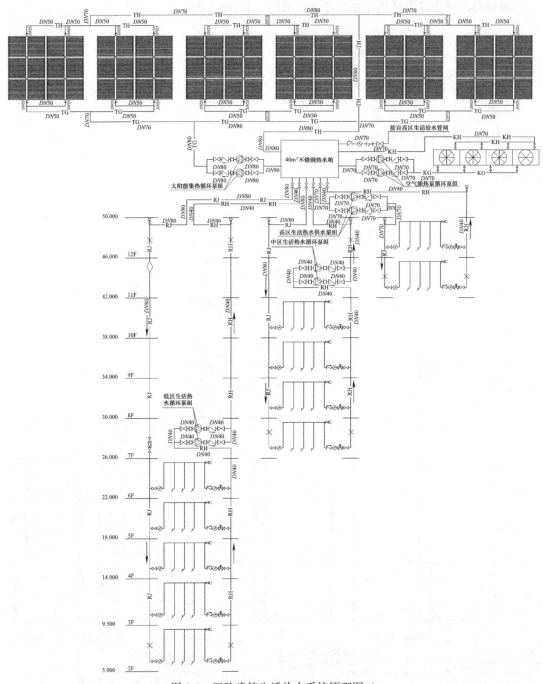

图 2-2　医院建筑生活热水系统原理图二

2.2　医院建筑生活热水系统热源

集中生活热水系统的热源包括以下多种类型：工业余热、废热；地源热能；太阳能；空气源热能；水源热能；市政热力管网；锅炉房蒸汽或高温热水；燃油（气）热水机组或电蓄热设备热水等。对于医院建筑，其集中生活热水系统的热源也基本上包括上述内容，以下通过分析上述热源的特点及适用范围，以确定医院建筑生活热水系统的热源。

2.2.1　工业余热、废热

从节能角度出发，工业余热、废热应优先得到利用。但通常能够稳定提供工业余热、废热的厂矿企业在某个区域并不多见，即便存在，医院院区距离此类厂矿企业较远，利用成本较高，所以在实际应用中几乎很少实现。

2.2.2　地源热能

地源（土壤源）热能，简称土能，属于浅层地热能源，是高效节能能源之一。它通常以地源热泵的形式为暖通空调提供冷热源，地能分别在冬季作为热泵供热的热源和在夏季作为制冷的冷源，即在冬季，把地能中的热量取出来，提高温度后，给室内供暖；在夏季，把室内的热量取出来，释放到地能中去。对于生活热水系统，仅能在冬季为系统提供热源，且存在供水温度不高、随时间延长温度逐步衰减的缺点，因此在医院建筑生活热水系统中仅能作为辅助热源，在暖通空调专业采用地源热泵为供暖提供冷热源时，附带作为生活热水系统的补充热源。

2.2.3　太阳能

太阳能既是一次能源，又是可再生能源。它资源丰富，既可免费使用，又无需运输，对环境无任何污染。对于日照时数大于 1400h/a 且年太阳辐射量大于 $4200MJ/m^2$ 及年极端最低气温不低于 $-45℃$ 的地区，宜优先采用太阳能作为热水供应热源。根据上述条件，我国大多数地区均具备利用太阳能的条件，尤其是在提供生活热水热源方面。基于此，我国多个省、市、自治区、直辖市对于集中生活热水量较大的医院建筑（主要是病房建筑），出台规定强制采用太阳能作为生活热水系统的热源，太阳能集热热水系统在医院建筑热水系统设计中得到了广泛的应用。

但是太阳能在应用中存在以下缺点：（1）分散性：到达地球表面的太阳辐射总量尽管很大，但是能流密度很低，冬季更低，阴天也很低；（2）不稳定性：由于受到昼夜、季节、地理纬度和海拔高度等自然条件的限制以及晴、阴、云、雨等随机因素的影响，到达某一地面的太阳辐照度既是间断的，又是极不稳定的。上述因素造成生活热水的产生也是不稳定的，热水量得不到充分的保证。另一方面，通常太阳能集热板布置在病房楼屋顶，受建筑平面限制，即便屋面布置满集热板，产生的热水量也很难满足医院建筑（主要是病房楼）生活热水量的需求，只能满足一部分。所以太阳能在医院建筑生活热水系统中通常作为辅助热源。

2.2.4　空气源热能

空气源热能简称空气能，即空气中所蕴含的低品位热能。空气源热泵热水机组把空气中的热量通过冷媒搬运到水中，由于大部分热量从空气中吸收，其热效率可达到 300% 以上。鉴于空气源热泵热水机组的运行原理，在我国夏热冬暖地区，空气源热泵热水机组的使用效率更高、*COP* 更高,因此得到了普遍应用。

2.2.5　水源热能

水源热能指地球表面的浅层水源(一般在 1000m 以内),如地下水及地表的河流、湖泊和海洋,吸收了太阳进入地球的相当的辐射能量而保持的热能,并且水源的温度一般都十分稳定。在冬季,通过水源热泵热水机组从水源中提取热能,供给建筑物中热水。在地下水源充沛、水文地质条件适宜,并能保证回灌的地区,宜采用地下水源热泵热水供应系统,目前在工程中得到了一定的应用;在沿江、沿海、沿湖地表水源充足且水文地质条件适宜的地区,宜采用地表水源热泵热水供应系统,目前在工程中应用较少。与地源热泵类似,水源热泵对于生活热水系统仅能在冬季为系统提供热源,也存在供水温度不高、随时间延长温度逐步衰减的缺点,因此在医院建筑生活热水系统中仅能作为辅助热源。

2.2.6　市政热力管网

市政热力管网作为集中生活热水系统的热媒有较大的优势:管网流量、压力稳定,性价比较高等。如果医院建筑周边有能保证全年供热的热力管网,应该是很好的选择。但是国内具备全年供热的热力管网极少,大多数是北方冬季供暖季节才运行的市政热力管网或部分企业热力管网,因此应用受到了一定的限制。

2.2.7　锅炉房蒸汽或高温热水

区域锅炉房或院区锅炉房内设置蒸汽锅炉或热水锅炉,可以提供蒸汽或高温热水作为集中生活热水系统的热媒。基于节能的要求,热水锅炉应用得更为普遍。锅炉可以一年四季为建筑生活热水系统提供稳定、可靠的热媒,不受建筑周边环境的影响。在医院建筑中,洗衣房、中心供应室、食堂、空调加湿等场所需要蒸汽;暖通空调系统冬季或过渡季节需要热源,尤其是严寒地区、寒冷地区冬季供暖需要高温热水,所以医院建筑中锅炉的设置是很有必要的。出于环保考虑,目前的锅炉常采用燃气锅炉、燃油锅炉或电锅炉。

2.2.8　燃油(气)热水机组或电蓄热设备热水

燃油(气)热水机组或电蓄热设备热水属于直接制备生活热水的设备,在上述热源均无法采用的情况下才采用,在医院建筑中使用较少。

综上所述,从节能角度出发,生活热水系统热源选择的顺序大致为:工业余热、废热;地源热能;太阳能;空气源热能;水源热能;市政热力管网;锅炉房蒸汽或高温热水;燃油(气)热水机组或电蓄热设备热水。从稳定可靠性角度出发,生活热水系统热源选择的顺序大致为:锅炉房蒸汽或高温热水;燃油(气)热水机组或电蓄热设备热水;市政热力管网;空气源热能;太阳能;水源热能;地源热能;工业余热、废热。从全年保证角度出发,仅有锅炉房蒸汽或高温热水和燃油(气)热水机组或电蓄热设备热水能满足要求。

医院建筑生活热水系统主要涉及病房楼病人洗浴和医护人员洗浴两部分,热水用水量较大且较为集中,热水用水可靠性要求高。基于医院建筑生活热水系统的特点,结合医院建筑工程设计实践，生活热水系统热源主要选择项包括：锅炉房蒸汽或高温热水；太阳能；空气源热能；辅助选择项包括：水源热能；地源热能；燃油（气）热水机组或电蓄热设备热水。

2.2.9　常用热源组合方式

医院建筑生活热水系统热源往往不是单纯一种热源形式，而是两种或两种以上热源形式的组合，方能做到既稳定可靠又节能。以下介绍几种普遍应用的热源组合方式。

1. 热水锅炉＋太阳能组合方式

此方式的特点：医院院区内设置燃气（油）锅炉房，锅炉房内高温热水锅炉提供热媒（通常为 80℃/60℃ 高温热水），经建筑内部（通常设置在地下室）热水机房（或换热机房）内的各区域（包括各竖向分区）水-水换热器换热后为系统提供 60℃/50℃ 低温热水作为主要热源。

建筑屋顶设置太阳能热水机房（房间内设置贮热水箱或贮热罐、生活热水供水泵组、生活热水循环泵组、太阳能集热循环泵组等），屋顶布置太阳能集热板及太阳能供水、回水管道。太阳能供水设备为系统提供 60℃/50℃ 高温热水作为辅助热源。

该种组合方式既能保证系统具有稳定可靠的热源（主要由热水锅炉提供），又能保证系统的节能性（主要由太阳能供水设备提供），所以在具备上述两种热源条件时，该组合方式是医院建筑生活热水系统热源主要推荐（主流）形式。

鉴于设置燃气（油）锅炉房的医院主要位于寒冷或严寒地区，因此北方、西北等寒冷或严寒地区医院建筑生活热水系统适宜采用此种热源组合方式。

2. 蒸汽锅炉＋太阳能组合方式

此方式的特点：医院院区内设置燃气（油）锅炉房，锅炉房内高温蒸汽锅炉提供热媒，经建筑内部（通常设置在地下室）热水机房（或换热机房）内的各区域（包括各竖向分区）汽-水换热器换热后为系统提供 60℃/50℃ 低温热水作为主要热源。

建筑屋顶设置太阳能热水机房，屋顶布置太阳能集热板及太阳能供水、回水管道。太阳能供水设备为系统提供 60℃/50℃ 高温热水作为辅助热源。

该种组合方式既能保证系统具有稳定可靠的热源（主要由蒸汽锅炉提供），又能保证系统的节能性（主要由太阳能供水设备提供），所以该组合方式是医院建筑生活热水系统热源主要形式之一。

蒸汽换热产生热水虽然换热效率较高，但不太符合节能要求，所以在医院院区锅炉房配置蒸汽锅炉一方面满足医院蒸汽消毒、加湿、厨房等使用要求，另一方面可以满足生活热水使用要求时可以应用。

3. 太阳能＋空气源热能组合方式

此方式的特点：医院建筑屋顶设置太阳能、空气源热能热水机房（房间内设置贮热水箱或贮热罐、生活热水供水泵组、生活热水循环泵组、太阳能集热循环泵组、空气源热能循环泵组等），屋顶布置太阳能集热板、空气源热泵热水机组及太阳能、空气能供水、回水管道。太阳能供水设备为系统提供 60℃/50℃ 高温热水作为主要热源，空气源热泵热水机组为系统提供 60℃/50℃ 高温热水作为辅助热源。

该种组合方式既能保证系统具有稳定可靠的热源（主要由太阳能供水设备、空气源热泵热水机组提供），又能保证系统的节能性（主要由太阳能供水设备提供），所以在具备上述两种热源条件时，该组合方式是医院建筑生活热水系统热源另一种主要（主流）推荐形式。

鉴于太阳能供水设备、空气源热泵热水机组更适宜应用在温和地区、夏热冬暖地区或夏热冬冷地区，因此我国南部或中部地区医院建筑生活热水系统适宜采用此种热源组合方式。

上述 3 种是常见的也是最重要的医院建筑生活热水系统热源组合形式。在选择热源时，应根据医院建筑生活热水的需要（如热水用水点多少及位置、用水体制等）、建筑所在地地理条件、医院院区热源条件等因素，提出设计要求，经与医院业主方充分沟通后确定节能可靠的热源组合形式。

2.3 热水系统设计参数

2.3.1 医院建筑热水用水定额

按照《水标》，医院建筑热水最高日用水定额应按表 2-1 选用。

医院建筑热水最高日用水定额 表 2-1

序号	建筑物名称		单位	热水用水定额(L)		使用时间 (h)
				最高日	平均日	
1	医院住院部	设公用盥洗室	每床位每日	60～100	40～70	24
		设公用盥洗室、淋浴室		70～130	65～90	
		设单独卫生间		110～200	110～140	
		医务人员	每人每班	70～130	65～90	8
	门诊部、诊疗所	病人	每病人每次	7～13	3～5	8～12
		医务人员	每人每班	40～60	30～50	8
		疗养院、休养所住房部	每床位每日	100～160	90～110	24
2	洗衣房		每千克干衣	15～30	15～30	8
3	餐饮业	中餐酒楼	每顾客每次	15～20	8～12	10～12
		快餐店、职工及学生食堂		10～12	7～10	12～16
4	办公	坐班制办公	每人每班	5～10	4～8	8～10
5	会议厅		每座位每次	2～3	2	4
6	宿舍	居室内设卫生间	每人每日	70～100	40～55	24 或定时供应
		设公用盥洗卫生间		40～80	35～45	

注：1. 表中所列用水定额均已包括在第 1 章表 1-1 中；
　　2. 本表以 60℃热水水温为计算温度，卫生器具的使用水温见表 2-4；
　　3. 宿舍使用 IC 卡计费用热水时，可按每人每日最高日用水定额 25～30L，平均日用水定额 20～25L；
　　4. 表中平均日用水定额仅用于计算太阳能热水系统集热器面积和计算节水用水量；
　　5. 若医院允许陪住，则每一陪住者应按一个病床计算，一般康复医院、儿童医院、外科医院、急诊病房等可考虑陪住，陪住人员比例应与医院院方商定。

医院建筑附设功能场所热水用水定额应按表 2-2 选用。

医院建筑附设功能场所热水用水定额　　　　　　表 2-2

序号	使用场所名称	单位	最高日用水定额(L)	使用时间(h)
1	洗衣房	每千克干衣	15～30	8
2	职工食堂	每顾客每次	7～10	12～16
3	办公楼	每人每班	5～10	8

注：热水温度按 60℃计。

按照《民用建筑节水设计标准》GB 50555—2010，医院建筑热水平均日节水用水定额应按表 2-3 选用。

医院建筑热水平均日节水用水定额　　　　　　表 2-3

序号	使用场所名称	单位	平均日节水用水定额(L)	使用时间(h)
1	医院住院部(设公用厕所、盥洗室)	每床位每日	45～70	24
2	医院住院部(设公用厕所、盥洗室、淋浴室)	每床位每日	65～90	24
3	医院住院部(设单独卫生间)	每床位每日	110～140	24
4	医务人员	每人每班	65～90	8
5	门诊部、诊疗所	每病人每次	3～5	8
6	疗养院、休养所住房部	每床位每日	90～110	24

注：热水温度按 60℃计。

医院建筑热水用水定额应根据建筑内卫生器具完善程度、生活热水供应方式、生活热水供应时间、生活热水供水水温、医院所在地生活习惯和地区条件等综合确定。所在地为较大城市、标准要求较高的医院建筑热水用水定额可以适当选用较高值；反之可选用较低值。

2.3.2 医院建筑卫生器具用水定额及水温

医院建筑卫生器具的一次热水用水量和小时热水用水量及水温应按表 2-4 确定。

医院建筑卫生器具一次热水用水量和小时热水用水量及水温　　　　　表 2-4

序号	卫生器具名称	一次热水用水量(L)	小时热水用水量(L)	使用水温(℃)
1	医院、疗养院、休养所洗手盆	—	15～25	35
2	医院、疗养院、休养所洗涤盆(池)	—	300	50
3	医院、疗养院、休养所淋浴器	—	200～300	37～40
4	医院、疗养院、休养所浴盆	125～150	250～300	40

注：表中用水量均为使用水温时的用水量；一次热水用水量指使用一次的用水量，并非卫生器具开关一次的用水量，有些卫生器具使用一次可能需要开关几次。

医院建筑附设功能场所卫生器具的一次热水用水量和小时热水用水量及水温应按表 2-5 确定。

医院建筑附设功能场所卫生器具一次热水用水量和小时热水用水量及水温　　表 2-5

序号	卫生器具名称	一次热水用水量(L)	小时热水用水量(L)	使用水温(℃)
1	办公楼洗手盆	—	50～100	35
2	实验室洗脸盆	—	60	50
3	实验室洗手盆	—	15～25	30
4	餐饮业洗涤盆(池)	—	250	50
5	餐饮业洗脸盆(工作人员用)	3	60	30

续表

序号	卫生器具名称	一次热水用水量(L)	小时热水用水量(L)	使用水温(℃)
6	餐饮业洗脸盆(顾客用)	—	120	30
7	餐饮业淋浴器	40	400	37~40
8	宿舍淋浴器(有淋浴小间)	70~100	210~300	37~40
9	宿舍淋浴器(无淋浴小间)	—	450	37~40
10	宿舍盥洗槽水嘴	3~5	50~80	30

注:宿舍等建筑的淋浴间,当使用 IC 卡计费用热水时,其一次热水用水量和小时热水用水量可按表中数值的 25%~40%取值。

2.3.3 医院建筑冷水计算温度

冷水的计算温度应以当地最冷月平均水温资料确定。当无水温资料时,可按表2-6采用。

冷水计算温度 表2-6

区域	地 区		地面水(℃)	地下水(℃)	区域	地 区		地面水(℃)	地下水(℃)
东北	黑龙江		4	6~10	东南	浙江		5	15~20
	吉林					江苏	偏北	4	10~15
	辽宁	大部		6~10			大部	5	15~20
		南部		10~15		江西	大部		
华北	北京		4	10~15		安徽	大部		
	天津					福建	北部		
	河北	北部		6~10			南部	10~15	20
		大部		10~15		台湾地区			
	山西	北部		6~10	中南	河南	北部	4	10~15
		大部		10~15			南部	5	
	内蒙古			6~10		湖北	东部	5	15~20
西北	陕西	偏北	4	6~10			西部	7	
		大部		10~15		湖南	东部	5	
		秦岭以南	7	15~20			西部	7	
	甘肃	南部	4	10~15		广东、香港、澳门		10~15	20
		秦岭以南	7	15~20		海南		15~20	17~22
	青海	偏东		10~15	西南	重庆		7	15~20
	宁夏	偏东	4	6~10		贵州			
		南部		10~15		四川	大部		
	新疆	北疆	5	10~11		云南	大部	10~15	20
		南疆	—	12			南部		
		乌鲁木齐	8			广西	大部		
东南	山东		4	10~15			偏北	7	15~20
	上海		5	15~20		西藏		—	5

为了保证生活热水系统的可靠性，医院建筑冷水计算温度宜按医院当地地面水温度确定，水温有取值范围时宜取低值。

2.3.4　医院建筑水加热设备供水温度

医院建筑集中生活热水系统的水加热设备（包括热水锅炉、热水机组或水加热器等）的出水温度应根据原水水质、使用要求、系统大小及消毒设施灭菌效果等确定，宜按表 2-7 采用。

医院建筑水加热设备出水温度和配水点水温　　　　表 2-7

水加热设备进水冷水总硬度（CaCO$_3$ 计）(mg/L)	系统灭菌消毒设施设置情况	水加热设备出水温度（℃）	配水点水温（℃）
<120	无	60～65	≥45
	有	55～60	
≥120	无	60	
	有	55～60	

经综合考虑，医院建筑集中生活热水系统水加热设备的供水温度宜为 60～65℃，通常按 60℃ 计。

2.3.5　医院建筑生活热水水质

医院建筑生活热水的水质指标，应符合现行国家标准《生活饮用水卫生标准》GB 5749 的要求。

医院建筑集中生活热水系统原水的处理，应根据水质、水量、水温、水加热设备的构造、使用要求等因素经技术经济比较按下列规定确定：

洗衣房日用热水量（按 60℃ 计）大于或等于 10m³ 且原水总硬度（以 CaCO$_3$ 计）大于 300mg/L 时，应进行水质软化处理；原水总硬度（以 CaCO$_3$ 计）为 150～300mg/L 时，宜进行水质软化处理。

其他生活日用热水量（按 60℃ 计）大于或等于 10m³ 且原水总硬度（以 CaCO$_3$ 计）大于 300mg/L 时，宜进行水质软化或阻垢缓蚀处理。

经软化处理后的水质总硬度（以 CaCO$_3$ 计），洗衣房用水宜为 50～100mg/L；其他用水宜为 75～120mg/L。

水质阻垢缓蚀处理应根据水的硬度、温度、适用流速、作用时间或有效管道长度及工作电压等，选择合适的物理处理或化学稳定剂处理方法。

当系统对溶解氧控制要求较高时，宜采取除氧措施。

2.4　热水系统设计指标

2.4.1　医院建筑热水设计小时耗热量

1. 全日供应热水设计小时耗热量

当医院建筑住院部生活热水系统采用全日供应热水的集中生活热水系统时，其设计小时耗热量应按式（2-1）计算：

$$Q_h = K_h \cdot m \cdot q_r \cdot C \cdot (t_{r1} - t_l) \cdot \rho_r \cdot C_\gamma / T \tag{2-1}$$

式中 　Q_h——医院建筑生活热水设计小时耗热量，kJ/h；

　　　K_h——医院建筑生活热水小时变化系数，可按表 2-8 经内插法计算采用；

　　　m——医院建筑设计床位数，床；

　　　q_r——医院建筑生活热水用水定额，L/(床·d)，按医院建筑热水最高日用水
　　　　　定额（表 2-1）选用；

　　　C——水的比热，kJ/(kg·℃)，$C=4.187$kJ/(kg·℃)；

　　　t_{r1}——热水计算温度，℃，计算时 t_{r1} 宜取 65℃；

　　　t_l——冷水计算温度，℃，计算时通常按表 2-6 选用；

　　　ρ_r——热水密度，kg/L，通常取 1.0kg/L；

　　　C_γ——热水供应系统的热损失系数，$C_\gamma = 1.10 \sim 1.15$；

　　　T——医院建筑每日使用时间，h，取 24h。

医院建筑生活热水小时变化系数　　　　　　　　　　　　　表 2-8

建筑类别	热水用水定额 [L/(床·d)]	使用床位数 （床）	热水小时变化系数 K_h
医院住院部(设公用盥洗室)	60～100		
医院住院部(设公用盥洗室、淋浴室)	70～130	50～1000	3.63～2.56
医院住院部(设单独卫生间)	110～200		
疗养院、休养所住房部	100～160		

注：K_h 应根据热水用水定额高低、使用床位数多少取值，当热水用水定额高、使用床位数多时取低值，反之取
　　高值。使用床位数小于下限值（50 床）时，K_h 取上限值（3.63）；使用床位数大于上限值（1000 床）时，
　　K_h 取下限值（2.56）；使用床位数位于下限值与上限值之间（50～1000 床）时，K_h 取值在下限值与上限值
　　之间（3.63～2.56），采用内插法计算求得。

将 C、t_{r1}、ρ_r、C_γ、T 等参数代入公式（2-1）后为式（2-2）：

$$
\begin{aligned}
Q_h &= K_h \cdot m \cdot q_r \cdot C \cdot (t_{r1} - t_l) \cdot \rho_r \cdot C_\gamma / T \\
&= K_h \cdot m \cdot q_r \cdot 4.187 \cdot (65 - t_l) \cdot 1.0 \cdot 1.15/24 \\
&= 0.201 \cdot K_h \cdot m \cdot q_r \cdot (65 - t_l)
\end{aligned}
\tag{2-2}
$$

2. 定时供应热水设计小时耗热量

当医院建筑住院部生活热水系统采用定时供应热水的集中生活热水系统时，其设计小
时耗热量应按式（2-3）计算：

$$Q_h = \sum q_h \cdot C \cdot (t_{r2} - t_l) \cdot \rho_r \cdot n_0 \cdot b_g \cdot C_\gamma \tag{2-3}$$

式中 　Q_h——医院建筑生活热水设计小时耗热量，kJ/h；

　　　q_h——医院建筑卫生器具生活热水小时用水定额，L/h，可按表 2-9 采用，计算时
　　　　　通常取小时热水用水量的上限值；

　　　C——水的比热，kJ/(kg·℃)，$C=4.187$kJ/(kg·℃)；

　　　t_{r2}——热水计算温度，℃，计算时按表 2-10 选用，淋浴器使用水温通常取 40℃；

　　　t_l——冷水计算温度，℃，按表 2-6 选用；

　　　ρ_r——热水密度，kg/L，通常取 1.0kg/L；

n_0——医院建筑同类型卫生器具数；

b_g——医院建筑卫生器具的同时使用百分数：医院、疗养院病房卫生间内浴盆或淋浴器可按 70%～100% 计，通常按 100% 计，其他卫生器具不计，但定时连续热水供水时间应大于等于 2h；

C_γ——热水供应系统的热损失系数，$C_\gamma = 1.10～1.15$。

医院建筑卫生器具生活热水小时用水定额　　　　　　表 2-9

序号	卫生器具名称	热水小时用水定额（L/h）
1	医院、疗养院、休养所洗手盆	15～25
2	医院、疗养院、休养所洗涤盆(池)	300
3	医院、疗养院、休养所淋浴器	200～300
4	医院、疗养院、休养所浴盆	250～300

热水计算温度　　　　　　表 2-10

序号	卫生器具名称	使用水温（℃）
1	医院、疗养院、休养所洗手盆	35
2	医院、疗养院、休养所洗涤盆(池)	50
3	医院、疗养院、休养所淋浴器	37～40
4	医院、疗养院、休养所浴盆	40

医院建筑病房卫生间内绝大多数情况下采用淋浴器洗浴，仅在少数 VIP 病房卫生间内采用浴盆洗浴。计算时淋浴器、浴盆热水小时用水定额均取 300L/h，热水计算温度均取 40℃，同时使用百分数均取 100%。在此情况下，设计小时耗热量按式（2-4）计算：

$$Q_h = \sum q_h \cdot C \cdot (t_{r2} - t_l) \cdot \rho_r \cdot n_0 \cdot b_g \cdot C_\gamma \qquad (2-4)$$
$$= 300 \cdot 4.187 \cdot (40 - t_l) \cdot 1.0 \cdot n_0 \cdot 100\% \cdot 1.15$$
$$= 1444.5 \cdot (40 - t_l) \cdot n_0$$

计算时，t_l 通常取地面水温度的下限值，根据统计表，我国各地地面水温度可取 4℃、5℃、7℃、8℃、10℃、15℃、20℃，据公式（2-4）计算得简便计算公式见表 2-11。

不同冷水计算温度生活热水系统采用定时供应热水 Q_h 计算公式对照表　　表 2-11

冷水计算温度（℃）	医院建筑生活热水系统采用定时供应热水 Q_h 计算公式（kJ/h）
4	$52002.5 \cdot n_0$
5	$50558.0 \cdot n_0$
7	$47669.0 \cdot n_0$
8	$46224.5 \cdot n_0$
10	$43335.5 \cdot n_0$
15	$36112.9 \cdot n_0$
20	$28890.3 \cdot n_0$

医院建筑同类型卫生器具数 n_0 即为生活热水系统涉及的淋浴器和浴盆数量之和。

3. 不同使用要求用水部门热水设计小时耗热量

具有多个不同使用热水部门或具有多种热水使用形式的医院建筑，当其热水由同一热水供应系统供应时，设计小时耗热量可按同一时间内出现用水高峰的主要用水部门的设计小时耗热量加其他用水部门的平均小时耗热量计算。

2.4.2 医院建筑设计小时热水量

医院建筑设计小时热水量可按式（2-5）计算：

$$q_{rh}=Q_h/[(t_{r3}-t_l)\cdot C\cdot \rho_r\cdot C_\gamma] \tag{2-5}$$

式中 q_{rh}——医院建筑生活热水设计小时热水量，L/h；

Q_h——医院建筑生活热水设计小时耗热量，kJ/h；

t_{r3}——设计热水温度，℃，计算时 t_{r3} 取值与 t_{r1} 一致即可；

t_l——冷水计算温度，℃；

C——水的比热，kJ/(kg·℃)，C=4.187kJ/(kg·℃)；

ρ_r——热水密度，kg/L，通常取 1.0kg/L；

C_γ——热水供应系统的热损失系数，C_γ=1.10～1.15。

当医院建筑生活热水系统采用全日供应热水的集中生活热水系统时，引入设计小时耗热量计算公式，设计小时热水量可按式（2-6）计算：

$$q_{rh}=Q_h/[(t_{r3}-t_l)\cdot C\cdot \rho_r\cdot C_\gamma]=K_h\cdot m\cdot q_r/T \tag{2-6}$$

当医院建筑生活热水系统采用定时供应热水的集中生活热水系统时，引入设计小时耗热量计算公式，设计小时热水量可按式（2-7）计算：

$$q_{rh}=Q_h/[(t_{r1}-t_l)\cdot C\cdot \rho_r\cdot C_\gamma]$$
$$=\sum q_h\cdot (t_{r2}-t_l)\cdot n_0\cdot b_g/(t_{r1}-t_l)$$
$$=1256.1\cdot(40-t_l)\cdot n_0/(65-t_l) \tag{2-7}$$

2.4.3 医院建筑加热设备供热量

医院建筑全日集中生活热水系统中，锅炉、水加热设备的设计小时供热量应根据日热水用量小时变化曲线、加热方式及锅炉、水加热设备的工作制度经积分曲线计算确定。但在设计中较难获得上述资料，应采用以下原则确定。

1. 容积式水加热器或贮热容积与其相当的水加热器、燃油（气）热水机组供热量

医院建筑生活热水系统采用的容积式水加热器均应为导流型容积式水加热器，其设计小时供热量可按式（2-8）计算：

$$Q_g=Q_h-(\eta\cdot V_r/T_1)\cdot(t_{r3}-t_l)\cdot C\cdot \rho_r \tag{2-8}$$

式中 Q_g——医院建筑导流型容积式水加热器的设计小时供热量，kJ/h；

Q_h——医院建筑设计小时耗热量，kJ/h；

η——导流型容积式水加热器有效贮热容积系数，取 0.8～0.9；

V_r——导流型容积式水加热器总贮热容积，L；

T_1——医院建筑设计小时耗热量持续时间，h，全日集中生活热水系统 T_1 取 2～4h；定时集中生活热水系统 T_1 等于定时供水的时间；当 Q_g 计算值小于平均小时耗热量时，Q_g 应取平均小时耗热量；

t_{r3}——设计热水温度，℃，按导流型容积式水加热器出水温度或贮水温度计算，
　　　　通常取 65℃；

t_l——冷水计算温度，℃；

C——水的比热，kJ/(kg·℃)，$C=4.187$kJ/(kg·℃)；

ρ_r——热水密度，kg/L，通常取 1.0kg/L。

从式（2-8）看出，医院建筑生活热水系统设计小时供热量为设计小时耗热量扣除导流型容积式水加热器自身贮热量。基于 V_r 必须在导流型容积式水加热器型号确定后方能确定，在设计计算中应采取下述步骤：根据 Q_h 及确定的水加热器台数选择导流型容积式水加热器型号，进而确定 V_r 值，代入式（2-8）后计算 Q_g，再根据 Q_g 及确定的水加热器台数复核导流型容积式水加热器型号，若相差较大则应重新试算选型。

在进行医院建筑生活热水系统设计小时供热量计算时，为了简化计算及从设备可靠性考虑，通常取 $Q_g=Q_h$。

2. 半容积式水加热器或贮热容积与其相当的水加热器、燃油（气）热水机组供热量

医院建筑生活热水系统亦常采用半容积式水加热器，此时半容积式水加热器设计小时供热量按设计小时耗热量计算，即取 $Q_g=Q_h$。

3. 半即热式、快速式水加热器及其他无贮热容积水加热设备供热量

医院建筑分散生活热水系统常采用半即热式、快速式水加热器，其设计小时供热量按设计秒流量所需耗热量计算。可按式（2-9）计算：

$$Q_g=3600 \cdot q_g \cdot (t_r-t_l) \cdot C \cdot \rho_r \tag{2-9}$$

式中　Q_g——医院建筑半即热式、快速式水加热器的设计小时供热量，kJ/h；

q_g——医院建筑热水供应系统供水总干管的设计秒流量，L/s。

t_r——设计热水温度，℃；

ρ_r——热水密度，kg/L。

2.5　生活热水系统热水管网计算

2.5.1　生活热水管网设计流量

1. 医院建筑生活热水引入管流量

医院建筑生活热水引入管设计流量应按该医院建筑相应生活热水系统总供水干管的设计秒流量确定。

2. 医院建筑内生活热水设计秒流量

医院建筑内生活热水设计秒流量应按式（2-10）计算：

$$q_g=0.2 \cdot \alpha \cdot (N_g)^{1/2} \tag{2-10}$$

式中　q_g——计算管段的热水设计秒流量，L/s；

N_g——计算管段的卫生器具热水当量总数；

α——根据医院建筑用途的系数，对于门诊部、诊疗所取 1.4，对于医院、疗养院、休养所取 2.0。

注：如计算值小于该管段上一个最大卫生器具热水额定流量时，应采用一个最大卫生器具热水额定

流量作为设计秒流量；如计算值大于该管段上按卫生器具热水额定流量累加所得流量值时，应按卫生器具热水额定流量累加所得流量值采用。

对于门诊部、诊疗所，生活热水设计秒流量计算公式为式（2-11）：

$$q_g = 0.2 \cdot \alpha \cdot (N_g)^{1/2} = 0.2 \cdot 1.4 \cdot (N_g)^{1/2} = 0.28 \cdot (N_g)^{1/2} \tag{2-11}$$

对于医院、疗养院、休养所，生活热水设计秒流量计算公式为式（2-12）：

$$q_g = 0.2 \cdot \alpha \cdot (N_g)^{1/2} = 0.2 \cdot 2.0 \cdot (N_g)^{1/2} = 0.4 \cdot (N_g)^{1/2} \tag{2-12}$$

对于医院综合楼，生活热水设计秒流量计算公式为式（2-13）：

$$q_g = 0.2 \cdot \alpha \cdot (N_g)^{1/2} = 0.2 \cdot 1.7 \cdot (N_g)^{1/2} = 0.34 \cdot (N_g)^{1/2} \tag{2-13}$$

在进行医院建筑生活热水设计秒流量计算时，对于建筑内负责门诊、医技等场所生活热水系统的供水管网，设计秒流量按照式（2-11）计算；对于建筑内负责病房等场所生活热水系统的供水管网，设计秒流量按照式（2-12）计算；对于建筑内既负责门诊、医技等场所又负责病房等场所生活热水系统的供水管网，设计秒流量按照式（2-13）计算。

在医院建筑设计实践中，病房区域功能分区较为集中、单一，大多数情况下生活热水系统采用集中生活热水系统，其生活热水设计秒流量应按式（2-12）计算；门诊、医技区域功能分区较为分散、多元，绝大多数情况下不设计生活热水系统或个别区域采用分散生活热水系统，其生活热水设计秒流量应按式（2-11）计算；部分病房区域附带有门诊、医技功能，其生活热水设计秒流量应按式（2-12）或式（2-13）计算，建议采用式（2-12）。

2.5.2 医院建筑内卫生器具热水当量

医院建筑卫生器具的热水额定流量、热水当量、连接热水管管径和最低工作压力按表 2-12 确定。

卫生器具热水额定流量、热水当量、连接热水管管径和最低工作压力　　　　表 2-12

序号	热水配件名称	热水额定流量（L/s）	热水当量	连接热水管公称管径（mm）	最低工作压力（MPa）
1	洗脸盆(单阀水嘴)	0.15	0.75	15	0.050
2	洗脸盆(混合水嘴)	0.15(0.10)	0.75(0.50)	15	0.050
3	洗手盆(感应水嘴)	0.10	0.50	15	0.050
4	洗手盆(混合水嘴)	0.15(0.10)	0.75(0.50)	15	0.050
5	浴盆(单阀水嘴)	0.20	1.00	15	0.050
6	浴盆(混合水嘴,含带淋浴转换器)	0.24(0.20)	1.20(1.00)	15	0.050～0.070
7	淋浴器(混合阀)	0.15(0.10)	0.75(0.50)	15	0.050～0.100
8	净身盆冲洗水嘴	0.10(0.07)	0.50(0.35)	15	0.050

2.5.3 医院建筑内热水管管径

医院建筑内热水供水管的管径，应根据该热水供水管段的设计秒流量、允许热水流速等查相关计算表格确定。

生活热水管道内的热水流速，宜按表 2-13 控制。

生活热水管道内的热水流速　　　　　　　　表 2-13

公称直径 DN(mm)	15～20	25～40	≥50
热水流速 v(m/s)	≤0.8	≤1.0	≤1.2

病房楼生活热水系统是医院建筑最常见的也是最重要的热水系统，鉴于病房楼护理单元内热水使用场所（病房卫生间）配置的标准化（每个病房卫生间标准配置 1 个淋浴器、1 个台板洗脸盆使用热水）、模块化（无论是单人、双人还是三人病房，卫生间配置基本相同）特点，每一楼层每一个护理单元作为一个小的生活热水系统可按照标准化设计。

每个病房卫生间的生活热水供水支管采用 DN20，自本层病房内侧走道吊顶内生活热水供水干管接出至该卫生间靠走道墙体暗装接至卫生间热水用水点，每根热水供水支管上均设置 DN20 阀门 1 个。病房卫生间个数与热水供水干管管径的对照见表 2-14。

病房卫生间个数与热水供水干管管径对照表　　　表 2-14

病房卫生间个数（个）	1～2	3～6	7～10	11～18	19～30
热水供水干管公称直径 DN(mm)	25	32	40	50	70

本区域热水回水干管管径根据该区域热水供水干管最大管径确定。热水回水干管管径与热水供水干管管径的对照见表 2-15。

热水回水干管管径与热水供水干管管径对照表　　　表 2-15

热水供水干管管径(mm)	20～25	32	40	50	70	80	100	125	150	200
热水回水干管管径(mm)	20	20	25	32	40	40	50	70	80	100

整个生活热水系统的生活热水供水立管、干管均按照其服务的热水设计秒流量确定其管段管径；生活热水回水立管、干管先按照其服务的热水设计秒流量确定出一个供水管管径值，再根据表 2-15 确定其管段回水管管径值。

2.6　生活热水箱

医院建筑集中生活热水系统热水用水量较大，为了及时满足洗浴热水要求，同时为了及时容纳屋顶太阳能热水系统产生的热水，应当设置生活热水箱以贮存一定容积的热水。

生活热水箱容积。贮存较大容积的热水可以提高热水使用的可靠性和保证率，但同时生活热水箱容积较大会占据较大空间，若设置在屋顶则加大结构荷载、增大投资。根据设计实践，按照贮存热水系统 0.5～1.5h 设计小时热水量为宜，通常按照 1h 确定生活热水箱有效贮水容积。无论热水系统采用定时供水还是全日供水，基本上可以满足使用要求。计算时，首先计算生活热水箱服务热水系统的设计小时热水量，乘以小时数，可以确定出生活热水箱有效贮水容积，再加上最低有效水位下部水容积、最高有效水位上部水容积、水体外缓冲容积等，即可确定生活热水箱实际容积，再根据所在水箱间建筑尺寸确定生活热水箱箱体尺寸。

生活热水箱宜采用不锈钢材质，通常采用装配式，箱体长、宽、高均采用 1.0m 的倍数，特殊情况下也可采用 0.5m 的倍数。箱体外侧距墙体不小于 0.7m，接管侧距墙体不小于 1.0m。生活热水箱箱体下方设置 600mm 高（最低 400mm）的素混凝土基础，宽度宜为 200mm 或 250mm，箱体上方宜留出不小于 1.0m 的空间。

生活热水箱上连接的管道包括水箱冷水进水管、溢流管、泄水管、太阳能设备供水管、太阳能设备回水管、热水系统供水管、热水系统回水管等。水箱冷水进水管管径宜为 $DN50$ 或 $DN70$，上设水表（宜采用远传水表），从水箱上部接入，进水管口最低点标高宜低于水箱顶部标高 200mm，且高于溢流水位不小于 150mm（通常按 200mm）。为了保证水箱内冷热水的正常流动，管内温度相对高的太阳能设备回水管、热水系统供水管等宜自水箱上部接入，管中标高宜为水箱最高水位或其下方 100mm；管内温度相对低的太阳能设备供水管、热水系统回水管等宜自水箱底部接入，且应与管内温度相对高的管道相距一定距离，宜沿水箱相对两侧布置。上述 4 类管道应与水箱冷水进水管保持一定距离，宜在两侧布置。溢流管、泄水管的做法同冷水箱两种管道设置要求。

生活热水箱各种水位可按表 2-16 确定。

生活热水箱各种水位确定方法 表 2-16

名称	确定方法（建议）
最低水位	水箱箱体底部标高上方 100mm
最低报警水位	最高水位下方 100mm
最高水位	最低水位加上水箱有效高度
最高报警水位	最高水位上方 100mm
溢流水位	最高报警水位上方 100mm，且低于水箱冷水进水管口下方不小于 150mm（宜按 200mm）

生活热水箱应采取保温措施，保温材料采用橡塑保温板，厚度 40～50mm。橡塑保温材料应符合《建筑材料及制品燃烧性能分级》GB 8624—2012 中 B1 级防火标准，并达到 S_2，d_0，t_1 指标要求；氧指数≥39%；导热系数≤0.033W/(m·K)；湿阻因子≥10000；真空吸水率≤5%。

2.7 生活热水循环泵

2.7.1 生活热水循环泵设置位置

生活热水循环泵的设置位置与热水系统形式有关。一种情形，系统热源由高温热媒经院区热水机房（可以在医院院区内集中设置，也可设置在医院建筑单体地下室，常见设置在地下室，靠近生活水泵房）内的各分区换热设备后向各分区供给热水，供水压力由同分区的生活给水保证维持。此情形下，各分区生活热水循环泵通常设在热水机房，靠近相应分区的换热设备。另一种情形，系统热源由屋顶太阳能供水设备（包括生活热水箱，设置在屋顶水箱间内）向各分区供给热水。此情形下，各分区生活热水循环泵通常设在本分区最低楼层或下面一层热水循环泵房（为避免噪声影响，选址应远离医院建筑医疗功能房间）。

2.7.2　生活热水循环泵设计流量

生活热水循环泵的流量可按式（2-14）计算：

$$q_{xh} = K_x \cdot q_x \qquad (2-14)$$

式中　q_{xh}——医院建筑热水循环泵的流量，L/h；

　　　K_x——医院建筑相应循环措施的附加系数，可取 1.5～2.5；

　　　q_x——医院建筑全日供应热水的循环流量，L/h。

当医院建筑热水系统采用定时供水时，热水循环流量可按循环管网总水容积的 2～4 倍计算。循环管网总水容积包括配水管、回水管的总容积，不包括不循环管网、水加热器或贮热水设施的容积。

当医院建筑热水系统采用全日集中供水时，热水循环流量可按式（2-15）计算：

$$q_x = Q_s / (C \cdot \rho_r \cdot \Delta t_s) \qquad (2-15)$$

式中　q_x——医院建筑全日供应热水的循环流量，L/h；

　　　Q_s——医院建筑热水配水管道的热损失，kJ/h，经计算确定，建议按设计小时耗热量 Q_h 的 2%～4% 确定；

　　　C——水的比热，kJ/(kg·℃)，$C = 4.187$kJ/(kg·℃)；

　　　ρ_r——热水密度，kg/L；

　　　Δt_s——医院建筑热水配水管道的热水温度差，℃，按热水系统大小确定，可按 5～10℃。

设计中为了计算简便，生活热水循环泵的流量按照所服务热水系统设计小时流量的 25%～30% 确定。

2.7.3　生活热水循环泵设计扬程

生活热水循环泵的扬程应按式（2-16）计算：

$$H_b = h_p + h_x \qquad (2-16)$$

式中　H_b——医院建筑热水循环泵的扬程，mH$_2$O；

　　　h_p——医院建筑热水循环水量通过热水配水管网的水头损失，mH$_2$O；

　　　h_x——医院建筑热水循环水量通过热水回水管网的水头损失，mH$_2$O。

设计中为了计算简便，生活热水循环泵的扬程可按式（2-17）计算：

$$H_b = 1.1 \cdot (H_1 + H_2) = 1.1 \cdot [R \cdot (L_1 + L_2) + H_2] \approx 1.1 \cdot R \cdot (L_1 + L_2) \qquad (2-17)$$

式中　H_b——医院建筑热水循环泵的扬程，mH$_2$O；

　　　H_1——医院建筑热水管网的水头损失，mH$_2$O；

　　　H_2——医院建筑热水加热设备的水头损失，mH$_2$O，导流型容积式水加热器、半容积式水加热器可忽略不计；

　　　R——热水管网单位长度的水头损失，mH$_2$O/m，可按 0.010～0.015mH$_2$O/m；

　　　L_1——自水加热器至热水管网最不利点的供水管长，m；

　　　L_2——自热水管网最不利点至水加热器的回水管长，m。

选型注意事项：医院建筑热水循环泵应选用热水泵，水泵壳体能承受的工作压力不得小于其所承受的静水压力加水泵扬程。医院建筑热水循环泵通常每套设置 2 台，1 用 1

备，交替运行。全日集中热水供应系统的热水循环泵在泵前回水总管上应设温度传感器，由温度控制开停，温度传感器的开泵温度宜为50℃，停泵温度宜为55℃；定时热水供应系统的热水循环泵宜手动控制，或定时自动控制。热水循环泵的基础宜采用素混凝土基础，尺寸宜为1000mm×500mm×100mm（h）。

2.7.4　太阳能集热循环泵

太阳能集热循环泵通常设置在屋顶水箱间内，靠近生活热水箱。为了保证太阳能集热循环泵正常运行，太阳能集热循环泵宜设置在太阳能设备供水管（图例TJ）即从生活热水箱接出的管道（管内水温相对较低）上。

太阳能集热循环泵流量可按式（2-18）计算：

$$q_x = q_{gz} \cdot A_j \tag{2-18}$$

式中　q_x——太阳能集热循环泵的流量，L/s；

q_{gz}——单位集热采光面积集热器对应的工质流量，L/(s·m²)，应按集热器产品实测数据确定，在缺乏数据的情况下可取经验值0.015～0.020L/(s·m²)；

A_j——集热板总集热采光面积，m²。

太阳能集热循环泵扬程的确定分为以下两种情况：

第一种是开式太阳能热水系统，即太阳能集热系统管网直接与生活热水箱连接的太阳能热水系统，太阳能集热循环泵的扬程可按式（2-19）计算：

$$H_x = h_{jx} + h_j + h_z + h_f \tag{2-19}$$

式中　H_x——太阳能集热循环泵的扬程，mH₂O；

h_{jx}——集热循环管道沿程与局部阻力损失，mH₂O；

h_j——循环流量流经集热器的阻力损失，mH₂O；

h_z——集热器与生活热水箱（贮热水箱）之间的几何高差，mH₂O；

h_f——为保证换热效果的附加压力，mH₂O，取2～5mH₂O。

第二种是闭式太阳能热水系统，即太阳能集热系统管网通过板式换热器间接与生活热水箱连接的太阳能热水系统，太阳能集热循环泵的扬程可按式（2-20）计算：

$$H_x = h_{jx} + h_j + h_e + h_f \tag{2-20}$$

式中　H_x——太阳能集热循环泵的扬程，mH₂O；

h_{jx}——集热循环管道沿程与局部阻力损失，mH₂O；

h_j——循环流量流经集热器的阻力损失，mH₂O；

h_e——集热器间接换热设备（板式换热器）的阻力损失，mH₂O，取10～15mH₂O；

h_f——为保证换热效果的附加压力，mH₂O，取2～5mH₂O。

选型注意事项：医院建筑太阳能集热循环泵应选用热水泵，水泵壳体能承受的工作压力不得小于其所承受的静水压力加水泵扬程；太阳能集热循环泵通常每套设置2台，1用1备，交替运行；太阳能集热循环泵的启停由设在集热器出水干管与循环泵吸水管上的温度传感器之温差控制，温差大于或等于5℃时启泵，温差小于2℃时停泵；太阳能集热循环泵的基础宜采用素混凝土基础，尺寸宜为1000mm×500mm×100mm（h）。

2.8 热水系统管材、附件和管道敷设

2.8.1 热水系统管材

医院建筑生活热水系统热水管道应选用耐腐蚀、安装连接方便可靠、符合饮用水卫生要求的管材。常用的管材包括薄壁不锈钢管、PVC-C 热水用（氯化聚氯乙烯）管、钢塑复合管（如 PSP 管）、铝塑复合管等，也可采用薄壁铜管，较少采用普通塑料热水管。鉴于管道损坏漏水等对于医院建筑的使用、医院的正常运营等影响很大，在选择管道管材时应选择质量更好的管材。

生活热水管的连接很重要，工程实践中出现漏水或损坏的常常不是管道本身，而是出现在管道连接处，因此在确定好热水管材后应确定稳定可靠的连接方式。

1. 薄壁不锈钢管

对于医院建筑来说，采用铜管价格较高，从综合性价比（经济性、强度性能、卫生性、耐腐蚀性、使用寿命、安装便利性）指标来说，薄壁不锈钢管是医院建筑生活热水系统管道的最佳选择之一。

对于一般热水薄壁不锈钢采用奥氏体不锈钢 SUS304，对于耐腐蚀性要求较高（海水或氯离子浓度较高）的地方宜采用奥氏体不锈钢 SUS316 或 SUS316L。

2. 承插压合式薄壁不锈钢管

（1）连接方式

薄壁不锈钢管采用承插压合式连接，符合《薄壁不锈钢承插压合式管件》CJ/T 463—2014 的规定，可以根据现场工况随时调整，安装便捷，是理想的装配式连接方式。

（2）执行标准

承插压合式薄壁不锈钢管道执行下列标准：《流体输送用不锈钢焊接钢管》GB/T 12771—2008，《薄壁不锈钢承插压合式管件》CJ/T 463—2014，《55°密封管螺纹 第 1 部分：圆柱内螺纹与圆锥外螺纹》GB/T 7306.1—2000，《工程机械 厌氧胶、硅橡胶及预涂干膜胶 应用技术规范》JB/T 7311—2016，《生活饮用水输配水设备及防护材料的安全性评价标准》GB/T 17219—1998，《建筑给水排水薄壁不锈钢管连接技术规程》CECS 277—2010。

（3）规格

承插压合式薄壁不锈钢管道规格：$DN15 \sim DN350$，工作压力≤3.0MPa。

3. 薄壁抗菌不锈钢管

薄壁抗菌不锈钢管执行标准：《薄壁抗菌不锈钢管》T/SDAS 107—2019。

薄壁抗菌不锈钢管采用双卡压式连接、承插焊连接、卡压式连接。其中双卡压式连接最大工作压力为 1.6MPa，不锈钢卡压式管件执行标准：《不锈钢卡压式管件组件 第 1 部分：卡压式管件》GB/T 19228.1—2011，不锈钢卡压式管件连接用薄壁不锈钢管执行标准：《不锈钢卡压式管件组件 第 2 部分：连接用薄壁不锈钢管》GB/T 19228.2—2011，不锈钢卡压式管件用 O 形橡胶密封圈执行标准：《不锈钢卡压式管件组件 第 3 部分：O 形橡胶密封圈》GB/T 19228.3—2011。

医院建筑生活热水系统建议采用薄壁抗菌不锈钢管道。

薄壁抗菌不锈钢管件执行标准：《薄壁抗菌不锈钢卡压式和沟槽式管件》T/SDAS 108—2019。

4. 双密封多卡式薄壁不锈钢管

基于 VV 双密封多卡式连接结构的特点和优点，双密封多卡式薄壁不锈钢管提高了管道系统使用的安全可靠性，因此在医院建筑生活热水系统中应用具有很多独特优势。

5. PVC-C 热水用（氯化聚氯乙烯）管

作为新型绿色产品，嘉泓®AGS·PVC-C 热水用（氯化聚氯乙烯）管道在生活热水系统中的应用越来越广。

（1）管材性能特点及优势

1）环保性。本产品原料取材 70％以上来自于海水盐，30％左右来源于石油，因此本产品环保、经济、长效，属于绿建产品。

2）卫生性。本产品采用二次充氯技术，二次氧化，使产品自身密度提升，分子结构更加完整，管道内外壁坚固不透氧，管道自身具有独特的耐菌抑菌性能，管道系统内壁光滑，使得菌膜、藻类及水中杂质很难附着而不易结垢，进而保证水质安全。

3）耐腐蚀性。国内自来水采用氯消毒，水中余氯对很多塑料管道具有侵蚀作用，从而导致管道系统漏水失效，本产品耐氯侵蚀，具有很好的水质适应性。

4）杰出的技术性能。本产品具有不低于 10MPa 的高承压性；长期耐高温 93℃；耐低温 −26℃；耐火阻燃（极限氧指数 60 LOI）；保温系数低，接近 A 级保温材料保温系数（仅为 0.137W/(m·K)）；低膨胀性（膨胀系数为 0.06mm/(m·K)）；耐紫外线等。

5）安装施工便捷性。本产品安装施工采用冷溶连接，施工超级便捷，安装简单，节省人工，节约工期。

6）经济性。本产品与建筑同寿命，设计寿命 50 年，项目一次使用，终身受益，能降低项目成本，属于长效经济型产品。

（2）产品符合的标准

本产品符合《集中生活热水水质安全技术规程》T/CECS 510—2018；符合产品检测标准《冷热水用氯化聚氯乙烯（PVC-C）管道系统 第 3 部分：管件》GB/T 18993.3—2003、《冷热水用氯化聚氯乙烯（PVC-C）管道系统 第 2 部分：管材》GB/T 18993.2—2003；符合卫生评定标准《生活饮用水输配水设备及防护材料的安全性评价标准》GB/T 17219—1998。

（3）产品取得的认证

本产品取得了：《生活饮用水输配水设备及防护材料的安全性评价标准》GB/T 17219—1998 卫生性能检测报告；《冷热水用氯化聚氯乙烯（PVC-C）管道系统 第 3 部分：管件》GB/T 18993.3—2003 生产标准检测报告；《冷热水用氯化聚氯乙烯（PVC-C）管道系统 第 2 部分：管材》GB/T 18993.2—2003 生产标准检测报告；涉及饮用水卫生安全产品卫生许可批件（2019 年 8 月）。

（4）产品规格型号及连接方式

本产品管材管件规格型号：$dn20 \sim dn160$。

本产品安装施工采用冷溶连接；有螺纹连接、法兰连接等多种连接转换方式。

6.（e-PSP）钢塑复合压力管

（e-PSP）钢塑复合压力管具有下列特点和优势：

1）耐高温能力强。长期使用工作温度为 80℃，瞬间排放使用温度为 95℃。

2）剥离强度高。剥离强度为国家标准的 4 倍，长期使用不会产生分层现象。

3）线性膨胀系数小。线性膨胀系数为（1.2～10）×10^{-5}/℃，明装不变形。

4）导热系数低，保温性能好。导热系数为 0.46～0.57W/(m·K)，具有较好的隔热保温性能，约为钢管的 1/100，接近塑料管的导热系数；热传导慢，长距离输送温度损失小。

5）耐温能力强。承压性能稳定，不会随温度的变化而改变。

6）安装成本低。开创了全新的先预装后焊接的施工工艺，实现了模块化安装，大大缩短了工期，可节约大量人工。

2.8.2　热水系统阀门

医院建筑生活热水系统热水管网阀门通常在系统以下位置设置：与热水配水、回水干管连接的分干管上；热水配水立管和回水立管上；从热水立管接出的热水支管上；室内热水管道向淋浴间、公共卫生间等接出的热水配水管的起端；水加热设备、水处理设备的进、出水管及系统用于温度、流量、压力等控制阀件连接处的管段上按其安装要求配置阀门。

阀门设置的位置应便于检修人员操作。

2.8.3　热水系统止回阀

医院建筑生活热水系统热水管网止回阀通常在系统以下位置设置：水加热器或贮热水器（罐）的冷水供水管上；机械循环的第二循环系统热水回水管上；加热水箱与冷水补充水箱的连接管上；冷热水混水器的冷、热水供水管上（此情况较少）；恒温混合阀等的冷、热水供水管上；有背压的疏水器后面的管道上；热水循环水泵的出水管上。

2.8.4　热水系统水表

根据建筑节能要求，同时为了满足医院各科室成本核算需要，医院建筑生活热水系统按下列原则设置热水表：病房区按照分科室、分护理单元计量；其他区域按照分楼层、分区域计量。此类热水表通常设置在水管道井内，其中热水供水管上热水表设置在区域热水供水管阀门后面（下游）；热水回水管上热水表设置在区域热水回水管阀门前面、止回阀后面（沿水流方向依次为止回阀、热水表、阀门）。

为了计量热水总用水量，在水加热设备的冷水供水管上应设置冷水表；对于成组和个别用水点，可在其热水供水支管上设置热水表，采用支管循环的热水系统，在支管的起、末端应分别设置计量误差极小的热水表。

热水表应安装在便于人员观察及维修的地方。从智能化要求出发，热水表宜采用远传智能水表，并应将热水表设置位置提供给智能化专业设计人员。

热水表规格确定原则：热水管道管径≥DN50 时热水表规格比管径小 2 号；热水管道管径＜DN50 时热水表规格比管径小 1 号。

2.8.5 热水系统排气装置、泄水装置

排气装置通常采用自动排气阀，作用是使热水系统正常循环运行。对于上行下给式热水系统，系统热水配水干管最高处及向上抬高管段应设置自动排气阀，排气阀下设检修阀门，通常采用 $DN25$；对于下行上给式热水系统，可利用最高热水配水点放气。

泄水装置通常采用泄水阀，热水管道系统的最低处及向下凹的管段应设置泄水装置或利用最低热水配水点泄水。

2.8.6 热水系统温度计、压力表

生活热水系统中温度计设置在以下位置：水加热设备的上部；热媒进出口管道上；贮热水罐和冷热水混合器的本体或连接管上；水加热间的热水供水、回水干管上；热水循环泵的进水管上；生活热水箱。温度计刻度范围应为工作温度范围的 2 倍；安装位置应方便读数。

生活热水系统中压力表设置在以下位置：水加热设备的上部；热媒进出口管道上；贮热水罐和冷热水混合器的本体或连接管上；密闭系统中的贮水器、锅炉、分汽缸、分水器、集水器、压力容器设备；热水供水泵、热水循环泵的出水管上，有时包括泵吸水管上。压力表精度不应低于 2.5 级；表盘刻度极限值宜为工作压力的 2 倍；安装位置应便于操作人员观察、清洗且应避免受不利影响（辐射热、冻结或振动等）。

2.8.7 压力容器安全阀

压力容器设备应设置安全阀：开启压力一般取生活热水系统工作压力的 1.1 倍，但不得大于压力容器设备本体设计压力（通常包括 0.6MPa、1.0MPa、1.6MPa 三种规格）；直径应比计算值大一级；安装位置应便于检修；与设备之间不得装取水管、引气管或阀门；安全阀前后不得设阀门，其泄水管应引至安全处。对于水加热器，宜采用微启式弹簧安全阀；阀座内径可比水加热器热水出水管管径小 2～3 号；直立安装在水加热器顶部。

2.8.8 热水管道补偿装置

生活热水管道（包括热水配水、回水横干管、立管）上均应设置补偿热水管道热胀冷缩的装置。补偿装置包括波纹伸缩节、伸缩套筒等，常采用波纹伸缩节。按照工程实践经验，长度超过 50m 的热水横干管或立管均须设置，设置位置通常位于该根管道上管径较小的管段处，靠近一端的管道固定支架（吊架）。

2.8.9 热水系统保温

生活热水系统中的热水锅炉、燃油（气）热水机组、水加热设备、贮热水箱（罐）、分（集）水器、热水输（配）水干（立）管、热水循环回水干（立）管均应做保温。

需要保温的管道若采用柔性泡沫橡塑保温材料，其保温材料厚度可参照表1-8、表1-9确定，需要防结露的管道保温材料厚度为 20mm。柔性泡沫橡塑保温材料应符合《建筑材料及制品燃烧性能分级》GB 8624—2012 中 B1 级防火标准，并达到 S_2，d_0，t_1 指标要求；氧指数≥39%；导热系数≤0.033W/(m·K)；湿阻因子≥10000；真空吸水率≤5%。

需要保温的管道若采用离心玻璃棉保温材料，其保温材料厚度可参照表 1-8、表 1-9 确定，需要防结露的管道保温材料厚度为 30mm。离心玻璃棉保温材料应符合《建筑材料及制品燃烧性能分级》GB 8624—2012 中 B1 级防火标准。

保温应在试压合格及完成除锈防腐处理后进行。

需要注意的是：当生活热水配水、回水管道采用薄壁不锈钢管时，不应直接采用柔性泡沫橡塑保温材料，宜采用离心玻璃棉管壳保温材料或管道外表面覆塑后再采用柔性泡沫橡塑保温材料。

2.8.10 其他

医院建筑生活热水系统的热水配水、回水干管通常沿吊顶内或顶板下明装敷设，热水配水、回水立管通常沿专用水井内明装敷设，热水配水支管、立管接至病房卫生间等处热水用水点（淋浴器、洗脸盆处）通常采用暗装敷设。

生活热水横干管的敷设坡度：上行下给式系统不宜小于 0.005，下行上给式系统不宜小于 0.003。

生活热水管穿越建筑物墙壁、楼板和基础处应设置金属套管，穿越屋面及地下室外墙时应设置金属防水套管，通常采用刚性防水套管。

2.9 分布式生活热水系统

2.9.1 系统介绍

1. 系统定义

分布式生活热水系统指根据建筑生活热水使用特点，将整个生活热水系统分成多个小的区域生活热水系统，每个区域生活热水系统均包括 1 个区域生活热水换热单元及生活热水供水管网、回水管网；各个区域生活热水换热单元均由整个建筑热媒机房提供热媒（通常是高温热水），热媒机房与各个区域生活热水换热单元之间通过热媒供水管、回水管连接，系统换热分散在各个区域进行。各个区域生活热水系统相互之间为并联运行，彼此相对独立运行、互不影响，可独立控制。鉴于区域生活热水换热单元的生活冷水就近由本区域生活给水管提供，天然保证了本区域冷水、热水的压力平衡。

2. 系统特点

相对于传统的集中生活热水系统，分布式生活热水系统减少了热水机房的面积，减少了生活热水供水管、回水管的数量，提高了各个区域生活热水系统的安全可靠性、独立性、灵活性，有利于热水计量，提高了系统的节能性。通过管网上热水温控循环阀门的使用，可以使生活热水系统异程运行，大大缩短了热水回水管的长度。

3. 系统组成

（1）分布式生活热水系统的组成：热媒板式换热器、热媒水箱、热媒供水泵组、热媒供（回）水管、区域换热机组、区域热水供（回）水管等。

（2）分布式生活热水系统按照具体功能分为三大板块：热媒板块、换热板块、供回水板块。

1）热媒板块即由院区锅炉房（供热中心）提供高温一次热媒（高温蒸汽或高温热水），通过板式换热器换热后变为二次热媒（高温热水），贮存在热媒水水箱（罐），通过二次热媒水供水泵组将二次热媒（高温热水）输送至各区域换热机组处。热媒板块主要设备通常设置在医院建筑地下室（宜设在地下一层，不宜低于地下二层）热媒水机房。板式换热器与热媒水水箱（罐）间的二次热媒水回水管上设置第一热媒水循环泵组。

对于有太阳能供水设备提供辅助热媒的情况，太阳能热媒水与锅炉房（供热中心）提供的热媒属于并联关系。由屋顶太阳能集热板加热产生的高温热水贮存在太阳能热水箱（罐），通过辅助热媒供水管接至地下室热媒水机房，通过板式换热器换热后贮存在热媒水水箱（罐），辅助热媒回水管通过设置在热媒水机房内的太阳能热水循环泵组回到屋顶太阳能热水箱（罐）。板式换热器与热媒水水箱（罐）间的辅助热媒水回水管上设置第二热媒水循环泵组。

上述热媒板块形式适用于大型分布式生活热水系统。

对于中小型分布式生活热水系统，可以不设置热媒水水箱（罐），热媒供（回）水管直接接自院区锅炉房（供热中心）高温一次热媒（高温蒸汽或高温热水），通过板式换热器换热后变为二次热媒（高温热水），直接将二次热媒（高温热水）输送至各区域换热机组处。

2）换热板块即各区域换热机组，将本区域生活给水通过本区域换热机组与二次热媒（高温热水）换热后变为60℃/50℃低温热水后供给本区域生活热水管网。换热板块通常设置在各区域的管道井或附属房间（库房、新风机房等）内。区域换热机组负责本区域生活热水的换热，为本区域提供生活热水热源，通过感知用户热水用量，调整一次侧热媒热量供给。区域的划分通常根据负责系统的规模大小，按照不同建筑物、不同楼层、不同病房护理单元3个层次确定，某个楼层2个病房护理单元可以划为1个区域，采用1个区域换热机组，可以灵活掌握。每个区域生活给水干管接至区域换热机组，管上按照水流方向依次应设置阀门、止回阀；每个区域二次热媒供水干管接至区域换热机组，管上应设置阀门；每个区域二次热媒回水干管接自区域换热机组，管上按照水流方向依次应设置生活热水温控循环阀、关断阀门。

对于不设置集中热媒水水箱（罐）的系统，为保证系统稳定可靠，在各区域换热机组前应设置闭式热媒贮水罐，根据系统大小热媒贮水罐贮水容积可取300～500L。连接贮水罐的热媒供水管上设置电动温控阀，与贮水罐温度传感器相连；在热媒管网需要关注水力平衡问题，如设置静态水力平衡阀，并经过科学合理的水力平衡调试；连接贮水罐的热媒回水管上设置热水温控循环阀。

3）供回水板块即各区域生活热水供水管网、回水管网，包括接至各热水用水点的热水供水支管。每个区域生活热水供水干管接自区域换热机组，管上按照水流方向依次应设置阀门、热水表；每个区域生活热水回水干管接至区域换热机组，管上按照水流方向依次应设置止回阀、热水泵、阀门。

当每个区域供水管分成2个或2个以上分支时，为保证系统平衡稳定，宜在各分支热水回水管上设置热水温控循环阀。

分布式生活热水系统各板块、设备、泵组、管道、阀门等设置见图2-3～图2-6。

4. 系统适用条件

基于分布式生活热水系统的技术特点，该系统的突出特点是发挥高温热媒（高温蒸汽

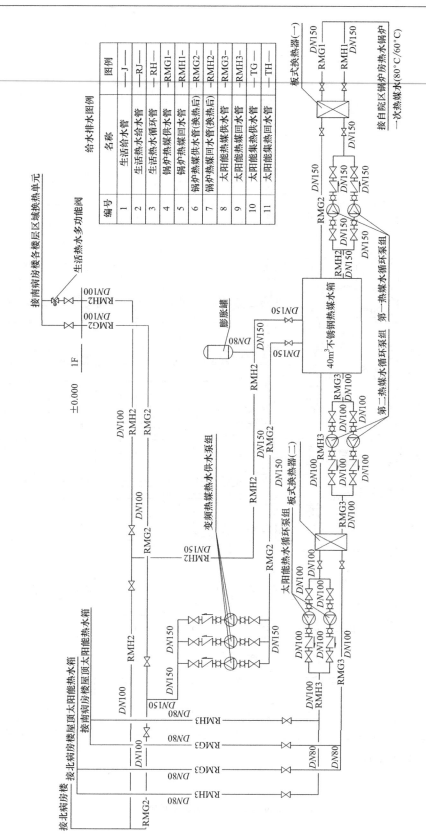

图 2-3 生活热媒水系统原理图

给水排水图例

编号	名称	图例
1	生活给水管	—J—
2	生活热水给水管	—RJ—
3	生活热水循环管	—RH—
4	锅炉热媒供水管	—RMG1—
5	锅炉热媒回水管	—RMH1—
6	锅炉热媒供水管(换热后)	—RMG2—
7	锅炉热媒回水管(换热后)	—RMH2—
8	太阳能热媒供水管	—RMG3—
9	太阳能热媒回水管	—RMH3—
10	太阳能集热供水管	—TG—
11	太阳能集热回水管	—TH—

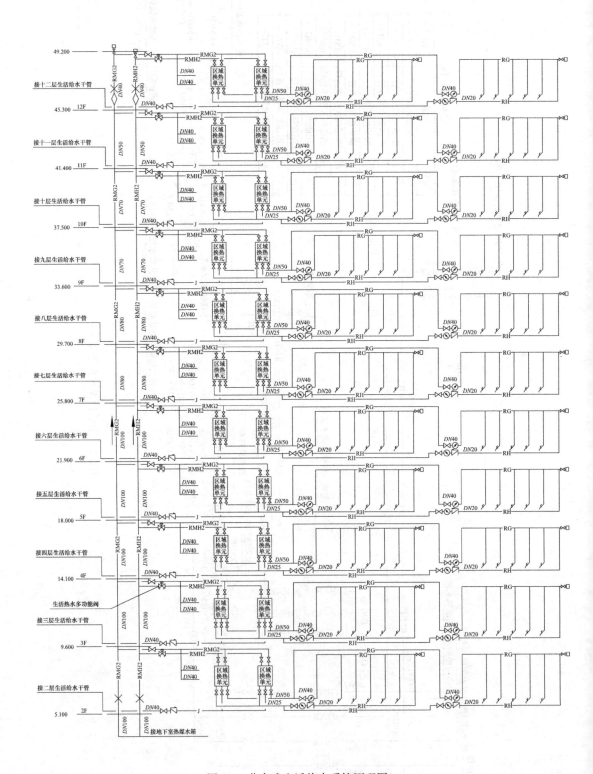

图 2-4　分布式生活热水系统原理图一

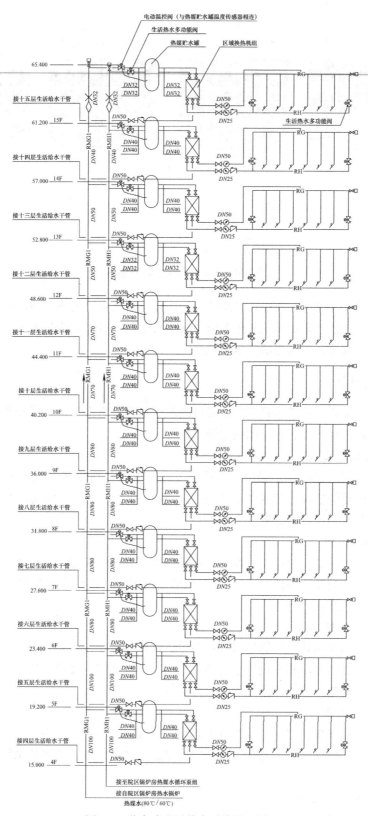

图 2-5　分布式生活热水系统原理图二

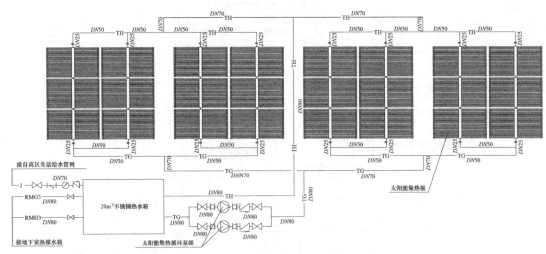

图 2-6 太阳能热水系统原理图

或高温热水）的节能优势，所以该系统适用于医院建筑具备高温热媒条件的情况，即该医院院区设有燃气（油）锅炉房或其他类似条件。对于仅具备太阳能热水或空气源热能热水的情况，则不宜采用分布式生活热水系统。

2.9.2 系统设计

医院建筑分布式生活热水系统主要设计内容包括确定方案工作、设计基础工作、水力计算工作、设备选型工作、设计图纸绘制工作等。

1. 确定方案工作

根据医院建筑工程特点，提出热水系统设计要求（包括热水系统主要及辅助热媒情况、主要及辅助热源情况、热水供水体制等），与医院业主方沟通协调，确认主要技术细节，形成初步热水系统技术方案。

2. 设计基础工作

统计医院建筑信息，包括建筑面积、建筑高度、设计床位数、建筑楼层数、各楼层建筑功能（包括各护理单元功能）、各楼层各区域带淋浴卫生间信息（数量、位置、热水用水卫生器具名称及数量）等。

3. 水力计算工作

水力计算包括生活热水计算管段热水当量、设计秒流量、管径计算；各区域热水设计小时耗热量计算；各区域热水设计小时热水量计算；各区域（楼层）热媒设计小时热水量计算；各区域（楼层）热媒热水干管水力计算等。

4. 设备选型工作

设备选型包括热媒热水供水泵组选型、第一热媒水循环泵组选型、第二热媒水循环泵组选型、太阳能集热循环泵组选型、太阳能热水循环泵组选型、热媒热水箱选型、区域换热机组选型等。

5. 设计图纸绘制工作

医院建筑生活热水系统设计图纸包括生活热水系统设计施工说明、生活热水系统主要设备材料表（包括设计图例）、生活热水系统原理图、各楼层生活热水平面图、主要生活热水大样图、热媒水机房大样图、太阳能热水机房大样图、生活热水系统图等。

2.9.3 系统设计方法

分布式生活热水系统设计按照设计基础工作、水力计算工作、设备选型工作进行。

1. 设计基础工作

（1）医院建筑分层功能统计

在确定采用分布式生活热水系统的设计方案后，应将该系统所在医院建筑按照分建筑、分楼层、分护理单元 3 个层次，分类统计各区域的使用功能。

（2）医院建筑热水用水点信息统计

应同样按照分建筑、分楼层、分护理单元 3 个层次，分类统计各区域带淋浴卫生间信息，包括卫生间数量及位置、热水用水卫生器具名称及数量等。需要注意的是，一个病房护理单元内既包括病房卫生间热水用水点，也包括医护人员卫生间热水用水点。医护人员卫生间热水用水要求全日供水，病房卫生间热水用水既可以按照全日供水也可以按照定时供水。当二者均采用全日供水时，其卫生间（热水用水点）信息可以合并统计，否则应分开统计。

2. 水力计算工作

（1）热水设计秒流量计算

热水设计秒流量计算结果是确定生活热水供水管、回水管管径的依据。在进行计算前，应将计算区域的热水供水、回水管网连接确定好，以便于确定热水计算管段。

热水计算管段热水设计秒流量按式（2-21）计算：

$$q_g = 0.4(N_g)^{1/2} \tag{2-21}$$

式中 q_g——热水设计秒流量，L/s；

N_g——热水计算管段热水当量数，1 个淋浴器热水当量按 0.75、1 个洗脸盆热水当量按 1.00 计。

（2）热水供水管、回水管管径计算

热水供水管的管径，应根据该热水计算管段的设计秒流量、允许热水流速等计算确定。

生活热水管道内的热水流速，参照表 2-13。

每个病房卫生间的生活热水供水支管采用 DN20。根据前文所述，按照表 2-14 根据热水供水管计算管段负责病房卫生间的数量，可以确定该计算管段的公称管径。

某区域热水回水干管管径可由该区域热水供水干管最大管径参照表 2-15 确定。

通过上述计算，可以确定整个生活热水系统各区域的生活热水供水管、回水管管径。

（3）热水设计小时耗热量计算

各分布区域通常是以病房护理单元为计算区域，需要计算确定该区域的热水设计小时耗热量。鉴于病房洗浴热水通常按照定时供水，区域热水设计小时耗热量按式（2-22）计算：

$$Q_h = \sum q_h \cdot (t_{r2} - t_l) \cdot \rho_r \cdot n_0 \cdot b \cdot C \tag{2-22}$$

式中 Q_h——医院建筑生活热水设计小时耗热量，kJ/h；

q_h——医院建筑卫生器具生活热水的小时用水定额，L/h，卫生器具按照淋浴器计，取 300L/h；

t_{r2}——热水计算温度，℃，卫生器具按照淋浴器计，取 40℃；

t_l——冷水计算温度，℃，取 4℃；

ρ_r——热水密度，kg/L，取 1.0kg/L；

n_0——医院建筑同类型卫生器具数；

b——医院建筑卫生器具的同时使用百分数，卫生器具按照淋浴器计，其他卫生器具不计，取 90%；

C——水的比热，kJ/(kg·℃)，$C=4.187$kJ/(kg·℃)。

由式（2-22）可以看出，计算前仅需要统计该计算区域的淋浴器数量即可。

（4）热水设计小时热水量计算

各分布区域热水设计小时热水量与该区域的热水设计小时耗热量有直接对应关系。鉴于病房洗浴热水通常按照定时供水，区域热水设计小时热水量按式（2-23）计算：

$$q_{rh1}=Q_h/[(t_{r1}-t_l)\cdot C\cdot \rho_r] \qquad (2\text{-}23)$$

式中　q_{rh1}——医院建筑生活热水设计小时热水量，L/h；

Q_h——医院建筑生活热水设计小时耗热量，kJ/h；

t_{r1}——热水计算温度，℃，取 65℃；

t_l——冷水计算温度，℃，取 4℃；

C——水的比热，kJ/(kg·℃) $C=4.187$kJ/(kg·℃)；

ρ_r——热水密度，kg/L，取 1.0 kg/L。

（5）热媒热水设计小时热水量计算

各分布区域热媒热水设计小时热水量按式（2-24）计算：

$$q_{rh2}=Q_h/[(t_{r2}-t_l)\cdot C\cdot \rho_r] \qquad (2\text{-}24)$$

式中　q_{rh2}——医院建筑热媒热水设计小时热水量，L/h；

Q_h——医院建筑生活热水设计小时耗热量，kJ/h；

t_{r2}——热水计算温度，℃，此热水温度为第二热媒水供水温度，即热媒热水箱出水温度；

t_l——冷水计算温度，℃，此冷水温度为第二热媒水回水与冷水供水混合后水温，基于冷水供水占主导，此处水温按冷水供水水温计，即 t_l 取 4℃；

C——水的比热，kJ/(kg·℃)，$C=4.187$kJ/(kg·℃)；

ρ_r——热水密度，kg/L，取 1.0kg/L。

（6）热媒热水干管水力计算

病房楼热媒热水供（回）水管管径应根据该管段负责区域热媒热水的设计流量确定，热媒热水流速按 1.2~2.0m/s 确定。

（7）区域换热机组选型计算

根据各区域热媒热水设计小时热水量数据确定区域换热机组的型号。区域换热机组常用 Regumaq XZ30 及 Regumaq X80 两种型号，区域换热机组可以单个使用，也可以并联使用，各种常见组合形式见表 2-17。

区域换热机组常见组合形式参数一览表 表 2-17

序号	组合形式编号	组合型号	组合额定流量 （L/min）	组合计算流量 （L/min）
1	A	Regumaq XZ30	30	25
2	B	Regumaq XZ30＋Regumaq XZ30	60	50
3	C	Regumaq X80	80	70
4	D	Regumaq XZ30＋Regumaq X80	110	95
5	E	Regumaq X80＋Regumaq X80	160	140

3. 设备选型工作

（1）热媒热水供水泵组选型

生活热水供水泵组其实就是热媒热水供水泵组，用以将一定流量、压力的热媒热水供至各个区域换热机组。考虑到医院建筑生活热水用水的特点，热媒热水供水泵组宜采用变频热水供水泵组，根据系统流量大小，宜采用 3 台（2 用 1 备）或 2 台（1 用 1 备）配备模式。

1）热媒供水流量（Q_1）

热媒供水流量按照热媒热水干管水力计算得到的数据确定。

2）热媒供水压力（H_1）

热媒热水供水泵组的设计压力应保证热媒热水供水系统最不利处（通常是最高、最远区域换热机组处）所需压力，按式（2-25）计算：

$$H_1 = h_1 + h_2 + \sum h \tag{2-25}$$

式中 h_1——最不利处与热媒热水供水泵组吸水管处的高差，mH_2O；

h_2——最不利处最小压力水头，mH_2O；

$\sum h$——最不利处与热媒热水供水泵组之间的水头损失，mH_2O。

根据热媒供水流量（Q_1）、热媒供水压力（H_1）选择合适的热媒热水供水泵组。

（2）第一热媒水循环泵组选型

第一热媒水定义为医院院区锅炉房热水锅炉高温热水（80℃/60℃）经板式换热器（一）供给热媒热水箱的热媒水。

1）第一热媒水循环流量（Q_2）

第一热媒水循环流量为医院院区锅炉房热水锅炉高温热水经板式换热器（一）与热媒热水箱之间的循环流量。第一热媒水循环流量（Q_2）可按照热媒供水流量（Q_1）的 1.1 倍确定。

2）第一热媒水循环压力（H_2）

第一热媒水循环泵组的设计压力应保证锅炉高温热水在热水机房板式换热器（一）与热媒热水箱之间正常循环，由于该循环泵组、板式换热器（一）、热媒热水箱均设置在地下一层热水机房内，所以该压力值仅用于克服热媒热水箱与板式换热器（一）进出管道之间的高差、管道水力损失及热量损失。

（3）第二热媒水循环泵组选型

第二热媒水定义为太阳能热媒水经板式换热器（二）供给热媒热水箱的热媒水。

1）第二热媒水循环流量（Q_3）

第二热媒水循环流量为太阳能热媒水经板式换热器（二）与热媒热水箱之间的循环流量，可取为太阳能热水循环流量。

2）第二热媒水循环压力（H_3）

第二热媒水循环泵组的设计压力应保证太阳能高温水在热水机房板式换热器（二）与热媒热水箱之间正常循环，由于该循环泵组、板式换热器（二）、热媒热水箱均设置在地下一层热水机房内，所以该压力值仅用于克服热媒热水箱与板式换热器（二）进出管道之间的高差、管道水力损失及热量损失。

（4）太阳能集热循环泵组选型

太阳能集热循环泵组是用于屋顶太阳能管网内水在生活热水箱与屋顶太阳能集热器之间循环的泵组，通常与生活热水箱设置在一起，自生活热水箱吸水，出水接至屋顶太阳能集热器。

1）太阳能集热循环流量（Q_4）

太阳能集热循环流量可按每组屋顶太阳能集热器的循环流量乘以太阳能集热器的数量（组）确定。

2）太阳能集热循环压力（H_4）

太阳能集热循环泵组的设计压力应保证太阳能低温水自生活热水箱循环经过太阳能集热器加热后回到生活热水箱。由于太阳能集热循环泵、生活热水箱、太阳能集热器均设置在病房楼屋顶，所以该压力值仅用于克服生活热水箱与太阳能集热器之间的管道水力损失及热量损失。

（5）热媒水热水箱选型

热媒水热水箱用于贮存热媒水，以作为供给分布式生活热水系统的区域热媒。

以下是传统方式贮存热源水热水箱（水箱1）与推荐方式贮存热媒水热水箱（水箱2）的比较。

按照传统方式，为满足系统热源水量使用要求，热源水热水箱（水箱1）直接提供系统热水用水，需要贮存至少1h生活热水（65℃）。

按照推荐方式，为满足系统热媒水量使用要求，热媒水热水箱（水箱2）间接提供系统热水用水，仅提供热媒水，系统用水量可以由各区域换热机组处提供，需要贮存不超过1/3h生活热水（75℃）。

基于上述分析：水箱1贮存的是热源水，需要的热水容积大；水箱2贮存的是热媒水，需要的热水容积小。建议热媒水热水箱（水箱2）贮存10～20min生活热水（75℃），大系统取低值，小系统取高值。

（6）区域换热机组选型

区域换热机组作为每个生活热水系统分区域的换热核心，对于热媒侧来说是末端，对于热水侧来说是起端。区域换热机组通常设置在各区域的水管井内或辅助房间内挂装，对于医院建筑来说，区域换热机组通常设置在各区域（病房护理单元）的水管井内挂装。

区域换热机组作为一种小型换热器，自身连接5种管线：热媒供水管、热媒回水管、热水供水管、热水回水管、冷水供水管。

根据相关技术资料，区域换热机组系列常用的有 Regumaq X25、Regumaq XZ30、

Regumaq X45 及 Regumaq X80；本书项目中选择 Regumaq XZ30 及 Regumaq X80 两种型号，具体参数见表 2-18。

区域换热机组型号参数　　　　　　　　　　　表 2-18

序号	名称	型号	额定流量 (L/min)	计算流量 (L/min)	设备尺寸 $H \times L \times D$(mm)	空间尺寸 $H \times L$(mm)	备注
1	区域换热机组 A	Regumaq XZ30	30	25	860×500×270	1060×600	不带循环泵
2	区域换热机组 B	Regumaq X80	80	70	875×660×300	1175×948	自带循环泵

区域换热机组的接管管径及接管位置见表 2-19。

区域换热机组接管管径及接管位置　　　　　　　　　表 2-19

序号	名称	型号	热媒供水管 管径 DN (mm)	热媒回水管 管径 DN (mm)	热水供水管 管径 DN (mm)	热水回水管 管径 DN (mm)	冷水供水管 管径 DN (mm)
1	区域换热机组 A	Regumaq XZ30	25 设备上部	25 设备上部	25 设备下部	25 设备下部	25 设备下部
2	区域换热机组 B	Regumaq X80	40 设备上部	40 设备上部	40 设备下部	25 设备右部	40 设备下部

区域换热机组可以单个使用，也可以并联使用。每种区域换热机组承压能力为 10MPa，热媒温度范围为 65～90℃。

根据各区域热媒热水设计小时热水量数据，结合区域换热机组的计算流量确定区域换热机组的型号。

2.9.4　分布式生活热水系统工程案例一

1. 工程概况

山东省某医院项目病房楼总建筑面积 99892m²，建筑高度为 49.65m，设计总床位 1497 床。

本工程包括北病房楼、南病房楼各 1 栋，均为地上 12 层、地下 1 层。本工程病房楼分层功能见表 2-20。

山东省某医院工程病房楼分层功能一览表　　　　　　表 2-20

楼层编号	北病房楼		南病房楼	
	西护理单元	东护理单元	西护理单元	东护理单元
12F	肿瘤血液病区	肿瘤血液病区	妇科、生殖病区	生殖遗传中心
11F	中西医结合病区	风湿、烧伤、皮肤、美容、中医科病区	放疗科病区	眼科病区
10F	老年病科病区	内分泌病区	口腔科、普五(甲状腺、乳腺)病区	儿科病区
9F	呼吸内科病区	胸外病区	儿科病区	儿科病区
8F	骨二科病区	骨三科病区	心脏病区	心脏中心
7F	骨一科病区	疼痛科病区	神外病区	脑科监护中心

续表

楼层编号	北病房楼		南病房楼	
	西护理单元	东护理单元	西护理单元	东护理单元
6F	普三病区	普二(肝胆)病区	神内病区	神内病区
5F	普一病区	消化内科病区	产科病区	神内病区
4F	康复科病区	五官科病区	NICU/母婴同室	产房
3F	康复训练大厅	康复科病区	LDRP产房	产科病区
2F	肾科病区	透析中心	体检中心	泌尿外科病区
1F	住院大厅	静脉配液中心	体检中心	出入院办理及收费

本工程病房楼病房卫生间配置见表2-21。

山东省某医院工程病房楼病房卫生间配置一览表 表2-21

楼层编号	北病房楼病房卫生间数量(个)		南病房楼病房卫生间数量(个)	
	西护理单元	东护理单元	西护理单元	东护理单元
12F	22	21	25	0
11F	22	20	22	21
10F	22	18	22	19
9F	16	20	20	14
8F	22	22	22	13
7F	20	22	22	13
6F	22	21	22	21
5F	22	21	20	21
4F	22	21	9	6
3F	0	11	20	12
2F	16	0	0	14
1F	0	0	0	0
合计(按护理单元计)	206	197	204	154
合计(按病房楼计)	403		358	
合计(按整个工程计)	761			

2. 水力计算

(1)本工程病房生活热水计算管段热水当量、设计秒流量、管径见表2-22。生活热水计算管段热水设计秒流量公式为：$q_g=0.4(N_g)^{1/2}$。

山东省某医院工程病房生活热水计算管段热水当量、设计秒流量、管径对照表 表2-22

病房卫生间数量(个)	计算管段卫生器具热水当量总数 N_g	计算管段热水设计秒流量 q_g (L/s)	计算管段公称直径 (mm)
1	1.75	0.53	
2	3.50	0.75	DN25
3	5.25	0.92	

续表

病房卫生间数量（个）	计算管段卫生器具热水当量总数 N_g	计算管段热水设计秒流量 q_g （L/s）	计算管段公称直径（mm）
4	7.00	1.06	
5	8.75	1.18	DN32
6	10.50	1.30	
7	12.25	1.40	
8	14.00	1.50	
9	15.75	1.59	
10	17.50	1.67	
11	19.25	1.75	
12	21.00	1.83	DN40
13	22.75	1.91	
14	24.50	1.98	
15	26.25	2.05	
16	28.00	2.12	
17	29.75	2.18	
18	31.50	2.24	
19	33.25	2.31	DN50
20	35.00	2.37	
21	36.75	2.42	
22	38.50	2.48	
42	73.50	3.43	DN70

注：每个病房卫生间为标准卫生间，内含 1 个淋浴器（热水当量 0.75）、1 个洗脸盆（热水当量 1.00）、1 个低水箱坐便器（不配置热水）。

（2）本工程热水设计小时耗热量见表 2-23。热水设计小时耗热量计算公式为：$Q_h = \sum q_h \cdot (t_{r2} - t_l) \cdot \rho_r \cdot n_0 \cdot b \cdot C$。

山东省某医院工程热水设计小时耗热量一览表　　　表 2-23

楼层编号	北病房楼病房设计小时耗热量（×10⁶kJ/h）			南病房楼病房设计小时耗热量（×10⁶kJ/h）		
	西护理单元	东护理单元	合计	西护理单元	东护理单元	合计
12F	0.895	0.855	1.750	1.017	0.000	1.017
11F	0.895	0.814	1.709	0.895	0.855	1.750
10F	0.895	0.733	1.628	0.895	0.773	1.628
9F	0.587	0.814	1.401	0.814	0.570	1.384
8F	0.895	0.895	1.790	0.895	0.529	1.424
7F	0.814	0.895	1.709	0.895	0.529	1.424
6F	0.895	0.855	1.750	0.895	0.855	1.750

楼层编号	北病房楼病房设计小时耗热量 ($\times 10^6$ kJ/h)			南病房楼病房设计小时耗热量 ($\times 10^6$ kJ/h)		
	西护理单元	东护理单元	合计	西护理单元	东护理单元	合计
5F	0.895	0.855	1.750	0.814	0.855	1.669
4F	0.895	0.855	1.750	0.366	0.244	0.610
3F	0.000	0.447	0.447	0.814	0.489	1.303
2F	0.652	0.000	0.652	0.000	0.570	0.570
1F	0.000	0.000	0.000	0.000	0.000	0.000
合计	8.318	8.018	16.336	8.300	6.269	14.569
合计（按整个工程计）	30.905					

注：本工程生活热水系统按定时供水考虑。

根据表2-23，高区（八～十二层）生活热水系统热水设计小时耗热量为 15.484×10^6 kJ/h；低区（二～七层）生活热水系统热水设计小时耗热量为 15.421×10^6 kJ/h。

（3）本工程热水设计小时热水量见表2-24。热水设计小时热水量计算公式为：$q_{rhl} = Q_h / [(t_{rl} - t_l) \cdot C \cdot \rho_r]$。

山东省某医院工程热水设计小时热水量一览表 表2-24

楼层编号	北病房楼病房设计小时热水量 ($\times 10^3$ L/h)			南病房楼病房设计小时热水量 ($\times 10^3$ L/h)		
	西护理单元	东护理单元	合计	西护理单元	东护理单元	合计
12F	3.51	3.35	6.86	3.99	0.00	3.99
11F	3.51	3.19	6.70	3.51	3.35	6.86
10F	3.51	2.87	6.38	3.51	3.02	6.53
9F	2.55	3.19	5.74	3.19	2.23	5.42
8F	3.51	3.51	7.02	3.51	2.07	5.58
7F	3.19	3.51	6.70	3.51	2.07	5.58
6F	3.51	3.35	6.86	3.51	3.35	6.86
5F	3.51	3.35	6.86	3.19	3.35	6.54
4F	3.51	3.35	6.86	1.43	0.95	2.38
3F	0.00	1.76	1.76	3.19	1.91	5.10
2F	2.55	0.00	2.55	0.00	2.23	2.23
1F	0.00	0.00	0.00	0.00	0.00	0.00
合计	32.86	31.43	64.29	32.54	24.53	57.07
合计（按整个工程计）	121.36					

注：本工程生活热水系统按定时供水考虑。

根据表2-24，高区（八～十二层）生活热水系统热水设计小时热水量为 61.08×10^3 L/h；低区（二～七层）生活热水系统热水设计小时热水量为 60.28×10^3 L/h。

（4）本工程热媒热水设计小时热水量见表 2-25。热媒热水设计小时热水量计算公式为：$q_{rh2} = Q_h / [(t_{r2} - t_l) \cdot C \cdot \rho_r]$。

山东省某医院工程热媒热水设计小时热水量一览表　　　　　表 2-25

楼层编号	北病房楼病房设计小时热媒热水量 ($\times 10^3$ L/h；L/min)			南病房楼病房设计小时热媒热水量 ($\times 10^3$ L/h；L/min)		
	西护理单元	东护理单元	合计	西护理单元	东护理单元	合计
12F	3.02；50.3	2.88；48.0	5.90；98.3	3.43；57.2	0.00；0.0	3.43；57.2
11F	3.02；50.3	2.74；45.7	5.76；96.0	3.02；50.3	2.88；48.0	5.90；98.3
10F	3.02；50.3	2.47；41.2	5.49；91.5	3.02；50.3	3.02；50.3	6.04；100.6
9F	2.19；36.5	2.74；45.7	4.93；82.2	2.74；45.7	1.92；32.0	4.66；77.7
8F	3.02；50.3	3.02；50.3	6.04；100.6	3.02；50.3	1.78；29.7	4.80；80.0
7F	2.74；45.7	3.02；50.3	5.76；96.0	3.02；50.3	1.78；29.7	4.80；80.0
6F	3.02；50.3	2.88；48.0	5.90；98.3	3.02；50.3	2.88；48.0	5.90；98.3
5F	3.02；50.3	2.88；48.0	5.90；98.3	2.74；45.7	2.88；48.0	5.62；93.7
4F	3.02；50.3	2.88；48.0	5.90；98.3	1.23；20.5	0.82；13.7	2.05；34.2
3F	0.00；0.0	1.51；25.2	1.51；25.2	2.74；45.7	1.64；27.3	4.38；73.0
2F	2.19；36.5	0.00；0.0	2.19；36.5	0.00；0.0	1.92；32.0	1.92；32.0
1F	0.00；0.0	0.00；0.0	0.00；0.0	0.00；0.0	0.00；0.0	0.00；0.0
合计	28.26；470.8	27.02；450.4	55.28；921.2	27.98；466.3	21.52；358.7	49.50；825.0
合计 (按整个工程计)	104.78；1746.2					

注：本工程生活热水系统按定时供水考虑。

根据表 2-25，高区（八～十二层）生活热水系统热媒热水设计小时热水量为 52.95×10^3 L/h（882.4L/min）；低区（二～七层）生活热水系统热媒热水设计小时热水量为 51.83×10^3 L/h（863.8L/min）。

（5）本工程区域换热机组选型计算

鉴于北病房楼、南病房楼每栋楼 2 个病房护理单元共用水管井，为了减少热媒热水立管个数，本工程采用每栋楼相同楼层 2 个病房护理单元共用热媒热水管（供水管、回水管）、区域护理单元的优选方案。根据表 2-25 各区域热媒热水设计小时热水量数据确定区域换热机组的型号。根据每栋楼每层楼热媒热水设计小时热水量（见表 2-25），参照区域换热机组常见组合形式，选择确定每栋楼每层楼区域换热机组的型号组合，见表 2-26。

山东省某医院工程区域换热机组选型及组合计算流量一览表　　　　　表 2-26

楼层编号	北病房楼			南病房楼		
	组合形式编号	组合型号	组合计算流量 (L/min)	组合形式编号	组合型号	组合计算流量 (L/min)
12F	D	Regumaq XZ30＋ Regumaq X80	95	B	Regumaq XZ30＋ Regumaq XZ30	50
11F	D	Regumaq XZ30＋ Regumaq X80	95	D	Regumaq XZ30＋ Regumaq X80	95

楼层编号	北病房楼			南病房楼		
	组合形式编号	组合型号	组合计算流量（L/min）	组合形式编号	组合型号	组合计算流量（L/min）
10F	D	Regumaq XZ30＋Regumaq X80	95	D	Regumaq XZ30＋Regumaq X80	95
9F	D	Regumaq XZ30＋Regumaq X80	95	C	Regumaq X80	70
8F	D	Regumaq XZ30＋Regumaq X80	95	C	Regumaq X80	70
7F	D	Regumaq XZ30＋Regumaq X80	95	C	Regumaq X80	70
6F	D	Regumaq XZ30＋Regumaq X80	95	D	Regumaq XZ30＋Regumaq X80	95
5F	D	Regumaq XZ30＋Regumaq X80	95	D	Regumaq XZ30＋Regumaq X80	95
4F	D	Regumaq XZ30＋Regumaq X80	95	A	Regumaq XZ30	25
3F	A	Regumaq XZ30	25	C	Regumaq X80	70
2F	B	Regumaq XZ30＋Regumaq XZ30	50	A	Regumaq XZ30	25
1F	—	—	—	—	—	—

（6）本工程热媒热水干管水力计算

病房楼热媒热水供（回）水管管径应根据该管段负责区域热媒热水的设计流量确定，热媒热水流速按 1.2～2.0m/s 考虑。具体计算结果见表 2-27。

山东省某医院工程热媒热水干管水力计算一览表　　　　表 2-27

楼层编号	北病房楼				南病房楼			
	管段计算流量（L/min；L/s）	管段管径DN（mm）	管段沿程水头损失（m）	累计管段沿程水头损失（m）	管段计算流量（L/min；L/s）	管段管径DN（mm）	管段沿程水头损失（m）	累计管段沿程水头损失（m）
12F	95；1.58	40	0.43	0.43	50；0.83	32	0.26	0.26
11F	190；3.17	50	0.43	0.86	145；2.42	50	0.26	0.52
10F	285；4.75	70	0.25	1.11	240；4.00	70	0.18	0.70
9F	380；6.33	80	0.18	1.29	310；5.17	70	0.30	1.00
8F	475；7.92	80	0.29	1.58	380；6.33	80	0.18	1.18
7F	570；9.50	100	0.10	1.68	450；7.50	80	0.26	1.44
6F	665；11.08	100	0.13	1.81	545；9.08	100	0.09	1.53
5F	760；12.67	100	0.17	1.98	640；10.67	100	0.12	1.65
4F	855；14.25	100	0.21	2.19	665；11.08	100	0.13	1.78
3F	880；14.67	100	0.26	2.45	735；12.25	100	0.18	1.96
2F	930；15.50	100	0.40	2.85	760；12.67	100	0.20	2.16
1F	930；15.50	100	12.47	15.32	760；12.67	100	0.22	2.38
合计	1690；28.17	150	1.26	16.58	—	—	—	—

3. 设备选型

(1) 热媒热水供水泵组选型

本工程生活热水供水泵组即热媒热水供水泵组，用以将一定流量、压力的热媒热水供至各个区域换热机组。考虑到医院建筑生活热水用水的特点，热媒热水供水泵组宜采用变频热水供水泵组，根据系统流量大小，宜采用 3 台（2 用 1 备）或 2 台（1 用 1 备）配备模式。

1) 热媒供水流量（Q_1）

根据表 2-27 得知，热媒供水流量 $Q_1 = 28.17$L/s $= 101.41$m^3/h。

2) 热媒供水压力（H_1）

热媒热水供水泵组的设计压力应保证最不利处（南病房楼十二层区域换热机组处）所需压力，故 $H_1 = h_1 + h_2 + \sum h = (48.4 + 4.7) + 5.0 + 1.3 \times 16.58 = 80.0mH_2$O。

3) 据此选取热媒热水供水泵组

设备型号：3WDV130/80-18.5-G-200；设备流量：100m^3/h；设备扬程：80m；功率：37kW。

配泵 3 台（2 用 1 备）；单台泵组型号：VCF65-40-2；流量：50m^3/h；扬程：80m；电机功率：18.5kW。

压力罐：200L；压力：1.0MPa。

(2) 第一热媒水循环泵组选型

1) 第一热媒水循环流量（Q_2）

本工程第一热媒水循环流量为医院院区锅炉房热水锅炉高温热水（80℃/60℃）经板式换热器（一）与热媒热水箱之间的循环流量。第一热媒水循环流量（Q_2）可取 1.1 倍热媒供水流量（Q_1），即 $Q_2 = 1.1 \times 28.17 = 30.99$L/s $= 111.55$m^3/h。

2) 第一热媒水循环压力（H_2）

第一热媒水循环泵组的设计压力应保证锅炉高温热水在热水机房板式换热器（一）与热媒热水箱之间正常循环，由于该循环泵组、板式换热器（一）、热媒热水箱均设置在地下一层热水机房内，所以该压力值仅用于克服热媒热水箱与板式换热器（一）进出管道之间的高差、管道水力损失及热量损失，故 H_2 取 12.0mH$_2$O 即可满足要求。

3) 据此选取第一热媒水循环泵组

型号：CKR20-2；2 台（1 用 1 备）；流量：8.06L/s；扬程：13mH$_2$O；电机功率：2.2kW。

(3) 第二热媒水循环泵组选型

1) 第二热媒水循环流量（Q_3）

本工程第二热媒水循环流量为太阳能热媒水经板式换热器（二）与热媒热水箱之间的循环流量，可取为太阳能热水循环流量，即 $Q_3 = 6.48$L/s $= 23.33$m^3/h。

2) 第二热媒水循环压力（H_3）

第二热媒水循环泵组的设计压力应保证太阳能高温水在热水机房板式换热器（二）与热媒热水箱之间正常循环，由于该循环泵组、板式换热器（二）、热媒热水箱均设置在地下一层热水机房内，所以该压力值仅用于克服热媒热水箱与板式换热器（二）进出管道之间的高差、管道水力损失及热量损失，故 H_3 取 10.0mH$_2$O 即可满足要求。

3）据此选取第二热媒水循环泵组

型号：CKR20-1；2台（1用1备）；流量：6.67L/s；扬程：9mH$_2$O；电机功率：1.1kW。

（4）太阳能集热循环泵组选型

1）太阳能集热循环流量（Q_4）

本工程每栋病房楼屋顶设置真空管太阳能集热器（型号：Z-QB/0.06-WF-4.35/50-58/1 7.8m^2）共计54组，故该病房楼太阳能集热循环流量 Q_4＝0.06×54＝3.24L/s＝11.66m^3/h。

2）太阳能集热循环压力（H_4）

太阳能集热循环泵组的设计压力应保证太阳能低温水自生活热水箱循环经过太阳能集热器加热后回到生活热水箱。由于太阳能集热循环泵、生活热水箱、太阳能集热器均设置在病房楼屋顶，故 H_4 取 25.0mH$_2$O 即可满足要求。

3）据此选取太阳能集热循环泵组

型号：CKR15-2；2台（1用1备）；流量：3.33L/s；扬程：25mH$_2$O；电机功率：2.2kW。

（5）太阳能热水循环泵组选型

1）太阳能热水循环流量（Q_5）

本工程太阳能热水循环流量取南、北两栋病房楼太阳能集热器循环流量之和，故太阳能热水循环流量 Q_5＝2×3.24＝6.48L/s＝23.33m^3/h。

2）太阳能热水循环压力（H_5）

太阳能热水循环泵组的设计压力应保证太阳能高温水自生活热水箱向下循环经过地下一层热水机房板式换热器后向上回到生活热水箱，仅用于克服管道水力损失及热量损失，故 H_5 取 20.0mH$_2$O 即可满足要求。

3）据此选取太阳能热水循环泵组

型号：CKR20-2；2台（1用1备）；流量：6.67L/s；扬程：19mH$_2$O；电机功率：2.2kW。

（6）热媒热水箱选型

1）生活热水箱（水箱1）

由表 2-24 得知，本工程生活热水系统设计小时用水量为 121.36 × 10^{3}L/h（121.36m^3/h）。按照传统方式，以贮存 1h 生活热水（65℃）计，需要设置有效贮水容积为 121.36m^3 的生活热水箱（水箱1）。

2）热媒热水箱（水箱2）

由表 2-25 得知，本工程热媒热水系统设计小时用水量为 104.78 × 10^{3}L/h（104.78m^3/h）。按照传统方式，以贮存 0.25h（15min）热媒热水（75℃）计，仅需要设置有效贮水容积为 26.20m^3 的热媒热水箱（水箱2）。本工程选择不锈钢热媒热水箱，尺寸为 5.0m×3.0m×3.0m（h），有效贮水容积 30m^3。

2.9.5 分布式生活热水系统工程案例二

1. 工程概况

重庆市某医院项目建筑面积 26027m^2，建筑高度为 76.05m，设计总床位 385 床。

本工程包括病房楼 1 栋，地上 15 层、地下 2 层。本工程各楼层功能及病房卫生间配置见表 2-28。

重庆市某医院工程各楼层功能及病房卫生间配置一览表　　　表 2-28

楼层编号	功　　能	病房卫生间数量(个)
15F	干部保健病房	13
14F	干部保健病房	22
13F	神经内科护理单元	22
12F	神经内科护理单元	13
11F	神经外科护理单元	20
10F	神经外科护理单元	23
9F	神经外科护理单元	0
8F	肿瘤科护理单元	21
7F	肿瘤科护理单元	19
6F	肿瘤科护理单元	20
5F	血液护理单元	22
4F	层流病房护理单元	24
3F	净化机房、检查中心、信息机房	0
2F	手术部	0
1F	血液科临床及基础实验室、体外片区、共享大厅	0
一1F	核医学科	0
一2F	高压配电室、低压配电室、冷热源机房等	0
合计		219

2. 生活热水计算管段热水当量、设计秒流量、管径（见表 2-29）

重庆市某医院工程病房生活热水计算管段热水当量、设计秒流量、管径对照表　表 2-29

病房卫生间数量 (个)	计算管段卫生器具热水当量总数 N_g	计算管段热水设计秒流量 q_g (L/s)	计算管段公称直径 (mm)
1	1.75	0.53	
2	3.50	0.75	DN25
3	5.25	0.92	
4	7.00	1.06	
5	8.75	1.18	
6	10.50	1.30	DN32
7	12.25	1.40	
8	14.00	1.50	
9	15.75	1.59	
10	17.50	1.67	DN40
11	19.25	1.75	

病房卫生间数量 （个）	计算管段卫生器具热水当量总数 N_g	计算管段热水设计秒流量 q_g （L/s）	计算管段公称直径 （mm）
12	21.00	1.83	
13	22.75	1.91	DN40
14	24.50	1.98	
15	26.25	2.05	
16	28.00	2.12	
17	29.75	2.18	
18	31.50	2.24	
19	33.25	2.31	
20	35.00	2.37	DN50
21	36.75	2.42	
22	38.50	2.48	
23	40.25	2.54	
24	42.00	2.59	

注：1. 每个病房卫生间为标准卫生间，内含1个淋浴器（热水当量0.75）、1个洗脸盆（热水当量1.00）、1个低
水箱坐便器（不配置热水）；
2. 计算管段热水设计秒流量公式：$q_g = 0.4(N_g)^{1/2}$；
3. 本计算表格仅针对本工程具体情况。

3. 热水设计小时耗热量及设计小时热水量（见表2-30）

重庆市某医院工程热水设计小时耗热量及设计小时热水量一览表　　　表2-30

楼层编号	病房设计小时耗热量 （$\times 10^6$ kJ/h）	病房设计小时热水量 （$\times 10^3$ L/h）
15F	0.485	2.00
14F	0.821	3.38
13F	0.821	3.38
12F	0.485	2.00
11F	0.746	3.07
10F	0.858	3.53
高区合计	4.216	17.36
9F	0.000	0.00
8F	0.783	3.23
7F	0.709	2.92
6F	0.746	3.07
5F	0.821	3.38
4F	0.895	3.69
低区合计	3.954	16.29

续表

楼层编号	病房设计小时耗热量 （$\times 10^6$ kJ/h）	病房设计小时热水量 （$\times 10^3$ L/h）
3F	0.000	0.00
2F	0.000	0.00
1F	0.000	0.00
−1F	0.000	0.00
−2F	0.000	0.00
总合计	8.170	33.65

注：1. 本工程生活热水系统按定时供水考虑；

2. 计算热水设计小时耗热量公式：$Q_h = \sum q_h \cdot (t_{r2} - t_l) \cdot \rho_r \cdot n_0 \cdot b \cdot C$，其中：$q_h = 300$L/h，$t_{r2} = 40℃$，$t_l = 7℃$，$\rho_r = 1.0$kg/L，$b = 90\%$，$C = 4.187$kJ/(kg·℃)；

3. 计算热水设计小时热水量公式：$q_{rh1} = Q_h / [(t_{r1} - t_l) \cdot C \cdot \rho_r]$，其中：$t_{r1} = 65℃$，$t_l = 7℃$，$C = 4.187$kJ/(kg·℃)，$\rho_r = 1.0$kg/L。

根据表 2-30，本工程高区（十一～十五层）生活热水系统设计小时耗热量为 4.216×10^6 kJ/h；低区（四～九层）生活热水系统设计小时耗热量为 3.954×10^6 kJ/h。

根据表 2-30，本工程高区（十一～十五层）生活热水系统设计小时热水量为 17.36×10^3 L/h；低区（四～九层）生活热水系统设计小时热水量为 16.29×10^3 L/h。

4. 热媒热水设计小时热水量（见表 2-31）

重庆市某医院工程热媒热水设计小时热水量一览表　　　　表 2-31

楼层编号	设计小时热媒热水量（$\times 10^3$ L/h；L/min）	区域换热机组型号
15F	1.59；26.6	Regumaq XZ30
14F	2.70；44.9	Regumaq X80
13F	2.70；44.9	Regumaq X80
12F	1.59；26.6	Regumaq XZ30
11F	2.45；40.8	Regumaq X80
10F	2.82；47.0	Regumaq X80
9F	0.00；0.0	—
8F	2.57；42.9	Regumaq X80
7F	2.33；38.8	Regumaq X80
6F	2.45；40.8	Regumaq X80
5F	2.70；44.9	Regumaq X80
4F	2.94；49.0	Regumaq X80
3F	0.00；0.0	
2F	0.00；0.0	
1F	0.00；0.0	
−1F	0.00；0.0	
−2F	0.00；0.0	
合计	26.84；447.2	—

注：1. 本工程生活热水系统按定时供水考虑；

2. 计算热媒热水设计小时耗热量公式：$q_{rh2} = Q_h / [(t_{r2} - t_l) \cdot C \cdot \rho_r]$，其中：$t_{r2} = 80℃$，$t_l = 7℃$，$C = 4.187$kJ/(kg·℃)，$\rho_r = 1.0$kg/L。

根据表 2-31，本工程生活热水系统热媒热水设计小时热水量为 $26.84 \times 10^3 \text{L/h}$（447.2L/min）。

根据表 2-31 各区域热媒热水设计小时热水量数据确定区域换热机组的型号。区域换热机组选用 Regumaq XZ30 及 Regumaq X80 两种型号，各区域区域换热机组型号确定见表 2-31。

5. 热媒热水管管径、沿程水头损失计算

本工程热媒热水供（回）水管管径应根据该管段负责区域热媒热水的设计流量确定，热媒热水流速按 $0.8 \sim 1.6 \text{m/s}$ 考虑。具体计算结果见表 2-32。

重庆市某医院工程热媒热水管管径、沿程水头损失   表 2-32

楼层编号	管段计算流量 （L/min；L/s）	管段管径 DN （mm）	管段沿程水头损失 （m）	累计管段沿程水头损失 （m）
15F	26.6；0.44	32	0.09	0.09
14F	71.5；1.19	40	0.28	0.37
13F	116.4；1.94	50	0.18	0.55
12F	143.0；2.38	50	0.27	0.82
11F	183.8；3.06	70	0.12	0.94
10F	230.8；3.85	70	0.18	1.12
9F	230.8；3.85	70	0.18	1.30
8F	273.7；4.56	80	0.11	1.41
7F	312.5；5.21	80	0.14	1.55
6F	353.3；5.89	80	0.17	1.72
5F	398.2；6.64	100	0.06	1.78
4F	447.2；7.45	100	0.07	1.85
3F	447.2；7.45	100	0.07	1.92
2F	447.2；7.45	100	0.08	2.00
1F	447.2；7.45	100	0.10	2.10
−1F	447.2；7.45	100	0.08	2.18
−2F	447.2；7.45	100	0.12	2.30
合计	447.2；7.45	100	1.05	3.35

2.10   其他常用类型生活热水系统

2.10.1   热水炉直供、联供热水系统

当医院建筑没有锅炉房高温热水作为热媒时，生活热水系统的热源可由热水炉直接提

供或与太阳能热水设备联合提供。

1. 热水炉

BTL 系列商用燃气冷凝容积式热水炉采用全新的冷凝式设计，它体积小，产品系列齐全，安装简单，具有独特的螺旋形热交换器，采用智能控制系统；可适应多种安装场所；采用美国最新的"Ultra Coat"金圭内胆涂层技术，确保了内胆的使用寿命更加持久。热水炉技术参数见表 2-33。

热水炉技术参数　　表 2-33

产品型号	额定容积 （L）	输入功率 （kW）	效率 （%）	进出水口 口径（mm）	高度 （mm）	直径 （mm）	净质量 （kg）
BTL(O)-100	190	30	103	DN32	1762	524	120
BTL(O)-145	190	40	103	DN32	1762	524	120
BTL(O)-250	350	73	105	DN40	1956	710	310
BTL(O)-338	350	99	105	DN40	1956	710	320

BTL（O）系列热水炉的性能特点如下所述：

（1）全新的冷凝式设计，高效节能。BTL（O）产品采用全新的冷凝式设计，通过高效的螺旋形热交换器把燃气燃烧后烟气中的汽化潜热充分吸收，使效率高达 105%（BTL/BTLO-100/145 为 103%）。

（2）全预混的旋风式燃烧方式，燃烧更加高效。安装在顶部的全新设计的全预混燃烧系统提供了放射状的火焰燃烧，把火焰及烟气自上而下推向换热器，得到更佳的燃烧效率。

（3）智能控制。LCD 液晶显示面板，实时监控运行状态并可查询历史数据；内置故障诊断功能；32～82℃ 范围内精确调温；搭载 IoT 物联网技术，优化热水炉运行、管路成本。

（4）可靠耐用。专利金圭特护内胆，耐压防腐抗垢；换热器双向涂覆金圭涂层，水侧不易结垢，烟气侧有效防止烟道中冷凝水的酸性腐蚀。

（5）安装灵活。设备结构紧凑，体积小巧，有户外机型，可直接在室外安装；有多种进风、排烟方式可选，PVC/PVC-C/ABS 管材；两对进出水口，安装方便，适应性广。

（6）低氮环保。NOx 排放量低于 $30mg/m^3$，满足最严苛的排放标准。

（7）安全可靠。电火花点火，小负荷启动，温控器、高温极限、超温保护、温度压力安全阀四重防护；机器对水温、气压、电压及风机转速等多项参数均设有监测保护，为设备提供全方位保护。

2. 热水炉直供热水系统

热水炉直供热水系统的原理图及设计要点见图 2-7。

3. 热水炉联供热水系统

热水炉联供热水系统的原理图及设计要点见图 2-8。

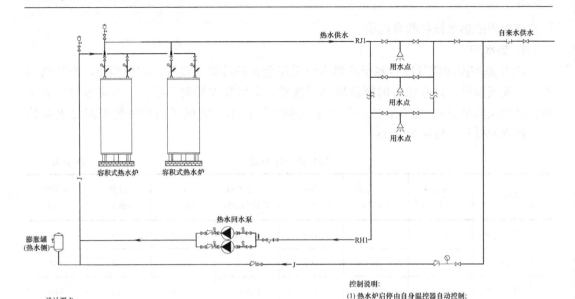

设计要点：

(1)冷热水同源，冷热水压力保持平衡；

(2)设备安装需同程并联；

(3)设备最大运行压力≤0.9MPa；

(4)在系统冷水进水点设置膨胀罐；

(5)生活水源的水质符合《生活饮用水卫生标准》GB 5749—2006，热水水质
　　符合《生活热水水质标准》CJ/T 521—2018；

(6)供水管、冷水管管径需按用水终端秒流量选型；

(7)热水回水泵需按30%的设计小时流量选型；

(8)膨胀装置等辅机、管件应按系统设计运行压力选取；

(9)热水炉、水泵等均需安装活接或法兰，以便于维护和检修；

(10)热水炉的进出水总管最高点、热水出水总管以及局部管路最高点需安装自动排气阀；

(11)热水炉前冷水进水管需安装单向阀。

控制说明：

(1)热水炉启停由自身温控器自动控制；

(2)热水回水泵由回水温度控制启停。

图 2-7　热水炉直供热水系统原理图

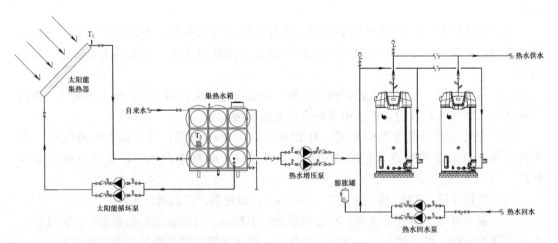

系统说明：

(1)燃气炉启停由自身温控器自动控制；

(2)当太阳能集热器温度T_1与集热水箱温度T_2温差≥8℃(可调)时，太阳能循环泵启动；当太阳能集热器温度T_1与集热水箱温
　　度T_2温差≤3℃(可调)时，太阳能循环泵停止；

(3)热水增压泵由供水压力控制；

(4)热水回水泵由回水温度控制，当热水回水温度≤40℃(可调)时，热水回水泵启动，直到回水温度达到45℃时停止；

(5)该系统适用于连续供水的中小型商业场所，热源设备可为容积式热水炉。

图 2-8　热水炉联供热水系统原理图

2.10.2　承压式热泵直供、联供热水系统

当医院建筑没有锅炉房高温热水作为热媒时，生活热水系统的热源可由承压式热泵直接提供或与太阳能热水设备联合提供。

1. 系统性能特点

（1）机组节能。承压式热泵技术，高效换热，COP 高达 4.59；另有变频机型，0℃ 输出功率不衰减，COP 高达 4.7，一级能效。

（2）系统节能。除机组节能之外，采用承压供水方式，降低水泵动力电耗；闭式水箱，保温能耗低。

（3）恒温恒压。模块化闭式系统，冷、热水压力同源；热水分仓贮存，水箱之间不会发生冷、热水混合，真正做到全天候恒温恒压热水供应。

（4）智能控制。可实现一体化中央智能控制；搭载 IoT 物联网技术，全生命周期主动、快速提供精准服务支持，优化锅炉运行、管理成本。

（5）安装灵活。模块化水箱总体水容量小，占地面积小、高度低、承重轻，能够灵活适应各种安装空间，让客户使用更便捷。

2. 系统优势

对于用户，热水供应的重要性不言而喻。热水能否连续、充足供应，取决于包括空气源热泵在内的整套热水系统的运行效果如何。承压式热泵热水系统解决了近年来空气源热泵在医院建筑应用中凸显出的问题。

模块化承压技术包括承压式热泵热水系统（使用闭式承压水箱，依托市政供水压力，直接向用水终端供应热水）、模块化水箱（热水系统的贮水量较大，通过标准 455L 承压水箱的模块化组合，实现热水的分仓贮存）。

系统优势一：恒温恒压供水。模块化承压式热泵热水系统不仅实现了冷热水压力平衡，还最大限度地避免了高峰期大量补水带来的冷热水混合造成供水水温波动问题，真正提供全天候的恒温恒压热水，让用户畅享舒适热水体验。

系统优势二：系统综合能耗降低 30%。承压式热泵热水系统，在热泵主机的效率、系统热量的贮存和输送环节极大程度地降低能源浪费，将系统综合能耗降至最低。

热泵主机能耗：承压式热泵热水机通过采用大温差换热技术，高效换热，COP 高达 4.59，可达到国家二级能效，相比于传统热泵热水机组节能 10% 以上。

水箱保温能耗：承压式热泵热水系统所使用的模块化闭式水箱保温性能远远优于开式水箱，加之水箱利用率高，随用随补，总贮水量小，散热损失大大降低。

水泵动力能耗：模块化闭式系统充分利用冷水供水压力，无需大功率的热水增压泵，可降低电能损耗。

系统优势三：一体化系统解决方案。承压式热泵热水系统现场施工是高度标准化的简单作业，改变了传统热泵热水系统普遍存在的"三分产品，七分安装"的现状，核心部件由原厂供应，系统设计和安装施工严格标准化，打造稳定、节能的商用热水系统。

3. 设备性能规格参数

承压式热泵热水系统主机性能参数见表 2-34。

承压式热泵热水系统主机性能参数　　　　　　　　表 2-34

项目	单位	参数值
产品型号	—	CAHP-PI-42
电源规格	—	380V,3N～50Hz
电压使用范围	—	380V±10%
额定制热量	kW	42
额定输入功率	kW	9.15
性能系数 COP		4.59
最大输入功率	kW	13.7
机组运行噪声	dB(A)	65
额定产水量	m^3/h	0.902
温控范围	℃	35～65
防水等级	—	IPX4
适用环境温度	℃	-10～48
系统最高承压	MPa	1.1
进/出水管管径		$DN40(R1\ 1/2)$
水侧压力损失	kPa	100
出风方式		顶出风
制冷剂/充注量	—	R410a/6.4kg
机组外形尺寸	mm	1020×846×1840
净质量	kg	290

加热水箱规格参数见表 2-35。

加热水箱规格参数　　　　　　　　表 2-35

项目	单位	参数值					
产品型号	—	CAHP-TANK					
		G6	G12 D12	G18 D18	G24 D24	G36 D36	G45 D45
电源规格	—	380V,3N～50Hz					
电压使用范围	—	380V±10%					
电加热功率	kW	6	12	18	24	36	45
水箱额定容量	L	455					
水箱的工作允许过压	MPa	1.1					
进出水方式	—	G 系列顶进顶出,D 系列侧进顶出					
防水等级	—	IPX5					IPX4
进/出/循环水管管径	—	$DN40(NPT1\ 1/2)$					
外形尺寸	mm	822×712×1712			848×712×1712		861×712×1712
净质量	kg	162			168		170
运行质量	kg	592			598		600

标准贮热水箱规格参数见表 2-36。

标准贮热水箱规格参数　　　　　　　　　表 2-36

项目	单位	参数值
产品型号	—	CAHP-TANK-120G
水箱额定容量	L	455
水箱的工作允许过压	MPa	1.1
侧进水管管径（内螺纹）	—	$DN40$(NPT1 1/2)
侧进水管管径（内螺纹）	—	$DN20$(NPT 3/4)
顶部进/出水管管径（外螺纹）	—	$DN40$(NPT1 1/2)
外形尺寸	mm	Ø712×1712
净质量	kg	127
运行质量	kg	557

4. 系统运行控制说明

CAHP-PI-42 承压式热泵热水系统采用大尺寸 LCD 液晶显示屏，触摸式按键，菜单式界面，操控方便；有节能/速热两种运行模式可供选择，满足不同需求；系统还设置有错相、缺相、排气、高压、低压、排气温度等安全保护措施，实时运行提示及故障报警，运行状态一目了然。

（1）机组制热控制

热泵加热。当环境温度在热泵的工作范围内且水箱水温符合热泵的运行条件时，热泵机组启动运行制热，直至水箱水温达到设置温度或目标温度时，停止运行。

电加热。速热模式：当水箱水温低于电辅助加热的启动水温时，电辅助加热启动运行，当水箱水温达到设置温度或目标温度时，停止运行；节能模式：电辅助加热不运行，只有当环境温度低于设置的辅助加热启动环境温度且水箱水温低于电辅助加热的启动水温时，电辅助加热才启动运行，直至水箱水温达到设置温度或目标温度时，停止运行。

（2）补水控制

CAHP-PI-42 承压式热泵热水系统为闭式系统，水箱始终处于满水状态，当末端用水点用水时，冷水进水自动补水进加热水箱或贮热水箱；当末端用水点停止用水时，系统自动停止补水。

（3）系统温度控制

CAHP-PI-42 承压式热泵热水系统水箱温度设置范围为 35～65℃，在此范围内可进行任意温度调节设定，其中热泵加热的最高水温为 60℃。

（4）防干烧控制

由于 CAHP-PI-42 承压式热泵热水系统为闭式系统，为防止水箱缺水导致机组故障，机组设有防干烧控制设计。防干烧控制主要是检测水箱的水位是否正常（水位高于上加热棒），水箱低水位故障为系统严重故障，系统报错，系统停止一切加热（包括上下加热棒、热泵），最大限度地保护机组的运行安全。

（5）生活回水泵控制

CAHP-PI-42 承压式热泵热水系统集成了生活热水管网回水循环泵控制功能，由自带

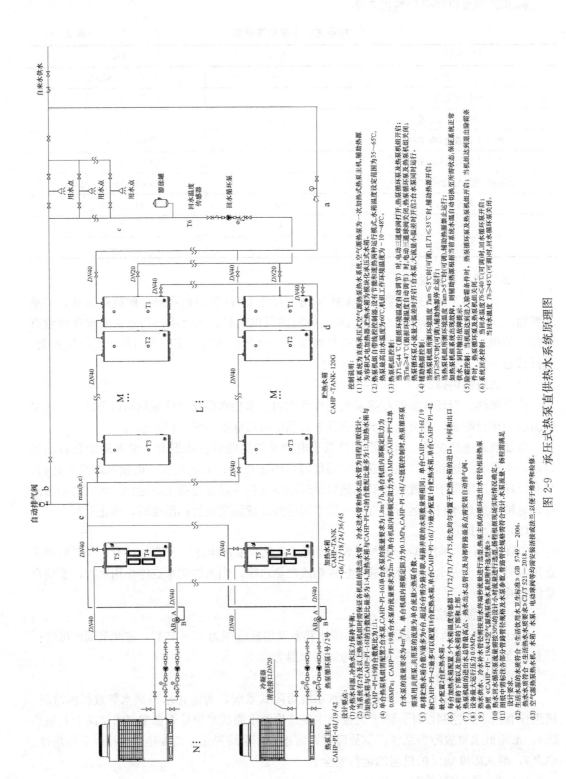

图 2-9　承压式热泵直供热水系统原理图

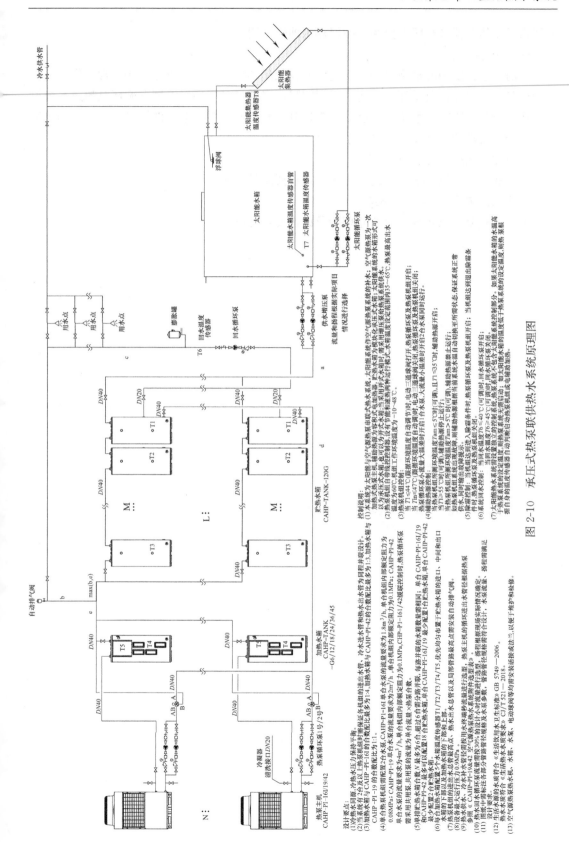

图 2-10　承压式热泵联供热水系统原理图

的回水温度传感器进行回水控制，确保热水即开即用。

（6）防冻控制

为防止水系统中的水路由于长时间暴露在低温环境下而损坏或者无法正常工作，系统自动检测环境温度以及循环泵的运行时间间隔，当满足对应环境温度下循环泵超过系统设置的运行时间间隔时，系统自动进入防冻控制，开启循环泵或电辅助加热运行；当满足退出防冻控制要求的温度或时间时，系统自动退出防冻控制。

5. 承压式热泵直供热水系统

承压式热泵直供热水系统的原理图及设计要点见图 2-9。

6. 承压式热泵联供热水系统

承压式热泵联供热水系统的原理图及设计要点见图 2-10。

第 3 章
排 水 系 统

排水系统（water drainage systems）是指排水的收集、输送、水质的处理和排放等设施以一定方式组合成的系统。排水系统包括卫生器具排水、排水管道系统、通气管系统、水质处理设施等。

基于医院建筑具有医疗功能复杂、平面布置变化大、排水点较多、排水要求多样等特点，医院建筑的排水系统是民用建筑中排水系统最复杂的。制定合理正确的排水方案，能够及时、有效、合理地排除污废水，避免建筑内通过排水产生交叉感染，是医院建筑给水排水设计人员的重要任务。

医院建筑污废水排水系统设计的目的和原则是：维护建筑室内卫生，防止交叉感染，防止污染环境；保持排水管道系统气压稳定，保护水封不被破坏；保证污废水迅速畅通排至室外；方便维修，降低工程造价；尽量采用重力自流方式。

3.1 排水系统类别

3.1.1 根据医院建筑内场所使用功能（或排水系统内容）划分

1. 生活污水排水

医院建筑内病房卫生间、医护人员卫生间、门诊公共卫生间内污水排水，以上场所污水污染严重。

2. 生活废水排水

医院建筑内病房治疗室、处置室、医护人员办公室、淋浴间；门诊诊室、办公室、集中淋浴间等内废水排水，以上场所废水属于清洁废水。

3. 厨房废水排水

医院建筑内附设厨房、营养食堂、餐厅内废水排水，以上场所废水含有油脂。

4. 设备机房废水排水

医院建筑内附设水泵房（包括生活水泵房、消防水泵房）、空调机房、制冷机房、换热机房、锅炉房、热水机房、直饮水机房等机房内废水排水，以上场所通常设置在建筑地下室，其废水属于清洁废水。

5. 医疗专用房间废水排水

医院建筑内附设洗衣房、中心供应室、真空吸引机房等场所内废水排水，其废水属于污染废水。

6. 医疗特殊场所污废水排水

医院建筑内核医学科内放射性元素超过排放标准的污水排水；实验室、检验科内有毒、有害废水、酸性废水、碱性废水排水；传染病房内含有大量致病菌污水排水等。以上场所污废水属于污染严重污废水，需要单独处理。

7. 车库废水排水

医院建筑内附设车库内一般地面冲洗废水排水，医院建筑车库通常设置在建筑地下室，其废水含有一定油脂。

8. 消防废水排水

医院建筑内消防电梯井排水、自动喷水灭火系统试验排水、消火栓系统试验排水、消防水泵试验排水等废水排水，以上废水属于清洁废水。

9. 绿化废水排水

医院建筑室外绿化后废水排水，其废水较为清洁，通常排入室外雨水系统。

3.1.2 根据医院建筑内污废水排水方式划分

1. 重力排水方式

医院建筑内地面以上能自流区域的污废水可以靠自身重量排水的方式。该排水方式属于主动排水方式，应用最为普遍。

2. 压力排水方式

医院建筑内地面以下不能自流区域的污废水可以靠排水泵压力排水的方式。该排水方式属于被动排水方式，在地下室污废水排水中应用较为普遍。

3. 真空排水方式

医院建筑内靠负压抽吸压力排水的方式。该排水方式属于被动排水方式，在医院建筑个别特殊场所如核医学科污废水排水时应用。

3.1.3 根据污废水排水体制划分

1. 污废合流排水系统

建筑物内生活污水与生活废水合流后排至处理构筑物或建筑物外。医院建筑多数排水系统采用污废合流排水系统。

2. 污废分流排水系统

建筑物内生活污水与生活废水分别排至处理构筑物或建筑物外。医院建筑少数排水系统要求采用污废分流排水系统。

3.1.4 根据排水系统通气方式划分

1. 设有通气管系排水系统

此种排水系统包括伸顶通气排水系统、专用通气立管排水系统、环形通气排水系统、器具通气排水系统。在医院建筑排水设计中，伸顶通气排水系统通常应用在门诊部、病房部非病房区域排水，专用通气立管排水系统通常应用在病房部病房区域排水，这两种排水系统最为常见。环形通气排水系统、器具通气排水系统通常应用在个别区域公共卫生间排水，这两种排水系统较为少见。

2. 特殊单立管排水系统

此种系统指特殊配件和特殊管材的单立管排水系统，可以应用在病房部病房区域排水。

3. 不通气排水系统

此种系统应用在个别场所，不具备通气的情况。在医院建筑排水中应尽量避免采用。

3.1.5 医院建筑排水系统组成

医院建筑排水系统通常包括：卫生器具；排水管道（排水横支管、排水立管、排水横干管、排出管）；清通设备（检查口、清扫口、检查井）；通气管；污废水提升设备（排水泵、成套提升装置）等。

3.1.6 医院建筑排水系统选择

1. 医院建筑室内污废水排水体制选择

（1）医院建筑不论位于城市老城区还是位于城市新开发区，绝大多数医院建筑所在城市均设有污水处理厂，医院建筑污废水经污水处理达标后均通过市政排水管网排至污水处理厂。在此情况下，该医院建筑生活废水与粪便污水宜采用合流制排水体制。

（2）在医院建筑设计实践中，存在个别医院院方提出将建筑生活清洁废水作为中水原水的要求。基于中水的水质特点，院区的中水不能回用至医院建筑内作为冲厕水源等，但可以用作他用。在此情况下，需要将该医院建筑生活清洁废水与粪便污水、生活非清洁废水采用分流制排出。

典型的医院建筑排水系统原理图见图3-1。

2. 医院建筑室外污废水排水体制选择

（1）需经过医院污水处理站处理的污废水

医院建筑中的生活污水、生活废水、设备机房废水、医疗专用房间废水应排至污水处理站处理。

厨房废水应经隔油池（器）隔油处理后排至污水处理站处理。

医疗特殊场所污废水应经过特殊处理后排至污水处理站处理：放射性元素超标污废水应经过衰减池衰减处理；有毒、有害废水应经过无毒害化处理；酸性、碱性废水应经过中和处理；含有大量致病菌污水应经过消毒处理等。

车库废水应经隔油池隔油处理后排至污水处理站处理。

消防废水和绿化废水均不需要排至污水处理站处理。

（2）需经过医院化粪池处理的污废水

医院建筑中的生活污水、医疗专用房间废水、医疗特殊场所污废水等均应经化粪池处理。

医院建筑中的生活废水、厨房废水、设备机房废水、消防废水等可以不经过化粪池处理。当室外排水管网为分流制时，以上废水可与生活污水等分别设置管道排放；当室外排水管网为合流制时，以上废水可与生活污水等设置同一管道排放，经化粪池处理后再接至污水处理站。

消防废水和绿化废水也不需经化粪池处理。

3. 与室外雨水排水管网的关系

原则上医院建筑污废水与本建筑雨水应"雨污分流"，建筑污废水不应排至室外雨水

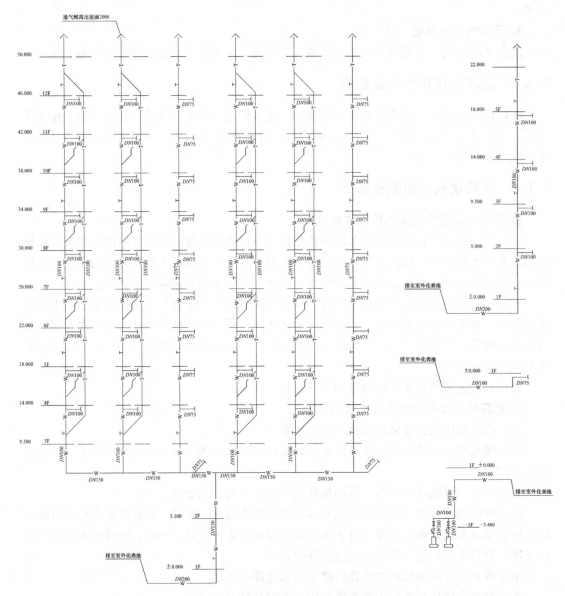

图 3-1 医院建筑排水系统原理图

排水管网。

在一些情况下，建筑内清洁废水、消防废水、绿化废水等可排入室外雨水管道。但必须是间接排水，并应采取防止雨水倒流至室内的有效措施。

4. 室内污废水排水管道独立设置原则

病房卫生间、门诊公共卫生间等生活粪便污水、生活废水；病房、门诊医护人员洗浴废水等可以通过合流管道排放。

食堂、厨房等餐饮废水应单独设置管道排放。

重力排水污废水与压力排水污废水应分别设置管道排放。

放射性元素超过排放标准的污废水应单独设置管道排放。

有毒、有害废水、酸性废水、碱性废水等均应单独设置管道排放。

含有大量致病菌的污水应单独设置管道排放。

排水温度超过 40℃的锅炉、水加热器、中心供应消毒器等设备的排污水应单独设置管道排放。

真空排水应单独设置管道排放。

3.1.7　医院建筑排水系统通气方式选择

该部分详见本章第 3.5 节。

3.2　卫生器具

3.2.1　医院建筑内卫生器具种类及设置场所

医院建筑内卫生器具包括坐便器、蹲便器、淋浴器、洗脸盆、台板洗脸盆、小便器、污洗池、洗泡手、拖布池、盥洗池、化验盆、洗涤盆、洗菜池、厨房洗涤槽、洗片池、石膏池、洗婴池、清洗池等，具体配置场所见表 3-1。

医院建筑内卫生器具配置场所　　　　　　　　　　　表 3-1

序号	卫生器具名称	主要设置场所
1	坐便器	病房区卫生间；门诊区残疾人卫生间
2	蹲便器	病房区医护人员卫生间；门诊区公共卫生间
3	淋浴器	病房区卫生间、医护人员淋浴间；门诊区医护人员淋浴间
4	洗脸盆	病房区医护人员办公室；门诊区诊室、办公室
5	台板洗脸盆	病房区卫生间；门诊区公共卫生间
6	小便器	门诊区公共卫生间
7	污洗池	污洗间
8	洗泡手	手术部
9	拖布池	门诊区公共卫生间
10	盥洗池	门诊区公共卫生间
11	化验盆	检验科
12	洗涤盆	检验科
13	洗菜池	营养食堂、厨房
14	厨房洗涤槽	营养食堂、厨房；病房区厨房
15	洗片池	检验科
16	石膏池	骨科
17	洗婴池	产科
18	清洗池	检验科

3.2.2　医院建筑内卫生器具设置标准

医院建筑内卫生器具的设置通常由建筑专业根据医院建筑工艺要求、规范要求、业主要求等综合确定。

医院建筑中主要卫生器具的使用人数见表3-2。

医院建筑中主要卫生器具使用人数　　　　　　　　表3-2

序号	建筑类型	大便器		小便器	洗脸盆	盥洗龙头	淋浴器
		男	女				
1	医院	15	12	15	6～8	由设计决定	10～20
2	门诊部	75	50	50			

3.2.3 医院建筑内卫生器具安装高度

医院建筑内卫生器具安装高度见表3-3。

医院建筑内卫生器具安装高度　　　　　　　　表3-3

序号	卫生器具名称		卫生器具边缘离地高度(mm)	
			医院建筑(除儿科)	儿科
1	架空式污水盆(池)(至上边缘)		800	800
2	落地式污水盆(池)(至上边缘)		500	500
3	洗涤盆(池)(至上边缘)		800	800
4	洗手盆(至上边缘)		800	500
5	洗脸盆(至上边缘)		800	500
	残障人用洗脸盆(至上边缘)		800	—
6	盥洗槽(至上边缘)		800	500
7	浴盆(至上边缘)		480	—
	残障人用浴盆(至上边缘)		450	—
	按摩浴盆(至上边缘)		450	—
	淋浴盆(至上边缘)		100	—
8	蹲式、坐式大便器(从台阶面至高水箱底)		1800	1800
9	蹲式大便器(从台阶面至低水箱底)		900	900
10	坐式大便器(至低水箱底)	外露排出管式	510	—
		虹吸喷射式	470	—
		冲落式	510	270
		旋涡连体式	250	—
11	坐式大便器(至上边缘)	外露排出管式	400	—
		旋涡连体式	360	—
		残障人用	450	—
12	蹲便器(至上边缘)	2踏步	320	—
		1踏步	200～270	—
13	大便槽(从台阶面至冲洗水箱底)		≥2000	—
14	立式小便器(至受水部分上边缘)		100	—

续表

序号	卫生器具名称	卫生器具边缘离地高度(mm)	
		医院建筑(除儿科)	儿科
15	挂式小便器(至受水部分上边缘)	600	450
16	小便槽(至台阶面)	200	150
17	化验盆(至上边缘)	800	—
18	净身器(至上边缘)	360	—
19	饮水器(至上边缘)	1000	—

注：无障碍设施的小便器下口距地面不应大于 500mm，坐便器、浴盆、淋浴座椅的高度应为 450mm。

3.2.4　医院建筑内卫生器具选用

医院建筑内卫生器具应根据建筑标准、气候特点、工艺要求、节水、节能等因素合理正确选用。

1. 大便器选用要点

建筑标准要求较高的 VIP 病房或套房卫生间或对噪声有特殊要求的卫生间内，应设置旋涡虹吸式连体型大便器；

医院建筑公共卫生间内，应设置脚踏式自闭式冲洗阀冲洗的坐式或蹲式大便器；

自闭式冲洗阀冲洗的大便器，其给水压力不得小于 0.10MPa；

儿科诊室或病房卫生间供儿童使用的大便器应采用儿童型大便器；

应选用节水型大便器，冲洗水箱一次冲洗量推荐 6L。

2. 小便器选用要点

医院建筑公共卫生间内小便器应采用红外感应自动冲洗小便器。

3. 洗手盆选用要点

医院建筑洗手盆龙头应采用非手动型。

3.2.5　病房卫生间排水设计要点

医院建筑病房通常均配置独立卫生间，每个独立卫生间内常规配有 1 个大便器（坐便器常见，蹲便器亦有使用）、1 个淋浴器、1 个洗脸盆（台板洗脸盆常见）、1 个地漏。

卫生间排水立管及通气立管通常在专用管道井内敷设安装。排水立管与通气立管采用结合管连接，常见的连接方式有 H 管连接和共轭管连接 2 种方式。管道井中排水立管与通气立管中心距最小值见表 3-4。

管道井中排水立管与通气立管中心距最小值　　　　表 3-4

连接方式	铸铁管(排水/通气立管)						PVC-U(排水/通气立管)		
	75/50	75/75	100/75	100/100	150/100	150/150	75/75	100/100	100/150
H 管连接	160	190	230	260	320	350	190	260	320
共轭连接	210	275	305	375	460	505	250	350	430
管井深度	220	220	270	270	350	350	180	220	270

注：表中数据为最小值，设计时根据厂家产品尺寸可适当放大；管井深度为单排立管中最大管径立管安装维修所需要的操作宽度。

3.2.6 医院建筑内卫生器具排水配件穿越楼板留孔位置及尺寸

常见卫生器具排水配件穿越楼板留孔位置及尺寸见表3-5。

卫生器具排水配件穿越楼板留孔位置及尺寸　　　　　　　表 3-5

卫生器具名称	留孔中心距离墙面距离(mm)	留孔中心离地高度(mm)	留洞尺寸(mm)
洗脸盆	170	450	Φ100
坐便器	305	180	Φ200
低水箱蹲便器	680	—	Φ200
高水箱蹲便器	640	—	Φ200
挂式小便器	100	480	Φ100
落地式小便器	150	—	Φ100
浴盆(不带溢流)	50～250	—	Φ100
浴盆(带溢流)	≤250	—	250×300

注：留孔中心距离墙面距离指存水弯为 S 弯排水管距离墙面尺寸，留孔中心离地高度指存水弯为 P 弯排水管穿墙或在墙内设置排水立管接口尺寸；实际留洞尺寸应以选用产品的实际尺寸为准，设计时亦可参照国家标准图集《医疗卫生设备安装》09S303、《卫生设备安装》09S304。

3.2.7 地漏

地漏是医院建筑排水系统的一个重要部件。

1. 规范规定

《建筑给水排水设计标准》GB 50015—2019 第 4.3.5 条：地漏应设置在有设备和地面排水的下列场所：卫生间、盥洗室、淋浴间、开水间；在洗衣机、直饮水设备、开水器等设备的附近；食堂、餐饮业厨房间。

《综合医院建筑设计规范》GB 51039—2014 第 6.3.7 条：医院地面排水地漏的设置，应符合下列要求：浴室和空调机房等经常有水流的房间应设置地漏；卫生间有可能形成水流的房间宜设置地漏；对于空调机房等季节性地面排水，以及需要排放冲洗地面、冲洗废水的医疗用房，应采用可开启式密封地漏；地漏应采用带过滤网的无水封直通型地漏加存水弯，地漏的通水能力应满足地面排水的要求；地漏附近有洗手盆时，宜采用洗手盆的排水给地漏水封补水。

2. 医院建筑地漏设置场所

对于医院建筑内地漏的设置场所应引起重视。地漏的作用是及时排除地面积水，但地漏长时间未使用造成地漏水封没有水，使地漏成为邻近房间、上下楼层空气连通的通道，显然会造成污染的空气向洁净区扩散传播从而引起交叉感染。因此医院建筑内地漏的设置应慎重。对于地面经常有水流的房间，如病房卫生间（因其内设淋浴器）、医护人员洗浴间、污洗间、餐洗间、开水间、空调机房、新风机房、公共卫生间（因其内设拖布池、小便器等）、中心供应室、检验科、盥洗室等，其内应设置地漏。

手术部的污物走廊因可能有地面清洗冲水，每隔一定距离应设置排水地漏。手术部洁净区域洗泡手附近若设置排水地漏，则其排水立管应独立设置，防止与其他非洁净区域交叉感染。

对于医护人员办公室、诊室等仅设置单一卫生器具（如洗手盆、洗脸盆等）的房间，地面形成水流的可能性极小，地面有水迹可及时用拖把等清除，此类房间不需设置地漏。

3. 医院建筑地漏设置技术要求

《建筑给水排水设计标准》GB 50015—2019 第 4.3.11 条：**水封装置的水封深度不得小于 50mm，严禁采用活动机械活瓣替代水封，严禁采用钟式结构地漏。**通常地漏及其他水封高度不得小于 50.00mm，且不得大于 100.00mm。满足地漏内始终存有 50～100mm 的水封，即可保证地漏的防护功能。

原则上每个需设地漏的房间内设置 1 个地漏即可，地漏应设置在易溅水的卫生器具（如洗脸盆、拖布池、小便器等）附近地面的最低处，以使地面积水及时排除。

4. 医院建筑地漏类型选用

对于空调机房、人防地下室洗消入口及手术室、ICU 等卫生标准要求高的医疗用房，采用可开启式密闭型地漏。该种地漏盖板密闭性能好，能承受 0.04MPa 水压，10min 盖板无水溢出。

对于厨房、医护人员集中洗浴间等场所，因其排水中常含有大块杂物，应设置网框式地漏。该种地漏滤网便于拆洗，滤网口径宜为 4～6mm，滤网过水部与孔隙总面积不小于 2.5 倍排出口断面面积。

其他需设置地漏场所的地漏可采用无水封直通型地漏或有水封地漏。采用无水封直通型地漏时，应带过滤网，且地漏排出管应加存水弯，其存水深度不应小于 50mm。采用有水封地漏时，水封深度不应小于 50mm，自清能力为 80%～90%。

医院建筑严禁采用钟罩（扣碗）式地漏。

5. 医院建筑地漏规格选用

医院建筑地漏规格：一般卫生间采用 $DN50$；空调机房、厨房、车库等场所采用 $DN75$；医护人员集中洗浴间当采用排水沟排水时，8 个淋浴器可设置一个 $DN100$ 地漏；当不采用排水沟排水时，1～2 个淋浴器设置一个 $DN50$ 地漏，3 个淋浴器设置一个 $DN75$ 地漏，4～5 个淋浴器设置一个 $DN100$ 地漏。

3.2.8　水封装置

1. 水封装置作用及分类

为了防止建筑排水系统的臭气通过卫生器具到达建筑室内，在直接和排水系统连接的各卫生器具上应设置水封装置。这对于医院建筑尤其重要。

常见的水封装置有存水弯、水封井、水封盒，其中最为常见的是存水弯。

水封装置设置有必要，但是卫生器具排水管段上不得重复设置水封装置。当卫生器具构造内已设有存水弯时，如坐便器、内置存水弯的挂式小便器等，不应在排水管段上再设置存水弯。

2. 存水弯

《建筑给水排水设计标准》GB 50015—2019 第 4.3.10 条：**下列设施与生活污水管道或其他可能产生有害气体的排水管道连接时，必须在排水口以下设存水弯：构造内无存水弯的卫生器具或无水封的地漏；其他设备的排水口或排水沟的排水口。**

这是对于建筑内设置存水弯的强制性规定，在设计中应严格执行。

对于医院建筑，存水弯的设置更加重要。

医院建筑内门诊、病房、化验室、实验室等不在同一房间内的卫生器具不得共用存水弯，化学实验室和有净化要求的场所的卫生器具不得共用存水弯。有净化要求的场所包括手术部、ICU、静配中心等。

对于卫生要求较高的场所，宜采用水封较深的存水弯，如洗脸盆采用 70mm 水封或采用防虹吸存水弯。医院建筑中有净化要求的场所内宜按照此措施执行。

3. 水封井、水封盒

卫生器具、有工艺要求的受水器的存水弯不便于安装时，应在排水直管上设置水封井（水封深度不得小于 100mm）或水封盒（水封深度不得小于 50mm）。

4. 水封装置其他应用

《建筑给水排水设计标准》GB 50015—2019（以下简称《水标》）第 4.4.17 条：**室内生活废水排水沟与室外生活污水管道连接处，应设水封装置。**

医院建筑中，采用排水沟排水的场所包括厨房、车库、泵房、设备机房、公共浴室等。当排水沟内废水直接排至室外时，排水沟与排出管之间应设置水封装置。

不但排水沟与室外排水管道之间应按照此规定执行，而且排水沟与室内排水管道之间也应按照此规定执行。

3.3 排水系统水力计算

3.3.1 医院建筑最高日和最大时生活排水量

医院建筑生活排水系统最高日排水量和最大时排水量是根据该建筑内排入生活排水系统的水量确定的，其排水定额和小时变化系数与医院建筑生活给水用水定额和小时变化系数相同。

如前所述，医院建筑中的生活污废水、医疗专用房间废水、医疗特殊场所污废水、厨房废水、设备机房废水等污废水需通过医院建筑排水系统排至室外；而消防废水和绿化废水等不通过医院建筑排水系统排至室外。

分析医院建筑的生活给水项目，包括病房用水、门诊用水、医务人员用水、餐饮厨房用水、空调系统补水用水、绿化用水、未预见用水等，其中病房用水、门诊用水、医务人员用水、餐饮厨房用水、未预见用水等排入该建筑生活排水系统，在计算最高日和最大时生活排水量时应以上述生活用水量为计算依据，以该部分最高日生活用水量之和计为 Q_{dmax}，最大时生活用水量之和计为 Q_{hmax}。而空调系统补水用水通过空调系统设备或冷却塔等排放消耗；绿化用水等通过室外土壤等排放，故在计算生活排水量时不应计入此两种水量。

医院建筑生活排水量宜按该建筑生活给水量的 100% 计算，即最高日生活排水量＝Q_{dmax}，最大时生活排水量＝Q_{hmax}。

3.3.2 医院建筑卫生器具排水技术参数

医院建筑卫生器具的排水流量、排水当量是建筑生活排水系统计算的基础和依据；卫生器具的排水管管径、排水坡度是建筑生活排水系统的基本参数。以上数据的选定可参见表 3-6。

卫生器具排水流量、排水当量、排水管管径、排水坡度　　表 3-6

序号	卫生器具名称		排水流量 (L/s)	排水当量	排水管管径 (mm)	排水管最小坡度
1	洗涤盆、污水盆(池)		0.33	1.00	50	0.025
2	餐厅、厨房洗菜盆(池)	单格洗涤盆(池)	0.67	2.00	50	0.025
		双格洗涤盆(池)	1.00	3.00	50	0.025
3	盥洗槽(每个水嘴)		0.33	1.00	50~75	0.025
4	洗手盆、洗脸盆(无塞)		0.10	0.30	32~50	0.020
5	洗脸盆(有塞)		0.25	0.75	32~50	0.020
6	浴盆		1.00	3.00	50	0.020
7	淋浴器		0.15	0.45	50	0.020
8	大便器	高水箱	1.50	4.50	100	0.012
		低水箱(冲落式)	1.50	4.50	100	0.012
		低水箱(虹吸式)	2.00	6.00	100	0.012
		自闭式冲洗阀	1.50	4.50	100	0.012
9	医用倒便器		1.50	4.50	100	0.012
10	小便器	手动冲洗阀	0.05	0.15	40~50	0.020
		自闭式冲洗阀	0.10	0.30	40~50	0.020
		自动冲洗水箱	0.17	0.50	40~50	0.020
11	大便槽	≤4 个蹲位	2.50	7.50	100	0.012
		>4 个蹲位	3.00	9.00	100	0.012
12	小便槽(每米长)	手动冲洗阀	0.05	0.15	—	—
		自动冲洗水箱	0.17	0.50	—	—
13	化验盆(无塞)		0.20	0.60	40~50	0.025
14	净身器		0.10	0.30	40~50	0.020
15	饮水器		0.05	0.15	25~50	0.010~0.020

注：设计时有确定的卫生器具排水流量，则应按实际计算。

3.3.3　医院建筑排水设计秒流量

排水设计秒流量是确定排水系统管道、设备的主要指标。

医院建筑的生活排水管道设计秒流量应按式（3-1）计算：

$$q_u = 0.12\alpha(N_p)^{1/2} + q_{max} = 0.18(N_p)^{1/2} + q_{max} \tag{3-1}$$

式中　q_u——计算管段排水设计秒流量，L/s；

N_p——计算管段的卫生器具排水当量总数；

α——根据建筑物用途而定的系数，医院建筑取 1.5；

q_{max}——计算管段上最大一个卫生器具的排水流量，L/s。

设计计算时，如计算所得流量值大于该管段上按卫生器具排水流量累加值时，应按卫生器具排水流量累加值计。

在计算某排水管段排水流量时，应首先明确该排水管段上游所带大便器、小便器、洗脸盆等卫生器具的种类，进而根据其排水当量数累加计算其排水当量总数，再确定管段上最大一个卫生器具的排水流量，最后根据公式（3-1）计算即可。

医院建筑中，计算管段上最大一个卫生器具通常为大便器，经常使用的大便器为自闭式冲洗阀蹲便器（排水流量为 1.50L/s）、低水箱冲落式坐便器（排水流量为 1.50L/s）、低水箱虹吸式坐便器（排水流量为 2.00L/s）。

为了方便设计计算，下面提供了医院建筑 $q_{max}=1.50L/s$ 和 2.00L/s 时排水设计秒流量计算表，见表 3-7。

医院建筑排水设计秒流量计算表　　　　　　表 3-7

排水当量总数 N_p	排水设计秒流量 q_u(L/s)		排水当量总数 N_p	排水设计秒流量 q_u(L/s)		排水当量总数 N_p	排水设计秒流量 q_u(L/s)	
	q_{max} =1.50L/s	q_{max} =2.00L/s		q_{max} =1.50L/s	q_{max} =2.00L/s		q_{max} =1.50L/s	q_{max} =2.00L/s
5	1.90	2.40	48	2.75	3.25	360	4.92	5.42
6	1.94	2.44	50	2.77	3.27	380	5.01	5.51
7	1.98	2.48	55	2.83	3.33	400	5.10	5.60
8	2.01	2.51	60	2.89	3.39	420	5.19	5.69
9	2.04	2.54	65	2.95	3.45	440	5.28	5.78
10	2.07	2.57	70	3.01	3.51	460	5.36	5.86
11	2.10	2.60	75	3.06	3.56	480	5.44	5.94
12	2.12	2.62	80	3.11	3.61	500	5.52	6.02
13	2.15	2.65	85	3.16	3.66	550	5.72	6.22
14	2.17	2.67	90	3.21	3.71	600	5.91	6.41
15	2.20	2.70	95	3.25	3.75	650	6.09	6.59
16	2.22	2.72	100	3.30	3.80	700	6.26	6.76
17	2.24	2.74	110	3.39	3.89	750	6.43	6.93
18	2.26	2.76	120	3.47	3.97	800	6.59	7.09
19	2.28	2.78	130	3.55	4.05	850	6.75	7.25
20	2.30	2.80	140	3.63	4.13	900	6.90	7.40
22	2.34	2.84	150	3.70	4.20	950	7.05	7.55
24	2.38	2.88	160	3.78	4.28	1000	7.19	7.69
26	2.42	2.92	170	3.85	4.35	1100	7.47	7.97
28	2.45	2.95	180	3.91	4.41	1200	7.74	8.24
30	2.49	2.99	190	3.98	4.48	1300	7.99	8.49
32	2.52	3.02	200	4.05	4.55	1400	8.23	8.73
34	2.55	3.05	220	4.17	4.67	1500	8.47	8.97
36	2.58	3.08	240	4.29	4.79	1600	8.70	9.20
38	2.61	3.11	260	4.40	4.90	1700	8.92	9.42
40	2.64	3.14	280	4.51	5.01	1800	9.14	9.64
42	2.67	3.17	300	4.62	5.12	1900	9.35	9.85
44	2.69	3.19	320	4.72	5.22	2000	9.55	10.05
46	2.72	3.22	340	4.82	5.32	2100	9.75	10.25

3.3.4 医院建筑排水管道管径确定

医院建筑排水管道包括排水横管、排水立管，其中排水横管包括排水横支管、排水横干管。

1. 排水管道水力计算三要素

排水管道管径的确定，与管道敷设坡度、最大设计充满度、自清流速3个要素有直接关系。

（1）管道敷设坡度

医院建筑内排水管道通常采用排水铸铁管道和排水塑料管道2种。

排水铸铁管道最小坡度按表3-8确定。

排水铸铁管道最小坡度　　　　　　　　　　表3-8

排水铸铁管管径(mm)	通用坡度(标准坡度)	最小坡度
50	0.035	0.025
75	0.025	0.015
100	0.020	0.012
125	0.015	0.010
150	0.010	0.007
200	0.008	0.005

在正常情况下，建筑内排水铸铁管应按标准坡度敷设，在安装条件或现场条件不满足的情况下，敷设坡度可小于标准坡度，但不能小于最小坡度。

排水塑料管道：粘接、熔接连接的排水横支管的标准坡度应为0.026，胶圈密封连接的排水横管的坡度按表3-9确定。

排水塑料管道最小坡度　　　　　　　　　　表3-9

排水塑料管外径(mm)	通用坡度(标准坡度)	最小坡度
50	0.025	0.0120
75	0.015	0.0070
110	0.012	0.0040
125	0.010	0.0035
160	0.007	0.0030
200	0.005	0.0030
250	0.005	0.0030
315	0.005	0.0030

（2）最大设计充满度

医院建筑内排水管道，不论是排水铸铁管还是排水塑料管，其最大设计充满度分为0.5和0.6两种。管径小于或等于$DN125$（$DN50$、$DN75$、$DN100$、$DN125$）的排水管道最大设计充满度按0.5计；管径大于$DN125$（$DN150$、$DN200$、$DN250$、$DN300$）的排水管道最大设计充满度按0.6计。

建筑内的排水沟，其最大设计充满度按计算断面深度的 0.8 计。

（3）自清流速

排水管道自清流速见表 3-10。

排水管道自清流速　　表 3-10

排水管道类别	生活污水排水管			明渠（沟）	合流制排水管
	DN100	DN125	DN150		
自清流速（m/s）	0.70	0.65	0.60	0.40	0.75

2. 排水横管管径确定

（1）排水横管水力计算公式如下：

$$q_p = A \cdot v \tag{3-2}$$

$$v = R^{2/3} I^{1/2} / n \tag{3-3}$$

式中　A——管道在设计充满度的过水断面面积，m^2；

　　　v——速度，m/s；

　　　R——水力半径，m；

　　　I——水力坡度，采用排水管的坡度；

　　　n——粗糙系数，铸铁管取 0.013；钢管取 0.012；塑料管取 0.009。

（2）排水横管水力计算表

在设计中为了简化计算，排水铸铁管水力计算可参考表 3-11。

排水铸铁管水力计算表　　表 3-11

水力坡度	h/D=0.5								h/D=0.6			
	DN50		DN75		DN100		DN125		DN150		DN200	
	Q	v	Q	v	Q	v	Q	v	Q	v	Q	v
0.005											15.35	0.80
0.006											16.90	0.88
0.007									8.46	0.78	18.20	0.95
0.008									9.04	0.83	19.40	1.07
0.009									9.56	0.89	20.60	1.10
0.010							4.97	0.81	10.10	0.94	21.70	1.13
0.012					2.90	0.72	5.44	0.89	11.10	1.02	23.80	1.24
0.015			1.48	0.67	3.23	0.81	6.08	0.99	12.40	1.14	26.60	1.39
0.020			1.70	0.77	3.72	0.93	7.02	1.15	14.30	1.32	30.70	1.60
0.025	0.65	0.66	1.90	0.86	4.17	1.05	7.85	1.28	16.00	1.47	35.30	1.79
0.026	0.66	0.67	1.94	0.88	4.25	1.07	8.03	1.31	16.33	1.50	36.09	1.83
0.030	0.71	0.72	2.08	0.94	4.55	1.14	8.60	1.39	17.50	1.62	37.70	1.96
0.035	0.77	0.78	2.26	1.02	4.94	1.24	9.29	1.51	18.90	1.75	40.60	2.12
0.040	0.81	0.83	2.40	1.09	5.26	1.32	9.93	1.62	20.20	1.87	43.50	2.27
0.045	0.87	0.89	2.56	1.16	5.60	1.40	10.52	1.71	21.50	1.98	46.10	2.40

续表

水力坡度	h/D=0.5								h/D=0.6			
	DN50		DN75		DN100		DN125		DN150		DN200	
	Q	v	Q	v	Q	v	Q	v	Q	v	Q	v
0.050	0.91	0.93	2.60	1.23	5.88	1.48	11.10	1.89	22.60	2.09	48.50	2.53
0.060	1.00	1.02	2.94	1.33	6.45	1.62	12.14	1.98	24.80	2.29	53.20	2.77
0.070	1.08	1.10	3.18	1.42	6.97	1.75	13.15	2.14	26.80	2.47	57.50	3.00
0.080	1.18	1.16	3.35	1.52	7.50	1.87	14.05	2.28	30.40	2.73	65.40	3.32

注：h/D—最大设计充满度；DN—公称直径（mm）；Q—排水流量（L/s）；v—流速（m/s）。

排水塑料管水力计算可参考表 3-12。

排水塑料管水力计算表　　　　表 3-12

水力坡度	h/D=0.5								h/D=0.6			
	De50		De75		De90		De110		De125		De160	
	Q	v	Q	v	Q	v	Q	v	Q	v	Q	v
0.0010											4.84	0.43
0.0015											5.93	0.52
0.0020									2.63	0.48	6.85	0.60
0.0025							2.05	0.49	2.94	0.53	7.65	0.67
0.0030					1.27	0.46	2.25	0.53	3.22	0.58	8.39	0.74
0.0035					1.37	0.50	2.43	0.58	3.48	0.63	9.06	0.80
0.0040					1.46	0.53	2.59	0.61	3.72	0.67	9.68	0.85
0.0045					1.55	0.56	2.75	0.65	3.94	0.71	10.27	0.90
0.005			1.03	0.53	1.64	0.60	2.90	0.69	4.16	0.75	10.82	0.95
0.006			1.13	0.58	1.79	0.65	3.18	0.75	4.55	0.82	11.86	1.04
0.007	0.39	0.47	1.22	0.63	1.94	0.71	3.43	0.81	4.92	0.89	12.81	1.13
0.008	0.42	0.51	1.31	0.67	2.07	0.75	3.67	0.87	5.26	0.95	13.69	1.20
0.009	0.45	0.54	1.39	0.71	2.19	0.80	3.89	0.92	5.58	1.01	14.52	1.28
0.010	0.47	0.57	1.46	0.75	2.31	0.84	4.10	0.97	5.88	1.06	15.31	1.35
0.012	0.52	0.63	1.60	0.82	2.53	0.92	4.49	1.07	6.44	1.17	16.77	1.48
0.015	0.58	0.70	1.79	0.92	2.83	1.03	5.02	1.19	7.20	1.30	18.75	1.65
0.020	0.67	0.81	2.07	1.06	3.27	1.19	5.80	1.38	8.31	1.50	21.65	1.90
0.025	0.74	0.89	2.31	1.19	3.66	1.33	6.48	1.54	9.30	1.68	24.21	2.13
0.026	0.76	0.91	2.35	1.21	3.74	1.36	6.56	1.56	9.47	1.71	24.66	2.17
0.030	0.81	0.97	2.53	1.30	4.01	1.46	7.10	1.68	10.18	1.84	26.52	2.33
0.035	0.88	1.06	2.74	1.41	4.33	1.59	7.67	1.82	11.00	1.99	28.64	2.52
0.040	0.94	1.13	2.93	1.51	4.63	1.69	8.20	1.95	11.76	2.13	30.62	2.69
0.045	1.00	1.20	3.10	1.59	4.91	1.79	8.70	2.06	12.47	2.26	32.47	2.86
0.050	1.05	1.26	3.27	1.68	5.17	1.88	9.17	2.18	13.15	2.38	34.23	3.01
0.060	1.15	1.38	3.58	1.84	5.67	2.07	10.04	2.38	14.40	2.61	37.50	3.30

注：h/D—最大设计充满度；De—公称外径（mm）；Q—排水流量（L/s）；v—流速（m/s）。

根据表 3-11 和表 3-12,可以在坡度、最大设计充满度、排水流量等已知的情况下确定排水横管的管径。

(3)排水横管允许最大卫生器具当量限值

为了更方便确定排水横管管径,按照排水管道最小坡度和最大设计充满度,根据表 3-11 和表 3-12 中的数据可以得到不同管径下排水横管允许流量 Q_p,见表 3-13。

根据医院建筑的生活排水管道设计秒流量计算公式(3-1)可以推算得出不同管径允许最大卫生器具排水当量值 N_p,即:

$$N_p = [(q_u - q_{max})/0.18]^2 \qquad (3-4)$$

不同管径允许最大卫生器具排水当量值 N_p 计算结果见表 3-13。其中,q_u 可取 Q_p 值,q_{max} 分别取 0.33L/s($DN50$)、1.00L/s($DN75$)、1.50L/s($DN100$)、2.00L/s($DN150$)。

不同管径排水横管允许流量及最大卫生器具排水当量值对照表 表 3-13

管材	管径(mm)	Q_p(L/s)	N_p
排水铸铁管	$DN50$	0.65	≤3.16
	$DN75$	1.48	≤7.10
	$DN100$	2.90	≤60.5
	$DN125$	8.46	≤1288
	$DN150$	15.35	≤5500
排水塑料管	$De50$	0.58	≤0.58
	$De75$	1.46	≤6.53
	$De110$	2.90	≤60.5
	$De160$	8.39	≤1260

由表 3-13 可以看出,对于医院建筑内的排水横管,可根据横管管段所带上游卫生器具的排水当量累加值估算此段排水横管的管径。

(4)医院建筑排水横干管管径确定

医院建筑排水系统中排水横干管的常见公称直径是 $DN100$、$DN150$。在设计中,为了计算便利,同样可以采用根据排水横干管管段所带上游卫生器具的排水当量累加值通过表 3-14、表 3-15 快速确定该管段管径。

DN100 排水横干管对应排水当量最大限值 表 3-14

坡度 i	流量 Q (L/s)	流速 v (m/s)	N_p 最大限值 (q_{max}=1.5L/s)	N_p 最大限值 (q_{max}=2.0L/s)
0.0025	2.05	0.49	9.3	6.2
0.0030	2.25	0.53	17.4	6.8
0.0035	2.43	0.58	26.7	7.4
0.0040	2.59	0.61	36.7	10.7
0.0045	2.75	0.65	48.2	17.4
0.005	2.90	0.69	60.5	25.0
0.006	3.18	0.75	87.1	43.0

续表

坡度 i	流量 Q (L/s)	流速 v (m/s)	N_p 最大限值 ($q_{max}=1.5\text{L/s}$)	N_p 最大限值 ($q_{max}=2.0\text{L/s}$)
0.007	3.43	0.81	115	63.1
0.008	3.67	0.87	145	86.1
0.009	3.89	0.92	176	110
0.010	4.10	0.97	209	136
0.012	4.49	1.07	276	191
0.015	5.02	1.19	382	281
0.020	5.80	1.38	571	446
0.025	6.48	1.54	765	619
0.030	7.10	1.68	968	803
0.035	7.67	1.82	1175	992
0.040	8.20	1.95	1385	1186
0.045	8.70	2.06	1600	1385
0.050	9.17	2.18	1816	1587
0.060	10.04	2.38	2251	1995

DN150 排水横干管对应排水当量最大限值　　　　表 3-15

坡度 i	流量 Q (L/s)	流速 v (m/s)	N_p 最大限值 ($q_{max}=1.5\text{L/s}$)	N_p 最大限值 ($q_{max}=2.0\text{L/s}$)
0.001	4.84	0.43	344	249
0.0015	5.93	0.52	606	477
0.002	6.85	0.60	883	726
0.0025	7.65	0.67	1167	985
0.003	8.39	0.74	1465	1260
0.0035	9.06	0.80	1764	1538
0.0040	9.68	0.85	2065	1820
0.0045	10.27	0.90	2374	2111
0.005	10.82	0.95	2681	2401
0.006	11.86	1.04	3313	3001
0.007	12.81	1.13	3948	3607
0.008	13.69	1.20	4586	4218
0.009	14.52	1.28	5232	4838
0.010	15.31	1.35	5886	5468
0.012	16.77	1.48	7197	6733
0.015	18.75	1.65	9184	8659
0.020	21.65	1.90	12532	11917
0.025	24.21	2.13	15918	15225
0.030	26.25	2.33	19321	18556
0.035	28.64	2.52	22734	21904
0.040	30.62	2.69	26172	25281

3. 排水立管管径确定

排水系统中排水立管管径大小由其排水流量、通气方式、通气量、排水入口形式和位置、排出管状态等影响因素确定，主要影响因素是通气方式。

医院建筑排水系统常见的通气方式是伸顶通气方式、专用通气方式，极少采用不通气方式。

（1）伸顶通气方式排水立管最大设计排水能力见表 3-16。

伸顶通气方式排水立管最大设计排水能力 Q （L/s）　　　　表 3-16

立管公称直径(mm)	塑料管	铸铁管
50	1.2	1.0
75	3.0	2.5
90	3.8	—
100	5.4	4.5
125	7.5	7.0
150	12.0	10.0

（2）专用通气方式排水立管最大设计排水能力见表 3-17。

专用通气方式排水立管最大设计排水能力 Q （L/s）　　　　表 3-17

立管公称直径(mm)	塑料管	铸铁管
75	—	5.0
90	—	—
100	10.0	9.0
125	16.0	14.0
150	28.0	25.0

（3）不通气方式排水立管最大设计排水能力见表 3-18。

不通气方式排水立管最大设计排水能力 Q （L/s）　　　　表 3-18

立管工作高度(m)	立管公称直径(mm)				
	50	75	100	125	150
≤2	1.00	1.70	3.80	5.00	7.00
3	0.64	1.35	2.40	3.40	5.00
4	0.50	0.92	1.76	2.70	3.50
5	0.40	0.70	1.36	1.90	2.80
6	0.40	0.50	1.00	1.50	2.20
7	0.40	0.50	0.76	1.20	2.00
≥8	0.40	0.50	0.64	1.00	1.40

4. 排水管管径其他要求

（1）设计经验

对于医院建筑排水系统，基于多年设计经验，给出以下经验设计值：

1）排水横支管上未带有大便器，其公称直径宜按 $DN75$；排水横支管上带有大便器，其管径应按 $DN100$。

2）排水横干管上未带有大便器，其公称直径宜按 $DN100$；排水横干管上带有大便器，其管径宜按 $DN150$。

3）排水立管上未带有大便器，其公称直径宜按 $DN75$（多层建筑）、$DN100$（高层建筑）；排水立管上带有大便器，其公称直径宜按 $DN100$（多层建筑）、$DN150$（高层建筑）。

4）排出管上未带有大便器，其公称直径宜按 $DN75$（多层建筑）、$DN100$（高层建筑）；排出管上带有大便器，其公称直径宜按 $DN100$（多层建筑）、$DN150$（高层建筑）。

5）汇集排水横干管上未带有大便器，其公称直径宜按 $DN100$；汇集排水横干管上带有大便器，其公称直径宜按 $DN150$。

6）汇集排水横干管后所接排水立管管径同汇集排水横干管，其后排出管管径同排水立管或比排水立管大一号。

以上是设计经验，仅供设计时参考，管径确定应以计算为准。

（2）其他规定

1）排水立管管径不得小于所连接的排水横支管管径；

2）大便器排水管最小管径不得小于 100mm；

3）建筑物内排出管最小管径不得小于 50mm；

4）厨房污水采用管道排除时，其管径应比计算管径大一级，但干管管径不得小于 100mm，支管管径不得小于 75mm；

5）医院污物洗涤盆（池）和污水盆（池）的排水管管径不得小于 75mm；

6）小便槽或连接 3 个及 3 个以上的小便器，其污水支管管径不宜小于 75mm；

7）医院医护人员集中洗浴间洗浴废水排水横干管管径：淋浴器数量 1～3 个，$DN75$；淋浴器数量＞3 个，$DN100$；

8）医院建筑内中心（消毒）供应室、中药加工室、口腔科等场所的排水管道的管径应大于计算管径 1～2 级，且不得小于 100mm，支管管径不得小于 75mm。

根据（1）中的内容，均可以满足上述要求。

3.4 排水系统管材、附件和检查井

3.4.1 医院建筑排水管管材

1. 室外排水管管材

医院建筑室外排水管可采用埋地排水塑料管，包括硬聚氯乙烯管、聚乙烯管和玻璃纤维增强塑料夹砂管等。

近年来常用的室外排水管还有双壁加筋波纹排水管、双平壁钢塑复合缠绕排水管等。

2. 室内排水管道系统

（1）玻纤增强聚丙烯（FRPP）排水管

玻纤增强聚丙烯（FRPP）排水管近几年在民用建筑尤其是在医院建筑中应用逐渐增

多，其在多层、高层医院建筑中均可应用。

YT-FRPP 法兰式承插连接管道系统是在总结现有塑料管材性能特点的基础上所研发出来的一种新型建筑排水管道系统，被编入中国工程建设协会标准《建筑排水用机械式连接高密度聚乙烯（HDPE）管道工程技术规程》（CECS 440—2016）。

1）管材

FRPP 管材采用经偶联剂处理的玻璃纤维改性聚丙烯材料生产。将纤维状材料加入到聚丙烯（PP）中，可以显著提高 PP 材料的抗冲击性能、拉伸强度和耐高温性能，其维卡软化温度能达到 147℃，可连续排放 100℃的液体。

FRPP 材料卫生无毒，耐酸碱（pH 值 2～12），耐腐蚀，特别是对医院、医疗室等受化学品和药物污染的废水具有高度的耐受性能；本材料可有效吸收噪声，尤其适合于病房、门诊等医院建筑；本材料耐高温，能够安全排放温度在 100℃的废水；本材料耐高压，适用于高层建筑排水；本材料可回收利用，属于绿色环保材料。基于上述特质，FRPP 管材已被证明是为医疗建筑而优化的废水排放系统中真正的推动者，在国内外被广泛应用。

FRPP 管材具有以下优势。

① 长久的使用寿命：在额定温度、压力状况下，FRPP 管材可安全使用 50 年以上。

② 可靠的连接和抗振性能：YT-FRPP 法兰式连接抗拉拔能力≥400kg，柔性承插法兰锁紧，加之管道本身所具有的超强韧性，系统不会由于土壤移动或载荷的作用而断开断裂。

③ 精准的安装尺寸：完全的机械式连接，即时调整，尺寸零误差。

④ 减小振动和噪声：FRPP 管材密度高达 1478kg/m³，因此具有精良的隔声性能，可显著降低由液体流动引起的振动和噪声。

⑤ 防冻裂：FRPP 质料弹性精良使得管材和管件截面可随着冻胀的液体一起膨胀而不会胀裂。

⑥ 卓越的耐腐蚀性能：FRPP 管材能耐大多数化学物品的腐蚀，可承受 pH 值为 2～12 的高浓度酸和碱的腐蚀。

⑦ 卓越的连接密封性能：YT-FRPP 管道系统水密性测试，系统承压能力可达到 0.6MPa。

⑧ 较高的刚度：由于加入了玻纤增强材料，FRPP 管材环刚度 $S_R \geq 4$，是现有塑料排水管材中较高的，使 FRPP 管材不易变形。

⑨ 耐热保温节能、防结露：FRPP 管材可连续排放 100℃的液体，该产品的导热系数仅为铸铁管的 1/200，故有较好的保温性能；同时由于 FRPP 质料为不良热导体，可防结露。

⑩ 良好的抗磨性能：在运送矿砂泥浆时，FRPP 管的耐磨性是钢管的 4 倍以上。用于建筑，可长期保持优质漂亮的外观。

⑪ 可靠的连接性能：FRPP 管道系统采用机械式连接，O 形密封圈加锁紧环，操作简单，安全可靠。

⑫ 良好的施工性能：FRPP 管材质轻，工艺简单，施工方便，工程综合造价低。

2）法兰式承插连接医疗应用

法兰式承插连接的最大特点和优点是：安装快捷方便，可单人操作；与传统管道相比，节省综合费用 40% 以上；现场无需辅助机械，具有非常高的安装尺寸精度。因此，YT-FRPP 法兰式承插连接管道系统在国内成为装配式建筑的首选产品。

基于法兰式承插连接的特点，在医院建筑中的广泛应用可以产生下列优势：

① 提高医院病房的声学舒适性；

② 实验室区耐化学废水排放、耐高温废水排放；

③ 材料密度、壁厚的组合和系统设计；

④ 系统寿命长，性能可靠；

⑤ 全新静音管道系统，优化的结构设计，使安装更便捷，与铸铁相比质量减轻，减少了安装时间和成本，且材料成本低于铸铁管；

⑥ 可根据设计灵活使用空间；

⑦ 抗冲击能力是传统 PVC-U 管道的 20 倍，通过了国家级抗震检测，已有多项超过 180m 建筑使用的案例；

⑧ 节省竖井空间，因为需要较少或不需要额外的隔热层，所以井壁可以用更简单的材料建造；

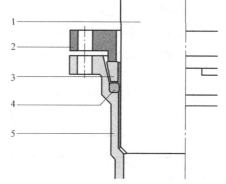

⑨ 产品直径范围最大包括 200mm，适用于任何场所；标准的塑料管道直径，可直接与 PVC、PE 等管道系统连接。

3）法兰式承插连接结构及原理（见图 3-2）

在拧紧螺栓的同时，法兰压盖挤压锁紧环，锁紧环在管件的锥形承口内沿径向抱紧管材，保证了系统连接的安全性；锁紧环沿轴向下移的同时压迫密封胶圈，O 形胶圈受挤压沿径向扩张，保证了连接处的密封性能。

图 3-2 法兰式承插连接结构及原理图
1—插口（管材）；2—法兰压盖；3—锁紧环；
4—密封胶圈；5—承口（管件）

4）法兰式管道系统的安装步骤（见图 3-3）

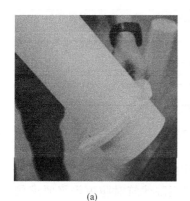
(a)

(b)

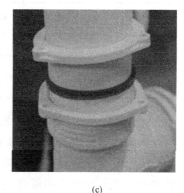
(c)

图 3-3 法兰式管道系统安装步骤图（一）
(a) 步骤 1；(b) 步骤 2；(c) 步骤 3

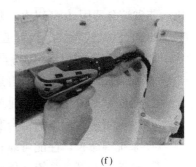

(d)　　　　　　　　　　　(e)　　　　　　　　　　　(f)

图 3-3　法兰式管道系统安装步骤图（二）

(d) 步骤 4；(e)、(f) 步骤 5

① 步骤 1：将法兰片套入管材的一端（注上下面）；

② 步骤 2：套入锁紧环、橡胶密封圈；

③ 步骤 3：将管材插入管件承口内；

④ 步骤 4：对称均匀地锁紧螺栓，安装完成；

⑤ 步骤 5：对那些位于墙角、不易操作的位置，使用软轴，可轻松方便地紧固螺栓。

5）FRPP 管与铸铁管对比（见表 3-19）

FRPP 管与铸铁管对比　　　　　　　　　　表 3-19

对比项目	铸铁管	FRPP 管
寿命	管材切口处易腐蚀、生锈，腐蚀程度未知，20～30 年	抗老化，氧化诱导测试，理论寿命 50 年
耐酸碱	酸碱与金属易发生化学反应而加速腐蚀	分子结构稳定不易分解，耐酸碱腐蚀(pH 值 2～12)
耐高温	高温容易破坏防锈涂层，内壁易生锈腐蚀	维卡软化温度 147℃，耐 95℃热水连续排放
抗磨		耐磨性是钢管的 4 倍以上
安装效率	管道重，需多人安装，效率低	单人作业，现场无需辅助设备，安装速度比铸铁管提升 3 倍以上
安装成本	管道重，需多人作业，取费高	按照国内大部分地区的习惯，取费仅为铸铁管的 60% 左右
材料成本	较高	低于铸铁管
噪声	48dB(A)/2L	45dB(A)/2L
环保	不可回收再利用	可回收再利用

（2）柔性接口机制铸铁排水管

医院建筑排水管可采用柔性接口机制铸铁排水管。

不论是多层还是高层医院建筑，其绝大多数场所排水管均可以采用柔性接口机制铸铁排水管。此种管材在医院建筑得到了广泛的应用。鉴于高层医院建筑对防火等级要求较高、要求环境安静，因此高层医院建筑排水管宜采用柔性接口机制铸铁排水管。

柔性接口机制铸铁排水管，支管及管件为灰口铸铁，直管应离心浇注成型，不得采用砂型立模或横模浇注生产工艺，管件应为机压砂型浇注成型。

柔性接口机制铸铁排水管的连接方式有法兰压盖式承插柔性连接和无承口卡箍式连接。其中第二种连接方式应用得越来越多。

（3）硬聚氯乙烯（PVC-U）排水管

硬聚氯乙烯（PVC-U）排水管也是医院建筑常用的一种塑料排水管。

硬聚氯乙烯（PVC-U）排水管采用胶水（胶粘剂）粘接连接，此种管材在多层医院建筑中可以应用，但在高层医院建筑中不可采用。

（4）医院建筑压力排水管可采用耐压塑料管、金属管或钢塑复合管

医院建筑中的压力排水主要是地下车库、设备机房等的污废水经过潜污泵或污水提升装置提升排至室外。设计中经常采用的是焊接钢管或钢塑复合管。

（5）医院建筑含放射性污水排水管

《综合医院建筑设计规范》GB 51039—2014 第 6.3.5 条：排放含有放射性污水的管道应采用机制含铅的铸铁管道，水平横管应敷设在垫层内或专用防辐射吊顶内，立管应安装在壁厚不小于 150.00mm 的混凝土管道井内。

医院建筑含放射性污水是在医院核医学科内病人区域产生的污水。采用含铅的机制铸铁排水管目的是防止污染室内环境。

医院的核医学科经常设置于建筑地下室，这样含放射性污水排水属于压力排水。此种情况下，排水管材通常采用焊接钢管或无缝钢管，管道外应加铅板防护。

（6）医院建筑高温污水排水管

医院建筑中的锅炉排污水、中心（消毒）供应室的消毒凝结水等，连续排水温度均大于 40℃，其排水管应单独设置，并应采用金属排水管或耐热塑料排水管排至室外降温池或降温井。此类排水管常采用机制铸铁排水管或焊接钢管。

（7）医院建筑含酸、碱废水排水管

医院建筑中的实验室或检验科等个别场所产生的含酸、碱废水，其排水管应单独设置，并在采用塑料排水管时应注意废水的酸碱、化学成分对塑料管材质和接口材料的侵蚀。

3.4.2　医院建筑排水管附件

常见的排水管附件包括检查口、清扫口、支吊架等。医院建筑排水系统的检查口、清扫口、支吊架等设置要求与其他公共建筑基本相同。

1. 检查口

（1）检查口作用

检查口为带有可开启检查盖的排水配件，装设在排水立管及较长排水横管上，用于检查和双向清通排水管道。

（2）检查口设置位置

排水立管上连接排水横支管的每个楼层均应设置一个检查口，且在建筑物最低层和设有卫生器具的二层以上建筑物的最高层，应设置检查口。当排水立管水平拐弯或有乙字管时，在该层排水立管拐弯处和乙字管的上部应设检查口。通气立管汇合时，必须在该层设置检查口。在最冷月平均气温低于 −13℃ 的地区（即东北、内蒙古等严寒地区），排水立管应在最高层距室内顶棚 0.5m 处设置检查口。

医院建筑排水立管检查口设置的做法是：对于一根直立排水立管，排水立管两端（最低层和有卫生器具的最顶层）应各设一个，至于中间各层，每个连接排水横支管的楼层均应设置一个；对于水平拐弯的排水立管，每一段直立排水立管均按前述原则设置，即保证拐弯前排水立管最低层和拐弯后排水立管最顶层处均需设置。

排水横管：排水横管直线管段超过一定距离时应在其管段中部设置检查口。检查口之间的最大距离见表 3-20。

检查口之间最大距离　　　　　　　　　　　　　　　　表 3-20

排水管道管径(mm)	生活废水(m)	生活污水(m)
50~75	15	12
100~150	20	15
200	25	20

医院建筑中当采用污废水合流排放时，此距离可按生活污水性质考虑。

（3）检查口设置要求

排水立管上设置检查口，应在地（楼）面以上 1.00m，并应高于该层卫生器具上边缘 0.15m；埋地排水横管上检查口应设置在砖砌的井内；地下室排水立管上检查口应设置在排水立管底部之上；排水立管上检查口的检查盖应面向便于检查清扫的方位，排水横干管上检查口的检查盖应垂直向上。设计时遵照执行即可。

2. 清扫口

（1）清扫口作用

清扫口装设在排水横管上，是用于单向清通排水管道的维修口。

（2）清扫口设置位置

在连接 2 个及 2 个以上大便器或 3 个及 3 个以上卫生器具的铸铁排水横管上宜设置清扫口；在连接 4 个及 4 个以上大便器的塑料排水横管上宜设置清扫口；在水流偏转角大于 45°的排水横管上应设置清扫口（或检查口）；当排水立管底部或排出管上的清扫口至室外检查井中心的最大长度大于表 3-21 中的数值时，应在排出管上设置清扫口。

清扫口至室外检查井中心最大长度　　　　　　　　　　　　表 3-21

排水管道管径(mm)	50	75	100	100 以上
最大长度(m)	10	12	15	20

排水横管直线管段上清扫口之间的最大距离不应超过表 3-22 的规定。

排水横管直线管段上清扫口之间最大距离　　　　　　　　　表 3-22

排水管道管径(mm)	生活废水(m)	生活污水(m)
50~75	10	8
100~150	15	10

（3）清扫口设置要求

详见《水标》第 4.6.4 规定。

3. 支吊架

塑料排水管道支吊架间距参见表 3-23 的规定。

塑料排水管道支吊架间距　　　　　　　　　　表 3-23

管径(mm)	立管(m)	横管(m)
40	—	0.40
50	1.20	0.50
75	1.50	0.75
90	2.00	0.90
110	2.00	1.10
125	2.00	1.25
160	2.00	1.60

金属排水管道上固定件间距一般为：横管不大于 2m；立管不大于 3m。楼层高度小于或等于 4m 时，立管可安装一个固定件。立管底部弯管处应设支墩或承重支吊架。

3.4.3 医院建筑排水管道布置敷设

《水标》第 4.4.2 条：**排水管道不得穿越下列场所：卧室、客房、病房和宿舍等人员居住的房间；生活饮用水池（箱）上方；遇水会引起燃烧、爆炸的原料、产品和设备的上面；食堂厨房和饮食业厨房的主副食操作、烹调和备餐的上方。**

1. 医院建筑排水管道不应布置场所

医院建筑中有些特殊或重要场所，其内不应设置排水管道，否则会出现重大问题。

（1）病房

医院建筑中的病房对卫生、安静要求较高，故排水管道不得穿越病房，并不宜靠近与病房相邻的内墙。

（2）直饮水机房、生活水泵房等设备机房

医院建筑中的直饮水机房内通常设有直饮水水池（箱），池（箱）内水体严禁被污染，所以其上方不应有排水管道，通常的做法是排水横管和立管均不得在直饮水机房内敷设。

医院建筑中的生活水泵房内通常设有生活水箱，箱内水体严禁被污染，所以其上方同样不应有排水管道，通常的做法是排水横管禁止在生活水箱箱体正上方敷设，生活水泵房其他区域不宜敷设排水管道。

同理，医院建筑中的其他水池、水箱，如设在室内的消防水池（箱）、设在消防水泵房内的高压细水雾水箱等处，均应按此要求处理。

（3）厨房

医院建筑中附设食堂、厨房时，基于饮食卫生要求，厨房内的主副食操作间、烹调间、备餐间、加工间、粗加工、冷菜间、面点蒸煮间、主食库、副食库等房间的上方均不应敷设排水管道，排水立管不宜穿过上述房间。

医院建筑中的餐厅、售餐间及病房区配餐间、就餐间等场所同样禁止其上方敷设排水管道。

《水标》第 4.4.3 条：**住宅厨房间的废水不得与卫生间的污水合用一根立管。**

此强制性条文规定了禁止卫生间污水与厨房废水连通，这同样适用于医院建筑。医院建筑中的厨房排水应独立设置，排水横管和立管均不得与卫生间污水排水管道连通。

医院建筑中病房区有可能设有 VIP 病房，其内常设有独立厨房，其内的排水横管和立管均须独立设置，不得与邻近病房卫生间合用排水管道。

（4）电气机房

医院建筑中的电气机房包括高压配电室、低压配电室（包括其值班室）、柴油发电机房（包括贮油间）、网络机房、弱电机房、UPS 机房、消防控制室等，其内的各种电气设备均要求不得接触水，否则会造成设备损坏、影响医院安全运营。所以排水管道不得敷设在此类电气机房内。

（5）医技机房

医院建筑中的医技机房包括影像中心机房（MR、数字胃肠、CT、DR、乳腺机等）、介入中心机房（DSA 等）、核医学科（直线加速器、ECT、PET/CT、模拟定位机等）。其内的各种设备昂贵，均要求不得接触水，否则会造成设备重大损坏。所以排水管道不得敷设在此类医技机房内。

（6）净化区域

医院建筑中的净化区域包括手术部（包括手术室、麻醉间及其他附属净化房间）、ICU、CCU、NICU、静配中心、中心实验室等。以上区域设置了净化设备，区域环境卫生条件要求高，其内也不得敷设排水管道。

《医院洁净手术部建筑技术规范》GB 50333—2013 第 10.3 节对净化区域的排水做了以下规定：

洁净手术部内的排水设备，应在排水口的下部设置高度大于 50mm 的水封装置；

洁净手术部洁净区内不应设置地漏；洁净手术部内其他地方的地漏，应采用设有防污染措施的专用密封地漏，且不得采用钟罩式地漏；

洁净手术部应采用不易积存污物又易于清扫的卫生器具、管材、管架及附件；

洁净手术部的卫生器具和装置的污水透气系统应独立设置；

洁净手术室的排水横管直径应比设计值大一级。

（7）药库、药房

医院建筑中的药库、药房尤其是西药库、西药房内储存有大量药品，不但价值很高，而且事关门诊、病房病人们的治疗，因此应保持房间内卫生、防止污染。在设计中应避免排水管道在药库、药房内敷设。

（8）病案室、档案室

医院建筑中的病案室保存着医院住院病人的原始重要治疗信息，并且纸质资料容易被破坏；医院建筑中的档案室保存着医院尤其是大医院的各项重要档案信息。此两处场所不宜敷设排水管道。在设计排水系统时，应根据医院业主要求确定上述场所的重要性从而确定是否可以敷设排水管道。

（9）结构变形缝、结构风道

医院建筑的结构变形缝分为沉降缝、伸缩缝、抗震缝等。由于多数排水管道为重力排水，排水管材抵抗结构变形的能力较差，管道损坏会造成较大损失，故原则上排水管道不得穿过上述结构变形缝。若受条件限制必须穿越沉降缝时，应预留沉降量并设置金属软管柔性连接；必须穿越伸缩缝时，应安装伸缩器。

结构风道包括土建排烟风道、排风风道、加压送风风道等。排水管道若穿越此类风道既会破坏风道严密性，管道本身也无法检修。

（10）电梯机房、通风小室

电梯机房是电梯设备的专用房间，设有控制电梯运行的电气设备。排水管不得在电梯机房敷设是避免排水管泄漏对各种电梯设备造成损害。

通风小室用来作进风的入口或者排风的出口，如果有排水管穿越，当通风小室作进风入口时不符合卫生要求，也不利于管道检修。

2. 医院建筑排水管道布置原则

（1）直接性原则

医院建筑排水系统设计的原则是直接、快捷地将污废水排至室外。因而要求排水管道管线短、拐弯少：自卫生器具至排出管的距离应最短，管道转弯应最少。

医院建筑中排水点尤其是门诊区排水点很多，且很多情况下上下楼层排水点在竖向上不在一个位置。在这种情况下，排水立管的数量、位置的选择至关重要，也是排水系统设计成败的关键因素之一。

1）排水立管原则上应是一根竖直排水管，不应中途横向拐弯，这样污废水排放便捷、通畅，通水效率便提高了。因此应根据排水立管所连接的所有楼层的建筑平面布局及卫生器具位置，合理选择排水立管的设置位置，排水立管尽量不转弯。此位置必须不穿越3.4.3 节中所述场所、房间，且能上下贯通。若某一层局部较大区域均是排水立管不能穿越的场所，则排水立管允许在该层上一层顶板下或吊顶内横向敷设改变其位置，也就是说排水立管拐弯。需要强调的是，医院建筑中排水立管拐弯仅限一次，不能任性拐来拐去。此原则施行需要设计人员统筹考虑各个楼层排水点。

2）排水立管原则上应就近靠近柱子、墙体等处布置。由于医院建筑上下楼层房间布局多样，房间在竖向上甚至在墙体上不在同一位置，而框架结构建筑上下楼层同一位置的柱子是上下对齐的。因此当上下楼层墙体对齐时，可沿墙体布置排水立管；当上下楼层墙体不对齐时，可沿柱子布置排水立管；墙体、柱子均应是就近选取。

3）排水立管原则上应布置在房间内。由于排水立管管径较大，占据一定空间，影响室内空间效果，故排水立管应尽量布置于房间内，房间最好是次要房间或辅助房间（如库房、卫生间、更衣间等），敷设位置最好在房间最隐蔽角落而不影响该房间室内主要功能布局。

在设计中存在多数楼层排水立管敷设在房间内、个别楼层排水立管敷设在房间外公共区域（走道）内的情况，这种情况可能不可避免，应采取后装修包住排水立管的方法。

排水立管尽量不要出现在门诊大厅、病房大厅等大空间场所，排水立管宜在大空间场所吊顶内横向敷设转至邻近房间内敷设。若实在无法做到而沿大空间内柱子敷设的话，则应采取后装修包住排水立管的方法。

4）排水立管接纳卫生器具数量不宜过多。医院建筑中卫生器具尤其是洗手盆、洗脸盆等数量众多，若一根排水立管接纳卫生器具数量过多，则排水立管或排出管故障维修时影响使用的房间或卫生器具较多。

5）排水立管连接的排水支管不宜过长。排水支管越长，出现故障维修的概率越大，排水效果越不好，排水支管敷设的难度越大，所以应尽量缩短排水支管长度。缩短排水支管长度的结果是增加了同一区域排水立管的数量，增大了排水系统设计的工作量和难度。

综上所述，医院建筑排水立管的位置、数量应综合考虑多种制约因素后确定。

（2）排水负荷中心原则

医院建筑中排水立管应尽可能设置在排水量最大或靠近最脏、杂质最多的排水点处，也就是说，排水立管应靠近排水负荷中心点或最大点。

医院建筑中排水量最大、污水最脏的卫生器具是大便器（蹲便器、坐便器），无论在医院建筑公共卫生间内，还是在病房卫生间内，排水立管应尽量靠近大便器，这样既能提高系统排水效率，也能因缩短 $DN100$ 管道长度而节约排水管材。

其次的卫生器具是污洗池、集中淋浴间地漏、拖布池、洗涤池等，在布置排水立管时应注意排水负荷中心原则。

（3）排水管暗设原则

基于美观要求和建筑平面要求，医院建筑中排水管道大多数情况下宜暗设。

医院建筑内除车库、机房外基本上均设有吊顶，排水横管应在吊顶内暗设。

病房卫生间内通常设有管道井，排水立管可在管道井中暗设。公共卫生间宜设置管道井供排水立管暗设。

因建筑平面功能要求，某区域卫生器具排水须采用同层排水方式时，该排水横管应在垫层内暗设。

其他的排水管暗设方式包括排水管在管槽、管窿、管沟内暗设。

医院建筑排水管暗设应注意便于安装和检修。

在其他情况下，医院建筑中排水管道也可以明设。通常情况下，明设排水立管沿楼层地面上、顶板下敷设，排水立管沿柱子或墙体敷设。在气温较高、全年不结冻地区，可沿建筑物外墙明设。

（4）塑料排水管设置要求

塑料排水管道布置应远离热源。医院建筑中塑料排水管道如在厨房灶间敷设时，应尽量远离灶台。

塑料排水管道布置应避免外力撞击受损。

塑料排水管道明设时应根据要求设置伸缩节。

塑料排水管道穿越楼层防火墙或管井时应根据要求设置阻火装置：高层医院建筑内公称外径大于或等于 $dn110$ 的明设塑料排水立管在穿越楼板时，应在楼板下侧管道上设置阻火装置（阻火圈或防火套管）；高层医院建筑内公称外径大于或等于 $dn110$ 的明设塑料排水横支管接入管道井等处以及未设阻火圈的塑料排水立管在穿越管道井壁时，应在井壁外侧管道上设置阻火装置（阻火圈或防火套管）；医院建筑内塑料排水管道不宜穿越防火分区隔墙和防火墙，否则应在穿越处墙两侧管道上设置阻火装置（阻火圈或防火套管）；医院建筑内塑料排水立管宜设在管道井内。

3. 医院建筑排水管道连接要求

医院建筑排水管道包括排水横支管、排水立管、排水横干管、排出管等，彼此之间的连接有许多具体要求，该要求较为繁琐，但在设计时应严格按规定执行，防止排水不畅、出现排水事故。

（1）排水横支管与排水立管连接

排水立管最低排水横支管与排水立管连接处距排水立管管底垂直距离不得小于表 3-24 的规定。

排水立管最低排水横支管与排水立管连接处距排水立管管底垂直距离　　　表 3-24

排水立管连接卫生器具的层数	垂直距离（m）	
	仅设伸顶通气	设通气立管
≤4	0.45	按配件最小安装尺寸确定
5～6	0.75	
7～12	1.20	
13～19	底层单独排出	0.75
≥20		1.20

注：单根排水立管的排出管宜与排水立管采用相同管径。

医院建筑中高层病房区域病房排水系统通常采取设置专用通气立管的形式，汇集排水横干管设置在最低病房层下面一层顶板下或吊顶内，多根排水立管接至汇集排水横干管。最低病房层的排水横支管接入排水立管，接入点距排水立管底部的距离不应小于 0.75m（13～19 层病房排水）或 1.20m（≥20 层病房排水），满足此要求则最低病房层的排水横支管可以接入排水立管，在设计时应在图纸中注明此高度要求。

但此种方式的缺点是影响最低病房层下一层的吊顶下空间高度，在设计时应根据最低病房层下一层的层高及吊顶高度要求核算采用此种排水管连接方式时是否满足，如果满足则可采取此种方式。若不满足，则可采取下列 2 种方法解决：第一种方法是将最低病房层各排水点污废水单独汇集至独立排水横干管排放，最低病房层以上楼层的排水横支管接入排水立管后接至汇集排水横干管，即将最低病房层和其他楼层排水分别排放；第二种方法是将最低病房层各排水点污废水由各自排水横支管分别接至汇集排水横干管上，但接入点的位置应遵循排水横支管与排水横干管连接距离的要求。二者相比，第一种方法更可靠但管线增加，设计时应根据具体情况选择敷设方式。

医院建筑中高层病房区域非病房排水系统通常采取设置伸顶通气立管的形式。根据表 3-24 数据，1.20m 的最小垂直距离在实际工程中较难满足或者没必要满足，鉴于 1.20m 不超过排水管最底层一层的层高，建议采用以下方案：最底层污废水单独排放，最底层排水系统与其他楼层排水系统分别设置。

多层医院建筑中排水系统通常采取设置伸顶通气立管的形式。根据表 3-24 中数据，0.45m（≤4 层）、0.75m（5～6 层）的最小垂直距离在实际工程中通常可以满足，最底层排水横支管可以接至排水立管。但在医院建筑排水系统设计中，通常采取最底层污废水单独排放的方式更为可行、合理、可靠。若受条件所限，也可以采用最底层排水横支管接至排出管的方式，但接入点的位置应遵循排水横支管与排水横干管连接距离的要求。

（2）排水横支管与排水横干管或排出管连接

医院建筑排水横支管连接在排出管或排水横干管上时，连接点距排水立管底部下游水平距离不宜小于 3.0m，且不得小于 1.5m。在设计中通常按照不小于 3.0m 把握，且应在图纸中标注此距离。

排水横支管接入排水横干管竖直转向管段时，连接点应在转弯处以下，且垂直距离不得小于 0.6m。此种情况较为少见。

4. 间接排水

《水标》第 4.4.12 条：**下列构筑物和设备的排水管与生活排水管道系统应采取间接排水的方式：1 生活饮用水贮水箱（池）的泄水管和溢流管；2 开水器、热水器排水；3 医疗灭菌消毒设备的排水；4 蒸发式冷却器、空调设备冷凝水的排水；5 贮存食品或饮料的冷藏库房的地面排水和冷风机溶霜水盘的排水。**

设备间接排水宜排入邻近的洗涤盆、地漏、排水明沟、排水漏斗或排水容器。间接排水口最小空气间隙宜按表 3-25 确定。

间接排水口最小空气间隙　　　　　　　　表 3-25

间接排水管管径(mm)	排水口最小空气间隙(mm)
≤25	50
32~50	100
>50	150
饮料用贮水箱排水口	≥150

《水标》第 4.4.12 条中前 4 款与医院建筑有关。医院建筑中的生活水箱、直饮水水箱、高压细水雾水箱等的泄水管和溢流管通常就近排入水箱所在水泵房、机房等的排水地沟；消防水箱等的泄水管和溢流管通常就近排入消防水箱间地漏或直接排至室外建筑屋面；病房区、门诊区开水器、热水器排水通常就近排至本房间内地漏；医疗灭菌消毒设备的排水通常排入排水容器；蒸发式冷却器、空调设备冷凝水的排水通常就近排至本房间内地漏。

5. 排水管道防护措施

（1）防沉降措施

医院建筑内排水管道穿过有沉降可能的承重墙或基础（该建筑没有设置地下室）时，应预留洞口，且管顶上部净空不得小于建筑物的沉降量，一般不小于 150mm。

预留洞口的尺寸应根据排水管道管径确定，可参见表 3-26。

预留洞口尺寸与排水管道管径对照表　　　　　表 3-26

排水管道公称直径(mm)	预留洞口尺寸宽×高(mm)
DN75、DN100	300×400
DN150	350×450
DN200	400×500

对于高层医院建筑排水管道，可采取以下防沉降措施：从外墙开始沿排出管设置钢套管或简易管沟，其管底至套管（沟）内底面空间不小于建筑物的沉降量，一般不小于 200mm；排出管穿地下室外墙时，预埋柔性防水套管。

在工程设计实践中，不论是多层还是高层医院建筑，如果该建筑未设有地下室，其排出管穿越基础时应预留洞口；如果该建筑设有地下室，其排出管穿越地下室外墙时应预留防水套管。

（2）防渗漏措施

排水管道穿过地下室外墙或地下构筑物墙壁处，应采取防渗漏措施。一般可按国家标准图集《防水套管》02S404 设置防水套管。对于有严格防水要求的建筑物，必须采用柔性防水套管。

防水套管分为刚性防水套管和柔性防水套管 2 种，柔性防水套管防水效果好但价格较高。医院建筑排水管道穿越地下室外墙通常采用柔性防水套管，若无特殊要求也可采用刚性防水套管。

防水套管的管径通常比排水管道的管径大 1 号或 2 号，可参见表 3-27。

防水套管管径与排水管道管径对照表 表 3-27

排水管道公称直径(mm)	防水套管公称直径(mm)
DN75	DN150
DN100	DN200
DN150	DN250
DN200	DN250

（3）防结露措施

对于我国夏热冬冷地区、夏热冬暖地区、温和地区的医院建筑，其排水管道外表面在气温较高时可能结露，应采取防结露措施，所采用的隔热材料宜与该建筑物的热水管道保温材料一致。常用的隔热保温材料为离心玻璃棉和柔性泡沫橡塑 2 种。防结露层厚度应经计算确定，但通常对于离心玻璃棉不宜小于 20mm，对于柔性泡沫橡塑不宜小于 10mm。

3.5 通气管系统

3.5.1 医院建筑通气管分类

1. 伸顶通气管

伸顶通气管指排水立管与最上层排水横支管连接处向上垂直延伸至室外（通常是屋顶）通气用的管道。

（1）设置条件

伸顶通气管是医院建筑中最常用的通气管之一，建筑内生活排水管道或散发有害气体的其他污水管道，均应设置伸顶通气管。在条件具备时应优先采用伸顶通气管。

（2）应用范围

伸顶通气管的应用区域几乎涉及门诊、病房等所有场所。

门诊区、医技区等区域地上建筑层数通常不超过 6 层，在高层医院建筑中通常位于裙楼位置，屋面即为裙楼屋面，具备通气管直接通向室外的条件。每根排水立管所承担的卫生器具排水也通常不超过 6 层，排水立管顶部可直接通向裙楼屋顶室外。在这种条件下，采用伸顶通气管通气是最合理、最有效、最经济的通气方式。

门诊区、医技区等区域的公共卫生间，排水立管所承担的卫生器具包括大便器、小便器、台式洗脸盆、洗脸盆、拖布池等，每根排水立管上同一排水横支管上连接的卫生器具种类及数量往往较多。在此情形下，不论根据规范要求是否设置主通气立管、副通气立管或环形通气管，公共卫生间排水立管亦应采用伸顶通气方式，伸顶通气管应通向屋顶。门诊区、医技区等区域的其他场所，排水立管所承担的卫生器具常为洗脸盆等，每根排水立管上同一排水横支管上连接的卫生器具种类较为单一且数量往往较少。在此情形下，排水立管均应采用伸顶通气方式，伸顶通气管应通向屋顶。

病房区域不论是处于高层病房区还是多层病房区，其内非承担卫生间卫生器具排水的排水立管，应参照上述理由采用伸顶通气方式。

设置伸顶通气管的前提条件是排水立管所承担的卫生器具排水设计流量不应超过采用伸顶通气管的最大排水能力。这可以通过增大排水立管管径、降低排水立管承担卫生器具数量、增加排水立管根数等措施解决。

（3）通气管连接方式

伸顶通气管高出非上人屋面不得小于 300mm，但必须大于最大积雪厚度，设计中常常采用 800～1000mm。

在经常有人停留的平屋面（上人屋面）上，伸顶通气管应高出屋面不得小于 2000mm，通常采用 2000mm，并应根据防雷要求考虑防雷装置。

伸顶通气管顶端应装设风帽或网罩。在冬季室外供暖温度高于－15℃的地区，伸顶通气管顶端可装网形铅丝球；低于－15℃的地区，伸顶通气管顶端应装伞形通气帽。

在伸顶通气管出口 4.0m 以内有门、窗时，伸顶通气管应高出门、窗顶不小于 0.6m 或引向无门窗一侧。

伸顶通气管出口不宜设在建筑物挑出部分（如屋檐檐口、阳台和雨篷等）的下方。

2. 专用通气管

专用通气管指仅与排水立管连接，为使排水立管内空气流通而设置的垂直通气立管。

（1）设置条件

专用通气管是医院建筑中最常用的通气管之一。当医院建筑具备以下条件之一时即应采用专用通气管：医院建筑生活排水立管所承担的卫生器具排水设计流量超过仅设伸顶通气管的排水立管最大设计排水能力且排水立管管径不宜放大；医院建筑卫生间的生活排水立管。

（2）应用范围

基于专用通气管的设置条件，专用通气管的应用区域主要涉及门诊区、医技区等区域的公共卫生间和病房区的病房卫生间、医护人员卫生间等场所。

门诊区、医技区等区域的公共卫生间，基于上文论述，公共卫生间内每根排水立管承担的楼层数一般不会超过 6 层，每个公共卫生间内排水当量最大的卫生器具为自闭式冲洗阀蹲便器（排水当量 4.5，排水流量 1.5L/s）。经计算，采用伸顶通气方式时，DN100 排水立管承担的卫生器具最大排水当量数为 469（塑料管）、278（铸铁管）；DN150 排水立管承担的卫生器具最大排水当量数为 3403（塑料管）、2230（铸铁管）。据此，门诊区、医技区等区域的公共卫生间内排水立管管径采用 DN150，通气方式采用伸顶通气，正常情况下可以满足要求。

病房区的医护人员卫生间是否采用专用通气方式，取决于高层病房建筑医护人员卫生间排水立管承担卫生器具的排水当量数。基于上述计算，排水立管若采用 $DN150$，可以采用伸顶通气方式；排水立管若采用 $DN100$，可以采用专用通气方式。根据设计实践，建议多层病房区的医护人员卫生间排水采用伸顶通气方式；高层病房区的医护人员卫生间排水采用专用通气方式。排水立管管径应经计算确定。

病房区的病房卫生间标准卫生器具配置为 1 个低水箱坐便器（冲洗式排水当量 4.5，排水流量 1.5L/s，虹吸式排水当量 6.0，排水流量 2.0L/s）、1 个洗脸盆（排水当量 0.75，排水流量 0.25L/s）、1 个淋浴器（排水当量 0.45，排水流量 0.15L/s），该卫生间卫生器具排水当量为 5.7（冲洗式坐便器）、7.2（虹吸式坐便器）；排水流量为 1.9L/s（冲洗式坐便器）、2.4L/s（虹吸式坐便器）。

当每根排水立管每层承担 2 个病房卫生间时，每层病房卫生间排水当量为 11.4（冲洗式坐便器）、14.4（虹吸式坐便器）；排水流量为 3.8L/s（冲洗式坐便器）、4.8L/s（虹吸式坐便器）。以设有排水当量及排水流量较大的虹吸式坐便器病房卫生间为代表，每层病房卫生间排水当量为 14.4，排水流量为 4.8L/s。

以排水立管采用铸铁管为例，采用伸顶通气方式时，$DN100$ 排水立管承担的卫生器具最大排水当量数为 278；$DN150$ 排水立管承担的卫生器具最大排水当量数为 2230。

据此计算，采用伸顶通气方式时，$DN100$ 排水立管承担的最大病房卫生间楼层数为 19 层（278/14.4＝19.3）；$DN150$ 排水立管承担的最大病房卫生间楼层数为 154 层（2230/14.4＝154.9）。据上计算，病房卫生间大多数情况下可采用伸顶通气方式。

但是，病房卫生间尤其是高层医院病房卫生间使用要求较为严格，使用时间为全天 24h，管道维修尤其是排水立管、排出管维修影响场所较多，为了更好地提高排水系统的通水能力，故在设计实践中高层医院病房卫生间排水应采用专用通气方式，多层医院病房卫生间排水宜采用专用通气方式。

当采用专用通气方式时，$DN100$ 排水立管的最大排水能力为 10.0L/s（塑料管）、9.0L/s（铸铁管）；$DN150$ 排水立管的最大排水能力为 28.0L/s（塑料管）、15.0L/s（铸铁管）。

以排水立管采用 $DN100$ 铸铁管为例，采用专用通气方式时，排水立管承担的卫生器具最大排水当量数为 1512（最大排水当量卫生器具按虹吸式低水箱坐便器考虑），其承担的最大病房卫生间楼层数为 105 层（1512/14.4＝105）。所以采用专用通气方式时，排水立管管径采用 $DN100$ 即可。

（3）通气管连接方式

专用通气立管的上端可在最高层卫生器具上边缘或检查口以上与主通气立管以斜三通连接，下端应在最低污水横支管以下与污水立管以斜三通连接。

专用通气立管与所依的排水立管之间采用结合通气管连接。结合通气管宜每层或隔层与专用通气立管、排水立管连接，医院建筑中通常按照隔一层设置。结合通气管下端宜在排水横支管以下与排水立管以斜三通连接；上端可在卫生器具上边缘以上不小于 0.15m 处与专用通气立管以斜三通连接，以便在排水立管可能堵塞的情况下及早发现，不致堵塞专用通气立管。

当排水立管与专用通气立管采用结合通气管连接有困难时，常常采用 H 管替代结合通气管。此时，H 管与专用通气立管的连接点应设在卫生器具上边缘以上不小于

0.15m 处。

医院建筑病房卫生间设置专用通气立管时，某一处卫生间（1 个卫生间或 2 个卫生间）的排水立管和专用通气立管通常一起设置在该卫生间附设管道井内；当该处受条件所限未设管道井时，这两种立管并列设置，并宜后期装修将其包起暗装，此种情况下专用通气立管宜靠内侧敷设、排水立管靠外侧敷设。排水立管和专用通气立管通常采用 H 管连接。

3. 汇合通气管

汇合通气管指连接数根通气立管或排水立管顶端通气部分，并延伸至室外接通大气的通气管段。

汇合通气管是医院建筑中个别场所采用的一种通气管。医院建筑某些场所尤其是门诊区、医技区，多根通气立管或多根排水立管顶端通气部分上方楼层存在特殊区域（如手术室、医技机房、电气机房等）不允许每根立管穿越向上接至屋顶，需要将这些通气立管或排水立管顶端通气部分在本层顶板下或吊顶内汇集后延伸至允许通气立管穿越的部位向上接至屋顶。医院建筑中的汇合通气管是被动通气措施之一，却是必要措施之一。

4. 主通气立管

主通气立管指连接环形通气管和排水立管，为使排水支管和排水立管内空气流通而设置的垂直管道。

建筑物内各层的排水管道上设有环形通气管是主通气立管设置的必要条件之一，各层环形通气管接至主通气立管；与排水立管以结合通气管或 H 管连接是主通气立管设置的必要条件之二。结合通气管与主通气立管、排水立管连接不宜多于 8 层，在设计时可根据主通气立管涉及的楼层数均匀设置。

基于环形通气管的设置条件和应用场所，医院建筑主通气立管设置场所通常为门诊区、医技区或病房区内的公共卫生间。

5. 副通气立管

副通气立管指仅与环形通气管连接，为使排水横支管内空气流通而设置的垂直管道。

基于环形通气管的设置条件和应用场所，医院建筑副通气立管设置场所也通常为门诊区、医技区或病房区内的公共卫生间。

6. 结合通气管

结合通气管指排水立管与通气立管（包括专用通气立管、主通气立管、副通气立管）之间的连通管段。

结合通气管的设置要求见前述内容。

7. 环形通气管

环形通气管指在具有多个卫生器具的排水横支管上，自最始端卫生器具的下游端接至主通气立管或副通气立管的通气管段。环形通气管的存在是主通气立管或副通气立管设置的前提。

下列排水管段应设置环形通气管：连接 4 个及 4 个以上卫生器具（包括大便器）且横支管长度大于 12m 的排水横支管；连接 6 个及 6 个以上大便器的污水横支管；设有器具通气管；特殊单立管偏置时。

根据上述要求，医院建筑环形通气管设置场所也通常为门诊区、医技区或病房区内的公共卫生间。

环形通气管和排水横支管、主（副）通气立管连接的要求：在排水横支管上设环形通气管时，应在其最始端的两个卫生器具之间接出，并应在排水横支管中心线以上与排水横支管呈垂直或45°连接；环形通气管应在卫生器具上边缘以上不小于0.15m处按不小于0.01的上升坡度与通气立管相连。

环形通气管除特殊情况外其支管应暗敷，暗敷方式有埋墙敷设、利用管道井敷设2种。

8. 器具通气管

器具通气管指卫生器具存水弯出口端接至主通气立管的管段。器具通气管在医院建筑中应用较少，仅在VIP病房卫生间内应用。

3.5.2 医院建筑通气管管材

医院建筑通气管管材可采用柔性接口机制铸铁排水管或塑料排水管，管径≤$DN40$时可采用塑钢管，一般采用与医院建筑排水管相同管材。在最冷月平均气温低于-13℃的地区，伸出屋面部分的通气立管应采用柔性接口机制铸铁排水管。

3.5.3 医院建筑通气管管径

1. 伸顶通气管管径

伸顶通气管管径应与排水立管管径相同。但在最冷月平均气温低于-13℃的地区，应在室内平顶或吊顶以下0.3m处将管径放大一级，若采用塑料管材时其最小管径不宜小于110mm。

2. 专用通气管管径

通气立管（包括专用通气立管、主通气立管、副通气立管）的最小管径见表3-28。

通气立管最小管径（mm）　　　　　　　表3-28

通气管名称	排水管管径(mm)				
	50	75	100(110)	125	150(160)
通气立管	40	50	75	100	100

注：通气立管长度在50m以上时，其管径（包括伸顶通气部分）应与排水立管管径相同；通气立管长度小于或等于50m且两根及两根以上排水立管同时与一根通气立管相连时，应以最大一根排水立管按上表确定通气立管管径，且其管径不宜小于其余任何一根排水立管管径。

医院建筑中专用通气立管管径通常与其排水立管管径相同。前述医院建筑中病房区病房卫生间排水立管管径为$DN100$，则其专用通气立管管径亦为$DN100$。医院建筑中病房区医护人员卫生间或公共卫生间排水立管为$DN100$或$DN150$，则其专用通气立管管径亦相应为$DN100$或$DN150$。

3. 汇合通气管管径

医院建筑中当两根或两根以上排水立管的通气管汇合连接时，汇合通气管的断面积应为最大一根通气管的断面积加其余通气管断面积之和的0.25倍。根据此原则计算出的数值介于某两个相邻管径之间，则下一段汇合通气管管径取较大的那个管径。

4. 主（副）通气立管管径

医院建筑中主（副）通气立管的管径通常与其排水立管管径相同。

5. 结合通气管管径

结合通气管的管径不宜小于与其连接的通气立管管径，医院建筑中结合通气管的管径通常与与其连接的通气立管管径相同。

6. 环形通气管管径

环形通气管的最小管径见表 3-29。设计中按表 3-29 确定即可，常用的环形通气管管径为 $DN40$（排水管管径为 $DN75$ 时）、$DN50$（排水管管径为 $DN100$ 时）。

环形通气管最小管径（mm）　　　　表 3-29

通气管名称	排水管管径(mm)				
	50	75	90	100(110)	125
环形通气管	32	40	40	50	50

7. 器具通气管管径

器具通气管的最小管径见表 3-30。设计中按表 3-30 确定即可。

器具通气管最小管径（mm）　　　　表 3-30

通气管名称	排水管管径(mm)				
	32	40	50	100(110)	125
器具通气管	32	32	32	50	50

3.6 特殊排水系统

3.6.1 特殊单立管排水系统

特殊单立管排水系统指管件特殊、管材特殊或管件与管材都特殊的建筑单立管排水系统。特殊单立管排水系统与普通单立管排水系统相比具有下列优点：具有更好的通气排水性能；排水立管具有通气立管作用，省去通气立管；降低排水立管水流噪声；改善排水系统水力工况；安装施工方便。因此特殊单立管排水系统在民用建筑中得到了较好的应用。

1. 特殊单立管排水系统适用条件

当建筑物具备以下条件时，其排水系统可以采用特殊单立管排水系统：建筑物排水立管设计流量超过仅设伸顶通气普通单立管排水立管的最大排水能力；设有卫生器具层数在 10 层及 10 层以上的高层建筑；排水横支管最大公称尺寸大于或等于 $DN100$；同层接入排水立管的排水横支管数大于或等于 3 根的排水系统；卫生间或管道井面积较小难以设置专用通气立管的建筑。

2. 特殊单立管排水系统在医院建筑中的应用

基于特殊单立管排水系统的特点及适用条件，医院建筑中的高层病房（10 层及 10 层以上）卫生间排水系统可采用特殊单立管排水系统。医院建筑中的其他场所尤其是多厕位公共卫生间排水系统不宜采用特殊单立管排水系统。

在进行医院建筑高层病房（10 层及 10 层以上）卫生间排水系统设计时，宜优先采用专用通气管排水系统，其排水效率和性能最优，排水可靠性更高。其次可以选择特殊单立管排水系统，尤其是在病房卫生间管道井空间较小的情况下。

3. 特殊单立管排水系统排水立管最大排水能力（见表 3-31）

特殊单立管排水系统排水立管最大排水能力 表 3-31

排水立管管径(mm)	排水立管最大排水能力(L/s)					
	17 层	20 层	25 层	30 层	35 层	40 层
90	5.5	5.4	5.3	5.2	5.1	5.0
110	7.5	7.4	7.2	7.1	7.0	6.9
125						15.0

医院病房建筑高度不会超过 100m，建筑层数通常不超过 25 层。以 25 层为例，当每根排水立管每层承担 2 个病房卫生间时，以设有排水当量及排水流量较大的虹吸式坐便器病房卫生间为代表，每层病房卫生间排水当量为 14.4。25 层病房卫生间总排水当量为 $25 \times 14.4 = 360$，总排水流量经计算为 5.42L/s，小于 $DN100$（$De110$）特殊单立管最大排水能力（7.2L/s）。故医院建筑病房卫生间排水系统采用特殊单立管排水系统时，排水立管采用 $DN100$（$De110$）管径即可。

4. 特殊单立管排水系统设计要点

（1）排入排水立管的排水横支管管径不得大于排水立管管径；

（2）排水立管顶端应设伸顶通气管；

（3）采用下部特制配件的排水系统，底层排水管宜单独排出；

（4）特殊接头的单立管排水系统排水立管管径不宜小于 100mm；

（5）排水立管、排水横干管（或排出管）、排水横支管宜采用柔性接口机制铸铁排水管、硬聚氯乙烯（PVC-U）塑料排水管或高密度聚乙烯（HDPE）塑料排水管等管材。

3.6.2 同层排水系统

同层排水系统是指卫生间内卫生器具（包括坐便器、洗脸盆、淋浴器、浴盆等）排水管（排污横管和排水支管）均不穿越楼板进入下一楼层而在设置设备同一层接至排水立管的排水系统。

采用在同楼层内平面施工敷设使得污水及废弃物的排放达到或超过同类和其他排水方式，能顺利进入排水总管（主排污立管），一旦发生需要疏通清理的情况，在本层就能解决问题而不影响正下方相邻楼层的正常使用。鉴于同层排水的上述优点，同层排水系统在医院建筑中也得到了较多的应用。

1. 医院建筑同层排水系统应用场所

本书第 3.4.3 节叙述了医院建筑排水管道不应布置场所，如病房、直饮水机房、生活水泵房、厨房、电气机房、医技机房、净化区域（手术室、ICU 等）、中心实验室、药库（房）、病案室、档案室等。这些场所的上方楼层不应有排水横支管等明装管道出现。如果基于医院建筑工艺、功能等要求，需要在上述某些场所上方设置卫生间等设有卫生器具的部位。这些部位的排水横支管等采取楼板上明装、挪位等方法无法避免对下方特殊场所的影响，则该部位的排水应采用同层排水方式。

医院建筑中常出现某病房标准护理单元楼层正下方是 ICU 区域，因此该楼层病房卫生间排水应采用同层排水方式。

2. 医院建筑同层排水形式

常规的同层排水形式分为降板或局部降板法、夹墙法、踏步法等几种。

鉴于夹墙法同层排水需要占用病房卫生间一定空间，对于面积不大的普通病房卫生间来说影响较大，不建议采用；对于面积较大的 VIP 病房卫生间来说影响较小，可以采用。

鉴于医院建筑卫生间内不宜设置踏步影响病人使用，所以不宜采用抬高或局部抬高此部分地坪的踏步法。

医院建筑同层排水最常采用的是降板或局部降板法：土建结构在需要同层排水敷设排水横支管处将楼板相应降低 250～350mm，待排水管道、管件等安装完毕后，再用泡沫混凝土等轻质材料填实，再做找平防水层，详细做法参考国家标准图集。

3. 医院建筑同层排水设计要点

（1）与土建专业配合

在医院建筑设计方案阶段，给水排水专业应根据建筑专业图纸确定上方不应布置卫生间或有水部位的场所，尽量协调将卫生间等部位调整位置。如果实在无法调整，则确定需要采用同层排水降板处理的区域范围，在初步设计阶段或施工图设计阶段将其反馈给土建专业，以确定采取措施。

（2）排水管道敷设

采用降板同层排水的卫生器具无特殊要求，地漏建议选用自带水封的直埋式地漏。

排水横支管接至排水立管应确保排水坡度，地漏宜单独接至排水立管或接口靠近排水立管；排水横支管管材、管件应保证产品质量；器具排水横支管布置和设置标高不得造成排水滞留、地漏冒溢；埋设于填层中的管道不得采用橡胶圈密封接口；卫生间地坪应采取可靠的防渗漏措施。

3.7 特殊场所排水

3.7.1 医院建筑化粪池设计

1. 医院建筑化粪池位置确定

《水标》第 4.10.13 条：**化粪池与地下取水构筑物的净距不得小于 30m**。医院院区选址通常与地下水源包括取水构筑物均有相当的距离，故医院建筑的化粪池与地下取水构筑物的距离均会超过 30m，但在化粪池选址时应考虑此限制条件。

化粪池宜设置在接户管的下游端，便于机动车清掏的位置，应在消毒池之前，且宜靠近医院院区污水处理站。医院建筑需要经过化粪池处理的污废水在室外汇集后排至化粪池。经过化粪池处理后的污废水还须经过污水处理站处理，为了减少二者之间的输送距离和难度，二者之间间距宜尽可能缩小。另外，医院院区污水处理站通常选址在院区最低处且靠近市政排水管网的位置，故化粪池的位置通常宜选在院区最低处附近。

化粪池外壁距建筑物外墙不宜小于 5m，在条件允许的情况下，医院建筑化粪池应遵守此规定。在工程实践中，许多医院建筑周边的用地有限，缺乏足够的化粪池设置空间，在此情况下，首先化粪池应选用钢筋混凝土化粪池，其次应与土建专业配合，保证不得导致建筑物基础出现不均匀沉降等安全问题，通常安全距离不应小于 3m。

2. 医院建筑化粪池容积确定

化粪池有效容积应为污水部分和污泥部分容积之和，并宜按式（3-5）～式（3-7）计算：

$$V = V_w + V_n \tag{3-5}$$

$$V_w = m \cdot b_f \cdot q_w \cdot t_w / (24 \times 1000) \tag{3-6}$$

$$V_n = m \cdot b_f \cdot q_n \cdot t_n \cdot (1 - b_x) \cdot M_s \times 1.2 / [(1 - b_n) \times 1000] \tag{3-7}$$

式中　V_w——化粪池污水部分容积，m^3；

V_n——化粪池污泥部分容积，m^3；

q_w——每人每日计算污水量，L/（人·d），取 1.00 倍的用水量；

t_w——污水在化粪池中停留时间，h，应根据污水量确定，宜采用 24～36h；

q_n——每人每日计算污泥量，L/（人·d），医院建筑含病房时取 0.7L/（人·d）；不含病房时取 0.3L/（人·d）；

t_n——污泥清掏周期，应根据污水温度和当地气候条件确定，宜采用 6～12 个月；

b_x——新鲜污泥含水量，可按 95% 计算；

b_n——发酵浓缩后的污泥含水量，可按 90% 计算；

M_s——污泥发酵后体积缩减系数，宜取 0.8；

1.2——清掏后遗留 20% 的容积系数；

m——化粪池服务总人数；

b_f——化粪池实际使用人数占总人数的百分比，取 100%。

据此得出医院建筑化粪池的有效容积按式（3-8）计算：

$$V = V_w + V_n = 4.17 \times 10^{-5} \cdot m \cdot q_w \cdot t_w + 4.80 \times 10^{-4} \cdot m \cdot q_n \cdot t_n \tag{3-8}$$

在设计时，为了方便化粪池选型，可参照国家标准图集《钢筋混凝土化粪池》03S702、《砖砌化粪池》02S701 选用。医院建筑化粪池建议采用钢筋混凝土化粪池，可按《钢筋混凝土化粪池》03S702 选用。

参照图集选用时，首先根据清掏周期、每人每日计算污泥量等参数选定选用表，其次选定"医院、疗养院、幼儿园（有住宿），$\alpha = 100\%$"一栏，再根据每人每日计算污水量、污水停留时间、设计总人数等参数，即可确定所需化粪池有效容积及相应的型号。

图集中化粪池的型号从 1 号（有效容积 $2m^3$）至 13 号（有效容积 $100m^3$）共 13 种。

在确定化粪池型号时，还应考虑化粪池周边是否有地下水、可不可以过汽车、有无覆土等因素进而确定具体型号。无地下水指地下水位在池底以下，有地下水指地下水位在池底以上，最高达设计地面以下 0.5m 处。应考虑化粪池池顶地面能过汽车。在寒冷地区，若供暖计算温度低于 -10℃，必须采用覆土化粪池。

医院建筑尤其是大型医院建筑，污废水排放量较大，化粪池服务总人数较多，经计算所需化粪池有效容积超过 $100m^3$ 即图集中 13 号化粪池的有效容积数，则考虑并联设置 2 个或 3 个化粪池。多个化粪池的型号宜一致。

多个化粪池可以集中并联设置，当医院建筑占地面积较大时可根据布局分散并联布置。各个化粪池后的排水管可以统一汇集后排至污水处理站，亦可分别排至污水处理站。具体采取何种方式可根据建筑总图布局、室外空间等综合考虑确定。

化粪池的埋设深度应根据化粪池进水管的标高确定。

3. 医院建筑化粪池构造要求

当无法按照图集选用化粪池时，应根据以下构造要求设计化粪池。

（1）化粪池的长度与深度、宽度的比例应按污水中悬浮物的沉降条件和积存数量，经水力计算确定。但深度（水面至池底）不得小于 1.30m，宽度不得小于 0.75m，长度不得小于 1.00m。医院建筑化粪池有效容积较大，均应超过上述最小尺寸。

（2）双格化粪池第一格的容量宜为计算总容量的 75%；三格化粪池第一格的容量宜为计算总容量的 60%，第二格和第三格各宜为计算总容量的 20%。

（3）化粪池格与格、池与连接井之间应设通气孔洞。

（4）化粪池进水口、出水口应设置连接井与进水管、出水管相接。

（5）化粪池进水口处应设导流装置，出水口处及格与格之间应设拦截污泥浮渣的设施。

（6）化粪池顶板上应设有人孔和盖板。

化粪池的具体构造做法可参见相关图集。

3.7.2 医院污水处理站设计

1. 医院污水处理站设置要求

医院污水指医院建筑产生的含有病原体、重金属、消毒剂、有机溶剂、酸、碱以及放射性等的污水。医院污水的主要来源有：诊疗室、化验室、病房、洗衣房、X光照像洗印区、动物房、同位素治疗诊断区、手术室等排水；医院行政管理和医务人员排放的生活污水；食堂、单身宿舍、家属宿舍排水。

鉴于医院污水来源及成分复杂，含有病原性微生物、有毒、有害的物理化学污染物和放射性污染等，具有空间污染、急性传染和潜伏性传染等特征，如果不经过有效处理则会成为疫病扩散、严重污染环境的重要途径。

医院污水处理站是医院污水达标排放的最后一关和最重要一关，因此污水处理站是医院建筑排水必不可少的处理构筑物。

对于医院污水的处理原则，详见《水标》第 4.10.18 条，生活污水处理设施的工艺流程应根据污水性质、回用或排放要求确定。

2. 医院污水处理站处理规模

医院污水处理站处理规模即日处理最大水量（m^3/d）是一个重要指标。污水处理站处理规模不得小于医院污水最大日排水量，并宜根据医院院区的远期发展留有一定的富余量。

医院的总排水量 Q 由院区内各医院建筑的排水量累加得到。医院的总排水量分为两部分：一部分是医疗部门排水 Q_1（包括病房区、门诊区、医技区等与医疗功能有关的各科室、场所等处的排水），该部分污废水必须经过医院污水处理站处理达标后排放；另一部分是辅助生活部门排水 Q_2（包括食堂、宿舍等处的排水），该部分污废水不需经过医院污水处理站处理即可排放。医院污水处理站日处理最大水量与第一部分排水量 Q_1 有关，在设计时应准确统计第一部分排水量 Q_1。

具体医院院区内需经污水处理站处理的污废水排水量，应包括医疗区生活污水、生活废水、医疗特殊场所废水等排水量，不包括厨房废水、设备机房废水、车库废水、消防废水、绿化废水等排水量。

在设计计算医院建筑需经污水处理站处理的排水量时，应根据该医院建筑的各分项给水量确定，排水量宜按给水量的 100% 确定。医院建筑的各分项给水量按照《水标》生活用水定额确定，按照医院建筑生活用水量表计算，最大日用水量应包括表中门诊用水量、病房用水量、医护人员用水量等，不包括厨房用水量、宿舍用水量、空调补水用水量、绿化用水量等。

详细计算医院院区内各医疗建筑排水量后累加值即为该医院污水处理站的最大日处理量的数据基础。

医院的综合排水量、小时变化系数与医院性质、规模、设备完善程度等因素有关，在院区内各建筑排水量数据不全或缺乏时，可参照表 3-32 中的数据计算总排水量（包括门诊、厨房、洗衣污水量），床位数为该医院设计床位数（体现医院规模和实力的最主要指标数据）。

医院平均日污水量、日变化系数　　　　　　　　表 3-32

医院类型	平均日污水量 [L/(床·d)]	日变化系数 K
设备比较齐全的大型综合性医院	650~800	2.0~2.2
一般设备的中型医院	500~600	2.2~2.5
小型医院	350~400	2.5

注：污水日变化系数 K 值与污水量大小有关，污水量小，取上限值；污水量大，取下限值。平均日污水量上限值为带有病原体污水和普通生活污水量；下限值为带有病原体污水量。

3. 医院污水处理原则

医院污水处理应遵循以下原则：

(1) 全过程控制原则：对医院污水产生、处理、排放的全过程进行控制。

(2) 减量化原则：严格医院内部卫生安全管理体系，在污水和污物发生源处进行严格控制和分离，医院内生活污水与病区污水分别收集，即源头控制、清污分流。严禁将医院的污水和污物随意弃置排入下水道。

(3) 就地处理原则：为防止医院污水输送过程中的污染与危害，医院污水必须就地处理。

(4) 分类指导原则：根据医院性质、规模、污水排放去向和地区差异对医院污水处理进行分类指导。

(5) 达标与风险控制相结合原则：全面考虑综合性医院和传染病医院污水达标排放的基本要求，同时加强风险控制意识，从工艺技术、工程建设和监督管理等方面提高应对突发性事件的能力。

(6) 生态安全原则：有效去除污水中有毒、有害物质，减少处理过程中消毒副产物产生和控制出水中过高余氯，保护生态环境安全。

4. 医院污水处理站设计要求

医院污水处理站设计应符合《建筑给水排水设计标准》GB 50015—2019、《医院污水处理设计规范》CECS 07—2004 的要求。

医院污水处理站应做到处理效果达标、管理方便、占地面积小、造价低廉、运行安全、避免污染周围环境等。

当采用一级处理流程时，医院污水应与生活区污水、雨水分流；当采用二级处理流程时，部分生活区污水与医院污水合流处理。

5. 医院污水处理站工艺处理流程

医院污水污染物指标见表 3-33。

医院污水污染物指标 表 3-33

医院污水污染物名称	污染物排出量[g/(床·d)]
BOD_5	60
COD	100～150
SS	40～50

医院污水处理站工艺处理流程应根据医院的规模、性质和处理污水排放去向、排放标准等因素进行选择。医院污水通常采用物化＋生化方法处理，主要工艺有：絮凝沉淀（物化)＋水解酸化（生化)＋深度氧化（生化)＋消毒→达标排放；絮凝沉淀（物化)＋水解酸化（生化)＋MBR（生化)＋消毒→达标排放。

物化处理：主要是让微生物无法分解的有害物质沉淀，将絮凝剂、混凝剂等化学药剂加入污水中，将有害物质转移至污泥，通过处理污泥达到目的。

生化处理：不同环境下的微生物能分解不同有害物质，一般采用的是厌氧菌＋好氧菌培养，即水解酸化和深度氧化。

目前主要采用的工艺有 3 种：加强处理效果的一级处理、二级处理和简易生化处理。当医院污水排入终端已有正常运行的二级污水处理厂的城市下水道时，宜采用一级处理，以解决污水的生物性污染为主；当医院污水直接或间接排入地表水体或海域时，应采用二级处理，以全面解决污水的生物性污染、理化性污染和有毒、有害物质等。目前绝大多数医院污水均处理达标后排入市政排水管网后汇入二级污水处理厂，因此医院污水处理大多采用一级处理即可。

图 3-4、图 3-5 为医院污水重力自排式一级处理工艺流程图。

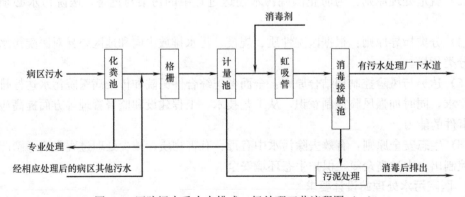

图 3-4 医院污水重力自排式一级处理工艺流程图（一）

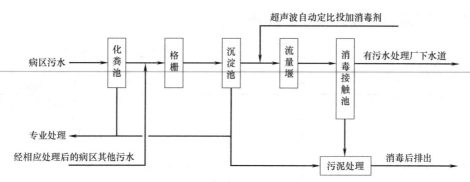

图 3-5　医院污水重力自排式一级处理工艺流程图（二）

图 3-6、图 3-7 为医院污水提升式一级处理工艺流程图。

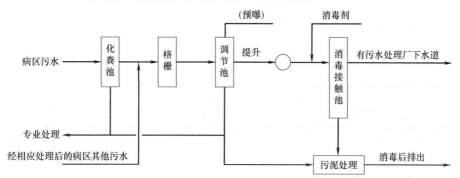

图 3-6　医院污水提升式一级处理工艺流程图（一）

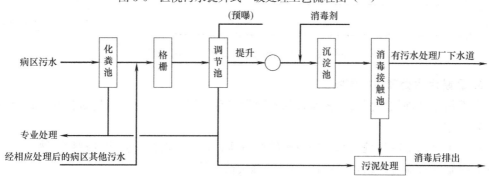

图 3-7　医院污水提升式一级处理工艺流程图（二）

图 3-8 为医院污水二级处理工艺流程图。

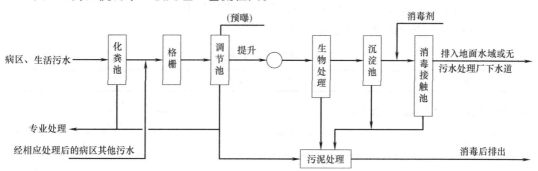

图 3-8　医院污水二级处理工艺流程图

图 3-9 为医院污水深度处理工艺流程图。

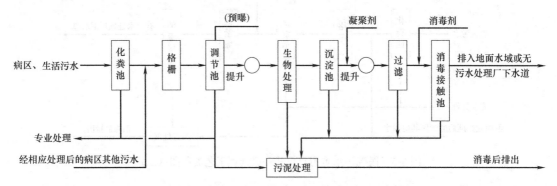

图 3-9　医院污水深度处理工艺流程图

图 3-10 为某医院污水处理站工艺流程图。

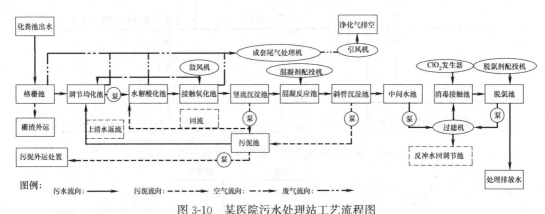

图 3-10　某医院污水处理站工艺流程图

6. 医院污水处理站构筑物

医院污水处理站根据其工艺流程的不同设置有不同的构筑物，其构筑物的设置有下列设计要求：

（1）中型以上的医院污水处理设施的调节池、初次沉淀池、生化处理构筑物、二次沉淀池、接触池等应分两组，每组按 50% 处理负荷计算。

（2）医院污水处理应设调节池，其有效容积宜为 5~6h 的污水平均流量。当调节池与初次沉淀池合并设计时，应同时满足调节池和初次沉淀池的要求。

（3）接触池有效容积等于污水接触时间与污水流量的乘积。

污水在接触池中的接触时间见表 3-34。

表 3-34

污水在接触池中接触时间

医院污水类别	接触时间(h)	余氯量(mg/L)
医院、兽医院污水,医疗机构含病原体污水	≥1.0	一级标准 3.0~10.0
		二级标准 2.0~8.0
传染病、结核杆菌污水	≥1.5	6.5~10.0

污水量按表 3-35 确定。

污水量计算方法　　　　　　　　　　　　　　　　表 3-35

工艺流程方式	污水量计算方法
重力自排式	按最大小时污水量计算
污水泵提升式	按污水泵每小时实际出水量计算

表 3-36 为医院污水处理构筑物设计参数。

医院污水处理构筑物设计参数　　　　　　　　　　　　　表 3-36

构筑物名称	设计参数
化粪池	应按最高日排水量设计,停留时间为 24～36h,清掏周期为 180～360d
调节池	连续运行时,其有效容积按日处理水量的 30%～40%计算;间歇式运行时,其有效容积按工艺运行周期计算
竖流沉淀池	沉淀时间按 1.5～2.5h;表面负荷按 1.0～2.0$m^3/(m^2 \cdot h)$
水解池	设计水力停留时间按 2.5～3.0h
生物接触氧化池	碳氧化/硝化容积负荷宜为 0.2～2kg$BOD_5/(m^3 \cdot d)$;气水比宜为 15:1～20:1;HRT 为 1.5～3.0h
曝气生物滤池	水力负荷按 1.0～3.0$m^3/(m^2 \cdot h)$;容积负荷按 1～2kg$BOD_5/(m^3 \cdot d)$;滤速按 6～8m/h;工作周期按 24～48h;气水比按 4:1～6:1;反冲洗强度:水洗按 6L/$(m^2 \cdot s)$,气洗按 15 L/$(m^2 \cdot s)$
CASS 池	污泥负荷按 0.1～0.2kg$BOD_5/$(kgMLSS$\cdot d)$;水力停留时间按 12h;污泥龄按 15～30d;气水比宜按 9:1;工作周期按 4～6h,其中曝气 2～4h,沉淀 1h,滗水 0.5～1h
混凝沉淀池	网格反应时间按 30min;斜管沉淀池表面负荷按 1.0～2.0$m^3/(m^2 \cdot h)$;斜管沉淀池沉淀时间按 1.5～2.5h
消毒接触池	综合性医院污水处理接触时间≥1h,传染病医院污水处理接触时间≥1.5h;按 Q_{max} 计算;水流槽 $B/H>1:1.2$、$L/B \geqslant 20:1$

表 3-37 为某医院污水处理站（处理规模为 800m^3/d）构筑物设备材料表,供设计参考。

某医院污水处理站构筑物设备材料表　　　　　　　　　　表 3-37

序号	设备名称	规格型号(mm)	数量(座)	材料
1	格栅池	4000×3000×4000	1	砖混结构
2	调节池	18000×5000×3000	1	钢筋混凝土
3	水解酸化池	5500×4500×4000	1	钢筋混凝土
4	接触氧化池	14000×4500×4000	1	钢筋混凝土
5	中间池	4500×4500×4000	1	钢筋混凝土
6	斜管沉淀池	4500×4000×4000	1	钢筋混凝土
7	污泥池	4200×3000×4000	1	钢筋混凝土
8	消毒池	9000×1000×4000	1	钢筋混凝土
9	脱氯池	8000×4000×3000	1	钢筋混凝土
10	事故池	10000×8000×3000	1	钢筋混凝土

序号	设备名称	规格型号(mm)	数量(座)	材料
11	污泥脱水机房	75m²	1	砖混结构
12	风机房	6000×4000×3300	1	砖混结构
13	加药间	6000×5000×3300	1	砖混结构
14	值班室	5000×4000×3300	1	砖混结构
15	在线监测房	4000×3000×3300	1	砖混结构
16	设备间	12000×5000×3300	1	砖混结构
17	贮药间	4000×2000×3300	1	砖混结构
18	工具房	10m²	1	砖混结构

表 3-38 为某医院污水处理站（处理规模为 $800\text{m}^3/\text{d}$）主要设备材料表，供设计参考。

某医院污水处理站主要设备材料表　　　　　　　　表 3-38

序号	设备(材料)名称	规格型号	数量
1	细格栅	钢制细格栅	1套
2	调节池曝气机	QXB0.75	1台
3	调节池提升水泵	WQ15-7-1	2台
4	生物填料支架	DT-ZJ-1	2套(54m²)
5	沉淀池填料支架	DT-ZJ-2	1套(6m²)
6	弹性生物填料	$\Phi 200×2000$	54m³
7	沉淀池斜管填料	$d50$	6m³
8	水解池搅拌机	QJB0.85	1台
9	水解池溶氧监测仪	DO-6309	1台
10	微孔曝气器	膜片式 $\phi 215$	54套
11	罗茨鼓风机	SFSR-80	2台
12	好氧池溶氧监测仪	DO-6309	1台
13	污泥回流泵	50LW0.75-10-10	1台
14	潜水排泥泵	WQ15-7-1	1台
15	出水堰	根据系统配套	2套
16	管道系统	根据系统配套	5套(含回流、加药、排泥等)
17	阀门系统	根据系统配套	若干(含蝶阀、止回阀等)
18	电磁流量计	ZML-1S	2套
19	通风装置	$\phi 400$	2台
20	二氧化氯加药系统	HYFB2-400	1套
21	紫外消毒装置	FS-UV12T	1台
22	配电系统	根据系统配套	1套
23	PLC自动控制系统	PLC,触屏人机界面	1套
24	废气除臭系统	DT-CC-1	1套

7. 医院污水消毒

医院污水必须进行消毒处理。

鉴于绝大多数医院污水经处理达标后均排入市政排水管网进入正常运行的二级污水处理厂，因此医院污水消毒宜采用性价比较高的氯消毒方式（成品次氯酸钠、氯片、漂白粉、漂粉精或液氯）。绝大部分医院采用氯化法处理医院污水，在氯化法处理医院污水中，尤其以液氯为主。

各种氯消毒方式见表 3-39。

各种氯消毒方式一览表　　　　　　　　　　　　　　表 3-39

氯消毒类型	优点	缺点	适用场合
成品次氯酸钠	性能可靠稳定、来源充足	需要贮存空间，需设运输通道	各类型医院
液氯	消毒能力强、成本低、运行费用低	安全操作要求高	大中型医院
漂白粉	成本低、来源充足	含氯量低、操作条件差、投加后有残渣	县级医院、乡镇卫生所
氯片、漂粉精	投配方便、操作安全	成本高	小型、局部污水处理
现场制备次氯酸钠或二氧化氯消毒剂	操作安全	经常运行费用较高	局部地区成品供应困难；消毒构筑物与毗邻建筑间距不满足要求

采用氯消毒方式，其设计加氯量可按表 3-40 确定。

采用氯消毒方式设计加氯量　　　　　　　　　　　　表 3-40

污水处理工艺流程	出水设计加氯量(mg/L)
一级处理	30～50
二级处理	15～25

8. 医院污泥处理

医院污水处理系统产生的污泥含有大量细菌和虫卵，宜由城市环卫部门按危险废物集中处置。

当采用氯化法消毒污泥时，可按单位体积污泥中有效氯投加量为 2.5g/L 设计，保证不小于 2h 的混合接触时间。

当采用高温堆肥法处理污泥时，堆温保持在 60℃ 以上不小于 1d。

当采用石灰消化法处理污泥时，设计石灰投加量采用 15g/L $[Ca(OH)_2]$。

9. 医院污水处理站选址

医院污水处理站位置应根据医院总体规划、市政排水接口位置、环境卫生安全要求等因素综合确定。

医院污水处理站宜靠近接入市政排水管网的排放点以方便医院污水达标及时排放；应与病房、居民区等建筑物保持一定距离，并应设置隔离带；宜设置在院区绿地、停车坪及室外空地的地下；与给水泵房及清水池水平距离不得小于 10m。

10. 医院污水处理膜工艺

医院污水处理膜工艺是医院污水处理工艺中的新型工艺，相对于传统工艺具有许多优点，在新建和改建、扩建污水处理站中均可灵活采用。

（1）膜工艺流程示意图

医院污水处理膜工艺流程示意图见图3-11。

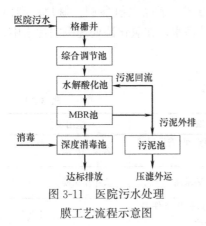

图3-11 医院污水处理
膜工艺流程示意图

（2）膜工艺介绍

医院污水主要为普通病房污水，污水经排水管网收集后进入化粪池系统进行预处理，化粪池每3～6个月清掏一次，清掏的污泥用生石灰进行消毒处理后外运，经化粪池预处理完成的污水进入格栅集水井设施。

格栅集水井安装有机械格栅，经过机械细格栅将污水中含有的大悬浮颗粒进行隔除，防止损坏后续提升设备。格栅集水池污水由动力装置提升进入调节池进行混合，通过调节池调节污水水质和水量。调节池内设置水下搅拌装置对污水进行均质搅拌，确保污水能够混合均匀。

均质调节后的污水提升进入水解池，进行初步生化处理。水解系统的功能主要是将污水中的有机小颗粒物质和大分子长链有机物进行初步降解，其中大分子长链有机物降解成分子量较小的有机物质。分子量较小的有机物质在好氧处理阶段可以降解得更加充分，提高污水的可生化性。污水中部分分子量较小的有机物质得到彻底降解，分解为 CH_4 和 CO_2 直接排放。

经过水解处理的污水进入 PEIER-MBR 池。PEIER-MBR 系统的运用大大提高了硝化反硝化系统的污泥浓度，污泥浓度由传统工艺的 1500～3000mg/L 提高到 8000～12000mg/L，将单位容积对污水的处理能力提高了 2～3 倍，大大提高了系统对氨氮和有机污染物的处理能力。由于 PEIER-MBR 系统是活性污泥法和膜过滤系统的组合，硝化系统中的泥水混合物通过膜分离后的出水中悬浮物浓度能够达到 3mg/L 以下，将传统工艺中的沉淀系统和过滤系统节省掉。PEIER-MBR 系统缩短了工艺链，保证了工艺出水的稳定性，节省了占地，降低了土建投资费用。系统中投加专门的硝化菌种，缩短硝化工艺段的驯化周期，确保硝化工艺段氨氮的氧化效果。

（3）MBR 工艺特点

MBR 工艺是以活性污泥法为主的处理工艺，是生化和膜分离结合的一种膜生物反应器，可通过提高活性污泥浓度、增加菌群数量和种类来改善生化系统中生物相的功能和效率，对于提高出水水质具有独特的作用。

MBR 原理图见图 3-12；MBR 工作过程图见图 3-13。

（4）MBR 工艺优势

1）处理水质优良、出水稳定、SS＜3mg/L，同时可截留水中的细菌和大肠杆菌。

2）由于污泥泥龄长，从而可以大大提高难降解有机物的去除率。

3）可以在高容积负荷、低污泥负荷、长泥龄条件下运行，产生剩余污泥量少，从而降低了污泥处理设施的费用。

4）设备高度集成，自动化程度高、易于维护管理。

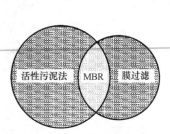

图 3-12　MBR 原理图

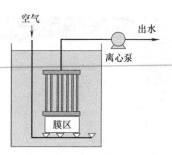

图 3-13　MBR 工作过程图

5）采用最新品种膜——平板膜。

6）浸没放置，膜组件稳定置放于反应池中（简称 MBR 膜池）。

7）低压（抽吸或重力）出水，系统工作压力小，电耗低。

8）气液两相流扰动。

9）长时间稳定运行。

10）膜不易污染、膜清洗频率低、清洗操作方便；膜片可单张更换。

（5）MBR 平板膜

在 MBR 平板膜工艺系统中，PEIER（B）型平板膜专门针对市政废水处理研发。PEIER（B）平片膜材质采用 PVDF，亲水性好、抗污染能力强、耐化学清洗效果好，平均膜孔径为 0.11～0.12μm，由平片膜组成的标准膜组件置于 MBR 膜池中，通过平片膜孔径小的特点，对水中的细菌等微生物和悬浮物进行截留，使得 MBR 膜组件产水清澈透明，出水悬浮物≤3mg/L。

PEIER（B）膜组件设置在膜池，能耐受和保持活性污泥浓度范围为 5000～15000mg/L，充分保持缓慢增殖微生物菌群数量和种类，发挥对难降解有机污染物的进一步降解功能和效果，并通过活性污泥回流到生化系统，提高反硝化效率，为有效处理氨氮提供高污泥浓度的保障。

PEIER（B）膜组件采用抽吸泵负压抽吸产水。随着运行时间的延长，膜面会结聚污物和生长微生物，导致膜面的跨膜压差上升，产水通量下降。为了防止平片膜的污堵，通过设置曝气管进行膜面冲刷，同时提供微生物生长繁殖所需氧气、MBR 膜池中短程反硝化所需氧气及污泥消化所需氧气。PEIER（B）膜组件采用沿进气方向变孔径和变孔间距的特制曝气膜管，提高膜组件中每片膜面的冲刷效果。由此维持膜池溶氧量在≥3mg/L 左右。

平板膜的运行跨膜压差为 $-3\sim-30$ kPa，当运行跨膜压差超过 -30 kPa 或产水量下降 15% 时进行化学清洗，化学清洗采用在线自流静压注入，注入量为 5L/片。针对有机物污染采用 0.5% 次氯酸钠/0.1% 氢氧化钠溶液的混合液，针对结垢型污染采用 0.5% 草酸溶液，药液浸泡时间 4～5h。

MBR 平板膜元件及组件见图 3-14。

MBR 平板膜工程维护流程见图 3-15。

MBR 处理完成后的污水进入消毒池，经消毒后达标排放。污水排放执行《医疗机构水污染物排放标准》GB 18466—2005 中表 2 的排放标准。

图 3-14　MBR 平板膜元件及组件

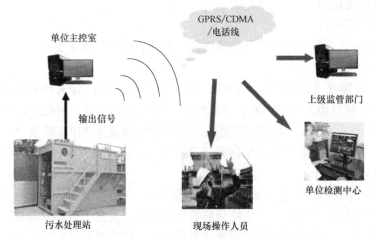

图 3-15　MBR 平板膜工程维护流程图

3.7.3　医院建筑衰变池设计

医院建筑核医学科的同位素治疗和诊断会产生放射性污水,主要集中在病人病房区、治疗区。放射性同位素在衰变过程中产生 α-、β-和 γ-放射性,在人体内积累而危害人体健康。因此医院建筑内含放射性物质的污水,当不符合排放标准时,需进行单独处理达标后,方可排入医院污水处理站或城市市政排水管网。

医院放射性污水达标排放标准为:在放射性污水处理设施排放口监测其总 α<1Bq/L,总 β<10Bq/L。

1. 医院放射性污水排放要求

医院产生的低放射性污水若排入医院内的排水管道,其放射性浓度不应超过露天水源中限制浓度的 100 倍;医院总排出水中放射性物质含量高于露天水源中限制浓度时,必须进行处理。

当医院放射性污水排入江河时,应符合下列要求:排出的放射性污水浓度不得超过露天水源中限制浓度的 100 倍;应在设计和控制排放量时,取 10 倍的安全系数;经处理后的污水不得排入生活饮用水集中取水点上游 1000m 和下游 100m 的水体内，且取水区中的放射性物质含量必须低于露天水源中限制浓度。

2. 医院放射性污水处理方法

贮存法：对于浓度较高、半衰期较长的放射性同位素污水，一般是将其贮存于容器内进行长期贮存；对于浓度较低、半衰期较短的放射性同位素污水，一般是将其排入地下贮存池，宜设衰变池处理，进行自然衰变（一般贮存该种核素的 10 个半衰期），当达到国家允许排放标准时再行排放。衰变池必须设计成推流式，以维持放射性污水足够的停留时间，避免断流，保证衰变效果。

当污水中含有几种不同的放射性物质时，污水在衰变池中的停留时间应根据各种物质分别计算确定，取其中最大值，并考虑一定的安全系数。

对注射或服用含^{131}I、^{32}P放射性药物的住院病人，其排泄物、呕吐物应放置在具有防护辐射性能的容器内，贮留 10 个半衰期后排放；对注射或服用长半衰期放射性药物的住院病人，其排泄物、呕吐物可在固化后按固体放射性废物处理；对同时具有病原体和放射性核素的病人，其排泄物应单独收集，经杀菌消毒再经衰变后排放。

稀释法：稀释 1 微居里放射性同位素达到排放标准所需水量可按表 3-41 采用。

稀释 1 微居里放射性同位素达到排放标准所需水量　　　　表 3-41

放射性同位素		稀释所需水量
元素名称	放射性同位素符号	(m^3)
碘	^{131}I	1.670
金	^{198}Au	0.100
磷	^{32}P	0.200
钠	^{24}Na	0.125
汞	^{203}Hg	0.200
铬	^{51}Cr	0.002

3. 医院建筑衰变池设计方法

常见医用放射性同位素的半衰期见表 3-42。

常见医用放射性同位素半衰期　　　　表 3-42

元素名称	放射性同位素符号	半衰期
碘	^{131}I	8.040d
磷	^{32}P	14.260d
金	^{198}Au	2.696d
钠	^{24}Na	15.020h
汞	^{203}Hg	46.760d
铬	^{51}Cr	27.720d
钼	^{99}Mo	2.750d
锝	$^{99}Tc^m$	6.020h
锡	^{113}Sn	115.200d
铟	$^{113}In^m$	1.658h
镱	^{189}Yb	32.000d

以某医院核医学科为例，介绍衰变池的设计方法。

衰变池的有效容积宜按该种核素 10 个半衰期的水量计算，即衰变池容积能贮存 10 个半衰期时间段的放射性污水。

医院中最常用的放射性核素是 ^{131}I，以其为代表。^{131}I 的半衰期是 8.040d，10 个半衰期则是 80.40d。

该核医学科设有 3 个病房，每个病房 2 个床位，放射性污水量指标为 100～200 L/(床·d)，取 150L/(床·d)。则该核医学科日放射性污水量为 $150×3×2/1000=0.90m^3$。

衰变池的有效容积为 $0.90×80.40=72.36m^3$。

衰变池选用连续式衰变池，尺寸为长×宽×高＝9.0m×5.0m×2.0m，其中长度方向分成 3 格（2 格为贮存池，1 格为稀释池），每格长度为 3.0m。

衰变池设在室外地下，采用钢筋混凝土结构，内面做防腐处理，防渗、防漏。

收集放射性废水的管道采用不锈钢管道。衰变池进出水管管径均为 DN150，进水管低进，出水管高出；格与格之间连通管管径均为 DN200。衰变池水位高度为 1.70m。

4. 医院建筑衰变池设置位置

衰变池通常设置在室外地下。在室外没有空间的情况下，衰变池可以设在室内，但应做好防辐射防护措施，宜设置在独立的房间内。在衰变池计算容积不大的情况下，可以采用金属压力容器来代替衰变池，尤其是在采用真空压力排水时。

3.7.4　医院建筑特殊废水处理方法

《综合医院建筑设计规范》GB 51039—2014 第 6.3.2 条：下列场所应采用独立的排水系统或间接排放，并应符合下列要求：传染病门急诊和病房的污水应单独收集处理；放射性废水应单独收集处理；牙科废水宜单独收集处理；锅炉排污水、中心（消毒）供应室的消毒凝结水等，应单独收集并设置降温池或降温井；分析化验采用的有腐蚀性的化学试剂宜单独收集，并应综合处理后再排入院区污水管道或回收利用；其他医疗设备或设施的排水管道应采用间接排水；太平间和解剖室应在室内采用独立的排水系统，且主通气管应伸到屋顶无不良处。

1. 医院酸性废水处理方法

医院酸性废水主要来自于检验室、化验室、洗衣房、放射科及消毒剂的使用等。酸性废水不仅会腐蚀排水管道，影响某些消毒剂的消毒效果，若排入水体还会对环境造成一定的危害。酸性废水应单独收集，收集管道应采用耐腐蚀的特种管道，一般采用不锈钢管道或塑料管道。

酸性废水在排放前应进行预处理，预处理通常采用中和处理法，即以氢氧化钠或石灰作为中和剂与酸性废水发生中和反应以降低废水的酸性。

酸性废水中和反应搅拌器应防腐蚀，中和剂配制成溶液通过计量泵投加，投加剂量应根据酸性废水 pH 值及中和剂浓度计算后确定，中和后 pH 应在 6～9 之间。

2. 医院碱性废水处理方法

医院碱性废水亦主要来自于检验室、化验室、洗衣房、放射科及消毒剂的使用等。碱性废水亦会腐蚀排水管道，影响某些消毒剂的消毒效果，若排入水体还会对环境造成一定的危害。碱性废水应单独收集，收集管道应采用耐腐蚀的特种管道，一般采用不锈钢管道或塑料管道。

碱性废水在排放前应进行预处理，预处理通常采用中和处理法，即以盐酸或硫酸作为中和剂与碱性废水发生中和反应以降低废水的碱性。

碱性废水中和反应搅拌器应防腐蚀，中和剂配制成溶液通过计量泵投加，投加剂量应根据碱性废水 pH 及中和剂浓度计算后确定，中和后 pH 应在 6～9 之间。

3. 医院含氰废水处理方法

医院含氰废水主要来自于检验室、化验室等化学检查分析中使用氰化物而产生的废水。

含氰废水在排放前应进行预处理，预处理通常采用化学氧化法、活性炭吸附法和生物处理法等。

医院检验室、化验室等场所产生的含氰废水应单独收集，条件允许时可送电镀厂回收利用。

4. 医院含汞废水处理方法

医院含汞废水主要来自于口腔科含汞废水以及计测仪器损坏汞泄漏、分析检测和诊断使用含汞试剂的排放等。

含汞废水在排放前应进行预处理，预处理通常采用铁屑还原法、化学沉淀法、活性炭吸附法和离子交换法等。

5. 医院含铬废水处理方法

医院含铬废水主要来自于检验室、化验室等场所工作中使用的化学品等。

含铬废水在排放前应进行预处理，预处理通常采用化学还原沉淀法，即在酸性条件下向废水中加入还原剂，将六价铬还原成三价铬，再加碱中和调节 pH，使之形成氢氧化物沉淀。

医院检验室、化验室等场所产生的含铬废水应单独收集，条件允许时可送电镀厂回收利用。

6. 医院洗印废水处理方法

医院洗印废水主要来自于放射科室照片洗印，其中含有的污染物质主要是显影剂、定影剂和漂白剂等，此外还有来自于定影剂中的银。

洗相室废水应回收银，并对废水进行处理。回收方法为电解提银法和化学沉淀法。低浓度含银废水也可采用离子交换法和活性炭吸附法处理。

洗印显影废水浓度较高，收集后可交给专业处理危险固体废物的单位处理，浓度较低的显影废水可采用过氧化氯氧化处理。

以上 6 种医院废水由于水量较小，通常不列入医院污水处理站处理范畴。

在医院建筑施工图设计中，应在给水排水设计施工说明中加以说明体现。

3.7.5　医院食堂、餐厅含油废水处理方法

医院建筑内供职工或病人使用的食堂、餐厅的含油污水，应经除油装置后方准排入污水管道。医院建筑中应用的除油装置包括隔油器、隔油池两种；当食堂、餐厅位于医院建筑地下室时，集水坑内压力排除含油污水采用隔油提升一体化设备，其亦属于除油装置。

1. 隔油器

隔油器适用于处理餐饮废水，在传统隔油池的基础上增加了气浮和排渣功能，提高了油脂、固体污物分离效率，有利于其收集利用，是传统隔油池的升级换代产品。隔油器设置在室内食堂、餐厅的厨房及备餐间洗涤盆等器具的含有食用油污水的排水管道上或设置在食堂、餐厅的厨房及备餐间的下一层或地下室设备间内。

隔油器设计要求：隔油器内应有拦截固体残渣装置，并便于清理；隔油器内宜设置气浮、加热、过滤等油水分离装置；隔油器应设置超越管，超越管管径与进水管管径应相同；密闭式隔油器应设置通气管，通气管应单独接至室外；隔油器设置在设备间时，设备间应有通风排气装置，且换气次数不宜少于 $15h^{-1}$。

隔油器处理水量计算方法有两种。

（1）根据食堂用餐人数确定处理水量按式（3-9）计算：

$$Q_{h1} = N \cdot q_0 \cdot K_h \cdot K_s \cdot \gamma / (1000t) \tag{3-9}$$

式中　Q_{h1}——隔油器小时处理水量，m^3/h；

　　　N——食堂、餐厅用餐人数，人；

　　　q_0——食堂、餐厅最高日生活用水定额，L/（人·餐）；

　　　K_h——小时变化系数；

　　　K_s——秒时变化系数；

　　　γ——用水量南北地区差异系数；

　　　t——用餐历时，h。

各参数选用见表 3-43。

职工食堂处理水量计算各参数选用表　　　　　　　　　表 3-43

用水项目名称	单位	q_0 [L/（人·餐）]	γ	t (h)	K_h	K_s
职工食堂	每顾客每次	20～25	1.0～1.2	4	1.5～1.2	1.5～1.1

（2）根据食堂、餐厅面积确定处理水量按式（3-10）计算：

$$Q_{h2} = S \cdot q_0 \cdot K_h \cdot K_s \cdot \gamma / (S_s \cdot 1000t) \tag{3-10}$$

式中　Q_{h2}——隔油器小时处理水量，m^3/h；

　　　S——食堂、餐厅使用面积，m^2；

　　　q_0——食堂、餐厅最高日生活用水定额，L/（人·餐）；

　　　K_h——小时变化系数；

　　　K_s——秒时变化系数；

　　　γ——用水量南北地区差异系数；

　　　S_s——食堂、餐厅每个座位使用面积，m^2/座，一类食堂餐厅取 $1.10m^2$/座，二类食堂餐厅取 $0.85m^2$/座；

　　　t——用餐历时，h。

隔油器的类型分为地上式隔油器、地上式带滤芯隔油器、地上式自动刮油隔油器（带滤芯）、地上式自动刮油隔油器（带气浮）、悬挂式隔油器、悬挂式自动刮油隔油器（带滤芯）、集中式隔油器等。计算确定隔油器的处理水量后，隔油器的选用参见国家标准图集

《建筑排水设备附件选用安装》04S301 中隔油器部分（P92～112），选用时处理水量单位由 m³/h 换算为 L/s，根据隔油器的设置位置选用合适的类型和型号。

2. 隔油池

隔油池适用于食堂、餐厅的厨房等含有食用油污水排出的室外排水管道上。故隔油池设置在室外地下，是医院厨房含油污水排放隔油的最后一关。

隔油池设计要求：污水流量应按设计秒流量计算；含食用油污水在池内的流速不得大于 0.005m/s；含食用油污水在池内的停留时间宜为 2～10min；人工除油的池内存油部分的容积不得小于该池有效容积的 25%；应设活动盖板，进水管应考虑清通的可能；出水管管底至池底的深度不得小于 0.6m；清掏周期为 7d。

隔油池有效容积按式（3-11）计算：

$$V = Q \times 60t \tag{3-11}$$

式中　V——隔油池有效容积，m³；

　　　Q——设计秒流量，m³/s，即该隔油池所接纳的食堂、餐厅内厨房及备餐间洗涤盆等器具含有食用油污水的排水秒流量；

　　　t——含油污水在池中的停留时间，min。

隔油池分砖砌和钢筋混凝土两类，医院建筑隔油池宜采用钢筋混凝土。计算确定隔油池的有效容积后，隔油池的选用参见国家标准图集《给水排水构筑物设计选用图》（水池、水塔、化粪池、小型排水构筑物）07S906 中隔油池部分（P253～275）。

隔油池的类型见表 3-44。

隔油池类型　　　　　　　　　　　　　　　　　　　　表 3-44

型号	设计秒流量(L/s)	有效容积(m³)
1 型	1.00	0.90(1.05)
2 型	1.60	1.50
3 型	3.20	3.00
4 型	4.80	4.50

再根据不同的处理水量、有无地下水、有无覆土等因素确定隔油池的型号。

3. 隔油提升一体化设备

当食堂、餐厅设置在医院建筑地下室时，其内厨房及备餐间洗涤盆等器具的含有食用油污水需要加压提升排至室外。为了减少油脂对提升排水管道的影响，提高排水效率，需要在室内对含油污水先进行隔油处理再进行提升排出。目前出现的隔油提升一体化设备集隔油、提升于一体，包括杂物分离、污泥分离、油水分离、二次沉淀、污水提升 5 个处理单元，可实现厨房餐饮含油污水的达标排放。

选取隔油提升一体化设备的主要技术参数是系统设计排水流量，该流量按该一体化设备所接纳的食堂、餐厅内厨房及备餐间洗涤盆等器具含有食用油污水的排水秒流量计算。确定好该参数后，参照相关隔油提升一体化设备生产厂家的技术资料选取。

3.7.6　医院车库汽车洗车污水处理方法

医院建筑配置的车库主要是地下车库，车库内汽车洗车污水内含有汽油、柴油、煤油、润滑油等油类，需要采取隔油处理。隔油沉淀池是最常用的汽车洗车污水隔油处理设施，用于汽（修）车库、机械加工、维修车间以及其他工业用油场所等含油污水排水管道上，应设置在室外地下。

隔油沉淀池设计要求：污水停留时间 10min；污水流速 0.005m/s；污泥部分容积按每辆车冲洗水量 2%～4%计（软管冲洗）；污泥清除周期 10～15d。

汽车冲洗水量见表 3-45。

汽车冲洗水量　　　　　　　　表 3-45

冲洗方式	汽车冲洗水量[L/(辆·次)]	含油污水设计流量(L/s)
软管冲洗	200～30	0.33～0.50
高压水枪冲洗	40～60	0.067～0.100

注：冲洗时间按 10min/(辆·次)。

隔油沉淀池有效容积根据汽车车型、冲洗方式、用水量等按式（3-12）计算：

$$V = Q \times 60t/1000 = 0.6Q \qquad\qquad (3-12)$$

式中　V——隔油沉淀池有效容积，m^3；

　　　Q——设计秒流量，L/s，按表 3-45 中的数据乘以同时冲洗车辆数量；

　　　t——含油污水在池中的停留时间，min，取 10min。

隔油沉淀池分砖砌和钢筋混凝土两类，医院建筑隔油沉淀池宜采用钢筋混凝土。计算确定隔油沉淀池的有效容积后，隔油沉淀池的选用参见国家标准图集《给水排水构筑物设计选用图》（水池、水塔、化粪池、小型排水构筑物）07S906 中汽车洗车隔油沉淀池部分（P276～286）。隔油沉淀池的类型见表 3-46。

隔油沉淀池类型　　　　　　　　表 3-46

型号	有效容积(m³)	过水断面(m²)	同时冲洗车辆数量(辆)	
			软管冲洗	高压水枪冲洗
1 型	5.4	1.85	1	4
2 型	9.6	2.4	2	8

再根据不同的处理水量、有无地下水、有无覆土等因素确定隔油沉淀池的型号。

3.7.7　医院高温污水处理方法

医院建筑中若设置锅炉房，其内的蒸汽锅炉或热水锅炉排水会产生高温污水；医院建筑中心供应室清洗机、灭菌器、蒸汽发生器等设备亦会产生高温污水。上述场所的高温污水温度均高于40℃。上述排水均应单独排放，接入室外降温池中，排水管材宜选用无缝钢管。

温度高于40℃的排水，应优先考虑将所含热量回收利用，如不可能或回收不合理时，在排入市政排水管网之前应进行降温处理。通常医院建筑的上述高温污水均采取设置降温池的处理方法，降温池应设置于室外。

对于温度超过100℃的高温污水，应考虑将降温过程中二次蒸发所产生的饱和蒸汽导出池外，减少冷却水用量。锅炉房产生的高温污水温度通常超过100℃，应设二次蒸发筒

（附近应设栏杆，以防烫伤）。

降温宜采用高温排水与冷水在池内混合的方法进行；为了保证降温效果，冷却水与高温水应充分混合，可采用穿孔管喷洒。冷却水应尽量利用低温废水，如采用生活饮用水作冷却水时，应采取防止回流污染措施；所需冷却水量应按热平衡方法计算。

降温池的容积应按下列规定确定：间断排放污水时，应按一次最大排水量与所需冷却水量的总和计算有效容积，有效容积按式（3-13）计算；连续排放污水时，应保证污水与冷却水能充分混合。

$$V=q_w+Q_l=q_w+K \cdot q_w \cdot (t_w-t_y)/(t_y-t_l) \tag{3-13}$$

式中　V——降温池所需要的有效容积，m^3；

　　Q_l——冷却水量，m^3；

　　K——混合不均匀系数，取 1.5；

　　q_w——每班每次定期排污量，m^3；

　　t_w——所排高温污水的温度，℃；对于锅炉排污水，因设有二次蒸发筒，按 100℃计；

　　t_y——允许降温池排出的水温，℃；对于锅炉排污水，按 40℃计；

　　t_l——加入池内的冷却水温度，℃；一般可利用生产废水，按 30℃计；若利用生活饮用水，其水温可根据是地下水还是地表水等具体情况确定；冷却水采用多孔管喷水洒入池中。

降温池的形式有虹吸式和隔板式两种，虹吸式适用于冷却废水较少主要靠自来水冷却降温的场所，隔板式适用于有冷却废水的场合。

降温池通常采用钢筋混凝土类型。计算确定降温池的有效容积后，降温池的选用参见国家标准图集《小型排水构筑物》04S519 或《给水排水构筑物设计选用图》（水池、水塔、化粪池、小型排水构筑物）07S906 中钢筋混凝土锅炉排污降温池部分（P287～293）。

锅炉排污降温池的类型见表 3-47。

锅炉排污降温池类型

表 3-47

型号	锅炉小时总蒸发量（t/h）	锅炉定期排污量（m^3/班）	有效容积（m^3）
1 型	2	0.13	1.84
2 型	4	0.26	2.63
3 型	6	0.39	4.86
4 型	10	0.65	7.20
5 型	15	0.98	10.80
6 型	20	1.30	13.50

再根据不同的处理水量、有无地下水、有无覆土、过不过车等因素确定降温池的型号。

3.7.8　医院洗衣房排水设计

医院建筑的洗衣房是医院功能的重要组成部分，常常是在院区内独立设置，也可能设置在建筑内尤其是地下室。

洗衣房内的主要排水设备是全自动洗脱机、固定式洗脱机和全封闭干洗机、抽湿机、空压机等。其中湿洗机的排水量大，其排水流量应按设计秒流量计算。

洗衣房的用水量较大，且设备的加水和排水要求时间短。一般洗涤脱水机要求1min将水加满，0.5min将水排净。所以要求在洗衣房内主要排水设备附近布置排水沟，宜采用带格栅的排水沟以及时排除废水。排水沟应布置在设备操作面的相反方向。排水沟的有效断面尺寸以满足洗衣机泄水不溢出地面为原则。大型医院洗衣房排水沟应按两台湿洗机秒流量之和设计，其尺寸不宜小于300mm×300mm，坡度不宜小于0.005。

洗衣房内设备如人像精整机有蒸汽凝结水排除要求时，应在设备附近设排水沟或采用耐热型地漏用管道接至排水沟。

设在医院建筑地下室的洗衣房，当其工艺布置尚未确定时，宜采用300mm厚垫层，以便布置排水沟。排水沟应直接就近接至集水坑。

洗衣房排水温度超过40℃时，应做降温处理后再排入室外排水管网；排水中含有有毒、有害物质时，应做无害化处理后再排入室外排水管网。

洗衣机排水流量和排水管径，应根据所选用洗衣机的型号资料确定。在进行洗衣房设计时，应根据洗衣房工艺及业主要求确定排水设备流量。

3.7.9 医院建筑设备机房排水

医院建筑设备机房包括生活水泵房、消防水泵房、热水机房、制冷机房、换热机房、空调机房、锅炉房、水处理机房等。

设备机房收集废水通常采用两种方式：明沟收集和地漏收集。当设备机房设置在医院建筑最底层或机房排水量较大时，通常采用明沟收集废水。当设备机房设置在医院建筑非最底层或机房排水量较小时，通常采用地漏收集废水；若设备机房处于非最底层但机房排水量较大时，宜增加地漏数量、增大地漏口径、增大排水管管径。

设备机房排水分为重力排水和压力排水两种。设备机房布置在地面层以上时，可采用重力排水。设备机房布置在地下室，无法重力自流排水时，只能采用压力排水，通常就近排入集水坑，通过坑内潜污泵或污水提升设备提升排至室外。为了降低投资，且设备机房废水水质不是太差时，通常采用潜污泵排出设备机房废水。

设备机房内排水沟的设置通常靠近水泵、水箱等主要设备，大型机房为方便排水，需要设置多条排水沟。排水沟的尺寸等应满足排水要求。生活水泵房、消防水泵房内排水沟的宽度不宜小于300mm，最小深度不宜小于200mm，排水坡度不宜小于0.005。

3.7.10 医院建筑凝结水排水

当医院建筑设有集中空调系统时，空调机组、风机盘管、空气处理设备等产生的凝结水应有组织地收集和排放。医院建筑空调系统凝结水应采用专用管道排放，排放点通常为就近卫生间地漏、拖布池或排水沟、集水坑等。

凝结水管道可采用塑料排水管、衬塑钢管、涂塑钢管等管材。

凝结水管道宜采取防结露保温措施，若采用柔性泡沫橡塑管壳其防结露保温厚度可采用9～13mm。

凝结水管道管径可根据冷负荷估算。1kW冷负荷每小时约产生0.4～0.8kg的凝结水，当管道坡度为0.003时，凝结水管道管径选择见表3-48。

凝结水管道管径与冷负荷对照表　　　　　　　　　表 3-48

冷负荷(kW)	≤42	43～230	231～400	401～1100	1101～2000	2001～3500	3501～15000	＞15000
凝结水管道管径(mm)	DN25	DN32	DN40	DN50	DN80	DN100	DN125	DN150

医院建筑中空调换热机房、生活热水机房的热媒采用蒸汽时，设备换热后产生的凝结水水量较大，建筑空调负荷、热水负荷越大，产生的凝结水水量越大。由于凝结水水质较好，建议在凝结水水量较大时回收利用。回收方法：通常在换热机房或热水机房内设置 1 个凝结水箱，用以贮存该建筑空调系统、生活热水系统产生的凝结水，凝结水箱贮水容积根据凝结水水量确定，宜贮存 0.5～1.0d 的凝结水。凝结水箱内的凝结水定期利用凝结水泵提升输送至用水点。

3.7.11　医院建筑口腔科排水

医院建筑口腔科诊室内各牙床操作台的排水通常是通过设置在该层地面排水暗沟内的排水管实现的。排水暗沟断面尺寸宜为 500mm×200mm（h），排水暗沟连接着各牙床操作台，排水横管管径不宜小于 DN75。设置排水暗沟的房间宜做垫层。

3.8　压力排水

3.8.1　医院建筑压力排水应用场所

建筑物中各种污水、废水靠自身重力无法自流排至室外排水管网时，应采用压力排水的方式。

医院建筑中地下室区域的各楼层地面标高均低于室外地坪标高，这些区域的污废水均无法重力自流排放，有效途径是设置集水池（坑）、池（坑）内设置排水泵（污水提升装置），采用压力排水方式。

3.8.2　医院建筑集水池（坑）设置

1. 集水池（坑）设置方法

建筑物地下室生活排水应设置污水集水池；地下室地坪排水应设置集水坑。

生活污水集水池与生活给水贮水池应保持 10m 以上的距离。医院建筑生活给水通常采用的是生活给水水箱，生活污水集水池宜尽量远离生活给水水箱，宜保持 5m 以上的距离。

（1）医院建筑地下室卫生间应单独设置集水坑，集水坑宜设在地下室最底层卫生间的底板下或邻近位置。集水坑若设置在卫生间内，应避开卫生器具及排水管道，设置在空敞区域内；集水坑若设置在卫生间外，宜靠近卫生间，设置在附属用房如库房或公共空间，禁止设在医院功能房间、办公室等有人员经常在的房间或场所。对于地下层卫生间较多如地下层设置病房的情况，宜在这些卫生间的中间位置设置集水坑用以集中收纳上述卫生间的污水；对于卫生间平面分布较分散的情况，宜根据情况设置 2 个或 2 个以上集水坑，每个集水坑均位于局部集中卫生间的中间位置。医院建筑常出现地下室最底层未设卫生间（如为地下车库功能），最底层以上层设有卫生间，此时集水坑应设在最底层，既要考虑位于多个卫生间的中间位置，又要考虑设在最底层不影响医疗或其他主要使用功能。

（2）医院建筑地下室食堂、餐厅等应单独设置集水坑，集水坑应设置在食堂、餐厅的厨房邻近位置。集水坑设置在厨房内时，不宜设在细加工和烹炒间等房间内，宜设在附属房间或公共区域；集水坑设置在厨房外时，不宜距烹炒间等产生含油污水的主要房间太远。若食堂、餐厅未设置在地下室最底层，则集水坑应设置在最底层，宜布置在厨房烹炒间、加工间等主要功能房间的下方，且不影响最底层医疗或其他主要使用功能。

（3）医院建筑地下室医护人员淋浴间、值班人员淋浴间、诊室、办公室等场所的洗浴废水宜根据建筑平面布局按区域集中设置1个或多个集水池（坑）。集水池（坑）宜位于淋浴间底板下或邻近位置（同一楼层或下面楼层）。

（4）医院建筑消防电梯井排水应设集水池。由于高层医院建筑消防电梯设置分处于不同的防火分区，在平面上相距较远，故通常每个消防电梯井均需设置1个集水池。集水池应设在消防电梯邻近处，通常设在消防电梯前室内或靠近消防电梯公共走道、附属房间内，不应直接设在消防电梯井内。消防电梯井集水池池底比消防电梯井井底标高低不应小于0.50m，不宜小于0.70m。

（5）医院建筑地下车库区域地面排水应设集水坑，集水坑应设在使排水管、排水沟尽量简洁的地方。当车库位于地下室最底层时，应根据车库的平面布局沿车库外侧布置集水坑；当车库平面面积较大且为正方形时，宜在车库的四角设置4个集水坑，每个角的集水坑负责邻近1/4区域的地面排水；当车库平面面积较大且为长方形时，宜在车库的两个窄边设置2个集水坑，每个窄边的集水坑负责邻近1/2区域的地面排水；当车库平面面积较小且为正方形时，宜在车库的对角（或同侧）或在车库的中间靠边位置设置2个集水坑，每个集水坑负责邻近1/2区域的地面排水；当车库平面面积较小且为长方形时，宜在车库的两个窄边或在车库的长边中间靠边设置2个集水坑，每个集水坑负责邻近1/2区域的地面排水；当车库面积很小时，宜设置1个集水坑。集水坑宜靠车库外墙附近设置，有利于排水管的排出；集水坑宜布置在车行道下面底板下，不宜布置在停车位下面底板下，以利于设备安装和检修。当车库位于地下室非最底层时，亦应根据车库的平面布局按上述原则沿车库外侧下方布置集水坑。

车库位于最底层时，车库地面排水应设排水沟，就近接至集水坑；车库位于非最底层时，车库地面排水应设排水地漏，地漏亦根据车库布局沿车库内柱边设置，每个地漏接纳四周各不超过一个柱距的地面排水，地漏宜采用$DN100$，采用$DN100$排水立管沿柱边向下接至下一层地面排水沟（下一层为最底层车库）或就近接至最底层集水坑。

（6）医院建筑地下车库出入口坡道处的雨水集水坑应尽量靠近坡道最低尽头处。通常地下车库出入口靠近地下一层处设有一道截水沟，用以拦截可能自室外沿坡道进来的雨水，集水坑应靠近截水沟，以使雨水尽快通过排水沟或预留排水管（通常采用焊接钢管或钢塑复合管，管径不宜小于$DN100$，管道埋深宜为0.40m）接至集水坑。当地下车库处于非最底层时，集水坑宜设于靠近截水沟正下方的合适位置。

（7）医院建筑生活水泵房集水坑宜设在生活水泵房室外邻近辅助房间内。消防水泵房集水坑宜设在消防水泵房内，通常布置在房间角落，若消防水泵房一面或两面外墙为建筑物地下室外墙，则宜布置在靠近外墙位置。生活水泵房集水坑宜独立设置，不宜与其他设备机房合用集水坑。消防水泵房或其他设备机房毗邻布置或相距较近时，这些泵房、机房可以合用集水坑，各个房间的排水通过排水沟连接接至集水坑。

(8) 医院建筑制冷机房、热交换站等设备机房面积较大，宜每个机房设置 1 个集水坑。若 2 个或 2 个以上机房面积不大且毗邻布置时，可以合用集水坑。

2. 集水池（坑）容积确定

医院建筑地下室集水池（坑）的最小容积，应根据排水内容确定。集水池（坑）的有效高度不低于 1.0m，超高不小于 0.5m。

(1) 医院建筑接纳地下室卫生间污水的集水坑有效容积不宜小于最大一台污水泵 5min 的出水量，且污水泵每小时启动次数不宜超过 6 次。鉴于医院建筑地下室的室内环境条件要求，地下室卫生间污水应采用污水提升装置提升排放，污水应通过排水管道接至污水提升装置自带的封闭水箱。地下室卫生间污水不应直接排至集水坑，而应采用安装于集水坑内的潜污泵提升排放。集水坑的有效容积应不小于污水提升装置自带封闭水箱的容积。集水坑的有效容积应根据所选用的污水提升装置的设备型号、流量参数确定，集水坑的尺寸（长度×宽度×高度）应根据污水提升装置的要求确定。

首先应计算出该集水坑所接纳的地下室卫生间污水的排水秒流量，以此确定污水提升装置的排水流量；其次由 5min 污水提升装置排水流量值确定污水提升装置自带封闭水箱的最小有效容积；再次根据排水流量、设计扬程、装置水箱最小有效容积等参数选定污水提升装置型号；最后根据该装置配置、安装要求等综合确定集水坑尺寸。

举例：某医院地下室集水坑接纳某公共卫生间内污水，公共卫生间卫生器具配置包括 8 个蹲便器、4 个小便器、4 个洗脸盆，该卫生间卫生器具排水当量总数为 40.2。

根据排水设计秒流量公式，计算出该卫生间排水设计秒流量为 2.64L/s（9.50m³/h），即污水提升装置的排水流量按不小于 9.50m³/h 确定。

污水提升装置自带封闭水箱最小有效容积为 5min 排水流量值，即 790L（5×60×2.64=790L）。

该卫生间位于地下二层，污水提升装置设计扬程不小于 15m。

根据流量（9.50m³/h）、扬程（15m）、水箱容积（790L）等参数，考虑一定的设计富余量，选择污水提升装置技术参数为：流量 15m³/h；扬程 20m；水箱容积 1000L；主泵 2 台，每台功率 3kW；辅泵 1 台，功率 0.55kW；其安装所需尺寸为长度×宽度×高度=2100mm×2300mm×2000mm，此数据可以作为集水坑的尺寸。

(2) 医院建筑地下室食堂、餐厅厨房含油污水排放应采用污水隔油提升一体化装置，其集水坑尺寸确定方法同上。

(3) 医院建筑地下室洗浴废水排放应采用污水提升装置，其集水坑尺寸确定方法同上。地下室淋浴间按淋浴器 100% 同时使用的排水秒流量或小时排水流量确定。

(4) 医院建筑地下生活水泵房的集水坑最小容积可取 3min 蓄水池（箱）溢流量，通常是生活水箱的进水流量；地下消防水泵房的集水坑最小容积可取 3min 消防水泵试车排水流量；地下生活水泵房、消防水泵房合用一个集水坑时，取上述两个排水流量之中较大的一个，作为集水坑容积的计算依据。根据工程设计经验，医院建筑地下生活水泵房的集水坑尺寸通常按 1500mm×1500mm×1500mm 设计即可满足要求。

（5）医院建筑地下制冷机房等其他机房，其排水主要用于机房内设备、管道的检修，其集水池有效容积可取 $2.0\sim3.0\text{m}^3$，池深度可取 1.5m。

（6）医院建筑地下车库排水集水坑尺寸通常按 $1500\text{mm}\times1500\text{mm}\times1500\text{mm}$ 设计即可满足要求。

（7）医院建筑消防电梯井集水池的容量不应小于 2m^3。考虑到消防排水量较大，通常集水池平面尺寸不小于 $2000\text{mm}\times2000\text{mm}$ 或根据集水池所在场所布局确定（保证集水池平面面积不小于 4.0m^2）。

（8）集水池设计常规要求：集水池除满足有效容积外，还应满足水泵设置及水位控制器、格栅等安装、检查要求；当污水集水池设置在室内地下室时，池盖应密封，并设通气管；室内有敞开的污水集水池时，应设强制通风装置；集水池底宜有不小于 0.05 的坡度坡向泵位；集水坑的深度及平面尺寸，应按水泵类型而定；集水池底应设置自冲管。

当污水集水坑设置在室内地下室时，池盖应密封，并设通气管系。通气管管径宜与排水管管径相同。通气管可接至室外或向上接至建筑地上部分通气管系统。

集水池设计最低水位，应满足水泵吸水要求；集水池应设置水位指示装置，必要时应设置超警戒水位报警装置，并将信号引至物业管理中心。医院建筑集水池最低水位宜为池底以上 $300\sim400\text{mm}$；最高水位宜为池顶以下 $400\sim500\text{mm}$；报警水位宜为池顶以下 $300\sim400\text{mm}$。

3.8.3　污水泵、污水提升装置选型

1. 医院建筑排水泵类型

据前述，基于医院建筑的室内环境卫生要求和设备造价要求，医院建筑地下室卫生间污水、洗浴废水等采用污水提升装置排放；地下室厨房含油污水采用隔油提升一体化装置排放；地下室其他场所废水均采用污水泵排放。

2. 排水泵流量确定

鉴于医院建筑内集水池（坑）通常按最小容积确定，排水泵的流量应按设计排水秒流量计算。

对于医院建筑地下室卫生间生活污水，食堂、餐厅等厨房含油污水，医护人员淋浴间等场所洗浴废水等生活污废水系统，可按上述场所内卫生器具的排水当量总数或卫生器具的额定流量，按《建筑给水排水设计标准》GB 50015—2019 规定的设计排水秒流量公式计算确定。

生活水泵房的废水系统，宜按生活水箱进水管流量确定。

消防水泵房的废水系统，可按最大消防水泵流量配置排水泵流量和台数。

消防电梯集水井排水泵的排水量不应小于 10L/s。

平时无排水的机房，其排水泵流量可按设备检修放水量估算。

3. 排水泵扬程确定

排水泵的扬程按式（3-14）计算：

$$H=1.1\times(H_1+H_2+H_3) \tag{3-14}$$

式中　H_1——集水池（坑）底至出水管排出口的几何高差，m；

　　　　H_2——排水泵吸水管与出水管的管路损失，m；

H_3——排水自由水头，m，一般取 2~3m。

排水泵吸水管和出水管内污废水流速不应小于 0.7m/s，不宜大于 2.0m/s。

4. 排水泵台数

医院建筑地下室卫生间生活污水，食堂、餐厅等厨房含油污水，医护人员淋浴间等场所洗浴废水排水采用污水提升装置。每个集水池（坑）处设置一套污水提升装置，每套污水提升装置内设 2 台排水泵，1 用 1 备，2 台泵平时交互运行。

医院建筑地下室其他场所废水排水采用污水泵。每个集水坑处设置一套污水泵组，每套污水泵组包括 2 台排水泵，1 用 1 备，2 台泵平时交互运行。

医院建筑地下室车库、水泵房、设备机房等地面排水，设置的排水沟相互连通接至集水池（坑）时，也可不设备用泵，但应慎重采用此方案。

5. 排水泵出水管

原则上，医院建筑地下室每套排水泵组排水管独立排至室外。每台污水泵或每套污水提升装置中的污水泵出水管上均沿水流方向依次设置软接头、压力表、止回阀、闸阀等。排水泵的出水管管径宜采用 $DN100$，排水泵组合流排水管管径宜采用 $DN100$。

对于大型医院建筑，地下室往往平面较大、功能复杂，污水泵（污水提升装置）的数量较多。为减少排出管的数量，有时可能建筑平面布局（如变配电室等房间占据地下一层靠地下室外墙很大宽度）限制排出管的敷设，可把相同排水性质和排水泵扬程相近的排水泵出水管合流排出。合流排水排出管内污废水流量，可按其中最大一台排水泵加上 0.4 倍其余排水泵的流量之和确定，进而确定排水管的管径。地下室某个卫生间生活污水提升装置的出水管只能与其他卫生间生活污水提升装置的出水管合并排出；某个厨房含油污水隔油提升一体化装置的出水管只能与其他厨房含油污水隔油提升一体化装置的出水管合并排出；车库范围内的污水泵出水管可以合并排出；水泵房及其他设备机房等范围内的污水泵出水管可以合并排出。

排水泵出水管的排水横干管应按重力流设计。

6. 排水泵种类

医院建筑中的污水排水泵通常选用潜水排污泵。

常用污水泵的特点见表 3-49。

常用污水泵特点 表 3-49

污水泵类型	污水泵特点
AS(AV)型	体型小巧,可随水位升降自动启停,能有效通过直径 $\phi30\sim\phi80$ 的固体颗粒,无需加滤网,可配置耦合机构安装
WL 型	立式蜗壳无堵塞,可排出 $\phi250$ 以内固体颗粒和 1500mm 以内长纤维
XWQ 型	具有切割和研磨功能,可通过直径为泵口径 50% 的固体颗粒。外循环冷却,保证水泵在最低水位运行。可自动耦合和移动式安装等
JYWQ 型	自动搅匀,排放更流畅,污物通过能力强,可通过直径为泵口径 50% 的固体颗粒。外循环冷却,保证水泵在最低水位运行。可自动耦合和移动式安装等

设计时可根据污水泵的特点选择，设计中常用JYWQ型污水泵。

7. 污水提升装置

污水提升装置是将排污泵和集水箱、控制装置以及相关的管件阀门组成一套系统，用于提升和输送低于室外污水排水管网的废污水。可以有效解决或者避免传统集水坑存在的问题。

工作原理：废污水通过整套设备的入口自流进入集水箱，达到设备的启动水位后，设备自动启动，将污水提升排放到室外污水排水管网。

在污水提升装置中，以集水箱代替了传统方式中的集水坑。除进口、出口、通风口外，集水箱完全密闭、防水、防异味泄漏，故集水箱内的污水与室外空间无接触，异味不会污染室外环境。基于此特点，医院建筑地下室污废水尤其是卫生间污水、厨房废水排放应采用污水提升装置。

污水提升装置中的集水箱体积较小，起过流作用；污水提升装置中的水泵可以频繁启停，性能稳定。

由于集水箱体积大幅度减小，而且水泵多采用外置式安装，所以污水提升装置的维护修理变得简单易于操作，也相应地降低了相关成本。

污水提升装置型号确定：经计算出污水流量和污水提升压力（计算方法同污水泵）后，据此对照污水提升装置的流量和扬程参数，选择合适型号的污水提升装置。1套污水提升装置中的污水泵通常为2台（1用1备）。

医院建筑的污水提升装置通常放置在地下室集水坑内。考虑到设备安装及维修需要，集水坑的尺寸应根据设备大小并参照相关设备技术资料确定。为了保证排除集水坑内可能的污废水，集水坑内宜设置辅助污水泵。

如果需要排水的地下室下方还有地下室楼层，则污水提升装置可设在地下室下一楼层地面上而不需设置集水坑。集水坑位置及尺寸等资料应提供给建筑结构专业。

8. 隔油提升一体化装置

隔油提升一体化装置是将隔油器与污水提升设备结合在一起，用于提升排除地下室厨房污水的一体化装置。

隔油提升一体化装置型号确定方法参照污水提升装置。隔油提升一体化装置所在集水坑的尺寸较大。

3.9 真空排水

3.9.1 室内真空排水系统概念

室内真空排水系统是指利用真空泵维持真空排水管道内的负压，将卫生器具和地漏的排水收集传输至真空罐，通过排水泵排至室外排水管网的全封闭的排水系统。

3.9.2 室内真空排水系统组成

室内真空排水系统通常由真空泵站（包括真空泵、真空罐、排水泵、控制柜等）、真空管网、真空便器（包括真空坐便器、真空蹲便器）、真空切断阀、真空地漏、真空污水收集传输装置（用于洗脸盆、小便器、洗涤盆、浴盆、净身器等卫生器具排水的收集和传输）及伸顶通气管或通气滤池等组成。

3.9.3　室内真空排水系统应用场所

针对真空排水系统的优点（安装灵活、节省空间、节水、卫生）、缺点（造价高、噪声大、维护要求高），医院建筑中的一些特殊场所可以采用真空排水系统。

医院建筑中的重症传染病门诊、病房部分，为了避免交叉感染，上述场所不允许设置通气管，其排水系统需要独立设置，可以采用真空排水系统。

医院建筑中的核医学科部分，其病房等场所的污水需要独立排放，也可以采用真空排水系统。

3.10　人防区域排水设计

医院建筑人防区域的设置场所通常位于地下室，一般结合地下车库设置（平时作为车库，战时作为人防）。医院建筑人防区域大部分情况下作为人员掩蔽工程，少数情况下作为医疗救护工程或物资库。

医院建筑人防区域排水设计须由专业人防设计单位负责，设计应按照《人民防空地下室设计规范》GB 50038—2005 执行，具体设计在本章节不详述。

医院建筑非人防区域排水系统与人防区域的关系：

医院建筑非人防区域与人防地下室之间应设置垫层，厚度通常不小于 600mm。建筑上部非人防区域排水系统的排出管应在此垫层内敷设，禁止穿越人防围护结构进入人防区域后排至室外。排出管在垫层内敷设至室外时，若其下方仍为人防区域，则排出管应先排至室外出人防区域范围以外后向下至室外地坪下敷设，该段排出管应由土建专业采取保护措施。

医院建筑非人防区域排水管禁止进入人防区域，包括地下室非人防区域的排水管。地下室非人防区域排水应独立设置，系统排水管（包括排水沟）均应独立于人防区域。

3.11　室内排水系统设计流程

医院建筑室内排水系统最为复杂，设计工作量很大。为了提高设计效率，下面对系统设计的流程加以阐述，供设计参考。

3.11.1　确定室内排水系统设计方案

根据医院建筑的功能布局、平面设置确定各区域排水系统设计方案。针对不同的医疗功能区域（如病房区、门诊区、医技区、服务区等）、不同的建筑形式（高层区域、多层区域、地下层区域等）、不同的污废水类型（生活污水、生活废水、含油污水、医疗特殊废水等）制定相应的排水系统设计方案。

3.11.2　布置室内各排水系统平面管网

在各个区域内设计每个排水系统的管网，按照排水立管→排水横支管→排水横干管→

排出管的顺序布置排水管道，同时按照排水横支管→排水立管→排水横干管→排出管的顺序计算确定排水管道管径，排水横支管、排水横干管、排出管等管径宜在给水排水平面图中标注体现。

在布置排水管网的过程中，会出现2根或多根排水立管汇集至1根排水横干管、排出管的情况。

布置排水管网时，注意不同类型的污废水不能合用排水立管、排水横干管、排出管的情形。

对于地下室排水系统，应根据功能合理布置排水沟、集水池（坑），确定其尺寸，并布置接至集水池（坑）的排水管道。选择确定集水池（坑）内污水泵或污水提升装置的规格型号。布置接自污水泵或污水提升装置的压力管道。

在一层给水排水平面图中，应统一布置排出管的敷设，应标注各排水管管径、敷设标高及定位尺寸。

给水排水平面图中对于卫生器具等较为集中的病房卫生间、公共卫生间、医护人员淋浴间等场所的排水平面图应分别按不同楼层、场所编号以在大样图中体现。

医院建筑排水平面图比例宜为1：100或1：150。

3.11.3　布置室内各排水通气管系统

在各个区域内针对不同排水系统确定不同的通气管系统形式：是采用专用通气管、伸顶通气管还是汇合通气管形式等。布置各通气管系统的管道，标注管道管径等参数。

地下室集水池（坑）的通气管均应明确接出位置，标注管道管径，接至室外应标注管道敷设标高等。

3.11.4　绘制室内排水系统系统图

室内排水系统的系统图是对平面图的深化和完善，对于医院建筑排水系统的安装有重要作用，在施工图设计中应绘制完整、准确。为了更好地体现排水系统，系统图应采用轴测图形式。系统图中应标注各管段管径；排水管道（排水横支管、排水横干管、排出管等）的敷设标高；通气管道管径、标高；屋顶通气帽等的安装高度等。

地下室压力排水系统的系统图应体现排水管管径、标高、阀门、止回阀等。

医院建筑排水系统系统图比例宜为1：100或1：150。

3.11.5　绘制室内排水系统大样图

不同楼层、场所编号的卫生间、淋浴间等的大样图，比例宜为1：50，包括排水平面图（应标注管径）、排水系统图（应标注管径、标高）。

3.11.6　确定各排水构筑物的型号

计算确定各排水构筑物如化粪池、隔油池（器）、衰变池等的型号，确定其尺寸。污水处理站应根据处理规模、处理工艺流程确定其各污水处理单元构筑物的布局位置、尺寸等参数。

3.11.7 绘制室外排水平面图

室外排水平面图内容包括：室外排水管道的敷设位置、管径、敷设坡度、节点（排水管道管径变化处、管道敷设方向变化处等的排水检查井下游处）敷设标高、定位尺寸（距离建筑物外墙的距离）；各排水检查井的位置、编号、型号等；化粪池的型号、定位尺寸；室外隔油池、衰变池等排水构筑物的型号、定位尺寸；污水处理站的定位尺寸；污水处理站接至市政排水管网的排水管管径、标高，尤其是与市政排水管网对接点处的敷设标高。

室外排水平面图中的排水管道敷设标高应以绝对标高表示。

3.11.8 统计排水系统设备表

在"主要给水排水设备表"中统计各排水设备（污水泵、污水提升装置、污水隔油提升一体化装置、隔油器、室内废水收集处理设备等）的数量、规格、型号、参数、安装位置等。

3.11.9 阐述说明排水系统

建筑排水系统说明内容包括：排水体制；排水系统形式及应用范围（区域及楼层）；通气管系统形式及应用范围（区域及楼层）；建筑日最大排水量（须经污水处理站处理的水量和不经污水处理站处理的水量）；污水处理站的位置、处理规模、处理流程、处理指标要求；各特殊污废水的处理方法及要求等。

3.12 室外排水系统

医院建筑室外排水系统指医院院区建筑红线范围内，连接院区内各个单体医院建筑污废水排水，经室外排水管网汇集、传输，经化粪池等室外排水构筑物处理，最终经院区污水处理站处理达标后排至市政排水管网或水体的排水系统。

医院建筑室外排水系统既要满足医院院区内各个单体医院建筑的排水要求，又要满足最终市政排水管网对接口的要求，即在总排水量上不超过市政排水管网接纳能力（医院总排水管管径不应大于市政排水管网对接点处管道管径）；排水水质满足市政排水水质要求；排水标高不应高于市政排水管网对接点处管道标高。

3.12.1 医院建筑室外排水体制

医院建筑室外排水应采用生活排水和雨水分流制的排水系统。

3.12.2 医院建筑室外排水量确定

医院建筑生活排水系统的排水定额和小时变化系数与其相应的生活给水系统的生活用水定额和小时变化系数相同。

在设计计算医院建筑的排水量时，应根据该医院建筑的各分项给水量确定，排水量宜按生活用水量的100%确定。生活用水量不包含绿化浇灌用水量、道路冲洗用水量和空调冷却补水量。

3.12.3 医院建筑室外排水管道布置

1. 室外排水管道布置原则

医院建筑室外排水管道布置应根据医院院区总体规划、院区道路和建筑的布置、院区地形标高、院区排水流向等因素按照"管线尽量短、管线埋深尽量小、污废水尽量自流排出"的原则执行。

医院污废水的院区终端是污水处理站。污水处理站的选址大多数情况下是布置在医院院区的最低处或较低处,靠近市政排水管网对接点或相距不远。故医院建筑室外排水的大方向是尽量向院区最低处或较低处排放。

2. 室外排水管道布置要求

医院建筑室外排水管道应沿医院建筑周围或院区道路布置,管线宜平行于建筑外墙或道路中心线。排水线路越短越好、越直越好、转弯越少越好,尽量减少与其他管线的交叉。

医院建筑室外排水管道宜尽量避免穿越院区道路,但必须穿越时,管线应尽量垂直于道路中心线。

医院建筑室外排水管道宜尽量布置在院区道路外侧的人行道或绿地下方。条件不允许时,排水管道可在车行道下敷设。

医院建筑室外排水干管宜靠近主要排水医院建筑,并宜布置在连接排水支管较多的一侧。

医院建筑室外排水管道宜根据与院区污水处理站的位置距离等合理确定排水管道的起点、布置路径等。

医院建筑室外排水管道与其他地下管线(构筑物)最小间距见表 3-50。

室外排水管道与其他地下管线(构筑物)最小间距　　　　　　表 3-50

名称		水平净距(m)	垂直净距(m)
建筑物		管道埋深浅于建筑物基础时,不宜小于 2.5m;管道埋深深于建筑物基础时,按计算确定,但不应小于 3.0m	
给水管	$d \leqslant 200mm$	1.0	0.1~0.15
	$d > 200mm$	1.5	
污水管		0.8~1.5	0.1~0.15
雨水管		0.8~1.5	0.1~0.15
再生水管		0.5	0.4
低压燃气管	$P \leqslant 0.05MPa$	1.0	0.15
中压燃气管	$0.05MPa < P \leqslant 0.4MPa$	1.2	0.15
高压燃气管	$0.4MPa < P \leqslant 0.8MPa$	1.5	0.15
高压燃气管	$0.8MPa < P \leqslant 1.6MPa$	2.0	0.15
热力管沟		1.5	

续表

名称		水平净距(m)	垂直净距(m)
热力管线		1.5	0.1～0.15
电力管线		0.5	0.5
电信管线		1.0	直埋 0.5
			穿管 0.15
乔木		1.5	
围墙		1.5	
地上柱杆	通信照明及＜10kV	0.5	
	高压铁塔基础边	1.5	
道路侧石边缘		1.5	
架空管道基础		2.0	
油管		1.5	0.25
压缩空气管		1.5	0.15
氧气管		1.5	0.25

注：表列数字除注明者外，水平净距均指外壁净距；垂直净距系指下面管道的外顶与上面管道基础底间净距；采取充分措施（如结构措施）后，表列数字可以减小。

医院建筑室外排水管道与医院建筑外墙的距离原则上不应小于 3.0m，通常按 3.0m 确定。

医院建筑室外排水管道应尽量远离室外生活饮用水给水管道。

医院建筑室外排水管道应尽量避开建筑物地下室等障碍。

3. 室外排水管道布置方法

根据医院污水处理站的位置和接至市政排水管网的院区总排水干管的绝对标高，宜按照距离污水处理站最远的医院建筑出户排水检查井为起点，确定室外排水管网的布置走向和敷设总长度。

将院区各单体建筑的排出管就近连接至室外排水管网，连接处设置排水检查井。相距较近、污废水性质相近的排出管可合用排水检查井。

计算室外排水管网各排水管段（相邻排水检查井之间的排水管段）所接纳的排水流量，确定各管段管径和设计坡度。

室外排水管网起点排水检查井的绝对标高（通常按室外地坪下 1.0m 确定）和终点排水检查井的绝对标高差值，即为室外排水管网最不利排水管路允许最大埋设深度值。此值除以最不利排水管路长度，即为允许敷设最小坡度值。根据此值调整每个排水管段管径和敷设坡度，可以通过增大某段排水管道管径以降低敷设坡度或采用最小敷设坡度的方法解决。对于占地面积较大的医院院区来说，室外排水管网的敷设坡度很难做到采用标注敷设坡度通常按照最小敷设坡度设计。特殊极端情况下，甚至采用更小的敷设坡度。采取以上措施的目的是使医院院区室外排水管网的排水能做到"自流排水"。另一个解决办法是提升起点排水检查井的绝对标高，通常可抬高至室外地坪下 0.7m，理由是降低局部排水管段埋深不会影响到全局，但应保证此管段的使用安全，避免出现压坏情形。

医院建筑室外排水管道的最小覆土深度不宜小于 0.5m；对于严寒地区、寒冷地区的医院，室外排水管道的最小覆土深度应超过当地冻土层深度。在车行道下室外排水管道最小覆土深度不应小于0.7m，通常不宜小于1.0m。

3.12.4 医院建筑室外排水管道敷设

室外排水管道与生活给水管道交叉时，应敷设在生活给水管道下面。

室外排水管道平面排列及标高设计与其他管道发生冲突时，应遵循以下原则处理：小管径管道让大管径管道；有压管道让重力自流管道；可弯管道让不能弯管道；新设管道让已设管道；临时性管道让永久性管道。

3.12.5 医院建筑室外排水管道水力计算

1. 水力计算公式

室外排水管道水力计算参见式（3-2）、式（3-3）。

2. 室外排水管道设计流量

室外排水管道设计流量应按最大小时排水量计算。

3. 室外排水管道设计流速

室外排水管道最小设计流速：在设计充满度下为0.6m/s；室外排水管道最大设计流速：金属排水管为10m/s，非金属排水管为5m/s。

4. 室外排水管道管径

医院建筑室外排水管道的最小管径、最小设计坡度、最大设计充满度宜按表3-51采用。

室外排水管道最小管径、最小设计坡度、最大设计充满度　　　　表 3-51

排水管道类别	排水管管材	最小管径(mm)	最小设计坡度	最大设计充满度
接户排水管	埋地塑料管	160	0.005	0.50
	混凝土管	150	0.007	0.50
室外排水支管	埋地塑料管	160	0.005	0.50
	混凝土管	200	0.004	0.55
室外排水干管	埋地塑料管	200	0.004	0.50
	埋地塑料管	300	0.002	0.55
	混凝土管	300	0.003	0.55

注：接户排水管管径不应小于建筑物排出管管径。

医院建筑室外排水管道管径经计算小于表3-51中的最小管径控制值时应采用表3-51中的数值。室外排水管道下游管段管径不得小于上游管段管径。

根据设计经验，医院室外院区占地面积不大、建筑排水量不大时，室外排水干管管径按DN300设置即可满足要求；医院室外院区占地面积较大、建筑排水量较大时，室外排水干管管径按DN350设置即可满足要求；室外排水干管管径通常不会超过DN400。

3.12.6 医院建筑室外排水管道管材

医院建筑室外排水管道宜优先采用埋地塑料管，弹性橡胶圈密封柔性接口，小于

$DN200$ 的直壁管可采用承插式粘接。

医院建筑室外排水管道亦可采用埋地铸铁管，橡胶圈柔性接口或水泥砂浆接口。

3.12.7　医院建筑室外排水检查井

1. 室外排水检查井设置位置

医院建筑室外排水检查井应设在室外排水管道的交汇处、转弯处、管径改变处、坡度改变处、连接排水支管处、直线排水管段上每隔一定距离处。

直线排水管段上排水检查井间的最大间距：$DN150$ 排水管，30m；$\geqslant DN200$ 排水管，40m。对于医院建筑室外排水系统，建议排水检查井间的间距控制在 20~30m。

2. 室外排水检查井型式

医院建筑室外排水检查井宜优先选用塑料排水检查井，其次是混凝土排水检查井，再次是砖砌排水检查井。

医院建筑室外塑料排水检查井，通常采用井径 $\phi450$ 直壁型塑料排水检查井；医院建筑室外混凝土（砖砌）排水检查井，通常采用井径 $\phi1000$ 圆形排水检查井。

3. 室外排水检查井设置要求

《室外排水设计规范》GB 50014—2006（2016 年版）第 4.4.6 条：**位于车行道的检查井，应采用具有足够承载力和稳定性良好的井盖与井座。**

医院建筑室外排水管在排水检查井中连接应采用管顶平接。

3.13　中心供应室给水排水设计

3.13.1　医院建筑中心供应室介绍

医院建筑内的中心供应室承担手术器械的清洗消毒、检查包装、灭菌和术前准备工作，承担手术敷料的检查包装、灭菌和术前准备工作，完成并规范医院可重复使用医疗器械的集中回收、清洗消毒、检查包装、灭菌和下送工作，有效保证无菌质量。

中心供应室宜设置在相对独立、四周环境清洁、无污染源、接近临床科室、方便供应的区域。中心供应室严格区分污染区、生活区、清洁区、无菌区，通常采用由污染到洁净的流水作业方式布局。典型的中心供应室分为去污清洗消毒区（包括腔镜清洗区、手工清洗区、清洗消毒区等）、检查包装及灭菌区、无菌物品存放区、办公生活区、机房区（包括水处理机房、蒸汽间等）。

中心供应室内设有生活给水、热水供应装置和净化装置；设有电动真空灭菌锅、干烤箱、手套烘干机、各种冲洗工具，包括去污、除热源，洗涤剂、洗涤池，贮存、洗涤设备等。为体现完整性，中心供应室给水、热水等内容在本章节述及。

3.13.2　中心供应室给水、热水、纯水系统要求

生活给水管、热水管宜采用薄壁不锈钢管或 PP-R 管，纯水管宜采用卫生级薄壁不锈钢管，管道沿吊顶内敷设并在设备顶部预留接口，待设备就位后接至设备；生活给水、热水、纯水供水压力应大于 0.15MPa。靠墙接口沿墙面装饰夹层敷设，接口距地 0.35m，

预留内丝接头并装角阀或球阀；清洗机纯水接口距地 1.90m，多舱清洗机纯水接口距地 2.30m，负压清洗机纯水接口距地 1.90m，灭菌器冷水接口距地 0.95m，待设备就位后接至设备，接设备（灭菌器、清洗机、多舱、负压清洗机、蒸汽发生器）支管需在便于操作的位置设置压力表及控制阀。接至各设备的生活给水、热水、纯水主管管径应根据设备参数计算确定，灭菌器给水主管管径不应小于 $DN50$。

3.13.3 中心供应室排水系统要求

灭菌器和清洗机（单舱、多舱、负压）每台设备单独排水：每台设备采用一根 $DN150$ 的不锈钢管排至室外或独立降温池；灭菌器疏水排水：采用 $DN100$ 的不锈钢管排至室外或独立降温池；全自动清洗机、负压清洗消毒器、多舱清洗机、多功能清洗中心煮沸槽排水：采用 $DN150$ 的不锈钢管排至室外或独立降温池；洁净蒸汽发生器排水：采用 $DN150$ 的不锈钢管单独排至室外或独立降温池；全自动清洗机、脉动清洗消毒器、多舱清洗机、大型清洗机疏水、洁净蒸汽发生器疏水排水：采用 $DN150$ 的不锈钢管排至室外或独立降温池。上述排水均不可与其他排水共排以免蒸汽返溢，降温池应设置通气措施。

设备排水接口预留出地面 100mm，设备高温排水及其疏水分别需要单独排水管道，排水管材应选用耐高温金属管道，宜采用不锈钢管，以防止蒸汽返溢；其他普通排水（含地漏）就近接至附近排水管道即可。

清洗机、灭菌器排水直排，设备下不设存水弯，以保证排水畅通。

中心供应室排水系统中的特殊排水（高温排水）分为两个部位：清洗区、灭菌区；每个部位排水均分为 2 种：凝结水排水、设备排水，见表 3-52。

中心供应室特殊排水（高温排水）对照表

表 3-52

部位	凝结水排水	排水管管径(mm)	设备排水	排水管管径(mm)
清洗区	全自动清洗机、脉动清洗消毒器、多舱清洗机、大型清洗机疏水、洁净蒸汽发生器疏水排水	$DN150$	清洗机(单舱、多舱、负压)设备排水；全自动清洗机、负压清洗消毒器、多舱清洗机、多功能清洗中心煮沸槽排水	$DN150$
灭菌区	灭菌器疏水排水	$DN100$	灭菌器设备排水；洁净蒸汽发生器排水	$DN100$

其中清洗区、灭菌区凝结水排水宜汇集后采用不小于 $DN150$ 的排水管接至室外或独立降温池 1，降温后排水可接至室外雨水管网；清洗区、灭菌区各设备排水宜汇集后采用不小于 $DN150$ 的排水管接至室外或独立降温池 2，降温后排水可接至室外污水管网，需经过污水处理站处理达标后排放。亦可采用设置 1 座室外或独立降温池方式，上述高温污废水均排至该降温池后经室外污水管网接至医院污水处理站。上述排水横干管、排水立管管径不宜小于 $DN150$。清洗区、灭菌区排水的通气立管应分开设置。

3.13.4 中心供应室蒸汽系统要求

蒸汽管道宜采用流体输送用无缝钢管，采用离心玻璃棉保温带筋铝箔保护层；压缩气管道宜采用镀锌钢管或脱脂紫铜管；预留接口 $DN15$ 带 $\phi6$ 变径（清洗机、负压），$DN15$ 带 $\phi8$ 变径（灭菌器、多舱）。蒸汽管道压力要求 $0.3\sim0.5$MPa，蒸汽饱和度大于 0.95，压缩气压力要求 $0.5\sim0.7$ MPa，除水除油。应根据设备安装及定位总说明中设备蒸汽及压缩气用量计算管道管径，以满足设备使用要求。

清洗机蒸汽接口（$DN20$）距地 1.9m，压缩气接口距地 1.5m；多舱清洗机蒸汽接口（$DN20$）距地 2.3m，压缩气接口距地 2.3m；大型外车清洗机蒸汽接口（$DN25$）距地 1.85m，压缩气接口距地 1.2m；负压清洗机蒸汽接口（$DN25$）距地 1.91m，压缩气接口距地 1.91m；灭菌器蒸汽接口（$DN25$）距地 1.68m，压缩气接口距地 1.25m；洁净蒸汽发生器蒸汽出口（$DN25$）距地 1.9m。上述管道接口均待设备就位后接至设备，管道支管上均设置控制阀门和压力表。

3.14 手术部给水排水设计

医院建筑内的手术部是医院的一个重要部门，也是体现医疗功能的典型部门。手术部有洁净要求。洁净手术部为洁净手术室、洁净辅助用房和非洁净辅助用房等组成的独立功能区域。手术部给水排水设计应符合《水标》和《医院洁净手术部建筑技术规范》GB 50333—2013 的相关规定。为体现完整性，手术部给水、热水内容在本章节述及。

3.14.1 手术部给水、热水

供给洁净手术部用水的水质应符合现行国家标准《生活饮用水卫生标准》GB 5749 的要求。

供给洁净手术部生活用水应有两路进口，由处于连续正压状态下的管道系统供给。常规洁净手术部两路供水方案如下：一路由本区域所在竖向分区变频供水泵组供水，就近接自本区域水管井内给水立管；另一路设置不锈钢生活水箱，水箱设置位置应高于洁净手术部，通常设于洁净手术部上方楼层辅助房间，水箱进水管就近接自洁净手术部供水干管，水箱出水管接至洁净手术部给水管网（接入点宜在给水管网起端）。生活水箱贮水作为备用水源，水箱贮水容积按 $2.0\sim3.0$m^3 计。

洁净手术部内生活给水用水点主要包括医务人员刷手池、医务人员洗浴、办公等；生活热水用水点主要包括医务人员刷手池、医务人员洗浴。

生活给水管、热水管宜沿手术部内公共走道、辅助用房吊顶内敷设，不得穿越洁净手术室。管道穿过洁净用房的墙壁、楼板时应加设套管，管道和套管之间应采取密封措施。管道外表面存在结露风险时，应采取防护措施。防结露外表面应光滑且易于清洗，并不得对洁净手术室造成污染。

洁净手术部刷手间的刷手池应同时供应冷、热水，且应要求 24h 保证供给。刷手池处设置洗手、消毒、干洗设备，按每间手术室不宜多于 2 个龙头配备。刷手池通常跟随手术室分散布置，其热水系统为分散式热水系统，每一处刷手池的热水由电热水器提供（保证随时提供热水），热水出水管上可设置温控阀或设置有可调节水温的非手动开关的龙头。

洁净手术部内医务人员洗浴分为男浴、女浴，浴室应同时供应冷、热水，且应要求 24h 保证供给，当由贮存设备供热水时，水温不应低于 60℃；当设置循环系统时，循环水温应大于或等于50℃。每个浴室内淋浴头超过2个时，浴室内生活冷水、热水管网宜布置成环状，且淋浴冷水管宜与其他卫生器具（洗手盆、蹲便器等）冷水管分开设置。每个浴室的热水通常由电热水器提供（保证随时提供热水），该电热水器贮水容积和电功率应根据其服务淋浴头数量确定，并应将电热水器用电功率提供给电气专业。

生活给水管与卫生器具及设备的连接应有空气隔断或倒流防止器，不应直接相连。

洁净手术部内生活给水、热水管道应使用不锈钢管、铜管或无毒给水塑料管，常采用薄壁不锈钢管。

3.14.2 手术部排水

洁净手术部的洁净手术室内不应敷设排水横管、排水立管、排水通气管。洁净手术部内排水宜单独设置排水系统（包括独立的排水横支管、排水立管、排出管等），不与上下楼层排水系统合用。洁净手术部的卫生器具和装置的污水透水系统应独立设置。

洁净手术部内的排水设备，应在排水口的下部设置高度大于50mm的水封装置。

洁净手术部的洁净区内不应设置地漏。洁净手术部内其他地方的地漏，应采用设有防污染措施的专用密封地漏，且不得采用钟罩式地漏。洁净手术部的污物廊宜设置排水地漏。

洁净手术部应采用不易积存污物又易于清扫的卫生器具、管材、管架及附件。

洁净手术室排水横管直径应比设计值大一级。

3.15 放射性废水排水设计

同位素治疗和诊断会产生放射性污水。放射性同位素在衰变过程中产生 a-、β-和 γ-放射性，在人体内积累而危害人体健康。医院建筑内核医学科内治疗会产生放射性污水。

核医学科内含有放射性物质的污水、废水产生区域：核医学科病房卫生间、PET/CT专厕、SPECT专厕等。

含有放射性物质的污水、废水应单独排至室外。含有放射性物质的污水、废水应排至室外衰变池经衰变处理达标后排至医院污水处理站。

排放含有放射性物质的污水管宜采用含铅机制铸铁排水管、不锈钢管、塑料管，常采用含铅机制铸铁排水管（柔性连接）。排放含有放射性物质的污水、废水的地漏、清扫口等均需按相关要求做防护处理。若核医学科设置在医院建筑地下楼层，排放含有放射性物质的污水管应接至地下室集水坑内由污水提升设备提升后排至室外。集水坑盖板、污水提升设备、通气管等均需按相关要求做防护处理。

衰变池宜设置在医院建筑室外地下，靠近核医学科放射性污废水排水区域；当室外没有空间时，衰变池亦可设置在建筑内。无论设置在何处，均应做好防护处理。

衰变池有效容积、结构设计的原则是必须保证含有放射性物质的污水、废水经处理后满足国家医院放射性污废水排放标准。衰变池应根据核医学科病人床位等计算确定排水量，废水量宜按 100～200L/(床·d) 确定（床位多时取低值，床位少时取高值）。衰变池有效容积宜按最长半衰期同位素的10个半衰期计算，或按同位素衰变公式计算。

衰变池通常采用三级分隔连续式处理工艺，衰变池内设置导流墙，污废水推流式通过池体排放。典型放射性污废水处理流程为：放射性废水进水→预处理→衰变槽→缓冲槽→出水→医院污水排水管网→医院污水处理站→处理达标排放。衰变池上游宜设置化粪池，作用为沉淀消化固形物，防止其进入衰变池，降低衰变池处理负荷，提高处理效率。

当污水中含有几种不同放射性物质时，污水在衰变池中的停留时间应根据不同放射性物质分别计算确定，取其中最大停留时间，并应考虑一定的安全系数。医院建筑常见放射性物质包括 $^{99m}T_c$（核医学科显像诊疗）、$^{131}I_{甲亢}$（核医学科甲亢治疗）、$^{131}I_{甲癌}$（核医学科甲癌治疗）等。

衰变池有效容积计算可参照表 3-53，具体容积大小可根据医院实际情况确定。

衰变池有效容积计算参照表　　　　　　　　　　　表 3-53

放射性废水产生场所	废水排水用水量定额[L/(人·d)]	衰变池有效容积(m³/人)
$^{99m}T_c$(核医学科显像诊疗)	13.0	0.018～0.050
$^{131}I_{甲亢}$(核医学科甲亢治疗)	6.3	0.264～0.788
$^{131}I_{甲癌}$(核医学科甲癌治疗)	100.0	3.530～11.860

3.16　含油污水排水设计

医院建筑内含油污水产生场所为医院建筑内附设的职工食堂、病员食堂，有时病房区域局部厨房、备餐间也会产生含油污水。食堂的厨房区域（热加工间、白案间、备餐间、消毒间、洗碗间、肉类加工间、西饼制作间、主食库、副食库、冷藏库、冷冻库等）中热加工间、白案间、备餐间、洗碗间、肉类加工间等区域均会产生含油污水；食堂的餐厅区域（餐厅、售饭窗口、包间等）中洗碗区域会产生含油污水。

上述含油污水应经过集中隔油处理后排放。医院建筑含油污水宜采用三级隔油处理：第一级为在灶间刷锅池、洗菜池、洗碗池等产生含油污水的器具处设置器具隔油器；第二级为在厨房灶间等集中产生含油污水的区域设置隔油排水沟，用以收集含油污水，器具含油污水就近通过排水横管接至隔油排水沟；第三级为设置室外隔油池（当厨房含油污水可以重力排至室外时）或一体化隔油污水提升装置（当厨房含油污水需要加压提升排至室外时）。其中第二级隔油排水沟因条件限制无法设置时，需要通过排水管收集含油污水集中排放，此时排水管管径应比计算管径大一级。三级隔油处理可以有效保证含油污水达标排放。为了保证排水效果，各级隔油设施应根据污水含油程度定期清理油污，防止影响环境、堵塞排水管道。

3.17　地下车库排水设计

医院建筑内地下室通常附设停车库，停车库内应设置排水设施（排水沟和集水坑）。车库内排水沟宜沿车库公共区域（非停车区域）布置，若布置在停车区域宜避开停车位。排水沟用于收集周围区域地面排水，排水沟宜均匀布置，保证最远处距离最近排水沟长度不至过大，防止该区域地面坡度过大。

排水沟布置不应穿过防火分区，即车库每个防火分区的排水沟均应接至本防火分区内的集水坑，根据防火分区的面积、形状及排水距离确定集水坑的数量及位置。若排水沟受条件限制确需穿过防火分区，则应在穿越处采取防止火灾蔓延至相邻防火分区的技术措施，如排水沟在防火分区两侧断开、两侧排水沟以排水管连接、排水管穿越防火分区处设置防火封堵等。

对于两层或多层地下车库，最底层车库应设置排水沟及集水坑；其上面车库楼层不宜且很难设置排水沟，通常采用分区域设置排水地漏用以收集周围区域地面排水方式，排水地漏宜采用 $DN75$ 地漏，通过 $DN75$ 排水立管向下接至最底层排水沟或集水坑，地漏位置的确定宜结合最底层排水沟的位置。

地下车库排水沟宽度通常为 300mm，起点最小深度不应小于 200mm，排水沟坡度宜采用 0.005，并宜根据排水沟长度实际情况调整坡度值。

对于人防地下车库，排水沟、集水坑布置除应满足上述关于防火分区的要求外，还应满足下列要求：排水沟应按人防防护单元布置，即车库每个人防防护单元的排水沟均应接至该防护单元内的集水坑；集水坑宜独立设置，不宜与人防集水坑共用。

对于两层或多层人防地下车库，通常最底层车库为人防车库，若上一层车库亦为人防车库时，上一层地漏排水接至最底层车库的排水立管应在穿越楼板处设置防护阀门，地漏亦应采用防爆波地漏；若上一层车库为非人防车库时，该区域排水应接至非人防区域集水坑，不应接至下方人防区域集水坑，若受条件限制确需接至下方人防区域集水坑时，应在穿越处人防侧排水管上设置防护阀门。

人防地下车库内集水坑压力排水管排至室外穿越人防围护结构时，应在穿越处人防侧压力排水管上设置防护阀门。

3.18 地下室设备机房排水设计

地下室设备机房包括生活水泵房、消防水泵房、生活热水机房、暖通冷热源机房、真空吸引机房、报警阀室等，上述设备机房均应设置排水设施。

当设备机房设置在地下室最低楼层时，各机房宜独立设置排水沟、集水坑，不宜混用、合用集水坑。生活水泵房内排水沟宜沿生活水箱一侧或两侧、变频生活给水泵组基础一侧布置，并汇集接至生活水泵房专用集水坑，该专用集水坑不应设置在生活水泵房内，宜设置在生活水泵房邻近辅助房间（如库房等）内。消防水泵房内排水沟宜沿消防给水泵组基础一侧、水力报警阀处布置，并汇集接至消防水泵房内集水坑，集水坑宜设置在消防水泵房内角落且与消防给水泵组外边缘距离不宜小于 600mm。生活热水机房内排水沟宜沿换热机组（换热器）一侧或两侧、生活热水供水泵组或循环泵组基础一侧布置，并汇集接至生活热水机房内集水坑，集水坑宜设置在生活热水机房内角落且与换热机组（换热器）、泵组外边缘距离不宜小于 600mm。暖通冷热源机房内排水沟宜沿制冷机组、换热机组（换热器）一侧或两侧、冷水泵组或冷却泵组基础一侧、其他附属设备一侧布置，并汇集接至本机房内集水坑。真空吸引机房内排水沟宜沿真空泵组基础一侧、真空罐处布置，并汇集接至本机房内集水坑。报警阀室内排水沟宜沿水力报警阀处布置，并接至本房间内集水坑，报警阀室内亦可设置排水地漏经排水横管接至集水坑。

当设备机房设置在地下室非最低楼层时，该机房排水宜独立设置，不应与其他设备机房排水合用。机房内应设置地漏排水，通过排水立管就近接至最低楼层集水坑；消防水泵房内排水地漏宜采用不小于 $DN100$ 地漏且不应少于 2 个，排水立管管径不宜小于 $DN150$；其他机房内排水地漏宜采用不小于 $DN75$ 地漏且不宜少于 2 个，排水立管管径不宜小于 $DN100$。

3.19　淋浴间排水设计

此处淋浴间指手术部等部门医护人员集中淋浴间。淋浴间分为男淋浴间、女淋浴间，每个淋浴间布置 2 个或 2 个以上淋浴头，每个淋浴头布置在 1 个淋浴小间内。淋浴排水可采取以下方式：当淋浴头数量多于 2 个时，宜采用排水沟排水，排水沟宽度不小于 200mm，8 个淋浴头可设置一个 $DN100$ 的地漏；可采用地漏排水，每个淋浴小间内设置 1 个 $DN50$ 的地漏，淋浴头数量为 1～3 个时排水横支管管径不宜小于 $DN75$；淋浴头数量为 3 个以上时排水横支管管径不宜小于 $DN100$。当淋浴间未采用淋浴小间形式且采用地漏排水时，地漏管径与其负责排水淋浴头数量有关：淋浴头数量为 1～2 个时，地漏管径为 $DN50$；淋浴头数量为 3 个时，地漏管径为 $DN75$；淋浴头数量为 4～5 个时，地漏管径为 $DN100$。淋浴间内地漏应采用网框式地漏。

第4章
雨 水 系 统

雨水系统（rain drainage systems）是指将屋面、地面雨水收集、输送并迅速、及时地排至室外雨水管渠或地面的排水系统。屋面雨水系统是排放建筑物屋面雨水的排水系统。屋面雨水系统包括雨水斗（口）、雨水收集管网、雨水排放管网等。

医院建筑的高层部分与多层部分屋面面积往往相差较大，其顶层医疗功能不同，对雨水系统设置要求很高。制定合理正确的雨水排水方案，能够迅速、及时、有效地排除雨水，避免雨水对建筑产生不利影响，是医院建筑给水排水设计人员的重要任务。

4.1 雨水系统分类

医院建筑雨水系统主要指医院建筑屋面雨水系统，其室外雨水系统设计详见下述章节。

4.1.1 根据屋面雨水设计流态划分

屋面雨水排水管道属于重力输水管道，降雨期间雨水输水管道内的水流会出现3种流态：有压流态、无压流态、过渡流态。根据不同的水流流态，医院建筑屋面雨水系统分为3种。

1. 半有压流屋面雨水系统

该系统中雨水水流的设计流态属于介于无压流和有压流之间的过渡流态，水流中混有空气。该系统主要包括87（79）型雨水斗系统、65型雨水斗系统等，医院建筑中最常采用的是87（79）型雨水斗系统。

半有压流屋面雨水系统是医院建筑中最广泛采用的雨水系统形式，既可以应用于高层医院建筑，也可以应用于多层医院建筑；既可以应用于病房楼建筑，也可以应用于门诊医技楼建筑；既可以应用于屋面面积较小的医院建筑，也可以应用于屋面面积较大的医院建筑。

非特殊情况下，医院建筑雨水系统均采用半有压流屋面雨水系统。

2. 压力流屋面雨水系统

该系统中雨水水流的设计流态属于有压流态，水流为一相流。该系统亦常称为虹吸式雨水系统。

压力流屋面雨水系统是医院建筑中较少采用的雨水系统形式，主要应用于高层医院建筑的裙楼部分或多层医院建筑、门诊医技楼建筑、屋面面积较大的医院建筑。

在医院建筑屋面（通常为裙楼屋面）面积较大的情况下，医院建筑雨水系统可考虑采用压力流屋面雨水系统。

3. 重力流屋面雨水系统

该系统中雨水水流的设计流态属于无压流态，水流和气有分界面。

鉴于重力流屋面雨水系统的特点，该系统在医院建筑中极少采用。

4.1.2　根据雨水管道设置位置划分

雨水管道包括雨水连接管、雨水悬吊管、雨水立管、雨水排出管等，根据建筑性质等要求，可以设置在建筑物室内或室外。

1. 内排水雨水系统

内排水雨水系统指雨水管道设置在建筑物室内的雨水系统。民用建筑内排水雨水系统通常采用密闭系统，室内雨水管无开口部位，不会引起水患，且系统排水量较大。严寒地区尽量采用内排水雨水系统。

鉴于以上优点，内排水雨水系统在医院建筑中的应用最为普遍。医院建筑雨水系统宜优先采用内排水雨水系统。高层医院建筑的主楼和裙楼雨水系统应采用内排水雨水系统；多层医院建筑的主楼和裙楼雨水系统宜采用内排水雨水系统，应尽量采用。

2. 外排水雨水系统

外排水雨水系统指雨水管道设置在建筑物室外的雨水系统。该系统适用于小型低层民用建筑。多层医院建筑如果面积不大、医疗功能要求不高、建筑专业立面允许，可以采用外排水雨水系统。

3. 混合式雨水系统

混合式雨水系统指同一建筑雨水系统同时存在内排水和外排水两种排水系统的情况。医院建筑雨水系统通常采用单一雨水系统形式，极少采用混合式形式。

4.1.3　根据雨水出户横管室内部分是否存在自由水面划分

根据雨水出户横管室内部分是否存在自由水面，雨水系统可分为封闭系统和敞开系统2种。

基于医院建筑的功能要求，其雨水系统均采用封闭系统。

4.1.4　根据建筑屋面排水条件划分

根据建筑屋面排水条件，雨水系统可分为天沟雨水排水系统、檐沟雨水排水系统和无沟雨水排水系统。

医院建筑雨水系统通常采用天沟雨水排水系统。

4.1.5　压力提升雨水排水系统

在医院建筑的地下车库出入口、下沉式广场、下沉式庭院等处，雨水汇集就近排至集水坑。集水坑位于室外地坪标高以下，必须采用污水泵提升加压排至室外，此种雨水系统即为压力提升雨水排水系统。

4.1.6　医院建筑雨水系统选择

如上所述，医院建筑雨水系统通常采用半有压流屋面雨水系统，大面积屋面门诊医技部分裙楼可采用压力流屋面雨水系统；绝大多数情况下采用内排水雨水系统；基本上采用封闭系统；一般采用天沟雨水排水系统；个别场所采用压力提升雨水排水系统。

4.2 雨水量

设计雨水流量计算的主要指标包括设计暴雨强度、径流系数、汇水面积等。

4.2.1 设计雨水流量

医院建筑设计雨水流量应按式（4-1）计算：

$$q_y = q_j \cdot \Psi \cdot F_w / 10000 \tag{4-1}$$

式中 q_y——医院建筑设计雨水流量，L/s；

q_j——医院当地设计暴雨强度，$L/(s \cdot hm^2)$；

Ψ——径流系数；

F_w——汇水面积，m^2。

注：当采用天沟集水且沟槽溢水会流入室内时，设计暴雨强度应乘以 1.5 的系数。

4.2.2 设计暴雨强度

设计暴雨强度应按医院所在地或相邻地区暴雨强度公式计算确定，见式（4-2）。

$$q_j = 1.67 \cdot A \cdot (1 + c \cdot \lg P)/(t+b)^n \tag{4-2}$$

式中 q_j——医院当地设计暴雨强度，$L/(s \cdot hm^2)$；

P——设计重现期，年；

t——降雨历时，min；

A、b、c、n——当地降雨参数。

设计中常采用的设计暴雨强度指标为 5min 暴雨强度 q_5 $[L/(s \cdot hm^2)]$，亦可采用小时降雨厚度 H(mm/h)，$H = 36q_5$。为方便设计，我国部分城镇 5min 设计暴雨强度 q_5 $[L/(s \cdot hm^2)]$、小时降雨厚度 H（mm/h）参见表 4-1（设计重现期 $P = 10$ 年）。

5min 设计暴雨强度 q_5 $[L/(s \cdot hm^2)]$、小时降雨厚度 H（mm/h）一览表

（设计重现期 $P = 10$ 年） 表 4-1

城镇名称		q_5	H	城镇名称		q_5	H	城镇名称		q_5	H
	北京	5.85	211		邢台	5.00	180		长治	4.83	174
	上海	5.85	211	河北	邯郸	5.52	199		临汾	4.07	147
	天津	5.12	184		衡水	4.67	168	山西	侯马	4.67	168
	石家计	5.24	189		太原	4.32	155		运城	3.44	124
	承德	4.75	171		大同	3.22	116		包头	4.51	162
	秦皇岛	4.68	168		朔县	3.62	130	内蒙古	乌兰察布	3.88	140
河北	唐山	6.66	240	山西	原平	4.55	164		赤峰	4.31	155
	廊坊	4.94	178		阳泉	3.44	124		海拉尔	3.69	133
	沧州	6.61	238		榆次	4.03	145	黑龙江	哈尔滨	4.88	176
	保定	4.31	155		离石	3.19	115		漠河	3.74	135

城镇名称		q_5	H	城镇名称		q_5	H	城镇名称		q_5	H
黑龙江	呼玛	3.71	133	山东	潍坊	5.13	185	浙江	湖州	3.37	121
	黑河	4.24	153		莱州	6.12	220		嘉兴	3.30	119
	嫩江	4.27	154		龙口	4.47	161		台州	3.14	113
	北安	4.28	154		长岛	4.77	172		舟山	2.89	104
	齐齐哈尔	4.42	160		烟台	4.78	172		丽水	3.13	113
	大庆	4.25	153		莱阳	5.11	184		金华	3.71	133
	佳木斯	4.88	176		海阳	6.38	230	江西	南昌	7.14	257
	同江	4.69	169		枣庄	5.73	206		庐山	5.25	189
	抚远	4.36	157		青岛	3.57	120		修水	6.30	227
	虎林	4.56	164		济宁	6.68	240		鄱阳	4.94	178
	鸡西	4.16	150	江苏	南京	4.88	176		宜春	5.52	199
	牡丹江	3.95	142		徐州	4.22	152		贵溪	4.94	178
吉林	长春	5.73	206		连云港	3.94	142		吉安	6.14	221
	白城	4.28	154		淮阴	5.02	181		赣州	5.83	210
	前郭尔罗斯蒙古族自治县	4.45	160		盐城	4.91	177	福建	福州	6.00	216
	四平	6.07	218		扬州	3.62	130		福清	4.97	179
	吉林	4.61	166		南通	3.81	137		长乐	5.56	200
	海龙	4.54	163		镇江	5.10	183		连江	6.28	226
	通化	7.47	269		常州	4.49	162		闽侯	5.21	187
	浑江	4.85	175		无锡	3.91	141		罗源	5.04	181
	延吉	4.31	155		苏州	3.97	143		厦门	5.43	195
辽宁	沈阳	5.19	187	安徽	合肥	5.34	192		漳州	6.45	232
	本溪	4.84	174		蚌埠	5.04	181		龙海	6.24	225
	丹东	4.53	163		淮南	6.22	224		漳浦	4.78	172
	大连	4.05	146		芜湖	5.67	204		云霄	5.03	181
	营口	4.71	169		安庆	5.90	213		沼安	5.18	187
	鞍山	4.81	173	浙江	杭州	3.36	121		东山	6.64	239
	辽阳	4.78	172		诸暨	7.49	270		泉州	4.90	176
	黑山	4.86	175		宁波	5.82	209		晋江	5.55	200
	锦州	5.13	185		温州	3.45	124		南安	5.50	198
	锦西	5.84	210		衢州	4.84	174		惠安	5.30	191
	绥中	4.90	176		余姚	5.43	195		德化	5.18	187
山东	济南	5.19	187		浒山	4.44	160		永春	6.62	238
	德州	4.91	177		镇海	5.14	185		莆田	5.70	205
	淄博	5.26	189		溪口	4.86	175		仙游	5.46	197
					绍兴	3.50	126		三明	5.33	192

城镇名称		q_5	H	城镇名称		q_5	H	城镇名称		q_5	H
福建	永安	5.19	187	湖南	益阳	6.72	242	甘肃	靖远	2.96	107
	沙县	5.37	193		株洲	7.93	285		平凉	3.86	139
	南平	5.47	197		衡阳	5.95	214		天水	3.32	120
	邵武	6.03	217	广东	广州	5.83	210	青海	西宁	2.21	80
	建瓯	5.46	196		韶关	6.51	234	新疆	乌鲁木齐	0.71	26
	建阳	6.03	217		汕头	7.41	267		塔城	4.01	144
	武夷山	5.34	192		深圳	5.83	210		乌苏	4.83	174
	浦城	5.56	200		佛山	5.34	192		石河子	9.26	298
	龙岩	5.03	181	海南	海口	5.89	212		奇台	5.20	187
	漳平	6.02	217		南宁	5.66	204	重庆		5.02	181
	连城	5.28	190		河池	6.35	228	四川	成都	4.05	146
	长汀	5.39	194		融水	6.43	231		内江	5.42	195
	宁德	5.65	204		桂林	5.10	184		自贡	5.37	193
	福安	5.42	195		柳州	5.70	205		泸州	3.81	137
	福鼎	6.12	220		百色	5.88	212		宜宾	3.95	142
	霞浦	5.62	202	广西	宁明	6.19	223		乐山	3.87	139
河南	郑州	4.91	177		东兴	6.46	233		雅安	5.25	189
	安阳	6.59	237		钦州	6.92	249		渡口	3.82	138
	新乡	5.06	182		北海	9.33	336	贵州	贵阳	4.90	176
	济源	3.84	138		玉林	6.38	230		酮梓	4.52	163
	洛阳	4.35	157		梧州	5.07	183		毕节	3.95	142
	开封	4.89	176		西安	3.18	114		水城	4.38	158
	商丘	6.62	238		榆林	4.03	145		安顺	5.10	184
	许昌	4.20	151		子长	4.58	165		罗甸	3.80	137
	平顶山	6.49	234		延安	3.51	126		榕江	4.75	171
	南阳	5.20	187		宜川	5.17	186	云南	昆明	4.30	155
	信阳	6.69	241	陕西	彬县	3.34	120		丽江	3.01	108
湖北	汉口	4.74	171		铜川	4.49	161		下关	3.99	144
	老河口	4.65	167		宝鸡	2.54	92		腾冲	4.05	146
	随州	7.33	264		商县	3.11	112		普洱	4.89	176
	恩施	7.00	252		汉中	2.84	102		昭通	3.44	124
	荆州	5.16	186		安康	3.15	113		沾益	3.71	134
	沙市	5.44	196	宁夏	银川	2.06	74		开远	8.41	303
	黄石	6.46	232		兰州	2.45	88		广南	6.41	231
湖南	长沙	4.61	166	甘肃	张掖	1.78	64	西藏	拉萨	5.14	186
	常德	5.71	205		临夏	3.28	118		日喀则	5.36	192
									昌都	5.40	194

在设计文件说明中，应说明该医院建筑 5min 暴雨强度值及小时降雨厚度值参数，有设计暴雨强度公式的也应在说明中体现。

4.2.3　设计重现期

设计重现期是影响雨水设计流量的最主要参数。医院建筑属于重要公共建筑，其屋面设计重现期：对于半有压流屋面雨水系统，设计重现期不宜小于 10 年，通常取 10 年；对于压力流屋面雨水系统，设计重现期宜取较高的数值，通常取 50 年。

医院建筑屋面女儿墙应设置溢流口，雨水排水工程与溢流设施的总排水能力不应小于 50 年设计重现期的雨水量。

医院建筑附设的下沉式广场、下沉式庭院因短期积水可能引起较严重后果，其雨水设计重现期宜取较大值，医院当地如没有适用于 10 年以上重现期的暴雨强度公式时，可采用 10 年重现期降雨强度乘以流量校正系数 1.5。

4.2.4　设计降雨历时

医院建筑屋面、院区的雨水管道设计降雨历时可按以下规定确定：

（1）医院建筑屋面雨水管道设计降雨历时按照 5min 确定。

（2）医院院区雨水管道设计降雨历时应按式（4-3）计算：

$$t = t_1 + M \cdot t_2 \tag{4-3}$$

式中　t——降雨历时，min；

t_1——地面集水时间，min，根据距离长短、地形坡度、地面铺盖情况而定，可选用 5～10min；

M——折减系数：建筑物排水管道、室外接户排水管或排水支管取 1.0，室外排水干管取 2.0，陡坡院区排水干管取 1.2～2.0，院区内明渠取 1.2；

t_2——雨水管内雨水流行时间，min，建筑物排水管道可取 0。

4.2.5　径流系数

医院建筑屋面及院区地面的径流系数可参照表 4-2 选取。

建筑屋面及院区地面径流系数　　　　　表 4-2

地（屋）面种类	径流系数
硬屋面、未铺石子平屋面、沥青屋面	0.9～1.0
铺石子平屋面	0.8
绿化屋面（设计重现期不超过 10 年）	0.4～0.5
混凝土和沥青路面	0.9
块石等铺砌路面	0.6～0.7
级配碎石路面	0.45
干砌砖、石及碎石路面	0.4～0.5
非铺砌的土路面	0.3～0.4
绿地	0.15～0.25
水面	1.0
地下建筑覆土绿地（覆土厚度≥500mm）	0.25
地下建筑覆土绿地（覆土厚度<500mm）	0.4

医院院区存在多种地面种类时，各种汇水面积的综合径流系数应通过加权平均计算确定。如资料不足，院区综合径流系数可根据院区内建筑稠密程度在 0.5～0.8 范围内选用；对于北方干旱地区的院区综合径流系数一般在 0.3～0.6 范围内选用。院区内建筑密度大时取高值，建筑密度小时取低值。

4.2.6　汇水面积

医院建筑的雨水汇水面积确定应按下列原则执行。

屋面汇水面积计算原则：一般坡度的屋面雨水汇水面积按屋面水平投影面积计算；坡度大的屋面，当屋面竖向投影面积大于水平投影面积的 10% 时，则竖向投影面积的 50% 折算成汇水面积；斜度较大的屋面，其汇水面积等于屋面的水平投影面积与竖向投影面积的一半之和；屋面按分水线的排水坡度划分为不同排水区时，应分区计算集雨面积和雨水流量。

高出汇水面的侧墙汇水面积计算原则：一面侧墙，按侧墙面积的 50% 折算成汇水面积；两面相邻侧墙，按两面侧墙面积的平方和的平方根的 50% 折算成汇水面积；两面相对等高侧墙，可不计汇水面积；两面相对不同高度的侧墙，按高出低墙上面面积的 50% 折算成汇水面积。

其他部位汇水面积计算原则：窗井、贴近建筑外墙的地下车库出入口坡道和高层建筑裙房屋面的雨水汇水面积，应附加其高出部分侧墙面积的 50%。有条件时，地下车库出入口坡道上方的侧墙雨水应截流，排到室外地面或雨水管网。

汇水面积直接影响到雨水斗选型、雨水管网布置、雨水管道管径确定。对于医院建筑来说，汇水面积的准确计算尤为重要。设计时应准确计算汇水面积。

4.3　雨水系统设计

4.3.1　雨水系统设计常规要求

1. 系统设置要求

医院建筑雨水系统采用半有压流屋面雨水系统时，可将不同高度的多个雨水斗接入同一雨水立管，但最低雨水斗距雨水立管底端的高度应大于雨水立管高度的 2/3。具有 1 个以上雨水立管的半有压流屋面雨水系统承接不同高度屋面上的雨水斗时，最低雨水斗的几何高度应不小于最高雨水斗几何高度的 2/3，几何高度以雨水系统的雨水排出横管在建筑外墙处的标高为基准。接入同一雨水排出管的雨水管网为一个雨水系统。根据此规定，对于高层医院建筑半有压流屋面雨水系统来说，建筑主楼（高层部分）雨水系统应与建筑裙楼（多层部分或高层部分）雨水系统分开独立设置。

医院建筑雨水系统采用压力流屋面雨水系统（虹吸式屋面雨水系统）时，其雨水斗宜在同一水平面上。系统各雨水立管宜单独排出室外，即 1 根雨水立管对应 1 根雨水排出横管。当受建筑布局条件限制，1 根以上的雨水立管必须接入同一根雨水排出横管时，各雨水立管之间宜设置过渡段，其下游与雨水排出横管连接。医院建筑屋面面积较大采用压力流排水时，应遵守以上规定。

医院建筑雨水系统若承接屋面空调系统冷却塔的排水，则应采用间接排入形式，并宜排至室外雨水检查井，不可排至室外路面上。

2. 管道设置要求

医院建筑雨水系统若存在高跨屋面雨水排至低跨屋面的情况，当高差大于1层及以上时，宜采用管道引流，不宜直接沿侧墙面排放。

雨水系统的排水管道转向处宜采取顺水连接方式。

医院建筑雨水管道不宜穿越病房等对安静有较高要求的房间，不应穿越电气机房（高压配电室、低压配电室及值班室、柴油发电机房及贮油间、网络机房、弱电机房、UPS机房、消防控制室等）；医技机房（影像中心机房MR、数字胃肠、CT、DR、乳腺机等；介入中心机房DSA等；核医学科直线加速器、ECT、PET/CT、模拟定位机等）；净化区域（手术部手术室、麻醉间及其他附属净化房间；ICU、CCU、NICU、静配中心、中心实验室等）；药库、药房；病案室、档案室等场所。

医院建筑雨水横管宜沿建筑内公共区域（内走道、医疗街等）顶板下（或吊顶内）敷设；雨水立管宜沿建筑内公共场所或辅助次要场所敷设。

雨水管道布置位置应方便安装、维修，不宜设置在结构柱等承重结构内。

医院建筑雨水管道不宜穿越结构变形缝（沉降缝、伸缩缝、抗震缝等）。

雨水横管和立管当直线管段长度较大时，应设伸缩器，伸缩器材质应与管材相匹配。

3. 其他设置要求

雨水斗及溢流口不能避免设计标准以外的超量雨水进入雨水系统时，系统设计必须考虑压力作用，不可按无压流态设计。

寒冷地区医院建筑雨水系统的雨水斗和天沟可考虑采用电热丝融雪化冰措施。

4.3.2　雨水斗设计

屋面雨水系统应设置雨水斗，雨水斗是收集屋面雨水的起端装置，雨水斗的合理正确配置，是建筑屋面雨水排放的基础。

1. 医院建筑雨水斗类型

针对医院建筑采用的雨水系统类型，确定系统采用的雨水斗类型。

医院建筑雨水系统采用半有压流屋面雨水系统时，雨水斗通常采用87型雨水斗，其次是79型雨水斗。

医院建筑雨水系统采用压力流屋面雨水系统时，雨水斗通常采用有压流（虹吸式）雨水斗。

2. 医院建筑雨水斗规格

医院建筑重力流雨水系统雨水斗规格有 $DN75$（80）、$DN100$、$DN150$、$DN200$ 四种，设计中常用的是 $DN100$ 规格；压力流雨水系统雨水斗规格有 $DN50$、$DN75$（80）、$DN100$、$DN125$、$DN150$ 五种，设计中常用的是 $DN50$、$DN75$（80）规格，平屋面宜采用 $DN50$ 规格，天沟、檐沟宜采用 $DN50$ 或 $DN75$（80）规格。

87型雨水斗的选用参见国家标准图集《雨水斗选用及安装》09S302；有压流（虹吸式）雨水斗的选用参见《虹吸式雨水斗》CJ/T 245—2007。

雨水斗因常受日照，宜采用金属材质。

3. 医院建筑雨水斗设计排水负荷

雨水斗的设计排水负荷应根据各种雨水斗的特性，并结合屋面排水条件等情况设计确定，可按表4-3选用。

雨水斗设计排水负荷 表4-3

雨水斗规格(mm)		50	75	100	125	150
重力流雨水系统	重力流雨水斗泄流量(L/s)	—	5.6	10.0	—	23.0
	87型雨水斗泄流量(L/s)	—	8.0	12.0	—	26.0
满管压力流雨水系统	有压流(虹吸式)雨水斗泄流量(L/s)	6.0~18.0	12.0~32.0	25.0~70.0	60.0~120.0	100.0~140.0

注：满管压力流雨水斗应根据不同型号的具体产品确定其最大泄流量。

4. 医院建筑雨水斗布置方法

雨水斗的设置位置应根据屋面汇水情况并结合建筑结构承载、管系敷设等因素确定。

布置雨水斗的原则是雨水斗的服务面积应与雨水斗的排水泄流量相适应，即雨水斗的泄流量不小于（通常是大于）雨水斗服务区域设计重现期内的雨水流量。

对于医院建筑屋面，建筑专业根据屋面的汇水面积将该屋面总汇水区域划分为若干个分汇水区域。每个分汇水区域的汇水面积宜相差不大，宜根据常用型号雨水斗允许雨水汇水面积确定。分汇水区域数量在满足雨水排水要求的前提下不宜设置过多。

基于雨水管道宜沿建筑内公共区域顶板下（或吊顶内）敷设的原则，雨水斗的下方区域宜为建筑顶层公共区域（如内走道）或附属次要场所（如公共卫生间、库房、污洗间等），不应为病房等需要安静的场所，不宜为诊室、办公等主要医用房间等。

雨水斗间距的确定应能使建筑专业实现屋面的设计坡度要求。

5. 医院建筑雨水斗设置要求

半有压流（87型）、压力流（虹吸式）屋面雨水系统的雨水斗可设于天沟内或屋面上。虹吸式屋面雨水系统的雨水斗应设于天沟内，但 $DN50$ 带集水斗的雨水斗可直接埋设于屋面。

半有压流（87型）、压力流（虹吸式）屋面雨水系统的雨水斗宜对雨水立管做对称布置。雨水斗对称布置的要求在医院建筑设计中较难做到，但应合理布置雨水斗和雨水立管位置，尽量做到对称或基本对称。此要求既是对雨水斗数量的要求，也是对各个雨水斗相对雨水立管位置的要求。

半有压流（87型）、压力流（虹吸式）屋面雨水系统接有多斗悬吊管的雨水立管顶端不得设置雨水斗。

雨水斗进水量对斗前水位的变化非常敏感，当由女儿墙溢流口控制斗前水位以阻止超设计重现期雨水进入自由堰流式雨水斗时，该雨水斗设置位置不得远离溢流口（2.0m范围内）。

当不能以伸缩缝或沉降缝作为屋面雨水分水线时，应在缝的两侧各设雨水斗。

一个屋面上应设置不少于2个雨水斗。

4.3.3　天沟设计

1. 医院建筑天沟设置要求

医院建筑天沟通常由建筑专业负责设计，对于给水排水专业应掌握天沟的设计方法，配合建筑专业合理设置天沟。

绝大多数医院建筑屋面为平顶屋面，屋面宜采用天沟收集雨水；当采用大坡度屋面时，应设置天沟或边沟收集雨水。

屋面天沟不应跨越建筑物伸缩缝、沉降缝或变形缝。

2. 医院建筑天沟设计参数

屋面单斗天沟流水长度一般不超过 50m；天沟的净宽度不应小于雨水斗要求尺寸，87 型雨水斗要求的天沟最小净宽度：$DN100$ 雨水斗为 300mm，$DN150$ 雨水斗为 350mm；虹吸式雨水斗要求天沟宽度能保证雨水斗周边均匀进水，必要时在雨水斗处局部加宽天沟。

4.3.4　溢流设计

医院建筑屋面雨水排水应设置溢流口、溢流堰、溢流管系等溢流设施，通常采用设置溢流口的方式。

1. 医院建筑溢流设计原则

医院建筑的屋面雨水排水工程与溢流设施的总排水能力不应小于其 50 年设计重现期的雨水量。

2. 医院建筑溢流设计要求

溢流口的设置高度应根据建筑屋面允许的最高溢流水位（应低于建筑屋面允许最大积水深度）确定。溢流口应设置在溢流时雨水能顺畅到达的部位。溢流口底部应水平，口上不得设格栅。

屋面天沟排水时溢流口宜设于天沟末端，屋面坡底排水时溢流口宜设于坡底一侧。

溢流口的溢流排水不应危害医院建筑周边行人人身安全。

医院建筑溢流口设计应在设计说明中体现，包括溢流口尺寸、设置位置、设计重现期，并应在建筑专业图纸中体现溢流口尺寸、设置高度及定位尺寸，防止施工时未设或误设。

4.3.5　雨水连接管设计

雨水连接管应在结构梁等承重结构上牢固固定。连接变形缝两侧雨水斗的雨水连接管如合并接入一根雨水立管或雨水悬吊管时，应在穿缝处设置伸缩器或金属软管。

4.3.6　雨水悬吊管设计

1. 医院建筑半有压流（87 型）屋面雨水系统雨水悬吊管设计要求

（1）接入同一雨水悬吊管的雨水斗应在同一标高层屋面上。

（2）雨水悬吊管管径不得小于雨水斗连接管的管径。

（3）雨水悬吊管及其他雨水横管的最小坡度可取 0.005。

（4）雨水悬吊管宜对称于雨水立管布置。

（5）一根雨水悬吊管连接的雨水斗数量，不应超过4个。当管道近似同程或同阻布置时可不受此限制。在医院建筑雨水设计中，宜按照不超过4个雨水斗的要求设置雨水悬吊管。

（6）雨水悬吊管长度大于15m时，应设检查口，其间距不宜大于20m，位置宜靠近墙柱。

2. 医院建筑压力流（虹吸式）屋面雨水系统雨水悬吊管设计要求

（1）接入同一雨水悬吊管的雨水斗应在同一标高层屋面上。

（2）雨水悬吊管排空坡度宜取0.003。

（3）雨水悬吊管宜对称于雨水立管布置。

3. 其他设置要求

（1）一根雨水悬吊管上连接的几个雨水斗汇水面积相等时，靠近主雨水立管处的雨水斗出水管可适当缩小。

（2）雨水悬吊管跨越建筑物的伸缩缝时，应在穿缝处设置伸缩器或金属软管。

（3）医院建筑雨水悬吊管通常在吊顶内、楼梯间等处敷设，应采取防结露措施。

4.3.7 雨水立管设计

1. 医院建筑雨水立管技术要求

医院建筑半有压流（87型）屋面雨水系统的雨水立管管径不应小于雨水悬吊管管径；压力流（虹吸式）屋面雨水系统的雨水立管管径由计算确定，不受此限制。

医院建筑每个独立屋面雨水立管设置不应少于2根。

2. 医院建筑雨水立管敷设要求

医院建筑雨水立管通常在管井、暗槽、楼梯间、公共卫生间、库房、内走道等场所敷设，这样既避免了雨水立管对主要医疗房间的不利影响（漏水和噪声影响），又保证了雨水立管上下位置正对，没有转弯，提高排水效果。不在管井中敷设的雨水立管应靠墙、柱边敷设。

医院建筑雨水立管应尽量少转弯，设计时应合理确定雨水立管的敷设位置，保证雨水立管经过的每一层所在的场所均满足要求。

医院建筑高低跨的雨水悬吊管应单独设置各自的雨水立管。

3. 医院建筑雨水立管安装要求

医院建筑雨水立管下端与雨水横管连接处、雨水立管上均应设检查口或雨水横管上设水平检查口。雨水立管上检查口设计要求：雨水立管最上端楼层、最下端楼层应各设1个检查口；雨水立管其他部位楼层宜按不超过6层设置1个检查口；检查口的设置高度应在所在楼层地坪以上1.0m。

医院建筑雨水立管底部弯管处应设支墩、托架等牢固固定装置。

4. 医院建筑雨水立管其他要求

作为压力流（虹吸式）屋面雨水系统的出口，系统需设的过渡段宜设在雨水立管上，位置应高于室外地坪，其下游管道应按重力流系统设计。

4.3.8　雨水埋地管设计

医院建筑内不宜设置雨水埋地管，宜在建筑首层或合适楼层顶板下或吊顶内设置雨水横干管。雨水横干管长度超过 30m 或雨水管道交汇处，应设检查口。

若受条件限制需要设置雨水埋地管，应满足以下要求：雨水埋地管上不得设置检查井；雨水埋地管不得穿越设备基础及其他地下构筑物；雨水埋地管的室内覆土深度不得小于 0.15m。

4.3.9　雨水排出管设计

医院建筑雨水排出管应就近排至室外雨水检查井。压力流（虹吸式）屋面雨水系统雨水排出管排入的检查井应采用混凝土材质，井盖宜做成格栅。

医院建筑雨水排出管不得有其他排水管道接入。

医院建筑雨水排出管穿越基础（该建筑没有设置地下室）时，应预留洞口，且管顶上部净空一般不小于 150mm。

预留洞口的尺寸应根据雨水排出管管径确定，可参见表 4-4。

预留洞口尺寸与雨水排出管管径对照表　　　　表 4-4

雨水排出管管径(mm)	预留洞口尺寸宽×高(mm)
$DN100$	300×400
$DN150$	350×450
$DN200$	400×500

医院建筑雨水排出管穿越地下室外墙时，应预留防水套管，防水套管管径可参见表 4-5，具体做法参见国家标准图集《防水套管》02S404。医院建筑防水套管通常采用柔性防水套管，若无特殊要求也可采用刚性防水套管。

防水套管管径与雨水排出管管径对照表　　　　表 4-5

雨水排出管管径(mm)	防水套管管径(mm)
$DN100$	$DN200$
$DN150$	$DN250$
$DN200$	$DN250$

在工程设计实践中，不论是多层还是高层医院建筑，如果该建筑未设有地下室，其雨水排出管穿越基础时应预留洞口；如果该建筑设有地下室，其雨水排出管穿越地下室外墙时应预留防水套管。

4.3.10　室内水泵提升雨水系统设计

医院建筑地下室设有露天窗井、汽车出入口坡道时，存在低于室外地坪的汇水面上雨水，上述雨水排放应采用水泵提升雨水系统。

1. 雨水口（沟）设计

地下室露天窗井内应设平算式雨水口、无水封地漏作为雨水口，接雨水口的雨水收集

管管径不宜小于 $DN100$，直接接入雨水集水池。地下车库出入口汽车坡道上（通常在地下一层车库出入口坡道底部）应设上盖铁箅子雨水沟以拦截雨水，接雨水沟的雨水收集管管径不宜小于 $DN100$，通常采用 $DN150$，直接接入雨水集水池。直埋雨水收集管宜采用焊接钢管，管顶覆土 300～400mm。

2. 雨水集水池设计

雨水集水池应单独设置，位置设在靠近雨水排水点的地下室最底层。雨水集水池通常靠墙设置，尽量不影响地下停车位。

雨水集水池的尺寸应根据其有效贮水容积、雨水提升泵安装要求等因素确定。雨水集水池的有效贮水容积应大于最大一台雨水提升泵的 5min 出水量；雨水集水池的深度通常按 1.5～2.0m。

雨水集水池顶应设盖板，板顶应与地下室最底层地面平齐。

3. 雨水提升泵设计

雨水提升泵通常采用潜水泵，应有不间断电源供应。雨水提升泵通常采用 2 台，1 用 1 备。雨水提升泵运行由雨水集水池内水位（停泵水位、启泵水位、报警水位）自动控制。

雨水提升泵出水管上应设置止回阀、闸阀（沿排水方向），阀组下游出水管通常合并为一根排至室外雨水检查井。每个雨水集水池的雨水排出管应独立设置，排水横干管宜设排空坡度。

4.3.11 雨水管管材

对于医院建筑半有压流（87 型）屋面雨水系统，雨水管管材通常按下列常规选择：高层医院建筑采用玻纤增强聚丙烯（FRPP）排水管、机制铸铁排水管（承插式柔性连接）、HDPE 塑料排水管（沟槽式柔性连接）、钢塑复合管（螺纹连接）等；多层医院建筑采用玻纤增强聚丙烯（FRPP）排水管、机制铸铁排水管（承插式柔性连接）、PVC-U 塑料排水管（粘接）等。

对于医院建筑压力流（虹吸式）屋面雨水系统，雨水管管材通常采用玻纤增强聚丙烯（FRPP）排水管、HDPE 塑料排水管（沟槽式柔性连接）。

医院建筑水泵提升排出管通常采用焊接钢管（焊接）、钢塑复合管（螺纹连接）、机制铸铁排水管（承插式柔性连接）等。

4.4 雨水系统水力计算

雨水系统的水力计算包括雨水斗、雨水连接管、雨水悬吊管、雨水立管、雨水排出管及天沟、溢流口等。

4.4.1 医院建筑半有压流（87 型）屋面雨水系统水力计算

1. 雨水斗（87 型）

雨水斗设计流量应按式（4-4）计算：

$$q_d = q_j \cdot \Psi \cdot F_d / 10000 \tag{4-4}$$

式中　q_d——雨水斗设计流量，L/s；

　　　q_j——医院当地设计暴雨强度，L/(s·hm²)；

　　　Ψ——屋面径流系数，硬屋面、未铺石子平屋面、沥青屋面取 0.9～1.0；铺石子平屋面取 0.8；绿化屋面取 0.4～0.5；

　　　F_d——雨水斗负责汇水面积，m²，当两面相对的等高侧墙分别划分在不同的汇水分区时，每个汇水分区均应附加其汇水面积。

对于单斗雨水系统，其雨水斗、雨水连接管、雨水悬吊管、雨水立管、雨水排出管的口径均相同，雨水斗设计流量不应超过表 4-6 中的数值。

单斗雨水系统雨水斗设计流量　　　　　表 4-6

口径(mm)	75	100	150	200
泄流量(L/s)	8.0	16.0	36.0	56.0

对于多斗雨水系统，雨水斗设计流量应根据表 4-7 取值，最远端雨水斗设计流量不得超过表 4-7 中的数值。其他雨水斗泄流量随着与雨水立管距离的变小而增加，设计时距雨水立管越近的雨水斗负责的汇水面积越大、设计流量越大，具体做法是：以最远雨水斗为基准（设计流量按表 4-7），其他各雨水斗设计流量依次比上游雨水斗递增 10%，但到第 5 个雨水斗时设计流量不宜再增加。

多斗雨水系统雨水斗设计流量　　　　　表 4-7

口径(mm)	75	100	150	200
泄流量(L/s)	8.0	12.0	26.0	40.0

根据上述方法，计算确定屋面各个汇水分区雨水斗的口径，进而确定其规格型号。

由式（4-4）推出式（4-5）用以计算一个雨水斗允许最大汇水面积。

$$F_d = 10000 \cdot q_d / (q_j \cdot \Psi) \tag{4-5}$$

式中　F_d——单个雨水斗允许最大汇水面积，m²；

　　　q_d——单个雨水斗设计流量，L/s；

　　　q_j——医院当地设计暴雨强度，L/(s·hm²)；

　　　Ψ——屋面径流系数，硬屋面、未铺石子平屋面、沥青屋面取 0.9～1.0；铺石子平屋面取 0.8；绿化屋面取 0.4～0.5。

以济南市某医院为例，济南市设计暴雨强度为 5.19L/(s·hm²)，雨水斗口径取 $DN75$（设计流量取 8.0L/s），屋面径流系数取 1.0，根据式（4-5）计算得：一个 $DN75$ 口径雨水斗允许最大汇水面积为 154m²；同理，一个 $DN100$ 口径雨水斗允许最大汇水面积为 230m²，一个 $DN150$ 口径雨水斗允许最大汇水面积为 500m²。

在设计中可以根据屋面分区汇水面积估算雨水斗口径。

医院建筑屋面雨水系统中最常采用的 87 型雨水斗口径为 $DN100$，其次是 $DN75$、$DN150$。

2. 雨水连接管

对于单斗雨水系统，其雨水连接管管径与雨水斗出水口直径相同。

多于多斗雨水系统，其雨水连接管管径通常与雨水斗出水口直径相同。但当同一根雨水悬吊管上的各个雨水斗汇水面积相同时，靠近雨水立管的雨水连接管管径可适当减小。

医院建筑屋面雨水系统中最常采用的雨水连接管管径为$DN100$，其次是$DN150$。

3. 雨水悬吊管

对于单斗雨水系统，其雨水悬吊管管径与雨水斗出水口直径相同。医院建筑单斗雨水系统中最常采用的雨水悬吊管管径为$DN100$，其次是$DN150$。

对于多斗雨水系统，其雨水悬吊管管径应根据其收集接纳的雨水流量（即其所连接的上游雨水斗设计流量之和）确定。当雨水斗汇水面积分别附加了各自的侧墙面积时，在计算悬吊管设计流量时应考虑、复核有效汇水面积（核减侧墙面互相遮挡作用后附加的侧墙面积）。

雨水悬吊管排水能力可按式（4-6）计算：

$$Q = v \cdot A = (n^{-1} \cdot R^{2/3} \cdot I^{1/2}) \cdot A = \{n^{-1} \cdot R^{2/3} \cdot [(h + \Delta h)/L]^{1/2}\} \cdot A \quad (4-6)$$

式中　Q——雨水悬吊管排水能力，m^2/s；

　　　　v——悬吊管内雨水流速，m/s；

　　　　A——悬吊管内水流断面积，m^2；

　　　　n——管道粗糙系数，铸铁管取 0.014，塑料管取 0.010；

　　　　R——水力半径，m；

　　　　I——水力坡度；

　　　　h——雨水悬吊管末端的最大负压，mH_2O，取 $0.5mH_2O$；

　　　　Δh——雨水斗与雨水悬吊管末端间的几何高差，m；

　　　　L——雨水悬吊管长度。

铸铁多斗雨水悬吊管设计排水能力参见表 4-8（设计充满度 $h/D = 0.8$）。

铸铁多斗雨水悬吊管设计排水能力（L/s）　　　　表 4-8

水力坡度	$DN75$	$DN100$	$DN150$	$DN200$	$DN250$	$DN300$
0.02	3.1	6.6	19.6	42.1	76.3	124.1
0.03	3.8	8.1	23.9	51.6	93.5	152.0
0.04	4.4	9.4	27.7	59.5	108.0	175.5
0.05	4.9	10.5	30.9	66.6	120.2	196.3
0.06	5.3	11.5	33.9	72.9	132.2	215.0
0.07	5.7	12.4	36.6	78.8	142.8	215.0
0.08	6.1	13.3	39.1	84.2	142.8	215.0
0.09	6.5	14.1	41.5	84.2	142.8	215.0
≥0.10	6.9	14.8	41.5	84.2	142.8	215.0

塑料多斗雨水悬吊管设计排水能力参见表 4-9（设计充满度 $h/D = 0.8$）。

塑料多斗雨水悬吊管设计排水能力（L/s）　　　　表 4-9

水力坡度	$De90 \times 3.2$	$De110 \times 3.2$	$De125 \times 3.7$	$De160 \times 4.7$	$De200 \times 5.9$	$De250 \times 7.3$
0.02	5.76	10.20	14.30	27.66	50.12	91.02
0.03	7.05	12.49	17.51	33.88	61.38	111.48

续表

水力坡度	De90×3.2	De110×3.2	De125×3.7	De160×4.7	De200×5.9	De250×7.3
0.04	8.14	14.42	20.22	39.12	70.87	128.72
0.05	9.10	16.13	22.61	43.73	79.24	143.92
0.06	9.97	17.67	24.77	47.91	86.80	157.65
0.07	10.77	19.08	26.75	51.75	93.76	170.29
0.08	11.51	20.40	28.60	55.32	100.23	182.04
0.09	12.21	21.64	30.34	58.68	106.31	193.09
≥0.10	12.87	22.81	31.98	61.85	112.06	203.53

由雨水悬吊管收集接纳的雨水流量依据表 4-8、表 4-9 确定雨水悬吊管的管径。

为了方便确定医院建筑雨水悬吊管管径，参照表 4-10 选定即可。

不同口径多斗雨水悬吊管管径选定参照表　　　　　　　　　　表 4-10

雨水悬吊管类型	悬吊管管径(mm)		
	DN75 雨水斗	DN100 雨水斗	DN150 雨水斗
2 斗雨水悬吊管	DN150(铸铁管) De110×3.2(塑料管)	DN150(铸铁管) De160×4.7(塑料管)	DN200(铸铁管) De160×4.7(塑料管)
3 斗雨水悬吊管	DN150(铸铁管) De160×4.7(塑料管)	DN150(铸铁管) De160×4.7(塑料管)	DN200(铸铁管) De200×5.9(塑料管)
4 斗雨水悬吊管	DN150(铸铁管) De160×4.7(塑料管)	DN200(铸铁管) De160×4.7(塑料管)	DN200(铸铁管) De200×5.9(塑料管)

医院建筑的每根雨水悬吊管从始端到末端管径应保持不变，不需变径。医院建筑多斗雨水系统中最常采用的雨水悬吊管管径为 DN150，其次是 DN200、DN100。

4. 雨水立管

医院建筑雨水立管管径不得小于其所连接的雨水悬吊管管径。

对于单斗雨水系统，其雨水立管管径与雨水斗出水口直径相同。医院建筑单斗雨水系统中最常采用的雨水立管管径为 DN100，其次是 DN150。

对于多斗雨水系统，其雨水立管管径应根据其收集接纳的雨水流量（即其所连接的各雨水悬吊管设计流量之和）确定。当有一面以上的侧墙时，应考虑、复核其附加有效汇水面积。

连接 1 根雨水悬吊管的雨水立管管径采用与雨水悬吊管相同管径。连接 2 根及以上雨水悬吊管的雨水立管管径可按表 4-11 选择确定，雨水立管设计流量不应大于表中不同管径雨水立管的设计排水能力。

不同管径雨水立管设计排水能力对照表　　　　　　　　　　表 4-11

公称直径(mm)	DN75	DN100	DN150	DN200	DN250	DN300
雨水立管设计排水能力(L/s)	10～12	19～25	42～55	75～90	135～155	220～240

注：医院建筑建筑高度≤12m 时不应超过表中下限值，高层医院建筑不应超过表中上限值。

医院建筑的每根雨水立管从始端到末端管径应保持不变。医院建筑多斗雨水系统中最常采用的雨水立管管径为 DN150，其次是 DN200、DN100。

5. 雨水排出管

医院建筑雨水排出管（出户管）管径不得小于其所连接的雨水立管管径。

雨水排出管管径应根据其收集接纳的雨水流量（即其所连接的各雨水立管设计流量之和）确定。

雨水排出管排水能力可按式（4-7）计算：

$$Q = v \cdot A = (n^{-1} \cdot R^{2/3} \cdot I^{1/2}) \cdot A = \{n^{-1} \cdot R^{2/3} \cdot [(h+\Delta h)/L]^{1/2}\} \cdot A \quad (4\text{-}7)$$

式中　Q——雨水排出管排水能力，m^2/s；

　　　v——排出管内雨水流速，m/s，不应大于 1.8m/s；

　　　A——排出管内水流断面积，m^2；

　　　n——管道粗糙系数，铸铁管取 0.014，塑料管取 0.010；

　　　R——水力半径，m；

　　　I——水力坡度；

　　　h——雨水排出管起端压力，mH_2O，取 $1.0mH_2O$；

　　　Δh——雨水排出管起端和末端间的高差，m；

　　　L——雨水排出管长度。

铸铁雨水排出管设计排水能力参见表 4-12（设计充满度 $h/D=0.8$）。

铸铁雨水排出管设计排水能力（L/s）　　　　　　表 4-12

水力坡度	DN75	DN100	DN150	DN200	DN250	DN300
0.02	3.1	6.6	19.6	42.1	76.3	124.1
0.03	3.8	8.1	23.9	51.6	93.5	152.0
0.04	4.4	9.4	27.7	59.5	108.0	175.5
0.05	4.9	10.5	30.9	66.6	120.2	196.3
0.06	5.3	11.5	33.9	72.9	132.2	215.0
0.07	5.7	12.4	36.6	78.8	142.8	215.0
0.08	6.1	13.3	39.1	84.2	142.8	215.0
0.09	6.5	14.1	41.5	84.2	142.8	215.0
≥0.10	6.9	14.8	41.5	84.2	142.8	215.0

塑料雨水排出管设计排水能力参见表 4-13（设计充满度 $h/D=0.8$）。

塑料雨水排出管设计排水能力（L/s）　　　　　表 4-13

水力坡度	De90×3.2	De110×3.2	De125×3.7	De160×4.7	De200×5.9	De250×7.3
0.02	5.76	10.20	14.30	27.66	50.12	91.02
0.03	7.05	12.49	17.51	33.88	61.38	111.48
0.04	8.14	14.42	20.22	39.12	70.87	128.72
0.05	9.10	16.13	22.61	43.73	79.24	143.92
0.06	9.97	17.67	24.77	47.91	86.80	157.65
0.07	10.77	19.08	26.75	51.75	93.76	170.29
0.08	11.51	20.40	28.60	55.32	100.23	182.04
0.09	12.21	21.64	30.34	58.68	106.31	193.09
≥0.10	12.87	22.81	31.98	61.85	112.06	203.53

由雨水排出管收集接纳的雨水流量依据表 4-12、表 4-13 确定雨水排出管的管径。

医院建筑雨水排出管连接 1 根雨水立管时，雨水排出管管径宜比雨水立管管径大一号，见表 4-14。

雨水排出管管径与雨水立管管径对照表一　　　表 4-14

雨水立管管径(mm)	DN75	DN100	DN150	DN200
雨水排出管管径(mm)	DN100	DN150	DN200	DN250

医院建筑雨水排出管连接 2 根雨水立管时，雨水排出管管径可参照表 4-15 确定（括号外为铸铁管数据，括号内为塑料管数据）。

雨水排出管管径与雨水立管管径对照表二　　　表 4-15

雨水立管管径(mm)	DN75 (De90×3.2)	DN100 (De110×3.2)	DN150 (De160×4.7)	DN200 (De200×5.9)
DN75 (De90×3.2)	DN150 (De110×3.2)	DN150 (De110×3.2)	DN200 (De160×4.7)	DN250 (De200×5.9)
DN100 (De110×3.2)	DN150 (De110×3.2)	DN150 (De160×4.7)	DN200 (De200×5.9)	DN250 (De200×5.9)
DN150 (De160×4.7)	DN200 (De160×4.7)	DN200 (De200×5.9)	DN250 (De200×5.9)	DN250 (De200×5.9)
DN200 (De200×5.9)	DN250 (De200×5.9)	DN250 (De200×5.9)	DN250 (De200×5.9)	DN300 (De250×7.3)

医院建筑雨水排出管连接 2 根以上雨水立管时，雨水排出管管径可按照上述方法确定。在设计中宜避免一根雨水排出管连接 2 根以上雨水立管。

6. 雨水管道最小管径

医院建筑雨水系统的最小设计管径及雨水横管最小设计坡度见表 4-16。

雨水管最小设计管径及雨水横管最小设计坡度　　　表 4-16

雨水管名称	雨水管最小设计管径 (mm)	雨水横管最小设计坡度	
		铸铁管	塑料管
建筑外墙面落水管	DN75(De75)	—	—
雨水立管	DN100(De110)	—	—
半有压流雨水悬吊管	DN100(De110)	0.01	0.0050
压力流雨水悬吊管	DN50(De50)	0.00	0.0000
院区建筑物周围雨水接户管	DN200(De225)	—	0.0030
院区道路下雨水干管、支管	DN300(De315)	—	0.0015

7. 天沟设计

建筑屋面天沟分为有坡度天沟（坡度>0.003）和水平天沟（坡度≤0.003）两种，水平天沟又分为水平短天沟、水平长天沟。医院建筑屋面天沟通常由建筑专业确定形式及尺寸，每一种天沟均有其计算方法，可参考相关资料，在此不赘述。

4.4.2 医院建筑压力流（虹吸式）屋面雨水系统水力计算

压力流（虹吸式）屋面雨水系统水力计算相对于半有压流（87 型）屋面雨水系统更为复杂、繁琐，需要进行压力平差计算，宜采用专业程序计算。现就该系统水力计算方法、步骤进行介绍。

1. 雨水斗

压力流（虹吸式）屋面雨水系统必须设置虹吸式雨水斗。虹吸式雨水斗要求泄水能力大、截污能力强、斗前水深小。

虹吸式雨水斗应设置在天沟内，宜优先采用带集水斗型虹吸式雨水斗，亦可采用无集水斗型虹吸式雨水斗。$D50$ 虹吸式雨水斗可直接在屋面上埋设，应采用带集水斗型虹吸式雨水斗。

虹吸式雨水斗的公称口径通常有三种：$D50$、$D75$、$D100$。每种口径虹吸式雨水斗的排水能力因其型号和生产厂家的不同而不同，设计时应根据生产厂家提供的符合《虹吸雨水斗》CJ/T 245—2007 要求的技术资料选择。表 4-17 为常用虹吸式雨水斗排水能力。

常用虹吸式雨水斗排水能力　　　　　　　　　　　　　表 4-17

公称口径(mm)	$D50$	$D75$	$D100$
排水能力(L/s)	6.0	12.0	25.0

虹吸式雨水斗设置要求：每个汇水区域内数量不宜少于 2 个；布置间距不宜大于 20m，距屋面边缘的距离不少于 1m，并不大于 10m；对于雨水立管宜对称布置；多斗系统不得在雨水立管顶端设置；进水口高度应保证天沟、屋面雨水排净。

根据每个虹吸式雨水斗负责的屋面汇水面积，利用式（4-4）计算各虹吸式雨水斗的设计流量。参照雨水斗生产厂家技术资料选择确定虹吸式雨水斗规格型号。

2. 雨水连接管

雨水连接管管径应根据连接管雨水流量 Q(L/s)、流速 v(m/s) 计算确定，连接管雨水流量同与其相连的雨水斗雨水流量，连接管内雨水设计流速不宜小于 1.0m/s，不宜大于 6.0m/s，不应大于 10.0m/s。雨水连接管断面积 $A=Q/(1000 \cdot v)$（m²），进而确定雨水连接管管径。

3. 雨水悬吊管

雨水悬吊管的雨水设计流量计算方法同半有压流（87 型）屋面雨水系统雨水悬吊管。

雨水悬吊管管径应根据其收集接纳的雨水流量（即其所连接的上游雨水斗设计流量之和）确定。

雨水悬吊管排水能力可按式（4-8）计算：

$$Q=v \cdot A=(n^{-1} \cdot R^{2/3} \cdot I^{1/2}) \cdot A=[n^{-1} \cdot R^{2/3} \cdot (H/L)^{1/2}] \cdot A \qquad (4-8)$$

雨水悬吊管内雨水设计流速不宜小于 1.0m/s，不宜大于 6.0m/s，不应大于 10.0m/s。

确定雨水悬吊管管径，除满足上述要求外，还应同时满足下列条件：

整个压力流屋面雨水系统的总水头损失（自最远雨水斗至雨水过渡段出口）与排水出口处的速度水头之和（mH₂O），不得大于雨水斗到雨水过渡段的几何高差 H，同时不得大于雨水斗到室外地面的几何高差。

整个压力流屋面雨水系统中各个雨水斗至雨水过渡段的总水头损失之间的差值不大于10kPa；同时各节点压力差值≤10kPa（管径≤DN75）或≤5kPa（管径≥DN100），否则应调整管径重新计算。

整个压力流屋面雨水系统中的最大负压绝对值：对于金属管应小于80kPa；对于塑料管应不大于70kPa。雨水悬吊管水力计算中负压值超出此规定时，应放大雨水悬吊管管径重新计算。

雨水悬吊管最小管径不应小于DN40。

4. 雨水立管

雨水立管的雨水设计流量计算方法同半有压流（87型）屋面雨水系统雨水立管。

雨水立管管径应根据其收集接纳的雨水流量（即其所连接的各雨水悬吊管设计流量之和）确定。

雨水立管内雨水设计流速不宜小于2.2m/s，不宜大于6.0m/s，不应大于10.0m/s。

确定雨水立管管径，除满足上述要求外，还应同时满足下列条件：

整个压力流屋面雨水系统的总水头损失（自最远雨水斗至雨水过渡段出口）与排水出口处的速度水头之和（mH₂O），不得大于雨水斗到雨水过渡段的几何高差H，同时不得大于雨水斗到室外地面的几何高差。

整个压力流屋面雨水系统中各个雨水斗至雨水过渡段的总水头损失之间的差值不大于10kPa；同时各节点压力差值≤10kPa（管径≤DN75）或≤5kPa（管径≥DN100），否则应调整管径重新计算。

整个压力流屋面雨水系统中的最大负压绝对值：对于金属管应<80kPa；对于塑料管应≤70kPa。雨水立管水力计算中负压值超出此规定时，应缩小雨水立管管径重新计算。

整个压力流屋面雨水系统高度（雨水斗至雨水过渡段的几何高差）即雨水立管高度H和雨水立管管径的关系应满足：H≥3m（管径≤DN75）或≥5m（管径≤DN100）。如不满足，则应增加雨水立管数量，减少雨水立管管径。雨水立管高度H不应大于雨水斗至室外地面的几何高差。

雨水立管最小管径不应小于DN40。

5. 雨水管过渡段

过渡段应设置在压力流屋面雨水系统末端，具体位置应经计算确定，宜设置在雨水排出管上，并应充分利用系统动能。

6. 雨水系统出口及下游管道

压力流屋面雨水系统出口处下游管道管径及敷设坡度等应按重力流管道设计计算，其管径应放大，管内雨水流速不应大于1.8m/s。

当只有1根雨水立管或有多根雨水立管但雨水斗设置在同一高度时，系统出口可设置在外墙处；当2根及2根以上的雨水立管接入同一根雨水排出管且雨水斗设置高度不同时，各雨水立管的出口应分别设置在与雨水排出管连接处上游，采取先放大管径再汇合的方法。

7. 天沟设计

屋面宜设置天沟，天沟应设置溢流设施。天沟设计参见半有压流（87型）屋面雨水系统天沟。

8. 溢流设施

压力流屋面雨水系统必须设置溢流设施，用以排除事故雨水和超量雨水。溢流口排水能力应不小于 50 年设计重现期的雨水排水量。溢流水量应为降雨径流量减去屋面雨水斗淹没溢流排水量（即雨水斗设计排水能力）。

溢流口尺寸可按式（4-9）计算：

$$Q = 385 \cdot b \cdot (2g)^{1/2} \cdot h^{3/2} = 1705 \cdot b \cdot h^{3/2} \tag{4-9}$$

式中 Q——溢流水量，L/s；

b——溢流口宽度，m；

h——溢流口高度，m；

g——重力加速度，m/s^2，取 9.81m/s^2。

9. 压力流屋面雨水系统水力计算步骤和方法

计算各虹吸式雨水斗汇水区域内的设计雨水流量 Q。

计算整个压力流屋面雨水系统的总高度 H（按最低雨水斗与系统过渡段或雨水出口之间的几何高差计算）和总管道长度 L（按最远雨水斗与系统雨水出口之间管道长度计算）；H 应小于雨水斗与室外地面之间的几何高差，否则 H 应按雨水斗与室外地面之间的几何高差取值。

计算确定雨水系统管道计算当量长度 L_A，可按 $L_A = 1.3L$（金属管）或 $L_A = 1.6L$（塑料管）估算。

估算单位长度管道水头损失（mH$_2$O）$i = H/L_A$。

根据管段设计雨水流量 Q 和水力坡度 i，在水力计算图（有压力单位 mH$_2$O）上查出管段管径及对应的新水力坡度 i，该过程应注意控制雨水流速不小于 1.0m/s。

检查整个系统总高度 H 和雨水立管管径的关系 [$H \geqslant 3$m（管径$\leqslant DN75$）或$\geqslant 5$m（管径$\leqslant DN100$）] 是否满足要求；若不满足要求，则应调整系统布置，增加雨水立管数量，减小雨水立管管径。

精确计算雨水系统管道实际计算当量长度 L_A（按管段直线长度＋配件当量长度）。

计算整个系统总压力降（总水头损失）$h_f = i \cdot L_A$，当系统有多个计算管段时，应逐段累计。

检查系统总高度 H 与系统总压力降 h_f 差值（$H - h_f$）应$\geqslant 1.0$m（10kPa）。

计算整个系统最大负压值（对于金属管应< 80kPa；对于塑料管应$\leqslant 70$kPa）；若不满足要求，则应调整管道管径。

检查各管道交汇节点的压力差值 [差值$\leqslant 10$kPa（管径$\leqslant DN75$）或$\leqslant 5$kPa（管径$\geqslant DN100$] 是否满足要求；若不满足要求，则应调整管道管径。

压力流屋面雨水系统水力计算的特点是计算过程中需要不断复核参数值是否满足要求，不满足则需调整重新计算，对于较大的系统计算极为繁琐，建议在设计时采用专业程序用电脑计算。

4.4.3　雨水提升系统水力计算

1. 设计重现期

医院建筑附设的下沉式广场、下沉式庭院雨水设计重现期不宜小于 10 年；当下沉地面与室内地面相通且与室内地面高差小于 0.15m 时，设计重现期不宜小于 50 年。

医院建筑地下室车库坡道、窗井雨水设计重现期不宜小于 50 年；当室内积水危害较小时，设计重现期不宜小于 10 年。

医院当地如没有适用于 10 年以上重现期的暴雨强度公式时，可采用 10 年重现期降雨强度乘以流量校正系数 1.5。

2. 汇水面积

医院建筑附设的下沉式广场、下沉式庭院雨水汇水面积除包括广场、庭院整个建筑平面面积外，其周围侧墙的面积应根据屋面侧墙折算方法计入汇水面积。

医院建筑地下室车库坡道、窗井除包括坡道、窗井整个建筑平面面积外，其上方侧墙的面积应按照 1/2 侧墙面积计入汇水面积。

3. 雨水流量

设计雨水流量应按式（4-10）计算：

$$q_w = q_j \cdot \Psi_w \cdot F_w \tag{4-10}$$

式中　q_w——设计雨水流量，L/s；

q_j——设计暴雨强度，L/(s·hm²)；

Ψ_w——径流系数；

F_w——汇水面积，hm²。

4. 径流雨水总量

设计径流雨水总量应按式（4-11）计算：

$$W = 0.06 \cdot q_w \cdot t \tag{4-11}$$

式中　W——设计径流雨水总量，m³；

q_w——设计雨水流量，L/s；

t——设计降雨历时，min；

0.06——单位换算系数。

5. 雨水集水池和雨水提升泵

雨水集水池有效容积与雨水提升泵设计流量有关联，可按下述方法之一确定：雨水提升泵设计流量取 5min 降雨历时流量，雨水集水池有效容积取不小于最大一台雨水提升泵 5min 出水量（大泵小水池）；雨水集水池有效容积取 120min 降雨历时径流总雨量，雨水提升泵设计流量取 120min 降雨历时流量（小泵大水池）；雨水集水池有效容积取降雨历时 t 时径流总雨量，雨水提升泵设计流量取降雨历时 t 时流量。

4.5　院区室外雨水系统设计

医院院区室外应设雨水系统。医院院区雨水系统通常采用管道排水形式，雨水系统应与污水系统分流排放。

医院院区雨水系统由雨水口、雨水连接管、雨水检查井（跌水井）、雨水管道等组成，用以排除医院院区雨水、院区内建筑物屋面雨水。

4.5.1 雨水口

1. 雨水口类型

医院院区雨水口类型的选择根据雨水口的设置位置而定。设在无道牙的院区道路路面、广场、停车场等处的雨水口采用平箅式雨水口；设在有道牙的院区道路路面等处的雨水口采用偏沟式或立箅式雨水口；设在有道牙的院区道路路面低洼处且箅隙易被树叶等堵塞的雨水口采用联合式雨水口。医院院区中最常采用的雨水口形式是平箅式雨水口。

各类型雨水口的选用可参见国家标准图集《雨水口》16S518。

2. 雨水口设置位置

医院院区内的雨水口通常按下列方法设置：

（1）院区道路上的汇水点和低洼处、无分水点人行横道的上游处设置雨水口。对于院区内的一条直行道路，应在道路的起端、末端设置雨水口，道路中间应根据雨水量的设置间距要求均匀设置雨水口。

（2）院区道路的交汇处和侧向支路上能截流雨水径流处设置雨水口。院区内道路拐弯处或者两条道路相交处均应设置雨水口。当道路路口较宽时，宜在路口的两侧均设置雨水口。

（3）院区内广场、停车场等处的适当位置处（参照道路雨水口设置要求）及低洼处设置雨水口。

（4）院区内医院建筑地下车道的出入口处设置雨水口。

（5）院区内医院建筑主要出入口附近（而不是建筑出入口门口位置）设置雨水口。

（6）院区内医院建筑雨落管地面排水点附近、前后空地、绿地低洼处设置雨水口。

（7）院区内道路宽度较大（通常大于10m）时采用双向坡路面，雨水口应在道路两侧设置；院区内道路宽度较小时采用单向坡路面，雨水口应在道路低侧设置。

（8）道路坡段较短时可在最低处集中收水，其雨水口的数量或面积应适当增加。

（9）院区内雨水口不得设置在其他管道的顶上。据此要求在布置雨水口时，应搞清楚院区内其他设备管线的敷设位置，避免设置在上述管线上方。

3. 雨水口设置间距

医院院区雨水口的布置间距宜控制在25~35m，通常按30m掌握；当道路纵坡大于0.02时，雨水口间距可适当加大至40m。

4. 雨水口设计要求

雨水口深度不宜大于1.0m，并根据需要设置沉泥槽。

平箅式雨水口长边应与所在道路平行，箅面宜低于路面30~40mm，路面为土地面时宜低于路面50~60mm。医院院区路面绝大多数均采用硬化路面，应按30~40mm控制。

医院院区雨水口可采用塑料雨水口或预制混凝土装配式雨水口，一般不采用砖砌雨水口。雨水口箅盖通常采用铸铁箅子，亦可采用钢筋混凝土箅子。

5. 雨水口水力计算

各类型雨水口的泄水流量（最大排水能力）见表4-18。设计时根据院区雨水口负责的汇水面积的雨水设计流量确定雨水口类型及数量。

各类型雨水口泄水流量（最大排水能力）　　　　　　表 4-18

雨水口形式（箅子尺寸：750mm×450mm）	雨水口泄水流量（L/s）
平箅式雨水口单箅	15～20
平箅式雨水口双箅	35
平箅式雨水口三箅	45～50
偏沟式雨水口单箅	20
偏沟式雨水口双箅	35
联合式雨水口单箅	30
联合式雨水口双箅	50

雨水口设计流量根据式（4-12）计算：

$$q_y = q_j \cdot \Psi \cdot F_w / 10000 \tag{4-12}$$

式中　q_y——雨水口设计流量，L/s；

q_j——医院当地设计暴雨强度，L/(s·hm^2)，按 5～10min 降雨历时；

Ψ——医院院区地面径流系数；

F_w——雨水口汇水面积，m^2，一般不考虑附加建筑侧墙汇水面积。

4.5.2　雨水口连接管

雨水口连接管设计流量和与其连接的雨水口的流量相等。

雨水口连接管设计流量根据式（4-13）计算：

$$Q = v \cdot A = (n^{-1} \cdot R^{2/3} \cdot I^{1/2}) \cdot A = [n^{-1} \cdot R^{2/3} \cdot (H/L)^{1/2}] \cdot A \tag{4-13}$$

式中　Q——雨水口连接管设计流量，m^3/s；

v——雨水口连接管内雨水流速，m/s，金属雨水管为 0.75～10.0m/s；非金属雨水管为 0.75～5.0m/s；明渠或混凝土雨水管为 0.40～4.0m/s；

A——雨水口连接管水流断面积，m^2，按满流计算；

n——雨水口连接管管道粗糙系数；

R——雨水口连接管水力半径，m，按满流计算；

I——雨水口连接管管道敷设坡度，塑料雨水管最小坡度取 0.3，非塑料雨水管最小坡度取 0.5（$DN200$）、0.4（$DN250$）。

单箅雨水口连接管最小管径为 $DN200$，通常采用 $DN250$；最小坡度为 0.01；管顶覆土厚度不宜小于 0.7m。

雨水口连接管串联雨水口个数不宜超过 3 个。医院院区雨水连接管宜连接 1 个雨水口。

雨水口连接管长度不宜超过 25m。医院院区雨水连接管不宜过长，应控制其长度。

4.5.3　雨水检查井

1. 雨水检查井设置位置

院区雨水检查井设在雨水管道（包括雨水接户管）的交接处、转弯处、管径或坡度改变处、跌水处、直线雨水管道上每隔一定距离处。

医院建筑雨水出户管与室外雨水干管连接处应设置雨水检查井。当2根或3根雨水出户管并排接出且相距很近时，可以共用与雨水干管连接处的雨水检查井。雨水检查井内同高度接入的管道数量不宜多于3根，通常按3根为上限。

院区内直线雨水管道上雨水检查井设置的最大间距见表4-19。

雨水检查井设置最大间距　　　　　　　　　　　　　　　　表4-19

雨水管道管径(mm)	$DN200\sim DN300$	$DN400$	$\geqslant DN500$
医院院区雨水检查井最大间距(m)	30	35	50

雨水检查井应避免布置在主入口处。

2. 雨水检查井形式

通常医院院区内雨水管道最大管径不大于$DN600$，雨水检查井采用的规格为$DN1000$（适用于连接雨水管管径$DN200\sim DN600$）、$DN700$（适用于连接雨水管管径$\leqslant DN400$），最常采用的规格为$DN1000$。当雨水接户管埋深小于1.0m时，采用$DN700$小井径雨水检查井。

医院院区内雨水检查井一般采用圆形。

医院院区内雨水检查井一般采用钢筋混凝土雨水检查井或塑料雨水检查井，较少采用砖砌雨水检查井。

雨水检查井的形状、规格型号、构造、尺寸、做法等可参见国家标准图集《排水检查井》02(03)S515。

位于车行道的雨水检查井，应采用具有足够承载力和稳定性良好的井盖与井座。此种情况下，雨水检查井应采用重型铸铁井盖。

3. 雨水检查井设计要求

室外地下或半地下供水水池（对于医院建筑通常是消防水池）的排水口、溢流口，内庭院、下沉式绿地或地面、建筑物门口的雨水口，当标高低于雨水检查井处的地面标高时，不得接入该雨水检查井。

室外地下消防水池由于埋深较大，其泄水、溢流水通常接至水池附近的排水检查井内，经由井内潜污泵提升就近接入雨水检查井。

雨水检查井的管道连接一般采用管顶平接。

4.5.4 雨水跌水井

1. 雨水跌水井设置条件

院区内雨水管道跌水水头大于2.0m时，应设雨水跌水井；跌水水头为1.0～2.0m时，宜设雨水跌水井。需要设置雨水跌水井的医院院区较少，一般出现于院区处于山地等标高起伏较大地形的情况下。

院区雨水管道转弯处不宜设置雨水跌水井。雨水跌水井一次最大跌水水头见表4-20。

2. 雨水跌水井形式

通常医院院区内雨水管道最大管径不大于$DN600$，雨水跌水井最常采用竖槽式跌水井（适用于跌水雨水管管径$DN200\sim DN600$），较少采用竖管式跌水井（适用于跌水雨水管管径≤DN200)。

雨水跌水井一次最大跌水水头

表 4-20

跌水井进水雨水管管径(mm)	≤DN200	DN300~DN600
跌水井最大跌水高度(m)	≤6.0	≤4.0

医院院区内雨水跌水井一般采用圆形。

医院院区内雨水跌水井一般采用钢筋混凝土雨水跌水井或塑料雨水跌水井,较少采用砖砌雨水跌水井。

雨水跌水井的形状、规格型号、构造、尺寸、做法等可参见国家标准图集《排水检查井》02(03)S515。

3. 雨水跌水井设计要求

雨水跌水井不得有雨水支管接入。

4.5.5　医院建筑室外雨水管道布置

1. 医院建筑室外雨水管道布置原则

医院建筑室外雨水管道布置应根据医院院区总体规划、院区道路和建筑的布置、院区地形标高、院区雨水流向等因素按照"管线尽量短、管线埋深尽量小、雨水尽量自流排出"的原则执行。

医院院区雨水的排水终端是市政雨水管网或附近水体。市政雨水管网对接点大多数情况下位于医院院区的最低处或较低处,故医院院区室外雨水排水的大方向是尽量向院区最低处或较低处排放。

2. 医院建筑室外雨水管道布置要求

医院建筑室外雨水管道应沿医院建筑周围或院区道路布置,管线宜平行于建筑外墙或道路中心线。排水线路越短越好、越直越好、转弯越少越好,尽量减少与其他管线的交叉。

医院建筑室外雨水管道宜尽量避免穿越院区道路,但必须穿越时,管线应尽量垂直于道路中心线。

医院建筑室外雨水管道宜尽量布置在院区道路外侧的人行道或绿地下方,不应布置在乔木的下面。条件不允许时,雨水管道可在车行道下敷设。

医院建筑室外雨水干管宜靠近主要雨水排水医院建筑,并宜布置在连接雨水支管较多的一侧。

医院建筑室外雨水管道宜根据与市政雨水管网对接点的距离等合理确定雨水管道的起点、布置路径等。

医院建筑室外雨水管道与其他地下管线(构筑物)最小间距见表 4-21。

医院建筑室外雨水管道与医院建筑外墙的距离原则上不应小于 3.0m。

医院建筑室外雨水管道应尽量远离室外生活饮用水给水管道,与给水管的最小净距应为 1.0~1.5m。

医院建筑室外雨水管道和给水管道、污废水管道并列布置时,雨水管道宜布置在给水管道、污废水管道之间。

室外雨水管道与其他地下管线（构筑物）最小间距   表 4-21

名称		水平净距(m)	垂直净距(m)
建筑物		管道埋深浅于建筑物基础时，不宜小于 2.5m；管道埋深深于建筑物基础时，按计算确定，但不应小于 3.0m	
给水管	$d \leqslant 200mm$	1.0	0.1～0.15
	$d > 200mm$	1.5	
污水管		0.8～1.5	0.1～0.15
雨水管		0.8～1.5	0.1～0.15
再生水管		0.5	0.4
低压燃气管	$P \leqslant 0.05MPa$	1.0	0.15
中压燃气管	$0.05MPa < P \leqslant 0.4MPa$	1.2	0.15
高压燃气管	$0.4MPa < P \leqslant 0.8MPa$	1.5	0.15
高压燃气管	$0.8MPa < P \leqslant 1.6MPa$	2.0	0.15
热力管沟		1.5	
热力管线		1.5	0.1～0.15
电力管线		1.5	0.5
电信管线		1.0	直埋 0.5
			穿管 0.15
乔木		1.5	
围墙		1.5	
地上柱杆	通信照明及 <10kV	0.5	
	高压铁塔基础边	1.5	
道路侧石边缘		1.5	
架空管道基础		2.0	
油管		1.5	0.25
压缩空气管		1.5	0.15
氧气管		1.5	0.25

注：表列数字除注明者外，水平净距均指外壁净距，垂直净距系指下面管道的外顶与上面管道基础底间净距；采取充分措施（如结构措施）后，表列数字可以减小。

医院建筑室外雨水管道应尽量避开建筑物地下室等障碍。

3. 医院建筑室外雨水管道布置方法

根据接至市政雨水管网的院区总雨水干管的绝对标高，宜按照距离市政雨水管网对接点最远的医院建筑出户雨水检查井为起点，确定室外雨水管网的布置走向和敷设总长度。

将院区各单体建筑的雨水排出管就近连接至室外雨水管网，连接处设置雨水检查井。相距较近的雨水排出管可合用雨水检查井。

计算室外雨水管网各管段（相邻雨水检查井之间的管段）所接纳的雨水流量，确定各管段管径和设计坡度。

起点雨水检查井的绝对标高（通常按室外地坪下 1.0m 确定）和室外雨水管网终点雨水检查井的绝对标高的差值，即为室外雨水管网最不利雨水管路允许最大埋设深度值。此值除以最不利雨水管路长度，即为允许敷设最小坡度值。根据此值调整每个雨水管段管径和敷设坡度，可以通过增大某段雨水管道管径以降低敷设坡度或采用最小敷设坡度的方法解决。对于占地面积较大的医院院区来说，室外雨水管网的敷设坡度很难做到采用标注敷设坡度，通常按照最小敷设坡度设计。特殊极端情况下，甚至采用更小的敷设坡度。采取以上措施的目的是使医院院区室外雨水管网的排水能做到"自流排水"。另一个解决办法是提升起点雨水检查井的绝对标高，通常可抬高至室外地坪下 0.7m，理由是降低局部雨水管段埋深不会影响到全局，但应保证此管段的使用安全，避免出现压坏情形。

医院建筑室外雨水管道的最小覆土深度不宜小于 0.6m；对于严寒地区、寒冷地区的医院，室外雨水管道的最小覆土深度应超过当地冻土层深度。在车行道下室外雨水管道最小覆土深度不应小于 0.7m，通常不宜小于 1.0m。

4. 医院建筑室外雨水管道敷设

室外雨水管道与生活给水管道交叉时，应敷设在生活给水管道下面。

室外雨水管道平面排列及标高设计与其他管道发生冲突时，应遵循以下原则处理：小管径管道让大管径管道；有压力管道让重力自流管道；可弯管道让不能弯管道；新设管道让已设管道；临时性管道让永久性管道。

室外雨水管道在雨水检查井内应采用管顶平接，井内出水管管径不应小于进水管管径。

医院院区内有可以接纳院区雨水的水体时，室外雨水管道向水体排水的雨水出水管管底标高应高于水体设计水位。

室外雨水管道转弯和交接处，水流转角应不小于 90°。当管径超过 300mm 且跌水水头大于 0.3m 时不受此规定限制。

5. 医院建筑室外雨水管道管材

医院建筑室外雨水管道宜采用双波纹塑料排水管、加筋塑料排水管（优先采用橡胶圈接口，亦可采用水泥砂浆接口或水泥砂浆抹带接口）或铸铁排水管（橡胶圈接口）。

当室外雨水管道穿越管沟等特殊地段时采用钢管（焊接接口）或铸铁排水管（橡胶圈接口）。

6. 医院建筑室外雨水管道水力计算

当 2 根或 2 根以上的医院院区雨水管道（包括医院建筑屋面雨水出户管）汇合时，雨水汇合管管段流量按式（4-14）计算：

$$Q = q_j \cdot \Psi \cdot (F_1 + F_2 + F_3 + \cdots)/10000 \qquad (4-14)$$

式中 Q——雨水汇合管管段流量，L/s；

q_j——医院当地设计暴雨强度，L/(s·hm²)，其中降雨历时取各汇合管段降雨历时中的最大值；

Ψ——径流系数；

F_i——各雨水管段负责的汇水面积，m²。

雨水汇合管设计流量根据式（4-15）计算：

$$Q = v \cdot A = (n^{-1} \cdot R^{2/3} \cdot I^{1/2}) \cdot A = [n^{-1} \cdot R^{2/3} \cdot (H/L)^{1/2}] \cdot A \qquad (4-15)$$

式中　Q——雨水汇合管设计流量，m^3/s；

v——雨水汇合管内雨水流速，m/s，金属雨水管为 0.75～10.0m/s；非金属雨水管为 0.75～5.0m/s；明渠或混凝土雨水管为 0.40～4.0m/s；

A——雨水汇合管水流断面积，m^2，按满流计算；

n——雨水汇合管管道粗糙系数；

R——雨水汇合管水力半径，m，按满流计算；

I——雨水汇合管管道敷设坡度，最小坡度见表 4-22。

雨水汇合管管道敷设最小坡度　　　　　表 4-22

雨水汇合管管径(mm)	最小坡度(%)	
	非塑料管	塑料管
300	0.30	0.20
350	0.25	—
400	0.20	—
450	0.18	—
500	0.15	—
600	0.12	—
≥700	0.10	—

医院院区雨水汇合管最小管径为 $DN300$。

4.5.6　医院建筑室外雨水明沟（渠）布置

少数医院采用明沟（渠）排放院区雨水。明沟（渠）适用于院区地形平坦、雨水管道埋设深度或出水口深度受限制的医院。

雨水明沟设计要求：明沟底宽一般不小于 0.3m，成品排水沟底宽可小于 0.3m；明沟超高不得小于 0.2m；明沟与雨水管道连接处必须采取防止冲刷管道基础的技术措施；明沟下游与管道连接处应设格栅和挡土墙；明沟支线与干线交汇角应大于 90°并做成弧形。

4.6　医院院区室外雨水利用

医院建筑屋面雨水、院区地面雨水的雨水量较大，设计中应根据工程具体特点对雨水加以收集、利用。

4.6.1　雨水利用形式

医院院区雨水利用分为间接利用和直接利用两种形式。间接利用形式指利用各种雨水渗透设施将雨水渗透回灌地下以补充地下水，雨水入渗可采用下凹绿地入渗、渗水铺装地面入渗等多种方式；直接利用形式指将院区内雨水集蓄净化处理，将水质达标的雨水回用至院区用水区域。医院院区雨水利用设计依据为《建筑与小区雨水控制及利用工程技术规范》GB 50400—2016。传染病医院的雨水不得采用雨水收集回用系统。

医院院区内硬化地面、屋面、水面上雨水径流应控制及利用：硬化路面雨水宜采用雨水入渗或排入院区内水体；建筑屋面雨水宜采用雨水入渗和（或）雨水收集回用方式；降落至院区内水体的雨水应就地贮存。设计时应考虑医院当地雨水径流控制利用规定要求，据此确定院区雨水的控制利用方案。对于降雨量分布较均匀的医院当地地区、降雨量充沛的医院当地地区、医院院区内屋面面积相对较大的建筑，屋面雨水控制利用应优先采用雨水收集回用系统方案。

医院院区确定是否采用雨水收集回用系统，应进行水量平衡计算。只有在进行雨水控制后，可回收雨水总量大于各雨水回用用水点用水总量，且经技术经济比较合理后方可实施雨水收集回用方案。

4.6.2　雨水收集回用用途

雨水回用用途应根据雨水收集量、雨水回用量、随时间变化规律及卫生要求等因素综合考虑确定。医院院区雨水通常可用于景观用水、绿化用水、路面和地面冲洗用水、汽车冲洗用水；当雨水收集量较大时，可适当用于循环冷却系统补水、消防水池用水，很少用于冲厕用水。

4.6.3　雨水处理工艺流程

当医院院区内设有景观水体时，雨水收集回用应优先作为院区内景观水体的补充水源，其雨水处理工艺流程为：雨水→初期径流弃流→景观水体；当医院院区内未设有景观水体时，雨水收集回用通常作为院区绿化用水、汽车冲洗用水、路面地面冲洗用水使用，其雨水处理工艺流程为：雨水→初期径流弃流→沉沙→雨水蓄水池沉淀→过滤→消毒→浇洒。

4.6.4　设计参数

1. 需控制利用雨水径流总量
需控制利用雨水径流总量可按式（4-16）计算：
$$W=10(\Psi_c-\Psi_0)h_yF \tag{4-16}$$
式中　W——需控制利用雨水径流总量，m^3；
　　Ψ_c——雨量径流系数；
　　Ψ_0——控制雨水径流峰值所对应的径流系数，应符合医院当地规划雨水控制要求；
　　h_y——设计日降雨量，mm；
　　F——硬化汇水面面积，hm^2，应按硬化汇水面水平投影面积计算。

2. 雨量径流系数
雨量径流系数（Ψ_c）可按表 4-23 选择，汇水面积的综合雨量径流系数应按下垫面种类加权平均计算，可按式（4-17）计算：
$$\Psi_c=(\Psi_1F_1+\Psi_2F_2+\Psi_3F_3+\cdots\cdots+\Psi_nF_n)/F \tag{4-17}$$

3. 设计日降雨量
设计日降雨量（h_y）应按常年最大 24h 降雨量确定，可按表 4-24 确定或按当地降雨资料确定，且不应小于当地年径流总量控制率所对应的设计降雨量。

雨量径流系数   表 4-23

下垫层类型	雨量径流系数 Ψ_c
硬屋面、未铺石子平屋面、沥青屋面	0.80～0.90
铺石子平屋面	0.60～0.70
绿化屋面	0.30～0.40
混凝土和沥青路面	0.80～0.90
块石等铺砌路面	0.50～0.60
干砌砖、石及碎石路面	0.40
非铺砌的土路面	0.30
绿地	0.15
水面	1.00
地下建筑覆土绿地（覆土厚度≥500mm）	0.15
地下建筑覆土绿地（覆土厚度<500mm）	0.30～0.40
透水铺装地面	0.29～0.36

我国各主要城市年降水量一览表（mm）   表 4-24

序号	城市	1月	2月	3月	4月	5月	6月	7月	8月	9月	10月	11月	12月	全年
1	香港	24.9	52.3	71.4	188.5	329.5	388.1	374.4	444.6	287.5	151.9	35.1	34.5	2382.7
2	深圳	29.8	44.1	67.5	173.6	238.5	296.4	339.3	368.0	238.2	99.4	37.4	34.2	1966.4
3	桂林	63.4	96.7	136.7	247.4	351.7	346.9	231.3	173.3	81.8	65.7	63.6	42.8	1901.3
4	温州	58.3	82.7	145.1	161.7	203.4	245.5	178.4	250.1	204.9	95.0	74.7	42.6	1742.4
5	广州	40.9	69.4	84.7	201.4	283.7	276.2	232.5	227.0	166.2	87.3	35.4	31.6	1736.1
6	海口	19.5	35.0	50.6	100.2	181.4	227.0	218.1	235.6	244.1	224.4	81.3	34.9	1652.1
7	南昌	74.0	100.7	175.6	223.8	243.8	306.7	144.0	128.9	68.7	59.7	56.8	41.5	1624.2
8	赣州	60.0	103.6	166.4	191.6	244.4	204.2	114.6	137.1	87.1	65.0	50.4	44.8	1469.2
9	杭州	73.2	84.2	138.2	126.6	146.6	231.1	159.4	155.8	145.2	87.0	60.1	47.1	1454.5
10	福州	48.0	86.6	145.4	166.5	193.7	208.9	98.8	179.7	145.0	47.6	41.3	32.0	1393.5
11	厦门	34.2	99.4	125.2	157.0	161.8	187.2	138.4	209.0	141.4	36.2	31.1	28.2	1349.1
12	长沙	66.1	95.2	128.5	207.2	178.5	202.4	93.0	107.0	56.8	84.2	71.2	41.2	1331.3
13	岳阳	57.0	76.0	120.9	172.9	186.9	213.5	133.7	117.2	59.7	76.0	69.1	42.7	1325.6
14	南宁	35.3	42.6	59.4	97.1	185.6	207.1	218.8	205.3	128.3	65.5	40.3	24.5	1309.8
15	武汉	43.4	58.7	95.0	131.1	164.2	225.0	190.3	111.7	79.7	92.0	51.8	26.0	1268.9
16	上海	50.6	56.6	98.8	89.3	102.3	169.6	156.6	157.9	137.3	62.5	46.2	37.1	1164.7
17	宜昌	22.6	30.5	58.4	86.2	129.7	148.0	216.3	173.8	123.0	85.0	46.8	17.6	1137.9
18	贵阳	20.5	20.1	32.8	87.6	164.6	225.2	177.0	126.8	100.1	97.5	47.4	18.1	1117.7
19	重庆	19.5	20.6	36.2	104.6	151.7	171.2	175.4	134.4	127.6	92.4	45.9	24.9	1104.4
20	常州	44.6	53.7	89.2	81.2	102.4	189.3	171.7	116.1	92.2	68.7	52.7	29.6	1091.4

续表

序号	城市	1月	2月	3月	4月	5月	6月	7月	8月	9月	10月	11月	12月	全年
21	三亚	5.5	7.3	15.8	36.7	110.2	144.8	173.8	159.8	203.2	146.2	51.4	13.1	1067.8
22	大理	19.1	29.0	35.9	23.3	75.0	165.4	185.3	217.0	160.1	107.4	33.3	12.4	1063.2
23	南京	37.4	47.1	81.8	73.4	102.1	193.4	185.5	129.2	72.1	65.1	50.8	24.4	1062.3
24	昆明	15.8	15.8	19.6	23.5	97.4	180.9	202.2	204.0	119.2	79.1	42.4	11.3	1011.2
25	合肥	35.9	50.4	77.7	78.9	94.9	155.2	161.8	119.6	74.6	69.2	52.9	24.1	995.2
26	成都	7.9	12.1	20.5	46.6	87.1	106.8	230.5	223.7	131.8	39.4	15.9	5.2	927.5
27	汉中	8.7	10.1	31.6	57.0	94.0	97.5	175.2	125.4	139.5	73.5	32.0	8.8	852.7
28	徐州	17.6	20.5	36.0	47.1	65.5	106.8	241.0	132.6	72.3	51.5	26.7	14.0	831.6
29	青岛	10.5	12.4	21.0	36.4	50.9	82.7	177.1	156.0	90.2	46.5	26.6	9.7	720.0
30	沈阳	6.0	7.0	17.9	39.4	53.8	92.0	165.5	161.8	74.7	43.3	19.2	9.8	690.4
31	济南	5.7	8.5	15.3	27.4	46.6	78.3	201.3	170.3	58.5	36.5	16.2	8.2	672.8
32	郑州	8.8	12.0	28.5	39.6	58.0	62.8	155.5	112.5	77.4	45.1	22.3	9.8	632.3
33	西安	6.9	9.6	28.6	43.0	60.2	54.4	98.6	145.7	91.6	59.9	23.9	5.8	628.2
34	洛阳	7.6	13.4	27.1	38.1	52.1	66.3	136.6	100.8	78.5	45.3	22.4	4.6	602.3
35	大连	8.9	5.8	12.1	24.7	47.0	83.2	140.1	155.4	65.1	29.0	20.0	10.6	601.9
36	潍坊	7.0	11.6	15.9	25.8	39.8	76.5	155.2	127.1	61.2	39.1	19.1	10.0	588.3
37	北京	2.7	4.9	8.3	21.2	34.2	78.1	185.2	159.7	45.5	21.8	7.4	2.8	571.8
38	长春	3.2	4.5	12.3	21.9	49.9	99.7	161.1	121.6	51.9	28.9	10.3	4.9	570.3
39	天津	3.3	4.0	7.7	20.9	37.7	71.1	170.6	145.7	46.1	22.7	10.4	4.1	544.3
40	运城	5.0	6.6	20.1	38.1	46.6	65.1	110.0	82.2	79.2	51.7	20.2	4.6	529.4
41	哈尔滨	3.4	5.3	9.7	18.4	40.4	84.4	142.7	121.2	57.6	25.9	9.6	5.8	524.4
42	石家庄	3.9	7.4	11.3	17.8	36.9	56.7	141.1	148.3	48.1	27.3	13.2	5.1	517.1
43	延安	3.0	5.0	17.6	26.3	41.7	67.7	112.1	117.5	68.0	35.0	13.6	3.2	510.7
44	太原	3.2	5.2	13.4	19.9	33.3	55.9	102.1	107.0	51.6	25.6	10.4	3.2	431.1
45	呼和浩特	2.6	5.2	10.2	13.5	27.6	47.2	106.5	109.1	47.4	20.7	6.2	1.8	398.0
46	西宁	1.2	2.2	7.0	19.0	43.0	59.2	88.2	74.0	54.4	20.5	3.9	1.2	373.8
47	兰州	1.4	2.6	9.2	14.7	33.2	44.0	67.0	73.8	40.7	21.3	2.8	0.9	311.6
48	乌鲁木齐	11.5	10.0	18.5	32.3	38.9	36.2	30.4	23.3	26.2	26.3	19.1	14.6	287.3

4. 硬化汇水面面积

硬化汇水面面积（F）应按硬化面积、非绿化面积、水面面积之和计算，并应扣减透水铺装地面面积。

5. 可用雨水回用量

绿化、道路及广场浇洒、车库地面冲洗、车辆冲洗、循环冷却水补水等的最高日用水量应按现行国家标准《建筑给水排水设计标准》GB 50015 的规定执行，平均日用水量应按现行国家标准《民用建筑节水设计标准》GB 50555 的规定执行。景观水体补水量应根据当地水面蒸发量和水体渗透量、水处理自用水量等因素综合确定。

（1）绿化、道路及广场浇洒最高日用水量

绿化、道路及广场浇洒用水定额应根据路面种类、气候条件、植物种类、土壤理化性状、浇灌方式和制度等条件确定。绿化、道路及广场浇洒最高日用水量标准可参照表 4-25 确定。

绿化、道路及广场浇洒最高日用水定额表 表 4-25

用途	用水量标准[L/(m² · d)]	常用用水量标准[L/(m² · d)]
绿化	1.00～3.00	2.00
道路及广场浇洒	2.00～3.00	2.00

绿化浇洒最高日用水量（m³/d）＝绿化浇洒最高日用水量标准［L/(m²·次)］×每天浇洒次数（次/d）×院区绿化面积（m²）/1000。

道路及广场浇洒最高日用水量（m³/d）＝道路及广场浇洒最高日用水量标准［L/(m²·次)］×每天浇洒次数（次/d）×院区道路及广场面积（m²）/1000。

（2）绿化、道路及广场浇洒平均日用水量

绿化浇洒年平均灌水定额可按表 4-26 确定。

绿化浇洒年平均灌水定额 表 4-26

草坪种类	用水定额[m³/(m² · 年)]		
	特级养护	一级养护	二级养护
冷季型	0.66	0.50	0.28
暖季型	—	0.28	0.12

绿化浇洒年用水量（m³/年）＝绿化浇洒年平均用水定额［m³/(m²·年)］×院区绿化面积（m²）。

绿化浇洒平均日用水量（m³/d）＝绿化浇洒年用水量（m³/年）/一年内绿化浇洒天数（d/年）。

道路及广场浇洒平均日用水定额可根据路面性质按表 4-27 选用，并应考虑气象条件因素后综合确定。

道路及广场浇洒平均日用水定额 表 4-27

路面、广场地面性质	用水定额[L/(m² · 次)]
碎石路面、地面	0.40～0.70
土路面、地面	1.00～1.50
水泥或沥青路面、地面	0.20～0.50

注：每年浇洒次数按当地情况确定，宜按 20～40 次/年、1 次/d 确定。

道路浇洒平均日用水量（m³/d）＝道路浇洒平均日用水定额［L/(m²·次)］×每日浇洒次数（次/d）×院区道路面积（m²）/1000。

道路浇洒年用水量（m³/年）＝道路浇洒平均日用水量（m³/d）×每年浇洒日数（d/年）。

广场浇洒平均日用水量（m³/d）＝广场浇洒平均日用水定额［L/(m²·次)］×每日浇洒次数（次/d）×院区广场面积（m²）/1000。

广场浇洒年用水量（m³/年）=广场浇洒平均日用水量（m³/d）×每年浇洒日数（d/年）。

（3）车库地面冲洗最高日、平均日用水量

车库地面冲洗最高日用水量标准宜采用3L/（m²·次）；车库地面冲洗平均日用水量标准宜采用2L/（m²·次）；每年冲洗次数由医院车库管理方确定，宜按每年浇洒20～40次确定。

车库地面冲洗最高日用水量（m³/d）=车库地面冲洗最高日用水量标准 [L/（m²·次）]×每日浇洒次数（次/d）×车库地面冲洗面积（m²）/1000。

车库地面冲洗平均日用水量（m³/d）=车库地面冲洗平均日用水量标准 [L/（m²·次）]×每日浇洒次数（次/d）×车库地面冲洗面积（m²）/1000。

车库地面冲洗年用水量（m³/年）=车库地面冲洗平均日用水量（m³/d）×每年冲洗日数（d/年）。

（4）汽车冲洗最高日、平均日用水量

汽车冲洗最高日、平均日用水定额均应根据冲洗方式、车辆用途、道路路面等级和污损程度等确定，可按表4-28选用。医院建筑附设地下车库抹车用水可按10%～15%轿车车位计。

汽车冲洗用水定额 [L/（辆·次）]　　　　　　　　　　　　表4-28

冲洗方式	轿车	公共汽车、载重汽车
高压水枪冲洗	40～60	80～120
循环用水冲洗补水	20～30	40～60
抹车、微水冲洗	10～15	15～30

汽车冲洗平均日用水量（m³/d）=汽车冲洗平均日用水定额 [L/（辆·次）]×每日冲洗汽车数量（辆/d）×每辆汽车冲洗次数（次/辆）/1000。

汽车冲洗年用水量（m³/年）=汽车冲洗平均日用水量（m³/d）×每年汽车冲洗日数（d/年）。

（5）可用雨水回用量

可用雨水回用量等于采用雨水回用的各用水项目用水量之和。

平均日可用雨水回用量（m³/d）=绿化浇洒平均日用水量（m³/d）+道路浇洒平均日用水量（m³/d）+广场浇洒平均日用水量（m³/d）+车库地面冲洗平均日用水量（m³/d）+汽车冲洗平均日用水量（m³/d）等。

年可用雨水回用量（m³/年）=绿化浇洒年用水量（m³/年）+道路浇洒年用水量（m³/年）+广场浇洒年用水量（m³/年）+车库地面冲洗年用水量（m³/年）+汽车冲洗年用水量（m³/年）等。

（6）非传统水源利用率

医院院区通常不设置中水回用系统，故医院非传统水源为雨水回用水。

非传统水源利用率（%）=年可用雨水回用量（m³/年）/年生活给水总用水量（m³/年）×100%。

6. 初期径流弃流量

雨水收集回用系统均应设置弃流装置。弃流装置通常设置于室外院区内，宜靠近雨水蓄水池。弃流装置宜采用渗透弃流井或弃流池，通常采用渗透弃流井。屋面初期径流弃流厚度可按 2～3mm 确定，地面初期径流弃流厚度可按 3～5mm 确定（通常按 4mm）。

初期径流弃流量可按式（4-18）计算：

$$W_i = 10 \times \delta \times F \tag{4-18}$$

式中　W_i——初期径流弃流量，m^3；

　　　　δ——初期径流弃流厚度，mm；

　　　　F——汇水面积，hm^2。

7. 雨水贮存设施贮水量

医院院区雨水收集回用系统应优先收集建筑屋面雨水，不宜收集机动车道路等污染严重的下垫面上的雨水。

雨水收集回用系统应设置雨水贮存设施，其有效贮水量可按式（4-19）计算：

$$V_h = W - W_i \tag{4-19}$$

式中　V_h——雨水收集回用系统雨水贮存设施贮水量，m^3；

　　　　W——雨水径流总量，m^3；

　　　　W_i——初期径流弃流量，m^3。

医院院区雨水收集回用系统的雨水贮存设施当医院院区内未设置景观水体时通常采用雨水蓄水池。雨水蓄水池设置于机动车道下方时，宜采用钢筋混凝土蓄水池；设置于非机动车道下方时，可采用塑料模块等型材拼装组合蓄水池。埋地拼装蓄水池外壁与医院院区内建筑物外墙净距不应小于 3m。

雨水蓄水池有效贮水容积宜按贮存 3d 最大日雨水回用量计算。

4.6.5　雨水回用供水系统

医院院区雨水回用供水管道应与生活饮用水管道分开设置，严禁回用雨水进入生活饮用水给水系统。

当采用生活饮用水补水时，应采取防止生活饮用水被污染的措施，并符合下列规定：清水池（箱）内的自来水补水管出水口应高于清水池（箱）内溢流水位，其间距不得小于 2.5 倍补水管管径，且不应小于 150mm；向蓄水池（箱）补水时，补水管口应设在池外，且应高于室外地面。

雨水回用供水管道上不得装设取水龙头，并应采取下列防止误接、误用、误饮的措施：雨水供水管外壁应按设计规定涂色或标识；当设有取水口时，应设锁具或专门开启工具；水池（箱）、阀门、水表、给水栓、取水口均应有明显的"雨水"标识。

第 5 章
消火栓系统

消火栓系统（hydrant systems/standpipe and hose systems）是指由消火栓供水设施、消火栓、配水管网和阀门等组成的系统。

消火栓系统是医院建筑消防中最常见的也是最基础的灭火系统，它属于人工灭火系统的范畴。实践证明，在第一时间内人工有效灭火（原则上是由经过专业训练的专业消防人员使用消火栓系统灭火），最大限度地保护人员和财产安全，是消火栓系统的优点和特点，而医院建筑消火栓系统设计也是医院建筑消防设计的重点之一。

5.1 消火栓系统设置场所

对于医院建筑消火栓系统的设置场所及依据，《建筑设计防火规范》GB 50016—2014（2018 年版）（以下简称《建规》）第 8.2.1 条做了以下规定：**下列建筑或场所应设置室内消火栓系统：1 建筑占地面积大于 300m² 的厂房和仓库；2 高层公共建筑和建筑高度大于 21m 的住宅建筑；3 体积大于 5000m³ 的车站、码头、机场的候车（船、机）建筑、展览建筑、商店建筑、旅馆建筑、医疗建筑和图书馆建筑等单、多层建筑。**

该条文为强制性条文，是医院建筑消火栓系统设计的最基本依据。

第 2 款规定了高层公共建筑应设置室内消火栓系统。不论是高层病房楼、高层门诊楼还是高层医疗综合楼，都属于高层公共建筑。所以对于高层医院建筑，均必须设置室内消火栓系统。

第 3 款规定了单层、多层医院建筑设置室内消火栓系统的界定标准。对于某一座单层、多层医院建筑，不论是病房楼、门诊楼还是医疗综合楼，只要满足建筑体积大于 5000m³，该建筑均必须设置室内消火栓系统。

对于医疗综合楼来说，通常主楼部分为病房楼功能，该部分为高层建筑；裙楼部分为门诊、医技功能，该部分为单层、多层或高层建筑。由于医疗综合楼为一个整体建筑，其室内消火栓系统的设置应按照高层医疗建筑考虑，无论裙楼部分是单层还是多层，即使裙楼体积不大于 5000m³，整个建筑均应设置室内消火栓系统。

5.2 消火栓系统设计参数

医院建筑的消火栓系统设计参数包括室外消火栓设计流量、室内消火栓设计流量及火灾延续时间等。

5.2.1 医院建筑室外消火栓设计流量

医院建筑的室外消火栓设计流量，应根据医院建筑的用途功能、体积、耐火等级、火灾危险性等因素综合分析确定。

《建规》第5.1.3条：**民用建筑的耐火等级应根据其建筑高度、使用功能、重要性和火灾扑救难度等确定，并应符合下列规定：1 地下或半地下建筑（室）和一类高层建筑的耐火等级不应低于一级；2 单、多层重要公共建筑和二类高层建筑的耐火等级不应低于二级。**

《综合医院建筑设计规范》GB 51039—2014规定：医院建筑耐火等级一般不应低于二级。

首先，医院建筑的地下室部分耐火等级不应低于一级；其次，由于高层医院建筑均属于一类高层建筑，其耐火等级不应低于一级；再次，由于单、多层医院建筑属于重要公共建筑，其耐火等级不应低于二级。

对于医疗综合楼（不包括地下室）来说，其主楼为高层建筑，耐火等级不应低于一级。其裙楼若为高层建筑，耐火等级不应低于一级；若为单、多层建筑，耐火等级不应低于二级。

具体分为以下3种情况：

第一种情况：主楼高层，裙楼高层，则医疗综合楼均按高层考虑，其耐火等级不应低于一级。

第二种情况：主楼高层，裙楼单、多层，而主楼、裙楼间建筑上没有明确的防火分隔，则医疗综合楼均按高层考虑，其耐火等级不应低于一级。在医疗综合楼设计实践中，此种情况通常体现在主楼和裙楼间紧靠连接的案例。

第三种情况：主楼高层，裙楼单、多层，而主楼、裙楼间建筑上有明确的防火分隔，则医疗综合楼主楼按高层考虑，其耐火等级不应低于一级；裙楼按单、多层考虑，其耐火等级不应低于二级。在医疗综合楼设计实践中，此种情况通常体现在主楼和裙楼间由室外连廊连接的案例。

《消防给水及消火栓系统技术规范》GB 50974—2014（以下简称《消水规》）第3.3.2条做了以下要求：建筑物室外消火栓设计流量不应小于表5-1的规定。

建筑物室外消火栓设计流量（L/s）　　　　　　　表5-1

耐火等级	建筑物名称及类别		建筑体积 V(m³)			
			V≤5000	5000<V≤20000	20000<V≤50000	V>50000
一、二级	民用建筑	公共建筑 单层及多层	15	25	30	40
		公共建筑 高层	—	25	30	40
	地下建筑(包括地铁)、平战结合的人防工程		15	20	25	30

表5-1的使用方法：（1）如上所述，医院建筑耐火等级绝大多数情况下均为一、二级，应在此栏中选择；（2）医院建筑属于民用建筑中的公共建筑；（3）根据该医院建筑属于单层、多层或者高层，在相应的栏中选择；（4）根据该建筑的建筑体积指标确定对应的

室外消火栓设计流量。

建筑体积指本建筑占据的空间数量，包括该建筑的地上空间体积数和地下空间体积数。对于每层建筑面积相同的建筑来说，该建筑的建筑体积等于每层建筑面积与该建筑的高度（包括地上高度和地下高度之和）的乘积；对于每层建筑面积不同的建筑来说，该建筑的建筑体积等于每层建筑面积与该层建筑的高度（通常就是层高）的乘积后各层累加之和。在一定意义上，建筑体积越大的医院建筑，其火灾危险性越大，其室外消火栓设计流量数值越高。

表 5-1 中出现了"地下建筑（包括地铁）、平战结合的人防工程"，这条规定涉及地下车库和人防工程的问题。

表 5-1 中的"地下建筑"指独立的地下建筑，不包括与地面建筑连为一体的地下部分。一个医院建筑的地下部分，应该属于本建筑的一部分，应和地上建筑合为一个整体，其建筑体积应按地上、地下部分体积之和计算。医院建筑地下楼层功能可以是车库、库房或是医院功能科室（常见的如核医学科、影像中心等）。除了地下车库，其他功能的室外消火栓设计流量都可以归于和地上建筑一体。地下车库的消防设计，应按《汽车库、修车库、停车场设计防火规范》GB 50067—2014 执行。该规范第 7.1.5 条规定：车库应设室外消火栓系统，其室外消防用水量应按消防用水量最大的一座汽车库、修车库、停车场计算，并不应小于下列规定：1 Ⅰ、Ⅱ类车库 20L/s；2 Ⅲ类车库 15L/s；3 Ⅳ类车库 10L/s。从以上数据可以看出：地下车库室外消火栓设计流量小于医院建筑主体室外消火栓设计流量，所以该医院建筑室外消火栓设计流量按建筑主体室外消火栓设计流量确定即可。

表 5-1 中的"平战结合的人防工程"在医院建筑中的常见情况是：某医院建筑根据当地人防部门要求，在本建筑地下设计人防工程，一般要求平战结合。通常情况下是做地下人防工程，平时作为停车库、仓库、医疗、办公等功能，战时作为战时医院、战时人员掩蔽所、战时物资库等功能。地下人防工程的消防设计，应按《人民防空工程设计防火规范》GB 50098—2009 执行。其室外消火栓设计流量可以按表 5-1 选择确定。从表 5-1 可以看出：同一个医院建筑的地下人防工程室外消火栓设计流量小于医院建筑主体室外消火栓设计流量，所以该医院建筑室外消火栓设计流量按建筑主体室外消火栓设计流量确定即可。

综上所述，医院建筑的室外消火栓设计流量按建筑主体室外消火栓设计流量确定，具体数值可根据其建筑体积按表 5-1 选取确定。

5.2.2　医院建筑室内消火栓设计流量

医院建筑的室内消火栓设计流量，同样应根据医院建筑的用途功能、体积、耐火等级、火灾危险性等因素综合分析确定。

《消水规》第 3.5.2 条做了以下要求：建筑物室内消火栓设计流量不应小于表 5-2 的规定。

表 5-2 的使用方法：（1）医院建筑属于民用建筑；（2）根据该医院建筑属于单层、多层或者高层，在相应的栏中选择；（3）若该建筑属于单层或多层医院建筑，则根据该建筑的建筑体积指标（V）确定对应的室内消火栓设计流量；若该建筑属于高层医院建筑，则根据该建筑的建筑高度指标（h）确定对应的室内消火栓设计流量。

医院建筑中涉及医院专业功能的包括门诊、医技、病房及相应功能科室的附属场所，该部分场所室内消火栓设计流量按表 5-2 确定即可。这些功能场所中的医院办公通常也视为医院功能的一部分;这些功能场所中的库房等由于其面积较小、较分散,不必单列出来。但医院建筑常常附带着其他功能,如停车库、人防工程,这两大场所因具有特殊性,需要单列出来。

建筑物室内消火栓设计流量 表 5-2

建筑物名称			建筑高度 h(m)、体积 V(m³)	消火栓设计流量(L/s)	同时使用消防水枪数(支)	每根竖管最小流量(L/s)
民用建筑	单层及多层	病房楼、门诊楼等	$5000 < V \leqslant 25000$	10	2	10
			$V > 25000$	15	3	10
	高层	一类公共建筑	$h \leqslant 50$	30	6	15
			$h > 50$	40	8	15
人防工程	商场、餐厅、旅馆、医院等		$V \leqslant 5000$	5	1	5
			$5000 < V \leqslant 10000$	10	2	10
			$10000 < V \leqslant 25000$	15	3	10
			$V > 25000$	20	4	10
	丙、丁、戊类物品库房、图书资料档案库		$V \leqslant 3000$	5	1	5
			$V > 3000$	10	2	10

注:消防软管卷盘、轻便消防水龙,其消火栓设计流量可不计入室内消防给水设计流量;当一座多层建筑有多种使用功能时,室内消火栓设计流量应分别按本表中不同功能计算,且应取最大值。

对于医院建筑中的停车库,《汽车库、修车库、停车场设计防火规范》GB 50067—2014 第 7.1.8 条对于其室内消火栓给水系统做了以下规定:汽车库、停车库应设室内消火栓给水系统,其消防用水量不应小于下列要求:1 Ⅰ、Ⅱ、Ⅲ类汽车库及Ⅰ、Ⅱ类修车库的用水量不应小于 10L/s,且应保证相邻两个消火栓的水枪充实水柱同时达到室内任何部位;2 Ⅳ类汽车库及Ⅲ、Ⅳ类修车库的用水量不应小于 5L/s,且应保证相邻两个消火栓的水枪充实水柱同时达到室内任何部位。停车数量>300 辆的为Ⅰ类汽车库;停车数量151~300 辆的为Ⅱ类汽车库;停车数量 51~150 辆的为Ⅲ类汽车库;停车数量≤50 辆的为Ⅳ类汽车库。可以看出,汽车库最大室内消防用水量为 10L/s,小于或等于医院建筑医院专业功能场所(门诊、医技、病房等)的室内消防用水量,所以在确定室内消防流量时,通常考虑医院专业功能场所的室内消防用水量就可以了。

表 5-2 中出现了"人防工程",这条规定涉及医院建筑人防工程的问题。通常如果当地人防部门确定在某医院建筑中需要设置人防工程时,就明确了该人防工程在该医院建筑中的位置、面积及功能等。根据工程实践,医院建筑的人防工程设置位置通常在建筑物地下室,可能在地下一层或者在地下二层或者两层均有;人防工程的功能通常包括医疗救护工程(常见的是救护站,急救医院较少见)、防空专业队工程(掩蔽所)、人员掩蔽工程(掩蔽所),从医院建筑人防工程常见形态来看,人员掩蔽工程>防空专业队工程>医疗救护工程。结合表 5-2 来看,医院建筑人防工程通常就是医院和物品库房两大形态,在确定其室内消防流量时,可根据人防工程的形态、体积等确定。

如上分析，一个医院建筑单体的功能形态包括医院专业功能场所、汽车库、人防场所等，每一类均对应一个室内消防流量。根据消防最不利原则的原理，这几类场所对应室内消防流量的最大值即为此医院建筑单体的室内消防流量值，这也就是表 5-2 注释中所体现的内容。

扩大一下范围，对于一家医院来说，院区内设有多栋医院建筑，它们在功能、建筑高度、建筑体量等方面均不同。确定整个院区的室内消防流量的方法同样是根据消防最不利原则的原理，分别确定每栋建筑的室内消防流量值，其中最大值即为整个院区的室内消防流量值。这对于整个院区"区域消防"是一个重要的组成部分。"区域消防"的概念很重要，具体见第 5.12 节。

《消水规》第 3.5.3 条：当建筑物室内设有自动喷水灭火系统、水喷雾灭火系统、泡沫灭火系统或固定消防炮灭火系统等一种或两种以上自动水灭火系统全保护时，高层建筑当高度不超过 50m 且室内消火栓设计流量超过 20L/s 时，其室内消火栓设计流量可按本规范表 3.5.2 减少 5L/s；多层建筑室内消火栓设计流量可减少 50%，但不应小于 10L/s。医院建筑室内自动水灭火系统通常包括自动喷水灭火系统、水喷雾灭火系统、高压细水雾灭火系统、固定消防炮灭火系统、全自动跟踪定位射流灭火系统等，且能对整个建筑全保护。根据表 5-2，高层医院建筑高度不超过 50m，室内消火栓设计流量为 30L/s，按《消水规》第 3.5.3 条要求，本医院建筑室内消火栓设计流量为 25L/s；多层医院建筑室内消火栓设计流量为 10L/s 或 15L/s，按《消水规》第 3.5.3 条要求，本医院建筑室内消火栓设计流量为 10L/s。《消水规》第 3.5.3 条规定对建筑室内消火栓设计流量做了有限制的折减，但在医院建筑消防设计中，通常不做折减。

5.2.3 火灾延续时间

一个建筑的火灾延续时间在建筑消防给水设计中是一个重要参数。合理而准确地确定火灾延续时间，进而正确选定消防水池有效贮水容积，对于及时有效地扑灭建筑物火灾具有决定意义，不同场所消火栓系统的火灾延续时间见表 5-3。

消火栓系统的火灾延续时间   表 5-3

建筑			场所与火灾危险性	火灾延续时间(h)
建筑物	民用建筑	公共建筑	高层建筑中的商业楼、展览楼、综合楼，建筑高度大于 50m 的财贸金融楼、图书馆、书库、重要的档案楼、科研楼和高级宾馆等	3.0
			其他公共建筑	2.0
	人防工程		建筑面积小于 3000m²	1.0
			建筑面积大于或等于 3000m²	2.0

表 5-3 并没有对医院建筑消火栓系统的火灾延续时间做出明确的分类，应根据医院建筑的具体情况结合表 5-3 逐一分析。对于高层医院建筑，如果本建筑包括门诊、医技、病房等功能，可以认为其具有综合楼的性质，其火灾危险性很高，该建筑消火栓系统的火灾延续时间应按 3.0h 计；对于高层医院建筑，如果本建筑仅为门诊、医技、病房等功能中的某一项，但本建筑高度大于 50m，其火灾危险性很高，该建筑消火栓系统的火灾延续时间应按 3.0h 计；对于高层医院建筑，如果本建筑仅为门诊、医技、病房等功能中的某

一项，但本建筑高度小于 50m，其火灾危险性较高，该建筑消火栓系统的火灾延续时间应按 2.0h 计；对于单层、多层医院建筑，不论本建筑包含门诊、医技、病房等功能中的某一项或几项，其火灾危险性较高，该建筑消火栓系统的火灾延续时间应按 2.0h 计。

对于医院建筑内部的人防工程来说，其消火栓系统的火灾延续时间最大按 2.0h 计，不超过建筑主体消火栓系统的火灾延续时间，所以在确定某个医院建筑消火栓系统的火灾延续时间时，按该建筑医疗功能主体选择即可。

需要强调的是，建筑消火栓系统火灾延续时间既针对室内消火栓系统，也包括室外消火栓系统。

根据《自动喷水灭火系统设计规范》GB 50084—2017 第 5.0.16 条，自动喷水灭火系统的持续喷水时间，应按火灾延续时间不小于 1h 确定，所以医院建筑自动喷水灭火系统按 1h 计即可。

根据《水喷雾灭火系统技术规范》GB 50219—2014 第 3.1.2 条，水喷雾系统的持续供给时间：固体物质火灾灭火，1h；液体火灾灭火，0.5h；电气火灾灭火，0.4h。

根据《固定消防炮灭火系统设计规范》GB 50338—2003 第 4.3.3 条，关于水炮系统的灭火和冷却用水连续供给时间：参照《自动喷水灭火系统设计规范》的中危险级民用建筑和厂房的持续喷水时间；参照《建筑设计防火规范》的相关规定。

根据《自动跟踪定位射流灭火系统》GB 25204—2010 第 5.2.7 条，自动跟踪定位射流灭火系统的喷水时间，应按不小于 1h 确定。

5.2.4 消防用水量

《消水规》第 3.6.1 条：消防给水 1 起火灾灭火用水量应按需要同时作用的室内外消防给水用水量之和计算，两座及以上建筑合用时，应取最大者，并应按下列公式计算（公式略）。

本条文给出了医院建筑消防用水量的计算原则和方法。

首先，民用建筑同一时间内的火灾起数应按 1 起确定，所以对于医院建筑来说，其消防给水量计算同样应按 1 起火灾确定。

其次，对于一座医院建筑来说，其消防用水量按灭火时需要同时作用的室内外消防给水用水量之和计算。

通常一座医院建筑的消防系统包括室外消火栓系统、室内消火栓系统、自动喷水灭火系统、水喷雾灭火系统、高压细水雾灭火系统、自动跟踪定位射流灭火系统、灭火器系统、气体灭火系统，其中灭火器系统、气体灭火系统不属于水灭火消防系统。

根据水灭火消防系统的原理：（1）室外仅存在消火栓系统，它属于人工水消防系统。（2）室内消火栓系统属于人工水消防系统。对于医院建筑来说，室内消火栓的全方位设置保证了建筑物内任何一点都能得到消火栓系统的保护。当然室内消火栓系统的操作灭火是由专业消防人员来实施的。（3）自动喷水灭火系统属于自动水消防系统。对于医院建筑来说，喷头在病房、门诊等场所的普遍布置保证了建筑物内大多数场所都能得到自动喷水灭火系统的自动保护。（4）水喷雾灭火系统属于自动水消防系统。对于医院建筑来说，它通常应用于柴油发电机房的自动消防灭火。（5）高压细水雾灭火系统属于自动水消防系统。对于医院建筑来说，它通常应用于高低压配电室、柴油发电机房、医技机房（如 CT、

MR、X 光、DSA、DR、直线加速器等）等的自动消防灭火。（6）自动跟踪定位射流灭火系统属于自动水消防系统。对于医院建筑来说，它通常应用于门诊大厅、病房大厅、中庭等局部高大空间场所的自动消防灭火。

对于高压细水雾灭火系统、水喷雾灭火系统来说，由于高压细水雾灭火系统可以替代水喷雾灭火系统，所以二者同时设置的必要性不大，在医院建筑中采用高压细水雾灭火系统较为普遍，姑且以该系统为代表。自动水消防系统范畴内的自动喷水灭火系统、高压细水雾灭火系统、自动跟踪定位射流灭火系统在医院建筑中保护的是不同的场所部位，它们之间是互相补充的，在发生 1 起火灾时的场所只能是三种系统中某一种系统负责保护的场所。而三种系统中自动喷水灭火系统的消防用水量是最大的，所以在计算自动消防用水量时以自动喷水灭火系统为准。

综上所述，对于一座医院建筑来说，其消防用水量按室外消火栓用水量、室内消火栓用水量、室内自动喷水灭火系统用水量三者之和计算即可。

当 2 座及以上建筑合用消防系统时，按照最不利消防的原则，满足消防用水量最大的建筑肯定可以满足消防用水量小的建筑，所以在确定消防用水量时按最大量取值即可。

在医院建筑消防设计中，消防用水量是一个核心指标，应用"消防用水量表"来体现。表中应包括消防范围（室内或室外）、消防系统名称、设计用水量（L/s）、消防历时（h）、一次消防用水量（m^3）等项目。其中每个系统一次消防用水量为该系统设计用水量与消防历时的乘积。

而整个建筑的一次消防用水量则是 1 次火灾中同时作用的各系统一次消防用水量之和。表 5-4 为某医院建筑工程消防用水量表。

消防用水量表　　　　　　　　　表 5-4

消防范围	消防系统名称	设计用水量（L/s）	消防历时（h）	一次消防用水量（m^3）
室内	消火栓系统	40	3	432
	自动喷水灭火系统	30	1	108
	自动跟踪定位射流灭火装置	7	1	25
室外	消火栓系统	40	3	432

本建筑一次消防用水量为 972m^3（972＝432＋108＋432）。该指标是选择确定消防水池有效贮水容积的重要依据。

5.3　消防水源

市政给水、消防水池、天然水源等可作为消防水源。

5.3.1　市政给水

医院建筑若是改扩建，医院院区通常位于市区内部，周围市政给水管网较为完整；若是异地新建，医院院区通常位于市区周边新区域，周围市政给水管网由于是较新铺设的，条件更为完整。所以作为市政设施的基础，医院院区周边的市政给水管网是较为完善的，这为医院建筑的消防水源提供了坚实的基础。

但是单纯依靠市政给水供给消防水源却有严格的条件限制，理论上可行，但实际上很难满足要求。限制条件是：市政给水厂应至少有两条输水干管向市政给水管网输水；市政给水管网应为环状管网；应至少有两条不同的市政给水干管上不少于两条引入管向消防给水系统供水。从以上条件可以看出，不论从供水水量、供水水压上，还是从供水可靠性、连续性来说，当前国内城市市政给水管网用于医院建筑的直接消防供水不大现实。

虽然利用市政给水管网直接供给室内消防给水系统不可行，但是用作室外消防给水系统水源却是切实可行的。理由如下：国内城市市政给水管网压力在 0.20～0.30MPa，可以满足医院建筑室外消防给水系统的压力要求；国内城市市政给水管网流量较为充足，可以满足医院建筑室外消防给水系统的流量要求；国内城市市政给水管网较为完善，供水可靠性较高，连续供水能力较强；通常可以满足至少从两条不同的市政给水干管上接入两条引入管。

在医院建筑设计前应向医院方提出的设计要求中很重要的一条就是医院院区周边市政给水管网条件，包括不同的市政给水干管的数量；每根市政给水干管的管径、压力、接至院区的接入口位置及管径；市政给水管网是环状给水管网还是枝状给水管网等。这些需要医院方向当地自来水供水部门了解、核实、申请、沟通、协调。

收到关于市政给水管网的设计要求答复后，如果满足下列条件，则可以认为医院院区给水满足两路供水的条件：院区周边有两条或两条以上不同的市政给水干管可以向医院院区供水，每条市政给水干管管径不小于 DN200；院区周边市政给水管网为环状管网，沿不同的市政道路敷设，管网给水干管管径不小于 DN200；市政供水部门允许院区自市政给水管网上开两个或两个以上的连接口。

医院院区对供水可靠性要求较高，无论在生活给水方面，还是在消防给水方面，院区周边两路供水的要求是必要的、重要的，所以在提出设计要求时，应建议业主积极推动两路供水的实现。

根据医院建筑物室外消火栓设计流量来确定室外消防给水管网的管径：若室外消火栓设计流量为 25～30L/s，则室外消防给水管网管径宜为 DN150；若室外消火栓设计流量为 40L/s，则室外消防给水管网管径宜为 DN200。在条件具备时，室外消防给水管网宜与室外生活给水管网分开敷设。

基于消防给水可靠性的要求，室外消防给水管网应布置成环状管网。

5.3.2 消防水池

消防水池作为贮存火灾延续时间内各种消防给水灭火系统的用水"仓库"，在医院建筑消防设计中几乎是必须设置的。

1. 消防水池设置规定

对于什么情况下设置消防水池，《消水规》第4.3.1条有如下规定：符合下列规定之一时，应设置消防水池：当生产、生活给水量达到最大时，市政给水管网或入户引入管不能满足室内、室外消防给水设计流量；当采用一路消防供水或只有一条入户引入管，且室外消火栓设计流量大于20L/s或建筑高度大于50m；市政消防给水设计流量小于建筑室内外消防给水设计流量。

通过以上规定发现：对于医院建筑消防给水来说，市政给水管网很难或者不可能做到既在供水流量上又在供水压力上满足建筑室内外消防的要求。即使市政给水管网条件较为完备，也仅仅能满足室外消防给水的要求。医院建筑室内消防系统包括室内消火栓系统、自动喷水灭火系统等系统流量、压力及火灾延续时间等参数，市政给水管网难以满足，所以在医院建筑消防设计中绝大多数情况下应设置消防水池作为消防水源。

2. 医院建筑消防水池有效贮水容积

医院建筑消防水池有效贮水容积的确定应遵循以下原则：

（1）当市政给水管网能保证室外消防给水设计流量时，消防水池的有效容积应满足在火灾延续时间内室内消防用水量的要求。

在医院建筑消防设计实践中，如果医院院区给水满足两路供水条件的话，即视为市政给水管网能保证室外消防给水设计流量，这样消防水池不需贮存室外消防用水，仅考虑贮存室内消防用水即可。

消防水池需贮存室内消防用水容积 V_1（m^3）等于火灾延续时间内同时作用的各室内消防给水系统的设计流量（L/s）与各系统火灾延续时间（h）乘积之和的最大值。计算时将设计流量单位 L/s 转化为 m^3/h。其实就是"消防用水量表"中所计算的一次消防用水量（室内部分）。在医院建筑消防设计实践中，V_1＝室内消火栓系统设计流量×3h＋室内自动喷水灭火系统设计流量×1h。

（2）当市政给水管网不能保证室外消防给水设计流量时，消防水池的有效容积应满足火灾延续时间内室内消防用水量和室外消防用水量不足部分之和的要求。

如果医院院区给水不能满足两路供水条件的话，消防水池应该既贮存室外消防用水，又考虑贮存室内消防用水。

在医院建筑消防设计实践中，室外消防给水容积 V_2（m^3）＝室外消火栓系统设计流量×3h。

消防水池有效贮水容积 V（m^3）＝V_1＋V_2。

在工程设计中，通常不考虑火灾延续时间内的市政给水管网连续补水量，基于以下理由：消防安全最重要，作为水源的消防水池容积是体现供水安全的根本方面，在保证消防贮水容积的情况下，灭火期间如果市政给水管网能继续连续补水更能增大消防灭火的成功性；考虑市政给水管网连续补水是在理想情况下，不能忽视突发情况下市政给水管网停水或损坏的情况。

当然，如果当设有两路及以上供水且在火灾情况下均能保证连续补水时，消防水池的容量可以减去消防水池最小供水管在火灾延续时间内补充的水量 V_3（m^3）。这种情况下消防水池有效贮水容积 V（m^3）＝V_1＋V_2－V_3。

为了安全起见，计算补水量 V_3 时，消防水池进水管内水流速度宜取 1.0m/s 左右。通常消防水池进水管为 2 根 $DN100$ 或 2 根 $DN150$ 的管道，以钢管为例，1 根 $DN100$ 的管道在 1.0m/s 水流速度下补水流量为 8.6L/s（31.0m^3/h），2 根 $DN100$ 的管道补水流量为 17.2L/s（62.0m^3/h）；1 根 $DN150$ 的管道在 1.0m/s 水流速度下补水流量为 19.0L/s（68.4m^3/h），2 根 $DN150$ 的管道补水流量为 38.0L/s（136.8m^3/h）。相对于一般医院建筑 800～1000m^3 贮水容积的消防水池来说，连续补水量不是太大，但绝对是有益的补充。在确定消防水池进水管时，建议选择 2 根 $DN150$ 的管道。

对于医院建筑来说，基于单层及多层医院建筑的建筑体积、高层医院建筑的建筑高度及相应的火灾延续时间，表5-5给出了常用典型医院建筑消防水池有效贮水容积的对照表供参考，根据不同类型按公式 $V=V_1+V_3$（单层及多层医院建筑）或 $V=V_2+V_3$（高层医院建筑）计算即可。

医院建筑火灾延续时间内消防水池贮存消防用水量　　　　　　表 5-5

单层及多层医院建筑体积 V (m³)	5000<V≤20000	20000<V≤25000	25000<V≤50000	V>50000
室外消火栓设计流量(L/s)	25	30	30	40
火灾延续时间(h)	2.0	2.0	2.0	2.0
火灾延续时间内室外消防用水量(m³)	180.0	216.0	216.0	288.0
室内消火栓设计流量(L/s)	10	10	15	15
火灾延续时间(h)	2.0	2.0	2.0	2.0
火灾延续时间内室内消防用水量(m³)	72.0	72.0	108.0	108.0
火灾延续时间内室内外消防用水量(m³)	252.0	288.0	324.0	396.0
消防水池贮存室内外消火栓用水容积 V_1(m³)	252.0	288.0	324.0	396.0

高层医院建筑体积 V (m³)	5000<V≤20000	20000<V≤50000	V>50000	5000<V≤20000	20000<V≤50000	V>50000
高层医院建筑高度 h(m)	h≤50	h≤50	h≤50	h>50	h>50	h>50
室外消火栓设计流量(L/s)	25	30	40	25	30	40
火灾延续时间(h)	3.0	3.0	3.0	3.0	3.0	3.0
火灾延续时间内室外消防用水量(m³)	270.0	324.0	432.0	270.0	324.0	432.0
室内消火栓设计流量(L/s)	30	30	30	40	40	40
火灾延续时间(h)	3.0	3.0	3.0	3.0	3.0	3.0
火灾延续时间内室内消防用水量(m³)	324.0	324.0	324.0	432.0	432.0	432.0
火灾延续时间内室内外消防用水量(m³)	594.0	648.0	756.0	702.0	756.0	864.0
消防水池贮存室内外消火栓用水容积 V_2(m³)	594.0	648.0	756.0	702.0	756.0	864.0

自动喷水灭火系统设计流量(L/s)	25	30	35	40
火灾延续时间(h)	1.0	1.0	1.0	1.0
火灾延续时间内自动喷水灭火用水量(m³)	90.0	108.0	126.0	144.0
消防水池贮存自动喷水灭火用水容积 V_3(m³)	90.0	108.0	126.0	144.0

如表5-5所示，通常医院建筑消防水池有效贮水容积在 $342\sim1008m^3$ 之间。

3. 医院建筑消防水池位置确定

确定消防水池的位置时，应遵循以下原则：消防水池应毗邻或靠近消防水泵房；消防水池与消防水泵房的标高关系满足消防水泵自灌要求；消防水池位置确定应结合医院院区建筑布局条件；消防水池应满足与消防车间的距离关系；消防水池应满足与建筑物围护结构的位置关系。

（1）消防水池应毗邻或靠近消防水泵房，这是为了保证消防水泵的吸水可靠性和有效性。

消防水池距离消防水泵房过远通常发生在消防水池布置在室外地下、消防水泵房布置在室内地下室，二者间距过远是不合理的，这样既会影响吸水效果，又会造成消防水泵吸水管埋深过大。通常控制消防水池与消防水泵房间距不宜超过 15m。

第一种方式：消防水池与消防水泵房均设置在医院建筑地下室，毗邻布置。这种布置方式的优点是：消防水泵吸水直接方便；严寒地区、寒冷地区冬季时消防水池内水不会结冻。缺点是：消防水池容积较大，占用室内空间；若消防水池下还有地下层，则会增加工程造价。

第二种方式：消防水池设置在室外地下，消防水泵房设置在医院建筑地下室，二者距离靠近。这种布置方式的优点是：消防水泵吸水较为直接方便；充分利用室外空间，节约室内空间；布置较为灵活；可以结合室外绿化处理。缺点是：严寒地区、寒冷地区冬季时消防水池应采取保温措施，增加造价。

第三种方式：消防水池与消防水泵房均在医院院区内独立设置。

以上三种方式均满足要求，以第三种方式最佳，但在医院建筑工程实践中较少采用；其次是第二种方式，在医院院区室外有充足空间（通常是新建医院项目）的情况下，尤为合理有效；第一种方式为被动方式，在院区室外空间狭小或不合适的情况下采用。根据多年的工程设计经验，第二种方式采用的最多。

（2）消防水池与消防水泵房的标高关系应满足消防水泵自灌要求。

为保证消防水泵随时启动并可靠供水，《消水规》第 5.1.12 条有如下规定：消防水泵应符合下列规定：**消防水泵应采取自灌式吸水。**

针对不同的消防水泵，消防水泵自灌式吸水对消防水池要求如下：

第一种：对于卧式消防水泵，消防水池满足自灌式启动水泵的最低水位应高于泵壳顶部放气孔。目前卧式消防水泵充水放气孔距水泵吸水口法兰中心线高度在 230～420mm 之间（消防水泵吸水法兰口径为 $DN150$）。

第二种：对于填料密封立式消防水泵，消防水池满足自灌式启动水泵的最低水位宜高于水泵出水法兰顶部放气孔。正常运行时，消防水池最低水位应高于水泵第一级叶轮。目前填料密封立式消防水泵充水放气孔距水泵出水口法兰中心线高度在 150～185mm 之间（消防水泵吸水法兰口径为 $DN150$）。

第三种：对于机械密封立式消防水泵，消防水池满足自灌式启动水泵的最低水位宜高于泵体上部机械密封压盖端部放气孔。正常运行时，消防水池最低水位应高于水泵第一级叶轮。目前机械密封立式消防水泵充水放气孔距水泵出水口法兰中心线高度在 125～200mm 之间（消防水泵吸水法兰口径为 $DN150$）。

由上文可以看出：由于立式消防水泵出水口与吸水口间存在一定的高差，所以卧式消防水泵充水放气孔距吸水口间的高度小于立式消防水泵充水放气孔距吸水口间的高度。

鉴于满足自灌式启动水泵的最低水位以上的消防水池贮水容积方能作为火灾延续时间内消防给水灭火的有效贮水容积，所以应根据消防水泵的形式反推确定消防水池的设置位置、有效贮水容积等。

当消防水池设置在室内地下室毗邻消防水泵房时（通常在同一地下楼层），为了尽可能减少消防水池的占地面积和空间，消防水泵宜选择卧式泵。

当消防水池设置在室外地下时，如果位于室内地下的消防水泵房设在地下二层，则室外消防水池设置较为从容，其最低水位满足消防水泵自灌式吸水要求，消防水泵宜选择立式泵；如果位于室内地下的消防水泵房设在地下一层，则室外消防水池设置不宽松，其最低水位是否满足消防水泵自灌式吸水要求应详细计算，消防水泵宜选择卧式泵，同时室外消防水池的高度可能需要调整减少。

（3）消防水池位置确定应结合医院院区建筑布局条件。

对于新建医院院区，院区内建筑均为最新规划设计，室外有较多的空间，室外绿地等较多。这种情况下，将消防水池设在室外地下、结合室外绿化设计、紧靠室内地下消防水泵房是最佳方案。

对于改扩建医院院区，院区内建筑布置较为紧凑，室外空间不大富余有时较为局促。这种情况下，应论证是否可以将消防水池设在室外地下，若实在没有地方或者设置对周边影响较大，则应将消防水池设置在室内地下。

（4）消防水池应满足与消防车间的距离关系。

消防水池若贮存室外消防用水量或供消防车取水时，应符合下列规定：消防水池应设置取水口（井），且吸水高度不应大于6.0m；取水口（井）与建筑物（水泵房除外）的距离不宜小于15m。

可以看出：贮存室外消防用水量或供消防车取水的消防水池应设置在建筑物室外地下，取水口（井）与建筑物距离有要求。消防水池吸水高度要求不大于6.0m，考虑到消防车内泵组距地高度按1.0m计，则贮存室外消防用水量的消防水池最低有效水位与室外地坪之间的高差不应超过5.0m。

对于某个医院建筑的消防水池，需要其既贮存室外消防用水，又贮存室内消防用水。这种情况下的消防水池位置设置有以下两种方案。

第一种方案：在建筑室外地下设置一座消防水池，同时贮存室内、室外消防用水。消防水泵房可以设置在室外与消防水池相邻设置；若消防水泵房设置在建筑室内地下时，室外消防给水泵组、室内消防给水泵组分别设在消防水泵房内，分别自室外消防水池吸水。

第二种方案：在建筑室外地下设置一座室外消防水池，贮存室外消防用水；在建筑室内地下设置一座室内消防水池，贮存室内消防用水。消防水泵房设置在建筑室内地下，室外消防给水泵组、室内消防给水泵组分别设在消防水泵房内，分别自室外消防水池、室内消防水池吸水。

以上两种方案各有适用范围，根据工程设计实践经验，第一种方案造价较低、控制较简单，因而采用较多。

（5）消防水池应满足与建筑物围护结构的位置关系。

此要求针对消防水池设在建筑物室内地下的情形。为了避免消防水池对建筑物主体结构造成影响，消防水池应采用独立结构形式，不得利用建筑的本体结构作为水池壁。在工程实践中，具体要求水池不能采用建筑物地下室外墙围护结构作为池壁，也就是说，室内地下消防水池应设置在距离地下室外墙一定距离的地方。

综上所述，确定医院建筑消防水池位置应综合多种因素。建议设计时采用的流程是：(1) 了解医院院区周边市政给水管网情况；(2) 确定消防水池是否贮存室外消防用水量；(3) 计算消防水池的有效贮水容积；(4) 了解医院院区内空间情况；(5) 确定消防水泵房的设置位置；(6) 确定消防水池设置在室外还是室内；(7) 确定消防水池是否分设；(8) 明确消防水池的位置并与建筑专业配合。

4. 医院建筑消防水池选型

根据以上方法计算确定了消防水池的有效贮水容积后，通常再加上一定的无效容积和非贮水容积，即为消防水池容积。前述通常医院建筑消防水池有效贮水容积在 $342\sim1008m^3$ 之间，则消防水池容积在 $400\sim1100m^3$ 之间。

消防水池的总蓄水有效容积大于 $500m^3$ 时，宜设置两格能独立使用的消防水池；当大于 $1000m^3$ 时，应设置能独立使用的两座消防水池。在设计中，有效贮水容积小于 $500m^3$ 的设置一座；介于 $500\sim1000m^3$ 的设置一座，分成两格；大于 $1000m^3$ 的设置两座。

消防水池作为一种构筑物，需要给水排水专业提供尺寸、标高等资料给土建专业设计构造。为了方便设计，国家标准图集《矩形钢筋混凝土蓄水池》05S804、《圆形钢筋混凝土蓄水池》04S803 提供了各种容积（主要是 $400m^3$、$500m^3$、$600m^3$、$800m^3$、$1000m^3$ 等）方形、矩形、圆形钢筋混凝土蓄水池的平面布置、结构配筋、管线连接等的具体做法。在满足设计条件的情况下，室外地下消防水池直接采用国家标准图集的做法较为方便、准确。

对于有效贮水容积大于 $1000m^3$ 的消防水池，分为 2 座体积相同的 $600m^3$ 或 $800m^3$ 蓄水池，同样可以采用图集做法。

国家标准图集中涉及两个因素影响到了消防水池的选用：池顶覆土和池体深度因素。

第一个因素：国家标准图集中的水池池顶及池壁外均考虑覆土，池顶覆土总厚度分为 500mm、1000mm 两种。水池整体设置在非车行道下方时，通常选用池顶覆土总厚度 500mm 的水池；水池整体或局部设置在车行道下方时，通常选用池顶覆土总厚度 1000mm 的水池。医院建筑位于夏热冬冷或夏热冬暖地区时，通常选用池顶覆土总厚度 500mm 的水池；医院建筑位于寒冷或严寒地区时，通常选用池顶覆土总厚度 1000mm 的水池，此时消防水池应有防冻措施，根据当地气温条件采取适当的保温措施，水池必须有盖板，盖板上须覆土保温，人孔和取水口设双层保温井盖。

第二个因素：国家标准图集中，$400m^3$、$500m^3$ 水池池顶深度为 3.5m，加上池顶覆土厚度，水池池底标高为室外地面下 $4.0\sim4.5m$；$600m^3$、$800m^3$、$1000m^3$ 水池池顶深度为 4.0m，加上池顶覆土厚度，水池池底标高为室外地面下 $4.5\sim5.0m$。相对于建筑物内消防水泵房，这个高度相当于地下一层的高度。如果消防水泵房设在建筑内地下一层，消防水池最低水位与消防水泵房内消防泵之间很难满足自灌要求。这样只能采取两种措施：一是抬高室外地下消防水池，消防水池最低水位也相应提高，使其满足自灌要求，但这种情况影响室外空间布局甚至使地下消防水池冒出地面，实践中不大可取；二是扩大室外地下消防水池平面面积、减小水池深度以维持池体容积不变，使水池满足自灌要求，但这种情况必须由土建专业重新根据图集设计消防水池。基于此最佳方案是将室内消防水泵房设于地下二层（若有的话），否则应采用上述措施之一解决。

国家标准图集中的蓄水池仅涉及室外地下消防水池。如果消防水池设置在室内地下的话，布置方式更加灵活也更受限制。室内地下消防水池设计方法如下：

首先，消防水池紧靠消防水泵房，通常与消防水泵房设于同一地下楼层。《消水规》第5.5.12条：消防水泵房应符合下列规定：附设在建筑物内的消防水泵房，不应设置在地下三层及以下，或室内地面与室外出入口地坪高差大于10m的地下楼层。根据此规定结合医院建筑地下室的层高，通常消防水泵房位置应在地下一层或地下二层，这样消防水池也相应地设在地下一层或地下二层。

其次，确定消防水池的最低水位和最高水位。由于消防水池最低水位与消防水泵之间需满足自灌条件，可以根据已确定类型、型号卧式消防水泵充水放气孔、立式消防水泵出水法兰顶部放气孔或泵体上部机械密封压盖端部放气孔等的标高位置关系确定消防水池最低水位标高。消防水池的检修人孔若设在水池顶部（即上一层的楼层地板），则水池最高水位至少应在水池所在层顶梁底部下方100mm处；检修人孔若设在水池侧面，人孔最小高度为600mm，则水池最高水位至少应在水池所在层顶梁底部下方700mm处。

再次，确定消防水池的平面占地范围。消防水池最高水位与最低水位的差值即为有效贮水高度 $h(\mathrm{m})$，消防水池有效贮水容积 $V(\mathrm{m}^3)$ 除以 h 后的数值即为消防水池最小占地面积 $A(\mathrm{m}^2)$。

最后，确定消防水池的尺寸。结合地下室结构的梁、柱、板、混凝土墙等土建围护结构，即可确定消防水池的空间位置，此空间的占地面积应大于或等于 A。

5. 医院建筑消防水池附件

（1）消防水池吸水池（井）

消防水池吸水池（井）有效容积不得小于同时工作消防水泵3min的出水量。对于小泵，吸水池（井）容积可适当放大，宜按消防水泵5～10min的出水量计算。以一个高层医院建筑最高用水流量为例：室外消火栓给水泵、室内消火栓给水泵、室内自动喷水灭火给水泵出水流量均为 40L/s（2.4m³/min），同时工作消防水泵出水流量为 120L/s（7.2m³/min），消防水泵3min出水量为 21.6m²，即该消防水池吸水池（井）的最小有效容积。

《消水规》第5.1.13条：**2 消防水泵吸水口的淹没深度应满足消防水泵在最低水位运行安全的要求，吸水管喇叭口在消防水池最低有效水位下的淹没深度应根据吸水管喇叭口的水流速度和水力条件确定，但不应小于600mm，当采用旋流防止器时，淹没深度不应小于200mm。**

目前的设计中，消防水泵房地面比同层室外地面高300mm，消防水泵基础高度按200mm计，消防水泵吸水管中心线标高按比基础顶面高200mm计。如前所述，满足自灌要求的卧式消防水泵充水放气孔距水泵吸水口法兰中心线高度最小为230mm。这样满足要求的消防水池最低有效水位标高相对于消防水泵房所在楼层地面标高为230＋200＋200＋300＝930mm。以消防水泵吸水管喇叭口底部与楼层地板间高差为300mm计的话，吸水管喇叭口在消防水池最低有效水位下的淹没深度为930-300＝630mm＞600mm，满足规范要求。所以室内地下消防水池池底做到与同层地下室底板一个标高是完全可以满足要求的，无需在消防水池内单独设置吸水池（井）。

当然在消防水池内做出一个吸水池（井）也是可以的，通常吸水池的尺寸为：深度 500mm，吸水管纵向方向 1000mm，吸水管横向方向可同池宽或比各消防吸水管横向最远距离两侧各多 500mm 即可。

（2）消防水池进水管

室外或室内地下消防水池进水管一般接自市政给水管网，管径可按照消防水池的补水时间不宜超过 48h 计的原则确定，通常为 $DN150$、$DN200$，自市政给水管网接入处阀门井内应设置低阻力倒流防止器。消防水池需要设置 2 个进水口，进水管管径一致，进水管上一般设置阀门和止回阀各一个。每个进水管上装设与进水管管径相同的自动水位控制阀（液压式水位控制阀门或遥控浮球阀），遥控浮球阀前后均应设置阀门。进水管管中标高通常高于消防水池最高水位 100~200mm。

当消防水池分成两格或两座时，每格或每座池体均应有一个独立的进水口（包括进水管、自动水位控制阀、阀门等），设置规格相同。

（3）消防水池溢流管

消防水池应设置溢流管。溢流管管径应按排泄最大入流量确定，一般比进水管管径大一级，即：进水管管径 $DN150$，溢流管管径 $DN200$；进水管管径 $DN200$，溢流管管径 $DN250$。溢流管宜采用水平喇叭口集水，喇叭口下的垂直管段长度不宜小于 4 倍溢流管管径。溢流水位一般高出溢水口最高水位不小于 100mm，在高出最高水位不小于 50mm 处设置水位监视溢流报警装置，溢流管喇叭口一般与溢流水位在同一水位线上。溢流管上不得设置阀门。

溢流管的排水应采用间接排水。室内地下消防水池溢流管一般就近接至邻近消防水泵房集水沟或其他设有集水沟的场所，通常是消防水泵房；室外地下消防水池溢流管一般接至附近溢水井（或隔离井）后重力或潜污泵提升加压就近排至室外雨水检查井。在实际工程中，一般很难做到溢流重力排放，通常采用隔离井内潜污泵提升加压排放的方式。

（4）消防水池泄水管

消防水池应设置泄水管。泄水管管径应按水池泄空时间和泄水受体排泄能力确定，一般可按 2h 内将池内存水全部泄空计算，也可按 1h 放空池内 500mm 的贮水深度计算，一般采用 $DN150$ 即可。无论是室外还是室内地下消防水池，泄水管均从池壁接出，其管内底应和池底最低处相平。泄水管上应设置阀门。

泄水管的排水应采用间接排水。室内地下消防水池泄水管一般就近接至邻近消防水泵房集水沟或其他设有集水沟的场所，通常是消防水泵房；室外地下消防水池泄水管通常采用接至室外隔离井，经其内潜污泵提升加压排放至室外雨水检查井的方式。

（5）消防水池连通管

当消防水池分成两格或两座时，格（座）与格（座）之间应设连通管，连通管管径按消防时需供给的全部流量来确定，即等同于各消防水泵总吸水管管径（对于医院建筑，一般采用 $DN200$~$DN300$）。连通管上应设置阀门，管内底与池底相平。当消防水池为两格设置时，连通管及阀门通常设置在消防水泵房内。

（6）消防水池其他附件

消防水池其他附件如通气管、检修人孔等，具体设计可参见相关国家标准图集或当地图集。

（7）消防水池水位

消防水池水位高度值是个重要指标，应在消防水池设计时在水池剖面图中表示清楚。水位高度值宜以 0.05m 的整数倍数表示。

消防水池的最低有效水位，应根据消防水池最低有效水位与消防水泵之间需满足自灌条件来确定，确定方法详见本章节上文。

消防水池的最高有效水位，应满足此水位与最低有效水位之间的水体容积不小于消防水池有效贮水容积，通常是比有效贮水容积稍微大些。

消防水池的溢流水位，应高出最高有效水位不小于100mm，通常按200mm。

《消水规》第4.3.9条：**2 消防水池应设置就地水位显示装置，并应在消防控制中心或值班室等地点设置显示消防水池水位的装置，同时应有最高和最低报警水位。** 在设计中应说明或图示，并提交资料给电气专业。

消防水池的最高报警水位，应高于最高有效水位不小于50mm，通常按100mm。

消防水池的最低报警水位，应低于最低有效水位不小于50mm，通常按100mm。

消防水池的低报警水位，应高于最低报警水位不小于50mm，通常按100mm。

消防水池的进水管口，最低点标高应高于溢流水位不小于150mm。鉴于消防水池进水管管径通常采用 $DN100$ 或 $DN150$，设计中消防水池进水管管中标高应高于溢流水位250～300mm。

表5-6为消防水池各水位指标确定方法及取值经验值。

消防水池各水位指标确定方法及取值经验值　　　　　　　表5-6

序号	名称	确定方法	取值范围	常规取值
1	消防水池最低有效水位 $H_{最低}$	根据其与消防水泵间的自灌条件关系确定	—	—
2	消防水池最低报警水位 $H_{最低报警}$	根据其与消防水池最低有效水位标高关系确定	$H_{最低}$－(50～100)mm	$H_{最低}$－100mm
3	消防水池低报警水位 $H_{低报警}$	根据其与消防水池最低报警水位标高关系确定	$H_{最低报警}$＋(50～100)mm	$H_{最低报警}$＋100mm
4	消防水池最高有效水位 $H_{最高}$	根据其与最低有效水位间的水体容积不小于消防水池有效贮水容积确定	—	—
5	消防水池最高报警水位 $H_{最高报警}$	根据其与消防水池最高有效水位标高关系确定	$H_{最高}$＋(50～100)mm	$H_{最高}$＋100mm
6	消防水池溢流水位 $H_{溢流}$	根据其与消防水池最高有效水位标高关系确定	$H_{最高}$＋(100～200)mm	$H_{最高}$＋200mm
7	消防水池进水管管中标高 $H_{进水管}$	根据其与消防水池溢流水位标高关系确定	$H_{溢流}$＋(250～300)mm	$H_{溢流}$＋300mm

5.3.3　天然水源及其他水源

基于医院建筑的消防重要性及可靠性的要求，医院建筑消防水源不应采用天然水源等来源。

综上所述，市政给水管网＋消防水池是医院建筑最普遍、最可靠、最行之有效的消防水源。

5.4　消防水泵房

消防水泵分为室外消火栓给水泵、室内消火栓给水泵、自动喷水灭火给水泵、高压细水雾给水泵、自动跟踪定位射流灭火给水泵等类型。消防水泵通常布置在消防水泵房内。

消防水泵房是一个建筑消防供水的心脏，也是建筑水消防的核心和重点。消防水泵房设计的好坏直接影响到建筑消防的安全、可靠。

5.4.1　消防水泵房选址

消防水泵房的选址应该在前期建筑方案阶段进行。在一个建筑项目确定设计时，给水排水专业应通过实地查看、与业主沟通、提供设计要求等形式确定消防水泵房的设置位置。

医院建筑分为新建、改建、扩建等形式。

对于医院建筑来说，消防水泵房选址应根据医院建筑的性质、规模、与院区内其他建筑的关系等方面综合考虑。

1. 新建医院院区消防水泵房

对于新建医院，整个院区均为新建，院区内建筑亦为新建。这种情况下，消防水泵房的设置通常采取以下两个方案。

（1）消防水泵房设置在室外院区内。消防水泵房与生活水泵房、锅炉房、供氧吸引机房、变配电室集中设置，称为"动力中心"或"设备机房"。

这种配置的优点是：设备集中，控制便利，对医疗用房环境影响小；对于消防水泵房来说，消防水泵集中设置，距消防水池很近，泵组吸水管线很短等。缺点是：距院区内各建筑较远，管线较长；对于消防水泵房来说，泵房位置往往不是在院区中心，消防供水管线较长甚至很长，水头损失较大，消防水箱距泵房位置较远等。

（2）消防水泵房设置在院区内某个单体建筑内。消防水泵房一般在该建筑地下室单独设置。

这种配置的优点是：设备较为集中，控制较为便利，距各建筑消防水系统较近，消防水箱距泵房位置较近等。缺点是：占用医院建筑空间，对医疗用房环境有影响，消防水池的位置可能较远，泵组吸水管线较长等。

根据工程设计实践经验，在院区靠近中心位置区域或靠近"消防最不利建筑"（即院区内建筑高度最高、消防用水量最大、水消防系统最多的建筑）区域集中设置消防水泵房是最佳方案。在满足与建筑物一定间距的条件下消防水泵房连同消防水池可以结合院区室外绿化等统筹配置。此方案将消防水泵房置于医院建筑水消防最不利负荷中心区域或附近，优先满足消防最不利建筑的消防要求，大大减少消防供水管线长度，提高消防灭火效率。在新建医院院区中，应优先采用此方案。

第二方案为在院区"消防最不利建筑"地下室内设置消防水泵房。这种情况下，消防水泵房靠近消防负荷中心，泵组与水消防系统最近，消防供水最好。在新建医院院区中，如果室外没有合适区域设置消防水泵房，应优先采用第二方案。

但第二方案的实施有可能受到限制。新建医院院区尤其是较大规模的院区通常采取分区、分期建设。一期实施时，一期消防水泵房设在一期"消防最不利建筑"地下室内，满足了一期消防要求，为了二期等后期建筑消防的要求，可以预留部分消防水泵房的面积或者按二期要求复核修改消防泵组的技术参数，但是有可能距二期建筑很远，从而使消防水泵房的位置设计不甚合理。

2. 改建、扩建医院院区消防水泵房

改建、扩建医院建筑一般均是在现有已建医院院区内建设，院区内的其他建筑已经存在且在运营，消防水泵房（包括消防水池）已经存在使用。这种情况下，消防水泵房的设置通常采取以下方案。

根据改建、扩建医院建筑的消防要求，复核已有消防水泵房内消防泵组、消防水池：泵组种类是否齐全，包含新建建筑的消防水系统给水泵组；各类泵组的型号参数，包括流量、扬程等是否满足新建建筑的消防水系统要求；消防水池的有效贮水容积是否满足新建建筑消防用水量要求等。

若消防水泵房内消防泵组种类不全，但现有消防水泵房有空间可以增设消防泵组的话，则沿用已有消防水泵房，在泵房内按要求增设泵组；若消防水泵房内没有多余空间，则应在新建建筑内设置消防水泵房安装新增消防水系统给水泵组。

若消防水泵房内各类消防水系统给水泵组种类齐全，且其型号参数均满足新建建筑各消防水系统要求，则保留原有泵组继续使用；若全部泵组或某种泵组不符合要求，则将不符合要求的泵组替换为符合要求的新泵组。

若消防水池有效贮水容积大于或等于新建建筑消防用水量，则保留消防水池；若消防水池有效贮水容积不满足要求，则扩建原有消防水池或就近增加一座消防水池使其和原有消防水池有效贮水容积之和满足要求；若消防水池没法扩建、改建，但其有效贮水容积满足某一个或某几个消防水系统要求的话，则在原有消防水泵房内保留以上系统的消防给水泵组（或改造后的泵组），再在新建建筑处设置消防水泵房、消防水池，用于满足其他消防水系统的要求。

综上所述，医院院区已有消防水泵房应尽量利用或改造利用，这样可以大大降低投资。条件实在不具备的，则在新建建筑处新设计消防水泵房、消防水池。

5.4.2 建筑内部消防水泵房位置

《消水规》第 5.5.12 条：**消防水泵房应符合下列规定：1 独立建造的消防水泵房耐火等级不应低于二级；2 附设在建筑物内的消防水泵房，不应设置在地下三层及以下，或室内地面与室外出入口地坪高差大于 10m 的地下楼层；3 附设在建筑物内的消防水泵房，应采用耐火极限不低于 2.0h 的隔墙和 1.50h 的楼板与其他部位隔开，其疏散门应直通安全出口，且开向疏散走道的门应采用甲级防火门。**

第 1 款、第 3 款是针对土建专业的要求，尤其是第 3 款，要求给水排水专业设计人员与建筑专业人员配合。基于医院建筑地下室的层高，根据第 2 款规定，消防水泵房位置基本就控制在地下一层或地下二层了。

消防水泵房不应布置在有安静要求的房间的附近，如其上、下和毗邻的房间；否则应采用水泵的减振隔振和消声技术措施。

5.4.3　消防水泵机组的布置要求

相邻两个消防水泵机组及机组至泵房墙壁间的净距要求见表 5-7。

相邻两个消防水泵机组及机组至泵房墙壁间的净距要求　　　　表 5-7

序号	消防水泵电机容量(kW)	相邻两个消防水泵机组及机组至泵房墙壁间的最小净距(m)
1	$N<22$	0.6
2	$22\leqslant N\leqslant 55$	0.8
3	$55<N\leqslant 255$	1.2
4	$255<N$	1.5

在确定消防给水泵组型号后，根据其电机功率容量，确定两两之间及靠墙泵组与墙间距离，表 5-7 内为最小净距，在有条件的情况下，宜适当增大此距离，留出合适的检修空间。

消防水泵房的主要通道宽度不应小于 1.2m。

5.4.4　消防水泵房采暖、排水等要求

《消水规》第 5.5.9 条：消防水泵房的设计应根据具体情况设计相应的采暖、通风和排水设施，并应符合下列规定：**1 严寒、寒冷等冬季结冰地区采暖温度不应低于 10℃，但当无人值守时不应低于 5℃**；2 消防水泵房的通风宜按 6 次/h 设计；3 消防水泵房应设置排水设施。

对于严寒、寒冷地区的消防水泵房，在设计中应要求暖通专业在泵房内设置散热器、制热空调等供暖设施。

至于消防水泵房内的排水设施，通常在泵房内设置排水沟。对于地下消防水泵房，房间内或邻近房间应设置集水坑，坑内设置潜水排污泵。若地下消防水泵房不在最底下一层，则至少应通过一根 DN150 排水立管接至邻近集水坑。

为了防止消防水泵房被水淹后消防泵组无法启动工作，消防水泵房应采取防水淹没的技术措施。最佳措施是将消防水泵房的地坪标高抬高 200～300mm，使其比泵房外地坪高，加上水泵基础的高度，可以满足不被水淹没。若实在没有办法抬高地坪，则应在泵房入口处设置挡水门槛，高度宜为 200～300mm。

5.4.5　消防水泵房管道设计

一组消防水泵，吸水管不应少于两条，当其中一条损坏或检修时，其余吸水管应仍能通过全部消防给水设计流量。基于此要求，每组消防水泵应配置为 2 台（1 用 1 备）或 3 台（2 用 1 备）：当消防水泵设计流量小于 60L/s 时，每组消防水泵宜配置为 2 台（1 用 1 备），每台水泵的流量即为该组消防水泵设计流量；当消防水泵设计流量大于或等于 60L/s 时，每组消防水泵宜配置为 3 台（2 用 1 备），每 2 台水泵的流量即为该组消防水泵设计流量。

一组消防水泵应设不少于两条的输水管与消防给水环状管网连接，当其中一条输水管检修时，其余输水管应仍能供应全部消防给水设计流量。当每组消防水泵配置为 2 台（1用 1 备）或 3 台（2 用 1 备）时，消防水泵出水管为 2 条或 3 条，当出水管分别接至消防给水环状管网时，即可满足上述要求。对于室外消火栓水泵，其 2 条或 3 条（通常为 2条）出水管应分别接至室外消火栓给水环状管网，接入管网处之间应设置阀门；对于室内消火栓水泵，其 2 条或 3 条（通常为 2 条）出水管应分别接至室内消火栓给水环状管网，接入管网处之间应设置阀门，且接入管网处之间宜隔 2 根室内消火栓立管；对于自动喷水灭火给水泵，其 2 条或 3 条（通常为 2 条）出水管应分别接至水力报警阀组前自动喷水灭火给水环状管网，接入管网处之间应设置阀门。

消防水泵吸水管、出水管管径应根据消防水泵设计流量，结合吸水管内水流速度确定。消防水泵吸水管的直径小于 $DN250$ 时，其流速宜为 $1.0\sim1.2\mathrm{m/s}$；直径大于 $DN250$时，其流速宜为 $1.2\sim1.6\mathrm{m/s}$。消防水泵出水管的直径小于 $DN250$ 时，其流速宜为$1.5\sim2.0\mathrm{m/s}$；直径大于 $DN250$ 时，其流速宜为 $2.0\sim2.5\mathrm{m/s}$。医院建筑消防水泵吸水管、出水管管径确定参见表 5-8。

消防水泵吸水管、出水管管径对照表　　　　　　　　　　　　表 5-8

消防水泵流量(L/s)	消防水泵吸水管管径(mm)	消防水泵出水管管径(mm)
10	$DN100$	$DN100$
15	$DN150(DN125)$	$DN100$
20	$DN150$	$DN125$
25	$DN200(DN175)$	$DN150$
30	$DN200(D175)$	$DN150$
40	$DN200(DN225)$	$DN150(DN175)$
60	$DN250$	$DN200(DN225)$

注：推荐采用括号外管径，亦可采用括号内管径。

当消防水泵靠近消防水池设置时，消防水泵吸水管宜自消防水池直接吸水，此种方式最为安全可靠，此种方式要求每种消防水泵（通常包括室外消火栓水泵、室内消火栓水泵、自动喷水灭火给水泵等）中 2 台（或 3 台）消防泵每台泵吸水管分别接自消防水池的不同座（格），此要求常体现每种消防水泵在消防水泵房内分散布置而不是紧邻布置。为了节省空间或减少吸水管数量，可采用设置消防吸水总管方式，即设置 2 根消防吸水总管分别接自消防水池的不同座（格），2 根消防吸水总管在消防水泵房内连成环状，消防吸水总管间设置阀门，各消防水泵吸水管分别接自消防吸水总管，此种方式亦常采用。当消防水泵距离消防水池较远或消防水池设在室外地下、消防水泵房设在室内地下时，常采用消防吸水总管的方式。

消防吸水总管管径应根据其连通服务的各种消防水泵设计流量之累加值，结合吸水管内水流速度确定，根据设计实践，当总设计流量为 $40\sim65\mathrm{L/s}$ 时，消防吸水总管管径可取 $DN250$；当总设计流量为 $70\sim105\mathrm{L/s}$ 时，消防吸水总管管径可取 $DN300$；当总设计流量为 $110\sim150\mathrm{L/s}$ 时，消防吸水总管管径可取 $DN350$。

消防水泵应采取自灌式吸水。消防水泵吸水管的设计应满足消防水泵自灌式吸水的要求。消防水池的最低有效水位应淹没卧式消防泵的放气孔或立式消防泵的出水管，设计中根据此要求确定消防水池的最低有效水位。鉴于医院建筑消防水池贮水容积较大，为了满足消防水池与消防水泵之间的自灌式吸水要求，考虑到地下室消防水泵房的高度，医院建筑消防水泵宜采用卧式消防泵。

消防水泵吸水管布置应避免形成气囊。为避免形成气囊和漏气,消防水泵吸水管管顶标高应不低于吸水干管管顶标高,不同管径消防水管的连接应采用偏心异径管件管顶平接方式。消防水泵吸水管管程应尽量缩短,减少拐弯,设计时应计算复核消防水泵吸水管的水头(能量)损失,水泵入口的富余能量应大于水泵最大汽蚀余量,避免产生气蚀。

消防水泵吸水口的淹没深度应满足消防水泵在最低水位运行安全的要求,吸水管喇叭口在消防水池最低有效水位下的淹没深度应根据吸水管喇叭口的水流速度和水力条件确定,但不应小于 600mm,当采用旋流防止器时,淹没深度不应小于 200mm。通常消防水池吸水井深度为 500～1000mm,吸水管喇叭口在消防水池最低有效水位下的淹没深度满足规范要求;当消防水池设置在室内地下室时,通常消防水池池底为一个标高,不会设置专用吸水井,在此情况下,吸水管喇叭口应低于消防水池最低有效水位不应少于 600mm;当经计算消防水池有效贮水容积不够需要降低消防水池最低有效水位时,常采用旋流防止器,此时淹没深度不应小于 200mm。

消防水泵吸水管上按水流方向依次设置阀门、压力表、过滤器、软接头、异径接头。阀门应采用明杆闸阀或带自锁装置的蝶阀,但当设置暗杆闸阀时应设有开启刻度和标志,通常采用明杆闸阀。在设计中应明确阀门种类;应明确过滤器要求(管道过滤器过水面积应大于管道过水面积 4 倍,孔径不小于 3mm),设计中注意过滤器的设置方向应正确;软接头通常采用橡胶软接头。消防水泵吸水管穿越消防水池时,应采用柔性防水套管。

消防水泵出水管上按水流方向依次设置软接头、止回阀(通常采用水锤消除止回阀)、流量测试装置(自出水管接出,装置前设置阀门,接出管管径宜为 DN70)、泄压阀(开启压力宜设置为该消防水泵服务消防系统的系统工作压力＋0.05MPa,且应在设计中注明)、泄水管(自出水管接出,其上设置阀门,接出管管径宜为 DN150)、阀门(通常采用明杆闸阀,当采用蝶阀时应带有自锁装置)、水锤消除器。消防水泵出水管采用弹性支吊架。

2 台或多台同类消防水泵出水管连通的消防出水总管上每 2 台泵之间水管上均应设置压力开关,用以作为启动该类型消防水泵的一种装置,在设计中应明示。

在进行消防水泵房设计时,应绘制消防水泵接管系统示意图(比例宜为 1∶50),以体现消防水泵吸水管、出水管上各种阀门管件等详细信息。

消防水泵的吸水管、出水管穿越地下室外墙时,应采用防水套管(宜采用柔性防水套管),吸水管防水套管管径宜比吸水管管径大 1 号,出水管防水套管管径宜比出水管管径大 2 号;当穿越墙体时,应根据管道直径确定预留洞口尺寸。消防水泵的吸水管自消防水池吸水,其管径、标高、定位尺寸及防水套管管径、标高均应在消防水池大样图中注明。

当室内消火栓水泵出水管接至 2 个不同压力要求的竖向分区时,压力低区应采用减压阀减压。减压阀宜采用可调式减压阀,应设置备用减压阀,减压阀组宜设置在消防水泵房内。

自动喷水灭火给水泵管道设计详见自动喷水灭火系统相关章节。

消防给水泵组应设置试水装置、泄水装置。消防水泵试水、泄水示意图见图 5-1。

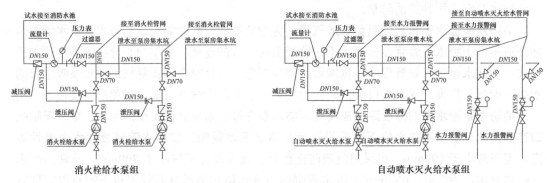

图 5-1　消防水泵试水、泄水示意图

5.4.6　消防水泵自动启动控制

1. 消防水泵自动启动规定

《消水规》第 11.0.4 条：消防水泵应由消防水泵出水干管上设置的压力开关、高位消防水箱出水管上的流量开关，或报警阀压力开关等开关信号应能直接自动启动消防水泵。消防水泵房内的压力开关宜引入消防水泵控制柜内。

消火栓给水泵由消火栓给水泵出水干管上设置的压力开关、屋顶消防水箱间消防水箱消火栓系统出水管上流量开关、消防值班室启泵按钮直接启动。

自动喷水灭火给水泵由自动喷水灭火给水泵出水干管上设置的压力开关、屋顶消防水箱间消防水箱自动喷水灭火系统出水管上流量开关、报警阀压力开关和消防控制中心自动启动。

2. 消防水泵自动启动方式

消防水泵自动启动方式参见表 5-9。

消防水泵自动启动方式　　　　　　　　　　　　　　　　表 5-9

序号	消防系统名称	流量开关(高位消防水箱出水管上设置)作用	压力开关(消防水泵出水干管上设置)作用	压力开关(水力报警阀上设置)作用
1	无稳压泵消火栓系统	自动启动	自动启动	—
2	有稳压泵消火栓系统	做报警信号	自动启动	—
3	自动喷水灭火系统	—	自动启动	自动启动

3. 流量开关性能要求

动作后延迟 30s 再启动消防水泵；流量不超过系统的设计泄漏补水量时，不应动作；消火栓出水后应动作。

消火栓系统流量开关自动启动流量值宜为 1.0～3.5L/s，流量开关设置在消防水箱消火栓出水管上（消火栓稳压泵之后，接至消火栓给水环状管网之前）。

自动喷水灭火给水泵流量开关自动启动流量值宜为 1.0L/s，流量开关设置在消防水箱自动喷水灭火出水管上（自动喷水灭火稳压泵之后，接至自动喷水灭火稳压管之前）。

4. 消防水泵启泵压力

消防水泵根据设置在消防水泵出水干管上的压力开关自动启动，故压力开关的设定压力值确定非常重要。

当消防稳压泵设置于高位消防水箱间内时，消防水泵启泵压力（P）应按式（5-1）确定：

$$P = P_1 + 0.01H_1 + 0.01H - 0.07 \qquad (5\text{-}1)$$

式中　P——消防水泵启泵压力，MPa；

　　　P_1——消防稳压泵启泵压力，MPa；

　　　H_1——高位消防水箱最低有效水位与消防系统最不利点处消防设施（最高层室内消火栓或自动喷水灭火系统喷头）的高差，m，对于消火栓系统，H_1 通常取 3.5～4.5m；对于自动喷水灭火系统，H_1 通常取 2.0～3.0m；

　　　H——消防系统最不利点处消防设施（最高层室内消火栓或自动喷水灭火系统喷头）与消防水泵出水口处的高差，m。

当消防稳压泵设置于低位消防水泵房内时，消防水泵启泵压力（P）应按式（5-2）确定：

$$P = P_1 - (0.07 \sim 0.10) \qquad (5\text{-}2)$$

式中　P——消防水泵启泵压力，MPa；

　　　P_1——消防稳压泵启泵压力，MPa。

5.5　消防水箱

5.5.1　消防水箱概念

消防水箱作为建筑火灾初期室内消防给水灭火系统的水源，是消防系统中的一个重要设备。

《消水规》第 6.1.9 条：**室内采用临时高压消防给水系统时，高位消防水箱的设置应符合下列规定：1 高层民用建筑、总建筑面积大于 10000m² 且层数超过 2 层的公共建筑和其他重要建筑，必须设置高位消防水箱。**

当前医院建筑消防给水系统绝大多数都属于临时高压系统，对于高层医院建筑、总建筑面积大于 10000m² 且层数超过 2 层的多层医院建筑、符合这些约束条件的医院建筑，其高位消防水箱设置必不可少。火灾初期时间通常按 10min 计，这段时间是在消防水泵启动从消防水池取水向各系统供水灭火之前的那段时间。

5.5.2　消防水箱有效贮水容积

《消水规》第 5.2.1 条：临时高压消防给水系统的高位消防水箱的有效容积应满足初期火灾消防用水量的要求，并应符合下列规定：1 一类高层公共建筑，不应小于 36m³，但当建筑高度大于 100m 时，不应小于 50m³，当建筑高度大于 150m 时，不应小于 100m³；2 多层公共建筑、二类高层公共建筑和一类高层住宅，不应小于 18m³，当一类高层住宅建筑高度超过 100m 时，不应小于 36m³。

上述条款明确了医院建筑设置高位消防水箱的必要性、有效贮水容积等。由于绝大多数医院建筑消防给水系统均属于临时高压系统，所以应设置高位消防水箱。对于高层医院建筑来说，属于一类高层建筑，且其建筑高度不会超过 100m，所以其高位消防水箱有效贮水容积确定为 36m³ 即可满足要求；对于多层医院建筑来说，属于公共建筑，其高位消防水箱有效贮水容积确定为 18m³ 即可满足要求。也就是说，医院建筑"高层 36m³、多层 18m³"是标准配置。

5.5.3 消防水箱设置位置

《消水规》第 5.2.2 条：高位消防水箱的设置位置应高于其所服务的水灭火设施，且最低有效水位应满足水灭火设施最不利点处的静水压力，并应按下列规定确定：1 一类高层公共建筑，不应低于 0.10MPa，但当建筑高度超过 100m 时，不应低于 0.15MPa；2 高层住宅、二类高层公共建筑、多层公共建筑，不应低于 0.07MPa，多层住宅不宜低于 0.07MPa；3 工业建筑不应低于 0.10MPa，当建筑体积小于 20000m³ 时，不宜低于 0.07MPa；4 自动喷水灭火系统等自动水灭火系统应根据喷头灭火需求压力确定，但最小不应小于 0.10MPa；5 当高位消防水箱不能满足本条第 1 款～第 4 款的静压要求时，应设稳压泵。

消防水箱设置位置要求：

（1）不论是高层医院建筑，还是多层医院建筑，消防水箱的设置位置均是在该建筑的最高处，通常是设在屋顶机房层消防水箱间内。即在医院建筑中设置的消防水箱均为"高位消防水箱"。

医院建筑消防水箱间应该独立设置，一般不应和其他设备机房如屋顶太阳能热水机房等合为一间设置。消防水箱间因其有排水设施、消防增稳压泵运行时存在噪声等因素，其下方不应是病房、门诊、办公等主要功能房间，可以在附属房间如库房、污洗间、卫生间等或公共区域上方。

（2）高位消防水箱的设置位置应高于设置室内消火栓系统、自动喷水灭火系统等系统的楼层，这是基本要求。有些医院工程，在机房层设有活动场所、库房等，这些场所同样需要设置室内消火栓系统、自动喷水灭火系统，将消防水箱间设在此机房层，消防水箱的位置低于该层水系统，这种做法是不允许的，应该将消防水箱置于更高一层的最高位置。

（3）对于高层医院建筑，其属于一类高层公共建筑，消防水箱高于水灭火设施的高度不应低于 0.10MPa；对于多层医院建筑，其属于多层公共建筑，消防水箱高于水灭火设施的高度不应低于 0.07MPa。不论是高层医院建筑还是多层医院建筑，设置了自动喷水灭火系统等自动水灭火系统，最小高差就不应小于 0.10MPa。

10m（0.10MPa）甚至 7m（0.07MPa）的高差相当于 2～3 层建筑楼层高度，对于绝大多数医院建筑来说，将高位消防水箱置于比最顶层高出 2～3 层的位置是不现实的，很难实现。在这种情况下，高位消防水箱应配备消防稳压装置（包括消火栓稳压装置、自动喷水灭火稳压装置）。所以绝大多数医院建筑屋顶消防水箱间内会配置消防稳压装置。

5.5.4 消防水箱尺寸

常规消防水箱均为装配式方形水箱，其尺寸（长度、宽度、高度）宜为 1.0m 或 0.5m 的倍数，宜尽量做成 1.0m 的倍数。

消防水箱基础采用素混凝土基础或枕木基础，通常按照水箱的宽度方向采用条状设置，每个条状基础宽度为 200mm，高度为 600mm（至少 400mm），长度为水箱宽度两边各多出 100mm。消防水箱间的层高需要与土建专业沟通，一般介于 3.6～4.2m 之间，除去房间上方梁的高度（600mm 左右）、基础高度（600mm 左右）及适当的富余高度，水箱高度宜控制在 2.0～2.5m。土建专业为了降低单位面积建筑平面上的荷载，希望适当增大水箱的面积，这样在条件允许的情况下将水箱高度定为 2.0m。在实际设计中，可根据水箱间的平面大小确定水箱的平面尺寸和形状。

医院建筑消防水箱有效贮水容积为 36m³、18m³，水箱体积应相应增大，原则是箱内水位以上宜有 500mm 左右的高度空间。

有效贮水容积 36m³ 的消防水箱，箱体高度 2.0m，箱内最低水位 0.1m、最高水位 1.6m，箱体平面面积为 24m²，长度×宽度可按 8.0m×3.0m、6.0m×4.0m 确定，也可按照 5.0m×5.0m 确定。

有效贮水容积 18m³ 的消防水箱，箱体高度 2.0m，箱内最低水位 0.1m、最高水位 1.6m，箱体平面面积为 12m²，长度×宽度可按 4.0m×3.0m、6.0m×2.0m 确定。

上述仅是举例，实际设计中可以灵活确定。

5.5.5　消防水箱材质

常用材质为不锈钢板、热浸锌镀锌钢板、玻璃钢板、钢筋混凝土等，前二者现在应用较为普遍。

5.5.6　消防水箱配管

1. 进水管

消防水箱进水管管径应满足水箱 8h 充满水的要求。对于 36m³ 消防水箱，8h 充满 36m³，进水管流量应为 4.5m³/h（1.25L/s），以水流速度 1.0m/s 计，进水管管径为 DN40 即可满足；对于 18m³ 消防水箱，8h 充满 18m³，进水管流量应为 2.25m³/h（0.625L/s），以水流速度 1.0m/s 计，进水管管径为 DN32 即可满足。工程设计中一般适当加大进水管管径：对于 36m³ 消防水箱，采用 DN70 或 DN80；对于 18m³ 消防水箱，采用 DN50 或 DN70。

进水管的接管标高：进水管应从溢流水位以上接入，进水管口的最低点高出溢流边缘的高度应等于进水管管径，但最小不应小于 100mm，最大不应大于 150mm。以进水管 DN70 为例，设定进水管管中标高高于最高水位 250mm，溢流水位高于最高水位 100mm，则进水管口的最低点高出溢流边缘的高度为 115mm（250−100−35＝115）；以进水管 DN80 为例，则该值为 110mm。2 个值均满足要求，所以进水管管中标高定为高于最高水位 250mm 即可。

医院建筑消防水箱进水管补水通常来自高区生活给水干管。

进水管上宜设置液位阀或浮球阀，通常是浮球阀。进水管上应设置带有指示启闭装置的阀门。

2. 出水管

消防水箱出水管管径应满足消防给水设计流量的出水要求，且不应小于 DN100。

消防水箱出水管包括消火栓系统出水管和自动喷水灭火系统出水管，两种出水管均独立接出，管径通常均取 $DN100$。

出水管通常采用自消防水箱底接出，这样既保证了出水管位于最低水位以下，又避免了因出水管喇叭口或防止旋流器的使用抬高最低水位而增加消防水箱的容积。

消火栓系统出水管上应设置止回阀、带有指示启闭装置的阀门、流量开关，出水管上各部件的安装顺序：对于有稳压消火栓系统，按水流方向依次是闸阀、流量开关、止回阀、闸阀；对于无稳压消火栓系统，按水流方向依次是闸阀、止回阀、闸阀、流量开关。自动喷水灭火系统出水管上应设置止回阀、带有指示启闭装置的阀门，出水管上各部件的安装顺序按水流方向依次是闸阀、止回阀、闸阀。

消火栓系统出水管接至室内消火栓系统给水管网顶端横向环管（若系统竖向分区，则接至高区系统给水管网顶端横向环管）。由于顶端横向环管通常位于建筑最顶层，所以接入点也位于最顶层吊顶内，接入处两侧干管上应各设一个阀门。

自动喷水灭火系统出水管接至消防水泵房内本建筑水力报警阀前的自动喷水灭火给水泵组出水管上，通常称为"自动喷水灭火系统稳压管"。

3. 溢流管、泄水管

消防水箱溢流管管径通常采用 $DN150$；消防水箱泄水管管径通常采用 $DN100$。二者可以合并成一根 $DN150$ 管道，接至消防水箱间内排水地漏或室外屋面。

4. 其他附件

消防水箱其他附件如通气管、人孔、液位计等的设计可参照消防水池做法或参见相应国家标准图集、当地图集。

5.5.7 消防水箱水位

消防水箱水位高度值是个重要指标，应在消防水箱设计时在水箱剖面图中表示清楚。水位高度值宜以 0.05m 的整数倍数表示。

消防水箱的最低有效水位，应根据出水管喇叭口和防止旋流器的淹没深度确定，当采用出水管喇叭口时，出水管喇叭口在消防水箱最低有效水位下的淹没深度应根据出水管喇叭口的水流速度和水力条件确定，但不应小于600mm，通常按600mm计，考虑喇叭口的高度，消防水箱最低有效水位应高于箱底不小于700mm，可按700mm计；当采用防止旋流器时应根据产品确定，且不应小于150mm的保护高度，通常按150mm计，考虑防止旋流器的高度，消防水箱最低有效水位应高于箱底不小于250mm，可按250mm计。由于采用出水管喇叭口最低有效水位下的水体无效高度较大，因此在设计中常采用防止旋流器，此时消防水箱最低有效水位应高于箱底250mm。

消防水箱的最高有效水位，应满足此水位与最低有效水位之间的水体容积不小于消防水箱有效贮水容积，通常是比有效贮水容积稍微大些。

消防水箱的溢流水位，应高出最高有效水位不小于100mm，通常按100mm。

消防水箱应设置就地水位显示装置，并应在消防控制中心或值班室等地点设置显示消防水箱水位的装置，同时应有最高和最低报警水位。在设计中应说明或图示，并提交资料给电气专业。

消防水箱的最高报警水位，应高于最高有效水位不小于50mm，通常按50mm。

消防水箱的最低报警水位，应低于最低有效水位不小于50mm，通常按100mm。

消防水箱的进水管口，最低点标高应高于溢流水位不小于 150mm。鉴于消防水箱进水管管径通常采用 $DN70$、$DN80$，不会大于 $DN100$，设计中消防水箱进水管管中标高应高于溢流水位 200～250mm。

表 5-10 为消防水箱各水位指标确定方法及取值经验值。

消防水箱各水位指标确定方法及取值经验值 表 5-10

序号	名称	确定方法	取值范围	常规取值
1	消防水箱最低有效水位 $H_{最低}$	根据出水管喇叭口的淹没深度确定	$H_{箱底}+$ (700～800)mm	$H_{箱底}+700$mm
		根据防止旋流器的淹没深度确定	$H_{箱底}+$ (250～300)mm	$H_{箱底}+250$mm
2	消防水箱最低报警水位 $H_{最低报警}$	根据其与消防水箱最低有效水位标高关系确定	$H_{最低}-$ (50～100)mm	$H_{最低}-100$mm
3	消防水箱最高有效水位 $H_{最高}$	根据其与最低有效水位间的水体容积不小于消防水箱有效贮水容积确定	——	——
4	消防水箱最高报警水位 $H_{最高报警}$	根据其与消防水箱最高有效水位标高关系确定	$H_{最高}+$ (50～100)mm	$H_{最高}+50$mm
5	消防水箱溢流水位 $H_{溢流}$	根据其与消防水箱最高有效水位标高关系确定	$H_{最高}+$ (100～200)mm	$H_{最高}+100$mm
6	消防水箱进水管管中标高 $H_{进水管}$	根据其与消防水箱溢流水位标高关系确定	$H_{溢流}+$ (200～250)mm	$H_{溢流}+200$mm

5.5.8　消防水箱布置

高位消防水箱需要布置在屋顶消防水箱间内，在房间内宜居中布置，四周均应预留一定空间。水箱外壁与建筑本体结构墙面之间的净距，无管道的侧面，净距不宜小于 0.7m；安装有管道的侧面，净距不宜小于 1.0m，且管道外壁与建筑本体结构墙面之间的通道宽度不宜小于 0.6m；设有人孔的水箱顶，其顶面与其上面的建筑物本体板底的净空不应小于 0.8m。具体布置时按照这几个数据确定即可。

5.5.9　与其他专业的配合

与建筑专业配合内容：提出消防水箱间尺寸及层高要求，商讨消防水箱间位置；与结构专业配合内容：提出消防水箱的定位位置、箱体本身及箱体内贮存用水的重量；与暖通专业配合内容：提出消防水箱间的温度要求，尤其是寒冷、严寒地区；与电气专业配合内容：提出消防水箱内各种水位的参数、消防水箱出水管上设置的流量开关。

5.5.10　重要提示

《消水规》第 5.2.5 条：**高位消防水箱间应通风良好，不应结冰，当必须设置在严寒、寒冷等冬季结冰地区的非采暖房间时，应采取防冻措施，环境温度或水温不应低于 5℃。**

首先，在严寒、寒冷等冬季结冰地区医院建筑内均会设置集中供暖，在设计中向暖通专业提出要求在高位消防水箱间内设置散热器或其他供暖设备即可。

其次，消防水箱间内消防水箱及相应管道均须采取保温措施：管道保温材料可以采用加筋铝箔离心玻璃棉或橡塑海绵，厚度分别为50mm、20mm；消防水箱保温材料采用加筋铝箔离心玻璃棉或橡塑海绵板，厚度均为50mm。

5.5.11　组合式消防水箱

目前出现了消防水箱与消防稳压装置一体化组合产品，即在消防水箱内沿箱体侧面抠出部分空间用以安装消防稳压装置（包括稳压泵组、稳压罐等），从外观看为一个箱体，但消防稳压装置设置在箱体外部，与消防水箱内水不接触。这种产品在医院建筑消防中可以采用。

5.6　消防稳压装置

5.6.1　消防稳压装置组成、作用及分类

消防稳压装置由消防稳压泵和气压水罐组成。

消防稳压装置的作用是维持消防给水系统管网压力稳定，为消防给水泵组的启动提供条件。

按照消防系统种类不同，消防稳压装置分为消火栓系统稳压装置、自动喷水灭火系统稳压装置两种。按照稳压装置设置位置不同，消防稳压装置分为高位消防稳压装置（设置在高位消防水箱间内）、低位消防稳压装置（设置在低位消防水泵房内）。按照稳压装置是否合用，消防稳压装置分为独立消防稳压装置（消火栓系统稳压装置与自动喷水灭火系统稳压装置分别设置，消防稳压泵、气压水罐均分别设置）、合用消防稳压装置（消火栓系统稳压装置与自动喷水灭火系统稳压装置合并设置）。

医院建筑消防稳压装置通常采用高位消防稳压装置、独立消防稳压装置。

5.6.2　消防稳压泵

1. 消防稳压泵设计流量

《消水规》第5.3.2条：稳压泵的设计流量应符合下列规定：**稳压泵的设计流量不应小于消防给水系统管网的正常泄漏量和系统自动启动流量**；消防给水系统管网的正常泄漏量应根据管道材质、接口形式等确定，当没有管网泄漏量数据时，稳压泵的设计流量宜按消防给水设计流量的1%～3%计，且不宜小于1L/s；消防给水系统所采用报警阀压力开关等自动启动流量应根据产品确定。

对于消火栓系统，不同消防给水设计流量对应的消火栓稳压泵设计流量见表5-11。

对于自动喷水灭火系统，不同自动喷水灭火给水设计流量对应的自动喷水灭火稳压泵设计流量见表5-12。

自动喷水灭火给水系统所采用报警阀压力开关等的自动启动流量通常按一只标准喷头（通径为15mm，流量系数 $K=80\pm4$）的流量，即1.33L/s。

消火栓稳压泵设计流量 表 5-11

序号	消防给水设计流量（L/s）	消火栓稳压泵最小设计流量（L/s）	消火栓稳压泵最大设计流量（L/s）	消火栓稳压泵常规设计流量（L/s）
1	15	0.15	0.45	1.00
2	20	0.20	0.60	1.00
3	30	0.30	0.90	1.00
4	40	0.40	1.20	1.20

自动喷水灭火稳压泵设计流量 表 5-12

序号	自动喷水灭火给水设计流量（L/s）	自动喷水灭火稳压泵最小设计流量（L/s）	自动喷水灭火稳压泵最大设计流量（L/s）	自动喷水灭火稳压泵常规设计流量（L/s）
1	30	0.30	0.90	1.00
2	35	0.35	1.05	1.05
3	40	0.40	1.20	1.20

综上得知，自动喷水灭火稳压泵常规设计流量可取 1.33L/s。

当消防稳压装置采用合用消防稳压装置时，其设计流量应为消火栓稳压泵设计流量与自动喷水灭火稳压泵设计流量之和（2.33L/s 或 2.53L/s）。

2. 消防稳压泵设计压力

《消水规》第 5.3.3 条：稳压泵的设计压力应符合下列要求：稳压泵的设计压力应满足系统自动启动和管网充满水的要求；稳压泵的设计压力应保持系统自动启泵压力设置点处的压力在准工作状态时大于系统设置自动启泵压力值，且增加值宜为 0.07～0.10MPa；稳压泵的设计压力应保持系统最不利点处水灭火设施在准工作状态时的静水压力应大于 0.15MPa。

当消防稳压泵设置于高位消防水箱间内时，消防稳压泵的启泵压力（P_1）应按式（5-3）确定：

$$P_1 > 0.15 - 0.01H_1，且\ P_1 > 0.01H_2 + (0.07～0.10) \qquad (5-3)$$

式中　P_1——消防稳压泵启泵压力，MPa；

H_1——高位消防水箱最低有效水位与消防系统最不利点处消防设施（最高层室内消火栓或自动喷水灭火系统喷头）的高差，m，对于消火栓系统，H_1 通常取 3.5～4.5m；对于自动喷水灭火系统，H_1 通常取 2.0～3.0m；

H_2——高位消防水箱有效水深，即最高有效水位与最低有效水位的高差，m，H_2 通常取 2.0～3.0m。

据此，公式（5-3）变为：$P_1 > 0.12～0.13$MPa，且 $P_1 > 0.09～0.13$MPa。因此 P_1 应大于 0.13MPa，为安全起见，P_1 可取 0.15～0.20MPa。

消防稳压泵的停泵压力（P_2）应按式（5-4）确定：

$$P_2 = P_1 / \alpha_b \qquad (5-4)$$

式中　P_2——消防稳压泵停泵压力，MPa；

P_1——消防稳压泵启泵压力，MPa；

α_b——气压水罐工作压力比，根据消防稳压装置气压水罐型号规格确定，通常可取 $0.76 \sim 0.85$，可按 0.80 计。

据此，P_2 可取 $0.20 \sim 0.25$MPa。

当消防稳压泵设置于低位消防水泵房内时，消防稳压泵的启泵压力（P_1）应按式 (5-5) 确定：

$$P_1 > 0.01H + 0.15, 且 P_1 > 0.01H_1 + (0.07 \sim 0.10) \tag{5-5}$$

式中　P_1——消防稳压泵启泵压力，MPa；

H——消防系统最不利点处消防设施（最高层室内消火栓或自动喷水灭火系统喷头）与消防水泵出水口处的高差，m。

H_1——高位消防水箱最低有效水位与消防系统最不利点处消防设施（最高层室内消火栓或自动喷水灭火系统喷头）的高差，m，对于消火栓系统，H_1 通常取 $3.5 \sim 4.5$m；对于自动喷水灭火系统，H_1 通常取 $2.0 \sim 3.0$m。

鉴于 $[0.01H_1 + (0.07 \sim 0.10)]$ 值介于 $0.09 \sim 0.15$MPa，最大值为 0.15MPa，公式 (5-5) 变为：$P_1 > 0.01H + 0.15$。确定 H 后，即可求得 P_1，为安全起见，P_1 可再加上 $0.03 \sim 0.07$MPa，即可确定出消防稳压泵启泵压力值。

消防稳压泵的停泵压力（P_2）应按式 (5-4) 确定。

3. 消防稳压泵选型

由上文得知，消火栓稳压泵设计流量为 $1.00 \sim 1.20$L/s；自动喷水灭火稳压泵设计流量为 1.33L/s；消火栓与自动喷水灭火合用消防稳压泵设计流量为 2.33L/s 或 2.53L/s。以上数值可作为消防稳压泵的流量取值依据。

消防稳压泵停泵压力（P_2）值附加 $0.03 \sim 0.05$MPa 即可作为消防稳压泵的扬程取值依据。

根据设计流量、设计压力值即可选择消防稳压泵的规格型号。

消防稳压泵通常采用 LGW 型立式多级离心消防泵。

以高位独立消火栓稳压泵为例，设计流量按 1.00L/s（3.60m^3/h），设计压力按 0.28MPa，选择消防稳压泵型号：25LGW3-10×3；额定流量：3.60m^3/h；额定扬程：30mH$_2$O；电机功率：1.1kW；数量：2 台，1 用 1 备；进出口管径：25mm。

5.6.3　气压水罐

1. 气压水罐设计要求

设置消防稳压泵的临时高压消防给水系统通常采用气压水罐以防止消防稳压泵频繁启停，其调节容积应根据消防稳压泵启泵次数不大于 15 次/h 计算确定，但有效贮水容积不宜小于 150L。当采用独立消防稳压装置时，设计中消火栓稳压装置、自动喷水灭火稳压装置均通常采用 150L 有效贮水容积气压水罐；当采用合用消防稳压装置时，设计中通常采用 300L 有效贮水容积气压水罐。

2. 立式气压水罐选用

立式气压水罐的选用参见表 5-13。

立式气压水罐型号规格表

表 5-13

序号	消防稳压装置名称	消防稳压泵压力 P(MPa)	立式隔膜式气压水罐			
			型号规格	工作压力比 α_b	消防贮水容积(L)	
					标定容积	实际容积
1	高位独立消防稳压装置	0.20≤P≤0.30	SQL800×0.6	0.80	150	159
2	高位合用消防稳压装置	0.20≤P≤0.30	SQL1000×0.6	0.76	300	329
3	低位独立消防稳压装置	0.20≤P≤0.60	SQL800×0.6	0.80	150	159
4	低位独立消防稳压装置	0.60<P≤1.00	SQL800×1.0	0.80	150	159
5	低位独立消防稳压装置	1.00<P≤1.50	SQL1000×1.5	0.85	150	206
6	低位合用消防稳压装置	0.20≤P≤0.60	SQL1000×0.6	0.78	300	302
7	低位合用消防稳压装置	0.60<P≤1.00	SQL1000×1.0	0.78	300	302
8	低位合用消防稳压装置	1.00<P≤1.50	SQL1200×1.5	0.85	300	355

3. 卧式气压水罐选用

卧式气压水罐的选用参见表 5-14。

卧式气压水罐型号规格表

表 5-14

序号	消防稳压装置名称	消防稳压泵压力 P(MPa)	卧式隔膜式气压水罐			
			型号规格	工作压力比 α_b	消防贮水容积(L)	
					标定容积	实际容积
1	高位独立消防稳压装置	0.20≤P≤0.30	SQW1000×0.6	0.80	150	159
2	高位合用消防稳压装置	0.20≤P≤0.30	SQW1000×0.6	0.80	300	312
3	低位独立消防稳压装置	0.20≤P≤0.60	SQW1000×0.6	0.80	150	159
4	低位独立消防稳压装置	0.60<P≤1.00	SQW1000×1.0	0.85	150	206
5	低位独立消防稳压装置	1.00<P≤1.50	SQW1000×1.5	0.85	150	206
6	低位合用消防稳压装置	0.20≤P≤0.60	SQW1000×0.6	0.78	300	302
7	低位合用消防稳压装置	0.60<P≤1.00	SQW1000×1.0	0.80	300	312
8	低位合用消防稳压装置	1.00<P≤1.50	SQW1000×1.5	0.80	300	312

5.6.4　管道、阀门、附件等

消防稳压泵吸水管管径、出水管管径参见表 5-15。

消防稳压泵吸水管管径、出水管管径对照表

表 5-15

序号	消防稳压装置名称	消防稳压泵吸水管管径(mm)	消防稳压泵出水管管径(mm)
1	消火栓稳压装置	DN50	DN40
2	自动喷水灭火稳压装置	DN50	DN40
3	合用消防稳压装置	DN70	DN50

消防稳压泵吸水管上按水流方向依次为明杆闸阀、过滤器、软接头、大小头。消防稳压泵出水管上按水流方向依次为大小头、软接头、消声止回阀和明杆闸阀。

消防稳压泵应设置备用泵，每套消防稳压泵通常为 2 台，1 用 1 备。

5.7 消防水泵接合器

5.7.1 消防水泵接合器概念及作用

消防水泵接合器是建筑水灭火系统除市政给水管网、消防水池之外的第三供水水源。室内消防给水系统设置消防水泵接合器的目的是便于专业消防队员现场扑救火灾时能充分利用建筑物内已经建成的自动水灭火设施、室内消火栓给水管网等水消防设施，从而提高灭火效率，节省灭火时间，减少消防队员体力消耗，有效降低北方寒冷地区灭火时消防车供水结冰可能性。

5.7.2 消防水泵接合器设置范围

1. 室内消火栓系统消防水泵接合器设置要求

《消水规》第 5.4.1 条：下列场所的室内消火栓给水系统应设置消防水泵接合器：**1 高层民用建筑；2 设有消防给水的住宅、超过 5 层的其他多层民用建筑；3 超过 2 层或建筑面积大于 10000m² 的地下或半地下建筑（室）、室内消火栓设计流量大于 10L/s 平战结合的人防工程。**

对于医院建筑室内消火栓给水系统，高层医院建筑、超过 5 层的多层医院建筑应设置消防水泵接合器。对于医院建筑附设的地下室、平战结合人防工程，如果其指标符合《消水规》第 5.4.1 条第 3 款的要求，也应设置消防水泵接合器。

具体到医院建筑室内消火栓给水系统消防水泵接合器的设计，应结合室内消火栓给水系统的分区确定。对于高层医院建筑，如果竖向分为高区、低区 2 个区，则每一个分区均应独立设置该区消防水泵接合器。对于室内消火栓给水系统设置为 1 个区的医院建筑来说，设置 1 套消防水泵接合器即可。对于医院院区内的不同医院建筑来说，每个建筑室内消火栓给水系统均为 1 个（竖向分区的话则为 2 个），每个建筑均应按规范要求分别设置消防水泵接合器。

医院建筑附设的地下室、平战结合人防工程内的室内消火栓给水系统一般同主体建筑室内消火栓给水系统连为一体（竖向分区的话则与低区室内消火栓给水系统连为一体），所以通常无需单独为附设的地下室、平战结合人防工程设置消防水泵接合器。

消火栓系统消防水泵接合器通过管道直接连接到室内消火栓给水管网上。竖向不分区的室内消火栓给水系统接入点通常位于系统底端消火栓给水环状干管；竖向分区的室内消火栓给水系统：低区接入点通常位于低区系统底端消火栓给水环状干管；高区接入点通常位于高区系统底端消火栓给水环状干管。

2. 其他消防系统消防水泵接合器设置要求

《消水规》第 5.4.2 条：**自动喷水灭火系统、水喷雾灭火系统、泡沫灭火系统和固定**

消防炮灭火系统等水灭火系统，均应设置消防水泵接合器。

医院建筑内设有的每种自动水灭火系统均应按系统分别设置消防水泵接合器。

医院建筑自动水灭火系统通常包括自动喷水灭火系统、水喷雾灭火系统、高压细水雾灭火系统、自动跟踪定位射流灭火系统等。如果以上系统分别设置的话，则应分别设置消防水泵接合器。

自动喷水灭火系统消防水泵接合器通过管道直接连接到水力报警阀组前的自动喷水灭火给水管网上。

5.7.3　消防水泵接合器技术参数

消防水泵接合器的给水流量宜按每个 $10\sim15L/s$ 计算。每种水灭火系统的消防水泵接合器设置的数量应按系统设计流量经计算确定，且不宜少于 2 个。

消防水泵接合器的出口通径有 $DN100$、$DN150$ 两种，$DN100$ 对应的给水流量可按 $10L/s$ 计，$DN150$ 对应的给水流量可按 $15L/s$ 计。确定每种系统消防水泵接合器数量时，以该系统设计流量值除以相应出口通径消防水泵接合器给水流量值后数值取整后加上 1 即可。

如某高层医院建筑室内消火栓给水系统设计流量为 $40L/s$，选用 $DN150$ 出口通径的消防水泵接合器（给水流量按 $15L/s$ 计），$40L/s$ 除以 $15L/s$ 得值为 2.67，取整后为 2，加上 1 后为 3，故该建筑室内消火栓给水系统消防水泵接合器数量确定为 3 个。

又如某医院建筑自动喷水灭火系统设计流量为 $30L/s$，选用 $DN150$ 出口通径的消防水泵接合器（给水流量按 $15L/s$ 计），$30L/s$ 除以 $15L/s$ 得值为 2.0，取整后为 2，系统消防水泵接合器数量为 2 个即可，但考虑到系统实际流量往往大于 $30L/s$，消防水泵接合器给水流量往往小于 $15L/s$，为可靠起见，通常加上 1 后为 3，该建筑自动喷水灭火系统消防水泵接合器数量确定为 3 个。

考虑到医院建筑室内消火栓给水系统设计流量、自动喷水灭火系统设计流量等均较大，选用 $DN100$ 出口通径计算选用的消防水泵接合器数量较多造成系统连接较为繁琐，故设计时通常选用 $DN150$ 出口通径的消防水泵接合器。

5.7.4　消防水泵接合器安装形式

根据安装形式不同，消防水泵接合器分为地上式、地下式、墙壁式、多用式等。对于医院建筑来说，常用的是地上式和地下式两种。

对于严寒地区，应采用地下式；对于寒冷地区，可采用地下式或地上式；对于其他地区，通常采用地上式。

5.7.5　消防水泵接合器设置位置

消防水泵接合器宜分散布置，且应设在室外便于消防车使用和接近的地方，距室外消火栓或消防水池不宜小于 15m，并不宜大于 40m，距人防工程出入口不宜小于 5m。通常消防水泵接合器布置在建筑物外墙与周边消防通道之间，设计时应注意控制其与室外消火栓或消防水池的距离。

两组并列布置的地上式、地下式消防水泵接合器宜用于室内不同的水灭火消防系统或同一系统的不同分区。这样做的目的是使各个系统、各个部位尽可能地均能得到消防车的供水。

当室内消火栓系统和自动喷水灭火系统或不同消防分区的消防水泵接合器设置在一起时，应有明显的标志加以区分。

5.8 消火栓系统给水形式

消防给水系统分为室外消防给水系统和室内消防给水系统。对于医院建筑来说，其室外消防给水系统实际上等同于室外消火栓给水系统；室内消防系统包括室内消火栓系统、自动喷水灭火系统、高压细水雾灭火系统、自动跟踪定位射流灭火系统等，本节仅涉及室内消火栓系统，室内消防给水系统同样仅涉及室内消火栓给水系统。

5.8.1 室外消火栓给水系统

室外消火栓给水系统分为低压系统、临时高压系统和高压系统 3 种。

1. 室外低压消防给水系统

《消水规》第 6.1.3 条：建筑物室外宜采用低压消防给水系统，当采用市政给水管网供水时，应符合下列规定：1 应采用两路消防供水，除建筑高度超过 54m 的住宅外，室外消火栓设计流量小于或等于 20L/s 可采用一路消防供水；2 室外消火栓应由市政给水管网直接供水。

上述规范体现了两层概念：一是优先采用低压系统；二是给出了低压系统的使用条件。在流量和压力等指标均满足室外消防灭火的情况下，采用室外低压消防给水系统是最合理的方案。而成熟、完善的市政给水管网可以提供足够的、稳定的系统给水流量和压力。

建筑体积大于 5000m³ 的医院建筑其室外消火栓设计流量为 25～40L/s，要求室外消防给水管网为环状供水且自市政给水管网有 2 处及以上接入口；市政给水管网压力为 0.25～0.35MPa。以上条件满足的话，此医院建筑室外消防给水系统即可采用低压系统，系统所需的流量、压力均由市政给水管网提供。因此，如果一个医院建筑项目周边的市政给水管网成熟、完善的话，复核各项指标均满足要求，则优先采用室外低压消防给水系统。

在采用低压系统的情况下，室外消火栓即可由市政给水管网直接供水。

2. 室外临时高压消防给水系统

如果医院建筑项目存在以下情况，则该建筑室外消防给水系统应采用临时高压系统：周边没有市政给水管网；虽有市政给水管网，但管网流量不大、管径较小，压力低于 0.25MPa 或不稳定；自市政给水管网接入口只有 1 处等。

室外临时高压消防给水系统可以独立设置，也可以与室内消防给水系统合用。

（1）独立室外临时高压消防给水系统

此系统需要单独设置室外消防给水泵组（室外消火栓给水泵组）、室外消防稳压装置（室外消火栓稳压装置）。

在医院建筑设计实践中,通常的做法如下。

1) 室外消火栓给水泵组

该泵组一般为 2 台,1 用 1 备,与室内消防泵组一起设置在消防水泵房内。泵组吸水管接自消防水池,吸水管应每台泵设置一条。

泵组设计流量即为该医院建筑室外消防设计流量(15L/s、25L/s、30L/s、40L/s),设计扬程应能保证室外消火栓处的栓口压力(0.20~0.30MPa)。

泵组出水管及吸水管管径见表 5-16。

泵组出水管及吸水管管径对照表　　　　　　　　　　　表 5-16

室外消火栓给水泵组 设计流量(L/s)	泵组出水管管径(mm)	泵组吸水管管径(mm)
15	DN125	DN150
25	DN150	DN200
30	DN150	DN200
40	DN200	DN250

2) 室外消火栓稳压装置

室外消火栓稳压装置的作用是维持室外消火栓给水系统管网的充水和压力,包括消火栓稳压泵组、稳压罐等。

消火栓稳压泵组一般为 2 台,1 用 1 备,与室外消火栓给水泵组一起设置在消防水泵房内。泵组吸水管接自消防水池,吸水管应每台泵设置一条。

泵组设计流量为室外消火栓给水设计流量的 1%~3%,且不宜小于 1L/s,设计扬程通常采用 25~30mH$_2$O。

泵组出水管管径为 DN40,吸水管管径为 DN50。

稳压罐罐体直径为 800mm,罐体出水管管径为 DN50。

3) 室外消火栓给水管网

室外消火栓给水管网管径见表 5-17。

室外消火栓给水管网管径对照表　　　　　　　　　　　表 5-17

室外消火栓设计流量(L/s)	15	25	30	40
室外消火栓给水管网管径(mm)	DN150	DN150	DN150	DN200

室外消火栓给水管网应沿医院建筑周边环状布置,单独成环,可与医院院区内其他室外消火栓给水管网连接(宜至少 2 处连接)。室外管网覆土深度在车行道下不宜小于 1.0m;在非车行道下不宜小于 0.7m;对于严寒地区、寒冷地区工程应在冻土层以下。

独立室外临时高压消防给水系统由于系统独立、完整、控制便利等优点,在当前医院建筑消防设计中普遍采用。此系统的缺点是增加工程造价、占地等。

(2) 与室内合用室外临时高压消防给水系统

此系统因不需单独设置泵组、稳压装置等优点，在医院建筑消防设计中也得到一定的应用。

本系统的应用应满足一定条件：室外消防给水系统工作压力与室内消防给水系统工作压力相差不宜太大；消防水泵房占地、空间等有限；建筑火灾危险性不高等。

基于医院建筑的重要性，推荐采用独立室外临时高压消防给水系统。

3. 室外高压消防给水系统

此系统在医院建筑消防设计中较为少见，只有在市政给水管网的流量和稳定压力能够持续满足医院建筑室外消防要求的情况下方可采用。

5.8.2 室内消火栓给水系统

室内消火栓给水系统应采用高压或临时高压消火栓给水系统。医院建筑室内消火栓给水系统采用最普遍的是临时高压消火栓给水系统。

5.8.3 室内消火栓系统分区供水

此处的"分区供水"主要指的是竖向分区供水。

考虑到产品承压能力、阀门开启、管道承压、施工和系统安全可靠性、经济合理性，建筑高度达到一定高度的高层建筑室内消火栓系统应该竖向分区，以降低系统最不利点的压力。

1. 分区供水规定

《消水规》第6.2.1条：符合下列条件时，消防给水系统应分区供水：1 系统工作压力大于2.40MPa；2 消火栓栓口处静压大于1.0MPa。本条款是高层建筑消火栓系统竖向分区的依据。

2. 分区供水确定方法

通过工程实践，当前高层医院建筑的功能设计通常包括以下情况：（1）高层医疗综合楼：包含病房、门诊、医技等全部医疗功能或者是其中的2种，通常病房部分设置在建筑物的顶部，门诊、医技部分设置在建筑物的底部。一般来说，门诊部分在建筑物中的配置位置是高层部分一层至六层（一般不超过六层），再加上裙房部分，通常是按高层与裙房一致的原则来布置各科室门诊。（2）高层门诊楼：单一的高层门诊楼并不多见。（3）高层病房楼：单一的高层病房楼较常见。

在进行高层医院建筑消火栓系统设计时，应该根据高层医院建筑的建筑高度结合其功能布置来做。规范规定消火栓栓口静水压力大于1.0MPa时，应采取分区给水系统。如果理解为建筑高度不超过100m，消火栓系统就不必分区的话，这种理解是不对的。高层医院建筑消火栓系统还包括屋顶消防水箱间内消火栓稳压装置，消火栓稳压装置会产生20～30m左右的压力h_2（这部分压力应通过计算确定），用于保证消火栓系统最不利点的压力要求。所以在计算消火栓栓口静水压力时，应该考虑加上消火栓稳压装置的压力h_2。把某个消火栓栓口与屋顶消火栓稳压装置之间的高差记作h_1，我们计算$h=h_1+h_2$值。如果计算到某一层的h值超过1.0MPa了，则这一层及其以下楼层的消火栓系统和这一层以上楼层的消火栓系统应该分成两个区。

通常高层医院建筑消火栓系统如果需要竖向分区，则分成高区、低区两个区即可。从工程实践来看，比较普遍的做法是高层医院建筑（带有裙房）的主楼高层超过裙楼高度或楼层的这部分楼层消火栓系统管网为高区，主楼高层不超过裙楼高度的这部分楼层和裙楼部分消火栓系统管网为低区。结合上述有关高层医院建筑的功能位置分析，一般病房部分消火栓系统为高区，门诊、医技部分消火栓系统为低区。具体工程应具体分析，具体如何分区应经过详细计算，根据 h 值来确定消火栓系统的分区范围。

3. 消火栓系统分区供水形式

（1）室内消火栓系统分区供水形式分为消火栓给水泵组并行或串联、减压水箱、减压阀减压等几种形式。

消火栓给水泵组串联形式通常应用在超高层建筑消防系统中，不会应用在高层医院建筑消防系统中。而减压水箱形式也极少在高层医院建筑消防系统中应用。高层医院建筑消防系统中常用的是消火栓给水泵组并行、减压阀减压两种形式。下面详细介绍这两种形式。

1）消火栓给水泵组并行形式：高区、低区消火栓给水泵组分别配置一套。两个区的消火栓给水泵组单独从消防水池吸水，单独向本区消火栓给水管网供水。在选择消火栓给水泵组时，高区、低区消火栓泵的流量是相同的，扬程是不同的。这种方案的优点是高区、低区完全独立，可靠性高；缺点是造价较高，占用空间较大。

2）减压阀减压形式：高区、低区消火栓给水泵组共同配置一套。消火栓给水泵组从消防水池吸水，向高区、低区消火栓给水管网供水。在选择消火栓给水泵组时，消火栓泵的扬程应根据高区确定。当然应在接往低区消火栓给水管网的两条消火栓泵出水管上各加减压阀一个。这种方案的优点是经济合理，节省空间，可靠性较高。

具体采用哪种形式，应综合考虑。建议：对于体量较大、消火栓系统较大的医院建筑，采用消火栓给水泵组并行形式；否则采用减压阀减压形式。在医院建筑工程实践中，减压阀减压形式应用得较为普遍。

（2）减压阀减压分区供水设计要点

1）每一个消火栓系统供水分区应设不少于两组减压阀组，每组减压阀组宜设置备用减压阀；

2）减压阀仅应设置在单向流动的供水管上，不应设置在双向流动的输水干管上；

3）减压阀宜采用比例式减压阀，当超过 1.20MPa 时，宜采用先导式减压阀；

4）减压阀的阀前阀后压力比值不宜大于 3∶1，当一级减压阀减压不能满足要求时，可采用减压阀串联减压，但串联减压不应大于两级，第二级减压阀宜采用先导式减压阀，阀前阀后压力差不宜超过 0.40MPa。

4. 分区消火栓给水管网敷设

无论是高区消火栓给水管网，还是低区消火栓给水管网，各区均应在横向、竖向上连成环状，以保证消防供水的可靠性。高区、低区消火栓横干管应分别在本区最高层和最低层顶板下敷设。

典型医院建筑室内消火栓系统原理图见图 5-2。

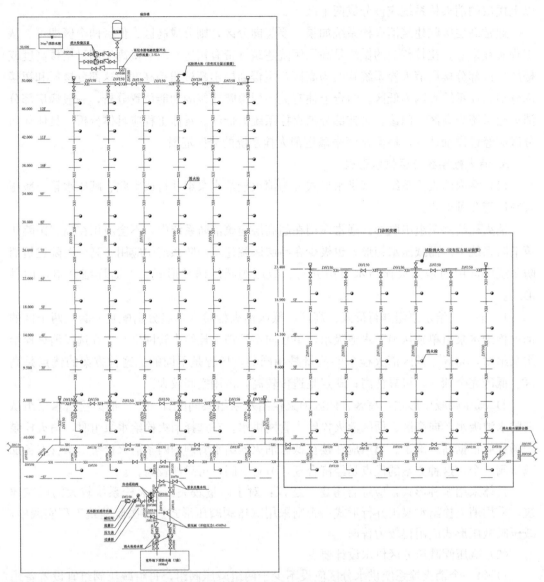

图 5-2　医院建筑室内消火栓系统原理图

5.9　消火栓系统类型

5.9.1　系统分类

消火栓系统分为湿式消火栓系统和干式消火栓系统。

1. 湿式消火栓系统

医院建筑的室外消火栓系统均采用湿式消火栓系统。

《消水规》第 7.1.2 条：**室内环境温度不低于 4℃，且不高于 70℃的场所，应采用湿式消火栓系统**。医院建筑的室内消火栓系统采用湿式还是干式，需根据建筑内场所的环境温度确定。在我国夏热冬冷、夏热冬暖及温和地区的医院建筑，其室内常年环境温度均在 4～70℃ 范围内，所以这些地区医院建筑室内消火栓系统均应采用湿式消火栓系统。在我国严寒、寒冷等冬季结冰地区的医院建筑，由于其室内病房、诊室、办公等场所在冬季均设有集中供暖系统或空调系统，其环境温度均能在 4～70℃ 范围内，所以有供暖系统或空调系统的医院建筑以上场所室内消火栓系统亦均应采用湿式消火栓系统；而这些医院建筑的地下车库、库房、机房等场所，往往未设有集中供暖系统或空调系统，其环境温度在冬季均会低于 4℃，故这些场所应采用干式消火栓系统。

2. 干式消火栓系统

如上所述，严寒、寒冷等冬季结冰地区医院建筑内未设有供暖设施的地下车库、库房、机房等场所的室内消火栓系统采用干式消火栓系统。

对于室内既设有湿式消火栓系统也设有干式消火栓系统的医院建筑来说，最普遍、最可靠的做法是将湿式消火栓系统与干式消火栓系统独立设置：虽然水源、消防给水泵组是同一个，但两种系统在管网上是完全分开的。

具体做法是：在消防水泵房内设置 2 套干式报警阀，消防水泵出水管一路接至湿式消火栓系统，另一路 2 根管道分别接至干式报警阀；分别自 2 套干式报警阀各接出 1 根消防给水管至干式消火栓系统。就是说：干式报警阀前的管网为环状湿式管网；干式报警阀后的管网为环状干式管网。

还有下列做法：在供水干管上设置雨淋阀、电磁阀、电动阀等快速启闭装置中的一种。但采用这种做法时，在消火栓箱处应设置直接开启快速启闭装置的手动按钮，控制较为复杂且受阀门性能的限制，在医院建筑消火栓系统中较少采用。

5.9.2 室外消火栓

1. 形式选择

严寒、寒冷等冬季结冰地区的医院建筑室外消火栓应采用干式地上式室外消火栓或地下式室外消火栓，地下式应注意保暖措施；其他地区的医院建筑室外消火栓采用地上式或地下式室外消火栓均可，宜采用地上式。

2. 技术参数

室外消火栓宜采用 DN150 的消火栓，其中地上式室外消火栓应有一个直径为 150mm 或 100mm 和两个直径为 65mm 的栓口；地下式室外消火栓应有直径为 100mm 和 65mm 的栓口各一个。具体型号参数可参见相关室外消火栓国家标准图集（《室外消火栓及消防水鹤安装》13S201）或地方图集。

3. 数量确定

建筑室外消火栓的数量应根据室外消火栓设计流量和保护半径经计算确定，保护半径不应大于 150.0m，间距不应大于 120.0m，每个室外消火栓的出流量宜按 10～15L/s 计算。室外消火栓设计流量和保护半径是两个约束条件，在计算时应分别按照上述两个指标分别计算得出数值（整数），数值较大的即为本建筑室外消火栓的数量。

对于医院建筑来说，根据室外消火栓设计流量计算的数值通常大于根据保护半径计算的数值。

举例：某医院建筑室外消火栓设计流量为 40L/s，建筑基地轮廓尺寸为 110m×80m。

根据室外消火栓设计流量计算，本建筑所需室外消火栓的数量为 $40/(10\sim15)=3\sim4$ 个，取 4 个；根据室外消火栓保护半径计算，本建筑所需室外消火栓的数量为 2 个即可满足。这种情况下该医院建筑室外消火栓的数量应按 4 个设计布置。

4. 布置方法

室外消火栓的布置应按照以下控制条件合理设计。

室外消火栓宜沿建筑周围均匀布置，且不宜集中布置在建筑一侧；建筑消防扑救面一侧的室外消火栓数量不宜少于 2 个；室外消火栓应布置在消防车易于接近的人行道和绿地等地点；室外消火栓距路边不宜小于 0.5m，并不宜大于 2.0m；室外消火栓距建筑外墙或外墙边缘不宜小于 5.0m；人防工程、地下工程等建筑应在出入口附近设置室外消火栓，且距出入口不宜小于 5.0m，并不宜大于 40.0m。

医院建筑周边通常均是院区内车行道，按照消防要求通常是环形消防车行道。车行道与建筑之间、车行道外侧通常是室外绿化。室外消火栓一般布置在车行道外侧的绿地处，这样靠近消防车道，并能保证与建筑物保持一定距离，易于消防车接近正常安全使用。为了发挥室外消火栓的覆盖作用，通常根据建筑物的平面布局在建筑物四个角附近的室外绿地设置，相邻两个室外消火栓之间距离如果超过 120m，则应在其中间增设 1 个室外消火栓。上例中的 4 个室外消火栓宜布置在该医院建筑四个角附近的室外绿地。

5. 施工图体现

在医院建筑室外给水排水总图中，应体现室外消火栓的位置（包括定位尺寸）、标注形式、规格、型号、参数及引用的图集号等内容。

5.9.3 室内消火栓

1. 技术参数

室内消火栓包括消火栓栓口、消防水带、消防水枪、消防软管卷盘等。

医院建筑室内消火栓的配置要求如下：应采用 $DN65$ 室内消火栓，并可与消防软管卷盘设置在同一箱体内；应配置公称直径 65mm 有内衬里的消防水带，长度不宜超过 25.0m；消防软管卷盘应配置内径不小于 $\Phi 19$ 的消防软管，其长度宜为 30.0m；宜配置当量喷嘴直径 19mm 的消防水枪；消防软管卷盘应配置当量喷嘴直径 6mm 的消防水枪。

医院建筑室内消火栓应配备消防软管卷盘。消防软管卷盘作为一种辅助性的消防设施，其用水量可不计入消防用水总量，在灭火中有其优势。火灾时，在专业消防人员到来之前，普通人员可以通过操作它来灭火，从而避免了因不能够使用室内消火栓而耽误灭火。消防软管卷盘的间距应保证有一股水流能到达室内地面任何部位，消防软管卷盘的安装高度应便于取用，而将消防软管卷盘与室内消火栓置于同一个消火栓箱内，可以满足其使用要求。消防软管卷盘的栓口直径宜为 25mm。

2. 设置场所

（1）《消水规》第 7.4.3 条：**设置室内消火栓的建筑，包括设备层在内的各层均应设置消火栓。**

医院建筑的各楼层，包括病房层、门诊层、手术层、地下车库层、地下机房层、手术室设备层等，均应布置室内消火栓保护。

需要强调的是，对于医院建筑中不能采用自动喷水灭火系统保护的高低压配电室、柴油发电机房、网络机房、医技影像机房（CT、MR、DSA 等）、消防控制室等场所同样需要得到室内消火栓保护，应在其附近按照要求布置室内消火栓。

（2）特殊场所

个别医院主楼屋顶设置了直升机停机坪。屋顶设有直升机停机坪的医院建筑，应在直升机停机坪出入口或非电气设备机房处设置室内消火栓，且距直升机停机坪机位边缘的距离不应小于 5.0m。

（3）消防电梯前室应设置室内消火栓，并应计入消火栓使用数量。

高层医院建筑内根据消防要求设置了消防电梯，消防电梯前室在火灾时是消防专业人员的通道，设置室内消火栓使消防专业人员灭火更为便捷。消防电梯前室内的消火栓充实水柱应作为灭火的一股水柱。

为了保证消防电梯前室的防火性能，其内消火栓应明装。

3. 室内消火栓布置

（1）布置原则

室内消火栓布置所遵循的原则是：室内消火栓的布置应满足同一平面有 2 支消防水枪的 2 股充实水柱同时达到任何部位的要求。

此原则涉及 3 个概念："充实水柱"、"同时达到"和"任何部位"。

第一个概念：一定压力的充实水柱是消火栓灭火的基础和保证，要求充实水柱到达灭火部位不是指充实水柱的末端到达而是指消防水枪的枪口处到达。

第二个概念：每个灭火部位应保证附近至少有 2 股充实水柱同时灭火，这是考虑到人工灭火时通过 2 股充实水柱来保证灭火的成功率和可靠性。

第三个概念：要求任何灭火部位均能被保证，其实在实际设计中选择某个区域最不利点（部位）较为重要，最不利点（部位）满足了，其他部位也就满足了。

以上 3 个概念直接影响到室内消火栓的布置。

（2）布置方法

1）对于医院建筑室内消火栓的布置位置，规范做了较明确的规定。《消水规》第 7.4.7 条：建筑室内消火栓的设置位置应满足火灾扑救要求，并应符合下列规定：1 室内消火栓应设置在楼梯间及其休息平台和前室、走道等明显易于取用，以及便于火灾扑救的位置；3 汽车库内消火栓的设置不应影响汽车的通行和车位的设置，并应确保消火栓的开启；4 同一楼梯间及其附近不同层设置的消火栓，其平面位置宜相同。

2）由于医院建筑的功能复杂性，其存在以下特点：建筑平面尤其是门诊区域面积较大；内走道较多；不同楼层的平面布局差别较大甚至完全不同；个别场所如中心供应室、手术室、ICU、急诊、检验科、中心输液、静脉配置中心等存在"大间套小间"的情形。因此在室内消火栓的布置上应因地制宜，结合建筑平面解决。

下面详述医院建筑室内消火栓的布置方法及注意事项。

步骤一：室内消火栓布置在楼梯间、前室等位置。以上场所属于公共空间，上下楼层自顶层到地下室是正冲起来的，火灾时也是消防专业人员的主要通道，所以是室内消火栓布置的首选和最佳位置。布置在楼梯间、前室的室内消火栓应明装，箱体及立管应布置在其中的角落位置并不应影响楼梯门、电梯门的开启使用。

步骤二：室内消火栓布置在公共走道两侧，箱体开门朝向公共走道。公共走道不论是外走道还是内走道均属于建筑主要交通空间，其在建筑内的连通性使布置在公共走道处的室内消火栓易于被消防专业人员使用，所以此区域的室内消火栓布置也是重点。

通常公共走道的一侧或两侧是各种医疗功能房间或附属房间。室内消火栓应安装在某些邻近走道房间靠近走道的墙体上，原则上是暗装或半暗装，半暗装时外箱体与墙体外皮应平齐，房间内凸出部分结合后期装修做抹平处理；但当该墙体为防火分区的分界线时，该室内消火栓应明装，箱体整体在走道内安装。

室内消火栓宜优先在附属房间（库房、淋浴间、卫生间、污洗间等）的墙体上安装，在不能满足要求的情况下再在医疗功能房间的墙体上安装。为减少对房间使用的影响及从美观考虑，室内消火栓立管宜在房间内靠角落敷设。

靠近公共走道的下述房间：高低压配电室、柴油发电机房、网络机房、医技影像机房（CT、MR、DSA等）、消防控制室等，其墙体上不应设置室内消火栓。若确需在此处设置，则室内消火栓均须在走道内明装，室内消火栓立管亦应在走道内敷设。

步骤三：室内消火栓在集中区域内部公共空间内安装。医院建筑中中心供应室、ICU、急诊、检验科、中心输液、静脉配置中心等场所，根据医疗流程要求，在建筑平面布局上会布置成一块独立区域，该区域内敞开公共空间与分隔房间并存，甚至存在"大间套小间"的情形。在这些场所内，室内消火栓可以在敞开公共空间内沿柱子外皮明装，也可以沿靠近敞开公共空间的房间的外墙上暗装，以满足消防专业人员在公共空间内及时找到室内消火栓灭火。

以上集中区域内的缓冲走道等区域也属于公共空间，也可根据需要布置室内消火栓。

以上区域可能在建筑布局上出现多种房间组合形式，在布置室内消火栓时，应避免出现消火栓消防水带穿过多个房间门才到达保护点的情况，以防止火灾情况下消防专业人员很难着时到达火点进而影响灭火，况且有些房间门平时可能是锁闭的。

步骤四：特殊区域如手术部、车库、门诊大厅、病房大厅、设备层、手术室机房等场所，应根据其平面布局布置。

手术部通常为独立的区域，包括手术室、苏醒室、预麻室、无菌库房、洁净走廊、污物廊等。手术室由于有净化要求，内部墙体四周均设有夹墙，夹墙内有各种管线、电线等，因此手术室外墙墙体上不应设置消火栓。需要在手术室墙体附近布置消火栓的，消火栓均须在该墙体外明装，消火栓立管亦应在墙体外敷设。

手术部中的苏醒室、预麻室、无菌库房等房间内靠近公共走道的墙体上可以暗装消火栓。手术部的消火栓通常沿洁净走廊、污物廊等公共空间布置，靠近手术室的明装，靠近非手术室的可以暗装，没有房间依靠的可以沿柱子明装。需要提醒的是，手术室同样需要2支消防水枪的2股充实水柱同时保护。

车库作为医院建筑的附属配套空间，绝大多数位于地下室，包括停车位、车行道、配套房间等。车库内消火栓宜沿车行道布置，沿柱子明装，箱体向车行道方向开门，这样布置不会影响汽车的通行和车位的设置。如果邻近配套房间，可以沿房间外墙体设置。消火栓不宜沿停车位后方（远离车行道）墙体明装，因为虽然不影响汽车的通行，但车位上有车的话，消火栓不易被发现。

对于车库出入口处，应沿车行道在其中一侧或两侧（宜在一侧）布置消火栓，保证出入口最远一点均能被2股充实水柱同时保护到。

门诊大厅、病房大厅位于门诊、病房的主入口处，高度通常为 2～3 层，门诊大厅甚至达到 4～5 层。一些医院建筑内设有中庭，高度会自底层直到裙楼屋顶。这些场所属于高大空间，高大空间内有的设有柱子，有的没有。为了美观，这些场所的消火栓宜沿高大空间周边房间外墙明装或暗装，从工程实践来看，基本上可以满足要求。如果这些场所面积过大，中间部分区域无法保护到，则应在中间位置设置消火栓，通常沿柱子明装，结合后期装修与柱子包为一体。

设备层通常设为手术室空调设备用房、管道转换敷设区，通常设置为敞开空间。设备层的消火栓应沿柱子明装。

手术室机房通常设置在手术室层的上一层，一般划分为一个区域或一个大房间。消火栓可以在此区域或大房间内沿柱子明装。

（3）室内消火栓布置与防火分区关系

防火分区是指在建筑内部采用防火墙、楼板及其他防火分隔设施分隔而成，能在一定时间内防止火灾向同一建筑的其余部分蔓延的局部空间。防火分区是建筑消防的一个重要概念，其目的是将火灾限制在一定空间内，所以一个防火分区的室内消火栓系统应该就是一个小的独立系统，其内的任何一点均应得到 2 股充实水柱同时保护。在此意义下，室内消火栓布置应按防火分区布置，某个部位需要的充实水柱不应来自相邻防火分区的室内消火栓。

相邻防火分区设有防火墙时，为不破坏防火墙的防火性能，设置在防火分区分界线处的室内消火栓应明装。

（4）病房区与门诊区室内消火栓布置区别

病房区的消火栓除了设在楼梯间、电梯前室外，通常沿护理单元病房侧走廊和医务用房侧走廊布置，极少或应避免在病房墙体上设置。各病房层之间的消火栓通常在平面位置上是一致的，消火栓立管位置也基本上一致。

门诊区由于各科室建筑平面有多种变化，经常或全部不一致，所以各个门诊楼层间的消火栓竖向位置间除了楼梯间、电梯前室外，多数也是不一致的。所以门诊区的消火栓布置相对病房区要复杂得多。

（5）室内消火栓布置间距

室内消火栓宜按直线距离计算其布置间距，室内消火栓按 2 支消防水枪的 2 股充实水柱布置的建筑物，消火栓的布置间距不应大于 30.0m。基于医院建筑平面布局的复杂性，建议室内消火栓的布置间距按照 20.0～25.0m 控制。

虽然室内消火栓宜按直线距离计算其布置间距，但应复核某 2 个消火栓保护区域最不利点是否能真正保护到。医院建筑平面复杂，消防水枪充实水柱自消火栓栓口经过消防水带到达最不利点很多情况下不是直线到达，而是经过 2 道或以上门窗以曲线到达，所以应以这个曲线长度来复核是否满足，否则应增设消火栓或调整消火栓的布置。

相邻室内消火栓的布置间距不宜太小，间距小于 5m 的室内消火栓不能作为 2 股充实水柱使用。

4. 室内消火栓栓口压力

室内消火栓栓口动压不应大于 0.50MPa；当大于 0.70MPa 时必须设置减压措施。高层建筑室内消火栓栓口动压不应小于 0.35MPa；多层建筑室内消火栓栓口动压不应小于 0.25MPa。

室内消火栓栓口压力大于 0.70MPa 时，两个消防队员难以控制消防水枪；小于 0.50MPa 时，一个消防队员可以控制消防水枪，所以一般情况下，室内消火栓栓口压力不应大于 0.50MPa。对于栓口压力大于 0.50MPa 的室内消火栓应设置减压措施，通常是采用减压稳压消火栓。

对于高层医院建筑来说，栓口动压小于 0.50MPa 的室内消火栓所在楼层在 15m 范围内（50－35＝15m），按层高 4m 计，合 4 层楼，故建筑最上面的 4 层采用普通消火栓，其他楼层采用减压稳压消火栓；如果系统分为高、低两个区，则每个区的上面 3～4 层采用普通消火栓，其他楼层采用减压稳压消火栓。对于多层医院建筑来说，栓口动压小于 0.50MPa 的室内消火栓所在楼层在 25m 范围内（50－25＝25m），按层高 4m 计，合 6 层楼，故建筑最上面的 6 层采用普通消火栓，其他楼层采用减压稳压消火栓。

5. 充实水柱

高层医院建筑消防水枪充实水柱应按 13m 计算；多层医院建筑消防水枪充实水柱应按 10m 计算。

5.10 消火栓给水管网

5.10.1 室外消火栓给水管网

基于医院建筑的火灾危险等级高、供水可靠性要求高的特点，医院建筑室外消火栓给水管网应采用环状给水管网。

环状给水管网的应用适合于以下几种情况：向两栋或两座及以上建筑供水时；向两种及以上水灭火系统供水时；采用设有高位消防水箱的临时高压消防给水系统时；向两个及以上报警阀控制的自动水灭火系统供水时。

向环状室外消火栓给水管网供水的输水干管不应少于两条。

5.10.2 室内消火栓给水管网

1. 管网形式

医院建筑室内消火栓给水管网应采用环状给水管网，这是基于其系统绝大多数属于采用设有高位消防水箱的临时高压消防给水系统。

下面介绍医院建筑室内消火栓给水管网的两种管网形式。

第一种是消防供水干管沿建筑最高处、最低处横向水平敷设，配水干管沿竖向垂直敷设，配水干管上连有消火栓的形式。此种形式最为常见。该形式适用于上下层消火栓位置一致或相距不远的情况，对于某两层位置不一致的消火栓，其配水竖直立管间通过敷设于此两层中下面一层顶板下或吊顶内的配水横管连接。对于病房区，各楼层消火栓位置基本一致，适用于此形式；对于门诊区，如果各楼层消火栓位置基本一致且横向连接管长度较小，也适用于此形式。

图 5-3 为该种室内消火栓给水管网形式原理图。

第二种是消防供水干管沿建筑竖向垂直敷设，配水干管沿每一层顶板下或吊顶内横向

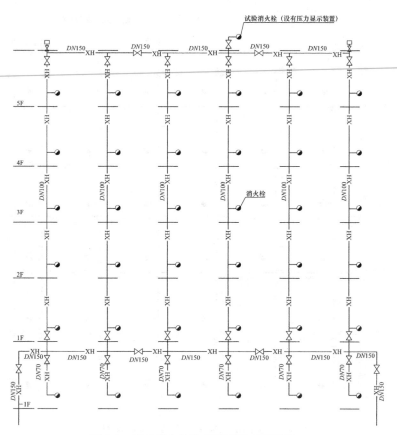

图 5-3　室内消火栓给水管网形式原理图一

水平敷设，配水干管上连有消火栓的形式。此种形式较为少见。对于门诊区，如果各楼层消火栓位置差别较大或横向连接管长度较大，可适用于此形式。该形式实际上是每个楼层单独配置连接消火栓，通过 2 根或几根竖向供水干管连接的形式。

图 5-4 为该种室内消火栓给水管网形式原理图。

根据医院建筑工程设计实践，对于病房区域室内消火栓给水管网，通常采用第一种管网形式；对于门诊、医技区域室内消火栓给水管网，通常采用第二种管网形式；对于病房、门诊、医技综合设置的区域，通常采用上述两种管网形式结合的方式，两种环状室内消火栓给水管网通过至少 2 根消火栓给水干管连通起来。

2. 管网管径

医院建筑室内消火栓给水管网的环状干管管径参见表 5-18（消火栓给水管道的设计流速不宜大于 2.5m/s）。

室内消火栓给水管网环状干管管径对照表　　　　　　　　　　　　　　表 5-18

室内消火栓设计流量(L/s)	10	15	20	30	40
室内消火栓给水管网管径(mm)	DN100	DN100	DN100 或 DN150	DN150	DN150

医院建筑室内消火栓给水管网在横向、竖向均宜连成环状。

每个系统管网横向环网敷设在该系统所在区域建筑最顶层、最底层的顶板下或吊顶

251

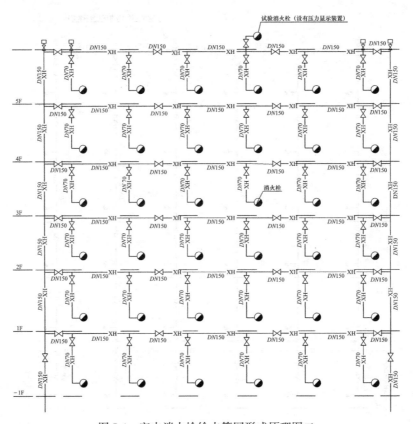

图 5-4　室内消火栓给水管网形式原理图二

内；竖向分区的系统管网横向环网分别敷设在高区、低区系统每个系统所在区域建筑最顶层、最底层的顶板下或吊顶内。该环状干管管径按表 5-18 确定。

竖向环网通常由多根或数根消防竖管组成，室内消火栓竖管管径应根据竖管最低流量经计算确定，但不应小于 $DN100$。医院建筑室内消火栓竖管流量为 $10\sim15L/s$，管径按 $DN100$ 确定可满足要求。

3. 管网布置

（1）病房楼每个护理单元包括病房区、医护人员区、治疗区、连通走道等，上下楼层的护理单元在布局上是基本一致的，仅 ICU、NICU、产科病房、儿科病房、妇科病房、烧伤病房等一些护理单元布局有变化。鉴于消火栓布置通常沿楼梯间、前室、公共走道布置，如前所述，上下楼层护理单元的消火栓及立管位置是一致的、对齐的，仅个别位置有调整。

门诊楼包含多个科室，每个科室的功能要求不尽相同，有些差别很大。当前医院建筑门诊区设计也呈现"模块化"趋势，即每个科室位于某个楼层的一块独立区域，区域内设置诊室、办公、检查、治疗等房间和公共走道，消火栓亦沿着公共走道的房间朝向走道的墙体上安装，立管设在房间内。上下楼层科室在总体布局上尤其是在公共走道的布置是一致的，故其消火栓及立管的位置基本上是一致的。

但是检验科、中心供应室、影像中心、配液中心、输液中心、实验室等科室场所的功能布局相差很大，甚至大相径庭，公共走道完全不在一个位置。这种情况下，上下楼层科室的消火栓及立管的位置基本上是不一致的，上一楼层的消火栓立管在下一层沿楼板下或吊顶内横向敷设管道连接就近或附近的消火栓立管，这样看起来许多消火栓立管在竖向上拐来拐去。

（2）对于高层医院建筑来说，主楼部分通常为病房部分，裙楼部分通常为门诊医技部分。如果该建筑消火栓系统竖向为一个区，则该建筑消火栓环状给水管网可分为两个：一个是主楼环网，横向干管通常沿主楼顶层和最底层（有地下室为最下地下室层，没有地下室则为一层）敷设；一个是裙楼环网，横向干管通常沿裙楼顶层和最底层（有地下室为最下地下室层，没有地下室则为一层）敷设。两个环网分别在裙楼顶层、最底层顶板下或吊顶内以1根或2根干管连通，连通管管径同消火栓供水干管管径，一般为 $DN150$。

（3）不能敷设横向环网场所

医院建筑中存在一些场所，其内不能敷设消火栓给水管道。这些场所包括：影像中心的 CT、MR、DSA 等机房；核医学科的 PET-CT、直线加速器等机房；高低压配电室；柴油发电机房；网络机房；消防控制室；手术室等。

（4）手术部消火栓给水管网布置

医院建筑手术部基于其功能，通常设于裙楼最顶层，位置靠近主楼内的病房区和裙楼内的门诊区。随着新型医院建筑对手术部数量、质量的要求越来越高，手术室的间数越来越多。基于手术室内不能敷设消火栓给水管网，所以手术部内的消火栓给水横干管一般应沿手术部内走道（包括洁净走廊、污物廊）顶板下或吊顶内敷设，消火栓立管一般应在走道两侧非手术室房间靠走道墙体上暗装或在走道两侧手术室靠走道墙体上明装。手术部层的平面布置往往与下一楼层平面布置差别较大，故消火栓给水立管在下一楼层顶板下或吊顶内调整位置便很常见。

（5）人防区域消火栓给水管网布置

医院建筑内需要做战时人防的区域绝大多数位于地下室，该区域平时或作为停车库，或作为库房等其他功能。人防区域内消火栓系统应自成一个系统，即消火栓的布置、消火栓给水横干管的敷设等均应在该区域内，消火栓给水管网在横向上应做成环状，仅需要设置2根给水干管与该建筑非人防区域消火栓系统相连，该给水干管在穿越人防围护结构时应在人防侧设置防护阀门。

（6）特殊布置

医院建筑个别楼层一些场所平面布局常常增加一些内走道或内房间等，增加的内走道或内房间等位置需要增加设置2个或2个以上消火栓，但增加的消火栓应从同一层不同的消火栓立管上分别接出，不应从同一根消火栓立管上接出。

5.10.3 系统阀门设置

1. 检修阀门设置

室内消火栓环状给水管道检修时应符合下列规定：室内消火栓立管应保证检修管道时关闭停用的立管不超过1根，当立管超过4根时，可关闭不相邻的2根；每根立管与供水横干管相接处应设置阀门。

首先，每根消火栓给水立管的上下两端与横干管连接处应各设1个阀门，用于该立管检修时关断此两个阀门，仅影响此根立管。

其次，根据上述规定，检修时可关闭不相邻的2根立管，设计上的措施是在消火栓环状供水横干管上每隔一根立管设置 1 个关断阀门即可。

再次，对于单层环状供水横干管接出消火栓立管（每根立管上带一个消火栓）的情况，该消火栓立管与供水横干管相接处应设置 1 个阀门。

2. 阀门选型

埋地管道的阀门宜采用带启闭刻度的暗杆闸阀，当设置在阀门井内时可采用耐腐蚀的明杆闸阀，均应采用球墨铸铁阀门。

室内架空管道的阀门宜采用蝶阀、明杆闸阀或带启闭刻度的暗杆闸阀等，应采用球墨铸铁或不锈钢阀门。室内消火栓阀门常采用蝶阀，以节省空间，有利于安装。

3. 其他阀门

（1）自动排气阀

消火栓给水系统管道的最高点处宜设置自动排气阀。位置设在每个系统的最不利处消火栓立管的最顶端。若系统竖向分为高、低两个区，则每个区均应设置。

（2）止回阀

消防水泵出水管上的止回阀宜采用水锤消除止回阀，当消防水泵供水高度超过 24m 时，应采用水锤消除器。

（3）减压阀

消火栓给水系统中减压阀设计要点如下：减压阀的进口处应设置过滤器；过滤器和减压阀前后应设压力表；过滤器前和减压阀后应设置控制阀门；减压阀后应设置压力试验排水阀；减压阀应设置流量检测测试接口或流量计；垂直安装的减压阀，水流方向宜向下；比例式减压阀宜垂直安装，可调式减压阀宜水平安装。

在设计中应绘制或注明减压阀的设置配件或要求。

5.10.4 系统给水管网管材

1. 室外消火栓给水管

（1）管材

医院建筑室外消火栓给水管绝大多数采用直埋敷设方式。埋地消火栓给水管宜采用球墨铸铁管或钢丝网骨架塑料复合管。

（2）连接方式

室外消火栓给水管采用钢管时，其连接宜采用沟槽连接件（卡箍）和法兰，当采用沟槽连接件连接时，沟槽式管接头系统工作压力不应大于 2.50MPa。室外消火栓给水管采用钢丝网骨架塑料复合管时，连接管件应与管材采用同一品牌产品，连接方式应采用可靠的电熔连接或机械连接。

2. 室内消火栓给水管

（1）常规管材

医院建筑室内消火栓给水管绝大多数采用架空敷设方式。架空消火栓给水管当系统工作压力小于或等于 1.20MPa 时，可采用热浸锌镀锌钢管；当系统工作压力大于 1.20MPa 时，应采用热浸锌镀锌加厚钢管或热浸镀锌无缝钢管；当系统工作压力大于 1.60MPa 时，应采用热浸镀锌无缝钢管。

室内消火栓给水管应采用沟槽连接件（卡箍）连接、法兰连接，当安装空间较小时应采用沟槽连接件连接。

（2）承插压合式薄壁不锈钢管

1）消防给水管道问题隐患

现有消防给水管道存在"有管无水、有水无压、使用即堵、更换成本巨大"的问题，现实中既做不到"消"，也做不到"防"。消防系统常规给水管道年久失修、材质易腐蚀、锈蚀严重漏水、管道内壁结垢堵塞、压力不足是主要原因。

目前国内消防管道基本采用的是镀锌钢管，该种管道使用 10 年左右管路系统就会失效，20 年后管路系统基本报废，由于气候影响、使用环境、介质腐蚀等多种因素会导致管路锈蚀泄漏，该种材质的消防管道实际有效战备年限一般在 8～10 年左右。

当此种消防给水管道腐蚀严重造成多处地方出现漏水时，物业维护机构一般不愿花费大量成本进行彻底更换，往往为避免因管道漏水被业主投诉而选择关闭消防系统总阀，导致火灾发生时消防系统不能及时灭火。

衬塑钢管、涂塑钢管也不能很好地解决管道腐蚀生锈与后期运行稳定性问题，为后期管道维护埋下很大隐患。因此，采用新材料、新技术以减轻和杜绝后期维护中存在的问题，从而大幅度降低运营维护成本，已成为大势所趋。

2）承插压合式薄壁不锈钢管优越特性

① 材质优越、抗腐蚀性好。卫生性能好，耐腐蚀性能强，完全杜绝了传统镀锌管道或无缝钢管内外壁氧化生锈问题，大大降低了后期运营过程中对管路系统除锈、防腐的人工成本及维护费用，同时管路系统使用寿命大幅度延长。

② 独特结构、密封可靠。采用厌氧胶取代传统橡胶圈密封方式，压接后使管材与管件内外壁相互嵌入贴合为一体，是现有机械式连接中密封性能最可靠的连接方式。

③ 耐高温、抗老化。高分子材料密封胶在高温下已经完全碳化的情况下，仍然能做到无泄漏，从根本上避免了因传统橡胶密封圈老化而出现的渗水、漏水问题。

④ 抗低温、抗负压。－60℃低温、－80kPa 负压下承插压合接头处无变形、无泄漏。

⑤ 抗高压、抗冲击。20MPa 压力下不泄漏；可承受 78.4J 超强冲击力。

⑥ 抗振动、抗拉拔强度高。

⑦ 安装简便、快捷。

⑧ 满足施工安全要求。

⑨ 静态综合性价比高。根据合格运行 70 年的各项实际成本所做的分析，在全生命周期中，采用承插压合式薄壁不锈钢管比采用碳钢管节约至少 90％以上的综合成本。

3）承插压合式薄壁不锈钢管阴极电泳

原理：以不锈钢为基材，采用电泳漆膜技术，在不锈钢表面镀上一层致密的（丙烯酸树脂）高分子保护膜。

颜色：根据实际需要可使不锈钢表面形成红色、黄色等醒目保护层。

作用：硬度大于或等于 4H，耐摩擦次数大为提升。附着力强，180°弯曲无剥落，耐腐蚀性大为提高，杜绝外界介质形成的腐蚀。

4）承插压合式薄壁不锈钢管技术参数

① 连接方式。薄壁不锈钢管采用承插压合式连接，符合《薄壁不锈钢承插压合式管件》CJ/T 463—2014 的规定。

② 执行标准。承插压合式薄壁不锈钢管道执行下列标准：《流体输送用不锈钢焊接钢管》GB/T 12771—2008，《薄壁不锈钢承插压合式管件》CJ/T 463—2014，《55°密封管螺纹 第 1 部分：圆柱内螺纹与圆锥外螺纹》GB/T 7306.1—2000，《工程机械 厌氧胶、硅橡胶及预涂干膜胶 应用技术规范》JB/T 7311—2016，《生活饮用水输配水设备及防护材料的安全性评价标准》GB/T 17219—1998，《建筑给水排水薄壁不锈钢管连接技术规程》CECS 277—2010。

③ 承插压合式薄壁不锈钢管道规格：$DN15\sim DN350$，工作压力≤3.0MPa。

5.11　消火栓系统计算

消火栓系统的计算主要包括消火栓水泵的选型计算和室内消火栓的计算。

5.11.1　消火栓水泵选型计算

1. 消火栓水泵设计流量

根据医院建筑室外消火栓设计流量（L/s）确定室外消火栓水泵设计流量（L/s），医院建筑室外消火栓设计流量包含 15L/s、25L/s、30L/s、40L/s 等几种；根据医院建筑室内消火栓设计流量（L/s）确定室内消火栓水泵设计流量（L/s），医院建筑室内消火栓设计流量包含 10L/s、15L/s、30L/s、40L/s 等几种。

2. 消火栓水泵设计扬程

医院建筑消火栓水泵所需要的设计扬程宜按式（5-6）计算：

$$P=k_2 \cdot (SP_i+SP_p)+0.01H+P_0 \tag{5-6}$$

式中　P——消火栓水泵所需要的设计扬程，MPa；

　　　k_2——安全系数，可取 $1.20\sim1.40$，常取 1.30；宜根据消火栓管道的复杂程度和不可预见发生的管道变更所带来的不确定性取值；

　　　SP_i——消火栓管道沿程水头损失之和，MPa；

$$SP_i=SiL$$

其中：i——单位长度消火栓管道沿程水头损失（MPa/m）；消火栓给水管道采用钢管时，管道内水的平均流速按 2.5m/s 计，$DN100$ 管道 i 值为 1.25×10^{-3} MPa/m，$DN150$ 管道 i 值为 0.81×10^{-3} MPa/m。

　　　L——消火栓给水泵至最不利消火栓栓口间最不利供水管路管道的长度（m）；消火栓给水泵至最不利消火栓栓口间最不利供水管路管道包括以下 3 段：消火栓给水泵至最不利消火栓立管间的供水管道，管径为 $DN100$ 或 $DN150$；最不利消火栓立管的配水管道，管径为 $DN100$；最不利消火栓立管至最不利消火栓栓口间的供水管道，管径为 $DN100$ 或 $DN150$。

　　　SP_p——消火栓管件和阀门等局部水头损失之和（MPa），消防给水干管和室内消火栓可按管道沿程水头损失的 $10\%\sim20\%$ 计，常取 20%；

　　　H——当消火栓水泵从消防水池吸水时，H 为水池最低有效水位至最不利消火栓栓口的几何高差（m）；

　　　P_0——最不利消火栓栓口所需的设计压力（MPa）；高层医院建筑消火栓栓口动

压不应小于 0.35MPa，可按 0.35MPa 计；多层医院建筑消火栓栓口动压不应小于 0.25MPa，可按 0.25MPa 计。

3. 消火栓水泵选型

根据经计算的消火栓水泵设计流量和设计扬程，参考相关消火栓水泵生产厂家的技术资料选择消火栓水泵。医院建筑消火栓给水泵组每套宜为 2 台，1 用 1 备。

5.11.2 消火栓计算

1. 室内消火栓保护半径

室内消火栓的保护半径可按式（5-7）计算：

$$R_0 = k_3 L_d + L_s \tag{5-7}$$

式中　R_0——室内消火栓保护半径，m；

　　　k_3——消防水带弯曲折减系数，宜根据消防水带转弯数量取 0.8~0.9；

　　　L_d——消防水带长度，m；

　　　L_s——水枪充实水柱长度在平面上的投影长度，m，按水枪倾角为 45°时计算，取 $0.71S_k$；

　　　S_k——水枪充实水柱长度，m，高层医院建筑消防水枪充实水柱长度应按 13m 计算；多层医院建筑消防水枪充实水柱长度应按 10m 计算。

2. 室内消火栓栓口处所需水压

室内消火栓栓口处所需水压应按式（5-8）计算：

$$H_{xh} = H_d + H_q = A_d L_d q_{xh}^2 + q_{xh}^2/B \tag{5-8}$$

式中　H_{xh}——室内消火栓栓口处所需水压，mH_2O；

　　　H_d——消防水带的水头损失，mH_2O；

　　　H_q——水枪喷嘴造成一定长度充实水柱所需水压，mH_2O，见表 5-19；

　　　q_{xh}——消火栓射流出水量，L/s，见表 5-19；

　　　A_d——消防水带的比阻，按表 5-20 选用；

　　　L_d——消防水带的长度，m；

　　　B——水流特性系数，按表 5-21 选用。

充实水柱与水枪水压、消火栓射流出水量对照表　　　　表 5-19

充实水柱 (m)	不同直流水枪喷嘴口径的压力和流量					
	13mm		16mm		19mm	
	压力 (mH_2O)	流量 (L/s)	压力 (mH_2O)	流量 (L/s)	压力 (mH_2O)	流量 (L/s)
6	8.1	1.7	8	2.5	7.5	3.5
7	9.6	1.8	9.2	2.7	9	3.8
8	11.2	2.0	10.5	2.9	10.5	4.1
9	13	2.1	12.5	3.1	12	4.3
10	15	2.3	14	3.3	13.5	4.6
11	17	2.4	16	3.5	15	4.9

| 充实水柱
(m) | 不同直流水枪喷嘴口径的压力和流量 | | | | | |
| | 13mm | | 16mm | | 19mm | |
	压力 (mH$_2$O)	流量 (L/s)	压力 (mH$_2$O)	流量 (L/s)	压力 (mH$_2$O)	流量 (L/s)
12	19	2.6	17.5	3.8	17	5.2
12.5	21.5	2.7	19.5	4.0	18.5	5.4
13	24	2.9	22	4.2	20.5	5.7
13.5	26.5	3.0	24	4.4	22.5	6.0
14	29.6	3.2	26.5	4.6	24.5	6.2
15	33	3.4	29	4.8	27	6.5
15.5	37	3.6	32	5.1	29.5	6.8
16	41.5	3.8	35.5	5.3	32.5	7.1
17	47	4.0	39.5	5.6	33.5	7.5

消防水带比阻对照表 表 5-20

| 水带口径
(mm) | 比阻 A_d | |
	帆布水带或麻织水带	衬胶水带
50	0.01501	0.00677
65	0.00430	0.00172

水流特性系数 表 5-21

水枪喷嘴直径(mm)	13	16	19
B 值	0.346	0.793	1.577

5.11.3 消火栓系统压力计算

1. 消火栓系统的设计工作压力（$H_{设计}$）

此压力值是满足消火栓系统最不利点室内消火栓消防水枪充实水柱所需的压力值，可按式（5-9）计算：

$$H_{设计} = H_1 + H_2 + \sum h \tag{5-9}$$

式中 $H_{设计}$——消火栓系统的设计工作压力，mH$_2$O；

H_1——根据最不利点室内消火栓消防水枪充实水柱值计算出的该室内消火栓栓口压力值，mH$_2$O；

H_2——最不利点室内消火栓栓口与消火栓水泵出水口之间的竖向高差，mH$_2$O；

$\sum h$——最不利点室内消火栓栓口与消火栓水泵出水口之间最不利供水管路的水头损失，包括沿程水头损失和局部水头损失，mH$_2$O。

消火栓水泵扬程不应小于消火栓系统的设计工作压力值，通常按此压力值确定消火栓水泵扬程。

2. 消火栓系统的系统工作压力（$H_{系统}$）

（1）此压力值是保证整个消火栓系统正常运行工作所需的压力值。医院建筑消火栓系统最常见的是采用稳压泵稳压的临时高压消火栓给水系统。采用稳压泵稳压的临时高压消火栓给水系统的系统工作压力，应取消火栓水泵零流量时的压力（$H_{零流量}$）、消火栓水泵吸水口最大静压（$H_{吸水}$）二者之和与消火栓稳压泵维持系统压力（$H_{稳压}$）时两者中的较大值。

（2）消火栓水泵零流量时的压力（$H_{零流量}$），不应大于消火栓系统设计工作压力（$H_{设计}$）的 140%，且宜大于消火栓系统设计工作压力（$H_{设计}$）的 120%，通常取 130%，即 $H_{零流量}=1.3H_{设计}$。

（3）消火栓水泵吸水口最大静压（$H_{吸水}$），应为消防水池最高有效水位与消火栓水泵吸水口之间的高度差，通常可按 5.0m 计。

（4）消火栓稳压泵维持系统压力（$H_{稳压}$），应为消火栓稳压泵的停泵压力（P_2）。当消火栓稳压泵放置于屋顶消防水箱间时，P_2 值远小于（$H_{零流量}+H_{吸水}$）值；当消火栓稳压泵放置于消防水泵房时，P_2 值与（$H_{零流量}+H_{吸水}$）值相差不大。消火栓稳压泵的停泵压力 P_2 确定详见消火栓稳压泵计算。

（5）消火栓系统的系统工作压力（$H_{系统}$）是消火栓给水系统管材、管件、阀门等选择的基准指标。

室内消火栓给水管道绝大多数为架空管道，当消火栓系统的系统工作压力小于或等于 1.20MPa 时，消火栓给水管可采用热浸锌镀锌钢管；当消火栓系统的系统工作压力大于 1.20MPa 时，消火栓给水管应采用热浸镀锌加厚钢管或热浸镀锌无缝钢管；当消火栓系统的系统工作压力大于 1.60MPa 时，消火栓给水管应采用热浸镀锌无缝钢管。

（6）消火栓系统的系统工作压力（$H_{系统}$）亦是确定消火栓给水系统压力管道水压强度试验的试验压力（$H_{试验}$）的基准指标，具体见表 5-22。

消火栓系统试验压力确定表　　　　　　　　　　　表 5-22

消火栓给水管管材类型	消火栓系统的系统工作压力 $H_{系统}$(MPa)	试验压力 $H_{试验}$(MPa)
钢管	≤1.0	$1.5H_{系统}$，且不应小于 1.4
	>1.0	$H_{系统}+0.4$

注：消火栓系统试验压力不得小于消火栓水泵零流量时的压力（$H_{零流量}$）。

5.12　区域消防系统

对于一个医院尤其是一个较大型综合医院来说，院区内可能有几座甚至十几座医用建筑，包括病房楼、门诊楼、医技楼、办公楼等。这些建筑高度不一、规模不等、功能差别较大，按照每个建筑单体而言，可能每个建筑都需要设置消防水箱和消防稳压装置。如果按规范都设的话没有错，但实际上没有必要都设。每个医院院区一般都很集中，院区内建筑也相距不远，我们可以把整个医院院区看作一个区域系统，医院院区的消防系统可以是一个"区域消防系统"。

既然是一个"区域消防系统"，那么既可以在院区内设置一座消防水泵房、一座消防水池，也可以仅在最不利建筑的顶部设置一个消防水箱和一套消防稳压装置（包括消火栓稳压装置或自动喷水灭火稳压装置，或者二者兼有）。如何选取最不利点，或者说最不利建筑呢？一般来说，最不利建筑是院区所有建筑中建筑高度最大的，也就是院区内最高的建筑。如果说院区内有两座建筑高度相当，则一般可根据其与院区消防水泵房之间的距离来判断，距离院区消防水泵房较远的建筑为最不利建筑。

以上设置一个"区域消防水箱"的前提是整个医院院区的消防系统（包括消火栓系统和自动水灭火系统）是一套大系统，即满足：整个区域设置一个消防水泵房、一座消防水池、一套消防给水泵组（包括一套消火栓给水泵组、一套自动水灭火给水泵组等），室外消防给水管网是环状管网。

下一步就是确定"区域消防水箱"的设计参数。首先应统计确定医院院区内每个单体建筑的消防用水量，从中选择一个最大的消防用水量值作为区域消防用水量，以此来确定"区域消防水箱"的贮水容积。

对于一个医院，如果是一个新建院区，院区内建筑比较集中，构建一个"区域消防系统"在技术上是最合理的，在经济上是最划算的，在操作上是最容易实现的。如果是老院区，多数建筑已经存在，只是为了医院发展，新建了1座、2座病房楼或门诊楼等，则要具体情况具体分析，从技术经济上分析"区域消防系统"构建的可行性和合理性。

5.13 物联网消防

5.13.1 物联网消防概念

物联网是指利用局部网络或互联网等通信技术把传感器、控制器、机器、人员和物等通过新的方式联系在一起，形成人与物、物与物相联，实现信息化、远程管理控制和智能化的网络。

物联网消防是指通过物联网信息传感与通信等技术，将传统建筑消防系统中的消防设施通过社会化消防监督管理和公安机关消防机构灭火救援涉及的各位要素所需的消防信息链接起来，实现实时、动态、互动、融合的消防信息采集、传递和处理。

消防设施是指建筑物内为预防火灾发生而安装的消防保障设施，包含消防供水系统、消火栓系统、自动灭火系统、防烟排烟系统、火灾自动报警系统以及应急广播和应急照明、安全疏散设施、电气火灾监控系统、消防设备电源监控系统、防火门监控系统、卷帘门监控系统、可燃气体探测系统以及其他的消防电气装置。其中涉及给水排水专业消防的系统有消防供水系统（包括消防水源、消防泵组、消防水箱等）、消火栓系统（包括室外消火栓系统、室内消火栓系统）、自动灭火系统（包括自动喷水灭火系统、高压细水雾灭火系统、自动扫描射水灭火系统、气体灭火系统等）。

医院建筑作为人员密集、火灾危险性高的公共建筑，为了提高消防灭火效率，在具备一定条件下宜在医院建筑设计中采用物联网消防。

5.13.2　物联网消防给水系统

1. 物联网消防给水系统概念

物联网消防给水系统是根据国内消防发展要求、政策导向和技术标准，在学习、吸收、融合国内外消防产品先进理念和技术的基础上，按照国际通行原则，在工厂进行集约化研发、测试、生产的一种高度集成、高度智能化的智慧消防给水系统。该系统是为彻底解决常规建设模式固有的分散采购兼容性差、故障点多、责任归属不清晰、监控时效滞后、维保水平不高等严重影响消防给水系统安全可靠性等各类突出问题，从硬件和软件两个方面出发，在水力机械、控制系统、产品质量、生产测试、系统设计、系统调试、日常维护、消防监督和技术服务等多环节、多角度提出的系统整体解决方案，能够全面、切实地提高消防给水系统的安全可靠性和灭火效能。

2. 物联网消防给水系统技术优势

消防给水系统通常由消防水源、消防水泵、控制柜、压力开关、流量开关、输水管道、灭火设施、末端试验设施、阀门、仪表、附件等组成，作为一种给水系统，消防给水系统从消防水源至灭火设施的流程来看，其基本架构属于一种串联系统。串联系统中的任何一个环节出现问题，都会导致系统部分失效甚至整体失效。由于传统消防给水系统在设计、施工、调试、维护和使用等各个环节无法做到全程闭环管控，导致系统时时刻刻都会受到不良外力的侵扰，这些侵扰都会影响到甚至破坏系统的安全可靠性，从而导致消防给水系统在火灾时故障频发甚至彻底失效。

区别于分散采购各个部件、再由施工单位进行系统整合的传统建设模式，物联网消防给水系统作为系统整体解决方案，从系统的硬件和软件两个方面出发，在水力机械、控制系统、产品质量、生产测试、系统设计、系统调试、日常维护、消防监督和技术服务等多环节、多角度提出一揽子综合解决措施，全面地、切实地提高了消防给水系统的长期安全可靠性。

3. 物联网消防给水系统组成

物联网消防给水系统中的主要设备及仪器仪表包括专用消防机组、专用消防稳压泵组、智能末端试水系统、消防泵性能自动测试装置及物联网消防专用的水位、压力、流量等系统感知组件，软件包括消防专用数据云平台及移动终端实时监控系统等。其中，智能末端试水系统中的主要组件包括智能末端试水装置、智能试水阀和智能末端主机等。

4. 物联网消防给水系统执行标准

主要执行标准：《消防给水及消火栓系统技术规范》GB 50974—2014，《自动喷水灭火系统设计规范》GB 50084—2017，《火灾自动报警系统设计规范》GB 50116—2013，《消防泵》GB 6245—2006，《消防联动控制系统》GB 16806—2006，《固定消防给水设备　第 3 部分：消防增压稳压给水设备》GB 27898.3—2011，《消防设施物联网系统技术标准》DG/TJ 08-2251—2018，以及 FM、NFPA、ISO、EN 等相关标准。

5. 物联网消防给水系统主要功能

物联网消防给水系统的主要功能体现在对消防给水系统各种信息的采集、监控、控制等方面。物联网消防给水系统应具备以下功能要求：应能对消防水泵的电源状态进行实时监测，并在电源异常时进行报警；应能对自动喷水灭火系统进水总管、消火栓系统给水主管网、自动喷水灭火给水主管网的压力状态进行实时监测，并在压力异常时进行报警；应能对自动喷水灭火系统末端试水装置（试水阀）压力、室内消火栓系统试验消火栓压力状态进行实时监测，并在压力异常时报警；应能实时监测消防水泵控制装置的手动状态、自动状态、故障状态，并在手动时报警；应能实时监测消防水泵的启动/停止状态；应能实时监测消防水箱、消防水池的水位信息，并在异常时报警。

物联网消防给水系统实时运行信息见表5-23。

物联网消防给水系统实时运行信息 表 5-23

信息	信息分类	具体信息
运行数据	实时水位	消防水池、高位消防水箱的实时水位等
	实时压力	压力开关、稳压泵组、智能末端试水装置和智能试水阀的实时压力等
	实时流量	流量开关、消防泵性能参数自动测试装置、智能末端试水装置和智能试水阀的实时流量等
	实时供电	供电电源的实时电压、电流等
报警信号	火灾信号	压力开关、流量开关、消防联动等自动启泵信号；就地手动、远程手动等手动控制信号
	水位报警	消防水池、高位消防水箱的水位报警等信号
	供电报警	供电过压、欠压、错相和缺相等信号
	水泵报警	消防泵故障、功率异常、压力异常等信号
动作信号	控制系统	消防泵控制柜和稳压泵控制柜的手自动状态、紧急停止信号、控制系统断电等信号
	消防泵	每台消防泵的启停信号、备用泵投入状况等
	稳压泵组	每台稳压泵的启停信号等
	自动巡检	自动低频、工频巡检和末端试验的启停信号
故障信号	设备故障	消防泵、稳压泵、智能试水系统等故障信号
	线路故障	控制柜的电气回路元器件、通信等故障信号

5.13.3 物联网消防给水系统专用泵组

消防泵的流量—功率曲线具有最大功率拐点，在流量—扬程曲线上任何一点运行时不会存在过载风险，其密封方式和材料在零流量或低流量长期运行时不会存在过热风险。

消防泵控制柜设置了机械应急启动、自动控制、消防联动、就地/远程手动控制、物联网消防远程实时监控等功能，其防护等级不低于 IP 55，在自动控制中设置了自动低频、工频、末端等巡检试验及消防泵性能参数自动测试功能。

室外消火栓系统设计流量通常包括15L/s、25L/s、30L/s、40L/s四种；室内消火栓系统设计流量通常包括10L/s、15L/s、30L/s、40L/s四种；自动喷水灭火系统设计流量通常包括30L/s、40L/s两种。物联网消防给水系统专用机组通常采用2台，1用1备。确定好消防给水系统设计流量、计算好消防给水系统设计工作压力后，可参照表5-24选择机组型号。

物联网消防给水系统专用机组外形图见图5-5。

物联网消防给水系统专用机组安装图见图5-6。

物联网消防给水系统专用机组性能参数一览表　　　表 5-24

序号	型号	额定流量 (L/s)	额定流量时 工作压力 (MPa)	电动机配 套功率 (kW)	吸水口 公称直径 (mm)	出水口 公称直径 (mm)	测试口 公称直径 (mm)	巡检口 公称直径 (mm)
1	ZY3.0/10-15-HN2WS		0.30	7.5				
2	ZY4.0/10-22-HN2WS		0.40	11				
3	ZY5.0/10-30-HN2WS		0.50	15				
4	ZY6.0/10-37-HN2WS		0.60	18.5				
5	ZY7.0/10-44-HN2WS	10	0.70	22	DN100	DN100	DN100	DN65
6	ZY8.0/10-44-HN2WS		0.80	22				
7	ZY9.0/10-60-HN2WS		0.90	30				
8	ZY10.0/10-60-HN2WS		1.00	30				
9	ZY11.0/10-74-HN2WS		1.10	37				
10	ZY3.0/15-22-HN2WS		0.30	11				
11	ZY4.0/15-22-HN2WS		0.40	11				
12	ZY5.0/15-37-HN2WS		0.50	18.5				
13	ZY6.0/15-44-HN2WS		0.60	22				
14	ZY7.0/15-60-HN2WS	15	0.70	30	DN125	DN100	DN100	DN65
15	ZY8.0/15-60-HN2WS		0.80	30				
16	ZY9.0/15-74-HN2WS		0.90	37				
17	ZY10.0/15-74-HN2WS		1.00	37				
18	ZY11.0/15-110-HN2WS		1.10	55				
19	ZY5.0/25-60-HN2WS	25	0.50	30	DN200	DN125	DN125	DN65
20	ZY3.0/30-44-HN2WS		0.30	22				
21	ZY4.0/30-60-HN2WS		0.40	30				
22	ZY5.0/30-90-HN2WS		0.50	45				
23	ZY6.0/30-90-HN2WS		0.60	45				
24	ZY7.0/30-110-HN2WS		0.70	55				
25	ZY8.0/30-110-HN2WS		0.80	55				
26	ZY9.0/30-150-HN2WS		0.90	75				
27	ZY10.0/30-180-HN2WS		1.00	90				
28	ZY11.0/30-180-HN2WS	30	1.10	90	DN200	DN150	DN150	DN65
29	ZY12.0/30-180-HN2WS		1.20	90				
30	ZY13.0/30-220-HN2WS		1.30	110				
31	ZY14.0/30-220-HN2WS		1.40	110				
32	ZY15.0/30-264-HN2WS		1.50	132				
33	ZY16.0/30-264-HN2WS		1.60	132				
34	ZY17.0/30-264-HN2WS		1.70	132				
35	ZY18.0/30-264-HN2WS		1.80	132				

序号	型号	额定流量（L/s）	额定流量时工作压力（MPa）	电动机配套功率（kW）	吸水口公称直径（mm）	出水口公称直径（mm）	测试口公称直径（mm）	巡检口公称直径（mm）
36	ZY3.0/40-60-HN2WS		0.30	30				
37	ZY4.0/40-74-HN2WS		0.40	37				
38	ZY5.0/40-90-HN2WS		0.50	45				
39	ZY6.0/40-110-HN2WS		0.60	55				
40	ZY7.0/40-150-HN2WS		0.70	75				
41	ZY8.0/40-150-HN2WS		0.80	75				
42	ZY9.0/40-150-HN2WS	40	0.90	75	DN250	DN200	DN200	DN65
43	ZY10.0/40-180-HN2WS		1.00	90				
44	ZY11.0/40-220-HN2WS		1.10	110				
45	ZY12.0/40-220-HN2WS		1.20	110				
46	ZY13.0/40-264-HN2WS		1.30	132				
47	ZY14.0/40-264-HN2WS		1.40	132				
48	ZY15.0/40-320-HN2WS		1.50	160				
49	ZY16.0/40-320－HN2WS		1.60	160				

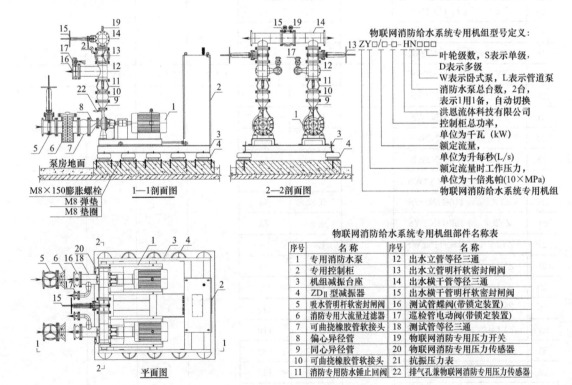

图 5-5 物联网消防给水系统专用机组外形图

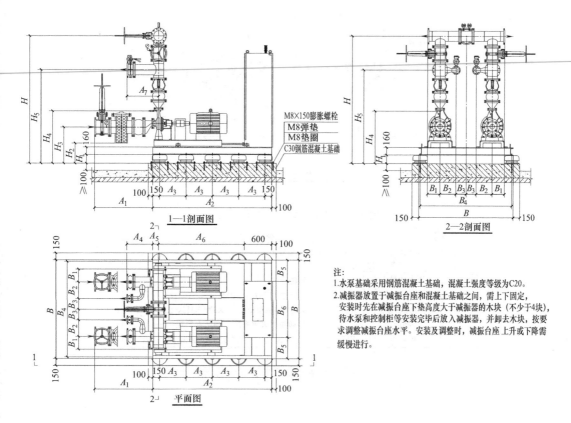

图 5-6　物联网消防给水系统专用机组安装图

5.13.4　智能末端试水系统

智能末端试水系统由智能末端试水装置、智能试水阀、智能末端主机、物联网消防通信专用模组、电源和通信电缆等组成。

智能末端试水装置安装图及组成名称、型号定义见图 5-7。

智能末端试水装置执行标准《自动喷水灭火系统 第 21 部分：末端试水装置》GB 5135.21—2011。智能试水阀不设置水流喷口视镜。智能末端试水装置和智能试水阀的管阀组件采用不锈钢 SU304 材料；工作电压为 DC 24V，由智能末端主机直接供电或由就近设置的物联网消防通信专用模组供电，智能末端主机和物联网消防通信专用模组的输入电源均为 AC 220V。

5.13.5　物联网消防给水系统软件

消防专用数据云平台及移动终端实时监控系统可根据自动采集、上传、记录的各项实时运行信息自动对物联网消防给水系统进行安全评估，并可通过移动终端监控系统自动为建设方、使用方、维护方等各相关方提供实时故障的专业分析意见、系统故障率等关键决策数据。

物联网消防给水系统弱电原理图见图 5-8、图 5-9。

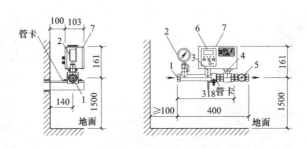

K57~K200智能末端试水装置安装图

智能末端试水装置组成名称及型号定义表

序号	名称	型号定义
1	管阀组件	智能末端试水装置型号定义:
2	压力表	ZSPM-□/1.2-DXHN
3	压力传感器	——— 智能型
4	电动球阀	——— 额定工作压力为1.2MPa
5	水流喷口视镜	——— 公称流量系数K(K57、K80、K115、K160、K200)
6	控制面板	——— 自动喷水灭火系统末端试水装置
7	保护罩	注: K57~K200智能末端试水装置和智能试水阀的公称直径均为DN25。

图 5-7　智能末端试水装置安装图

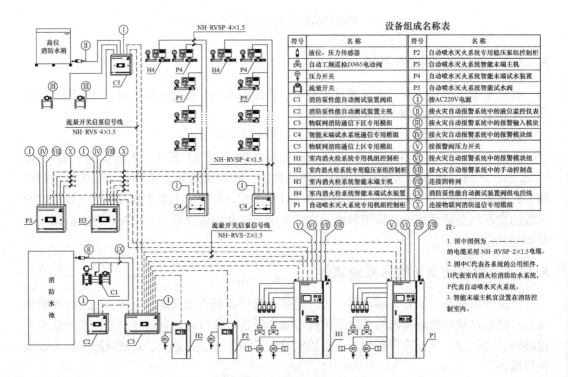

设备组成名称表

符号	名称	符号	名称
	液位、压力传感器	P2	自动喷水灭火系统专用稳压泵组控制柜
	自动工频巡检DN65电动阀	P3	自动喷水灭火系统智能末端主机
	压力开关	P4	自动喷水灭火系统智能末端试水装置
	流量开关	P5	自动喷水灭火系统智能试水阀
C1	消防泵性能自动测试装置阀组	Ⅰ	接AC220V电源
C2	消防泵性能自动测试装置主机	Ⅱ	接火灾自动报警系统中的液位监控仪表
C3	物联网消防通信下区专用模组	Ⅲ	接火灾自动报警系统中的报警输入模块
C4	智能末端试水系统通信专用模组	Ⅳ	接火灾自动报警系统中的报警模块
C5	物联网消防通信上区专用模组	Ⅴ	接接警压力开关
H1	室内消火栓系统专用机组控制柜	Ⅵ	接火灾自动报警系统中的报警模块组
H2	室内消火栓系统专用稳压泵组控制柜	Ⅶ	接火灾自动报警系统中的手动控制盘
H3	室内消火栓系统智能末端主机	Ⅷ	连接因特网
H4	室内消火栓系统智能末端试水装置	Ⅸ	消防泵性能自动测试装置阀组电控线
P1	自动喷水灭火系统专用机组控制柜	Ⅹ	连接物联网消防通信专用模组

注:
1. 图中图例为 ———— 的电缆采用 NH-RVSP-2×1.5电缆。
2. 图中C代表各系统的公用组件, H代表室内消火栓给水系统, P代表自动喷水灭火系统。
3. 智能末端主机宜设置在消防控制室内。

图 5-8　物联网消防给水系统弱电原理图一

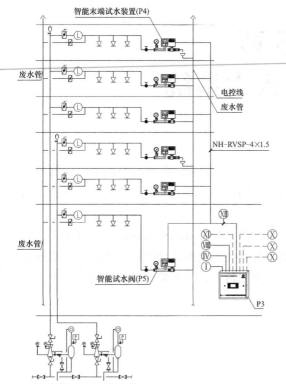

智能末端试水装置(P4)

废水管

电控线

废水管

NH-RVSP-4×1.5

智能试水阀(P5)

P3

物联网消防给水系统弱电、通信原理图接线对照表

序号	名　称	电缆
	液位、压力传感器	NH-RVSP-4×0.5
	自动工频巡检DN65电动阀	NH-RVS-6×0.5
	消防泵出水主管上的压力开关	NH-RVSP-6×0.5
	稳压泵出水主管上的压力开关	NH-RVSP-8×0.5
	流量开关	NH-RVSP-6×0.5
Ⅰ	接AC220V电源	WDZD-BYJ-2×2.5+E2.5
Ⅱ	接火灾自动报警系统中的液位监控仪表	NH-RVSP-2×1.5
Ⅲ	接火灾自动报警系统中的报警输入模块	NH-RVS-2×1.5
Ⅳ	接火灾自动报警系统中的报警模块组	NH-RVS-10×1.5
Ⅴ	接报警阀压力开关	NH-RVS-2×1.5
Ⅵ	接火灾自动报警系统中的报警模块组	NH-RVS-18×1.5
Ⅶ	接火灾自动报警系统中的手动控制盘	NH-RVS-12×1.5
Ⅷ	连接因特网	超六类网线
Ⅸ	消防泵性能自动测试装置主机(C2)与阀组(C1)之间的电控线	WDZD-BYJ-2×2.5+E2.5
		NH-RVSP-10×1.5
Ⅹ	智能末端试水系统主机(P3、H3)与物联网消防通信专用模组(C4)之间的通信电缆	NH-RVSP-2×1.5
Ⅺ	智能末端主机(P3、H3)与专用机组控制柜(P1、H1)之间的通信电缆	NH-RVSP-2×1.5
Ⅻ	当智能末端主机(P3)与智能末端试水装置(P4)或智能试水阀(P5)之间直接连接时的电控线	NH-RVSP-4×1.5

注：

图中Ⅹ、Ⅻ每路通信回路连接的智能末端试水装置(P4)、智能试水阀(P5)和通信专用模组(C4)的总数量不应大于200个，且通信电缆不得与强电电缆共用桥架或穿管。

图 5-9　物联网消防给水系统弱电原理图二

第6章
自动喷水灭火系统

自动喷水灭火系统（sprinkler systems）是指由洒水喷头、报警阀组、水流报警装置（水流指示器或压力开关）等组件，以及管道、供水设施组成，并能在发生火灾时喷水的自动灭火系统。

自动喷水灭火系统是医院建筑消防中最常见的也是最有效的灭火系统，相对于消火栓系统，它属于自动灭火系统的范畴。实践证明，在第一时间内自动有效灭火，最大限度地保护人员和财产安全，是自动喷水灭火系统的优点和特点，而医院建筑自动喷水灭火系统设计也是医院建筑消防设计的重点。

6.1 自动喷水灭火系统设置场所

6.1.1 高层医院建筑自动喷水灭火系统设置场所及依据

对于高层医院建筑自动喷水灭火系统的设置场所及依据，《建规》第8.3.3条做了以下规定：**除本规范另有规定和不宜用水保护或灭火的场所外，下列高层民用建筑或场所应设置自动灭火系统，并宜采用自动喷水灭火系统：1 一类高层公共建筑（除游泳池、溜冰场外）及其地下、半地下室；2 二类高层公共建筑及其地下、半地下室的公共活动用房、走道、办公室和旅馆的客房、可燃物品库房、自动扶梯底部。**

采用第1款作为高层医院建筑自动喷水灭火系统的设置依据是因为根据高层建筑的分类，所有高层医院建筑均属于一类高层公共建筑。

从以上规定可以看出：高层医院建筑及其裙房，包括建筑面积较小的卫生间，除了不宜用水扑救的部位外，均应设自动喷水灭火系统。

之所以把第2款提出来，主要是涉及了"自动扶梯"。在综合性医院建筑尤其是门诊楼、医技楼内，为了大量门诊病人的交通疏散，在门诊大厅或者医疗街等场所设置自动扶梯是常见的、必要的。自动扶梯底部由于经常被作为库房等功能使用，存在着火灾隐患，所以应该设置自动喷水灭火系统。通常喷头按照自动扶梯的运行方向布置，喷头布置间距按照自动扶梯在平面上的投影尺寸确定；自动喷水灭火给水管接自自动扶梯最低起始楼层的自动喷水灭火系统给水管网。

6.1.2 单、多层医院建筑自动喷水灭火系统设置场所及依据

对于单、多层医院建筑自动喷水灭火系统的设置场所及依据，《建规》第8.3.4条做

了以下规定：**除本规范另有规定和不宜用水保护或灭火的场所外，下列单、多层民用建筑或场所应设置自动灭火系统，并宜采用自动喷水灭火系统：2 任一层建筑面积大于1500m² 或总建筑面积大于 3000m² 的展览、商店、餐饮和旅馆建筑以及医院中同样建筑规模的病房楼、门诊楼和手术部。**

本条款规定了单、多层医院建筑设置自动喷水灭火系统的原则或界限。某一座单层、多层医院建筑，不论是病房楼、门诊楼还是医疗综合楼，只要满足任一楼层建筑面积大于 1500m² 或者其总建筑面积大于 3000m²，该建筑就应设置自动灭火系统。当然自动灭火系统包括自动喷水灭火系统、气体灭火系统、高压细水雾灭火系统、水喷雾灭火系统等，这些灭火系统各有其适用范围，除了不宜用水保护或灭火的场所以及本规范另有规定的场所，均应设置自动喷水灭火系统。

6.1.3　不宜用水扑救的部位

《建规》中涉及了"不宜用水扑救的部位"这个概念。在医院建筑中不宜用水扑救的部位就是采用水扑救后会引起爆炸或重大财产损失的场所。

具体到医院建筑本身，高压配电室（间）、低压配电室（间）、柴油发电机房（包括贮油间）、网络机房（网络中心、信息中心）、影像中心机房（CT 室、MR 室、DR 室、X 光室、数字肠胃室、钼钯室、乳腺室等）、介入中心机房（DSA 室）、核医学科机房（PEC 机房、ECT 机房、PET/CT 机房）、放射治疗机房（直线加速器机房、模拟机房等）、消防控制室、进线间及电气专业要求不能用水扑救的房间。以上房间或部位不能设置自动喷水灭火系统，而只能采取高压细水雾灭火系统、水喷雾灭火系统、气体灭火系统、灭火器系统保护，详见其他相关章节。

还有一类特殊场所：血液病房、手术室和有创检查的设备机房。以上 3 类场所均为涉及病患感染的重要场所，这些场所的病患对于防止感染要求较高，当然要防止自动灭火系统的误喷对于病患的影响。所以以上场所也被视为"不宜用水扑救的部位"。

另外，医院建筑中门诊大厅、病房大厅、中庭等部位的建筑高度超过了自动喷水灭火系统保护高度的范围，这些部位也不能采用自动喷水灭火系统保护。

6.1.4　医院建筑设置自动喷水灭火系统场所

具体到医院建筑设置自动喷水灭火系统的场所，包括以下部位：

病房部分：普通护理单元的病房、医生办公室、护士长室、男女更值室、示教室、治疗室、配药室、处置室、开水配餐间、保洁室、被服库、污物间、污洗间、库房、淋浴间等；新生儿护理单元的洗婴间、配奶间等；产科护理单元的产前检查、B 超室、分娩室、待产室、助产室等；ICU、NICU 等。

门诊部分：诊室、医生办公室等。

医技部分：手术室、核医学科、放射科、超声科、心血管超声和心功能科、检验科、康复科、病理科、药剂科、内镜室、消毒供应室、营养科等。

公共部分：电梯间、走道等。

6.2 自动喷水灭火系统选择

6.2.1 医院建筑自动喷水灭火系统类型

医院建筑自动喷水灭火系统的选型,应根据医院建筑设置场所的火灾特点或环境条件确定。常见的医院建筑自动喷水灭火系统有湿式自动喷水灭火系统和预作用自动喷水灭火系统。以上2种系统都属于闭式系统:湿式系统是指准工作状态时管道内充满用于启动系统的有压水的闭式系统;预作用系统是指准工作状态时配水管道内不充水,由火灾自动报警系统自动开启雨淋报警阀后,转换为湿式系统的闭式系统。

6.2.2 医院建筑不同自动喷水灭火系统类型选择

根据湿式系统和预作用系统的特点,在进行医院建筑自动喷水灭火系统设计时首先应确定建筑的各个部位适用哪种系统。

根据我国建筑气候区划,我国分为夏热冬暖地区、夏热冬冷地区、寒冷地区、严寒地区、温和地区,其中夏热冬暖地区冬季不设置供暖,其他三种地区冬季设置供暖。显然,夏热冬暖地区即通常意义上的南方地区基本不存在冬季自动喷水灭火系统配水管道冻管破裂的问题,所以这些地区的医院建筑自动喷水灭火系统通常采用湿式自动喷水灭火系统。而其他三种地区即通常意义上的北方地区虽然冬季寒冷,但医院建筑中的病房、诊室等功能场所是设置供暖的,也不存在冬季自动喷水灭火系统配水管道冻管破裂的问题,所以这些场所的自动喷水灭火系统也可以采用湿式系统;但医院建筑中如果配套车库(通常是地下车库),一般是不设置供暖的,所以极有可能出现冬季自动喷水灭火系统配水管道冻管破裂的问题,所以这部分场所的自动喷水灭火系统不应采用湿式系统而应采用预作用系统。通常把地下车库预作用系统独立出来,由1组或几组预作用报警阀组来控制。

6.2.3 医院建筑手术室自动消防

医院建筑中还有一类特殊场所——手术室。手术室的自动消防设计一直存在争议。

1. 规范规定

《综合医院建筑设计规范》GB 51039—2014第6.7.4条:血液病房、手术室和有创检查的设备机房,不应设置自动灭火系统。该条文对手术室消防做了明确的规定,就是手术室内不要设置各种类型的自动喷水灭火系统、高压细水雾灭火系统等来保护,只需要通过手术室外部设置的室内消火栓系统、灭火器系统来手动保护。作为综合医院建筑设计的最主要规范,在手术室消防设计中应该遵守,从另一个角度讲,手术室内不设置自动灭火系统是符合规范的,不存在异议。

2. 技术探讨

下面针对手术室自动灭火系统是不是应该设置这个问题做一个探讨。

(1)做手术的手术室内应不应该设置自动喷水灭火系统。有观点认为:手术室属于不宜用水扑救的部位，喷水会对手术病人造成伤害，所以手术室内不能设置自动喷水灭火系统。这种观点有误。现代建筑尤其是现代医院建筑人员密集、功能复杂，火灾危险性大，消防尤其是自动消防的意义尤其突出，利用自动消防设施灭火既灭火效率高，又能极大地保护消防人员的安全。现代医院建筑手术室间数越来越多，功能越来越复杂，所在建筑面积越来越大，火灾的危险性也越来越高。作为大面积的火灾危险等级高的手术室不设置自动灭火设施是不正确的，也是不合理的。

（2）手术室设置自动灭火应该采用哪种灭火系统。目前常用的自动灭火系统有 3 种：七氟丙烷气体灭火系统、高压细水雾灭火系统、自动喷水灭火系统。七氟丙烷气体具有一定的毒性，不适合用户人员经常存在的场所，所以七氟丙烷气体灭火系统不适合用于手术室自动灭火。高压细水雾因其优良的灭火效率，对人员没有伤害，故高压细水雾灭火系统是手术室自动灭火的最佳系统。但因该系统在国内应用时间较短，造价偏高，国家标准规范尚未正式实施，目前应用受到限制。自动喷水灭火系统技术较为成熟，灭火效率较高，是目前手术室自动灭火最常用的主流灭火系统。

（3）手术室自动喷水灭火系统如何设计。《医院洁净手术部建筑技术规范》GB 50333—2013 第 12.0.7 条规定：洁净手术部应设置自动灭火消防设施。洁净手术室内不宜布置洒水喷头。该条条文说明解释了原因：由于很难防止误喷伤人，所以对设洒水喷头应做限制，除非确能保证不误喷伤人，否则不宜设喷头。显然，规范并非否定采用自动喷水灭火系统保护手术室，只要能做到防止洒水喷头误喷即可。本规范既回避了若不设置自动喷水灭火系统而采用何种系统替代的问题，也未给出若设置自动喷水灭火系统的具体方案。根据工程实践经验，手术室自动喷水灭火系统采用预作用系统是既有效又经济的最佳方案。

（4）手术室预作用系统如何设计。最佳方案是：采用预作用系统的几间或数间手术室自动喷水灭火系统由 1 套预作用报警阀组来控制（前提是该区域的洒水喷头数不超出 1 套预作用报警阀组控制喷头数的限制）；采用湿式系统的手术部其他部位（走道或附属房间）自动喷水灭火系统由其他湿式水力报警阀控制。此方案虽然控制明确有效，但是系统较为复杂，经济性不高。目前常用的替代方案是把采用预作用系统的几间或数间手术室自动喷水灭火系统与采用湿式系统的手术部其他部位或者其他防火分区的场所自动喷水灭火系统统一由 1 套预作用报警阀组来控制（前提是该区域的洒水喷头数不超出 1 套预作用报警阀组控制喷头数的限制）。

3. 技术结论

基于上述分析，医院建筑内手术室的自动消防设计，可以不设计自动灭火系统或采用预作用系统，目前采取不设计自动灭火系统的设计方案。

6.2.4　医院建筑自动喷水灭火系统选型结论

综上所述，在医院建筑自动喷水灭火系统设计中，除了北方地区冬季未设供暖的地下车库及手术部手术室两种场所采用预作用系统外，其他场所均采用湿式系统。

典型医院建筑自动喷水灭火系统原理图见图 6-1。

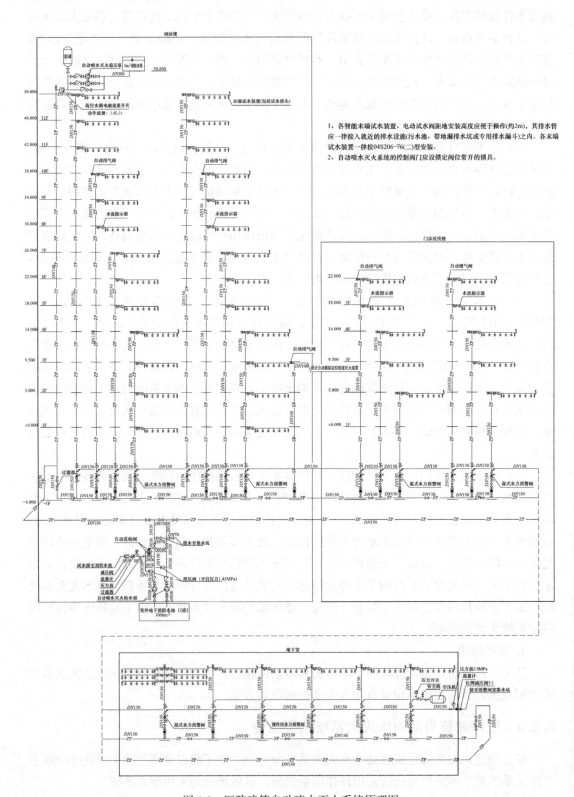

图 6-1　医院建筑自动喷水灭火系统原理图

6.3　自动喷水灭火系统设置场所火灾危险等级确定

6.3.1　火灾危险等级确定依据

医院建筑设置场所火灾危险等级，应根据其用途、容纳物品的火灾荷载及室内空间条件等因素确定。参照《自动喷水灭火系统设计规范》GB 50084—2017（以下简称《喷规》）附录 A，医院建筑中的地下车库火灾危险等级按中危险级 II 级确定；其他场所火灾危险等级均按中危险级 I 级确定。

6.3.2　特殊情形

在具体工程实践中，江苏省地方标准《民用建筑水消防系统设计规范》DGJ32/J 92—2009 规定：民用建筑内单间使用面积小于 200m² 可燃物多的仓库，其自动喷水灭火系统的危险等级可按中危险级 II 级确定；使用面积大于或等于 100m² 的仓库，其火灾危险等级应按仓库的系统设计基本参数确定。因此在设计江苏省或其他类似省份医院建筑工程时，应注意建筑地下室仓库部位自动喷水灭火系统的火灾危险等级，是否应按仓库的防火要求设置。

在设计中，应明确医院建筑内库房（药品库）净空高度、储存物品种类、危险等级、物品储存方式（堆垛或货架）、储物高度等，确定仓库危险性等级，根据《喷规》中自动喷水灭火系统相关设计参数，计算确定仓库场所自动喷水灭火设计流量 Q_2。

医院建筑中地下车库常采用机械式停车或仓储式停车，应根据机械式停车或仓储式停车的具体形式计算确定车库场所自动喷水灭火设计流量 Q_3。

将医院建筑其他场所（除仓库、车库外）自动喷水灭火设计流量 Q_1 与 Q_2、Q_3 进行比较，以其中数值较大者作为该工程自动喷水灭火系统设计流量。

6.4　自动喷水灭火系统设计基本参数

通常医院建筑自动喷水灭火系统设计参数按表 6-1 规定。

自动喷水灭火系统设计参数表一　　　　　　　　　　表 6-1

火灾危险等级		净空高度(m)	喷水强度[L/(min·m²)]	作用面积(m²)
中危险级	I 级	≤8	6	160
	II 级		8	

若医院建筑地下室中附属的库房认定为堆垛储物仓库，其自动喷水灭火系统设计参数按表 6-2 规定。

自动喷水灭火系统设计参数表二　　　　　　　　　　表 6-2

火灾危险等级	储物高度(m)	喷水强度[L/(min·m²)]	作用面积(m²)	持续喷水时间(h)
仓库危险级 I 级	3.0～3.5	8	160	1.0

自动喷水灭火系统的持续喷水时间，应按火灾延续时间不小于 1h 确定。

6.5 洒水喷头

6.5.1 医院建筑洒水喷头设置高度要求

医院建筑的自动喷水灭火系统通常为湿式系统和预作用系统，它们均属于闭式系统，所以设置自动喷水灭火系统的医院建筑内各场所的最大净空高度通常不大于 8m。

6.5.2 医院建筑洒水喷头动作温度

医院建筑的自动喷水灭火系统通常为闭式系统，喷头公称动作温度宜高于环境温度 30℃。

医院建筑内绝大多数场所喷头公称动作温度为 68℃。但有几处特殊场所喷头公称动作温度应提高，其中：中心供应室蒸汽消毒间应为 93℃；厨房灶间应为 93℃；换热机房或热水机房应为 79℃。

6.5.3 医院建筑洒水喷头类型

1. 洒水喷头种类

医院建筑内病房、诊室、办公室等设有吊顶的部位设吊顶型或下垂型快速响应喷头；手术室设隐蔽型快速响应喷头；无吊顶的房间设直立型快速响应喷头。无吊顶的场所通常为地下车库、库房、设备层等。

2. 洒水喷头适用场所

《喷规》第 6.1.6 条规定了快速响应喷头的适用场所：医院的病房及治疗区域；超出水泵结合器供水高度的楼层；地下的仓储用房。快速响应喷头的热敏性能明显高于标准响应喷头，灭火迅速、灭火用水量少，可最大限度地减少人员伤亡和财产经济损失。基于医院建筑的火灾特点和重要性，建议医院建筑自动喷水灭火系统的洒水喷头全部采用快速响应喷头。

3. 备用喷头数量确定

每种型号的备用喷头数量按所需此种型号喷头总数的 1% 计算，并不得少于 10 只。

6.5.4 医院建筑喷头布置设计

1. 医院建筑喷头布置原则

医院建筑中喷头的布置方式有多种，但均须满足规范要求。在工程实践中，许多设计人员布置喷头过于随意，尤其是利用专业软件自动布置喷头的功能布置而不根据实际情况进行调整，这样虽然工作效率提高了，但是许多喷头的布置不能达到自动消防的目的和效能。

2. 医院建筑喷头布置依据

医院建筑中自动喷水灭火系统通常为中危险级Ⅰ级和中危险级Ⅱ级，其直立型、下垂型喷头的布置，包括同一根配水支管上喷头的间距及相邻配水支管的间距，应根据系统的喷水强度、喷头的流量系数和工作压力确定，并不应大于表 6-3 的规定，且不宜小于 2.4m。

喷头布置间距　　　　　　　　　　　　　　　　　表 6-3

喷水强度 [L/(min·m²)]	正方形布置 的边长(m)	矩形或平行四边形 布置的长边边长(m)	一只喷头的最大保护 面积(m²)	喷头与端墙的 最大距离(m)
6	3.6	4.0	12.5	1.8
8	3.4	3.6	11.5	1.7

3. 医院建筑喷头布置方法

（1）整体喷头布置方法

从设计角度讲，表 6-3 提供了喷头平面布置的方法。从理论上讲，喷头的间距应根据系统的喷水强度、喷头的流量系数和工作压力经计算确定。但在实际设计中，系统的喷水强度、喷头的流量系数和工作压力均是已经确定的参数，只需要根据表 6-3 的数据布置即可。以某个诊室为例来说明喷头布置的方法和过程：首先确定此诊室火灾危险等级为中危险级 I 级，其设计喷水强度为 6L/(min·m²)，喷头的流量系数为 80，工作压力为 0.10MPa。其次按照表 6-3 的规定如果采用正方形布置的话，喷头间距不应大于 3.6m 且不应小于 2.4m，喷头与端墙的距离不大于 1.8m 且不小于 0.6m；如果采用矩形或平行四边形布置的话，喷头间距长边边长不应大于 4.0m，短边边长不应大于 3.2m，且不应小于 2.4m，喷头与端墙的距离不大于 1.8m 且不小于 0.6m。按照这个控制原则，根据此诊室的平面尺寸既可以布置平面上的喷头。

（2）病房喷头布置方法

在工程实践中，开间为 3.9m 的病房较为常见，其喷头布置是个特例。一个病房，开间为 3.9m，扣除墙体厚度，其开间净尺寸为 3.68m 或 3.7m，刚好超出中危险级 I 级喷头正方形布置时喷头间距 3.6m 的数值，这就涉及布置 1 列喷头还是两列喷头的问题。现有以下两种解决方案：方案一是布置 2 列喷头，喷头间距为 2.4m，房间进深方向喷头间距可以按不大于 3.6m 确定；方案二是布置 1 列喷头，喷头居中布置，距墙边净距为 1.84m 或 1.85m，房间进深方向喷头间距必须小于 3.6m，通常按 3.4m 或 3.5m 确定。按这两种方案布置均能满足设计要求，亦各有优缺点：方案一优点是布置均匀，灵活性高，能躲开风口、灯具，缺点是喷头数量较多；方案二优点是节省喷头数量，缺点是可能与风口、灯具位置有冲突，若调整喷头位置，可能与某一侧墙体间距过大。在工程设计中，推荐方案一。

（3）喷头布置注意事项

喷头的平面布置还有以下几个注意事项：

1）喷头间距需要进行尺寸标注，单位为 mm，标注数字应为整数，且宜为 50 或 100 的整数倍数；尺寸的标注应整齐划一、字体大小适中均匀。

2）喷头宜均匀布置，避免喷头间距差距过大，避免喷头距墙过近、过远，这样布置会产生美观的效果。

3）应注意与灯具、风口间的位置关系等。一个房间吊顶内既有喷头，也有空调专业的风口，还有电气专业的灯具，它们都是不可或缺的。在布置喷头时，应注意与风口、灯具等的位置协调，以保证在安装或装修时既美观，又有效。

（4）喷头布置特殊情形

医院建筑喷头的设置还存在两种重要的且容易忽视的情况。

1）第一种情况。《喷规》第7.1.8条规定：净空高度大于800mm的闷顶和技术夹层内有可燃物时，应设置喷头。闷顶指吊顶与屋盖或上部楼板之间的空间。医院建筑中除了地下车库、设备层等场所外，其他部位通常都会吊顶。吊顶内有各专业的管线，如暖通空调专业的新风风管、排风风管、排烟风管、供暖管道、空调管道等；电气专业的强电桥架、弱电桥架、配电线路等；给水排水专业的给水排水管道、消防管道等。这些管线中许多管线设有保温材料，存在许多可燃物。在设计中应与建筑专业沟通，确定建筑内各场所的闷顶内净空高度，若超过800mm，则应在闷顶内设置喷头。通常的设计做法是把这一种情况在设计图纸中做详细说明。

2）第二种情况。《喷规》第7.2.3条规定：当梁、通风管道、成排布置的管道、桥架等障碍物的宽度大于1.2m时，其下方应增设喷头。增设喷头的上方如有缝隙时应设集热板。这种情况通常发生在地下室。由于医院建筑的设备机房，如生活水泵房、消防水泵房、制冷机房、换热机房、热水机房、高低压配电室等，均主要位于建筑物的地下室层，所以地下室通常是设备管线最为集中的场所，尤其是大型设备管线。由于地下室层通常是不设置吊顶的，此处的喷头也采用直立型喷头。根据以上情况，当出现宽度大于1.2m的梁、通风管道、成排布置的管道、桥架等障碍物时，其上方已有直立型喷头保护，其下方则无法保护。所以在这种情况下，其下方应增设喷头，一般情况下增设一排喷头即可，可从邻近的自动喷水灭火给水管网上接入。

3）关于喷头在竖直方向上的要求，对于吊顶型喷头及吊顶下安装的喷头来说不存在问题，竖直方向上的要求主要针对直立型、下垂型喷头而言。这方面的要求在《喷规》第7.1.3条有明确规定，且是强制性条文。现摘录如下：除吊顶型喷头及吊顶下安装的喷头外，直立型、下垂型标准喷头，其溅水盘与顶板的距离，不应小于75mm，不应大于150mm。1当在梁或其他障碍物底面下方的平面上布置喷头时，溅水盘与顶板的距离不应大于300mm，同时溅水盘与梁等障碍物底面的垂直距离不应小于25mm，不应大于100mm。2当在梁间布置喷头时，应符合本规范7.2.1条的规定。确有困难时，溅水盘与顶板的距离不应大于550mm。梁间布置的喷头，喷头溅水盘与顶板距离达到550mm仍不能符合7.2.1条规定时，应在梁底面的下方增设喷头。3密肋梁板下方的喷头，溅水盘与密肋梁板底面的垂直距离，不应小于25mm，不应大于100mm。4净空尺寸不超过8m的场所中，间距不超过4×4（m）布置的十字梁，可在梁间布置1只喷头，但喷水强度仍应符合表5.0.1的规定。以上条文需要在设计中引起重视，主要以图纸或者文字说明体现在设计图纸中。

4. 医院建筑喷头设计细节

关于医院建筑喷头的设计，有以下几个细节应在设计图纸中体现：连接喷头的短竖管的管径为DN25；未设吊顶的场所中，沿梁下及风管下敷设的喷头均为下垂型喷头，其余喷头均为直立型喷头。

5. 医院建筑喷头技术资料

医院建筑常用普通玻璃球闭式喷头规格型号见表6-4。

普通玻璃球闭式喷头规格型号　　　　　　　　　　表 6-4

种类	型号	口径或公称通径 (mm)	K 值 $[L \cdot (MPa)^{-1/2}/min]$	RTI 值 $[(m \cdot s)^{1/2}]$	动作温度 (℃)	工作压力 (MPa)
下垂型	ZST×15/68	15	80±4	80	68	0.1～0.5
	ZST×15/79	15	80±4	80	79	0.1～0.5
	ZST×15/93	15	80±4	80	93	0.1～0.5
直立型	ZSTZ15/68	15	80±4	80	68	0.1～0.5
	ZSTZ15/79	15	80±4	80	79	0.1～0.5
	ZSTZ15/93	15	80±4	80	93	0.1～0.5
水平边 墙型	ZSTBS15/68	15	80±4	80	68	0.1～0.5
	ZSTBS15/79	15	80±4	80	79	0.1～0.5
	ZSTBS15/93	15	80±4	80	93	0.1～0.5

医院建筑常用特殊玻璃球闭式喷头规格型号见表 6-5。

特殊玻璃球闭式喷头规格型号　　　　　　　　　　表 6-5

种类	型号	口径或公称通径 (mm)	K 值 $[L \cdot (MPa)^{-1/2}/min]$	RTI 值 $[(m \cdot s)^{1/2}]$	动作温度 (℃)	工作压力 (MPa)
隐蔽型	ZSTDY15/68	15	80±4	80	68	0.1～0.5
	ZSTDY15/79	15	80±4	80	79	0.1～0.5
	ZSTDY15/93	15	80±4	80	93	0.1～0.5
快速响应直立型	K-ZSTZ15/68	15	80±4	50	68	0.1～0.5
	K-ZSTZ15/79	15	80±4	50	79	0.1～0.5
	K-ZSTZ15/93	15	80±4	50	93	0.1～0.5
快速响应下垂型	K-ZST×15/68	15	80±4	50	68	0.1～0.5
	K-ZST×15/79	15	80±4	50	79	0.1～0.5
	K-ZST×15/93	15	80±4	50	93	0.1～0.5
快速响应水平边墙型	K-ZSTBS15/68	15	80±4	50	68	0.1～0.5
	K-ZSTBS15/79	15	80±4	50	79	0.1～0.5
	K-ZSTBS15/93	15	80±4	50	93	0.1～0.5

6.6　自动喷水灭火系统管道

　　医院建筑的自动喷水灭火系统管道可以说是遍布建筑物的各个部位,管道设计是系统设计中工作量较大的一部分。自动喷水灭火系统管道设计包括管材、管径、管道敷设等内容。

6.6.1　管材

1. 常规管材

医院建筑自动喷水灭火给水管绝大多数采用架空敷设方式。架空自动喷水灭火给水管当系统工作压力小于或等于 1.20MPa 时，可采用热浸锌镀锌钢管；当系统工作压力大于 1.20MPa 时，应采用热浸锌镀锌加厚钢管或热浸镀锌无缝钢管；当系统工作压力大于 1.60MPa 时，应采用热浸镀锌无缝钢管。

自动喷水灭火给水管应采用沟槽连接件（卡箍）连接、法兰连接，当安装空间较小时应采用沟槽连接件连接。内外壁热镀锌钢管可采用沟槽连接件（卡箍）连接、丝扣连接或法兰连接。近年来，沟槽连接或卡箍连接以其独特的优势在自动喷水灭火系统管道连接中得到了普遍应用，是目前主流的连接方式。在系统管道连接方式中，管径≤DN80 的通常采用丝扣连接，管径≥DN100 的通常采用沟槽连接。

2. 应用趋势

当前医院建筑自动喷水灭火系统传统采用的配水管道管材是内外壁热镀锌钢管。

该种管道使用 10 年左右管路系统就会失效，20 年后管路系统基本报废，由于气候影响、使用环境、介质腐蚀等多种因素会导致管路锈蚀泄漏，该种材质的消防管道实际有效战备年限一般在 8～10 年。

现在使用的镀锌钢管因为内壁腐蚀生锈，产生的锈渣沉淀堆积在自动喷水灭火系统给水管道中，严重影响管道系统的压力和流量，极易造成洒水喷头堵塞，导致不能第一时间扑灭着火点。

因此，采用新材料、新技术以减轻和杜绝后期维护中存在的问题，从而大幅度降低运营维护成本，已成为发展趋势。

近年来出现了不锈钢管、氯化聚氯乙烯（PVC-C）管、消防专用涂塑钢管、衬塑钢管，在医院建筑自动喷水灭火系统中得到了广泛应用。在设计中应该大力采用新型管材，但前提是此类管材必须符合现行国家或行业标准的规定，并经国家固定灭火系统质量监督检验测试中心检测合格。

《喷规》第 8.0.2 条对自动喷水灭火系统的配水管道管材做了如下规定：配水管道可采用内外壁热镀锌钢管、涂覆钢管、铜管、不锈钢管和氯化聚氯乙烯（PVC-C）管。当报警阀入口前管道采用不防腐的钢管时，应在报警阀前设置过滤器。

3. 不锈钢管

不锈钢管具备优良特性、综合优势，在建筑尤其是医院建筑自动喷水灭火系统中得到了广泛应用。

（1）承插压合式薄壁不锈钢管优越特性

1）材质优越、抗腐蚀性好。卫生性能好，耐腐蚀性能强，完全杜绝了传统镀锌管道或无缝钢管内外壁氧化生锈问题，大大降低了后期运营过程中对管路系统除锈、防腐的人工成本及维护费用，同时管路系统使用寿命大幅度延长。

2）独特结构、密封可靠。采用厌氧胶取代传统橡胶圈密封方式，压接后使管材与管件内外壁相互嵌入贴合为一体，是现有机械式连接中密封性能最可靠的连接方式。

3）耐高温、抗老化。高分子材料密封胶在高温下已经完全碳化的情况下，仍然能做到无泄漏，从根本上避免了因传统橡胶密封圈老化而出现的渗水、漏水问题。

4）抗低温、抗负压。−60℃低温、−80kPa 负压下承插压合接头处无变形、无泄漏。

5）抗高压、抗冲击。20MPa 压力下不泄漏；可承受 78.4J 超强冲击力。

6）抗振动、抗拉拔强度高。

7）安装简便、快捷。

8）满足施工安全要求。

9）静态综合性价比高。根据合格运行 70 年的各项实际成本所做的分析，在全生命周期中，采用承插压合式薄壁不锈钢管比采用碳钢管节约至少 90％以上的综合成本。

（2）承插压合式薄壁不锈钢管阴极电泳

原理：以不锈钢为基材，采用电泳漆膜技术，在不锈钢表面镀上一层致密的（丙烯酸树脂）高分子保护膜。

颜色：根据实际需要可使不锈钢表面形成红色、黄色等醒目保护层。

作用：硬度大于或等于 4H，耐摩擦次数大为提升。附着力强，180°弯曲无剥落，耐腐蚀性大为提高，杜绝外界介质形成的腐蚀。

（3）承插压合式薄壁不锈钢管技术参数

1）连接方式。薄壁不锈钢管采用承插压合式连接，符合《薄壁不锈钢承插压合式管件》CJ/T 463—2014 的规定。

2）执行标准。承插压合式薄壁不锈钢管道执行下列标准：《流体输送用不锈钢焊接钢管》GB/T 12771—2008，《薄壁不锈钢承插压合式管件》CJ/T 463—2014，《55°密封管螺纹　第 1 部分：圆柱内螺纹与圆锥外螺纹》GB/T 7306.1—2000，《工程机械 厌氧胶、硅橡胶及预涂干膜胶 应用技术规范》JB/T 7311—2016，《生活饮用水输配水设备及防护材料的安全性评价标准》GB/T 17219—1998，《建筑给水排水薄壁不锈钢管连接技术规程》CECS 277—2010。

承插压合式薄壁不锈钢管道规格：$DN15\sim DN350$，工作压力≤3.0MPa。

4. 氯化聚氯乙烯（PVC-C）管

氯化聚氯乙烯（PVC-C）管同样具备优良特性、综合优势，理应在建筑尤其是医院建筑自动喷水灭火系统中推广使用。

（1）规范规定

《喷规》第 8.0.3 条对氯化聚氯乙烯（PVC-C）管在自动喷水灭火系统中的应用做了如下规定：自动喷水灭火系统采用氯化聚氯乙烯（PVC-C）管材及管件时，设置场所的火灾危险等级应为轻危险级或中危险级 Ⅰ 级，系统应为湿式系统，并采用快速响应喷头，且氯化聚氯乙烯（PVC-C）管材及管件应符合下列要求：1 应符合现行国家标准《自动喷水灭火系统 第 19 部分：塑料管道及管件》GB/T 5135.19 的规定；2 应用于公称直径不超过 $DN80$ 的配水管及配水支管，且不应穿越防火分区；3 当设置在有吊顶场所时，吊顶内应无其他可燃物，吊顶材料应为不燃或难燃装修材料；4 当设置在无吊顶场所时，该场所应为轻危险级场所，顶板应为水平、光滑顶板，且喷头溅水盘与顶板的距离不应大于 100mm。

医院建筑除车库火灾危险等级为中危险级 Ⅱ 级外，病房、门诊、办公等其他场所火灾危险等级均为中危险级 Ⅰ 级，系统通常采用湿式系统，洒水喷头采用快速响应喷头，因此除车库外的上述场所自动喷水灭火系统公称直径≤$DN80$ 的配水管（支管）均可以采用氯化聚氯乙烯（PVC-C）管材及管件。上述配水管（支管）通常在一个防火分区内敷设，不涉及穿越防火分区；上述应用场所通常设置吊顶，应注意吊顶内及吊顶材料。

（2）PVC-C 消防喷淋用（氯化聚氯乙烯）管

作为新型绿色产品，嘉泓®AGS·PVC-C消防喷淋用（氯化聚氯乙烯）管道在自动喷水灭火系统中的应用越来越广。

1）管材性能特点及优势

① 环保性。本产品原料取材70%以上来自于海水盐，30%左右来源于石油，因此本产品环保、经济、长效，属于绿建产品。

② 卫生性。本产品采用二次充氯技术，二次氧化，使产品自身密度提升，分子结构更加完整，管道内外壁坚固不透氧，管道自身具有独特的耐菌抑菌性能，管道系统内壁光滑，使得菌膜、藻类及水中杂质很难附着而不易结垢，进而保证水质安全。

③ 耐腐蚀性。国内自来水采用氯消毒，水中余氯对很多塑料管道具有侵蚀作用，从而导致管道系统漏水失效，本产品耐氯侵蚀，永不生锈结垢，具有很好的水质适应性。

④ 寿命长。本产品的稳定使用周期可达50年。

⑤ 安全性。本产品已经通过国家应急部天津消防研究所型式试验全部认证，包括暴露在温度高达871℃的火焰中进行测试，在火焰温度达到871℃、管道直接接触火焰60min，且外焰温度达到371～482℃时，其爆破压力为7.71MPa。新管的极限爆破压力可达到12MPa。

⑥ 杰出的技术性能。本产品具有不低于10MPa的高承压性；长期耐高温93℃；耐低温−26℃；阻燃性能优异，极限氧指数为60LOI，属于A级不自燃产品，燃烧时产生的少量气体，仅相当于木材燃烧时产生的气体；保温系数低，接近A级保温材料保温系数（仅为0.137W/(m·K)）；低膨胀性（膨胀系数为0.06mm/(m·K)）；耐紫外线等。

⑦ 安装施工便捷性。轻质管道可以更快、更轻松、更安静地进入狭窄空间，由于可在现场使用简单的手动工具切割，从而最大限度地降低了工具开支。一步式冷溶连接安装施工缩短了施工周期，施工高效方便，安装简单，节省人工，将人工成本降至最低。

⑧ 经济性。与金属管道相比，本产品安装成本显著降低，试验及实际工程案例总结可比金属管道节约70%以上的工期，价格更稳定。管道内外部永久耐腐蚀，无需进行金属管道必需的周期性直观检查，从而减少了相应的检测、维护保养成本。

2）产品符合的标准

本产品符合《自动喷水灭火系统设计规范》GB 50084—2017；《自动喷水灭火系统施工及验收规范》GB 50261—2017；《自动喷水灭火系统 第19部分：塑料管道及管件》GB/T 5135.19—2010。

3）产品取得的认证

本产品通过了国家应急部天津消防研究所固定灭火系统和耐火构件质量监督检验；拥有国家应急部天津消防研究所型式试验消防产品认证证书；拥有美国UL和FM认证、加拿大ULC认证、英国LPCB认证、德国Vds认证；可用在美国消防规范（NFPA）；拥有美国卫生基金会（NSF）饮用水认证。

4）产品规格型号及连接方式

本产品管材管件规格型号：DN25～DN80。

本产品安装施工采用冷溶连接；同其他材质之间的连接有法兰连接、螺纹连接、沟槽式（卡箍）连接等。

6.6.2　管径

1. 确定方法

医院建筑自动喷水灭火系统的配水管道，无论干管、支管，严格来讲其管径应经水力计算确定。

2. 简便确定方法

(1) 在医院建筑设计实践中，可以采用表 6-6 中较为简便的方法确定自动喷水灭火系统配水管道的管径。医院建筑各个场所火灾危险等级绝大多数为中危险级，故表 6-6 中列出了中危险级场所中配水支管、配水管控制的标准喷头数及每种管径所对应的标准喷头数。

配水管控制标准喷头数及各管径所对应标准喷头数　　　　表 6-6

公称管径(mm)	中危险级场所中配水管 控制的标准喷头数(只)	中危险级场所中配水管每种管径 对应的标准喷头数(只)
25	1	1
32	3	2～3
40	4	4
50	8	5～8
65	12	9～12
80	32	13～32
100	64	33～64
150	＞64	＞64

实践证明：按照表 6-6 确定自动喷水灭火系统配水管道的管径，既满足了系统设计要求，可以保证自动喷水灭火系统的可靠性，尽量均衡了系统管道的水力性能，又大大提高了设计工作效率。

(2) 根据施工图设计深度要求，施工图设计图纸中自动喷水灭火系统配水管道的管径均应标注清楚，以满足施工要求。在工程设计实践中，发现有的医院建筑施工图设计图纸中，所有自动喷水灭火系统配水管道均未标注管径，只是给出了管径控制喷头的对照表，这种做法是错误的，不但满足不了图纸设计深度要求，而且违反了施工图设计的目的——图纸为施工服务。设计人员应为施工提供资料，有义务使图纸尽量详尽，不能让施工人员自己确定不属于他们工作范畴的管道管径。

(3) 为了控制配水支管的长度，避免水头损失过大，有必要控制自动喷水灭火系统中配水管两侧每根配水支管设置的喷头数。通常情况下，中危险级场所配水管两侧每根配水支管设置的喷头数不应超过 8 只，同时在吊顶上下安装喷头的喷水支管，上下侧均不应超过 8 只。

这个规定明确了配水干管设计的原则和方法：控制配水管两侧每根配水支管设置的喷头数不超过规定数量。以此来确定配水干管的布置和敷设方式。

6.6.3　管道敷设

1. 自动喷水灭火系统配水干管敷设

在医院建筑工程设计实践中，常用的配水干管敷设位置是公共走廊或公共空间。因为在医院建筑的平面布置中，无论是病房还是门诊，公共走廊是连通各个功能房间的交通链条，走廊的两侧布置着病房、诊室、办公室等房间。所以把配水干管敷设在公共走廊，走廊两侧房间内的配水支管就近连接到配水干管上。走廊内布置的喷头就近接至排水支管后再接至配水干管，而不是直接接至配水干管。通常根据施工要求和设计常规，单个喷头不宜直接接至管径较大（≥DN100）的配水干管。

2. 建筑平面上自动喷水灭火系统配水管网布置

（1）根据医院建筑的防火性能确定自动喷水灭火系统配水管网的布置范围。对于医院建筑，根据防火规范要求，建筑平面较大的会划分为若干个防火分区。"防火分区"是建筑消防中的一个重要概念，是指在建筑内部采用防火墙、耐火楼板及其他消防分隔设施分隔而成，能在一定时间内防止火灾向同一建筑的其余部分蔓延的局部空间。它是通过技术措施把火灾限制在某个区域内的重要手段，而每个防火分区内的自动喷水灭火系统也是技术措施之一。所以自动喷水灭火系统配水管网也应按照防火分区的划分来在每个防火分区内分别布置。通俗点讲，每个防火分区内的自动喷水灭火系统配水管网就是一个独立的小系统管网。为了清晰表达自动喷水灭火系统与防火分区的关系，在各楼层消防平面图中应保留防火卷帘、防火门及其名称，并应附上防火分区示意图，标识出消防电梯。

（2）在每个防火分区内应确定该区域自动喷水灭火系统配水主干管或主立管的位置或方向，以此确定该防火分区自动喷水灭火系统配水管网的接入点。

（3）自接入点接入后，可以确定主要配水管的敷设位置和方向。如上所述，可以沿公共走廊等敷设自动喷水灭火系统配水管。形象地说，采用"树枝发散状"敷设自动喷水灭火系统枝状管网。

（4）自末端房间内的自动喷水灭火系统配水支管就近向配水管连接。

以上是每个防火分区内自动喷水灭火系统配水管网的布置方法。放大到划分了若干个防火分区的某个楼层，每个防火分区内配水管网的布置均可采用上述方法。

3. 自动喷水灭火系统主干管、主立管敷设

自动喷水灭火系统主干管、主立管的敷设布置在下文中结合报警阀组的论述给出原则和方法。

6.6.4 其他

自动喷水灭火系统每个喷头与配水支管连接的短立管管径不应小于25mm，通常采用25mm。

自动喷水灭火系统末端试水装置或试水阀的连接管管径不应小于25mm，通常采用25mm。

自动喷水灭火系统若采用预作用系统，其配水管道充水时间不宜大于2min。其供气管道若采用钢管，管径不宜小于15mm；若采用铜管，管径不宜小于10mm。

6.7 水流指示器

水流指示器是自动喷水灭火系统中的一个重要组件，其功能是及时报告发生火灾的部位。

6.7.1　水流指示器设置部位

《喷规》规定：除报警阀组控制的喷头只保护不超过防火分区面积的同层场所外，每个防火分区、每个楼层均应设水流指示器。

"报警阀组控制的喷头只保护不超过防火分区面积的同层场所"是指：设置自动喷水灭火系统的场所面积较小，不超过一个防火分区的面积，且只在一个楼层上，即"一个楼层，一个防火分区"。在这种情况下，这个场所需要设置的喷头数不超过 1 个报警阀组控制的喷头数，报警阀组的功能完全可以代替水流指示器报告火灾部位的功能，所以可以不设置水流指示器。

在进行医院建筑自动喷水灭火系统设计时，通常各相邻楼层之间通过楼板实现消防分隔，每个楼层均是独立的防火单元，极少有一个防火分区跨越两个或多个楼层的情况。

对于某个建筑楼层，建筑专业会根据防火要求把本楼层划分为若干个防火分区，相邻的防火分区之间通过防火墙、防火卷帘等防火分隔来隔开。每个防火分区其实就是一个独立的防火单元，在本防火分区发生火灾时把火灾限制在本区域而不向邻近分区蔓延，所以本防火分区的自动喷水灭火系统是一个完整、独立的小系统。而本区域发生火灾时，喷头打开灭火，系统管网有水流流动经过，通过水流指示器的信号反馈，及时报告本区域发生火灾的事实。

每个防火分区应设置一个水流指示器，位置设在本防火分区自动喷水灭火系统配水管网的起始端或接入端，以达到监控本区域的目的。通常水流指示器设置在本防火分区内的吊顶内或顶板下，水流指示器的这种设置方法分散，但控制直接。也可以结合系统喷水干管的设置情况集中设置于各个防火分区配水干管分叉处，即各分区配水干管自管道井接出后先经过水流指示器后再接至各防火分区，水流指示器的这种设置方法集中，容易控制。

6.7.2　水流指示器入口前控制阀

水流指示器入口前即上游端应设置控制阀门，通常采用信号阀。在常规自动喷水灭火系统设计中，水流指示器与信号阀是标准配置，1 个水流指示器配 1 个信号阀。

信号阀常采用信号蝶阀，其型号规格见表 6-7。

信号阀型号规格　　　　　　　　　　　　表 6-7

型号	通径（mm）	额定工作压力（MPa）
ZSXF50D	50	1.60
ZSXF65D	65	1.60
ZSXF80D	80	1.60
ZSXF100D	100	1.60
ZSXF150D	150	1.60
ZSXF200D	200	1.60

6.7.3　与电气专业配合

水流指示器和信号阀均是自动喷水灭火系统的重要反馈和控制环节之一。在医院建筑自动喷水灭火系统设计中，应将各个水流指示器和信号阀的设置位置及数量提供给弱电专业，达到使自动喷水灭火系统正常作用的目的。

6.7.4 水流指示器规格型号

水流指示器的规格通常同其所在的自动喷水灭火系统配水干管的管径，具体型号可参照国家标准图集或建筑物所在当地使用的区域或省、市、自治区图集，当然也可参照相关生产厂家资料选取。水流指示器型号规格可参照表 6-8 确定。

水流指示器型号规格 表 6-8

水流指示器参数名称	水流指示器主要技术参数
型号	2SJ2
规格	$DN80、DN100、DN150$（常用）；$DN50、DN70、DN125、DN200$（不常用）
额定工作压力	1.20MPa
动作流量	15.0～37.5L/min
水头损失	流速 4.5m/s 时，≤0.02MPa
密封试验压力	2.40MPa 水压，历时 5min，不变形，不渗漏

6.8 报警阀组

6.8.1 医院建筑报警阀组类型

报警阀组是自动喷水灭火系统中的一个最重要组件，在自动喷水灭火系统中发挥着重要作用。

通常在医院建筑消防系统设计中得到应用的主要有湿式报警阀组、预作用报警阀组，最常用的是湿式报警阀组。

湿式报警阀在系统中的作用是：接通或关断报警水流，喷头动作后报警水流将驱动水力警铃和压力开关报警；防止水倒流。

雨淋报警阀在系统中的作用是：接通或关断向配水管道的供水。

6.8.2 医院建筑报警阀组数量确定

1. 医院建筑报警阀组数量确定影响因素

确定一个医院建筑自动喷水灭火系统中报警阀组的数量，取决于以下 3 个因素：

（1）整个建筑中设置喷头的总数量

在对整个建筑内采用自动喷水灭火系统保护的场所布置完喷头后，即可整合统计出设置喷头的总数量。有一点要注意，当配水支管同时安装保护吊顶下方和上方空间的喷头时，应只将数量较多一侧的喷头计入喷头总数。这是由于在同一个时间段内，保护吊顶下方和上方空间的喷头不会同时动作，计数时仅需计入较多一侧的喷头数即可。

（2）每个防火分区内设置喷头的数量

在统计喷头数量时，应分别统计每一层每个防火分区内设置喷头的数量。建议制作一个表格用以统计相关场所的喷头数量，这样也能为主要设备表的制作提供相关数据。

（3）每个报警阀组控制的喷头数

为了保证系统维修时关停部分不致过大，提高系统的可靠性，有必要规定每个报警阀组控制喷头数的上限值。对于湿式系统、预作用系统来说，一个报警阀组控制的喷头数不宜超过 800 只。医院建筑自动喷水灭火系统通常涉及湿式系统、预作用系统，所以可以"800 只"作为一个控制指标。

2. 医院建筑报警阀组数量确定方法

表面看来，用整个建筑中设置喷头的总数量除以 800 后的值取整后加上 1 即为报警阀组的数量，这样的报警阀组数是不准确的。正确的方法是根据每个防火分区内的喷头数，均衡组合，使相近若干楼层或相近若干防火分区的喷头数之和控制在不超过 800 只。在均衡组合时，应遵循以下原则：

（1）宜相近楼层或相近防火分区组合。这样组合的好处是某个报警阀组控制的喷头较为集中，可以减少配水管道的长度，客观上有利于控制。

（2）控制每个报警阀组供水的最高与最低位置喷头高程差不大于 50m。目的是为了控制高、低位置喷头的工作压力差值过大。在医院建筑中，通常如果病房层是一个护理单元，其面积不是很大，一般每层是一个防火分区，可能每 5～6 层自动喷水灭火系统由一个报警阀组控制，而这 5～6 层的高差通常不超过 30m。所以一般在医院建筑中可以满足此条原则。

（3）可以相近楼层和相近防火分区均衡组合。

对于上述病房层的情况，可以采取相近楼层的喷头组合由同一个报警阀组控制。

对于门诊层来说，往往建筑平面较大，每层划分为若干个防火分区，这种情况下可以采取每一楼层相近防火分区的喷头组合由同一个报警阀组控制。在工程实践中，出现过因为某一楼层建筑面积过大、防火分区过多，这一楼层的喷头由 2 个甚至 2 个以上报警阀组控制的情况。

有时会出现以下情况：某一楼层的一部分防火分区的喷头组合由一个报警阀组控制；另一部分防火分区的喷头与相邻楼层的一部分防火分区的喷头组合由另一个报警阀组控制。

还有一种情况：某一楼层建筑平面过大，喷头的布置过于分散，如果这一层过于分散的喷头由同一个报警阀组控制，则会出现管网过长、水力损失过大的现象。这种情况下，不妨将此楼层根据防火分区分成 2 个或几个区域，每个区域的喷头和相近楼层、相近区域的喷头组合，可能是更合理的方案。当然，这种组合方式要求每个区域配有一个独立的水井作为自动喷水给水立管等管道的竖向通道。

总而言之，喷头组合形式是多样的。由于医院建筑功能的复杂性，平面的庞大性，科室的多样性，防火分区的大量性，喷头的各种组合形式是灵活的、常见的。在具体医院建筑自动喷水灭火系统设计中，不应拘泥于形式，只要满足规范要求、设计要求，完全可以灵活设计。

3. 每个报警阀组控制喷头数的均衡性

一个报警阀组控制的喷头数不宜超过 800 只，这是一个指导原则。在实际工程设计时，应尽量保证多个报警阀组中每个报警阀组控制的喷头数相差不大。如果某个报警阀组控制的喷头数是 780 只，而另一个报警阀组控制的喷头数是 380 只，这虽然满足要求但不是合理最佳的，可以将每一个报警阀组控制的喷头数均衡到 600 只左右。

另外，"800 只"是个控制值，在具体设计中如果出现一个报警阀组控制的喷头数超过 800 只，达到 800 只多一点，比如 820 只，这也是规范允许的。

如上所述，医院建筑的功能、平面复杂性造成了自动喷水灭火系统设计的复杂性。但只要按照上述原则均衡、灵活配置报警阀组，整个建筑自动喷水灭火系统设计的脉络框架就会更合理，更能满足设计要求。

6.8.3 医院建筑报警阀组设置位置

医院建筑自动喷水灭火系统报警阀组通常设置在消防水泵房或专用报警阀室。

第一种方式是将报警阀组设置在消防水泵房内。此种方式布置紧凑，靠近自动喷水灭火给水泵组，系统控制集中方便。通常用于消防水泵房设置在本建筑物地下室的情况。

第二种方式是将报警阀组设置在专用报警阀室内。此种方式布置分散，通常远离自动喷水灭火给水泵组，系统控制较为不便。通常用于：消防水泵房不设置在本建筑物内，而是设置在院区内或者其他建筑物内；消防水泵房虽设置在本建筑物内，但由于建筑物过高，为避免连接较高部位自动喷水灭火系统的报警阀组超压，而将这部分报警阀组单独设到较高楼层的专用报警阀室。显然第二种方式不如第一种方式好。

报警阀组无论设置在消防水泵房还是专用报警阀室内，其在房间内都宜设在安全及易于操作的地点，报警阀组距地面的高度宜为 1.2m。通常报警阀组在房间内均是沿墙体集中布置，相邻报警阀组的间距不宜小于 1.5m，不应小于 1.2m。

由于系统启动和功能试验时，报警阀组将排放出一定量的水，所以安装报警阀组的部位应设有排水设施。报警阀组若设置在消防水泵房内，由于消防水泵房内均设有排水沟、集水坑（坑内设有潜污泵或污水提升设备）等，满足排水要求。报警阀组若设置在专用报警阀室内，应设置排水地漏或排水沟就近接入排水管或集水坑。

6.8.4 报警阀组组成及要求

作为自动喷水灭火系统的核心，设计人员有必要掌握湿式报警阀组、预作用报警阀组的组成及各部件的设计要求。

1. 湿式报警阀组

（1）湿式报警阀组包括湿式报警阀、信号阀、过滤器、延迟器、压力开关、水力警铃、压力表、泄水阀、试验阀、节流管、止回阀等组件，各个组件的作用见表 6-9。

湿式报警阀组组件作用

表 6-9

组件编号	组件名称	组件作用
1	湿式报警阀	系统控制阀,输出报警水流信号
2	信号阀	供水控制阀,关闭时输出电信号
3	过滤器	过滤水中杂质
4	延迟器	延迟报警时间,克服水压波动引起的误报警
5	压力开关	湿式报警阀开启时,输出电信号

组件编号	组件名称	组件作用
6	水力警铃	湿式报警阀开启时,发出音响信号
7	压力表	指示湿式报警阀前、后的水压
8	泄水阀	系统检修时排空放水
9	试验阀	试验湿式报警阀功能及水力警铃报警功能
10	节流管	节流排水,与延迟器共同工作
11	止回阀	单向补水,防止压力变化引起湿式报警阀误动作

湿式报警阀组的核心组件是湿式报警阀、信号阀、压力开关和水力警铃。

(2) 常用的湿式报警阀组型号有两种:ZSZ 系列湿式报警阀组最大工作压力不超过 1.2MPa;ZSS 系列湿式报警阀组最大工作压力不超过 1.6MPa。

表 6-10 为常用湿式报警阀装置型号规格。

湿式报警阀装置型号规格　　　　　　　　　　　　　　　　表 6-10

型号	公称通径 (mm)	最大工作压力 (MPa)	报警阀门高度 (mm)	法兰外径 (mm)	装置外形尺寸 长×宽×高(mm)
ZSFZ100	100	1.2、1.6	247	215	980×310×455
ZSFZ150	150	1.2、1.6	270	280	1030×340×480
ZSFZ200	200	1.2、1.6	410	335	1085×360×540

(3) 为防止误操作,湿式报警阀进出口的控制阀应采用信号阀或应设锁定阀位的锁具,一般情况下是采用信号阀。

(4) 压力开关的作用:湿式报警阀开启后,在水压的作用下接通电触点,发出电信号,所以是湿式报警阀组发挥控制作用的核心,它的运行成败直接影响到系统的运行成败,也是应与弱电专业加强配合的地方。

压力开关主要技术参数见表 6-11。

压力开关主要技术参数　　　　　　　　　　　　　　　　表 6-11

参数名称	型号	额定工作压力	工作压力	密封试验压力
技术参数	ZSJY	1.20MPa	0.035~0.5MPa	2.4MPa 水压,5min 不渗漏、不变形

(5) 水力警铃的作用是发出响亮铃声报警,目的是使值班人员或其他人员听到后采取措施,所以其设置的位置极为重要,在设计时应予以重视。规范要求应设在有人值班的地点附近,在工程设计实践中,通常集中设置在消防水泵房或专用报警阀室靠近内走道的外墙上,这样既能靠近值班室或其他有人的房间,又能保证其与湿式报警阀的距离不至过长。

表 6-12 为水力警铃主要性能参数。

(6) 在工程自动喷水灭火系统设计中,一般湿式报警阀组会根据国家标准图集或当地图集选择阀组型号,不会在图纸中体现湿式报警阀组的具体组件,但应在图纸中:表示出湿式报警阀组的布置位置及尺寸并在设备表中给出详细型号及参数;提供给弱电专业湿式报警阀及压力开关的数量及位置;表示出水力警铃的位置及相应管道管径。

水力警铃主要性能参数 表 6-12

参数名称	启动报警压力	额定工作压力	流量系数	报警声响
技术参数	≤0.05MPa	1.20MPa	$K=5.28$	>70dB(水压 0.05MPa 时) >85dB(水压 0.20MPa 时)

2. 预作用报警阀组

(1) 预作用报警阀组包括预作用报警阀、信号阀、试验信号阀、控制腔供水阀、过滤器、压力开关、水力警铃、水力警铃控制阀、水力警铃测试阀、试验放水阀、手动开启阀、电磁阀、压力表、止回阀、注水口、泄水阀等组件，各个组件的作用见表 6-13。

预作用报警阀组组件作用 表 6-13

组件编号	组件名称	组件作用
1	预作用报警阀	控制系统进水，开启时可输出报警水流信号
2	信号阀	区域检修控制阀，关闭时输出电信号
3	试验信号阀	检修调试用阀，平时常开，关闭时输出电信号
4	控制腔供水阀	平时常开，关闭时切断控制腔供水
5	过滤器	过滤水中或气体中的杂质
6	压力开关	预作用报警阀开启时，输出电信号
7	水力警铃	预作用报警阀开启时，发出音响信号
8	水力警铃控制阀	切断水力警铃声，平时常开
9	水力警铃测试阀	手动打开后，可在雨淋阀关闭状态下试验警铃
10	试验放水阀	系统调试或功能试验时打开
11	手动开启阀	手动开启预作用报警阀
12	电磁阀	电动开启预作用报警阀
13	压力表	指示水压
14	止回阀	防止水倒流
15	注水口	向预作用报警阀内注水以密闭阀瓣
16	泄水阀	系统检修时排空放水

预作用报警阀组的核心组件是预作用报警阀、信号阀、压力开关、水力警铃、启动装置。其中预作用报警阀由雨淋阀和湿式报警阀上下串联组成。

(2) 在设计中，预作用报警阀组的布置、管网连接、水力警铃的设置等均参照湿式报警阀组。

(3) 表 6-14 为常见预作用报警阀装置型号规格。

预作用报警阀装置型号规格 表 6-14

型号	公称通径 (mm)	工作压力 (MPa)	阀体高度 H_1 (mm)	阀体轴心至左端 L_1 (mm)	阀体轴心至右端 L_2 (mm)	阀体轴心至后端 L_3 (mm)	阀体轴心至前端 L_4 (mm)	系统总高度 H_2(mm)
ZSFU100	100	0.14~1.2	840	420	340	400	250	860
ZSFU150	150	0.14~1.2	915	450	340	410	300	950
ZSFU200	200	0.14~1.2	1210	460	340	420	380	1250

6.8.5　报警阀组管道

在医院建筑报警阀组的设计中，无论是湿式报警阀组还是预作用报警阀组，通常它们通过相应管道并联连接。

1. 报警阀组后管道

每个报警阀组后的管道与自动喷水灭火系统给水管网连接，其管径与该报警阀组控制的给水管网配水干管管径相同，常见管径为 $DN150$、$DN100$。

2. 报警阀组前管道

每个报警阀组前的管道与报警阀组前供水管道连接，其管径同报警阀组后管道管径。

3. 报警阀组前供水管道

（1）报警阀组前的供水管道与自动喷水灭火系统给水泵组出水管道连接。当自动喷水灭火系统中设有 2 个及以上报警阀组时，报警阀组前的供水管网宜布置成环状。

在医院建筑自动喷水灭火系统设计中，由于绝大多数医院建筑需要 2 个及以上报警阀组，所以报警阀组前的供水管网通常均布置成环状。环状布置的目的是保证系统的可靠性。

（2）常见的环状布置供水管网有两种。

第一种是将各个报警阀组前的供水管道连成环状管网，每个报警阀组均从此环状管网上接出管道，同时自此环状管网上接出 2 根管道与自动喷水灭火系统给水泵组出水管道连接。这种方式的供水管网其实是 2 个环网：一个是各个报警阀组前的供水管网形成的环网；另一个是接至第一个环网的 2 根供水管道与自动喷水灭火系统给水泵组的 2 根出水管道形成的环网。此种方式供水可靠性高，但管道连接较麻烦。

第二种是将连接各个报警阀组前的供水管道直接与自动喷水灭火系统给水泵组出水管道连成一个环状管网。此种方式供水可靠性较高，且管道连接较简便。在医院建筑自动喷水灭火系统设计中常采用此种环状管网布置方式。

4. 环状管网管径

如上所述，医院建筑大多数场所火灾危险等级为中危险级 Ⅰ 级，少数场所火灾危险等级为中危险级 Ⅱ 级。经计算，$DN150$ 可以满足自动喷水灭火系统流量、流速要求，所以报警阀组前的供水管网管径通常定为 $DN150$。

5. 管道敷设方式

报警阀组后的管道自报警阀组接出后沿本层顶板下敷设接至各个自动喷水灭火系统配水管网，具体敷设标高应结合其他设备管线确定标注。

报警阀组前的管道（该部分管道称为报警阀组配水管道）通常沿本层地板上敷设，具体敷设标高应结合现场情况确定。

与自动喷水灭火给水泵组连接的报警阀组前的管道（该部分管道称为报警阀组供水管道）沿本层顶板下敷设，具体敷设标高应结合其他设备管线确定标注。

6. 管网排水阀

应在报警阀组前的供水管网的最低处设置排水阀门，其排水应接至消防水泵房（专用报警阀室）内排水沟、集水坑等设施。

6.8.6 检修阀门

当系统设有 2 个及以上报警阀组时，报警阀组前的供水管网均为环状管网。为检修需要，宜在报警阀组前的供水管网上每隔 2 个报警阀组设置 1 个检修阀门。

6.8.7 减压阀

对于一定建筑规模的医院建筑，报警阀组的数量较多，因此需要设置减压阀的报警阀组数量也较多。目前医院建筑自动喷水灭火系统减压阀的设置方式主要有以下两种。

第一种方式是将每个需要减压的报警阀组前均设置减压阀。此种方式的优点是报警阀组布置方便，缺点是减压阀设置数量较多、占用空间较大、减压阀前后压力差较大。此种方式适用于报警阀组数量较少、各报警阀组控制区域设计压力相差较大的情形。

第二种方式是将各个需要减压的报警阀组分组，在各组报警阀组前分别设置减压阀。此种方式根据各个需要减压的报警阀组控制区域设计压力值，将设计压力值相差不大的报警阀组分成一组。该组报警阀组在报警阀组前的供水管网上设置 2 个减压阀，即供水管网先统一减压后再接至本组各报警阀组。通常减压阀的阀后压力值以该组控制区域设计压力值最低报警阀组的设计压力值为准，该组报警阀组后管网超压仅需在各区域配水干管上设置减压孔板即可。此种方式的优点是明显减少减压阀设置数量、占用空间较小，缺点是增加报警阀组后管网数量。此种方式适用于报警阀组数量较多、各报警阀组控制区域设计压力相差不大易于分组的情形。

设计中推荐采用第二种方式。各分组报警阀组前供水干管彼此间应设置检修阀门。

6.8.8 减压孔板

减压孔板作为自动喷水灭火系统的一种减压部件，通常是作为减压阀的辅助使用的，其设置位置为自动喷水灭火系统配水干管上，设置在信号阀与水流指示器之间，作用是使该下游保护面积内自动喷水灭火系统配水管内压力小于 0.40MPa。减压孔板的减压能力有限，不能完全替代减压阀。

减压孔板的选型。通过计算拟设置减压孔板前后两侧的减压值，据此计算或查相关表格确定该减压孔板的孔径，并在设计图纸（通常在自动喷水灭火系统干管系统图）中注明。

6.8.9 消防水泵房自动喷水灭火给水管道

消防水泵房内自动喷水灭火给水泵吸水管、出水管管道及附件设计要求详见消火栓系统相关章节。

水力报警阀前沿水流方向依次设置阀门、信号阀；若有减压阀的话依次设置阀门、压力表、减压阀、压力表、阀门、信号阀。水力报警阀后沿水流方向依次设置试水阀（自报警阀后干管接出，管径为 DN150）、信号阀、阀门。水力报警阀后立管顶部设置自动排气阀。可调式减压阀宜水平安装；比例式减压阀宜竖直安装。

自动喷水灭火给水泵出水管接至水力报警阀前干管在立管上沿水流方向依次设置阀门、过滤器（注意设置方向）、阀门。

6.9　自动喷水灭火系统水泵接合器

自动喷水灭火系统管网上应设置水泵接合器，其数量应根据该系统的设计流量经计算确定，但不宜少于 2 个，每个水泵接合器的流量宜按 10～15L/s 计算。

6.9.1　水泵接合器作用

水泵接合器是用于外部增援供水的措施，当自动喷水灭火系统供水泵不能正常供水时，由消防车连接水泵接合器向自动喷水灭火系统的管道供水。所以可以说，消防车通过水泵接合器供水方式是供水泵供水方式的备用，是建筑自动消防的必要补充。

6.9.2　水泵接合器数量确定

医院建筑火灾危险等级按中危险级 II 级或中危险级 I 级设计，其自动喷水灭火系统设计用水量经计算为 30L/s。每个公称通径为 $DN100$ 的水泵接合器的流量一般按 10L/s 计算，每个公称通径为 $DN150$ 的水泵接合器的流量一般按 15L/s 计算。按此计算，医院建筑自动喷水灭火系统设置 2 个 $DN150$ 的水泵接合器或 3 个 $DN100$ 的水泵接合器即可。但从安全可靠角度出发，应适当增加 1 个水泵接合器，这样系统设置 3 个 $DN150$ 的水泵接合器或 4 个 $DN100$ 的水泵接合器为宜。常规做法是设置 3 个 $DN150$ 的水泵接合器。

6.9.3　水泵接合器设置位置

从理论上讲，既然水泵接合器的功能是消防车通过它向系统供水，那么只要满足与它连接的供水管道与自动喷水灭火系统给水干管连接即可，不必强调设置位置。但它的功能是替代系统供水泵供水，而自动喷水灭火系统供水泵组及其出水干管均设置在消防水泵房内（通常设置在地下室），所以与水泵接合器连接的供水管道应该连接到自动喷水灭火系统供水泵组出水干管上。这种情况下，自动喷水灭火系统水泵接合器的位置宜设置在靠近消防水泵房的室外。

水泵接合器与自动喷水灭火系统供水泵组出水干管连接的供水管道管径按 $DN150$ 即可。

对于医院建筑来说，常规做法是将 3 个 $DN150$ 的水泵接合器并联起来，由 1 根 $DN150$ 的供水管道接至系统供水泵组出水干管上，具体连接位置位于报警阀组前的供水环管上。

水泵接合器应设在便于同消防车连接的地方，其周围 15～40m 内应设室外消火栓或消防水池。

在工程设计中，通过下面 3 个因素可以确定水泵接合器的设置位置：靠近消防水泵房；便于同消防车连接；周围 15～40m 范围内设有室外消火栓或消防水池。实际上，消防水池无论设置在室外地下还是设置在室内地下室，一定是靠近自动喷水灭火给水泵组或者说是消防水泵房的，从在这个意义上讲靠近消防水泵房一定是靠近消防水池了，所以 15～40m 是一个控制制约数据。反过来讲，确定了水泵接合器的设置位置后，同样可以确定附近的某个室外消火栓设置位置。

至于水泵接合器与建筑物外墙的距离，在室外条件具备时最小距离宜为 5m，如条件不具备可相应减小。

施工图设计中，水泵接合器的位置应标注定位尺寸。

6.9.4　水泵接合器形式确定

在设计中，水泵接合器的型号及安装可参见国家标准图集《消防水泵接合器安装》99S203，根据具体工程的不同情况选取合适的型号及安装方式。

工程实践中常用的水泵结合器安装形式有地上式（SQS150、SQS100，常用 SQS150）和地下式（SQX150、SQX100，常用 SQX150），墙壁式和多用式较为少见。由于水泵接合器内常年有水，在严寒地区、寒冷地区冬季温度较低时有可能冻坏，所以在严寒地区（如东北地区、内蒙古等）应采用地下式，在寒冷地区（如河北、河南、山东等）采用地下式还是地上式应根据当地冬季气温确定，山东省济南市可以采用地上式。南方广大地区水泵接合器大多应采用地上式。

6.10　消防水箱设计

消防水箱是医院建筑消防系统中的重要设备。为了给自动喷水灭火系统提供准工作状态下所需水压，提供系统启动初期的用水量和水压，在自动喷水灭火给水泵组出现故障紧急情况下应急供水，采用临时高压给水系统的自动喷水灭火系统应设置高位消防水箱。

绝大多数医院建筑的自动喷水灭火系统为临时高压给水系统，故同样应设计高位消防水箱。

高位消防水箱的具体设计详见消火栓系统相关章节（第 5.5 节）。在医院建筑自动喷水灭火系统中，自动喷水灭火稳压装置设计详见消火栓系统相关章节（第 5.6 节）。

1. 消防水箱接至自动喷水灭火系统的出水管设计

消防水箱接至自动喷水灭火系统的出水管，常称为"自动喷水灭火系统稳压管"。其与系统连接的位置在自动喷水灭火系统的报警阀组入口前，具体就是接至自动喷水灭火给水泵组的出水管或报警阀组前的供水管。基于报警阀组设置于消防水泵房或专用报警阀室，此出水管的接入位置一般也位于这两处场所。

2. 消防水箱接至自动喷水灭火系统的出水管设置要求

该出水管应位于高位消防水箱最低水位以下，并应设置防止消防用水进入高位消防水箱的止回阀。出水管的标高应标注清楚。管道上设置的止回阀前应设置 1 个闸阀。

3. 消防水箱接至自动喷水灭火系统的出水管管径

《喷规》规定了中危险级场所的系统，出水管管径不应小于 80mm。《消水规》规定了该出水管管径应满足消防给水设计流量的出水要求，且不应小于 $DN100$。基于两个规范的时效性，在设计中消防水箱接至自动喷水灭火系统的出水管管径按 $DN100$ 设计。

6.11　自动喷水灭火系统压力计算

6.11.1　自动喷水灭火系统的设计工作压力（$H_{设计}$）

此压力值是满足自动喷水灭火系统最不利点喷头所需的压力值，可按式（6-1）计算：

$$H_{设计} = H_1 + H_2 + \Sigma h \tag{6-1}$$

式中　$H_{设计}$——自动喷水灭火系统的设计工作压力，mH_2O；

　　　H_1——最不利点喷头所需的压力值，mH_2O；

　　　H_2——最不利点喷头与自动喷水灭火水泵出水口之间的竖向高差，mH_2O；

　　　Σh——最不利点喷头与自动喷水灭火水泵出水口之间最不利供水管路的水头损失，包括沿程水头损失和局部水头损失，mH_2O。

自动喷水灭火水泵的扬程不应小于自动喷水灭火系统的设计工作压力值，通常按此压力值确定自动喷水灭火水泵的扬程。

6.11.2　自动喷水灭火系统的系统工作压力（$H_{系统}$）

此压力值是保证整个自动喷水灭火系统正常运行工作所需的压力值。医院建筑自动喷水灭火系统最常见的是采用稳压泵稳压的临时高压自动喷水灭火给水系统。采用稳压泵稳压的临时高压自动喷水灭火给水系统的系统工作压力，应取自动喷水灭火水泵零流量时的压力（$H_{零流量}$）、自动喷水灭火水泵吸水口最大静压（$H_{吸水}$）二者之和与自动喷水灭火稳压泵维持系统压力（$H_{稳压}$）时两者中的较大值。

自动喷水灭火水泵零流量时的压力（$H_{零流量}$），不应大于自动喷水灭火系统的设计工作压力（$H_{设计}$）的140%，且宜大于自动喷水灭火系统的设计工作压力（$H_{设计}$）的120%，通常取130%，即 $H_{零流量} = 1.3H_{设计}$。

自动喷水灭火水泵吸水口最大静压（$H_{吸水}$），应为消防水池最高有效水位与自动喷水灭火水泵吸水口之间的高度差，通常可按5.0m计。

自动喷水灭火稳压泵维持系统压力（$H_{稳压}$），应为自动喷水灭火稳压泵的停泵压力（P_2）。当自动喷水灭火稳压泵放置于屋顶消防水箱间时，P_2 值远小于（$H_{零流量} + H_{吸水}$）值；当自动喷水灭火稳压泵放置于消防水泵房时，P_2 值与（$H_{零流量} + H_{吸水}$）值相差不大。自动喷水灭火稳压泵的停泵压力 P_2 确定详见自动喷水灭火稳压泵计算。

自动喷水灭火系统的系统工作压力（$H_{系统}$）是自动喷水灭火给水系统管材、管件、阀门等选择的基准指标。

室内自动喷水灭火给水管道绝大多数为架空管道，当自动喷水灭火系统工作压力小于或等于1.20MPa时，自动喷水灭火给水管可采用热浸锌镀锌钢管；当自动喷水灭火系统工作压力大于1.20MPa时，自动喷水灭火给水管应采用热浸镀锌加厚钢管或热浸镀锌无缝钢管；当自动喷水灭火系统工作压力大于1.60MPa时，自动喷水灭火给水管应采用热浸镀锌无缝钢管。

自动喷水灭火系统的系统工作压力（$H_{系统}$）亦是确定自动喷水灭火给水系统压力管道水压强度试验的试验压力（$H_{试验}$）的基准指标，具体见表6-15。

自动喷水灭火系统试验压力确定　　　　　　　　　　　　　　　　　　表 6-15

自动喷水灭火给水管材类型	自动喷水灭火系统的系统工作压力 $H_{系统}$（MPa）	试验压力 $H_{试验}$（MPa）
钢管	≤1.0	$1.5H_{系统}$，且不应小于1.4
	>1.0	$H_{系统} + 0.4$

注：自动喷水灭火系统试验压力不得小于自动喷水灭火水泵零流量时的压力（$H_{零流量}$）。

第7章
灭火器系统

7.1 灭火器配置场所火灾种类

医院建筑灭火器配置场所的火灾种类应根据该场所内的物质及其燃烧特性进行分类。

医院建筑灭火器配置场所的火灾种类通常涉及以下3类火灾：

（1）A类火灾（固体物质火灾）。医院建筑内绝大多数场所，如手术室、理疗室、透视室、心电图室、药房、住院部、门诊部、病历室等，其内存在着木材、纸张等固体物质及其制品，因此这类场所的火灾均属于A类火灾。

（2）B类火灾（液体火灾或可熔化固体物质火灾）。医院建筑内附设的车库，其内停放的机动车附有汽油或柴油油箱，因此车库的火灾均属于B类火灾。

（3）E类火灾（物体带电燃烧火灾）。医院建筑内附设的电气房间，如发电机房、变压器室、高压配电间、低压配电间、网络机房、电子计算机房、弱电机房等，其内存在着发电机、变压器、配电柜（盘）、开关箱、仪器仪表和电子计算机等电气设备，火灾时上述设备燃烧时仍旧带电，因此这类场所的火灾均属于E类火灾。

7.2 灭火器配置场所危险等级

7.2.1 配置场所危险等级

医院建筑属于民用建筑，是供医疗、护理病人之用的公共建筑，人员较为密集，用电量较大，可燃物数量较多，火灾蔓延速度较快，扑救难度较大。根据医院建筑的特点来确定其灭火器配置场所的危险等级。

医院建筑灭火器配置场所的危险等级分为严重危险级、中危险级和轻危险级三级。

7.2.2 医院建筑灭火器配置场所危险等级举例

医院建筑灭火器配置场所的危险等级举例见表7-1。

医院建筑灭火器配置场所的危险等级举例　　　　　　　　　　　　　　　　表7-1

危险等级	举例
严重危险级	住院床位在50张及以上的医院的手术室、理疗室、透视室、心电图室、药房、住院部、门诊部、病历室
	设备贵重或可燃物多的实验室

续表

危险等级	举例
严重危险级	专用电子计算机房
	住宿床位在 100 张及以上的集体宿舍
中危险级	住院床位在 50 张以下的医院的手术室、理疗室、透视室、心电图室、药房、住院部、门诊部、病历室
	一般的实验室
	设有集中空调、电子计算机、复印机等设备的办公室
	住宿床位在 100 张以下的集体宿舍
	民用燃油、燃气锅炉房
	民用的油浸变压器室和高、低压配电室
轻危险级	未设集中空调、电子计算机、复印机等设备的普通办公室

7.2.3 医院建筑灭火器配置场所危险等级确定

医院建筑各场所部位的灭火器配置危险等级应根据各场所的功能性质确定。

对于医院建筑主体来说，"住院床位 50 张"是一个重要控制指标，大于或等于 50 张住院床位的医院建筑，其门诊、病房、手术室等医疗功能区域的灭火器配置危险等级应按严重危险级设计；小于 50 张住院床位的医院建筑，其门诊、病房、手术室等医疗功能区域的灭火器配置危险等级应按中危险级设计。这样医院建筑主要区域或者说大部分区域的灭火器配置危险等级即可确定。

7.2.4 医院建筑特殊场所灭火器配置场所危险等级确定

医院建筑中的一些特殊场所部位应区别对待以确定其灭火器配置危险等级。

1. 实验室

实验室通常是医院建筑的附属房间，设计时需要了解清楚其内设备的贵重程度或可燃物多少。在没有资料的情况下，其灭火器配置危险等级同医院建筑主体区域灭火器配置危险等级。

2. 电子计算机房

电子计算机房也是医院建筑的附属房间。医院建筑中设置医院院区集中电子计算机房时，其灭火器配置危险等级应按严重危险级设计。

3. 集体宿舍

医院建筑中的集体宿舍通常为医院职工宿舍，常附设于医院后勤楼中。"住宿床位 100 张"是一个控制指标，大于或等于 100 张住宿床位的医院附属建筑集体宿舍区域，其灭火器配置危险等级应按严重危险级设计；小于 100 张住宿床位的医院附属建筑集体宿舍区域，其灭火器配置危险等级应按中危险级设计。

4. 办公室

医院建筑中的办公室通常指医院行政科室、后勤等部门办公用房，一般附设于医院建筑某一区域或楼层，常附设于门诊医技综合楼区域。鉴于"电子计算机、复印机等设备"

均为医院办公的常规普遍设备，"是否设有集中空调"便成为确定办公室区域灭火器配置危险等级的主要指标因素。当总体医院建筑设有集中空调时，该办公区域通常也设有集中空调，其灭火器配置危险等级可按中危险级确定；当总体医院建筑未设有集中空调时，该办公区域通常也不会设集中空调，其灭火器配置危险等级可按轻危险级确定。

5. 锅炉房

锅炉房作为医院内的重要功能用房，其内设置的燃油或燃气锅炉（蒸汽锅炉或热水锅炉）承担着为医院建筑生活热水系统、供暖系统、空调系统等提供高温热媒（蒸汽或高温热水）的职能，蒸汽锅炉还承担着为医院中心供应室高温消毒、洗衣房、医院食堂厨房、集中空调系统加湿等提供蒸汽的职能。医院锅炉房或者在院区内独立设置，或者在医院建筑地下室内设置。《建筑灭火器配置设计规范》GB 50140—2005（以下简称《灭规》）明确规定了锅炉房区域灭火器配置危险等级按中危险级确定。

6. 油浸变压器室和高、低压配电室

油浸变压器室和高、低压配电室作为医院建筑内的重要电气房间，是整个建筑电气正常运转的核心，通常在医院建筑地下室内设置。《灭规》明确规定了上述区域灭火器配置危险等级按中危险级确定。

7. 地下车库

地下车库作为医院建筑尤其是大型医院建筑的重要组成部分，承担着医院内部机动车和外来就诊机动车停放的职能。

《汽车库、修车库、停车场设计防火规范》GB 50067—2014 第 7.2.7 条：除室内无车道且无人员停留的机械式汽车库外，汽车库、修车库、停车场均应配置灭火器。灭火器的配置设计应符合现行国家标准《建筑灭火器配置设计规范》GB 50140 的有关规定。

按照《灭规》中有关工业建筑灭火器配置场所的危险等级的举例，汽车停车库灭火器配置危险等级应按中危险级确定。

8. 强电间、弱电间等电气用房

医院建筑室内每个强电间、弱电间内应设置 2 具手提式磷酸铵盐干粉灭火器。

9. 屋顶排烟机房

医院建筑屋顶每个排烟机房内应设置 2 具手提式磷酸铵盐干粉灭火器。

7.3 灭火器选择

灭火器的选择应主要考虑灭火器配置场所的火灾种类、危险等级及灭火器的灭火效能和通用性等因素。

医院建筑灭火器配置场所的火灾种类通常涉及 A 类、B 类、E 类火灾，对于这三类火灾，《灭规》做了以下规定。

4.2.1 **A 类火灾场所应选择水型灭火器、磷酸铵盐干粉灭火器、泡沫灭火器或卤代烷灭火器。**

4.2.2 **B 类火灾场所应选择泡沫灭火器、碳酸氢钠干粉灭火器、磷酸铵盐干粉灭火器、二氧化碳灭火器、灭 B 类火灾的水型灭火器或卤代烷灭火器。**

4.2.5 **E 类火灾场所应选择磷酸铵盐干粉灭火器、碳酸氢钠干粉灭火器、卤代烷灭**

火器或二氧化碳灭火器，但不得选用装有金属喇叭喷筒的二氧化碳灭火器。

4.2.6　非必要场所不应配置卤代烷灭火器。

民用建筑类非必要配置卤代烷灭火器的场所包括：医院门诊部、住院部；办公楼；民用燃油、燃气锅炉房等。据此，医院建筑配置灭火器时不应配置卤代烷灭火器。

灭火器选择应尽量选择同一类型的灭火器。由《灭规》第4.2.1条、第4.2.2条、第4.2.5条看出，同时满足此三类火灾灭火要求的灭火器类型为磷酸铵盐干粉灭火器。作为一种灭火性能较好的灭火器，磷酸铵盐干粉灭火器的应用最为普遍。所以通常医院建筑配置灭火器时选择磷酸铵盐干粉灭火器。

洁净手术部、消防控制室、计算机房、配电室等部位配置灭火器宜采用气体灭火器，通常采用二氧化碳灭火器。

7.4　灭火器设置

7.4.1　设置要求

1. 灭火器设置位置

《灭规》第5.1.1条：**灭火器应设置在位置明显和易于取用的地点，且不得影响安全疏散。**

医院建筑中设置的手提式灭火器，通常和室内消火栓合并同位置设置，具体放置于室内消火栓箱体下部。独立设置的手提式灭火器通常放置于所保护区域的公共走道、门口或房间内靠近公共通道出入口的位置。

医院建筑中设置的推车式灭火器，通常放置于所保护区域的公共走道、门口或房间内靠近公共通道出入口的位置。

2. 灭火器布置要求

手提式灭火器其顶部离地面高度不应大于1.50m；底部离地面高度不宜小于0.08m。设置在室内消火栓箱体内的手提式灭火器通常可以满足此要求。

灭火器不宜设置在潮湿或强腐蚀性的地点。

灭火器不得设置在超出其使用温度范围的地点。医院建筑采用的干粉灭火器的使用温度范围参见表7-2。

干粉灭火器使用温度范围　　　　　　　　　　　　　　　表 7-2

灭火器类型		使用温度范围（℃）
干粉灭火器	二氧化碳驱动	$-10\sim+55$
	氮气驱动	$-20\sim+55$

灭火器设置点应均衡布置，既不得过于集中，也不宜过于分散。在通常情况下，灭火器设置点应避开门窗、风管和设备，设置在房间的内边墙或走廊的墙壁处。

7.4.2　灭火器最大保护距离

"灭火器最大保护距离"是灭火器配置设计的一项重要控制指标，其大小直接影响灭火器配置的设置点数量和灭火器数量。

1. A类火灾场所灭火器最大保护距离

设置在 A 类火灾场所的灭火器，其最大保护距离应符合表 7-3 的规定。

A 类火灾场所灭火器最大保护距离 (m)   表 7-3

危险等级	手提式灭火器	推车式灭火器
严重危险级	15	30
中危险级	20	40
轻危险级	25	50

A 类火灾场所在医院建筑中占据着绝大多数场所，并且大多数情况下危险等级为严重危险级或中危险级。鉴于医院建筑基本上采用手提式灭火器，所以"15m"（严重危险级）、"20m"（中危险级）就是控制手提式灭火器布置的最主要数据。

灭火器布置的原则是保证在建筑内任何一点（处）场所发生火灾时，灭火人员能以最短的距离、最短的时间找到灭火器并返回到起火点灭火，起火点距最近一处灭火器的距离不应超过"灭火器最大保护距离"。为了减少灭火时间，该路线应力求简短、直接，减少转弯拐角，这个路线的距离即为该处灭火器的保护距离。

医院建筑中当手提式灭火器布置在室内消火栓箱内时，鉴于室内消火栓的布置间距（详见本书第 5.9.3 节），大多数情况下，灭火器的布置可以满足"灭火器最大保护距离"的要求。对于建筑中"大间套小间"、房间中间隔着走道等情况，应符合该区域最不利点（最远处）能被最近灭火器保护到，否则应在该区域增设灭火器。医院建筑中的地下车库区域、屋顶机房层区域等场所，根据灭火器的保护距离要求，常常出现需要增加灭火器配置点的情形。

鉴于手提式灭火器具有操作方便、使用灵活、重量较轻、节省空间等优点，所以在医院建筑中绝大多数情况下采用手提式灭火器。

2. B类火灾场所灭火器最大保护距离

设置在 B 类火灾场所的灭火器，其最大保护距离应符合表 7-4 的规定。

B 类火灾场所灭火器最大保护距离 (m)   表 7-4

危险等级	手提式灭火器	推车式灭火器
严重危险级	9	18
中危险级	12	24

通过比较表 7-4 与表 7-3，可以看出 B 类火灾场所灭火器最大保护距离小于 A 类火灾场所灭火器最大保护距离，存在 0.6 倍的数量关系。也就是说，B 类火灾场所的灭火器布置间距更小，灭火器布置更密集，灭火器配置数量更多。

医院建筑中 B 类火灾场所主要是停车库（一般是地下停车库）。鉴于停车库的敞开式形式，单纯依靠布置在室内消火栓箱体内的灭火器无法满足保护车库内所有场所的要求，往往会增加一定数量的手提式灭火器。增加的灭火器布置点通常在靠近相邻 2 个室内消火栓中间的位置，并宜沿车库墙体或柱子布置。

3. E 类火灾场所灭火器最大保护距离

E 类火灾场所的灭火器，其最大保护距离不应低于该场所内 A 类或 B 类火灾的规定。当 E 类火灾场所附近主要是 A 类火灾场所时，其灭火器最大保护距离按照 A 类火灾场所确定；当 E 类火灾场所附近主要是 B 类火灾场所时，其灭火器最大保护距离按照 B 类火灾场所确定。

鉴于医院建筑中 E 类火灾场所中的发电机房、高低压配电间、网络机房等均为建筑的重要部位，灭火器配置设计中宜按 B 类火灾场所灭火器最大保护距离控制。

医院建筑中的变配电室等建筑面积往往较大，单纯依靠变配电室外设置的室内消火栓箱内的灭火器无法保证保护变配电室内的所有地点。在此情况下，需要在变配电室内增设灭火器，以满足其保护距离不超过灭火器最大保护距离。

7.5　灭火器配置

7.5.1　灭火器配置要求

《灭规》第 6.1.1 条：**一个计算单元内配置的灭火器数量不得少于 2 具。**

计算单元是灭火器配置的计算区域。计算单元的概念体现在以下几点：一个计算单元在建筑同一个楼层内；一个计算单元在建筑同一个防火分区内；一个计算单元内各场所的火灾种类相同；一个计算单元内各场所的火灾危险等级相同。

可以看出，灭火器计算单元是一个内部条件相同的独立计算空间。

每个设置点的灭火器数量不宜多于 5 具。

医院建筑内每个灭火器设置点的灭火器数量通常以 2～4 具为宜，具体应经详细计算确定。

7.5.2　灭火器最低配置基准

1. A 类火灾场所灭火器最低配置基准

A 类火灾场所灭火器的最低配置基准应符合表 7-5 的规定。

A 类火灾场所灭火器最低配置基准　　　　　　　表 7-5

危险等级	单具灭火器最小配置 灭火级别	单位灭火级别最大保护 面积(m^2/A)	单具灭火器最大保护 面积(m^2)
严重危险级	3A	50	150
中危险级	2A	75	150
轻危险级	1A	100	100

医院建筑 A 类火灾场所灭火器配置基准按照相应灭火器最低配置基准确定即可，即：严重危险级按照 3A；中危险级按照 2A；轻危险级按照 1A。

按照此灭火器配置基准，医院建筑不同危险等级单具灭火器最大保护面积可按表 7-5 中数据确定，该数据是确定 A 类火灾场所灭火器数量的依据之一。

2. B类火灾场所灭火器最低配置基准

B类火灾场所灭火器的最低配置基准应符合表7-6的规定。

B类火灾场所灭火器最低配置基准　　　　　表7-6

危险等级	单具灭火器最小配置灭火级别	单位灭火级别最大保护面积(m²/A)	单具灭火器最大保护面积(m²)
严重危险级	89B	0.5	44.5
中危险级	55B	1.0	55.0

医院建筑B类火灾场所灭火器配置基准按照相应灭火器最低配置基准确定即可，即：严重危险级按照89B；中危险级按照55B。

按照此灭火器配置基准，医院建筑不同危险等级单具灭火器最大保护面积可按表7-6中数据确定，该数据是确定B类火灾场所灭火器数量的依据之一。

医院建筑地下车库按照中危险级配置灭火器，其单具灭火器配置灭火级别可按55B确定，单具灭火器最大保护面积可按55.0m²确定。

3. E类火灾场所灭火器最低配置基准

E类火灾场所的灭火器最低配置基准不应低于该场所内A类（或B类）火灾的规定。当E类火灾场所附近主要是A类火灾场所时，其灭火器最低配置基准按照A类火灾场所确定；当E类火灾场所附近主要是B类火灾场所时，其灭火器最低配置基准按照B类火灾场所确定。

4. 洁净手术部灭火器最低配置基准

洁净手术部部位每处各设2具手提式二氧化碳灭火器，单具最小配置级别为55B。

7.6　灭火器配置设计计算

7.6.1　设计计算原则

灭火器设计计算应按计算单元进行。

每个灭火器设置点实配灭火器的灭火级别和数量不得小于最小需配灭火级别和数量的计算值。

灭火器设置点的位置和数量应根据灭火器的最大保护距离确定，并应保证最不利点至少在1具灭火器的保护范围内。

在医院建筑灭火器配置设计中，由于医院建筑的复杂性和多样性，最常出现的问题是：灭火器设置点的位置不合理；灭火器设置点的数量不足；灭火器不能完全保护其所保护区域的每一个点（尤其是最不利点）。因此要求合理确定灭火器设置点的位置，使其与保护区域最不利点的距离不超过灭火器最大保护距离，其后计算确定该位置设置点所需的灭火器数量。

7.6.2　设计计算方法

1. 计算单元最小需配灭火级别

灭火器计算单元最小需配灭火级别按式（7-1）计算：

$$Q = K \cdot S / U \tag{7-1}$$

式中　Q——计算单元的最小需配灭火级别，A 或 B；

　　　K——修正系数，按照表 7-7 取值，通常取 0.5；

　　　S——计算单元的保护面积，m^2，按保护区域建筑面积确定；

　　　U——A 类或 B 类火灾场所单位灭火级别最大保护面积，m^2/A 或 m^2/B。

修正系数 K 值　　　　　　　　　　　　　　　　表 7-7

计算单元	K
未设有室内消火栓系统和自动灭火系统	1.0
仅设有室内消火栓系统	0.9
仅设有自动灭火系统	0.7
设有室内消火栓系统和自动灭火系统	0.5

2. 计算单元中每个灭火器设置点最小需配灭火级别

灭火器计算单元中每个灭火器设置点最小需配灭火级别按式（7-2）计算：

$$Q_e = Q/N = K \cdot S / (U \cdot N) \tag{7-2}$$

式中　Q_e——计算单元中每个灭火器设置点最小需配灭火级别，A 或 B；

　　　N——计算单元中的灭火器设置点数量。

7.7　灭火器配置设计程序

确定各灭火器配置场所的火灾种类和危险等级；划分灭火器计算单元，计算各灭火器计算单元的保护面积；计算各灭火器计算单元的最小需配灭火级别；确定各灭火器计算单元中的灭火器设置点的位置和数量；计算每个灭火器设置点的最小需配灭火级别；确定每个灭火器设置点灭火器的类型、规格与数量；确定每具灭火器的设置方式和要求；在施工设计消防平面图上用灭火器图例和文字标明灭火器的型号、数量与设置位置。

7.8　灭火器类型及规格

医院建筑灭火器配置设计中常用的灭火器类型及规格见表 7-8。

灭火器类型及规格　　　　　　　　　　　　　　　表 7-8

灭火器类型	灭火剂充装量 （规格）(kg)	灭火器类型规格 代码(型号)	灭火级别	
			A 类	B 类
手提式磷酸铵盐干粉灭火器	1	MF/ABC1	1A	21B
	2	MF/ABC2	1A	21B
	3	MF/ABC3	2A	34B
	4	MF/ABC4	2A	55B
	5	MF/ABC5	3A	89B
	6	MF/ABC6	3A	89B
	8	MF/ABC8	4A	144B
	10	MF/ABC10	6A	144B

灭火器类型	灭火剂充装量（规格）(kg)	灭火器类型规格代码（型号）	灭火级别	
			A 类	B 类
推车式磷酸铵盐干粉灭火器	20	MFT/ABC20	6A	183B
	50	MFT/ABC50	8A	297B
	100	MFT/ABC100	10A	297B
	125	MFT/ABC125	10A	297B

7.9 灭火器配置设计说明示例

本建筑车库为 B 类火灾中危险级，最低灭火级别 55B，最大保护距离为 12m；厨房为 B 类火灾严重危险级，最低灭火级别 89B，最大保护距离为 9m；变配电室等电气用房按 E 类火灾中危险级，最低灭火级别 2A，最大保护距离为 12m；其他场所为 A 类火灾严重危险级，最低灭火级别 3A，最大保护距离为 15m。

每一消火栓箱处设 2 具手提式磷酸铵盐干粉灭火器，规格为 MF/ABC5。单独设置的灭火器详见图纸，手提式灭火器宜设置在灭火器箱内，顶部离地面高度不应大于 1.5m，底部离地面高度不宜小于 0.08m。灭火器箱不得上锁。

在地下一层强电间、弱电间、机房层电梯机房等场所每个房间内各设 2 具手提式磷酸铵盐干粉灭火器，单具最小配置级别为 3A；洁净手术部部位每处各设 2 具手提式二氧化碳灭火器，单具最小配置级别为 55B；计算机房、消防控制室、配电室等场所每个房间内各设 2 具手提式二氧化碳灭火器，单具最小配置级别为 55B。

第8章
气体灭火系统

8.1 气体灭火系统应用场所

8.1.1 规范规定

医院建筑中气体灭火系统的设置部位，《建规》第8.3.9条做出如下规定：**下列场所应设置自动灭火系统，并宜采用气体灭火系统：其他特殊贵重设备室。**

《综合医院建筑设计规范》GB 51039—2014第6.7.3条：医院的贵重设备机房、病案室和信息中心（网络）机房，应设置气体灭火装置。

《气体灭火系统设计规范》GB 50370—2005第3.2.1条：气体灭火系统适用于扑救下列火灾：电气火灾；固体表面火灾；液体火灾；灭火前能切断气源的气体火灾。

8.1.2 应用场所

针对上述规范规定，医院建筑中适合采用气体灭火系统的有以下场所：

（1）电气设备房间

包括高压配电室（间）、低压配电室（间）、柴油发电机房（包括贮油间）、网络机房、网络中心、信息中心、电子计算机房、UPS间等房间。

（2）影像中心机房

包括CT室、MR室、DR室、X光室、数字肠胃室、钼钯室、乳腺室等房间。

（3）介入中心机房

包括DSA室等房间。

（4）核医学科机房

包括PEC机房、ECT机房、PET/CT机房等房间。

（5）放射治疗机房

包括直线加速器机房、模拟机房等房间。

（6）病案室

医院建筑中上述场所不宜采用自动喷水灭火系统灭火，通常可以采用高压细水雾灭火系统或气体灭火系统灭火。从客观角度分析，高压细水雾灭火系统扑救上述场所火灾效果更好。但由于高压细水雾灭火系统在国内的应用没有气体灭火系统成熟，许多地方对于高压细水雾灭火系统缺乏深度认识而倾向于采用气体灭火系统。

8.2 气体灭火系统应用类型

8.2.1 气体灭火系统类型

常见的气体灭火系统包括七氟丙烷（HFC-227ea）气体灭火系统、三氟丙烷（HFC-23）气体灭火系统、惰性气体混合物（IG541）气体灭火系统、氮气（IG100）气体灭火系统、二氧化碳（CO_2）气体灭火系统、热气溶胶灭火系统等。

8.2.2 医院建筑气体灭火系统类型

综合比较上述多种气体灭火系统，目前在医院建筑中最常用的、最合适的是七氟丙烷（HFC-227ea）气体灭火系统。以下内容主要是关于七氟丙烷（HFC-227ea）气体灭火系统的设计。

8.3 七氟丙烷气体灭火系统设计参数

8.3.1 七氟丙烷灭火剂主要技术性能参数

七氟丙烷灭火剂主要技术性能参数见表8-1。

七氟丙烷灭火剂主要技术性能参数 表8-1

项目	参数
灭火剂名称	七氟丙烷
化学名称	HFC-227ea
商品名称	FM200
灭火原理	化学抑制
灭火浓度(A类表面火)(%V/V)	5.8
最小设计浓度(A类表面火)(%V/V)	7.5
一次灭火剂量(kg/m^3)	0.63
设计上限浓度(%V/V)	9.5
破坏臭氧层潜能值 ODP	0
温室效应潜能值 GWP	2050
无毒性反应的最高浓度 NOAEL(%V/V)	9
有毒性反应的最低浓度 LOAEL(%V/V)	10.5
近似致死浓度 LC50(%V/V)	>80
大气中存活寿命 ALT(年)	31~42
容器贮存压力(20℃时)(MPa)	2.5
喷放时间(s)	≤10
贮存状态	高压液化贮存

8.3.2 无管网七氟丙烷气体自动灭火装置主要参数

无管网七氟丙烷气体自动灭火装置主要技术参数见表 8-2；无管网七氟丙烷气体自动灭火装置规格及尺寸见表 8-3；无管网七氟丙烷气体自动灭火装置箱体喷头性能参数见表 8-4。

无管网七氟丙烷气体自动灭火装置主要技术参数　　　　表 8-2

型号	贮瓶组数	形式	工作压力(MPa)	环境温度(℃)	启动延时(s)	灭火系统喷射时间(s)
GQQ-1	1	固定式	2.5(20℃)	0～50	0～30	≤10
GQQ-2	2					

无管网七氟丙烷气体自动灭火装置规格及尺寸　　　　表 8-3

型号	贮瓶规格(L)	贮瓶数量	喷射时间(s)	喷射后灭火剂余量(kg)	外形尺寸(mm) 长×宽×高
GQQ40/2.5	40	1	≤10	≤3	500×380×900
GQQ70/2.5	70	1	≤10	≤3	625×565×1815
GQQ90/2.5	90	1	≤10	≤3	625×565×1815
GQQ120/2.5	120	1	≤10	≤3	625×565×2105
GQQ70×2/2.5	70	2	≤10	≤3×2	1105×565×1815
GQQ90×2/2.5	90	2	≤10	≤3×2	1105×565×1815
GQQ120×2/2.5	120	2	≤10	≤3×2	1105×565×2105

无管网七氟丙烷气体自动灭火装置箱体喷头性能参数　　　　表 8-4

贮瓶规格	40	70	90	120
箱体喷头喷孔直径(mm)	Φ4.8	Φ5.4	Φ6.2	Φ7.1

8.3.3 七氟丙烷气体灭火设计浓度

七氟丙烷气体灭火系统的灭火设计浓度不应小于灭火浓度的 **1.3** 倍，惰化设计浓度不应小于惰化浓度的 **1.1** 倍。固体表面火灾的灭火浓度为 5.8%；2 号柴油的灭火浓度为 6.7%；变压器油的灭火浓度为 6.9%。

医院建筑需要七氟丙烷气体灭火系统保护的病案室、档案室等防护区的灭火设计浓度宜采用 10%；油浸变压器室、配电室、自备发电机房等防护区的灭火设计浓度宜采用 9%；通信机房、电子计算机房、智能化机房（信息机房）等防护区的灭火设计浓度宜采用 8%。防护区实际应用的浓度不应大于灭火设计浓度的 1.1 倍。

8.3.4 七氟丙烷气体设计喷放时间

在通信机房和电子计算机房等防护区，设计喷放时间不应大于 **8s**；在其他防护区，设计喷放时间不应大于 **10s**。

8.4 七氟丙烷气体灭火设计用量计算

七氟丙烷气体灭火设计用量应按式（8-1）计算：

$$W = K \cdot V/S = K \cdot V/(0.1269 + 0.000513 \cdot T) \tag{8-1}$$

式中 W——七氟丙烷气体灭火设计用量，kg；

V——七氟丙烷气体防护区净容积，m^3；

S——七氟丙烷灭火剂过热蒸气在 101kPa 大气压和防护区最低环境温度下的质量体积，m^3/kg；

T——七氟丙烷气体防护区最低环境温度，℃；

K——海拔高度修正系数，可按表 8-5 采用内插法确定。

海拔高度修正系数　　　　　　　　表 8-5

海拔高度(m)	修正系数	海拔高度(m)	修正系数
−1000	1.130	2500	0.735
0	1.000	3000	0.690
1000	0.885	3500	0.650
1500	0.830	4000	0.610
2000	0.785	4500	0.565

在常规情况下，七氟丙烷气体灭火设计用量可根据经验按式（8-2）计算：

$$W = K_1 \cdot V \tag{8-2}$$

式中 W——七氟丙烷气体灭火设计用量，kg；

V——七氟丙烷气体防护区净容积，m^3；

K_1——经验系数，kg/m^3，对于变配电室等场所，取 $0.7205kg/m^3$；对于影像中心机房、智能化机房等场所，取 $0.6335kg/m^3$。

在常规情况下，七氟丙烷气体灭火设计容积可根据经验按式（8-3）计算：

$$V_0 = K_2 \cdot V \tag{8-3}$$

式中 V_0——七氟丙烷气体灭火设计容积，L；

V——七氟丙烷气体防护区净容积，m^3；

K_2——经验系数，L/m^3，对于变配电室等场所，取 $0.6265L/m^3$；对于影像中心机房、智能化机房等场所，取 $0.5509L/m^3$。

计算出某个七氟丙烷气体防护区所需设计用量或设计容积后，除以单个无管网七氟丙烷气体灭火装置额定用量或额定容积，得出数值向大取整后即为此防护区气体灭火装置的数量。

每个防护区内无管网七氟丙烷气体灭火装置的布置应做到均匀，以做到对防护区的全覆盖。计算数量较多时，可采用两两组合方式。

8.5 七氟丙烷气体防护区泄压口

泄压口指七氟丙烷气体灭火剂喷放时，防止防护区内压强超过允许压强，泄放压力的开口。**防护区应设置泄压口。**

8.5.1　泄压口面积计算

泄压口面积按七氟丙烷气体灭火系统设计规定计算，可按式（8-4）计算：

$$F_x = 0.15 Q_x / (P_f)^{1/2} \tag{8-4}$$

式中　F_x——泄压口面积，m^2；

　　　Q_x——七氟丙烷气体灭火剂在防护区内的平均喷放速率，kg/s；

　　　P_f——防护区围护结构承受内压允许压强，Pa。

8.5.2　泄压口设置位置

七氟丙烷气体灭火系统的泄压口应位于防护区净高的 2/3 以上。对于设置吊顶场所，泄压口通常设置在吊顶下，泄压口顶面紧贴吊顶或吊顶下 100mm；对于不设置吊顶场所，泄压口通常设置在梁下，泄压口顶面紧贴梁底或梁底下 100mm。

防护区设置的泄压口，宜设在外墙上，朝向室外或室内公共区域：当防护区围护结构有外墙时，泄压口宜设在外墙上；当防护区围护结构没有外墙，但有内墙朝向内走道等公共区域时，泄压口宜设在该内墙上；当防护区围护结构没有朝向室内公共区域的内墙时，泄压口应通过金属风管（镀锌铁皮风管）接至室外或室内公共区域。

8.5.3　泄压口形式

变配电室、智能化机房等场所，其防护区墙体为普通砖墙或水泥砌块墙体，没有屏蔽防护要求，此类场所泄压口采用矩形泄压口，泄压口面与墙体垂直（90°）。影像中心机房等场所，其防护区墙体为混凝土墙体，且有屏蔽防护要求，此类场所泄压口采用矩形泄压口，但泄压口面与墙体应有一定倾斜角度（30°或 45°，通常采用 45°）；或采用泄压口面与墙体垂直（90°），但泄压口内采用倾斜角度金属网格栅。

泄压口洞口尺寸及定位应提供给土建专业。

8.5.4　泄压口常规尺寸

计算出各防护区泄压口面积后，根据设置泄压口的数量，确定每个泄压口的面积和尺寸。

表 8-6 为不同规格无管网七氟丙烷气体灭火装置与泄压口尺寸对照表。

不同规格无管网七氟丙烷气体灭火装置与泄压口尺寸对照表　　　　表 8-6

型号	泄压口尺寸宽×高(mm)	型号	泄压口尺寸宽×高(mm)
GQQ40/2.5	150×100	GQQ70×2/2.5	400×100
GQQ70/2.5	200×100	GQQ90×2/2.5	300×200
GQQ90/2.5	300×100	GQQ120×2/2.5	400×200
GQQ120/2.5	400×100		

每个防护区根据需要可设置 1 个或多个泄压口，这些泄压口的泄压总面积应满足该防护区泄压需要，应等于经表 8-6 计算的泄压口面积之和。

8.6　七氟丙烷气体灭火系统设计说明

在本工程地下一层高压变配电室、低压变配电室及值班室；一层 CT 室、DR 室、X 光室、乳腺室、数字胃肠室、BA 控制室；二层碎石机室、X 光室、UPS 室；三层 DSA 室、UPS 室；四层信息机房、UPS 室等房间设置 HR 型无管网七氟丙烷（HFC-227ea）灭火装置。本设计采用全淹没灭火方式，即在规定的时间内，向防护区喷射一定浓度的灭火剂，并使其均匀地充满整个保护区，此时能将其区域内的任一部位发生的火灾扑灭。灭火器设计灭火浓度为 7.6%，灭火剂喷放时间：通信机房、电子计算机房不应大于 8s，其他防护区不应大于 10s。喷口温度不应高于 180℃。以上场所均应设泄压口。该灭火系统具有自动及手动两种控制方式。

防护区应有保证人员在 30s 内疏散完毕的通道和出口。

防护区的门应向疏散方向开启，并能自行关闭；用于疏散的门必须能从防护区内打开。

灭火后的防护区应通风换气，地下防护区和无窗或设固定窗扇的地上防护区，应设置机械排风装置，排风口宜设在防护区的下部并应直通室外。通信机房、电子计算机房等场所的通风换气次数应不少于 5 次/h。

8.7　直线加速器机房消防

医用直线加速器是用于癌症放射治疗的大型医疗设备，它通过产生 X 射线和电子线，对病人体内的肿瘤进行直接照射，从而达到消除或减小肿瘤的目的。根据直线加速器的要求，其机房整体采用钢筋混凝土构造。

直线加速器机房内不应设置室内消火栓及消火栓给水管道，但机房外设置的 2 股室内消火栓充实水柱应能保证保护到直线加速器机房的每一处。

直线加速器属于贵重设备，其机房内不应设置自动喷水灭火系统。

直线加速器机房自动灭火若采用无管网气体灭火系统，应注意泄压口设置问题。鉴于直线加速器机房均为钢筋混凝土结构不能设置泄压口，可利用机房内的排风口作为泄压口，泄压时通过排风口、排风管排至机房外公共空间。此种方式需复核排风口尺寸、排风管尺寸是否符合泄压要求，且排风管应连通机房外公共空间。

直线加速器机房自动灭火若采用高压细水雾灭火系统，应注意高压细水雾灭火给水管道密闭问题。高压细水雾灭火给水管道穿过直线加速器机房钢筋混凝土结构处应预留套管，管道安装后应做好密封防护。另外，直线加速器机房高压细水雾区域控制阀组应设置在机房外。

直线加速器机房内宜设置 2 具手提式磷酸铵盐干粉灭火器。

综上所述，直线加速器机房自动灭火可根据其所在医院建筑电气机房等不宜用水扑救场所采用的自动灭火形式确定：若电气机房等场所采用气体灭火系统，则直线加速器机房采用气体灭火系统；若电气机房等场所采用高压细水雾灭火系统，则直线加速器机房采用高压细水雾灭火系统。

8.8　机房层自动灭火系统

医院建筑屋顶机房层通常设有水箱间（内设热水箱、太阳能热水泵组等）、消防水箱间（内设消防水箱、消防稳压设备等）、排烟机房、排风排烟合用机房、正压送风机房、空调水泵房、电梯机房等房间。对于病房楼屋顶机房层，上述机房的面积之和经常会超过屋面面积的 1/4，按照《建规》的规定上述场所应设置自动灭火系统，通常采用自动喷水灭火系统。

《消水规》第 5.2.2 条规定：高位消防水箱的设置位置应高于其所服务的水灭火设施，且最低有效水位应满足水灭火设施最不利点处的静水压力。该规定要求高位消防水箱应高于最顶层室内消火栓系统和自动喷水灭火系统，即消防水箱与这两种灭火系统不能设置在同一楼层。

解决上述问题可采用以下两种方案。

方案一：上述部位设置自动喷水灭火系统，抬高消防水箱使其高度高于自动喷水灭火系统最不利点即将消防水箱间抬高至上一层。该方案需要建筑专业从外立面、功能等方面同意确认方可实施。

方案二：上述部位设置气体灭火系统，消防水箱间位置不变。该方案既保证了消防水箱高于自动喷水灭火系统最不利点（机房层下一楼层），又保证上述场所设置了自动灭火设施，避免了对建筑的影响。该方案气体灭火系统建议采用无管网气体灭火系统。

实际工程设计建议采用方案二。

8.9　超细干粉灭火系统

8.9.1　应用场所

医院建筑的 X 光室、胸透室、CT 室、档案室、配电室、机房、药房等场所不应采用自动喷水灭火系统保护，可采用复合材料超细干粉灭火装置及灭火系统保护。

8.9.2　特点、优点

超细干粉灭火系统具有下列特点、优点：

（1）灭火效率高，灭火剂对保护场所内设备无损坏；

（2）适应能力强，对非特别密封场所亦有很好的灭火效果。

8.9.3　灭火机理

针对普通成分干粉灭火剂易吸潮、易结块、灭火效果差、容易腐蚀设备的不足，新型 HLK 复合材料超细干粉灭火剂以化学灭火为主，以物理灭火为辅，把化学灭火的优势和物理灭火的优势有机结合起来，对有焰燃烧具有化学抑制作用、对无焰燃烧具有窒息作用、对热辐射具有遮隔及冷却作用。灭火剂瞬间扑灭有焰燃烧的同时也能迅速扑灭可燃固体的无焰燃烧。该灭火剂灭火效率高，灭火速度快；对大气臭氧层耗减潜能值（ODP）

为零，温室效应潜能值（GWP）为零，无毒无害；对保护物无腐蚀，对人体无刺激。

8.9.4 设计原则

单个防护区应选用统一规格的灭火装置，采用单感温元件启动时，灭火装置数量不应超过6具，超过6具时应和报警做联动。

悬挂式灭火装置单个防护区不应超过8具，灭火剂总用量不宜超过50kg。超过50kg时，宜选用预制式灭火装置或灭火系统。

设计时需注明灭火剂成分、灭火剂灭火效能，避免造成工程质量下降带来的危害。

灭火剂设计用量应采用灭火剂注册有效数据的1.2倍，且考虑危险等级系数和密封度系数。

8.9.5 设计说明示例

1. 设计依据

《超细干粉灭火剂》GA 578—2005；

《建筑设计防火规范》GB 50016—2014（2018年版）；

《火灾自动报警系统设计规范》GB 50116—2013；

《干粉灭火装置》GA 602—2013。

2. 设计前提

保护区火灾类别：A类。

保护区内温度：常温。

3. 设计原理

（1）温控：贮压悬挂式超细干粉自动灭火装置由ABC超细干粉灭火剂、感温元件、启动器、耐压钢制灭火剂贮罐、喷头、紧固螺杆、压力表和安装支架等共同组成。当灭火装置接到启动信号时（由感温元件感应温度）启动器工作，打开喷头，ABC超细干粉灭火剂在驱动氮气的作用下，向保护区域喷射并迅速向四周弥漫，形成全淹没灭火状态，火焰在超细干粉灭火剂连续的物理、化学作用下瞬间被扑灭。

（2）电控：贮压悬挂式超细干粉自动灭火装置可与市面上通用型火灾报警控制系统连接，组成超细干粉无管网灭火系统。该灭火系统具有自动探测、自动报警及自动灭火功能，能以自动、电气手动控制方式启动灭火。

1）自动灭火。将灭火控制器控制方式设置于"自动"位置时，系统处于自动控制状态。防护区发生火灾时，区域灭火控制器确认火灾信号后发出声光报警信号，经设定的延迟时间（0～30s可调）后，启动该区域内灭火装置喷放灭火剂灭火，带信号反馈灭火装置向控制器反馈灭火剂已释放信号。

2）电气手动灭火。将灭火控制器控制方式设置于"手动"位置时，系统处于电气手动控制状态。防护区发生火灾时，区域灭火控制器确认火灾信号后发出声光报警信号，需人工确认后方可按下灭火控制器上的启动按钮或设在防护区门口的紧急启动按钮，即可按规定程序启动灭火系统灭火。

3）紧急停止。当发生火灾警报，在延迟时间内发现不需要启动灭火系统进行灭火时，可按下灭火控制器上或设在防护区门口的紧急停止按钮，即可阻止灭火指令的发出，停止系统灭火程序。

注：防护区内有人作业或有人值班的情况下，应将控制器设在手动位置，无人时可切换到自动位置。对同一防护区或被保护对象安装两具/台及以上的超细干粉自动灭火装置时，应设自动联动启动系统。

4. 设计方案

采用超细干粉全淹没应用保护方式。

配电室采用电温双温控方式启动，弱电机房和弱电间采用温控启动。

5. 安装说明

悬挂式灭火装置安装在天花板上，喷头对准下方。

6. 防护区要求

灭火系统的防护区，喷放超细干粉灭火剂时不能自动关闭的防护区开口，其总面积不应大于该防护区总内表面积的 15%，且开口不应设在底面。

无管网灭火系统保护的独立防护区的面积不宜大于 $500m^2$，净容积不宜大于 $2000m^3$。

防护区的围护结构及门、窗的耐火极限不应小于 0.50h，吊顶的耐火极限不应小于 0.25h；围护结构及门、窗的允许压力不宜小于 1200Pa。

若防护区内应用通风机时，则在喷放超细干粉灭火剂前或同时应能自动关闭。

防护区灭火时应保持封闭条件，除泄压口外，其他开口以及防火阀等，在喷放超细干粉灭火剂前或同时应能自动关闭。

完全密闭的防护区应设泄压口。当防护区设有外开口弹簧门或装有弹性闭门器的平开门，且门的开口面积不小于泄压口计算面积时，可不另设泄压口。泄压口宜设在外墙上，其底边距室内地面高度不应小于室内净高的 2/3。

防护区的门应向疏散方向开启，并能自行关闭；用于疏散的门必须能从防护区内打开。

7. 系统操作

采用自动和电气手动两种启动方式对防护区实施控制。

8. 布置

在同一个防护区宜采用同一形式的超细干粉灭火装置。

全淹没应用应根据计算出的超细干粉灭火剂设计用量，结合保护对象的几何特征等因素，确定超细干粉灭火装置的规格及数量，合理布置，应使防护区内灭火剂在较短时间内分布均匀。

局部应用应根据计算出的超细干粉灭火剂设计用量，结合保护对象的几何特征等因素，确定超细干粉灭火装置的规格及数量，按一字形、正方形、矩形等方式组合安装在保护对象顶部。必要时，可采用侧喷等方式消除灭火盲区。

在高度大于 7m 的防火保护区中，超细干粉灭火装置应分层进行配置，顶层以下各层宜按顶层 1/1.2～1/1.5 的高度或根据货架结构进行配置。

超细干粉灭火装置与热源、通风口的距离不宜小于 1m。

超细干粉灭火装置的安装应确保不影响设备的正常操作，且不宜放在容易碰撞处。

9. 安装说明

本设计中防护区设置的灭火装置沿着防护区顶部采用均衡布置的方式悬挂在防护区上

方，喷头沿铅垂方向朝下，操作观察方便。若有吊顶，压力指示器及喷头应露出吊顶。当碰到梁、堆高物等时，灭火装置可错开梁、堆高物等适当地调整一些位置，但安装的原则是应满足灭火药剂喷放后在防护区内均匀分布的要求，并注意方便安装、维护，必要时应校核地板的允许荷载。

灭火装置的安装：采用内膨胀螺栓（M12）固定在防护区上方的混凝土预制板上（带信号反馈灭火装置双孔用膨胀螺栓固定在混凝土预制板上）。

灭火装置的安装应保证设计尺寸，安装牢固，外形美观。

10. 系统安装施工要求

系统施工应按《超细干粉自动灭火装置设计、施工及验收规范》DB35/T 1153—2011等相关规范的有关规定执行，并根据设计图及现场情况进行。

灭火系统中使用的灭火装置、材料及元器件具有出厂合格证，安装前按设计要求查验规格、型号、数量。

灭火装置安装人员必须持证上岗或经专业厂家培训合格。启动电源和灭火装置间的接线必须符合安装操作规程的要求。

灭火装置电引发器的引线必须保持短接，直到工程调试合格方可接入超细干粉灭火装置。

灭火装置安装后，严禁擅自拆卸，未经消防部门许可，严禁变动其安装位置。

灭火装置悬挂支架（座）应能承受5倍的灭火装置重量。在灭火装置喷射过程中悬挂支架（座）不得产生变形或脱落。并保证灭火装置的完好，保护其不受意外损坏。施工接线需按照灭火装置的安装注意事项严格操作。

联动控制布线应符合《火灾自动报警系统设计规范》GB 50116—2013 的要求。

防护区内超细干粉灭火装置通过电源线并联，并通过带信号反馈灭火装置将释放反馈信号反馈到控制器等。

线路敷设。图中除标注外，导线遵循以下穿管规律：截面 $1.5mm^2$ 导线，1～4 条穿 JDG16 管；5～9 条穿 JDG20 管；10～14 条穿 JDG25 管。垂直方向的导线和水平方向的导线敷设按《火灾自动报警系统设计规范》GB 50116—2013 的要求。

施工时，对需要埋入地坪的穿线管、嵌入设备等的预埋工程应在土建施工密切配合，防止遗漏。

系统安装完毕后，应进行各部件的检测。

11. 注意事项

灭火装置的图纸尺寸及布置点仅供参考，具体根据现场实际情况进行。

12. 其他

设计说明中未尽事宜按国家现行有关标准规范执行。

第 9 章
高压细水雾灭火系统

9.1 高压细水雾灭火系统适用场所

医院建筑中不宜用水扑救的部位（即采用水扑救后会引起爆炸或重大财产损失的场所）可以采用高压细水雾灭火系统灭火。

具体到医院建筑应用部位，高压配电室（间）、低压配电室（间）、柴油发电机房（包括贮油间）、智能化机房（网络中心、信息中心、网络信息灾备机房、应急响应中心、BA控制室等）、影像中心机房（CT 室、DR 室、X 光室、数字肠胃室、钼钯室、乳腺室等）、介入中心机房（DSA 室）、核医学科机房（PEC 机房、ECT 机房、PET/CT 机房）、放射治疗机房（直线加速器机房、模拟机房、后装机等）、UPS 机房等均属于不能用水扑救的部位，上述房间或部位可以采用高压细水雾灭火系统灭火保护。影像中心机房中的 MR室不应设置高压细水雾灭火系统。

9.2 高压细水雾灭火系统经济性

高压细水雾灭火系统在医院建筑中所保护的对象中，医技机房中的医技设备均价格昂贵，柴油发电机房、高低压配电室等中的电气设备均属于重点设备。基于绝大部分雾滴能快速蒸发，高压细水雾的喷放对于以上贵重设备、设施等的水渍损失极其微小，不会对设备的正常运行造成不利影响，可以确保这些设备在火灾扑灭后快速恢复运行，不因火灾而影响以上机房的继续使用。这本身是高压细水雾灭火系统经济性的最好体现。

系统中造价较高的是高压细水雾泵组，其他部分相对其他灭火系统来说在造价上相差不大。一般对于一个医院建筑单体来说，高压细水雾泵组是一套，如果末端保护区域越多，则高压细水雾泵组的造价在系统中所占的比重越小，整个系统的经济性就越好。

高压细水雾泵组占用空间小，通常设置在消防水泵房内，不需要特别的安全存储条件，可以节约大量成本。

高压细水雾灭火系统的用水量很小，仅为自动喷水灭火系统的 10%，因此系统所用水管道、管接件管径均很小，降低了系统管材、管径的造价。

高压细水雾单个喷头的保护面积为普通水喷淋喷头的 2.5 倍，可以节约一定数量的喷头和接管管材。

高压细水雾灭火系统的管材与水的总重量相当于自动喷水灭火系统的 15%，管径较小的管材可人工弯曲，节省管件，易于安装，施工周期可节约 70%。

　　高压细水雾灭火系统的维护成本较低。

　　因此，医院建筑高压细水雾灭火系统相对于其他灭火系统具有更高的性价比。

　　高压细水雾灭火系统具有比常规气体灭火系统更好的灭火效果，对人员的不利影响更小，并且具有一定的经济性，因此对于医技机房等特定场所较多的综合性医院建筑来说，高压细水雾灭火系统是理想的灭火系统，应该推广应用。

9.3　高压细水雾灭火系统组成

　　高压细水雾灭火系统由高压细水雾泵组、高压细水雾喷头、区域控制阀组、不锈钢管道以及火灾报警控制系统等组成，且应通过国家固定灭火系统和耐火构件质量监督检验中心的检测报告、3C 认证以及 FM 认证。

9.4　高压细水雾灭火系统分类和选择

　　高压细水雾灭火系统根据被保护对象的要求不同分为开式系统和闭式系统，其中闭式系统可分为闭式湿式系统和闭式预作用系统。表 9-1 为上述 3 种系统的分类表。

高压细水雾灭火系统分类

表 9-1

系统名称	系统特征	系统应用范围
开式系统	平时系统管网内没有水，火灾发生时，火灾探测器发出火灾信号并反馈至消防控制中心，经确认后自动启动高压泵组及相应分区阀组开始喷雾灭火	适用于常规建筑空间、大面积或高大空间场所、局部场所等；尤其适用于特殊的低温、高温场所及火灾危险等级较高、要求快速灭火的场所
闭式湿式系统	平时系统管网内始终充满低压力（一般小于 0.60MPa）的水，整个管网封闭，火灾发生时，闭式喷头玻璃球受热爆裂，高压泵组自动启动，转换形成高压开始喷雾。着火区域内喷头喷雾，其他区域不喷雾	适用于火灾水平蔓延速度慢、危险等级较低的场所
闭式预作用系统	预作用阀后管网内平时充的是气体或无气，发生火灾时，火灾探测器自动开启预作用阀和排气阀使管道内迅速充满水，待着火分区喷头玻璃球爆裂后，启动高压泵组，转换形成高压，系统喷雾灭火	适用于环境温度低于 4℃ 或高于 70℃ 等的场所；适用于有防止误喷要求的场所

　　医院建筑内柴油发电机房为可燃液体火灾，火灾蔓延速度快，因此选用响应快速、灭火高效的开式系统；高压配电室（间）、低压配电室（间）等场所火灾时有大量烟气及有毒腐蚀性气体，极易在电气柜中蔓延，腐蚀电缆、电气开关、电路板等，造成二次损害，其要求在日常状态下室内管道为空管，严禁渗漏与误喷，因此选用闭式预作用系统，火灾时定点喷雾灭火；医技机房等其他需要减少水渍和烟气损失且能高效灭火的场所，选用开式系统。

　　图 9-1 为柴油发电机房高压细水雾平面图（开式系统、闭式预作用系统）。

　　图 9-2 为配电室高压细水雾平面图（闭式预作用系统）。

　　图 9-3 为网络机房高压细水雾平面图（闭式预作用系统）。

　　图 9-4 为某医院工程高压细水雾灭火系统原理图。

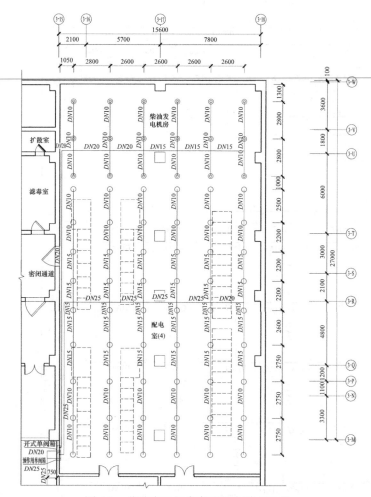

图 9-1 柴油发电机房高压细水雾平面图

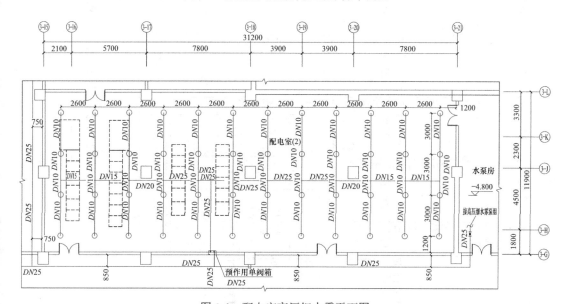

图 9-2 配电室高压细水雾平面图

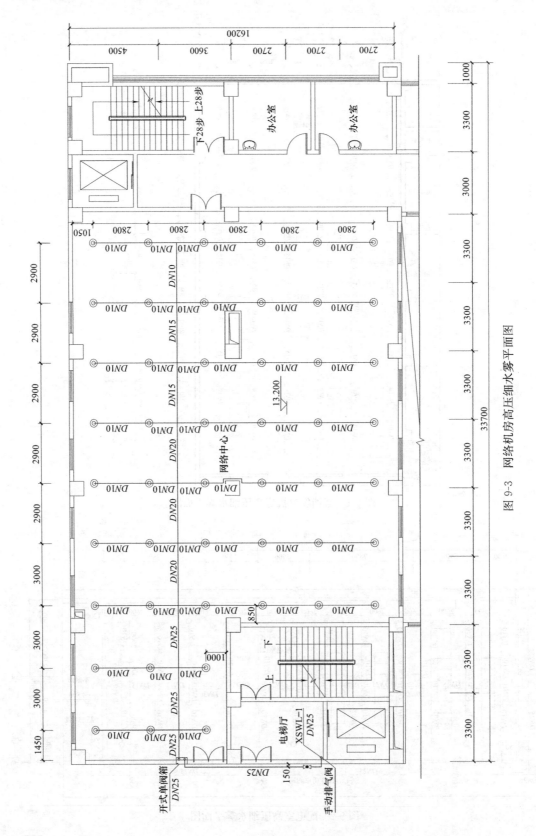

图 9-3　网络机房高压细水雾平面图

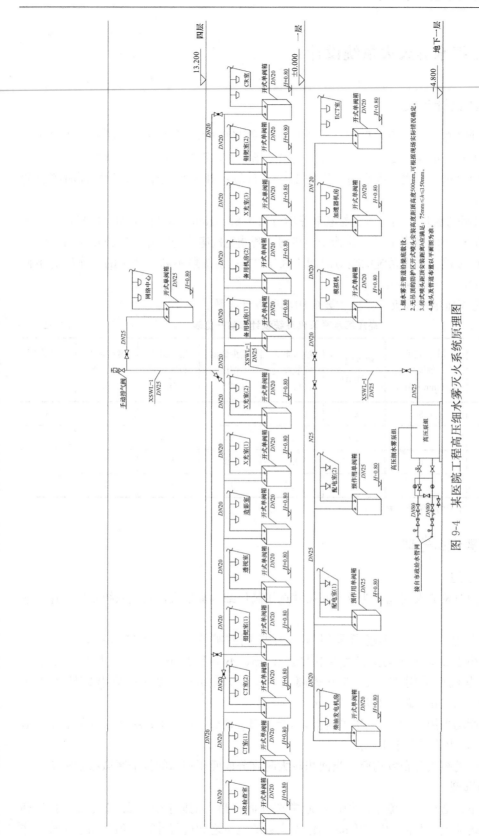

图 9-4 某医院工程高压细水雾灭火系统原理图

9.5 高压细水雾灭火系统设计

9.5.1 系统设计参数

系统设计喷雾时间：用于保护柴油发电机房等场所时，系统设计喷雾时间按 20min 计；用于保护网络机房、变配电室、医技机房等场所时，系统设计喷雾时间按 30min 计。

系统作用面积：闭式系统作用面积按 140m² 计算；开式系统作用面积按同时喷放的喷头个数计算。

系统最小喷雾强度：高低压变配电室等场所为 1.8L/(min·m²)；柴油发电机房等场所为 1.0L/(min·m²)；医技机房、影像中心机房、智能化机房等场所为 0.5L/(min·m²)。

其他设计参数：开式系统的响应时间不大于 30s；系统最不利点喷头的工作压力不低于 10MPa；Dv0.99≤100μm。

表 9-2 为高压细水雾灭火系统主要应用场所设计参数。

高压细水雾灭火系统设计参数一览表 　　　　　　　　 表 9-2

应用场所	最小喷雾强度 [L/(min·m²)]	喷雾时间 (min)	喷头最大安装高度 (m)	喷头最低工作压力 (MPa)	喷头最小布置间距 (m)	喷头最大布置间距 (m)	系统作用面积 (m²)
变配电室	1.8	30	4.8	10	2.0	3	140
柴油发电机房	1.0	20	4.8	10	1.5	3	*
医技机房	0.5	30	4.8	10	1.5	3	*
网络机房	0.5	30	4.2	10	1.5	3	*

注：* 按同时喷放的喷头数计算。

9.5.2 主要设备选型

1. 喷头选型

根据保护对象的火灾危险性及空间尺寸选用高压细水雾喷头，闭式系统采用快速响应喷头。

高低压配电室（间）等场所采用 $K=1.25$ 闭式喷头，$q=12.5$L/min，动作温度 57℃，RTI 小于 20；喷头的安装间距不大于 3.0m，不小于 2.0m，距墙不大于 1.5m。

柴油发电机房采用 $K=0.95$ 开式喷头，$q=9.5$L/min；喷头的安装间距不大于 3.0m，不小于 1.5m，距墙不大于 1.5m。

其余场所均采用 $K=0.45$ 开式喷头，$q=4.5$L/min；喷头的安装间距不大于 3.0m，不小于 1.5m，距墙不大于 1.5m。

每处场所的喷头宜布置均衡，当面积较大时宜分成面积相当的数个区域布置喷头。

2. 泵组选型

设计流量：选择最大流量防护区，通常选择面积最大的防护区，经过流量计算后确定。开式系统流量按照防护区内同时动作喷头数的流量之和进行计算；预作用系统按照作用面积 140m² 内同时动作最大喷头数流量之和计算。系统最大设计流量按最大流量计算值的 1.1 倍确定。

设计压力：系统设计工作压力根据最不利点喷头最低工作压力为 10MPa 进行计算，计算公式采用 Darcy-Weisbach（达西-魏斯巴赫）公式：

$$H_f = \lambda(l/d)(v^2/2g) \tag{9-1}$$

式中　λ——沿程阻力系数，无量纲，与流体的黏度、雷诺数 Re 和管道壁面相对粗糙度有关；

　　　l——管道的长度，m；

　　　d——管道的直径，m；

　　　v——管道有效截面上的平均流速，m/s。

高压细水雾泵组设置为 1 套，主泵常采用 4 台（3 用 1 备），稳压泵常采用 2 台（1 用 1 备）。泵组宜自带控制柜。

9.5.3　系统供水及水质要求

1. 系统水质

不应低于现行国家标准《生活饮用水卫生标准》GB 5749 的规定。

2. 系统供水压力

高压细水雾灭火系统供水压力要求不低于 0.2MPa，且不得大于 0.6MPa。

3. 系统供水方式

高压细水雾灭火系统通常采用水箱增压供水方式。高压细水雾水泵房内通常设置增压泵 2 台（1 用 1 备）。高压细水雾泵组补水电磁阀开启时，同时启动增压泵。

4. 贮水水箱

高压细水雾贮水水箱通常采用不锈钢材质，贮存系统 20～30min 用水量。水箱制作和安装要求参照国家标准图集《矩形给水箱》12S101。

5. 水泵房

高压细水雾水泵房通常设置于地下一层，不超过地下二层，可独立设置，亦可与消防水泵房同设。高压细水雾水泵房设置要求及高压细水雾泵组、贮水水箱设计要求应符合现行国家标准《消防给水及消火栓系统技术规范》GB 50974 的规定。

9.5.4　系统工作原理及控制方式

1. 开式系统工作原理及控制方式

（1）开式系统工作原理

在准工作状态下，从泵组出口至区域控制阀前的管网由稳压泵维持压力为 1.0～1.2MPa，阀后空管。发生火灾后，由火灾报警系统联动开启对应的区域控制阀和主泵，喷放细水雾灭火；或者手动开启对应的区域控制阀，管网降压自动启动主泵，喷放细水雾灭火。经现场人员确认火灾扑灭后，手动关闭主泵和区域控制阀，火灾报警系统复位，管网恢复、系统复位。

（2）开式系统控制方式

当发生火灾时，开式系统具备 3 种控制方式：自动控制、手动控制和应急操作。

1）自动控制：高压细水雾灭火系统报警主机接收到灭火分区内一路探测器报警后，联动开启消防警铃；接收到两路探测器报警后，联动开启声光报警器，输出确认火灾信号，联动打开对应的区域控制阀和主泵，喷放细水雾灭火。区域控制阀组内的压力开关反馈系统喷放信号，灭火报警主机联动开启对应的喷雾指示灯。

2）手动控制：当现场人员确认火灾且自动控制还未动作时，可按下对应区域控制阀的手动启动按钮，打开区域控制阀，管网降压自动启动主泵，喷放细水雾灭火；或者按下对应手动报警按钮，联动打开对应的区域控制阀和主泵，喷放细水雾灭火。区域控制阀组内的压力开关反馈系统喷放信号，灭火报警主机联动开启对应的喷雾指示灯。

3）应急操作：当自动控制与手动控制失效时，手动操作区域控制阀的应急手柄，打开对应的区域控制阀，管网降压自动启动主泵，喷放细水雾灭火。区域控制阀组内的压力开关反馈系统喷放信号，灭火报警主机联动开启对应的喷雾指示灯。

2. 预作用系统工作原理及控制方式

（1）预作用系统工作原理

在准工作状态下，从泵组出口至区域控制阀前的管网由稳压泵维持压力为 1.0～1.2MPa，阀后空管。发生火灾后，由火灾报警系统联动开启对应的区域控制阀，向灭火分区内管网充水。待火源处闭式喷头玻璃泡的温度达到动作温度，玻璃泡破碎后，管网降压自动启动主泵。压力水经打开的闭式喷头喷放细水雾灭火。经现场人员确认火灾扑灭后，手动关闭主泵和区域控制阀，火灾报警系统复位，管网恢复、系统复位。

（2）预作用系统控制方式

当发生火灾时，预作用系统具备 3 种控制方式：自动控制、手动控制和应急操作。

1）自动控制：高压细水雾灭火系统报警主机接收到灭火分区内一路探测器报警后，联动开启消防警铃；接收到两路探测器报警后，联动开启声光报警器，输出确认火灾信号，联动打开对应的区域控制阀，向灭火分区内管网充水。待火源处闭式喷头玻璃泡的温度达到动作温度，玻璃泡破碎后，管网降压自动启动主泵，喷放细水雾灭火。区域控制阀组内的压力开关反馈系统喷放信号，灭火报警主机联动开启对应的喷雾指示灯。

2）手动控制：当现场人员确认火灾且自动控制还未动作时，可按下对应区域控制阀的手动启动按钮或者按下对应手动报警按钮，联动打开对应的区域控制阀，向灭火分区内管网充水。待火源处闭式喷头玻璃泡的温度达到动作温度，玻璃泡破碎后，管网降压自动启动主泵，喷放细水雾灭火。区域控制阀组内的压力开关反馈系统喷放信号，灭火报警主机联动开启对应的喷雾指示灯。

3）应急操作：当自动控制与手动控制失效时，手动操作区域控制阀的应急手柄，打开对应的区域控制阀，向灭火分区内管网充水。待火源处闭式喷头玻璃泡的温度达到动作温度，玻璃泡破碎后，管网降压自动启动主泵，喷放细水雾灭火。区域控制阀组内的压力开关反馈系统喷放信号，灭火报警主机联动开启对应的喷雾指示灯。当区域控制阀后管网较大，造成主泵先于闭式喷头启动时，系统超压通过泵组上的安全阀泄压，并回流至水箱。

3. 系统日常稳压原理

日常管网由稳压泵维持压力为 1.0～1.2MPa。当泵组出口压力传感器监测到压力低于 1.0MPa 时，稳压泵启动，高于 1.2MPa 时，稳压泵停止。稳压泵运行信号上传至消防控制室。

当管道出现微小渗漏时，稳压泵频繁启动，将稳压泵运行信号反馈至消防控制室，需检查管网及设备是否运行正常。

9.5.5　系统施工说明

1. 图注尺寸

标高以米计，标高以首层地坪为±0.00m。尺寸除注明外均以毫米计。

2. 管材

采用满足系统工作压力要求的无缝不锈钢管 316L，管道采用氩弧焊焊接或卡套连接。

3. 套管

穿墙及过楼板的管道应加套管，管道焊缝处不得置于套管内。管道与套管之间的空隙应用不燃材料填塞密实。高压细水雾管道过伸缩缝、沉降缝处需加补偿装置。

4. 泵组安装

高压细水雾泵组安装时，泵控柜操作距离不小于 1.0m，且应严格按照设备使用说明书进行（吊装时应整体吊装）。控制盘的电气线路接口应采取有效防水措施，防止控制盘受潮。泵组的纵横向中心线与基础上划定的纵横向中心线基本吻合。在泵组就位时，应与泵组相关工种联系配合，正确安装泵组的方向。增压泵的安装同消防泵，可按照国家标准图集《给水排水标准图集》、《消防专用水泵选用及安装》04S204 进行。

5. 区域控制阀组安装

区域控制阀组安装在防护区域外，便于操作的地方，操作方向距离不小于 1.0m，箱底安装高度距地面 0.8m。进出水口的连接管道必须在区域控制阀箱定位后进行安装。安装环境温度为 4~50℃，其空气湿度不得超过 90%。安装管道前，必须彻底用高压喷射冲洗管道，以去除泥土、铁屑、细小微粒等杂质。

6. 喷头安装

喷头安装时应使用专用的喷头工具。安装前应逐个核对其型号、规格，并应符合设计要求。闭式喷头安装位置无法保证良好的集热效果时，需增加集热罩。喷头接口螺纹为M18×1.5。

7. 管道支吊架

管道支吊架应满足强度要求，管道与支吊架之间采用橡胶垫或石棉垫绝缘，管道最大支吊架安装间距参见《细水雾灭火系统设计、施工、验收规范》DBJ 01-74—2003，可根据实际情况调整，见表 9-3。

管道最大支吊架安装间距　　　　　　　　　　　　　　　　表 9-3

管道外径×壁厚(mm)	公称直径(mm)	安装间距(m)
12×1.5	DN10	1.7
22×2	DN15	2.2
28×2.5	DN20	2.4
34×3	DN25	2.8
42×3.5	DN32	2.8
48×4	DN40	2.8

8. 验收记录

高压细水雾灭火系统的施工应按照有关规范进行，其他隐蔽区域应做好隐蔽工程验收记录。

9. 排水设施

在设有末端放水装置和放水阀的位置应便于检查、试验，并应有相应排水能力的排水设施。

10. 试压

高压细水雾管道安装完毕后要进行水压试验，水压强度试验压力为系统设计工作压力的 1.5 倍，试压采用试压装置缓慢升压，当压力升至试验压力后，稳压 5min，管道无损坏、变形，再将试验压力降至设计压力，稳压 120min，以压力不降、无渗漏、目测管道无变形为合格。

11. 管道吹扫

试压合格后，系统管道宜采用压缩空气或氮气进行吹扫，吹扫压力不应大于管道的设计压力，流速不宜小于 20m/s。

12. 其他

其他按国家和地方现行规程、规范进行施工安装。

9.5.6 系统与其他专业接口说明

1. 与建筑专业接口要求

对泵房间的要求：环境温度为 4～50℃；耐火等级不应低于二级；室内应保持干燥和良好的通风。门应向疏散方向开启，门宽宜在 1.2m 以上。

高压细水雾泵组设基础，尺寸为 2230mm×1000mm，基础高出地面找平层 200mm，泵组运行荷载为 3.5t。基础强度需土建专业校核。

增压泵设基础，尺寸为 1200mm×500mm，基础高出地面找平层 200mm，增压泵运行荷载为 0.3t。基础强度需土建专业校核。

不锈钢贮水水箱设基础，水箱外形尺寸为 3000mm×1500mm×2500mm（长×宽×高），基础高度≥600mm，距楼板高度≥800mm。具体详见水泵房详图，水箱荷载 10.0t。

区域控制阀箱型号及尺寸：开式和预作用单阀箱外形尺寸为 550mm×280mm×900mm（宽×厚×高）。区域控制阀箱采取暗装时应保证孔洞左右两侧及上侧预留 20mm 间隙便于安装，距地 0.8m。

2. 与供电专业接口要求

配电系统需分别提供两路 AC380V/90kW 及两路 AC380V/4kW 电源至消防水泵房，接口位置设在高压细水雾泵组控制柜及增压泵控制柜内。进线孔设在控制柜底板上，设备金属外壳应作接地保护。

增压泵控制柜和高压细水雾泵组控制柜之间应敷设控制电缆 WDZAN-BYJ-2×1.5。

配电系统需提供一路 AC220V/1A 消防专用电源线至现场各高压细水雾开式和预作用区域控制阀箱内，接口位置设在高压细水雾区域控制阀箱内接线端子排上。

3. 与火灾自动报警专业接口要求

高压细水雾保护区域内的火灾报警控制系统及与高压细水雾灭火系统的联动控制部分

由设计院相关专业统一设计。具体要求如下：需针对开式系统和预作用系统的每个保护区设置两路火灾探测器或两路不同种类的火警信号；需针对每个保护区主要出入口的内侧设置消防警铃或声光报警器，外侧设置声光报警器和喷雾指示灯；针对高压细水雾泵组，在消防控制中心设置远程手动控制泵组启动、停止，并能接收泵组运行及泵组故障信号的装置；控制每个保护区对应的消防警铃、声光报警器、喷雾指示灯；控制每个保护区对应的开式和预作用区域控制阀组，并接收压力开关的反馈信号；在泵房设置报警联动远程启动泵组的控制模块；在每个保护区外设手动报警按钮。

4. 与暖通专业接口要求

在实施灭火前，应自动关闭相应通风、空调系统等。

在灭火完毕后，应对房间进行通风。

5. 与给水排水专业接口要求

给水专业需为高压细水雾灭火系统提供 1 路消防供水水源，供水流量不小于 275L/min，并引至高压细水雾水泵房水箱处。

在泵房内设置地漏及排水沟等排水设施。排水量不小于系统用水量。

9.5.7　其他

高压细水雾管网及喷头位置可以根据现场情况进行优化，并将优化方案报设计单位审核后实施。

区域控制阀箱进出水口的连接管道必须在区域控制阀箱定位后按照其实际进出水管位置进行配合安装。

第10章
全自动跟踪定位射流灭火系统

全自动跟踪定位射流灭火系统指利用红外线、数字图像或其他火灾探测组件对火、温度等的探测进行早期火灾的自动跟踪定位，并利用自动控制方式来实现灭火的各种室内外固定射流灭火系统。

全自动跟踪定位射流灭火系统的设计应根据《自动跟踪定位射流灭火系统》GB 25204—2010 进行。

1. 全自动跟踪定位射流灭火系统适用场所

医院建筑中建筑高度 $h \geqslant 12m$ 的高大空间处应设置全自动跟踪定位射流灭火系统，建筑高度 $8m \leqslant h < 12m$ 的高大空间处可设置全自动跟踪定位射流灭火系统。

医院建筑的门诊大厅、病房大厅（住院大厅）、门诊中庭等部位常常做成高大空间，上述场所的自动灭火不适合采用自动喷水灭火系统，若采用自动喷水灭火系统可能带来设计用水量大等问题，通常采用全自动跟踪定位射流灭火系统。

2. 全自动跟踪定位射流灭火系统组成及参数确定

全自动跟踪定位射流灭火系统主要由水泵、水流指示器、电磁阀、灭火装置组成，灭火装置与探测器一体设计，当装置探测器探测到火灾信号后发出指令联动，打开相应的电磁阀，驱动消防泵进行灭火，并打开声光报警。系统工作压力不大于 1.0MPa。系统设自动和手动两种控制。

ZDMS0.6/5S-RS30 型全自动跟踪定位射流灭火装置灭火高度：6～25m；灭火半径：35m；射水流量：5L/s。

（1）灭火装置数量的确定

当高大空间在全自动跟踪定位射流灭火装置灭火半径（35m）覆盖范围内时，设置 1 套灭火装置即可；当高大空间在全自动跟踪定位射流灭火装置灭火半径（35m）覆盖范围外时，设置 2 套或多套灭火装置，使各套灭火装置灭火半径覆盖到高大空间每个点。设计中会出现高大空间虽然整体尺寸在 1 个灭火装置覆盖范围内，但其中某个角落灭火装置射流水柱直接达不到，此种情况下应增加 1 套灭火装置。

（2）水流指示器

设置位置为接至设有全自动跟踪定位射流灭火装置的高大空间给水干管上，水流上游侧设置信号阀；水流下游侧设置电磁阀。

（3）管径确定

连接 1 套全自动跟踪定位射流灭火装置的给水管管径为 $DN70$；连接 2～3 套全自动跟踪定位射流灭火装置的给水管管径为 $DN100$；连接 4～5 套全自动跟踪定位射流灭火装置的给水管管径为 $DN150$。

（4）模拟末端试水装置

接至模拟末端试水装置的给水管管径宜为 $DN50$，不应小于 $DN32$。模拟末端试水装置处应设置专用排水设施：设置 $DN75$ 专用排水漏斗，排水管管径不应小于 $DN75$。

（5）设计流量：系统设计流量根据灭火时同时动作的各个全自动跟踪定位射流灭火装置的射水流量之和确定。

（6）设计工作压力

额定喷射压力为 0.60MPa，额定工作压力上限为 0.80MPa。

自消防水泵房内自动喷水灭火给水泵组出水管上接出一条给水管至全自动跟踪定位射流灭火装置系统管网。

第 11 章
医疗用水系统

医院建筑内用水除了生活给水、生活热水、消防给水等常规用水外，还需要与医院建筑医疗功能有关的用水，统称医疗用水。医院建筑内许多专业医疗科室用水对于水质的要求高于市政自来水水质标准，需要对原水（通常是市政自来水）根据不同水质要求做进一步定向处理，以满足医疗要求。

11.1 医疗用水分类

医疗用水主要分为 7 类，其种类、应用场所、水质标准、用水量比例见表 11-1。

医疗用水种类、应用场所、水质标准、用水量比例　　　　　表 11-1

序号	名称	应用场所	水质标准	用水量比例（%）
1	直饮水	门诊候诊区、病房护士站、医疗办公区	《饮用净水水质标准》CJ 94—2005	15
2	血液透析用水	血液透析中心、重症监护室（ICU）	《血液透析及相关治疗用水》YY 0572—2015	12
3	生化检验用水	生化检验科、病理科、药物配置中心、静配中心	《分析实验室用水规格和试验方法》GB/T 6682—2008	10
4	清洗消毒用水	消毒供应中心、口腔科、手术部洗消间、内镜清洗室、DSA 导管清洗间	《医院消毒供应中心 第2部分：清洗消毒及灭菌技术操作规范》WS 310.2—2016 《软式内镜清洗消毒技术规范》WS 507—2016	45
5	高温灭菌用水	中心供应室	《医院消毒供应中心 第2部分：清洗消毒及灭菌技术操作规范》WS 310.2—2016	5
6	手术刷手用水	手术部刷手、洗婴室、水中分娩室、化疗病人无菌沐浴	《生活饮用水卫生标准》GB 5749—2006	8
7	酸化氧化电位水	消毒供应中心、病房洗消间、手术部、重症监护室（ICU）、妇产科、儿科、口腔科、血液透析中心、传染科、感染科、发热门诊、内镜洗消间、环境消毒	《医院消毒供应中心 第2部分：清洗消毒及灭菌技术操作规范》WS 310.2—2016	5

医院建筑专业医疗科室常规医疗用水种类、水质要求、参数见表 11-2。

医院常规医疗用水种类、水质要求、参数 表 11-2

医疗科室名称	医疗用水用途	水质要求	主要参数
血透室	血透病人血液净化、冲洗透析器及配透析液专用水	符合《血液透析及相关治疗用水 YY 0572—2015》/美国 AAMI 血透用水标准	电导率:10μS/cm(25℃时);pH 值:5～7;细菌数:≤200CFU/mL;内毒素:<2EU/mL
手术室	手术前医护人员洗手及器械清洗用无菌水	符合《医院消毒供应中心 第2部分:清洗消毒及灭菌技术操作规范》WS 310.2—2016 及美国冲洗用水标准	电导率:15μS/cm(25℃时);pH 值:5～7
内镜室	导管清洗用无菌水	符合美国冲洗用水标准	电导率:15μS/cm(25℃时);pH 值:5～7
口腔科	口腔清洗用无菌水及器械清洗用无菌水	符合美国冲洗用水标准及《医院消毒供应中心 第2部分:清洗消毒及灭菌技术操作规范》WS 310.2—2016	电导率:15μS/cm(25℃时);pH 值:5～7
消毒供应室	精洗器械及清洗机、灭菌器用无菌水	符合《医院消毒供应中心 第2部分:清洗消毒及灭菌技术操作规范》WS 310.2—2016	压力蒸汽灭菌器进水要求:电导率:5μS/cm(25℃时);pH 值:5～7.5 蒸汽气源冷凝污染物要求:电导率:3μS/cm(25℃时);pH 值:5～7.5 器械洗涤用水要求:电导率:15μS/cm(25℃时);pH 值:5～7
眼科	眼科器械漂洗、眼睛冲洗用水	符合《医院消毒供应中心 第2部分:清洗消毒及灭菌技术操作规范》WS 310.2—2016 及美国冲洗用水标准	电导率:15μS/cm(25℃时);pH 值:5～7
耳鼻喉科	器官冲洗及器械漂洗用水	符合《医院消毒供应中心 第2部分:清洗消毒及灭菌技术操作规范》WS 310.2—2016 及美国冲洗用水标准	电导率:15μS/cm(25℃时);pH 值:5～7
检验科	生化检验室(检验分析、试剂配液、实验室试验、生物培养、容器等生化分析及生化仪清洗用高纯水);中心实验室(中心实验室配液及化验用水)	符合《分析实验室用水规格和试验方法》GB/T 6682—2008	生化实验室:电导率≤0.1μS/cm(25℃时)中心实验室:化验用水要求无菌,电导率≤0.2μS/cm(25℃时);基因分析用水要求无菌,电导率≤0.06μS/cm(25℃时)
急诊科	器械及设备的漂洗、洗手、伤口冲洗用水	符合《医院消毒供应中心 第2部分:清洗消毒及灭菌技术操作规范》WS 310.2—2016 及美国冲洗用水标准	电导率:15μS/cm(25℃时);pH 值:5～7
其他	医护人员及患者饮用纯净水	符合《饮用净水水质标准》CJ 94—2005	电导率:10μS/cm(25℃时);pH 值:5～7

11.2 医院建筑直饮水系统

11.2.1 直饮水

直饮水，又称为健康活水，指没有污染、没有退化，符合人体生理需要（含有与人体相近的有益矿物元素），pH 值呈弱碱性的可直接饮用的水。

医院建筑内医护人员、病患人员等均有饮用水要求。饮用水系统分为分散式系统和集中式系统两种形式。分散式系统指在医院建筑内设置一定数量的饮用水点位，每个点位设置电加热开水器、桶装饮用水机等。集中式系统通常指管道直饮水系统。本节主要论述管道直饮水系统。

11.2.2 管道直饮水系统

管道直饮水系统指将原水（市政自来水或自备井水）经过深度净化处理达到直接饮用水标准后，通过管道供给人们直接饮用的供水系统。

管道直饮水系统用户端的水质应符合现行行业标准《饮用净水水质标准》CJ 94 的规定。

医院建筑病人、医务人员最高日管道直饮水用水定额宜采用 2～3L/（床·d）。

医院建筑内管道直饮水用水点位通常根据需要设置在门诊候诊区、病房护士站、医疗办公区等地点。

典型管道直饮水系统工艺流程图见图 11-1。

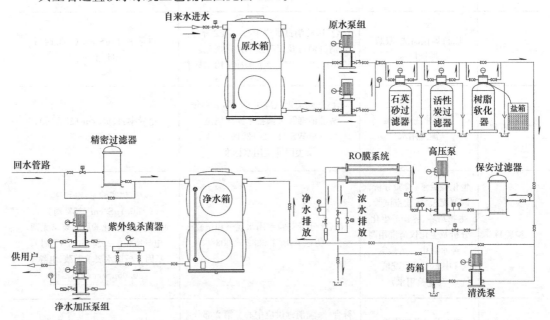

图 11-1 管道直饮水系统工艺流程图

11.2.3 管道直饮水分质给水设备

管道直饮水原水深度净化处理宜采用膜处理技术，包括微滤、超滤、纳滤和反渗透等技术，因此管道直饮水分质给水设备也相应分为几种类型。

1. 直饮水分质给水设备——反渗透设备

反渗透（RO）是用足够压力使溶液中的溶剂（一般指水）通过反渗透膜（一种半透膜）而分离出来，方向与渗透方向相反，可使用大于渗透压的反渗透法进行分离、提纯和浓缩溶液。利用反渗透技术可有效去除水中的溶解盐、胶体、细菌、病毒、毒素和大部分有机物等杂质，是最先进、节能、环保的一种脱盐方式。

反渗透设备包括预处理系统、反渗透装置、清洗系统、净水加压系统、消毒杀菌系统和电气控制系统等。预处理系统一般包括原水泵、原水箱、石英砂过滤器、活性炭过滤器、全自动软化器、精密过滤器等；主要作用是降低原水的污染指数和余氯等其他杂质，达到反渗透进水要求。反渗透装置主要包括高压泵、反渗透膜元件、膜壳（压力容器）、支架等；主要作用是去除水中的杂质，对水质进行深度净化处理，使出水满足国家相关饮用净水水质标准要求。净水加压系统主要包括净水泵、净水箱等；主要作用是将设备产生的净水利用变频加压供水技术供给用户直接饮用。消毒杀菌系统包括紫外线杀菌器及臭氧发生器等。清洗系统主要由清洗水箱、清洗水泵、精密过滤器等组成；主要作用是对受到污染出水指标不能满足要求的反渗透系统进行清洗使其恢复功效。电气控制系统用来控制整个反渗透系统正常运行。

反渗透设备型号说明如下。

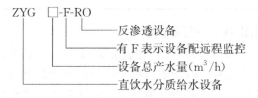

反渗透设备的型号、技术参数等见表 11-3。

直饮水分质给水设备——反渗透设备型号、技术参数 　　　表 11-3

设备型号	产水量（m³/h）	脱盐率（%）	回收率（%）	主机尺寸（mm）
ZYG0.25-F-RO	0.25			
ZYG0.5-F-RO	0.5			1800×1200×1500
ZYG0.75-F-RO	0.75		50~55	
ZYG1-F-RO	1.0			
ZYG1.5-F-RO	1.5	90~98		2450×2400×1850
ZYG2-F-RO	2.0			
ZYG3-F-RO	3.0			
ZYG4-F-RO	4.0		50~65	根据实际情况布置
ZYG5-F-RO	5.0			

2. 直饮水分质给水设备——纳滤设备

纳滤（NF）是在压力差推动力作用下，盐及小分子物质透过纳滤膜而截留大分子物质的一种液液分离方法，又称低压反渗透。纳滤膜截留分子量范围介于超滤和反渗透之间，主要用于溶液中大分子物质浓缩和纯化。

纳滤设备包括预处理系统、纳滤处理装置、清洗系统、净水加压系统、消毒杀菌系统和电气控制系统等。纳滤处理装置的核心是纳滤膜元件。

纳滤设备型号说明如下：

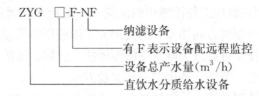

ZYG □-F-NF
├── 纳滤设备
├── 有 F 表示设备配远程监控
├── 设备总产水量（m³/h）
└── 直饮水分质给水设备

纳滤设备的型号、技术参数等见表 11-4。

直饮水分质给水设备——纳滤设备型号、技术参数　　　　表 11-4

设备型号	产水量（m³/h）	脱盐率（%）	回收率（%）	主机尺寸（mm）
ZYG0.25-F-NF	0.25	90～98	50～55	1800×1200×1500
ZYG0.5-F-NF	0.5			
ZYG0.75-F-NF	0.75			
ZYG1-F-NF	1.0			2450×2400×1850
ZYG1.5-F-NF	1.5			
ZYG2-F-NF	2.0			
ZYG3-F-NF	3.0		50～65	根据实际情况布置
ZYG4-F-NF	4.0			
ZYG5-F-NF	5.0			

3. 直饮水分质给水设备——超滤设备

超滤（UF）是以压力为推动力的一种膜分离技术，主要采用中空纤维过滤新技术，配合三级预处理过滤清除原水中的杂质。超滤膜截留分子量范围介于微滤和纳滤之间。

超滤设备包括预处理系统、超滤处理装置、清洗系统、净水加压系统、消毒杀菌系统和电气控制系统等。超滤处理装置的核心是超滤膜元件。

超滤设备型号说明如下：

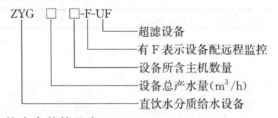

ZYG □ □-F-UF
├── 超滤设备
├── 有 F 表示设备配远程监控
├── 设备所含主机数量
├── 设备总产水量（m³/h）
└── 直饮水分质给水设备

超滤设备的型号、技术参数等见表 11-5。

直饮水分质给水设备——超滤设备型号、技术参数　　　　表 11-5

设备型号	产水量（m³/h）	主机数量（台）	回收率（%）	主机尺寸（mm）
ZYG 10-1	10	1	85～95	1700×1700×1800
ZYG 20-1	20	1		1800×1800×2000
ZYG 40-1	40	1		2300×2300×2250
ZYG 40-2	80	2		4600×2300×2250
ZYG 40-3	120	3		6900×2300×2250
ZYG 40-4	160	4		9200×2300×2250
ZYG 40-5	200	5		11500×2300×2250

11.2.4　管道直饮水系统设计要点

（1）管道直饮水系统必须独立设置。

（2）管道直饮水系统宜采用变频调速泵供水系统。

（3）净水机房宜设置在医院建筑地下室，靠近集中用水点，净水机房选址卫生要求不应低于生活水泵房，上方严禁设置卫生间、淋浴间、盥洗间、厨房、污水处理间及其他有污染源房间，除生活饮用水以外的其他管道不得进入净水机房。

（4）高层医院建筑管道直饮水供水应竖向分区，分区原则参照生活给水系统，宜与生活给水系统、生活热水系统竖向分区一致。

（5）管道直饮水系统应设置循环管道，直饮水供水、回水管网应设计为同程式。

（6）不同竖向分区管道直饮水系统宜独立设置变频供水泵组。

（7）直饮水在供配水系统中的停留时间不应超过 12h。

11.2.5　管道直饮水管管材

管道直饮水管宜采用薄壁不锈钢管，建议采用薄壁抗菌不锈钢管。

11.3　医院建筑医疗用水中央分质供水系统

11.3.1　系统概念

医院建筑中央集中制水分质供水系统，指在医院建筑中设置一个水处理机房，机房内采用一套水处理机组对原水（市政自来水）进行深度处理，使其达到医院建筑各医疗科室可直接使用的水质标准，再分别通过贮水设备、变频供水泵组、给水管网供给各医疗科室使用的系统。此系统用以解决医院内检验科生化仪用水、病理科用水、消毒供应中心清洗用水、手术冲洗用水、牙科冲洗用水、产科洗婴水、制剂室用水、临检中心试验用水、病人及医护人员清洗等多种水质、高质量的纯水使用需要。

相对于各科室独立分散水机供水系统，中央集中制水分质供水系统具有水质可控性好、总投资费用少、运行成本低、机房可选性大、总占地面积小等优点。

11.3.2　系统工艺

中央纯水系统是由预处理系统、反渗透纯水系统、EDI 深度除盐系统、后处理系统、循环供水系统组成的多功能全自动系统。该系统设备主要用于血透室、生化室、口腔科、供应室中心实验室、制剂室、手术室等集中纯水系统。

典型中央纯水系统工艺为：原水→原水加压泵→预处理系统→精密过滤器→第一级反渗透→pH 值调节→中间水箱→第二级反渗透→纯化水箱→纯水供水泵→紫外线杀菌器→微孔过滤器→用水点。

11.3.3　系统设计

原水通常为市政自来水，水压要求为 0.2～0.4MPa，进水管管径根据处理设备原水流量确定，原水接入管通常就近在地下室接自本工程低区生活给水干管，接入管上设置截止阀门。

预处理系统通常包括机械过滤、锰砂过滤、活性炭吸附过滤、软化等处理方式，具体根据工程原水情况合理选择上述预处理方式中的一种或几种。

中心处理系统除反渗透处理方式外，还有微滤、超滤、纳滤等几种处理方式，设计中根据上述几种处理方式的适用条件和水质处理要求合理确定中心处理方式。

消毒系统通常包括紫外线消毒、臭氧消毒、二氧化氯消毒等方式，设计中根据水质处理要求合理确定消毒方式。

输送系统包括纯水变频供水泵组和纯水供水管、纯水循环管等。

纯水变频供水泵组流量应根据纯水用水设计秒流量确定；扬程应根据满足纯水末端最不利用水点用水压力确定。纯水变频供水泵组的选型应考虑到避免影响纯水水质、造成污染。

纯水供水管的管径应根据其负荷用水设计秒流量确定。纯水干管中纯水流速宜大于1.5m/s，纯水支管中纯水流速宜大于1.0m/s。纯水循环管的管径应根据其负荷用水设计循环流量确定，循环流量宜取设计秒流量的50%～100%。循环管道宜采用有独立供水管和回水管的双管布置方式。

11.3.4 纯水管管材

纯水管管材包括薄壁不锈钢管（常采用316L薄壁不锈钢管和304薄壁不锈钢管）、塑料管（常采用PCDF管、PP管、PVC管、ABS管）等。设计中应根据医疗纯水用水的水质要求合理选择管材。

纯水管的连接方式选择应考虑减少对纯水水质的影响、保证管道严密性等因素。

11.3.5 纯水水箱

纯水水箱设置的目的是为了保证纯水供水的安全可靠性、调节纯水系统用水量平衡。水箱材质通常采用304不锈钢、316L不锈钢。纯水水箱容积常采用1.0～2.0m³，超纯水水箱容积常采用0.3～0.5m³。

11.3.6 管道敷设

医疗用水管道与排水管道平行敷设净距不应小于0.5m，垂直敷设净距不应小于0.15m，且应在排水管道上方；与热水管道平行敷设时应在热水管道下方；不应敷设在烟道、风道、电梯井、排水沟、卫生间内。

11.3.7 水处理机房主要技术要求

整套设备系统须设置在温度适宜的室内；通风良好，通风换气次数不少于$8h^{-1}$，进风口加装空气净化器，其附近不得有污染源；机房应有良好的采光及照明；机房需要隔振防噪设计。

水源要求：系统所需水源应从市政自来水管中直接引入，不得分管作为他用；水源引出管管径为$DN50\times2$，压力为0.25～0.40MPa，且引出端面应有球阀控制水源断开。

排水要求：地面应设排水沟、地漏等间接排水设施，设备排水口应设防护网罩。

11.4　酸化氧化电位水

11.4.1　酸化氧化电位水作用及应用场所

酸化氧化电位水在医院建筑各医疗科室的应用见表 11-6。

酸化氧化电位水应用　　　　　　　　　　　　　表 11-6

序号	应用场所	作用
1	消毒供应室、护理部	医生、护士的卫生洗手消毒；医疗器械灭菌前预消毒；病房及医护站环境、物体表面、地面的清洗消毒
2	消化内镜室	操作人员洗手消毒；可代替戊二醛对内镜进行浸泡消毒
3	口腔科	患者漱口消毒；医生洗手消毒；牙钻冷却消毒；口腔器具浸泡消毒；物品、环境表面消毒
4	手术室、重症监护室（ICU）	医生、护士术前手消毒；连台手术医疗器械的高水平消毒；患者创口、褥疮及溃疡的清洗消毒；ICU 患者创口腔擦洗；手术室环境、物品表面、地面的清洗消毒
5	血液透析室	透析机管路消毒；复用透析器消毒；血透室环境、物品表面、地面的清洗消毒
6	妇产科、儿科	产妇会阴切口清洗消毒；婴儿洗浴皮肤消毒；婴儿保温箱擦洗消毒；医护人员接触婴儿前洗手消毒；儿童用具（奶瓶等）及玩具的浸泡消毒；产房、婴儿房环境、物品表面、地面的清洗消毒
7	烧伤科、皮肤科、泌尿科	皮肤缺损与创面感染的清洗消毒；脚气、特异性皮肤病等杀菌消毒；尿道外口浸泡或湿敷
8	眼科	以频繁点眼的方式可治疗角膜炎、角膜溃疡和结膜炎
9	传染科、感染科、发热门诊	传染病病人污染织物消毒；医务人员洗手消毒；环境与物体表面消毒；室内空气消毒
10	营养科、食堂	蔬菜瓜果清洗消毒；食、饮器具和厨房用的清洗消毒；碗柜、橱柜、冰箱内部等消毒

11.4.2　酸化氧化电位水系统构成

酸化氧化电位水系统由酸化氧化电位水中心制供站、中心供应管道工程、专用出水终端组成。酸化氧化电位水中心制供站包括强电解水发生装置、食盐自动溶解装置、反渗透水处理装置、贮水罐（酸、碱）、原水过滤器、稳压控制器、控制系统与测量仪表、送水管路管件等；中心供应管道工程包括大楼主管路、楼层分管路、房间支管路、出水终端软管、管件（三通、弯头、变径、管箍等）；专用出水终端包括常规出水终端、特殊出水装置、科室洗消操作台等。

11.4.3　中心酸化氧化电位水技术指标

酸化氧化电位水主机：该机器产生的强酸性电解水 pH 值为 2.0～3.0、有效氯为 50～70mg/L、氧化还原电位≥1100mV、残余氯≤600mg/L；具有选择、控制生成酸化氧化电位水酸碱度（pH 值强、中、弱三种水可选）的功能；强酸性电解水生成量为 2.5L/min；外置大容量盐箱，每次可添加 15kg 盐，并具有盐箱氯化钠溶液自动配制功能、外置盐罐氯化钠溶液低于水位线时自动补水功能；设备配备钛合金材质液位探针（酸水箱）和不锈钢材质液位探针（碱水箱）。

11.4.4　酸化氧化电位水机房

酸化氧化电位水机房技术要求：实现酸水箱内的酸化水实时在线监测 pH 值、氧化还原电位值；配备酸碱水各 $1m^3$ 的贮水系统，以及容量为 $1m^3$ 的原水贮水系统；机房配备 2 套（$0.5m^3/h$）反渗透水处理系统（1 用 1 备）。

酸化氧化电位水机房内要求接入 1 路专用的供水管（管径≥DN25），进水压力不低于（0.25±0.05）MPa 的机房内要求有排水管路（管径≥DN50）及地漏，保证排水畅通。

11.4.5　附属终端机及管道系统

附属终端机及管道系统技术要求：出水终端全部为感应自动出水终端，杜绝开关二次污染；管材采用超纯 PVC 管道。

第12章
医用气体系统

医用气体是指由医用管道系统集中供应，用于医院建筑内病人治疗、诊断、预防，或驱动外科手术工具的单一或混合成分气体。医用气体系统包括医用氧气（O_2）系统、医用真空吸引系统、医用压缩空气系统、医用氮气（N_2）系统、医用笑气（N_2O）系统、医用二氧化碳（CO_2）系统等，其中应用最广泛的是医用氧气（O_2）系统、医用真空吸引系统、医用压缩空气系统。

医院应设置医用氧气和医用真空吸引系统，可根据需要设置医用压缩空气、医用氧化亚氮、医用氮气、医用二氧化碳、医用氩气以及麻醉废气排放等系统。洁净手术部可使用的医用气体有氧气、压缩空气、真空吸引、氧化亚氮、氮气、二氧化碳和氩气以及废气回收排放等，其中应配置氧气、压缩空气和真空吸引装置，氩气随设备需要配置。

12.1 医用气体设计规定

医用气体管道的压力分级标准及使用场所见表12-1。

医用气体管道压力分级标准及使用场所 表12-1

分级名称	压力 P(MPa)	使用场所
真空管道	$0<P<0.1$(绝对压力)	医用真空、麻醉或呼吸废气排放管道等
低压管道	$0\leqslant P\leqslant1.6$	医用压缩气体管道、医用焊接绝热气瓶汇流排管道等
中压管道	$1.6<P<10$	医用氧化亚氮汇流排、医用氧化亚氮/氧汇流排、医用二氧化碳汇流排管道等
高压管道	$P\geqslant10$	医用氧气汇流排、医用氮气汇流排、医用氮/氧汇流排管道等

医用气体的终端供气压力范围应符合表12-2的规定。

医用气体的终端供气压力 表12-2

医用气体	供气压力(MPa)	医用气体	供气压力(MPa)
氧气(O_2)	0.40～0.45	氮气(N_2)	0.80～1.10
氧化亚氮(N_2O)	0.35～0.40	氩气(Ar)	0.35～0.40
医用真空	−0.03～−0.07	二氧化碳(CO_2)	0.35～0.40
压缩空气	0.45～0.95		

医用气体终端组件处的设计参数见表12-3。

医用气体终端组件处设计参数　　　　　　　　　　表 12-3

医用气体种类	使用场所	额定压力 （kPa）	典型使用流量 （L/min）	设计流量 （L/min）
医疗空气	手术室	400	20	40
	重症病房、新生儿、高护病房	400	60	80
	其他病房床位	400	10	20
器械空气、医用氮气	骨科、神经外科手术室	800	350	350
医用真空吸引	大手术	40（真空压力）	15～80	80
	小手术、所有病房床位	40（真空压力）	15～40	40
医用氧气	手术室和用氧化亚氮 进行麻醉的用点	400	6～10	100
	所有其他病房床位	400	6	10
医用氧化亚氮	手术、产科、所有病房用点	400	6～10	15
医用氧化亚氮/氧气 混合气	待产、分娩、恢复、产后、 家庭化产房（LDRP）用点	400（350）	10～20	275
	所有其他需要的病房床位	400（350）	6～15	20
医用二氧化碳	手术室、造影室、腹腔检查用点	400	6	20
医用二氧化碳/ 氧气混合气	重症病房、所有其他需要的床位	400（350）	6～15	20
医用氮/氧混合气	重症病房	400（350）	40	100
麻醉或呼吸废气排放	手术室、麻醉室、重症 监护室（ICU）用点	15（真空压力）	50～80	50～80

注：350kPa气体的压力允许最大偏差范围为 310～400kPa，400kPa气体的压力允许最大偏差范围为 320～500kPa，800kPa气体的压力允许最大偏差范围为 640～1000kPa；在医用气体使用处与医用氧气混合形成医用混合气体时，配比的医用气体压力应低于该处医用氧气压力 50～80kPa，相应的额定压力亦应减小为 350kPa。

洁净手术部每类终端接头配置数量应按表 12-4 确定。

洁净手术部每床每套终端接头最少配置数量（个）　　　　　表 12-4

用房名称	氧气	压缩空气	负压（真空）吸引
手术室	2	2	2
恢复室	1	1	2
预麻室	1	1	1

注：预麻室如需要可增设氧化亚氮终端；腹腔手术和心外科手术除配置表中所列气体终端外，还应配置二氧化碳气体终端；神经外科、骨科和耳鼻喉科还应配置氮气终端。

洁净手术部终端压力、终端流量、平均日用时间应按表 12-5 确定。

医用气体各种管路系统在设计流量下的末端压力、气源或中间压力控制装置出口压力及在末端设计压力、流量下的压力损失见表 12-6、表 12-7。

洁净手术部终端压力、终端流量、平均日用时间 表 12-5

气体种类	终端压力（MPa）	终端流量（L/min）	平均日用时间(min)	同时使用率（%）
氧气	0.40～0.45	10～80(快速置换麻醉气体用)	120(恢复室1440)	50～100
负压(真空)吸引[1]	−0.03～−0.07	15～80	120(恢复室1440)	100
压缩空气	0.40～0.45	20～60	60	80
压缩空气[2]	0.90～0.95	230～350	30	10～60
氮气	0.90～0.95	230～350	30	10～60
氧化亚氮	0.40～0.45	4～10	120	50～100
氩气	0.35～0.40	0.5～15	120	80
二氧化碳	0.35～0.40	6～10	60	30

注：第1项负压手术室负压（真空）吸引装置的排气应经过高效过滤器后排出；第2项用于动力设备，如设计氮气系统，该项也可以不设。

医用气体管路系统在末端设计压力、流量下的压力损失（kPa） 表 12-6

医用气体种类	设计流量下的末端压力	气源或中间压力控制装置出口压力	设计允许压力损失
医用氧气、医疗空气、氧化亚氮、二氧化碳	400～500	400～500	50
与医用氧气在使用处混合的医用气体	310～390	360～450	50
器械空气、氮气	700～1000	750～1000	50～200
医用真空	40～87(真空压力)	60～87(真空压力)	13～20(真空压力)

麻醉或呼吸废气排放系统每个末端设计流量与应用端允许真空压力损失 表 12-7

麻醉或呼吸废气排放系统	设计流量(L/min)	允许真空压力损失(kPa)
高流量排放系统	≤80	1
	≥50	2
低流量排放系统	≤50	1
	≥25	2

12.2 医用氧气（O_2）系统

12.2.1 医用氧气供应源

医用氧气供应源通常分为医用液氧贮罐供应源、医用分子筛制氧机组供应源、医用氧焊接绝热气瓶汇流排供应源、医用氧气钢瓶汇流排供应源4种。大中型综合医院常采用医用液氧贮罐和医用分子筛制氧机组作为医院建筑医用氧气集中系统的供应源，而医用氧焊接绝热气瓶汇流排、医用氧气钢瓶汇流排常作为系统的备用供应源。

医用氧气供应源不应设置在医院建筑的地下空间或半地下空间。

采用医用液氧贮罐供应源时，医用液氧贮罐通常设置在医院建筑室外院区内，室外医用液氧贮罐与办公室、病房、公共场所及繁华道路之间均应保持一定的安全距离。医用液氧贮罐与建筑物、构筑物的防火间距，应符合下列规定：（1）医用液氧贮罐与医院外建筑之间的防火间距，应符合现行国家标准《建筑设计防火规范》GB 50016—2014（2018年版）的有关规定；（2）医用液氧贮罐处的实体围墙高度不应低于2.5m；当围墙外为道路或开阔地时，贮罐与实体围墙的间距不应小于1m；当围墙外为建筑物、构筑物时，贮罐与实体围墙的间距不应小于5m；（3）医用液氧贮罐与医院内部建筑物、构筑物之间的防火间距，不应小于表12-8的规定。

医用液氧贮罐与医院内部建筑物、构筑物之间的防火间距　　　　　　表12-8

建筑物、构筑物名称	防火间距(m)
医院内道路	3.0
一、二级建筑物墙壁或凸出部分	10.0
三、四级建筑物墙壁或凸出部分	15.0
医院变电站	12.0
独立车库、地下车库出入口、排水沟	15.0
公共集会场所、生命支持区域	15.0
燃煤锅炉房	30.0
一般架空电力线	≥1.5倍电杆高度

注：当面向医用液氧贮罐的建筑外墙为防火墙时，医用液氧贮罐与一、二级建筑物墙壁或凸出部分的防火间距不应小于5.0m，与三、四级建筑物墙壁或凸出部分的防火间距不应小于7.5m。

医用液氧贮罐不宜少于2个，并应能切换使用。

采用医用分子筛制氧机组供应源时，制氧机房（氧气站）宜设置在医院建筑室外院区内，并宜与院区水泵房、锅炉房等集中设置；制氧机房亦可设置在医院建筑屋顶，位置应避开诊室、病房等医疗功能区域。采用制气机组供气时，应设置备用机组，采用医用分子筛制氧机组时，还应设高压氧气汇流排。

医用氧焊接绝热气瓶汇流排供应源、医用氧气钢瓶汇流排供应源的气瓶均宜设置为数量相同的两组，并应能自动切换使用。

以高压气瓶和液态贮罐供应的医用氧气，应按日用量计算。医用氧气主气源宜设置或储备一周及以上用氧量，应至少不低于3d用氧量；备用气源应设置或储备24h以上用氧量；应急备用气源应保证生命支持区域4h以上的用氧量。

医用氧气供应源、医用分子筛制氧机组供应源，必须设置应急备用电源。

洁净手术部、监护病房、急救、抢救室等生命支持场所医用氧气应从中心供给站（液氧贮罐、制氧机房、氧气站）单独接入。

12.2.2 医用氧气终端设置场所及要求

医院建筑的医用氧气终端设置场所及终端组件设置最小数量要求见表12-9。

医用氧气终端组件设置要求 　　　　　表 12-9

部门	场所	数量	部门	场所	数量	部门	场所	数量
手术部	内窥镜/膀胱镜	1	儿科	儿科重症监护	2	病房及其他	烧伤病房	2
	主手术室	2		育婴室	1		ICU	2
	副手术室	2		儿科病房	1		CCU	2
	骨科/神经科手术室	2	诊断学	脑电图、心电图、肌电图	1		抢救室	2
	麻醉室	1		数字减影血管造影室（DSA）	2		透析	1
	恢复室	2		MRI	1		外伤治疗室	1
	门诊手术室	2		CAT 室	1		检查/治疗/处置	1
妇产科	待产室	1		超声波	1		石膏室	1
	分娩室	2		内窥镜检查	1		动物研究	1
	产后恢复	1		尿路造影	1		尸体解剖	1
	婴儿室	1		直线加速器	1		心导管检查	2
儿科	新生儿重症监护	2	病房	病房	1		消毒室	1
							普通门诊	1

12.2.3　医用氧气流量计算

医用氧气系统的计算流量按照式（12-1）计算：

$$Q = \sum [Q_a + Q_b(n-1)\eta] \tag{12-1}$$

式中　Q——医用氧气计算流量，L/min；

　　　　Q_a——医用氧气终端处额定流量，L/min，取值参见表 12-10；

　　　　Q_b——医用氧气终端处计算平均流量，L/min，取值参见表 12-10；

　　　　n——各医用氧气使用场所氧气终端的数量，医院建筑各部门各使用场所氧气终端
　　　　　　组件的设置数量由医院业主提供，无法提供时可按表 12-9 确定；

　　　　η——同时使用率，取值参见表 12-10。

医用氧气流量计算参数 　　　　　表 12-10

使用场所		Q_a(L/min)	Q_b(L/min)	η
手术室	麻醉诱导	100	6	25%
	重大手术室、整形、神经外科	100	10	75%
	小手术室	100	10	50%
	术后恢复、苏醒	10	6	100%
重症监护	ICU、CCU	10	6	100%
	新生儿 NICU	10	4	100%
妇产科	分娩	10	10	25%
	待产或（家化）产房	10	6	25%

续表

使用场所		Q_a(L/min)	Q_b(L/min)	η
妇产科	产后恢复	10	6	25%
	新生儿	10	3	50%
其他	急诊、抢救室	100	6	15%
	普通病房	10	6	15%
	CPAP 呼吸机	75	75	75%
	门诊	10	6	15%

注：氧气不作呼吸机动力气体。

医用氧舱的耗氧量可按表 12-11 的规定。

医用氧舱耗氧量　　　　　　　　　　　　　　表 12-11

含氧空气与循环	完整治疗所需最长时间 (h)	完整治疗时间耗氧量 (L)	治疗时间外耗氧量 (L/min)
开环系统	2	30000	250
循环系统	2	7250	40
通过呼吸面罩供氧	2	1200	10
通过内置呼吸罩供氧	2	7250	60

12.2.4　医用氧气管道计算

医用氧气系统的管道管段流量按照其负责区域场所包括的医用氧气末端，按照式 (12-1) 计算。

医院建筑生命支持区域（包括手术部、监护病房、急救、抢救室等）医用氧气管道应与非生命支持区域（包括普通病房、门诊等）医用氧气管道分开设置，故其管道计算亦应分开。生命支持区域医用氧气管道计算、管径确定参见表 12-12；非生命支持区域医用氧气管道计算、管径确定参见表 12-13。

医用氧气管道计算表一（手术室、ICU、CCU 类）　　　　表 12-12

房间	出口个数	使用率	氧气量 (L/min)	管径 (mm)	流速 (m/s)	比阻 (kPa/100m)
1	2	100%	16	DN10	1.0	<2
2	4	100%	32	DN10	1.6	≤2
3	6	100%	48	DN13	3.0	≤5
4	8	100%	64	DN13	2.5	≤5
5	10	100%	80	DN13	2.8	≤5
6	12	100%	96	DN13	3.2	≤5
7	14	100%	112	DN16	2.8	≤4

房间	出口个数	使用率	氧气量 (L/min)	管径 (mm)	流速 (m/s)	比阻 (kPa/100m)
8	16	100%	128	DN16	3.0	≤4
9	18	100%	144	DN16	3.3	≤5
10	20	100%	160	DN16	3.4	≤6
11	22	100%	176	DN16	3.6	≤6
12	24	100%	192	DN20	2.7	≤5
13	26	100%	208	DN20	2.9	≤5
14	28	100%	224	DN20	3.0	≤5
15	30	100%	240	DN20	3.2	≤5
16	32	100%	256	DN20	3.5	≤5
17	34	100%	272	DN25	2.6	≤4
18	36	100%	288	DN25	2.8	≤4

医用氧气管道计算表二（一般病房、婴儿室、恢复、治疗室）　　　表 12-13

房间数	出口个数	使用率	氧气量(L/min)	管径(mm)
1~2	2~4	100%	10~20	DN10
3~5	6~10	75%	22.5~37.5	DN10
6	12	75%	45	DN13
7~(10)	14~(20)	50%	45(50)	DN13
11~15	22~30	33%	52	DN13
16	32	33%	52.6	DN13
17	34	33%	56.1	DN13
18	36	33%	60	DN13
19	38	33%	63	DN13
20	40	33%	66	DN13
21~26	42~52	25%	66	DN13
27	54	25%	67.5	DN13
28	56	25%	70	DN13
30~60	60~120	25%	75~150	DN16
60~120	120~240	25%	150~300	DN20
120~180	240~360	25%	300~450	DN25
180~300	360~600	25%	450~750	DN32
300~500	600~1000	25%	750~1250	DN40
500~550	1000~1100	25%	1250~1375	DN50
550~1000	1100~2000	25%	1375~2500	DN50
1200	2400	25%	3000	DN70
1400	2800	25%	3500	DN70
>1400		≤25%		DN80

12.3 医用真空吸引系统

12.3.1 医用真空汇

医用真空汇不得用于三级、四级生物安全实验室及放射性沾染场所；医用真空汇在单一故障状态时，应能连续工作。

医用真空汇真空泵应设置备用泵。医用真空汇应设置应急备用电源。

牙科专用真空汇应独立设置，并应设置汞合金分离装置。

真空吸引机房宜设置在医院建筑室外院区内，并宜与院区水泵房、锅炉房等集中设置；真空吸引机房亦可设置在医院建筑地下室，位置应避开诊室、病房等医疗功能区域。真空吸引机房内应设置排水设施及通风设施。

洁净手术部、监护病房、急救、抢救室等生命支持场所医用真空吸引应从真空吸引机房单独接入。

12.3.2 医用真空吸引终端设置场所及要求

医院建筑的医用真空吸引终端设置场所及终端组件设置最小数量要求见表 12-14。

表 12-14

医用真空吸引终端组件设置要求

部门	场所	数量	部门	场所	数量	部门	场所	数量
手术部	内窥镜/膀胱镜	3	儿科	育婴室	1	病房及其他	ICU	2
	主手术室	3		儿科病房	1		CCU	2
	副手术室	2	诊断学	脑电图、心电图、肌电图	1		抢救室	2
	骨科/神经科手术室	4		数字减影血管造影室(DSA)	2		透析	1
	麻醉室	1		MRI	1		外伤治疗室	2
	恢复室	2		CAT 室	1		检查/治疗/处置	1
	门诊手术室	2		眼耳鼻喉科 EENT	1		石膏室	1
妇产科	待产室	1		超声波	1		动物研究	2
	分娩室	2		内窥镜检查	1		尸体解剖	1
	产后恢复	2		尿路造影	1		心导管检查	2
	婴儿室	1		直线加速器	1		消毒室	1
儿科	新生儿重症监护	2	病房	病房	1[a]		普通门诊	1
	儿科重症监护	2		烧伤病房	2			

a. 表示可能需要的设置。

12.3.3 医用真空吸引流量计算

医用真空吸引系统的计算流量按照式（12-2）计算：

$$Q = \sum [Q_a + Q_b(n-1)\eta] \tag{12-2}$$

式中　Q——医用真空吸引计算流量，L/min;

　　　Q_a——医用真空吸引终端处额定流量，L/min，取值参见表 12-15;

　　　Q_b——医用真空吸引终端处计算平均流量，L/min，取值参见表 12-15;

　　　n——各医用真空吸引使用场所真空吸引终端的数量，医院建筑各部门各使用场所真空吸引终端组件的设置数量由医院业主提供，无法提供时可按表 12-14 确定;

　　　η——同时使用率，取值参见表 12-15。

医用真空吸引流量计算参数　　　　　　　　　　　　　　　　表 12-15

使用场所		Q_a(L/min)	Q_b(L/min)	η
手术室	麻醉诱导	40	30	25%
	重大手术室、整形、神经外科	80	40	100%
	小手术室	80	40	50%
	术后恢复、苏醒	40	30	25%
重症监护	ICU、CCU	40	40	75%
	新生儿 NICU	40	20	25%
妇产科	分娩	40	40	50%
	待产或(家化)产房	40	40	50%
	产后恢复	40	40	25%
	新生儿	40	40	25%
其他	急诊、抢救室	40	40	50%
	普通病房	40	20	10%
	呼吸治疗室	40	40	25%
	创伤室	60	60	100%
	实验室	40	40	25%

12.3.4　医用真空吸引管道计算

医用真空吸引系统的管道管段流量按照其负责区域场所包括的医用真空吸引末端，按照式（12-2）计算。

医院建筑生命支持区域（包括手术部、监护病房、急救、抢救室等）医用真空吸引管道应与非生命支持区域（包括普通病房、门诊等）医用真空吸引管道分开设置，故其管道计算亦应分开。生命支持区域医用真空吸引管道计算、管径确定参见表 12-16;非生命支持区域医用真空吸引管道计算、管径确定参见表 12-17。

医用真空吸引管道计算表一（手术室、急诊室、分娩室、解剖室）　　表 12-16

房间数	吸口个数	使用率	空气量(m³/h)	管径(mm)
1	1	100%	3.4	DN15
1	2	100%	6.8	DN20
2	4	100%	13.6	DN32

续表

房间数	吸口个数	使用率	空气量(m³/h)	管径(mm)
3	6	100%	20.4	DN32
4	8	100%	27.2	DN40
5	10	100%	34.0	DN50
6	12	100%	40.8	DN50
7	14	100%	47.6	DN50
8	16	100%	54.4	DN50
9	18	100%	61.2	DN70
10	20	100%	68.0	DN70
11	22	100%	74.8	DN70
12	24	100%	81.6	DN70
13	26	100%	88.4	DN70
14	28	100%	95.2	DN70
15	30	100%	102.0	DN80
16	32	100%	108.8	DN80
17	34	100%	115.6	DN80
18	36	100%	122.4	DN80
19	38	100%	129.2	DN80
20	40	100%	136.0	DN80
21	42	100%	142.8	DN80

注：其中，口腔病房手术的吸引空气量≥3倍的普通手术室。

医用真空吸引管道计算表二（药房、病房、恢复室、检查室、化验室等） 表12-17

房间数	吸口个数	使用率	空气量(m³/h)	管径(mm)
1	2	100%	3.4	DN15
2	4	75%~100%	5.1	DN20
3	6	50%	5.1	DN20
4	8	50%	6.8	DN20
5	10	50%	8.5	DN25
6~12	12~24	20%	8.5	DN25
13	26	20%	8.84	DN25
14	28	20%	9.52	DN25
15	30	20%	10.2	DN25
16~25	32~50	20%	10.88~17	DN32
25~40	50~80	20%	17~27	DN40
40~85	80~170	20%	27~58	DN50
85~150	170~300	20%	58~102	DN70
150~250	300~500	20%	102~170	DN80

房间数	吸口个数	使用率	空气量(m^3/h)	管径(mm)
250～300	500～600	20%	170～204	DN100
300～450	600～900	20%	204～306	DN100
450～800	900～1600	20%	306～544	DN125

12.4 其他医用气体系统

12.4.1 供应源

医疗空气严禁用于非医用用途。医疗空气由气瓶或空气压缩机组供应，通常采用空气压缩机组。医疗空气供应源在单一故障状态时，应能连续供气；医疗空气供应源应设置备用空气压缩机；医疗空气供应源应设置应急备用电源。牙科空气供应源应设置为独立系统，且不得与医疗空气供应源共用空气压缩机。空气压缩机宜采用无油空气压缩机。

医用氮气、医用二氧化碳、医用氧化亚氮、医用混合气体供应源宜设置满足一周及以上，且至少不低于3d的用气量或储备量；汇流排容量应根据服务区域最大用气量及操作人员班次确定；气体汇流排供应源的医用气瓶宜设置为数量相同的两组，并应能自动切换使用。

麻醉或呼吸废气排放系统应保证每个末端的设计流量以及终端组件应用端允许的真空压力损失。

12.4.2 终端设置场所及要求

医院建筑的医疗空气终端设置场所及终端组件设置最小数量要求见表12-18。

医疗空气终端组件设置要求　　　　　　表12-18

部门	场所	数量	部门	场所	数量	部门	场所	数量
手术部	内窥镜/膀胱镜	1	妇产科	婴儿室	1	病房及其他	病房	1a
	主手术室	2	儿科	新生儿重症监护	2		烧伤病房	2
	副手术室	1		儿科重症监护	2		ICU	2
	骨科/神经科手术室	1		育婴室	1		CCU	2
	麻醉室	1	诊断学	数字减影血管造影室(DSA)	2		抢救室	2
	恢复室	1		MRI	1		透析	1
	门诊手术室	1		CAT室	1		外伤治疗室	1
妇产科	待产室	1		眼耳鼻喉科 EENT	1		石膏室	1a
	分娩室	1		内窥镜检查	1		动物研究	1
	产后恢复	1		直线加速器	1		心导管检查	2

a. 表示可能需要的设置。

医院建筑的医用氮气/器械空气终端设置场所及终端组件设置最小数量要求见表12-19。

医用氮气/器械空气终端组件设置要求 表 12-19

部门	场所	数量	部门	场所	数量
手术部	内窥镜/膀胱镜	1	病房及其他	石膏室	1[a]
	主手术室	1		动物研究	1[a]
	骨科/神经科手术室	2		尸体解剖	1[a]

a. 表示可能需要的设置。

医院建筑的医用二氧化碳终端设置场所及终端组件设置最小数量要求见表 12-20。

医用二氧化碳终端组件设置要求 表 12-20

部门	场所	数量	部门	场所	数量
手术部	内窥镜/膀胱镜	1[a]	手术部	副手术室	1[a]
	主手术室	1[a]		骨科/神经科手术室	1[a]

a. 表示可能需要的设置。

医院建筑的医用氧化亚氮终端设置场所及终端组件设置最小数量要求见表 12-21。

医用氧化亚氮终端组件设置要求 表 12-21

部门	场所	数量	部门	场所	数量	部门	场所	数量
手术部	内窥镜/膀胱镜	1	诊断学	数字减影血管造影室（DSA）	1[a]	诊断学	尿路造影	1
	主手术室	2		MRI	1		直线加速器	1
	副手术室	1		CAT 室	1	病房及其他	烧伤病房	1[a]
	骨科/神经科手术室	1		内窥镜检查	1		动物研究	1[a]
	麻醉室	1						

a. 表示可能需要的设置。

医院建筑的医用氧化亚氮/氧气混合气终端设置场所及终端组件设置最小数量要求见表 12-22。

医用氧化亚氮/氧气混合气终端组件设置要求 表 12-22

部门	场所	数量	部门	场所	数量
妇产科	待产室	1	病房及其他	烧伤病房	1[a]
	分娩室	1		ICU	1[a]
	产后恢复	1			

a. 表示可能需要的设置。

医院建筑的医用氮/氧混合气终端设置场所及终端组件设置最小数量要求见表 12-23。

医用氮/氧混合气终端组件设置要求 表 12-23

部门	场所	数量
病房及其他	ICU	1[a]

a. 表示可能需要的设置。

医院建筑的麻醉或呼吸废气终端设置场所及终端组件设置最小数量要求见表 12-24。

医院建筑的牙科、口腔外科医用气体设置要求见表 12-25。

麻醉或呼吸废气终端组件设置要求　　　　　　　　　　　表 12-24

部门	场所	数量	部门	场所	数量	部门	场所	数量
手术部	内窥镜/膀胱镜	1	手术部	麻醉室	1	病房及其他	ICU	1[a]
	主手术室	1	诊断学	数字减影血管造影室(DSA)	1[a]		CCU	1[a]
	副手术室	1	病房及其他	烧伤病房	1[a]		动物研究	1[a]
	骨科/神经科手术室	1						

a. 表示可能需要的设置。

牙科、口腔外科医用气体设置要求　　　　　　　　　　　表 12-25

气体种类	牙科空气	牙科专用真空	医用氧气	医用氧化亚氮/氧混合气
接口或终端组件的数量	1	1	1(视需求)	1(视需求)

12.4.3　流量计算

其他各种医用气体系统的计算流量按照式（12-3）计算：

$$Q = \sum [Q_a + Q_b(n-1)\eta] \tag{12-3}$$

式中　Q——医用气体计算流量，L/min；

$\quad\quad Q_a$——医用气体终端处额定流量，L/min，取值参见表 12-26～表 12-32；

$\quad\quad Q_b$——医用气体终端处计算平均流量，L/min，取值参见表 12-26～表 12-32；

$\quad\quad n$——各医用气体使用场所气体终端的数量，医院建筑各部门各使用场所气体终端组件的设置数量由医院业主提供，无法提供时可按表 12-18～表 12-24 确定；

$\quad\quad \eta$——同时使用率，取值参见表 12-26～表 12-32。

医疗空气流量计算参数　　　　　　　　　　　表 12-26

使用场所		Q_a(L/min)	Q_b(L/min)	η
手术室	麻醉诱导	40	40	10%
	重大手术室、整形、神经外科	40	20	100%
	小手术室	60	20	75%
	术后恢复、苏醒	60	25	50%
重症监护	ICU、CCU	60	30	75%
	新生儿 NICU	40	40	75%
妇产科	分娩	20	15	100%
	待产或(家化)产房	40	25	50%
	产后恢复	20	15	25%
	新生儿	20	15	50%
其他	急诊、抢救室	60	20	20%
	普通病房	60	15	5%
	呼吸治疗室	40	25	50%
	创伤室	20	15	25%
	实验室	40	40	25%
	增加的呼吸机	80	40	75%
	门诊	20	15	10%

注：表中普通病房、创伤室的医疗空气流量系按病人所吸氧气需与医疗空气按比例混合并安装医疗空气终端时的流量；增加的呼吸机医疗空气流量应以实际数据为准。

牙科空气与专用真空流量计算参数   表 12-27

气体种类	Q_a(L/min)	Q_b(L/min)	η	η
牙科空气	50	50	80%	60%
牙科专用真空	300	300	(<10 张牙椅的部分)	(≥10 张牙椅的部分)

医用氮气/器械空气流量计算参数   表 12-28

使用场所	Q_a(L/min)	Q_b(L/min)	η
手术室	350	350	50%(<4 间的部分)
			25%(≥4 间的部分)
石膏室、其他科室	350	—	—
引射式麻醉废气排放(共用)	20	20	见表 12-32
气动门等非医用场所	按实际用量另计		

医用二氧化碳流量计算参数   表 12-29

使用场所	Q_a(L/min)	Q_b(L/min)	η
终端使用设备	20	6	100%
其他专用设备	另计		

医用氧化亚氮流量计算参数   表 12-30

使用场所	Q_a(L/min)	Q_b(L/min)	η
抢救室	10	6	25%
手术室	15	6	100%
妇产科	15	6	100%
放射诊断(麻醉室)	10	6	25%
重症监护	10	6	25%
口腔、骨科诊疗室	10	6	25%
其他部门	10	—	—

医用氧化亚氮/氧气混合气流量计算参数   表 12-31

使用场所	Q_a(L/min)	Q_b(L/min)	η
待产/分娩/恢复/产后(<12 间)	275	6	50%
待产/分娩/恢复/产后(≥12 间)	550	6	50%
其他区域	10	6	25%

麻醉或呼吸废气排放流量计算参数   表 12-32

使用场所	η	Q_a 与 Q_b(L/min)
抢救室	25%	
手术室	100%	
妇产科	100%	80(高流量排放方式)
放射诊断(麻醉室)	25%	50(低流量排放方式)
口腔、骨科诊疗室	25%	
其他麻醉科室	15%	

12.4.4 管道计算

其他各种医用气体系统的管道管段流量按照其负责区域场所包括的医用气体末端，按照式（12-3）计算。

12.5 医用气体管道

12.5.1 管道敷设

医用氧气、氮气、二氧化碳、氧化亚氮及其混合气体管道不宜穿过医护人员生活、办公区；生命支持区域的医用气体管道应从医用气源处单独接出；室内医用气体管道应敷设在专用气体管井内；医用气体管道宜明敷安装；医用气体管道穿墙、楼板以及建筑物基础时，应设套管。

医用氧气管道架空时，可与各种气体、液体（包括燃气、燃油）管道共架敷设。共架时，医用氧气管道宜布置在其他管道外侧，并宜布置在燃油管道上面。供应洁净手术部的医用气体管道应单独设支吊架。

医用气体管道与其他管道间的最小净距见表 12-33。

医用气体管道与其他管道间最小净距（m）　　　　表 12-33

管线名称	与氧气管道净距		与其他医用气体管道净距	
	并行	交叉	并行	交叉
给水管、排水管、不燃气体管	0.25	0.10	0.15	0.10
保温热力管	0.25	0.10	0.15	0.10
燃气管、燃油管	0.50	0.30	0.15	0.10
裸导线	1.50	1.00	1.50	1.00
绝缘导线或电缆	0.50	0.30	0.50	0.30
穿有导线的电缆管	0.50	0.10	0.50	0.10

室外埋地敷设的医用气体（主要是医用氧气、医用真空吸引）管道敷设深度不应小于当地冻土层厚度，且管顶距地面不应小于 0.7m。

室内区域（各病房护理单元、各门诊区域单元、手术部等）的医用气体（主要是医用氧气、医用真空吸引、医疗空气等）主干管上起端，应设置区域阀门，其中医用氧气区域阀门处应设置带保护的二次减压箱，箱体内设置压力表和计量表。生命支持区域的每间手术室、麻醉诱导和复苏室，以及每个重症监护区域的每种医用气体管道上，均应设置区域阀门。

12.5.2 管道管材

除设计真空压力低于 **27kPa** 的真空管道外，医用气体管道均应采用无缝铜管或无缝不锈钢管。设计真空压力低于 27kPa 的真空管道可采用不锈钢管或镀锌钢管。手术室废气排放输送管可采用镀锌钢管或 PVC 管。

所有压缩医用气体管材及附件均应严格进行脱脂。

12.5.3 终端组件

医用气体终端组件的安装高度距地面应为 900～1600mm，宜为 1200～1400mm；终端组件中心与侧墙或隔断的距离不应小于 200mm。

12.6 医用气体设计说明（参考）

1. 设计依据

《医用气体工程技术规范》GB 50751—2012；

《综合医院建筑设计规范》GB 51039—2014；

《医院洁净手术部建筑技术规范》GB 50333—2013；

《氧气站设计规范》GB 50030—2013；

《压缩空气站设计规范》GB 50029—2014；

《医用中心吸引系统通用技术条件》YY/T 0186—1994；

《医用中心供氧系统通用技术条件》YY/T 0187—1994；

《深度冷冻法生产氧气及相关气体安全技术规程》GB 16912—2008；

《建筑设计防火规范》GB 50016—2014（2018 年版）；

《工业金属管道工程施工规范》GB 50235—2010；

《现场设备、工业管道焊接工程施工规范》GB 50236—2011。

2. 设计范围

本次设计范围为本工程的医用气体系统，包括医用氧气系统、医用真空吸引系统、医用压缩空气系统、医用氮气系统、医用氧化亚氮系统、医用二氧化碳系统、麻醉废气排放系统等。

3. 医用氧气系统

本工程重要用氧耗气量为_____ m^3/h，普通用氧耗气量为_____ m^3/h，医用氧气总耗气量为_____ m^3/h。

本工程医用氧气由院区氧气站供给。

从院区现有液氧站引出 2 根管道，分别接至重要用氧、普通用氧管道，在院区内直埋敷设，通过管道送至本建筑病房、门诊、手术室、ICU 各个用气点供病人使用。气源压力为0.60MPa，在本建筑内的病房护理单元、门诊区域、手术室区域等设置氧气二级稳压箱，出口压力保持在 0.2～0.5MPa（连续可调），通过管道送至综合医疗槽、吊塔等处的用气终端。

入楼氧气管道设置计量装置；建筑内各层水平总管上均设置计量装置。

供氧干管应设置紧急切断装置。供氧系统须由有资质的专业施工安装单位进行二次设计和施工安装，并负责运行调试，应达到有关验收规范的要求。

4. 医用真空吸引系统

本工程重要真空吸引耗气量为_____ m^3/h，普通真空吸引耗气量为_____ m^3/h，医用真空吸引总耗气量为_____ m^3/h。

本工程医用真空吸引由院区真空吸引机房内_____台水环式真空泵供给。

真空吸引流程为：用气终端→集污罐→真空罐→消毒器→真空泵→气排空中、污液采取集污池集中收集，用污水泵送至院区污水处理站。

在本建筑内地下室设置一个真空吸引机房。医用真空吸引系统负压在大气环境下不高于 0.02MPa，不低于 0.07MPa，并能在该范围内任意调节。

从真空吸引机房引出 2 根真空吸引管道，分别接至重要真空吸引和普通真空吸引管道。供气压力为 80kPa（真空压力），通过管道送至综合医疗槽、吊塔等处的用气终端，使用压力为 40kPa（真空压力）。

医用真空吸引系统须由有资质的专业施工安装单位进行二次设计和施工安装，并负责运行调试，应达到有关验收规范的要求。

真空吸引气流入口处应有安全调压装置，应有防污液倒流装置。

5. 医用压缩空气系统

本工程重要压缩空气耗气量为_____ m³/h，普通压缩空气耗气量为_____ m³/h，医用压缩空气总耗气量为_____ m³/h。

本工程医用压缩空气由地下室空压机房_____台风冷螺杆式空压机供给。

在本建筑内地下室设置空压机房。从空压机房引出 2 根医用压缩空气管道，分别接至重要压缩空气和普通压缩空气管道。供气压力为 0.55MPa，在各个楼层内的部分管井内装设压缩空气二级稳压箱，出口压力保持在 0.45MPa，通过管道送至综合医疗槽、吊塔等处的用气终端。

6. 医用氮气、氧化亚氮、二氧化碳系统

中心手术部设置医用氮气、氧化亚氮、二氧化碳系统。医用氮气、氧化亚氮、二氧化碳汇流排间设置在手术室上部设备层内。

医用氮气汇流排瓶组自动切换互为备用，氮气减压至 0.85MPa，通过管道输送至手术室内的吊塔和墙面终端，使用压力为 0.8MPa。

医用氧化亚氮汇流排瓶组自动切换互为备用，氧化亚氮减压至 0.45MPa，通过管道输送至手术室内的吊塔和墙面终端，使用压力为 0.4MPa。

医用二氧化碳汇流排瓶组自动切换互为备用，二氧化碳减压至 0.45MPa，通过管道输送至手术室内的吊塔和墙面终端，使用压力为 0.4MPa。

7. 麻醉废气排放系统

中心手术部设置麻醉废气排放系统。

麻醉废气采用气环式真空泵排放，排至室外安全处。

8. 管材及敷设方式

氧气管道、真空吸引管道、压缩空气管道、氮气管道、氧化亚氮管道、二氧化碳管道均采用脱脂无缝紫铜管。

麻醉废气排放管道采用高强度 PVC 管。

建筑内医用气体管道的主干管均敷设在吊顶内，进入各用户的支管为明管敷设。

送至各用户的氧气管道、真空吸引管道、压缩空气管道接至综合医疗槽，中心标高距本层地面 1.45m，送至手术室的医用气体管道，接至手术室内的吊塔。洁净手术部壁上终端装置应暗装，面板与墙面应齐平严密，装置底边距本层地面 1.0～1.2m，终端装置内部应干净且密封。

洁净手术室的各种医用气体管道应做导静电接地。

洁净手术部内的给水排水管道应暗装，并采取防结露措施。

第13章
人防给水排水消防系统

　　人防工程是医院建筑的重要组成部分。医院建筑人防工程主要以人防地下室的形式体现。一个医院建筑是否设置人防工程、人防工程功能、人防面积等均由医院建筑当地人防部门确定。

　　医院建筑人防工程功能常见为医疗救护工程（分为中心医院、急救医院和医疗救护站）、人员掩蔽工程。战时人防给水排水通常由专业人防设计单位负责，平时消防可由非专业人防设计单位负责。医院建筑人防工程应与非人防工程同步设计、同步施工、同步验收、同步使用。

　　本章仅涉及医院建筑人防区平时消防系统设计。

　　医疗救护工程通常设置在医院建筑地下室独立区域；人员掩蔽工程通常结合地下停车库设置（即平时作为停车库使用，战时作为人员掩蔽场所）。

　　人防围护结构指防空地下室中承受空气冲击波或土中压缩波直接作用的顶板、墙体和地板的总称。人防区域与非人防区域的连接部分称为口部，通常包括最里面一道密闭门以外的部分，如扩散室、密闭通道、防毒通道、洗消间（简易洗消间）、除尘室和竖井、防护密闭门以外的通道等。区分口部各场所是否属于人防区域的关键在于确认防护密闭门：防护密闭门内侧即为人防区域，防护密闭门外侧（通常连通疏散楼梯、电梯等）即为非人防区域。

　　人防工程给水排水设计的基本原则是：与人防工程功能无关的给水、排水、消防管道等均不应穿越人防围护结构、进入人防工程区域。人防地下室通常设置在地下室最低楼层，涉及1层或2层地下室。根据此原则，人防地下室上部非人防区域的给水排水管道应避开人防区域敷设。人防地下室上层非人防区域若为停车库，停车库内排水沟内排水应接至非人防区域后再利用排水管道排出；若该停车库为地下停车库，其排水沟内排水应接至非人防区域后向下接至非人防区域集水坑。根据工程需要，确实需要穿越人防围护结构的管道应尽量减少数量且在管道上采取防护措施：如给水、排水、消防管道设置防护阀门；排水设置防爆地漏等。

　　人防地下室给水、消防管道上防护阀门的设置及安装应符合下列要求：当给水管道从出入口引入时，应在防护密闭门的内侧设置；当从人防围护结构引入时，应在人防围护结构的内侧设置；穿过防护单元之间的防护密闭隔墙时，应在防护密闭隔墙两侧的管道上设置；防护阀门的公称压力不应小于1.0MPa；防护阀门应采用阀芯为不锈钢或铜材质的闸阀或截止阀；人防围护结构内侧距离阀门的近端面不宜大于200mm，阀门应有明显的启闭标志。

　　人防工程平时消防设计与非人防区域消防设计要求及方法基本一致。

医院建筑人防工程室内消火栓设计流量确定可参考表 13-1。

医院建筑人防工程室内消火栓设计流量　　　　　　　　　表 13-1

工程类别	体积 V (m³)	同时使用水枪数量 (支)	每支水枪最小流量 (L/s)	消火栓设计流量 (L/s)
医院建筑	$V \leqslant 5000$	1	5	5
	$5000 < V \leqslant 10000$	2	5	10
	$10000 < V \leqslant 25000$	3	5	15
	$V > 25000$	4	5	20

注：消防软管卷盘的用水量可不计入消防设计流量中。

医院建筑内人防工程室内消火栓设计流量通常小于医院建筑非人防区域室内消火栓设计流量。

根据设计实践，人防区域内室内消火栓系统设计特殊点为：人防区域内室内消火栓系统自行形成环状管网，通过 2 根或 2 根以上 $DN150$ 消火栓给水横干管与非人防区域室内消火栓系统环状管网相连。消火栓给水横干管在穿越人防区域与非人防区域分界处人防围护结构时，应在人防侧设置防护阀门，并应在管道穿越处设置防护套管。人防区域内消火栓给水横干管穿越防护单元之间的防护密闭隔墙时，应在隔墙两侧分别设置防护阀门，并应在穿越隔墙处设置防护套管。当人防区域为两层时，若上下两层室内消火栓系统环状管网彼此相连，则在穿越楼板处做法参照穿越防护密闭隔墙的做法。

人防区域防火分区通常不跨越人防区域，此种情况下：鉴于消防水泵房不会设置在人防区域内，如果水力报警阀室设置在人防区域内，则自消防水泵房（非人防区域内）自动喷水灭火系统给水泵组出水管接出的 1 根（人防区域内水力报警阀数量为 1 个）或 2 根（人防区域内水力报警阀数量为 2 个或 2 个以上）$DN150$ 自动喷水灭火供水管接至水力报警阀前，该管道在穿越人防围护结构处应作防护处理（做法见上）；如果水力报警阀室设置在非人防区域内，则自消防水泵房或水力报警阀室（非人防区域内）水力报警阀后接出的自动喷水灭火给水干管在接至人防区域自动喷水灭火系统给水管网时，亦应在穿越人防围护结构处作防护处理。

当人防区域内一个防火分区跨越人防防护单元时，穿越防护密闭隔墙的自动喷水灭火给水干管亦应在隔墙两侧分别设置防护阀门，并应在穿越隔墙处设置防护套管。

根据设计实践，鉴于人防区域口部人防侧密闭通道、防毒通道、洗消间（简易洗消间）等场所及非人防侧楼梯前室、电梯前室或合用前室均需要设置自动喷水灭火系统，因此存在自动喷水灭火给水横支管穿越人防围护结构的情形。在此情况下，应在横支管穿越人防围护结构人防侧设置防护阀门，并应在穿越围护结构处设置防护套管。具体讲，人防区域口部前室、楼梯间前室与密闭通道相连处设置人防隔墙，墙上设置防护密闭门，穿越此隔墙的自动喷水灭火给水管应在密闭通道侧设置防护阀门；密闭通道（防毒通道）与人防区域内部场所相连处设置人防隔墙，墙上设置防护密闭门，穿越此隔墙的自动喷水灭火给水管应在人防区域内部场所侧设置防护阀门。设计中宜优化管道连接，减少穿越人防围护结构的管道数量。

防护套管的管径确定：当消防管道管径 $\leqslant DN100$ 时，套管管径比管道管径大 2 号；当消防管道管径 $> DN100$ 时，套管管径比管道管径大 1 号。

  人防区域内的淋浴间、防毒通道、穿衣检查间、防化器材库、构件库等场所应设置自动喷水灭火系统。人防区域内的滤毒室、集气室、扩散室、防尘室、防化值班室兼配电室等场所均不设置自动喷水灭火系统。

  人防地下室设置柴油发电机房、油库等场所时，若人防区域其他场所设置自动喷水灭火系统，则柴油发电机房、油库等场所宜采用自动喷水灭火系统灭火。若柴油发电机房、油库等独立设置，可采用气体灭火系统或高压细水雾灭火系统灭火。

  人防医疗救护工程设置影像中心机房（CT等）场所需要采用气体灭火系统或高压细水雾灭火系统灭火。当采用高压细水雾灭火系统灭火时，高压细水雾灭火给水管道自非人防区域消防水泵房（或高压细水雾泵房）接进人防区域时，应在穿越人防围护结构人防侧设置防护阀门，并应在穿越围护结构处设置防护套管。该防护阀门的公称压力不应小于10.0MPa。

  医院建筑人防工程人防给水排水消防系统设计的正确与否关键在于首先区分清楚人防区域的范围，包括人防围护结构尤其是口部区域；其次是确定人防区域内各防爆单元的范围，明确其分界线；再根据下列原则设定相应防爆阀门：穿越人防围护结构在人防侧设置防爆阀门，穿越防爆单元分界线在其两侧设置防爆阀门。

  人防工程自动喷水灭火系统末端试水装置（试水阀）应通过DN75专用排水漏斗经DN75排水管就近接至人防区域地下室集水坑。地下室集水坑宜为专用消防排水设置；当人防区域平时为停车库功能时，集水坑可借用停车库排水集水坑。若人防区域为两层，上层末端试水装置排水需要接至下层集水坑时，DN75排水管穿越上下层间楼板处上、下两侧应设防护阀门；若人防区域内无法设置集水坑，需要接至邻近非人防区域集水坑时，DN75排水管穿越人防围护结构处人防侧应设防护阀门。

第 14 章
医院建筑给水排水抗震设计

《建筑机电工程抗震设计规范》GB 50981—2014 第 1.0.4 条：**抗震设防烈度为 6 度及 6 度以上地区的建筑机电工程必须进行抗震设计。**作为人员密集的公共建筑，抗震设防烈度为 6 度及 6 度以上地区的医院建筑给水排水工程必须进行抗震设计。设计时，应从结构专业落实医院建筑所在地区的抗震设防烈度值。

医院建筑给水排水抗震设计包括抗震设计说明、成品支架抗震设计说明及相关给水排水专业图纸，其中图纸内容包含了给水排水专业抗震设计涉及的具体机电抗震措施和做法。

14.1 给水排水专业抗震设计

14.1.1 给水排水管道选用

生活给水管、生活热水管：8 度及 8 度以下地区的多层建筑按现行国家标准《水标》规定的材质选用；高层建筑及 9 度地区建筑的干管、立管采用铜管、不锈钢管、金属复合管等，连接方式采用管件连接或焊接。医院建筑生活给水管、生活热水管干管、立管通常采用薄壁不锈钢管或金属复合管（内衬不锈钢管、钢塑复合管等）。生活给水入户管阀门之后设置软接头。

消防给水管：医院建筑消防给水管管材和连接方式根据系统工作压力，按现行国家标准《消水规》中有关消防的规定选用：系统工作压力≤1.20MPa 时，采用热浸锌镀锌钢管；系统工作压力＞1.20MPa 时，采用热浸镀锌加厚钢管或热浸镀锌无缝钢管；系统工作压力＞1.60MPa 时，采用热浸镀锌无缝钢管。管道采用沟槽连接件连接或法兰连接。

污废水排水管：8 度及 8 度以下地区的多层建筑按现行国家标准《水标》规定的管材选用；高层建筑及 9 度地区建筑的干管、立管采用柔性接口的机制排水铸铁管等。医院建筑的污废水排水管干管、立管采用机制排水铸铁管或 HDPE 排水管（柔性承插连接）。

14.1.2 给水排水管道布置与敷设

立管：8 度、9 度地区的高层建筑的给水、排水立管直线长度大于 50m 时，采取抗震动措施。医院建筑给水、排水立管直线长度大于 50m 时，设置波纹伸缩节等附件。

水平管道：需要设防的室内给水、热水以及消防管道管径≥DN65 的水平管道，当其采用吊架、支架或托架固定时，按要求设置抗震支撑。室内自动喷水灭火系统等消防系统还应按《消水规》的要求设置防晃支架；管段设置抗震支撑与防晃支架重合处，可只设抗震支撑。当给水管道必须穿越抗震缝时靠近建筑物的下部穿越，且在抗震缝两边各装一个柔性管接头或在通过抗震缝处安装门形弯头或设置伸缩节。当管道穿过内墙或楼板时，设置套管；套管与管道间的缝隙，采用柔性防火材料封堵。当8度、9度地区的建筑物给水引入管和排水出户管穿越地下室外墙时，设防水套管。穿越基础时，基础与管道间留有一定空隙，并在管道穿越地下室外墙或基础处的室外部位设置波纹管伸缩节。

上述要求应明确或说明。

14.1.3 室内给水排水设备、构筑物、设施选型、布置与固定

生活、消防用金属水箱、玻璃钢水箱采用方形水箱。医院建筑生活冷水箱、生活热水箱、消防水箱采用不锈钢材质，均设置为方形水箱。

建筑物内的生活贮水箱、消防贮水池及生活水泵房、热交换间等布置在建筑地下室。医院建筑内的生活水箱设置在地下生活水泵房内；消防水池设置在地下室，靠近消防水泵房；生活热水机房设置在地下室。

高层建筑的高位消防水箱、高位生活贮水箱、高位生活热水箱靠近建筑物中心部位布置，生活水泵房、消防水泵房、热交换间等亦靠近建筑物中心部位布置。设施应有足够的检修空间。医院建筑高位消防水箱设置在屋顶消防水箱间，箱体边缘距墙体不小于0.7m；高位生活热水箱设置在屋顶水箱间，箱体边缘距墙体不小于0.7m；生活水泵房、消防水泵房、生活热水机房均设置在靠近建筑物内侧。

运行时不产生振动的给水箱、水加热器、太阳能集热设备、冷却塔、开水炉等设备、设施与主体结构牢固连接，与其连接的管道采用金属管道；8度、9度地区建筑物的生活、消防给水箱（池）的配水管、水泵吸水管应设软管接头。医院建筑生活水箱、水-水换热器、太阳能集热板、电开水器等均与主体结构牢固连接，与其连接的管道均采用薄壁不锈钢管或金属复合管（内衬不锈钢管、钢塑复合管等）；生活水箱、消防水箱、消防水池的配水管均设置橡胶软接头，生活给水泵组、生活热水供水（循环）泵组、消防给水泵组、消防稳压泵组吸水管上设置橡胶软接头。

8度、9度地区建筑物中的给水泵等设备设防震基础，且在基础四周设限位器固定，限位器经计算确定。医院建筑生活给水泵组、生活热水供水（循环）泵组、消防给水泵组、消防稳压泵组等均设置防震基础，泵组与基础间设置橡胶减震垫，基础四周设置限位器。

14.1.4 抗震支撑

为防止地震时给水排水管道系统及消防管道系统失效或跌落造成人员伤亡及财产损失应对机电管线系统进行抗震加固。在设计中应加以说明具体要求或措施。

14.1.5 室外给水排水抗震设计

管道选用：生活给水管采用球墨铸铁管、双面防腐钢管、塑料和金属复合管、PE管等；当采用球墨铸铁管时，采用柔性接口连接。生活热水管采用不锈钢管、双面防腐钢管、塑料和金属复合管。消防给水管采用球墨铸铁管、钢丝网骨架塑料复合管、焊接钢管、热浸镀锌钢管。排水管采用PVC和PE双壁波纹管、钢筋混凝土管或其他类型的化

学管材，排水管的接口采用柔性接口；8 度的Ⅲ类、Ⅳ类场地或 9 度的地区，管材采用承插式连接，其接口处填料采用柔性材料。

管道布置与敷设：生活给水管、消防给水管采用埋地敷设；给水干管呈环状布置，并在环管上按要求设置阀门井。热水管采用埋地敷设，9 度地区采用管沟敷设结合防止热水管道的伸缩变形采取抗震防变形措施；保温材料具有良好的柔性。排水管接入市政排水管网时设有一定防止水流倒灌的跌水高度。

贮水池设置：生活、消防贮水池采用地下式，平面形状为方形，并采用钢筋混凝土结构。水池的进、出水管道分别设置，管材采用双面防腐钢管，进、出水管道上均设置控制阀门。穿越水池池体的配管预埋柔性套管，在水池壁（底）外设置柔性接口。医院院区室外地下消防水池采用方形钢筋混凝土结构。

水泵房设置：室外给水排水泵房毗邻水池，设在地下室内。泵房内的管道有牢靠的侧向抗震支撑，沿墙敷设的管道设支架和托架。

14.2　给水排水专业抗震设计说明（参考）

1. 设计依据

《建筑抗震设计规范》GB 50011—2010（2016 年版）；

《建筑机电工程抗震设计规范》GB 50981—2014；

《建筑给水排水设计标准》GB 50015—2019；

《消防给水及消火栓系统技术规范》GB 50974—2014；

《室外给水排水和燃气热力工程抗震设计规范》GB 50032—2003。

2. 给水排水管道选用

生活给水管、生活热水管：本工程生活给水管、生活热水管干管、立管均采用薄壁不锈钢管。生活给水入户管阀门之后设置橡胶软接头。

消防给水管：本工程消防给水管均采用热浸镀锌无缝钢管，卡箍连接件连接。

重力流排水的污废水管：本工程生活污废水管干管、立管均采用柔性接口的机制排水铸铁管，柔性承插连接。

3. 给水排水管道布置与敷设

立管：本工程给水、排水立管直线长度大于 50m 时，设置波纹伸缩节等附件。

水平管道：本工程需要设防的室内给水、热水以及消防管道管径≥DN65 的水平管道，当其采用吊架、支架或托架固定时，均按要求设置抗震支撑。室内自动喷水灭火系统等消防系统还应按《消防给水及消火栓系统技术规范》GB 50974—2014 的要求设置防晃支架；管段设置抗震支撑与防晃支架重合处，可只设抗震支撑。当给水管道必须穿越抗震缝时靠近建筑物的下部穿越，且在抗震缝两边各装一个柔性管接头。当管道穿过内墙或楼板时，设置套管；套管与管道间的缝隙，采用柔性防火材料封堵。本工程给水引入管和排水出户管穿越地下室外墙时，设置刚性防水套管。

4. 室内给水排水设备、构筑物、设施选型、布置与固定

本工程生活冷水箱、生活热水箱、消防水箱均采用不锈钢材质方形水箱。

本工程生活水箱设置在地下一层生活水泵房内；生活热水机房设置在地下一层。

本工程高位消防水箱设置在屋顶消防水箱间，箱体边缘距墙体不小于 0.7m；高位生活热水箱设置在屋顶水箱间，箱体边缘距墙体不小于 0.7m；生活水泵房、消防水泵房、生活热水机房均设置在地下一层，靠近建筑物内侧。

本工程生活水箱、水-水换热器、太阳能集热板、电开水器等均与主体结构牢固连接，与其连接的管道均采用薄壁不锈钢管；生活水箱、消防水箱、消防水池的配水管均设置橡胶软接头，生活给水泵组、生活热水循环泵组、消防给水泵组、消防稳压泵组吸水管上均设置橡胶软接头。

本工程生活给水泵组、生活热水循环泵组、消防给水泵组、消防稳压泵组等均设置防震基础，泵组与基础间设置橡胶减震垫，基础四周设置限位器。

5. 抗震支撑

本工程对直径≥DN65 的管道设置抗震支吊架，与混凝土、钢结构、木结构等须采取可靠的锚固形式，具体深化设计由专业公司完成。抗震支吊架的设置原则为：刚性管道侧向抗震支撑最大设计间距 12m，纵向抗震支撑最大设计间距 24m，柔性管道上述参数减半；最终间距根据现场实际情况在深化设计阶段确定。

6. 室外给水排水抗震设计

管道选用：生活给水管采用球墨铸铁管，柔性接口连接。消防给水管采用钢丝网骨架塑料复合管。排水管采用 PE 双壁波纹管，排水管接口采用柔性接口。

管道布置与敷设：生活给水管、消防给水管均采用埋地敷设；本工程设置两条给水引入管；给水干管呈环状布置，并在环管上按要求设置阀门井。排水管接入市政排水管网时设有一定防止水流倒灌的跌水高度。

贮水池设置：本工程消防水池采用地下式，平面形状为方形，并采用钢筋混凝土结构。消防水池的进、出水管道分别设置，管材均采用双面防腐钢管，进、出水管道上均设置控制阀门。穿越消防水池池体的配管均预埋柔性防水套管，在消防水池壁（底）外均设置柔性接口。

14.3 成品支架抗震设计说明（参考）

1. 工程概况

_____ 地区的抗震设防烈度为 _____ 度，本工程的抗震设防烈度为 _____ 度。按照《建筑机电工程抗震设计规范》GB 50981—2014 第 1.0.4 条（抗震设防烈度为 6 度及 6 度以上地区的建筑机电工程必须进行抗震设计），本工程必须进行抗震设计。

2. 设计依据

《建筑机电工程抗震设计规范》GB 50981—2014；

《建筑机电设备抗震支吊架通用技术条件》CJ/T 476—2015；

《建筑抗震设计规范》GB 50011—2010（2016 年版）；

《钢结构设计标准》GB 50017—2017；

《室内管道支架及吊架》03S402；

《装配式管道支吊架（含抗震支吊架）》18R417-2；

《室内热力管道支吊架》95R417-1；

《紧固件机械性能 螺栓、螺钉和螺柱》GB/T 3098.1—2010；

《工业金属管道工程施工规范》GB 50235—2010；

《管道支吊架 第 1 部分：技术规范》GB/T 17116.1—2018；

《锌铬涂层 技术条件》GB/T 18684—2002；

《碳素结构钢》GB/T 700—2006；

《混凝土用机械锚栓》JG/T 160—2017；

《金属覆盖层 钢铁制件热浸镀锌层 技术要求及试验方法》GB/T 13912—2002；

《金属及其他无机覆盖层 钢铁上经过处理的锌电镀层》GB/T 9799—2011；

建设单位提供的设计数据；

相关专业提供给本专业的工程设计资料。

3. 设计管线范围

室内生活给水、生活热水以及消防管道管径大于或等于 DN65 的管道；生活水泵房、消防水泵房内的管道。

4. 设计要求

依据《建筑机电工程抗震设计规范》GB 50981—2014 第 8.1.2 条的规定：组成抗震支吊架的所有构件采用成品支架构件，连接紧固件的构造应便于安装。

抗震支吊架初设间距应满足《建筑机电工程抗震设计规范》GB 50981—2014 第 8.2.3 条的要求，并应满足表 14-1 的规定。

抗震支吊架初设间距   表 14-1

管道类别		抗震支吊架间距(m)	
		侧向	纵向
给水、热水及消防管道	新建工程刚性连接金属管道	12.0	24.0
	新建工程柔性连接金属管道；非金属管道及复合管道	6.0	12.0
燃气、热力管道	新建燃油、燃气、医用气体、真空吸引、压缩空气、蒸汽、高温热水及其他有害气体管道	6.0	12.0
通风及排烟管道	新建工程普通刚性材质风管	9.0	18.0
	新建工程普通非金属材质风管	4.5	9.0
电线套管及电缆桥架、电缆托盘和电缆槽盒	新建工程刚性材质电线套管、电缆桥架、电缆托盘和电缆槽盒	12.0	24.0
	新建工程非金属材质电线套管、电缆桥架、电缆托盘和电缆槽盒	6.0	12.0

注：改建工程最大抗震加固间距为表中数值的一半。

抗震支架应严格根据《建筑机电工程抗震设计规范》GB 50981—2014 第 8.3 节的要求设置。

管线水平地震力综合系数按《建筑机电工程抗震设计规范》GB 50981—2014 第 8.2.4 条要求，并参照第 3.4.5 条和表 3.4.1 的参数取用进行计算。当计算结果不足 0.5 时取 0.5，超过 0.5 时按实际计算值。

抗震支架受力的力学验算应包括：支架与建筑结构连接验算（含锚栓和连接件）；杆件受力验算（含受拉和受压校核）；支架抗震连接件受力校核等。

抗震支架吊杆及斜撑的长细比应满足《建筑机电工程抗震设计规范》GB 50981—2014 第 8.3.8 条的要求。

5. 抗震支架产品系统技术要求

C 型槽钢为冷压成型槽钢，截面尺寸为 41mm×21mm、41mm×41mm、41mm×52mm、41mm×72mm 等，长度为 3000mm 或 6000mm，钢材材质为 Q235 及以上，且满足《碳素结构钢》GB/T 700—2006 的规定，壁厚不小于 2.0mm。槽钢背面有条形安装孔和辅助标距，以便于施工时现场的安装及其加工，也可供以后管道安装、维护和扩展使用。

装配式管道吊挂支架 C 型槽钢内缘须有齿牙，且齿牙深度不小于 0.9mm，并且所有配件的安装依靠机械咬合实现，严禁任何以配件的摩擦作用来承担受力的安装方式，所有连接配件不允许使用与槽钢锯齿模数不匹配的弹簧螺母，以保证整个系统的可靠连接。

装配式管道吊挂支架 C 型槽钢带有轴向加筋肋设计，以加强截面刚度，确保运输、切割及安装时槽钢截面无变形。

抗震连接部件及管束材质为 Q235 及以上，且满足《碳素结构钢》GB/T 700—2006 的规定，壁厚不小于 4mm。

管束扣垫要自带螺杆，且具有防松功能，便于工地快速安装，节省工期和材料，不必在现场切割安装螺杆。

配套安装金属管道的管卡内需配惰性橡胶内衬垫，以达到绝缘、防震、降噪（降噪至少达到 8dB）的效果。为了减少电迷流对系统的影响，金属管道与管卡接触处均应加绝缘垫，绝缘垫采用天然橡胶含量达 28% 以上的天然橡胶，按不同管径和支撑要求制造成型，以满足各系统防电迷流要求，并要求有防火测试报告。

抗震支吊架由锚固体、加固吊杆、抗震连接构件及抗震斜撑组成。现场采用装配式安装，并根据现场使用环境，表面进行防腐处理，避免使用中产生粉尘或油漆老化脱落，以保证洁净度及方便后期维护。

表面防腐处理：抗震连接构件采用锌铬涂层进行处理，并应符合《锌铬涂层 技术条件》GB/T 18684—2002 的要求。所有规格的单拼成品槽钢、双拼成品槽钢表面应采用国家标准《金属覆盖层 钢铁制件热浸镀锌层 技术要求及试验方法》GB/T 13912—2002 或《金属及其他无机覆盖层 钢铁上经过处理的锌电镀层》GB/T 9799—2011 中的镀锌规定，并具有相关材料、锌层及盐雾测试报告。

采用的膨胀锚栓必须符合现行行业标准《混凝土用机械锚栓》JG/T 160 的规定，并提供国家建筑中心的检测报告。

使用的抗震支架系统应具备下述资料：

（1）锚栓的报告：非开裂混凝土下的抗拉性能检测报告、非开裂混凝土下的抗剪性能检测报告、开裂混凝土下的抗拉性能检测报告、拉力疲劳荷载性能检测报告、防火性能检测报告、防腐性能检测报告、抗震性能（裂缝反复开合性能、低周反复拉力荷载性能、低周反复剪力荷载性能）检测报告、长期荷载性能检测报告，确保锚栓在地震作用下安全。

（2）抗震连接构件的报告：国家级力学性能检测报告、FM 认证，确保抗震连接构件在地震作用下安全。

（3）抗震支吊架整体的报告：整体振动性能测试报告（模拟实验不得低于 8 度（0.30g）罕遇地震作用工况）、整体防火性能测试报告，确保抗震支吊架在地震作用下安全，在发生火灾情况下具有一定的防火能力。

（4）管束的报告：管束力学性能测试报告、管束防火性能测试报告，确保管束在地震作用下安全。

（5）连接锁扣的报告：槽钢锁扣卷边抗拉能力测试报告、槽钢锁扣卷边抗滑移能力测试报告和槽钢锁扣 200 万次疲劳荷载测试报告，以确保各连接点之间的可靠连接。

（6）支吊架供应商应根据招标人提供的综合管线设计图，对采用综合支吊架系统的区域进行综合支吊架系统的深化设计，厂家对综合支吊架受力情况及材质选型进行详细计算，提供力学计算书。

（7）具有《成品支架安装技术手册》、《成品支架安装使用指南》、《成品支架荷载计算书》、《成品支架现场安装指导手册》等一整套资料，以保证产品的安全与提供优质的服务。

6. 附安装示意图

7. 其他

本设计未及之处均按照国家现行有关规范执行。

第 15 章
给水排水专业绿色建筑设计

绿色建筑指在建筑的全寿命周期内，最大限度地节约资源，包括节能、节地、节水、节材等，保护环境和减少污染的建筑物。医院建筑须进行绿色建筑设计。

绿色医院建筑设计是医院建筑设计的趋势和方向，对于绿色建筑给水排水专业设计提出了更高要求，要求在设计中应用且实现绿色新技术、新产品、新设备。

15.1 给水排水专业绿色设计专篇（参考）

绿色设计专篇（给水排水专业）

本工程给水排水专业按_____星级绿色公共建筑要求进行设计，采用了节能的供水系统、节水器具、用水分项计量等给水排水措施，达到了有效节能节水。本工程给水排水专业设计符合国家及_____省（市、自治区）现行相关建筑节能设计标准中强制性条文的规定。

本工程制定了水资源利用方案，统筹利用各种水资源。

本工程现状条件：本工程水源采用市政给水管网；当地政府对公共建筑节水有明确要求。

本工程项目概况：本工程为集门诊、医技、病房功能于一体的综合楼，属于一类高层医院建筑，地下_____层，地上_____层。本工程用水定额：门诊_____L/（人·d）；病房_____L/（床·d）；医务人员_____L/（人·d）。本工程最高日生活用水量为_____m³/d，最大时用水量为_____m³/h；本工程按整个医院院区统筹考虑水资源综合利用。

本工程给水排水系统设计按照《建筑给水排水设计标准》GB 50015—2019、《城镇给水排水技术规范》GB 50788—2012、《民用建筑节水设计标准》GB 50555—2010 等要求执行。

本工程用水定额按照《民用建筑节水设计标准》GB 50555—2010 上限值确定；根据各用水项目编制生活用水量表。

本工程生活给水水源采用市政给水管网，水质满足《生活饮用水卫生标准》GB 5749—2006 的要求；本工程室外雨水回用用于绿化，水质符合要求，采取用水安全保证措施，且不会对人体健康与周围环境产生不良影响。

本工程室内生活给水系统竖向分为_____个区，其中_____区由市政给水管网供水，_____区、_____区、_____区分别由地下_____层生活水泵房内_____区、_____区、_____区变频给水设备供水，各给水系统均能保证以足够的水量和水压向所有用户不间断地供应符合要求的水；各区变频给水设备选用节能高效的设备；给水系统竖向分区高度分别为_____ m、_____ m、_____ m、_____ m，每区供水压力均不大于 0.45MPa；生活给水系统、热水系统中配水支管处供水压力大于 0.2MPa 者均设支管减压阀，控制各用水点处水压不大于 0.2MPa；给水形式均采用下行上给式。

本工程病房区生活热水系统采用集中热水供应系统，采用干管、立管异程循环，热水系统竖向分区同给水系统竖向分区；门诊医技区生活热水系统采用局部热水供应系统。本工程设置太阳能热水系统。

本工程排水系统采用污废水合流排放，雨污水分流排放的形式。本工程污废水经室外化粪池处理后直接排至院区污水处理站，污水处理站采用_____工艺，使其出水达到水质排放标准后排至市政排水管网。

本工程采用内排水雨水系统，室外雨水接入院区室外雨水集蓄、回用装置，用于室外绿化灌溉。本工程绿化节水灌溉方式采用滴灌，覆盖的绿地面积达到_____%。本工程景观水体补水采用雨水补水。本工程进入景观水体的雨水，利用场地生态设施控制径流污染；采取有效措施，利用水生动植物进行水体净化。

本工程生活给水管、生活热水管均采用_____管，不会对供水造成二次污染，按要求设置防结露保温措施。生活给水系统、生活热水系统、消防给水系统中使用的管材、管件，均符合现行产品标准的要求。生活给水管、生活热水管上阀门采用_____阀；消防给水管上阀门采用蝶阀、明杆闸阀或带启闭刻度的暗杆闸阀，均选用性能高的阀门。

本工程所有卫生器具、设备均采用节水型产品。本工程卫生器具的用水效率等级达到 2 级：所有卫生器具分别满足现行标准规范《水嘴用水效率限定值及用水效率等级》GB 25501—2010、《坐便器水效限定值及水效等级》GB 25502—2017、《小便器用水效率限定值及用水效率等级》GB 28377—2012、《淋浴器用水效率限定值及用水效率等级》GB 28378—2012、《便器冲洗阀用水效率限定值及用水效率等级》GB 28379—2012 等要求，用水效率等级不低于 2 级。本工程各种卫生器具用水效率等级分别为：水嘴 2 级 (0.125L/s)；坐便器 2 级（双档平均值 4.0L）；小便器 2 级（3.0L/s）；淋浴器 2 级 (0.12L/s)；大便器冲洗阀 2 级（5.0L）；小便器冲洗阀 2 级（3.0L/s）。

本工程生活给水系统、生活热水系统均采用计量水表。本工程安装分级计量水表：给水病房区实行分科室（护理单元）计量设计，其他区域实行分楼层计量设计；热水病房区实行分科室（护理单元）计量设计；给水引入管上设置水表；给水管接至生活水箱、消防水箱、生活热水箱、消防水池等处均设置水表。

本工程生活给水系统用水点供水压力大于 0.20MPa 时，在该楼层生活给水干管上设置减压阀；生活热水系统用水点供水压力大于 0.20MPa 时，在该楼层生活热水支管上设置减压阀。

本工程公共浴室设置恒温混水阀，淋浴器采用脚踏式开关。

本工程污水管、雨水管均采用_____管，不会对供水造成二次污染。

本工程室外生活给水管采用_____管，消防给水管采用_____管；雨、污水管采用_____管。室外管道做好基础处理和覆土，控制管道埋深。室外地下消防水池、屋顶消防水箱、地下室水泵房生活水箱溢流报警和进水阀门均设置自动联动关闭。

本工程_____%的生活杂用水采用非传统水源。

15.2 绿色建筑给水排水专业自评估报告（参考）

表 15-1 为根据《绿色建筑评价标准》GB/T 50378—2014 制作的绿色建筑给水排水专业自评估报告。该标准侧重于绿色建筑设计标识评价，虽为旧版本，但标准中关于给水排水专业各种控制内容及指标很详尽，值得绿色建筑设计时参考。

绿色建筑给水排水专业自评估报告一　　　　　　　　　　　表 15-1

名称	编号	评分细则	证明材料说明及指标	得分
6 节水与水资源利用	6.2.1	建筑平均日用水量的评分要求：	设计阶段不参评	0
		建筑平均日用水量小于节水用水定额的上限值，不小于中间值要求，得 4 分		
		建筑平均日用水量小于节水用水定额的中间值，不小于下限值要求，得 7 分		
	6.2.2	避免管网漏损的措施的评分要求：		
		选用密闭性好的阀门、设备，使用耐腐蚀、耐久性能好的管材、管件，得 1 分	满足要求，详见施工图纸设计说明	1
		室外埋地管道采取有效措施避免管网漏损，得 1 分	满足要求，详见施工图纸设计说明	1
		设计阶段，根据水平衡测试的要求安装分级计量水表，安装率达 100%，运行阶段提供用水量计量情况和水平衡测试报告，并进行管网漏损检测、整改，得 5 分	满足要求，详见施工图纸设计说明	5
	6.2.3	给水系统供水压力的评分要求：		
		卫生器具用水点供水压力均不大于 0.30MPa，得 3 分		
		卫生器具用水点供水压力均不大于 0.20MPa，且不小于用水器具要求的最低压力，得 8 分	满足要求，详见施工图纸及计算书	8
	6.2.4	用水计量装置设置的评分要求：		
		按照使用用途分别设置用水计量装置，统计用水量，得 2 分	满足要求，详见施工图纸及水表设置示意图	2
		按照管理单元情况分别设置用水计量装置、统计用水量，得 4 分	满足要求，详见施工图纸	4
		公用浴室淋浴器、病房卫生间等采用刷卡用水等计量措施，得 4 分		
	6.2.5	卫生器具用水效率等级的评分要求：		
		卫生器具用水效率等级达到三级，得 5 分		
		卫生器具用水效率等级达到二级，得 10 分	满足要求，详见施工图纸及卫生器具说明书、承诺函	10
	6.2.6	节水灌溉方式的评分要求：		
		采用节水灌溉系统，得 7 分		
		在采用节水灌溉系统的基础上，设有土壤湿度感应器、雨天关闭装置等节水控制措施，或种植无需永久灌溉植物，得 10 分	满足要求，详见室外给水排水施工图纸	10

续表

名称	编号	评分细则	证明材料说明及指标	得分
6 节 水 与 水 资 源 利 用	6.2.7	集中空调循环冷却水节水的评分要求：	本工程无循环冷却水系统	0
		开式循环冷却水系统设置水处理措施，采取加大集水盘、设置平衡管或平衡水箱的方式，避免冷却水泵停泵时冷却水溢出，得 6 分		
		采用无蒸发耗水量的冷却技术，得 10 分		
		运行时，冷却塔的蒸发耗水量占冷却水补水量的比例不低于 80%，得 10 分		
	6.2.8	其他用水的节水技术或措施的评分要求：		
		其他用水的 50% 采用了节水技术或措施，得 3 分		
		其他用水的 80% 采用了节水技术或措施，得 5 分	满足要求，详见施工图纸及节水设备承诺函	5
	6.2.9	优质杂排水收集利用的评分要求：	本工程无优质杂排水可收集利用	0
		实际收集利用水量占到可回收利用水量的 50%，得 5 分		
		实际收集利用水量占到可回收利用水量的 80%，得 10 分		
	6.2.10	生活杂用水采用非传统水源的评分要求：		
		50% 的生活杂用水采用非传统水源，得 5 分		
		80% 的生活杂用水采用非传统水源，得 10 分	医院建筑不参评	
	6.2.11	景观水体利用雨水的评分要求：		
		进入景观水体的雨水，利用场地生态设施控制径流污染，得 5 分	满足要求，详见室外给水排水施工图纸	5
		采取有效措施，利用水生动植物进行水体净化，得 5 分	满足要求，详见室外给水排水施工图纸	5
		合计		56

表 15-2 为根据《绿色建筑评价标准》GB/T 50378—2019 制作的绿色建筑给水排水专业自评估报告（仅供参考）。

绿色建筑给水排水专业自评估报告二　　　　　　　　　　表 15-2

	条文编号	条文	满分	达标/得分	分项评价(依据)		措施说明	相关材料
					评价内容	评价分值		
节水与水资源利用	7.2.10	使用较高用水效率等级的卫生器具	15	15	1. 全部卫生器具的用水效率等级达到 2 级，得 8 分。2. 50% 以上卫生器具的用水效率等级达到 1 级且其他达到 2 级，得 12 分。3. 全部卫生器具的用水效率等级达到 1 级，得 15 分	15	本项目全部卫生器具的用水效率等级达到 1 级	详见给水排水设计说明

条文编号	条文	满分	达标/得分	分项评价(依据)		措施说明	相关材料
				评价内容	评价分值		
7.2.11	绿化灌溉及空调冷却水系统采用节水设备或技术	12	12	1. 绿化灌溉采用节水设备或技术,并按下列规则评分: (1)采用节水灌溉系统,得4分。	4	采用节水灌溉系统种植无须永久灌溉植物	详见绿化施工图纸
				(2)在采用节水灌溉系统的基础上,设置土壤湿度感应器、雨天自动关闭装置等节水控制措施,或种植无须永久灌溉植物,得6分。	6		详见绿化施工图纸
				2. 空调冷却水系统采用节水设备或技术,并按下列规则评分: (1)循环冷却水系统采取设置水处理措施、加大集水盘、设置平衡管或平衡水箱等方式,避免冷却水泵停泵时冷却水溢出,得3分。	6	采用无蒸发耗水量的冷却技术	详见图纸及设计说明
				(2)采用无蒸发耗水量的冷却技术,得6分。			
7.2.12	结合雨水综合利用设施营造室外景观水体,室外景观水体利用雨水的补水量大于水体蒸发量的60%,且采用保障水体水质的生态水处理技术	8	8	评价内容	评价分值	利用生态设施削减径流污染利用水生动植物保障水质	详见绿化施工图纸
				1. 对进入室外景观水体的雨水,利用生态设施削减径流污染,得4分。	4		
				2. 利用水生动植物保障室外景观水体水质,得4分	4		
7.2.13	使用非传统水源	15	15	评价内容	评价分值	绿化灌溉、车库及道路冲洗、洗车用水采用比例为60%	详见绿化施工图纸
				1. 绿化灌溉、车库及道路冲洗、洗车用水采用非传统水源的用水量占其总用水量的比例不低于40%,得3分;不低于60%,得5分。	5		

节水与水资源利用

续表

条文编号	条文	满分	达标/得分	分项评价(依据)		措施说明	相关材料
				评价内容	评价分值		
节水与水资源利用 7.2.13	使用非传统水源	15	15	2. 冲厕采用非传统水源的用水量占其总用水量的比例不低于 30%,得 3 分;不低于 50%,得 5 分。	5	冲厕采用比例为 50%	详见施工图纸
				3. 冷却水补水采用非传统水源的用水量占其总用水量的比例不低于 20%,得 3 分;不低于 40%,得 5 分	5	冷却水补水采用比例为 40%	详见绿化施工图纸

15.3　绿色医院建筑设计评审报告（参考）

表 15-3 为绿色医院建筑设计评审报告（参考）。

绿色医院建筑设计评审报告 表 15-3

评审依据:《绿色医院建筑评价标准》GB/T 51153—2015

评审专业:给水排水

项目名称:＿＿＿＿＿＿＿＿＿＿＿＿＿＿＿＿＿＿＿＿＿＿＿＿

名称	类别	条文	分值	得分	评审意见(不参评项注明不参评)
场地优化与土地合理利用	评分项	4.2.14	6	6	达标。提供了绿色雨水设施表、透水铺装面积表
		4.2.15	6	6	达标。提供了场地年径流总量计算表
给水排水	控制项	6.1.1	√×○	√	达标。提供了完善的水资源利用规划报告
		6.1.2	√×○	√	达标。设置了合理、完善、安全的给水排水系统
		6.1.3	√×○	√	达标。提供了各级水表设置系统原理图
给水排水	评分项	6.2.1	10	○	不参评
		6.2.2	7	7	达标。提供了管材、阀门说明及水表设置示意图
		6.2.3	8	8	达标。提供了项目各层用水点用水压力计算表
		6.2.4	10	10	达标。提供了各级水表设置系统原理图
		6.2.5	10	5	达标。达到二级用水效率性能卫生器具设计要求,补充说明书或检测报告
		6.2.6	10	5	达标。采用节水喷灌系统,无节水控制措施
		6.2.7	10	6	达标。项目冷却水系统设置了水处理措施
		6.2.8	5	0	未采用
		6.2.9	10	5	达标。提供了蒸汽冷凝水利用率计算表
		6.2.10	10	10	达标。提供了非传统水源利用率计算表
		6.2.11	10	10	达标。项目未设置景观水体
创新	加分项	10.2.6	1		
		10.2.7	1		

367

15.4 绿色建筑评价标准变化

《绿色建筑评价标准》GB/T 50378—2019 自 2019 年 8 月 1 日起实施。

本标准修订的主要技术内容为：重新构建了绿色建筑评价指标体系；调整了绿色建筑的评价阶段；增加了绿色建筑基本级；拓展了绿色建筑内涵；提高了绿色建筑性能要求。绿色建筑的评价在建筑工程竣工验收后进行，取消设计评价，代之以设计阶段预评价。

本标准涉及给水排水绿色建筑的内容详见下述。

5.1.3 给水排水系统的设置应符合下列规定：生活饮用水水质应满足现行国家标准《生活饮用水卫生标准》GB 5749 的要求；应制定水池、水箱等贮水设施定期清洗消毒计划并实施，且生活饮用水贮水设施每半年清洗消毒不应少于 1 次；应使用构造内自带水封的便器，且其水封深度不应小于 50mm；非传统水源管道和设备应设置明确、清晰的永久性标识。

5.2.3 直饮水、集中生活热水、游泳池水、采暖空调系统用水、景观水体等的水质满足国家现行有关标准的要求，评价分值为 8 分。

5.2.4 生活饮用水水池、水箱等贮水设施采取措施满足卫生要求，评价总分值为 9 分，并按下列规则分别评分并累计：使用符合国家现行有关标准要求的成品水箱，得 4 分；采取保证贮水不变质的措施，得 5 分。

5.2.5 所有给水排水管道、设备、设施设置明确、清晰的永久性标识，评价分值为 8 分。

6.2.8 设置用水远传计量系统、水质在线监测系统，评价总分值为 7 分，并按下列规则分别评分并累计：设置用水量远传计量系统，能分类、分级记录、统计分析各种用水情况，得 3 分；利用计量数据进行管网漏损自动检测、分析与整改，管道漏损率低于 5%，得 2 分；设置水质在线监测系统，监测生活饮用水、管道直饮水、游泳池水、非传统水源、空调冷却水的水质指标，记录并保存水质监测结果，且能随时供用户查询，得 2 分。

6.2.11 建筑平均日用水量满足现行国家标准《民用建筑节水设计标准》GB 50555 中节水用水定额的要求，评价总分值为 5 分，并按下列规则评分：平均日用水量大于节水用水定额的平均值、不大于上限值，得 2 分；平均日用水量大于节水用水定额下限值、不大于平均值，得 3 分；平均日用水量不大于节水用水定额下限值，得 5 分。

7.1.7 应制定水资源利用方案，统筹利用各种水资源，并应符合下列规定：应按使用用途、付费或管理单元，分别设置用水计量装置；用水点处水压大于 0.2MPa 的配水支管应设置减压设施，并应满足给水配件最低工作压力的要求；用水器具和设备应满足节水产品的要求。

7.2.10 使用较高用水效率等级的卫生器具，评价总分值为 15 分，并按下列规则评分：全部卫生器具的用水效率等级达到 2 级，得 8 分。50% 以上卫生器具的用水效率等级达到 1 级且其他达到 2 级，得 12 分。全部卫生器具的用水效率等级达到 1 级，得 15 分。

7.2.11 绿化灌溉及空调冷却水系统采用节水设备或技术，评价总分值为 12 分，并按下列规则分别评分并累计：

绿化灌溉采用节水设备或技术，并按下列规则评分：采用节水灌溉系统，得 4 分。在采用节水灌溉系统的基础上，设置土壤湿度感应器、雨水自动关闭装置等节水控制措施，或种植无须永久灌溉植物，得 6 分。

空调冷却水系统采用节水设备或技术，并按下列规则评分：循环冷却水系统采取设置水处理措施、加大集水盘、设置平衡管或平衡水箱等方式，避免冷却水泵停泵时冷却水溢出，得 3 分。采用无蒸发耗水量的冷却技术，得 6 分。

7.2.12 结合雨水综合利用设施营造室外景观水体，室外景观水体利用雨水的补水量大于水体蒸发量的 60%，且采用保障水体水质的生态水处理技术，评价总分值为 8 分，并按下列规则分别评分并累计：对进入室外景观水体的雨水，利用生态设施削减径流污染，得 4 分；利用水生动植物保障室外景观水体水质，得 4 分。

7.2.13 使用非传统水源，评价总分值为 15 分，并按下列规则分别评分并累计：
绿化灌溉、车库及道路冲洗、洗车用水采用非传统水源的用水量占其总用水量的比例不低于 40%，得 3 分；不低于 60%，得 5 分；

冲厕采用非传统水源的用水量占其总用水量的比例不低于 30%，得 3 分；不低于 50%，得 5 分；

冷却水补水采用非传统水源的用水量占其总用水量的比例不低于 20%，得 3 分；不低于 40%，得 5 分。

8.2.2 规划场地地表和屋面雨水径流，对场地雨水实施外排总量控制，评价总分值为 10 分。场地年径流总量控制率达到 55%，得 5 分；达到 70%，得 10 分。

8.2.5 利用场地空间设置绿色雨水基础设施，评价总分值为 15 分，并按下列规则分别评分并累计：
下凹式绿地、雨水花园等有调蓄雨水功能的绿地和水体的面积之和占绿地面积的比例达到 40%，得 3 分；达到 60%，得 5 分；

衔接和引导不少于 80% 的屋面雨水进入地面生态设施，得 3 分；

衔接和引导不少于 80% 的道路雨水进入地面生态设施，得 4 分；

硬质铺装地面中透水铺装面积的比例达到 50%，得 3 分。

第16章
给水排水专业BIM设计

BIM（建筑信息模型）作为建筑设计的工具，在医院建筑设计中得到了越来越多的应用。鉴于医院建筑机电工程系统复杂、管线众多、敷设交叉概率较高，运用BIM可以有效解决管线综合问题，为医院建筑施工、验收、经济核算及以后医院建筑运营提供支持，因此医院建筑的BIM设计尤为重要。

医院建筑中存在大量机电管线，建筑给水排水专业有生活给水管、生活热水管（包括热水供水管、热水回水管）、污水排水管、雨水排水管、消火栓给水管、自动喷水灭火给水管、供氧管、真空吸引管，有可能还有纯水管（包括纯水供水管、纯水循环管）、高压细水雾给水管、自动扫描射水给水管等；建筑暖通专业有供暖水管（包括供暖供水管、供暖回水管）、空调水管（包括空调供水管、空调回水管）、送风风管（包括新风风管）、排风风管、排烟风管等；建筑电气专业有强电桥架、弱电桥架等。大量机电管线在敷设过程中不可避免存在交叉冲突，尤其是在走道、地下室机房区域等场所矛盾较为突出。若不对上述管线进行有序管线综合，会明显影响建筑楼层吊顶下净高，甚至无法安装或勉强安装但无法检修。

BIM基本设计流程为：建筑结构专业BIM模型（图纸）→机电专业深化设计→机电专业BIM模型→机电专业管线综合→机电专业综合BIM模型→碰撞检测查漏补缺→机电专业BIM最终模型→机电专业BIM最终设计图纸。BIM设计过程中需要各专业协同设计配合，每个流程工序都需要各专业参加。建筑给水排水专业BIM设计应在建筑结构BIM模型的基础上，通过给水排水设计，确定各部位给水排水专业管线位置及信息（管径、标高等），经与暖通专业、电气专业、智能化专业等配合，进行管线综合，进而合理确定该部位给水排水专业管线信息。

机电专业管线综合的原则。当管线交叉按设计不能通过时，可适当调整压力管的高程，但应遵循压力管线让重力管线、管径较小管线让管径较大管线、支管管线让干管管线、可弯曲管线让不可弯曲管线的原则，管线交叉垂直净距应符合相关规范要求。基于此，工程设计实践中宜采取下列方式：鉴于暖通专业风管（包括送风风管、排风风管、排烟风管等）尺寸较大，宜首先确定风管位置，通常设置在最上方、紧贴梁下，风管之间横向并排且管顶均宜紧贴梁下；其次风管两侧或下方布置强电桥架、弱电桥架，鉴于桥架尺寸相对较小，可以设置在风管之间空间；再次在风管两侧或下方、桥架下方布置重力污水排水管、雨水排水管，鉴于重力排水管管径较大、不宜多拐弯且需要敷设坡度，排水管宜尽量提高敷设标高，最宜布置在风管之间、桥架侧面或下方；接续布置消防管道（室内消火栓、自动喷水灭火干管，管径通常为$DN150$），此类管道管径较大，因是压力管道可以翻弯但主管道尽量少翻；最后布置生活给水管、生活热水管、供氧吸引管等，此类管道管径较小，可以在风管侧面或下方、桥架下方等空间灵活布置。

机电专业管线综合应注意各管线之间的布置间距应符合规范要求及检修要求。压力管道支管，如接至走道两侧房间的空调水支管、自动喷水灭火给水支管、生活给水支管、生活热水支管等，可以适当翻弯以避开其他管线，但应注意尽量减少需要翻弯的管道数量及降低翻弯数量。

BIM 是一种工具，是建筑设计发展趋势，但其应用是在建筑设计基础上进行的，应符合各项规范及使用要求。

第17章
室外给水排水系统

医院建筑室外工程包括给水排水工程、暖通工程、电气工程、弱电工程等，其中给水排水工程以其系统众多、涉及范围大、管道综合复杂的特点而设计工作量最大。医院建筑室外给水排水工程设计既与院区内医院建筑单体给水排水系统有效、有机连接，也与市政各专业管网准确、合理连接。

17.1 设计准备

医院建筑室外给水排水工程设计前，应通过业主或其他方式了解确定医院院区周边市政各专业管网的设置情况。具体包括下列内容：

（1）生活给水

生活水源是接自院区周边市政给水管网还是接自自备水源（井）。若水源接自院区周边市政给水管网，应落实本工程院区周边市政给水管网基础资料（包括市政给水干管数量、管径、标高、最低水压值、自市政道路接口位置等信息）。医院建筑超出市政给水管网供水压力的楼层需要加压供水，此时需要设置生活水泵房，应落实生活水泵房设置在室外院区内还是建筑单体内。

（2）污水排水

医院院区内应设置污水处理站，医院建筑污废水经污水处理站处理达标后宜就近排至院区周边市政排水管网。应落实本工程院区周边市政排水管网基础资料（包括市政排水干管数量、管径、标高、自市政道路接口位置等信息）。

（3）雨水排水

医院院区内雨水应采用有组织排水，经院区雨水管网排至市政雨水管网或河体。若排至市政雨水管网，应落实本工程院区周边市政雨水管网基础资料（包括市政雨水干管数量、管径、标高、自市政道路接口位置等信息）；若排至河体，为防止雨水倒灌，应落实保证河水最高水位低于雨水排水出水口管底标高。

（4）生活热水

医院建筑集中生活热水系统需要热源。应落实医院是否设置有锅炉房，锅炉房设置在室外院区内还是建筑单体内。

（5）消防设施（包括消防水池、消防水泵房）

医院建筑需要设置消防系统，通常集中设置消防水池和消防水泵房。应落实医院院区内是否已设有消防水池和消防水泵房。若已设有，应复核消防水池有效贮水容积是否满足本工程消防要求，复核消防水泵房内已有消防泵组流量、扬程等是否满足本工程消防系统供水要求；若未设置，应落实消防水池设置在室外院区地下还是建筑单体内地下室，落实消防水泵房设置在室外院区内还是建筑单体内。

（6）供氧吸引

应落实供氧系统氧气来源是采用液氧贮罐还是制氧机组：若采用液氧贮罐，贮罐设置在室外院区位置；若采用制氧机组，制氧机房是设置在室外院区内还是建筑单体内。应落实真空吸引机房是设置在室外院区内还是建筑单体内。

17.2　室外给水排水设计

17.2.1　室外生活给水系统

医院建筑室外生活给水管网宜独立设置（不与室外消防给水管网合用），为了保证供水安全可靠性，室外生活给水管网宜布置成环状。室外生活给水管网宜沿医院院区内外侧主要道路敷设成环状管网：对于新建医院院区，管网应整体呈环状布置；对于改造医院院区，管网可以局部呈环状布置。环状给水管网根据院区内建筑布置的不同，可以在大的环网基础上灵活布置成 2 个或多个小的环网。医院院区内每个建筑单体生活给水引入管可就近接自室外环状管网。

医院建筑室外生活给水管网管径应根据院区内医院建筑生活给水平均用水量确定，宜为 $DN150$，不应小于 $DN100$。

生活给水环网在市政给水管网接入处应设置给水阀门井，井内沿水流方向宜依次设置阀门、过滤器、计量水表、倒流防止器、泄水阀等。接入管处应注明：给水引入管管径及标高、市政给水管管径及标高。

为了方便检修，生活给水环网每隔一段距离宜设置一定数量的阀门井，井内设置关断阀门和泄水阀。生活给水环网内小的环网之间应设置关断阀门井。

室外环状生活给水管网上宜设置适量的绿化洒水栓（洒水栓前的给水管道上设置真空破坏器）。

室外环状生活给水管与室外污水排水管、室外雨水排水管平行间距不应小于 1.0m。

自室外生活给水管网接至医院院区内各建筑单体、消防水池、锅炉房、生活水泵房、消防水泵房等室外建筑物的给水管道上应设置给水阀门井，井内沿水流方向宜依次设置阀门、计量水表、泄水阀等。

17.2.2　室外消防给水系统

医院建筑室外消防给水管网宜独立设置，管网管径应按室外消防设计流量确定，通常按 $DN200$ 确定。当市政给水管网为 2 路供水且流量、压力等可以满足室外消防给水要求时，室外消防给水管网可与室外生活给水管网合并设置，管网管径宜按室外消防设计流量确定，通常按 $DN200$ 确定。

独立的室外消防给水管网应布置成环状，宜与室外生活给水管网平行敷设。独立的室外消防给水管网设置 2 根消防供水干管接自室外消火栓给水泵组出水管，此 2 根消防供水干管接至室外消防给水管网处中间应设置阀门井。

室外消防给水管网上应设置室外消火栓。室外消火栓的数量应根据室外消火栓设计流量（出流量宜按 10～15L/s 计算）和保护半径（不应大于 150m）经计算确定。医院建筑室外消火栓宜沿建筑周围均匀分散布置，布置间距宜为 60～80m，不应大于 120m，且不宜集中布置在建筑一侧；建筑消防扑救面一侧的室外消火栓数量不宜少于 2 个。医院院区内室外消火栓宜沿院区内消防车道一侧布置，宜布置在绿地内，距路边不宜小于 0.5m，并不应大于 2.0m，距建筑外墙不宜小于 5.0m。

室外消火栓宜采用地上式室外消火栓（常采用 SS100 型），在严寒、寒冷地区应采用地下式室外消火栓（常采用 SA100 型）。

为了方便检修，室外消防给水环网每隔一段距离宜设置一定数量的阀门井，井内设置关断阀门和泄水阀，相邻阀门之间的室外消火栓数量宜为 3～4 个，不宜多于 5 个。

室外环状消防给水管与室外生活给水管、室外污水排水管、室外雨水排水管平行间距不应小于 1.0m。

17.2.3 室外污水排水系统

室外污水排水管网走向应根据污水处理站位置确定。基于污水处理站位置通常距离市政污水管网较近，且标高通常处于医院院区最低处或较低处，整体室外污水排水管网大体走向应坡向污水处理站，当设置 2 路或多路室外污水排水管路径时，各路径长度不宜相差过大以避免污水排水管埋深加大。

确定室外污水排水管网走向后，自最远处污水检查井依次接入沿线各医院建筑污水排出管后接至区域化粪池（大多数情况下需要设置，根据医院当地环保要求确定），各化粪池后排水干管接至污水处理站。当医院院区内建筑污废水为生活污废水而非医疗污废水时，其化粪池后排水干管可不经过污水处理站，直接接至市政污水管网。

室外污水排水干管管径应根据污水排水量经计算确定。起始段干管管径宜为 $DN300$，不宜小于 $DN200$；中间段干管管径宜为 $DN350$；终点段干管管径宜为 $DN400$；污水处理站排出管干管管径宜为 $DN400$，不宜大于 $DN500$。

室外污水排水干管宜沿建筑外墙敷设，污水排水干管距建筑外墙距离不应小于 3.0m。

起点处室外污水排水干管的埋设深度应根据其终点处（污水处理站处或与市政排水管网连接点处）标高、两处之间管段长度、管道敷设坡度等综合确定。起点处室外污水排水干管应敷设在室外冰冻线以下，埋设深度不宜小于 0.7m。根据标高差、管段长度合理确定污水管道敷设坡度，但不应小于污水管道最小敷设坡度。

采取相应措施后，若污水处理站内污水排出管标高仍低于市政排水管网接入点标高时，污水处理站内排水应采用加压排水。

室外污水排水干管应在排水检查井下游处标注标高，标高均应为管顶标高，标高标注应至少但不仅限于在下列位置体现：污水干管起端、污水干管转向处、污水干管管径变化处、污水干管终端、化粪池前端及后端、污水处理站前端及后端、与市政排水管网连接点处。

医院建筑内放射性污废水排至室外后应单独设置室外排水管接至室外衰变池处理达标后方可接入室外排水管网；医院建筑内含油污废水排至室外后应单独设置室外排水管接至

室外隔油池处理达标后方可接入室外排水管网；医院建筑内中心供应室高温消毒废水排至室外后应单独设置室外排水管接至室外降温池处理达标后方可接入室外排水管网。

17.2.4 室外雨水排水系统

室外雨水排水管网走向应根据市政雨水管网接口位置或河体雨水排水接口位置确定。基于接口位置通常处于医院院区最低处或较低处，整体室外雨水排水管网大体走向应坡向接口位置，当设置 2 路或多路室外雨水排水管路径时，各路径长度不宜相差过大以避免雨水排水管埋深加大。当医院院区根据海绵城市要求或绿色建筑要求设置雨水收集回用装置时，鉴于雨水收集回用装置设置位置通常靠近上述两种雨水排水接口位置，整体室外雨水排水管网大体走向应坡向雨水收集回用装置。

医院建筑室外雨水收集回用系统包括过滤弃流系统、雨水处理系统、雨水蓄水收集系统、雨水供水系统、雨水排污系统等，其中弃流雨水和溢流雨水均排至市政雨水管网或河体。室外雨水收集回用系统应与室外给水排水系统同步设计、同步施工、同步验收、同步投入使用。

室外雨水口宜沿医院院区内道路一侧（道路较窄时）或两侧（道路较宽时）均匀布置；相邻雨水口布置间距宜为 20～30m；道路交叉路口处应设置雨水口（根据道路宽度确定在道路一侧或两侧设置雨水口）。院区内地面集中硬化区域应根据情况（包括面积及地面坡度等因素）合理布置雨水口。

室外雨水排水干管依次接入雨水口雨水时，尚应接入医院建筑屋面雨水。室外雨水排水干管宜沿院区内道路下方敷设或沿道路两侧绿地下方敷设。室外雨水排水干管距建筑外墙距离不应小于 3.0m。

室外雨水排水干管管径应根据管段汇集雨水量经计算确定。起始段干管管径宜为 DN300，不宜小于 DN250；中间段干管管径宜为 DN350、DN400；终点段干管管径宜为 DN500、DN600。当医院院区周边有 2 路或多路市政雨水管网时，宜分区域设置室外雨水排水管网，分别排至不同路径市政雨水管网。

起点处室外雨水排水干管的埋设深度应根据其终点处（与市政雨水管网连接点处）标高、两处之间管段长度、管道敷设坡度等综合确定。起点处室外雨水排水干管应敷设在室外冰冻线以下，埋设深度不宜小于 1.0m，在车行道下方应适当增加埋设深度。根据标高差、管段长度合理确定雨水管道敷设坡度，但不应小于雨水管道最小敷设坡度。

采取相应措施后，若院区内终点处雨水排出管标高仍低于市政雨水管网接入点标高时，院区内雨水应采用加压排水。

室外雨水排水干管应在雨水检查井下游处标注标高，标高均应为管顶标高，标高标注应至少但不仅限于在下列位置体现：雨水干管起端、雨水干管转向处、雨水干管管径变化处、雨水干管终端、与市政雨水管网连接点处。

17.2.5 室外管线综合

室外给水排水管线（包括室外给水管、室外消防管、室外污水管、室外雨水管）与室外医用气体管线（包括供氧管、真空吸引管）、室外暖通管线（包括室外供暖供回水管、室外空调供回水管）、室外电气管线（包括电力管）、室外智能化管线（包括通信管）等在敷设时存在敷设间距、交叉冲突问题，应按照下述方法解决：当管线交叉按设计不能通过时，可适当调整压力管的高程，但应遵循压力管道避让重力自流管道、新建管道避让已建管道、小管径管道避让大管径管道、临时性管道避让永久性管道、支管道避让干管道、可弯曲管道避让不可弯曲管道的原则。给水管道与污水管道交叉时，给水管道应敷设在污水管道上面，且无接口重叠；但应保证给水管覆土厚度大于700mm。若无法保证，给水管从排水管下部通过时，应在给水管外部加装钢套管，长度应保证交叉点两侧各3m以上。管线交叉垂直净距应符合相关规范要求。

17.3 室外给水排水工程设计说明（示例）

本工程所有标高单位均为米，尺寸标注单位均为毫米。

室外生活给水管采用内衬不锈钢复合钢管（正旋压嵌合式复合工艺，工作压力小于或等于2.0MPa），管径≤DN80采用全屏蔽双密封丝扣连接，管径＞DN80采用全屏蔽双密封卡箍连接或法兰连接；室外生活给水管采用外覆塑防腐；内衬不锈钢复合钢管管材及管件执行《内衬不锈钢复合钢管》CJ/T 192—2017并满足《内衬（覆）不锈钢复合钢管管道工程技术规程》CECS 205—2015的规定。室外消防给水管采用钢丝网骨架塑料复合管，采用可靠的电熔连接，执行《埋地塑料给水管道工程技术规程》CJJ 101—2016。消防水泵房接至本工程的室外消防给水管采用无缝钢管，采用沟槽连接件（卡箍）连接。雨、污水管采用双壁加筋波纹排水管，扩口承插柔性连接。污水管图中所注坡度为最小坡度，施工时可根据实际标高调整，但不得小于最小坡度；不得出现无坡、倒坡现象。

污水管与污水检查井的连接：污水管在污水检查井内采用管顶平接，不允许出现上游管顶标高低于下游管顶标高。污水管与污水检查井连接处应严密不漏水。污水管管径≤DN400时采用1000mm污水检查井，其他为1250mm污水检查井。

生活给水管最小覆土深度为1.80m，消防给水管最小覆土深度为2.00m，坡度均为0.003，坡向阀门井。

检查井均采用RPCN系列刚强度钢骨架检查井，井座承口连接管道不应有配件进行二次变径。井盖和井座材质为铸铁，具有足够重型荷载承载力、稳定性良好；车行道上的井盖，标高与路面持平；非车行道上的井盖，标高应高出地面100mm。本工程室外检查井应有防坠落措施。检查井井座应采用有流槽井座，雨水检查井井筒外径≥450mm时应采用有沉泥室井座的检查井。

雨水口：设于有道牙的路面时采用边沟式雨水口，设于无道牙的路面时采用平算式雨水口，其顶面标高低于路面10～20mm。雨水口的埋设深度为0.90m，雨水口与雨水检查井连接管管径为250mm，坡度为0.01。雨、污水管道交叉且无法避让时采用交叉井。

沟底要求是自然土层，对于松土层要夯实，对于砾石底则应挖出200mm厚砾石，用黄砂铺齐。

管顶上部500mm以内不得回填石块、碎石砖和冻土块；500mm以上不得集中回填石块、碎石砖和冻土块。机械回填土时，不得在沟槽上行走。沟槽内的回填土应分层夯实（接口处不得扰动接口）。

穿过松软地基或不均匀沉降地段时，给水管道接口采用柔性接口；排水管道应设置柔性接头及变形缝，接口处填料应采用柔性材料。管道敷设前应对地基进行加固处理。

阀门井、消火栓、化粪池的位置可根据现场情况调整。

室外消火栓采用地上式室外消火栓，消火栓井的直径不宜小于 1.5m，且当地上式室外消火栓的取水口在冰冻线以上时，应采取保温措施；地上式室外消火栓应有直径为100mm 和 65mm 的栓口各一个；地上式室外消火栓应有明显的永久性标志。

给水阀门井内应设 LHS 型低阻力倒流防止器，规格同管径。本工程室外阀门井应有防坠落措施。绿化地处阀门采用阀门套筒。阀门：≤$DN50$ 时，采用铜截止阀；>$DN50$时，生活给水管和消防给水管采用铜芯闸阀或双向式蝶阀，耐压不小于 1.0MPa。

污水管施工时应检查市政污水管接入点管道标高，合适时再施工。

本工程雨水收集回用系统包括过滤弃流系统、雨水处理系统、雨水蓄水收集系统、雨水供水系统、雨水排污系统等。其中弃流雨水和溢流雨水均排至市政雨水管网。

试压应按《给水排水管道工程施工及验收规范》GB 50268—2008 第 10.3.1 条及第10.3.6 条的规定进行。

室外若有易燃易爆的燃油燃气管道时，各种管道敷设的垂直距离和水平距离应满足现行国家标准《建筑设计防火规范》GB 50016、《城镇燃气设计规范》GB 50028 及市政工程设计、施工等规范、规程、标准的要求。

管线综合：当管线交叉按设计不能通过时，可适当调整压力管的高程，但应遵循压力管道避让重力自流管道、新建管道避让已建管道、小管径管道避让大管径管道、临时性管道避让永久性管道、支管道避让干管道、可弯曲管道避让不可弯曲管道的原则。给水管道与污水管道交叉时，给水管道应敷设在污水管道上面，且无接口重叠；但应保证给水管覆土厚度大于 700mm。若无法保证，给水管从排水管下部通过时，应在给水管外部加装钢套管，长度应保证交叉点两侧各 3m 以上。管线交叉垂直净距应符合相关规范要求。

其他：图中尺寸除标高和室外水平距离以米计外，其他尺寸均以毫米计；图中标高重力流管道以管内底计，标高为绝对标高；排水管道应按图纸中标注坡度施工；各出户管检查井定位，应根据单体实际出户管位置现场确定。

未尽事宜详见《建筑给水排水及采暖工程施工质量验收规范》GB 50242—2002 及《给水排水管道工程施工及验收规范》GB 50268—2008。

第18章
装饰工程给水排水

医院建筑工程复杂、系统繁多，工程设计总包设计模式成为趋势。医院建筑装饰工程设计是总包设计的重要组成部分。医院建筑装饰工程设计通常是在医院建筑土建工程设计后进行，经常是在土建安装设计完成并通过施工图审查后才开始。为了避免工程设计反复、减少设计变更工作量、降低工程造价，装饰工程设计宜尽可能提前进行、介入到土建安装设计过程中。

18.1 文件编制深度规定

医院建筑装饰工程设计文件编制深度规定（给水排水专业）

装饰工程给水排水专业设计文件应独立、完整、系统，代表一个单独的给水排水项目。给水排水专业设计文件包括图纸目录、设计说明、设计图纸、主要设备表、计算书。

图纸目录：按照设计说明、主要设备表、给水排水消防原理图、各楼层给水排水平面图、各楼层消防平面图、机房大样图、给水排水大样图、给水排水消防系统图等的顺序编制。

设计说明：包括工程概况；给水排水消防各系统说明；主要技术指标；各管线、设备、卫生洁具等安装施工说明等。

设计图纸：包括平面图纸、系统图纸、大样图纸。

平面图纸：各楼层给水排水平面图、消防平面图宜分别绘制。

各平面图应包括主要轴线编号、房间名称、用水点位置、楼层标高等，注明各种管道系统编号（或图例）。

绘出给水排水、消防给水管道平面布置、立管位置及编号；各系统管道平面布置及走向应注意与其他专业配合；各系统管道立管位置宜明确定位尺寸、留洞尺寸或做详细说明。

应标注给水排水消防各系统管道管径、标高，管道密集处应在该平面图中画横断面将管道布置定位表示清楚。

底层平面图应注明引入管、排出管、水泵接合器等的定位尺寸、敷设标高、防水套管形式等，应绘出指北针。

平面图中应详细标注卫生器具、用水设备、室内消火栓、自动喷水灭火系统喷头等定位尺寸，卫生器具、用水设备、自动喷水灭火系统喷头等宜标注中心点或中线点定位尺寸；室内消火栓等宜标注箱体近侧定位尺寸。

在进行平面设计时，应注意与装饰专业、暖通专业、电气专业配合，避免设备、管线等与暖通设备、管线、风管、风口、散热器等及电气设备、灯具、桥架、插座、开关等的位置冲突。

系统图纸：生活给水、生活热水、供氧、真空吸引、自动喷水灭火等系统应绘制干管系统图；排水、雨水、消火栓等系统应绘制系统图。

各系统图应按比例绘制。

各系统图应标明管道走向、管径、仪表及阀门、控制点标高等技术参数。

各系统图中应注明建筑楼层标高、层数等。

大样图纸：对于给水排水设备及管道较多的场所，如生活水泵房、消防水泵房、热水机房、换热机房、消防水箱间、报警阀室、卫生间等应绘制大样图，大样图比例宜为 1：50。

大样图包括平面图、系统图、基础图、留洞图、局部详图等。平面图要求注明各设备定位尺寸、管道管径等参数；系统图要求注明管道管径、管道标高等参数；基础图要求注明基础定位尺寸、基础高度、基础材质等参数；留洞图要求注明设备、卫生器具、管道等留洞尺寸及定位尺寸等。

主要设备表：包括主要设备编号、名称、型号规格参数、单位、数量、设置位置、服务范围等内容。

计算书：包括主要系统的参数计算、主要设备的选型计算等内容。

18.2　专业配合要求

装饰工程需要装饰专业配合要求（给水排水专业）

装饰专业设计人员在提供装饰图纸前，应与本项目给水排水专业设计人员充分沟通、配合，互相尊重专业要求。

装饰专业应提供该项目设计概况及基本做法说明。

装饰专业应提供该项目装饰设计图纸，具体要求如下：

各装饰楼层平面布置图，包括门窗、室内家具、卫生器具、插座、散热器等的确切位置，以上设施的位置应由装饰专业与水暖电各专业共同协商确定，应尽量精确并且定位尺寸宜为整数数值（50mm 的倍数）。

在进行装饰图纸平面布置时，应考虑室内消火栓的位置，并满足室内消火栓的布置要求；若确需调整室内消火栓的位置，须征得本项目给水排水专业设计人员同意。

各装饰楼层顶棚布置图，包括喷头、灯具、风口、报警器等的确切位置，以上设施的位置应由装饰专业与水暖电各专业共同协商确定，应尽量精确并且定位尺寸宜为整数数值（50mm 的倍数）。

装饰图纸中喷头布置间距等可以微调，调整间距应为整数数值（50mm 的倍数）。调整后的喷头布置间距须符合给水排水专业相关规范要求，并须征得本项目给水排水专业设计人员同意。

各装饰房间内立面图。

装饰图纸应在平面图、立面图中体现医用气体的内容，包括医用气体设备带等。

　　装饰范围内病房卫生间、淋浴间、公共卫生间等的大样图，包括主要卫生器具的确切定位，定位尺寸宜为整数数值（50mm 的倍数）。

　　装饰图纸中各主要设备应以不同图层划分清楚，喷头、灯具、风口、报警器等均应分为不同图层。

　　装饰图纸中非装饰区域应与本项目建施图一致。

　　未尽事宜应由本项目相关专业协商解决。

第 19 章
给水排水设计说明

19.1 初步设计说明（示例）

给水排水初步设计说明

1. 设计依据

(1) 建设单位提供的医院院区和医院周围市政道路的给水排水管网现状；

(2) 建筑及有关专业提供的资料；

(3)《建筑给水排水设计标准》GB 50015—2019；

(4)《综合医院建筑设计规范》GB 51039—2014；

(5)《建筑设计防火规范》GB 50016—2014（2018 年版）；

(6)《消防给水及消火栓系统技术规范》GB 50974—2014；

(7)《自动喷水灭火系统设计规范》GB 50084—2017；

(8)《建筑灭火器配置设计规范》GB 50140—2005；

(9)《医疗机构水污染物排放标准》GB 18466—2005；

(10)《医院污水处理设计标准》CECS 07—2004；

(11)《室外给水设计标准》GB 50013—2018；

(12)《室外排水设计规范》GB 50014—2006（2016 年版）；

(13)《车库建筑设计规范》JGJ 100—2015；

(14)《汽车库、修车库、停车场设计防火规范》GB 50067—2014；

(15)《民用建筑节水设计标准》GB 50555—2010；

(16)《医院洁净手术部建筑技术规范》GB 50333—2013；

(17)《民用建筑绿色设计规范》JGJ/T 229—2010；

(18)《绿色建筑评价标准》GB/T 50378—2014。

2. 概述

本工程为山东省某医院新院区建设项目，总用地面积 174177.47m²，规划总建筑面积 372723m²（地上总建筑面积 278414m²，地下总建筑面积 94309m²），其中一期总建筑面积 233446m²（地上 178113m²，地下 55333m²），主要包括：门诊医技楼，地下 1 层、地上 5 层，建筑高度 25.35m；病房楼 A 座，地下 1 层、地上 13 层（十三层为机房层），建筑高度 55.25m；病房楼 B 座，地下 1 层、地上 13 层（十三层为机房层），建筑高度 55.25m；科教综合楼，地下 1 层、地上 6 层，建筑高度 24.75m；洗衣房高压氧舱，地下 1 层、地上 2 层，建筑高度 12.45m；传染楼，地上 3 层，建筑高度

14.85m；室外连廊、景观平台，地上4层，建筑高度20.25m；楼梯间，地上1层，建筑高度4.35m；柴油发电机房，地上1层，建筑高度6.75m；雨、污水处理站，地下1层、地上1层，建筑高度7.00m；门诊医技病房区地下，地下1层，层高-5.400m。二期包括病房楼C座、行政办公楼、后勤公寓楼、教学科研楼及远期医养结合楼。规划总床位数1500床，其中一期1200床，二期300床。一区门诊医技楼：地下室为地下车库（包含医疗救护站、人员掩蔽所、物资库等人防区域）、放疗科、核医学科、职工厨房餐厅、病员厨房餐厅、营养餐厅、药品库房、维修班、医学装备部、爱卫办、设备维修科、病案库、设备机房、室外下沉广场及人防区域；首层为门诊大厅、急诊、影像科、骨科/疼痛/康复诊区、儿科门急诊及儿科保健；二层为功能检查中心、输血科、检验科、微生物实验室、急诊病房、胸部心血管诊区、两腺诊区、神经系统肿瘤多学科诊区、腹部泌尿、综合内科、中医科/针灸科、预留诊区；三层为超声中心、中心供应室、内窥镜中心、妇科门诊区、生殖诊区、产科检查区、产科门诊区、耳鼻喉、眼科、口腔；四层为洁净手术室、DSA、ICU、皮肤/美容整形科、预留诊区；五层为病理科、集中办公区、行政办公、会议、网络信息中心、手术净化机房。二区病房楼A座：一层为出入院办理大厅、体检中心；二层为VIP体检、泌尿外科；三层为产科一病区、产科二病区；四层为LDR产房；五层为NICU母婴同室、神内三病区；六层为神内一病区、神内二病区；七层为神外病区、视频脑电中心；八层为心脏一病区、心脏二病区；九层为儿科一病区、儿科二病区；十层为口腔、普五病区、儿科三病区；十一层为耳鼻喉头颈外科病区、眼科病区；十二层为妇科病区、生殖病区；电梯机房层为电梯机房、水箱间、低压变配电室、空调水泵房、消防风机房、排烟机房。三区病房楼B座：一层为住院部大厅、消防控制室、BA控制室、静脉配液中心、临床药学；二层为肾科病房、透析中心；三层为康复训练大厅、康复科病区；四层为康复科病区、综合科病区；五层为普外一病区、消化内科病区；六层为普外三病区、普外二病区；七层为骨一科病区、疼痛科病区；八层为骨二科病区、骨三科病区；九层为呼吸内科病区、胸外病区；十层为老年病科病区、呼吸二病区；十一层为中西医结合病区、肿瘤一病区；十二层为肿瘤二病区、肿瘤三病区；电梯机房层为电梯机房、水箱间、消防风机房、低压变配电室、排烟机房。四区一期科教综合楼：首层为教学教室、办公、宿舍；二层为模拟教学、宿舍；三层至六层为宿舍。五区洗衣房高压氧舱：地下室为设备基础；首层为高压氧舱治疗区、柴油发电机房、垃圾处理；二层为洗衣房。六区传染楼：首层为呼吸道传染门诊、消化道传染门诊；二层为消化道病区护理单元；三层为呼吸道病区护理单元。

有1路总进水管自院区南侧市政给水管网接入，管径为DN200，市政最低水压为0.30MPa，不经常停水。本工程最高日用水量为1026.3m³/d。院区东南侧新建一座污水处理站，处理水量能够满足本工程建成后整个院区污水处理要求，本工程污水排至院区南侧市政污水管网。院区内雨水有组织排放，本工程雨水排至院区南侧市政雨水管网。消防车正常情况下到达本工程所需时间约为5min；本工程消防水泵房设在本工程三区病房楼B座地下一层；消防水池位于本工程室外地下，紧靠消防水泵房，消防贮水容积为1008m³；消防水箱（消防贮水容积36m³）位于本工程三区病房楼B座屋顶水箱间内。本工程医用气体由专业厂家另行设计。

3. 设计范围

本建筑室内外生活给水系统、生活热水系统、污水系统、雨水系统、开水系统、室内外消火栓给水系统、自动喷水灭火系统、灭火器配置、七氟丙烷气体灭火系统、全自动跟踪定位射流灭火系统等。

4. 生活给水系统

（1）水源：生活用水水源来自市政给水管网，消防用水水源来自市政给水管网加消防水池。

（2）生活冷水用水标准及用水量，见表 19-1。

山东省某医院新院区建设项目生活冷水用水标准及用水量　　　　表 19-1

序号	用水名称	数量	用水定额	用水量		备注
				最高日（m^3/d）	最大时（m^3/h）	
1	病房	1500 床	250L/（床·d）	375.0	39.1	K_h=2.5，按 24h 计
2	医务人员	2200 人	150L/（人·d）	330.0	82.5	K_h=2.0，按 8h 计
3	门诊	4500 人	10L/（人·d）	45.0	5.6	K_h=1.5，按 12h 计
4	宿舍	580 人	150L/（人·d）	87.0	10.9	K_h=3.0，按 24h 计
5	绿化	68578m^2	1.4L/（m^2·d）	96.0	48.0	K_h=1.0，按 2h 计
6	未预见水量			93.3	18.6	10%
7	合计			1026.3	204.7	

（3）给水系统

室外给水：在本建筑室外设 DN150 生活给水管，管网上设适量的绿化洒水栓。有 1 条引入管接自院区南侧市政给水管网，管径为 DN200。引入管上设水表及倒流防止器。

室内给水：室内给水分为 3 个区，高区为二区病房楼 A 座七层至十二层、三区病房楼 B 座七层至十二层，由本工程三区病房楼 B 座地下一层生活水泵房内高区变频供水设备供水，设计秒流量为 17.3L/s，设计工作压力为 0.73MPa，高区变频生活给水泵组设备型号为 3WDV64/74-11-G-100（流量：64m^3/h；扬程：74m；电机功率：22kW；配泵 3 台，2 用 1 备；主泵型号：VCF32-60-2；压力罐：100L；压力：1.6MPa）；中区为一区门诊医技楼四层至五层、二区病房楼 A 座二层至六层、三区病房楼 B 座二层至六层、四区一期科教综合楼三层至六层，由本工程三区病房楼 B 座地下一层生活水泵房内中区变频供水设备供水，设计秒流量为 20.1L/s，设计工作压力为 0.50MPa，中区变频生活给水泵组设备型号为 3WDV64/52-11-G-100（流量：72m^3/h；扬程：52m；电机功率：22kW；配泵 3 台，2 用 1 备；主泵型号：VCF32-50-2；压力罐：100L；压力：1.0MPa）；低区为一区门诊医技楼地下一层至三层、二区病房楼 A 座地下一层至一层、三区病房楼 B 座地下一层至一层、四区一期科教综合楼一层至二层、五区洗衣房高压氧舱地下一层至二层、六区传染楼一层至三层，由市政给水管网直接供水，设计秒流量为 15.0L/s，设计工作压力为 0.30MPa。其中二层至三层、七层至九层设置支管减压阀，阀后压力为 0.20MPa。

5. 生活热水系统

（1）水源：生活热水水源由生活给水管网提供。

（2）热源：本工程生活热水系统主要热源为本工程病房楼、教学科研楼屋顶太阳能设备产生的 60℃热水，辅助热源为本工程病房楼、教学科研楼屋顶空气能热泵热水设备产生的 60℃热水。

（3）生活热水用水标准及用水量，见表 19-2。

山东省某医院新院区建设项目生活热水用水标准及用水量　　　　表 19-2

序号	用水名称	数量	用水定额	用水量		备注
				最高日（m³/d）	最大时（m³/h）	
1	病房	1500 床	110L/（床·d）	165.0	55.0	K_h=2.0，按 6h 计
2	医务人员	2200 人	70L/（人·d）	154.0	38.5	K_h=2.0，按 8h 计
3	宿舍	580 人	70L/（人·d）	40.6	5.1	K_h=3.0，按 24h 计
4	未预见水量			36.0	9.9	10%
5	合计			395.6	108.5	

（4）热水系统

室内生活热水系统竖向分为 3 个区：高区为二区病房楼 A 座十一层至十二层、三区病房楼 B 座十一层至十二层，分别由本工程二区病房楼 A 座、三区病房楼 B 座屋顶太阳能设备及空气能热泵热水设备提供热源（60℃热水），高区设计小时热水量为 32.6m³/h，设计小时耗热量为 7.6×10^6 kJ/h，设计工作压力为 0.20MPa，设计秒流量为 7.4L/s。中区为二区病房楼 A 座七层至十层、三区病房楼 B 座七层至十层，分别由本工程二区病房楼 A 座、三区病房楼 B 座屋顶太阳能设备及空气能热泵热水设备提供热源（60℃热水），中区设计小时热水量为 62.9m³/h，设计小时耗热量为 14.7×10^6 kJ/h，设计工作压力为 0.35MPa，设计秒流量为 10.2L/s。低区为二区病房楼 A 座二层至六层、三区病房楼 B 座二层至六层、四区一期科教综合楼三层至六层，分别由本工程二区病房楼 A 座、三区病房楼 B 座、四区一期科教综合楼屋顶太阳能设备及空气能热泵热水设备提供热源（60℃热水），低区设计小时热水量为 87.5m³/h，设计小时耗热量为 20.5×10^6 kJ/h，设计工作压力为 0.55MPa，设计秒流量为 11.7L/s。

根据业主要求，本工程病房、宿舍生活热水采用定时供水。

6. 排水系统

（1）室内排水系统采用污废合流制。本建筑病房部分设专用通气管系统，其他采用伸顶通气管系统。住院楼病房层西侧污水在二层顶板下、东侧污水在一层顶板下汇集后集中排至室外；住院楼病房层西侧一层至二层污水单独排出；住院楼病房层东侧一层污水单独排出；门诊医技楼一层至五层污水单独排出；地下一层、地下二层污水接到地下二层集水坑由污水提升泵或污水提升设备提升排出，消防电梯底排水均由污水提升泵提升排出，污水提升泵、污水提升设备均自动控制。

院区新建污水处理站位于院区南侧，处理能力能容纳本工程污水、废水水量。

本工程不含有放射性物质的污水、废水经室外化粪池处理后直接排至院区污水处理站；餐饮含油污水经隔油处理后排至院区污水处理站；含有放射性物质的污水、废水单独排至室外经衰变处理达标后经室外化粪池处理后排至院区污水处理站；含有传染病病菌、病毒类的污水，就地处理后经室外化粪池处理后排至院区污水处理站。

本工程污水、废水经处理达标后排至院区南侧市政排水管网。

医院污水二级处理工艺流程如图 19-1 所示。

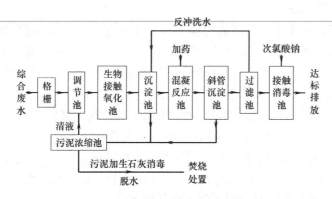

图 19-1　医院污水二级处理工艺流程图

污水处理站采用生物接触氧化→混凝→沉淀→过滤→消毒工艺，使其出水达到排放标准。

（2）污废水排水量约为 1026m³/d，其中需经污水处理站处理的污废水排水量约为 825m³/d。

（3）屋面雨水排水系统

本工程雨水暴雨强度公式为：$q = 2186.085(1+0.997 \lg P)/(t+10.328)^{0.791}$。本工程屋面降雨重现期按 10 年计，5min 暴雨强度为 2.52L/(s·100m²)，降雨厚度为 91mm/h。屋面雨水采用内排水系统，屋顶设 87 型雨水斗，规格为 DN100，由立管接至地下室后排至室外。室外雨水管网接至院区雨水集蓄回用装置，溢流部分排至院区南侧市政雨水管网。

7. 饮用水给水

病人、医务人员饮用水用水定额为 3L/(人·班)，每楼层每个开水间各设 70L 电加热开水器一台。

8. 消防系统

（1）消防设计流量，见表 19-3。

山东省某医院新院区建设项目消防设计流量　　　　　　　　　　　表 19-3

消防范围	消防系统	消防设计流量(L/s)	消防历时(h)	一次消防用水量(m³)
室内	室内消火栓系统	40	3	432
	自动喷水灭火系统	40	1	144
	全自动跟踪定位射流灭火系统	7	1	25
室外	室外消火栓系统	40	3	432

注：本工程一次消防用水量为 1008m³。

（2）室外消火栓系统

在本工程室外设 DN200 环状消防给水管网，管网上设地下式室外消火栓，供消防车取水及向水泵接合器供水。有 2 条引入管分别接自本工程三区病房楼 B 座地下一层消防水泵房内室外消火栓给水泵组（泵组型号：XBD5/40-125-200；2台，1用1备；流量：40L/s；扬程：50mH₂O；电机功率：37kW）出水管。

（3）室内消火栓系统

室内消火栓系统由本工程三区病房楼B座地下一层消防水泵房内的室内消火栓给水泵组（泵组型号：XBD10.9/40-125-315A；2台；1用1备；流量：40L/s；扬程：109mH₂O；电机功率：75kW）和室外地下消防水池联合供水。消防水池贮存火灾延续时间内室内消防用水量，有效容积1008m³。在本工程三区病房楼B座屋顶消防水箱间内设36m³消防水箱及稳压装置。消防水池、消防水箱均需定期加氯片消毒。

本工程室内消火栓系统竖向为一个区。室内消火栓系统为环状供水，室内消火栓选用SN65型消火栓（19mm水枪，$L=25$m水龙带）（八层至十二层）；动压超过0.5MPa的室内消火栓选用SNJ65型减压稳压消火栓（19mm水枪，$L=25$m水龙带）（地下二层至七层）。消火栓要求有两股水柱同时到达室内任何部位。

本工程一层至十二层、地下室非车库区域室内消火栓系统采用湿式消火栓系统，地下室车库区域室内消火栓系统采用干式消火栓系统。

本工程室内消火栓系统的设计工作压力为1.05MPa，系统工作压力为1.40MPa。

消火栓给水泵由屋顶消防水箱间消防水箱出水管上流量开关、消防值班室启泵按钮直接启动。室外设3个DN150消防水泵接合器。

（4）自动喷水灭火系统

本工程地下车库按中危险级Ⅱ级设计，设计喷水强度为8L/(min·m²)，作用面积160m²；其他场所按中危险级Ⅰ级设计，设计喷水强度为6L/(min·m²)，作用面积160m²。自动喷水灭火系统设计用水量为40L/s。自动喷水灭火系统由本工程三区病房楼B座地下一层消防水泵房内的自动喷水灭火给水泵组（泵组型号：XBD10.9/40-125-315A；2台，1用1备；流量：40L/s；扬程：109mH₂O；电机功率：75kW）和室外地下消防水池联合供水，由本工程三区病房楼B座屋顶水箱间内消防水箱及稳压设备维持压力。

本工程自动喷水灭火系统的设计工作压力为1.05MPa，系统工作压力为1.40MPa。

本工程地下车库采用预作用自动喷水灭火系统，其他场所采用湿式自动喷水灭火系统，预作用报警阀、湿式报警阀设置在本工程三区病房楼B座地下一层消防水泵房、一区门诊医技楼地下一层报警阀室内，水力警铃设在消防水泵房、报警阀室墙外，报警阀前的管道为环状管网。室外设3个DN150消防水泵接合器。

本工程诊室、办公室等设有吊顶的部位设吊顶型快速响应喷头；无吊顶房间设直立型快速响应喷头。喷头公称动作温度：厨房灶间、中心供应消毒间为93℃，其他场所为68℃。

自动喷水灭火给水泵由屋顶消防水箱间消防水箱出水管上流量开关、报警阀压力开关和消防控制中心自动启动。

（5）灭火器配置

本建筑地下车库为B类火灾中危险级，手提式灭火器的最大保护距离为12m；其他场所为A类火灾严重危险级，手提式灭火器的最大保护距离为15m。每一消火栓箱处设2具手提式磷酸铵盐干粉灭火器，单具最小配置级别为3A或89B。

（6）七氟丙烷气体灭火系统

在本工程地下一层 10kV 开关站、低压变配电室、变配电室、控制室、PET/CT、ECT；一区门诊医技楼一层碎石、CT、数字胃肠、口腔 CT、乳腺机、骨密度、DR 及四层 DSA；二区病房楼 A 座一层 CT、DR、备餐胸透、钼靶、骨密度；三区病房楼 B 座一层网络信息灾备机房、信息机房等房间设置无管网七氟丙烷灭火装置。本设计采用全淹没灭火方式，即在规定的时间内，向防护区喷射一定浓度的灭火剂，并使其均匀地充满整个防护区，此时能将其区域内任一部位发生的火灾扑灭。灭火剂喷放时间不应大于 120s，喷口温度不应高于 180℃。以上场所均应设泄压口。该灭火系统具有自动和手动两种控制方式。

（7）全自动跟踪定位射流灭火系统

本工程一层至四层间门诊医技共享大厅设置 2 套全自动跟踪定位射流灭火装置。

全自动跟踪定位射流灭火装置主要由水泵、水流指示器、电磁阀、灭火装置组成，灭火装置与探测器一体设计。系统设自动和手动两种控制方式。

本系统设计用水量为 7L/s，设计工作压力为 0.95MPa，系统工作压力为 1.25MPa。

本系统采用临时高压系统，自本工程三区病房楼 B 座地下一层消防水泵房内自动喷水灭火给水泵组出水管接出一条给水管至全自动跟踪定位射流灭火系统管网。

（8）消防水池与消防水泵房

室外新建地下消防水池有效贮水容积为 1008m³，贮存 3h 室内外消火栓和 1h 自动喷水灭火用水。消防水池内壁贴不锈钢板，且定期加氯片消毒。消防水泵房位于本工程三区病房楼 B 座地下一层。

9. 水污染处理措施

院区内新建一座污水处理站，其处理水量能够满足本工程建成后整个院区污水处理要求。本工程建成后，污水经处理站处理达到《医疗机构水污染物排放标准》GB 18466—2005 的有关要求后，排入市政污水管网。

10. 节能（水）和环保

本设计所选用的卫生洁具及用水设施均为节水节能型。公共卫生间的洗手盆采用感应式水嘴、蹲便器采用自闭冲洗阀、淋浴器采用脚踏式开关。

本工程给水、热水实行计量设计。建筑给水引入管装入户计量水表，且水表井内设倒流防止器，病房区每层分科室单独计量，门诊医技区每层单独计量。

水泵房内贴吸声材料。水泵机组设隔振基础，进出管加设橡胶软接头。泵房内管道采用弹性支吊架。

绿化浇灌采用喷灌和微灌等高效节水措施。

所有污水均进化粪池，消化时间不小于 24h，病区污废水均经医院污水处理站处理后排入市政污水管网。

给水充分利用市政给水管网压力供水，供水机组采用变频调速给水设备，减少二次污染。

热水采用太阳能设备作为主要热源，采用空气能热泵热水设备作为辅助热源。

热水管道均保温，减少热量损失。

11. 卫生防疫

生活贮水采用 304 食品级不锈钢板水箱，水箱采用水系统自洁消毒器消毒处理，水箱检修口设密闭防污上盖，并高出水箱顶 50mm 以上，水箱周围 2m 内不得有污水管和污染物。引入管上设倒流防止器。洗手盆龙头均采用脚踏式，蹲便器冲洗阀均采用脚踏式，除卫生间地漏外均采用可开式密闭地漏。

12. 绿色建筑

生活用水水源来自市政给水管网。生活给水系统竖向分为 3 个区，系统竖向分区高度分别为 23.4m、20.7m、10.5m。生活热水系统竖向分为 3 个区，系统竖向分区高度分别为 7.8m、15.6m、20.7m。卫生器具配水点静水压力不大于 0.45MPa。

生活给水系统、生活热水系统中配水支管处供水压力大于 0.20MPa 者均设支管减压阀或采用自带减压功能的水龙头，控制各用水点处水压不大于 0.20MPa。

室内排水系统采用污废合流制。本工程污水、废水排至室外经化粪池处理后直接排至院区新建污水处理站。

生活给水、生活热水管道均采用薄壁不锈钢管，并均采用配套材质阀门，减少管道漏损。

卫生洁具及用水设施均为节水节能型，并符合现行行业标准《节水型生活用水器具》CJ/T 164 的规定。

雨水间接利用：尽量加大绿地及道路广场透水性铺装的面积，雨水排放利用地形在低洼处设置渗蓄设施，使雨水尽可能渗透到地下补充地下水源。

院区绿化、草地采用微喷或滴灌等节水灌溉方式。

生活给水自市政给水管网引入管上设置计量水表；各建筑入口生活给水设置计量水表；生活给水、生活热水按护理单元设置计量水表，以实现计量控制。

13. 抗震

本工程抗震设防烈度为 7 度，根据《建筑机电工程抗震设计规范》GB 50981—2014 必须进行机电工程抗震设计。

给水、排水、消防管道的管材及其连接方式符合《建筑机电工程抗震设计规范》GB 50981—2014 和有关规范的规定。

悬吊管道中重力≥1.8kN 的设备、管径≥DN65 且吊杆计算长度≥300mm 的室内给水、热水以及消防系统的水平管道，应采用抗震支吊架。室内自动喷水灭火系统和气体灭火系统等消防系统按相关施工及验收规范的要求设置防晃支架；管段设置抗震支架与防晃支架重合处，可只设抗震支架。

14. 设备材料选用

室外给水管采用钢塑复合管；污水管、雨水管采用塑钢缠绕管，卡箍式弹性连接。

室内生活给水管、生活热水管采用薄壁不锈钢管；污水管、雨水管采用机制排水铸铁管，承插连接；消火栓给水管、自动喷水灭火给水管采用热浸镀锌无缝钢管。水箱采用不锈钢材质。各种生活给水、排水管道均做防结露保温，材料采用橡塑管壳，厚 30mm。地下室排水管道及压力排水管道采用衬塑钢管。金属管道在涂刷底漆前，应清除表面的灰尘、污垢、锈斑、焊渣等物。刷樟丹两道，调合漆两道。支架除锈后刷樟丹两道，调合漆两道。

15. 主要设备表

给水排水主要设备表见表 19-4。

给水排水主要设备表　　　　　　　　　　　　　　　　　　　表 19-4

编号	名称	型号、规格	单位	数量	备注
1	高区变频生活给水泵组	设备型号:3WDV64/74-11-G-100, 流量:64m³/h,扬程:74m,电机功率:22kW, 配泵 3 台(2 用 1 备);单台泵组型号:VCF32-60-2, 流量:32m³/h,扬程:74m,电机功率:11kW; 压力罐:100L,压力:1.6MPa	套	1	地下一层生活水泵房
2	中区变频生活给水泵组	设备型号:3WDV64/52-11-G-100, 流量:72m³/h,扬程:52m,电机功率:22kW, 配泵 3 台(2 用 1 备);单台泵组型号:VCF32-50-2, 流量:36m³/h,扬程:52m,电机功率:11kW; 压力罐:100L,压力:1.0MPa	套	1	地下一层生活水泵房
3	不锈钢生活冷水箱	水箱箱体尺寸:12000mm×4000mm×3000mm(h), 公称容积:144m³,有效容积:106m³; 内设清洗器和离子棒杀菌器各 3 台,功率:6kW	个	2	地下一层生活水泵房
4	高区生活热水供水泵组	型号:CKR15-1,功率:1.1kW, 流量:3.89L/s,扬程:11mH₂O, 2 台(1 用 1 备)	套	4	屋顶水箱间
5	中区生活热水循环泵组	型号:CKR10-2,功率:0.75kW, 流量:2.22L/s,扬程:17mH₂O, 2 台(1 用 1 备)	套	4	六层循环泵房
6	低区生活热水循环泵组一	型号:CKR10-4,功率:1.5kW, 流量:2.22L/s,扬程:37mH₂O, 2 台(1 用 1 备)	套	4	一层循环泵房
7	低区生活热水循环泵组二	型号:CKR10-1,功率:0.37kW, 流量:1.94L/s,扬程:10mH₂O, 2 台(1 用 1 备)	套	4	屋顶水箱间
8	太阳能集热循环泵组	型号:CKR15-2,功率:3.0kW, 流量:3.89L/s,扬程:24mH₂O, 2 台(1 用 1 备)	套	5	屋顶水箱间
9	太阳能热水循环泵组	型号:CKR10-3,功率:1.5kW, 流量:3.06L/s,扬程:21mH₂O, 2 台(1 用 1 备)	套	4	屋顶水箱间
10	不锈钢生活热水箱	水箱箱体尺寸:5000mm×4000mm×2000mm(h), 公称容积:40m³,有效容积:30m³; 内设清洗器和离子棒杀菌器各 2 台,功率:4kW	个	5	屋顶水箱间
11	室外消火栓给水泵组	型号:XBD5/40-125-200,2 台(1 用 1 备), 流量:40L/s,扬程:50mH₂O,电机功率:37kW	套	1	地下一层消防水泵房
12	室内消火栓给水泵组	型号:XBD10.9/40-125-315A,2 台(1 用 1 备), 流量:40L/s,扬程:109mH₂O,电机功率:75kW	套	1	地下一层消防水泵房
13	自动喷水灭火给水泵组	型号:XBD10.9/40-125-315A,2 台(1 用 1 备), 流量:40L/s,扬程:109mH₂O,电机功率:75kW	套	1	地下一层消防水泵房

编号	名称	型号、规格	单位	数量	备注
14	不锈钢消防水箱	水箱箱体尺寸:6000mm×4000mm×2500mm(h), 公称容积:60m³,有效容积:36m³; 内设清洗器和离子棒杀菌器各2台,功率:4kW	个	1	屋顶水箱间
15	室外消火栓系统稳压设备	泵组型号:25LGW3-10×3,2台(1用1备), 流量:3.0m³/h,扬程:30mH₂O,功率:1.1kW; 气压罐型号:SQL800×0.6,消防贮水容积:150L	套	1	地下二层 消防水泵房
16	室内消火栓系统稳压设备	泵组型号:25LGW3-10×3,2台(1用1备), 流量:3.0m³/h,扬程:30mH₂O,功率:1.1kW; 气压罐型号:SQL800×0.6,消防贮水容积:150L	套	1	屋顶水箱间
17	自动喷水灭火系统稳压设备	泵组型号:25LGW3-10×3,2台(1用1备), 流量:3.0m³/h,扬程:30mH₂O,功率:1.1kW; 气压罐型号:SQL800×0.6,消防贮水容积:150L	套	1	屋顶水箱间
18	厨房隔油提升装置		套	3	地下一层厨房
19	卫生间污水提升装置		套	8	地下室卫生间
20	污水提升泵组一		套	4	地下一层 消防电梯井
21	污水提升泵组二		套	20	地下室车库、 设备机房
22	室内消火栓	SN65/SNJ65	个	130/399	各楼层
23	水流指示器	ZSJZ(WFD)-150	个	38	各楼层
24	预作用/湿式 水力报警阀	ZSFY150/ZSFZ150	套	6/14	地下一层 消防水泵房
25	消火栓系统水泵 接合器	SQX150	台	6	室外
26	自动喷水灭火系统 水泵接合器	SQX150	台	3	室外
27	手提式磷酸铵盐 干粉灭火器	MF/ABC5 灭火级别	具	1080	各楼层
28	七氟丙烷灭火装置		套	80	地下一层、 一层、四层
29	全自动跟踪定位 射流灭火装置	ZDMS0.6/5S-RS30 型	套	2	四层
30	快速响应玻璃球 洒水喷头	DN15,备用100个	个	12500	各楼层
31	直立型快速响应 玻璃球洒水喷头	DN15,备用40个	个	4000	各楼层
32	冷水表		个	65	各楼层
33	电加热开水器	70L,9kW	个	52	各楼层
34	电热水器		个	100	各楼层

19.2　施工图设计施工说明（示例）

给水排水消防设计施工说明

1. 工程概况

山东省某医院建设项目设计总床位 1500 床，其中一期总建筑面积 233446m²，建筑高度为 54.35m。主要建筑包含：一区门诊医技楼，地下 1 层、地上 5 层，建筑高度 23.85m；二区病房楼 A 座，地下 1 层、地上 13 层（十三层为机房层），建筑高度 54.35m；三区病房楼 B 座，地下 1 层、地上 13 层（十三层为机房层），建筑高度 54.35m；四区一期科教综合楼，地下 1 层、地上 6 层，建筑高度 23.25m；传染楼，地上 3 层，建筑高度 14.85m。门诊医技楼：地下室为地下车库（包含医疗救护站、人员掩蔽所、物资库等人防区域）、放疗科、核医学科、职工厨房餐厅、病员厨房餐厅、营养餐厅、药品库房、维修班、医学装备部、爱卫办、设备维修科、病案库、设备机房、室外下沉广场及人防区域；首层为门诊大厅、急诊、影像科、骨科/疼痛/康复诊区、儿科门急诊及儿科保健；二层为功能检查中心、输血科、检验科、微生物实验室、急诊病房、胸部心血管诊区、两腺诊区、神经系统肿瘤多学科诊区、腹部泌尿、综合内科、中医科/针灸科、预留诊区；三层为超声中心、中心供应室、内窥镜中心、妇科门诊区、生殖诊区、产科检查区、产科门诊区、耳鼻喉、眼科、口腔科；四层为洁净手术室、DSA、ICU、皮肤/美容整形科、预留诊区；五层为病理科、集中办公区、行政办公、会议、网络信息中心、手术净化机房。二区病房楼 A 座：一层为出入院办理大厅、体检中心；二层为 VIP 体检、泌尿外科；三层为产科一病区、产科二病区；四层为 LDR 产房；五层为 NICU 母婴同室、神内三病区；六层为神内一病区、神内二病区；七层为神外病区、视频脑电中心；八层为心脏一病区、心脏二病区；九层为儿科一病区、儿科二病区；十层为口腔、普五病区、儿科三病区；十一层为耳鼻喉头颈外科病区、眼科病区；十二层为妇科病区、生殖病区；电梯机房层为电梯机房、水箱间、低压变配电室、空调水泵房、消防风机房、排烟机房。三区病房楼 B 座：一层为住院部大厅、消防控制室、BA 控制室、静脉配液中心、临床药学；二层为肾科病房、透析中心；三层为康复训练大厅、康复科病区；四层为康复科病区、综合科病区；五层为普外一病区、消化内科病区；六层为普外三病区、普外二病区；七层为骨一科病区、疼痛科病区；八层为骨二科病区、骨三科病区；九层为呼吸内科病区、胸外病区；十层为老年病科病区、呼吸二病区；十一层为中西医结合病区、肿瘤一病区；十二层为肿瘤二病区、肿瘤三病区；电梯机房层为电梯机房、水箱间、消防风机房、低压变配电室、排烟机房。四区一期科教综合楼：首层为教学教室、办公、宿舍；二层为模拟教学、宿舍；三层至六层为宿舍。

有 1 路总进水管自院区南侧市政给水管网接入，管径为 DN200，市政最低水压为 0.30MPa，不经常停水。本工程最高日用水量为 1026.3m³/d。院区东南侧新建一座污水处理站，处理水量能够满足本工程建成后整个院区污水处理要求，本工程污水排至院区南侧市政污水管网。院区内雨水有组织排放，本工程雨水排至院区南侧市政雨水管网。消防车正常情况下到达本工程所需时间约为 5min；本工程消防水泵房设在本工程三区病房楼

B座地下一层；消防水池位于本工程室外地下，紧靠消防水泵房，消防贮水容积为 $1008m^3$；消防水箱（消防贮水容积 $36m^3$）位于本工程三区病房楼 B 座屋顶水箱间内。本工程医用气体工程由专业厂家另行设计；本工程地下人防工程由专业人防设计单位另行设计，不在本设计范围内。

2. 设计依据

(1)《建筑给水排水设计标准》GB 50015—2019；

(2)《建筑设计防火规范》GB 50016—2014（2018 年版）；

(3)《消防给水及消火栓系统技术规范》GB 50974—2014；

(4)《建筑灭火器配置设计规范》GB 50140—2005；

(5)《自动喷水灭火系统设计规范》GB 50084—2017；

(6)《气体灭火系统设计规范》GB 50370—2005；

(7)《细水雾灭火系统技术规范》GB 50898—2013；

(8)《综合医院建筑设计规范》GB 51039—2014；

(9)《室外给水设计标准》GB 50013—2018；

(10)《室外排水设计规范》GB 50014—2006（2016 年版）；

(11)《医院洁净手术部建筑技术规范》GB 50333—2013；

(12)《医院污水处理设计规范》CECS 07—2004；

(13)《医院污水处理工程技术规范》HJ 2029—2013；

(14)《医疗机构水污染物排放标准》GB 18466—2005；

(15)《建筑给水排水及采暖工程施工质量验收规范》GB 50242—2002；

(16)《自动喷水灭火系统施工及验收规范》GB 50261—2017；

(17)《自动跟踪定位射流灭火系统设计、施工及验收规范》DB 37/1202—2009；

(18)《建筑机电工程抗震设计规范》GB 50981—2014；

(19)《民用建筑节水设计标准》GB 50555—2010；

(20)《民用建筑绿色设计规范》JGJ/T 229—2010；

(21)《绿色建筑评价标准》GB/T 50378—2014；

(22)《绿色医院建筑评价标准》GB/T 51153—2015；

(23)《二次供水工程技术规程》CJJ 140—2010；

(24)《二次供水设施卫生规范》GB 17051—1997；

(25)《公共建筑节能设计标准》GB 50189—2015；

(26)《城镇给水排水技术规范》GB 50788—2012；

(27)《建筑屋面雨水排水系统技术规程》CJJ 142—2014；

(28)《汽车库、修车库、停车场设计防火规范》GB 50067—2014；

(29)《车库建筑设计规范》JGJ 100—2015；

(30)《民用建筑太阳能热水系统应用技术标准》GB 50364—2018；

(31) 工程建设标准强制性条文（房屋建筑部分）（2013 年版）；

(32) 建设单位提供的医院院区和医院周围市政道路的给水排水管网现状、经批准的初步设计文件、设计要求；

(33) 建筑专业提供的作业图及相关专业提供的设计资料。

3. 设计范围

本建筑室内外生活给水系统、生活热水系统、污水系统、雨水系统、开水系统、室内外消火栓给水系统、自动喷水灭火系统、灭火器配置、高压细水雾灭火系统、七氟丙烷气体灭火系统、全自动跟踪定位射流灭火系统等。

4. 生活给水系统

(1) 水源：生活用水水源来自市政给水管网，消防用水水源来自市政给水管网加消防水池。

(2) 生活冷水用水标准及用水量，见表 19-1。

(3) 给水系统

1) 室外给水。在本建筑室外设 $DN150$ 环状生活给水管网，管网上设适量的绿化洒水栓（洒水栓前的给水管道上设置真空破坏器）。有 1 条引入管接自院区南侧市政给水管网，管径为 $DN200$。引入管上设水表及倒流防止器，入户管阀门之后设软接头。

2) 室内给水。室内给水竖向分为 3 个区：高区为二区病房楼 A 座七层至十二层、三区病房楼 B 座七层至十二层，由本工程三区病房楼 B 座地下一层生活水泵房内高区变频供水设备供水，设计秒流量为 17.3L/s，设计工作压力为 0.73MPa，高区变频生活给水泵组设备型号为 3WDV64/74-11-G-100（流量：$64m^3/h$；扬程：74m；电机功率：22kW；配泵 3 台，2 用 1 备；主泵型号：VCF32-60-2；压力罐：100L；压力：1.6MPa）；中区为一区门诊医技楼四层至五层、二区病房楼 A 座二层至六层、三区病房楼 B 座二层至六层、四区一期科教综合楼三层至六层，由本工程三区病房楼 B 座地下一层生活水泵房内中区变频供水设备供水，设计秒流量为 20.1L/s，设计工作压力为 0.50MPa，中区变频生活给水泵组设备型号为 3WDV64/52-11-G-100（流量：$72m^3/h$；扬程：52m；电机功率：22kW；配泵 3 台，2 用 1 备；主泵型号：VCF32-50-2；压力罐：100L；压力：1.0MPa）；低区为一区门诊医技楼地下一层至三层、二区病房楼 A 座地下一层至一层、三区病房楼 B 座地下一层至一层、四区一期科教综合楼一层至二层、五区洗衣房高压氧舱地下一层至二层、六区传染楼一层至三层，由市政给水管网直接供水，设计秒流量为 15.0L/s，设计工作压力为 0.30MPa。其中二层至三层、七层至九层设置支管减压阀，阀后压力为 0.20MPa。各区生活给水系统均采用下行上给式，分层敷设。

3) 本工程给水病房区实行分科室（护理单元）计量设计；其他区域实行分楼层计量设计。

4) 以下场所用水点均采用感应式开关，并采取措施防止污水外溅：公共卫生间的洗手盆、小便斗、大便器；护士站、治疗室、中心（消毒）供应室、监护病房等房间的洗手盆；产房、手术刷手池、无菌室、血液病房和烧伤病房等房间的洗手盆；诊室、检验科等房间的洗手盆；有无菌要求或防止院内感染场所的卫生器具。

5) 给水引入管上设置水表，阻力损失＜0.0245MPa。

6) 生活给水管道系统上接至空调机房、水处理间、水中分娩室、洗澡抚触室、污物处置间、医疗废物存放间、纯水制作间等的给水管道上应设置倒流防止器。

7) 生活给水管道系统上接至水箱间、冷热源机房、空气源热泵热水系统、预留机房、水处理间等的给水管道上应设置止回阀。

8) 洁净手术部、病理区、实验室内给水管与卫生器具及设备的连接必须有空气隔断，严禁直接连接。

9）冷却塔集水池的补水管道出口与溢流水位之间的空气间隙，当小于出口管径的2.5倍时，在其补水管道上设置真空破坏器。生活饮用水管道的配水件出水口高出承接用水容器溢流边缘的最小空气间隙，不得小于出水口直径的2.5倍或150mm。

10）生活饮用水不得因管道内产生虹吸、背压而回流受污染。

11）洁净手术部内管道均应暗装，并采取防结露措施；管道穿越墙壁、楼板时应加套管。给水管与卫生器具及设备的连接必须有空气隔断，严禁直接相连。洁净手术部内的盥洗设备应同时设置冷热水系统；刷手用水宜进行除菌处理。

12）儿科门诊及病房内卫生器具的尺寸及安装高度均应符合儿童的需要。

13）给水管道必须采用与管材相适应的管件。生活给水系统所涉的材料必须达到饮用水卫生标准。

14）系统调试后必须对供水设备、管道进行冲洗和消毒。

15）二次供水水质应符合现行国家标准《生活饮用水卫生标准》GB 5749的有关规定，涉水产品应符合现行国家标准《生活饮用水输配水设备及防护材料的安全性评价标准》GB/T 17219的有关规定，生活水池（箱）必须定期清洗消毒，每半年不得少于一次，并应同时对水质进行检测。

16）室外绿化灌溉采取滴灌方式，并设置雨天关闭装置和土壤湿度感应器。道路浇洒采用节水高压水枪。

5. 生活热水系统

（1）水源：生活热水水源由生活给水管网提供。

（2）热源：生活热水系统主要热源为本工程屋顶太阳能设备产生的60℃热水，辅助热源为本工程屋顶空气能热泵热水机组产生的60℃热水。

（3）生活热水用水标准及用水量，见表19-2。

（4）室内生活热水系统竖向分为3个区：高区为二区病房楼A座十一层至十二层、三区病房楼B座十一层至十二层，分别由本工程二区病房楼A座、三区病房楼B座屋顶太阳能设备及空气能热泵热水设备提供热源（60℃热水），高区设计小时热水量为32.6m³/h，设计小时耗热量为7.6×10⁶kJ/h，设计工作压力为0.20MPa，设计秒流量为7.4L/s。中区为二区病房楼A座七层至十层、三区病房楼B座七层至十层，分别由本工程二区病房楼A座、三区病房楼B座屋顶太阳能设备及空气能热泵热水设备提供热源（60℃热水），中区设计小时热水量为62.9m³/h，设计小时耗热量为14.7×10⁶kJ/h，设计工作压力为0.35MPa，设计秒流量为10.2L/s。低区为二区病房楼A座二层至六层、三区病房楼B座二层至六层、四区一期科教综合楼三层至六层，分别由本工程二区病房楼A座、三区病房楼B座、四区一期科教综合楼屋顶太阳能设备及空气能热泵热水设备提供热源（60℃热水），低区设计小时热水量为87.5m³/h，设计小时耗热量为20.5×10⁶kJ/h，设计工作压力为0.55MPa，设计秒流量为11.7L/s。

（5）各区生活热水系统均采用上供上回立管异程式，均为干管、立管异程循环，每层生活热水回水管均设置止回阀、生活热水多功能阀。中区七层至九层、低区二层至三层设置支管减压阀，阀后压力为0.20MPa。

（6）根据业主要求，本工程病房、宿舍生活热水采用定时供水。医务人员洗浴热水为

24h 电热水器供水。

（7）普通病房淋浴及面盆采用混合阀。

（8）高区设置热水供水泵 2 台，1 用 1 备，设在屋顶水箱间内；中区设置热水循环泵 2 台，1 用 1 备，设在十层新风机房库房内；低区设置热水循环泵 2 台，1 用 1 备，设在六层新风机房库房内。

（9）洗泡手、洗婴池等设恒温恒压阀，以确保出水水温稳定，恒温恒压阀型号为 YK7030-200P 或 HS15-JTD。

（10）每个电加热开水器、电热水器外部均必须设置防护箱体，仅可由医护人员开启后使用。

（11）电热水器必须带有保证使用安全的装置。

（12）密闭的水加热器的进水管上设止回阀。

（13）本工程热水实行分科室、分楼层计量设计。

（14）本工程太阳能热水系统由屋顶太阳能集热设备、生活热水箱制备、贮存，用于各区生活热水系统。

（15）当淋浴或浴缸用水点采用冷、热混合水温控装置时，用水点出水温度在任何时间均不应大于 49℃。

（16）淋浴和浴盆设备的热水管道应采取防烫伤措施。

6. 排水系统

（1）室内排水系统采用污废合流制。本建筑病房部分设专用通气管系统，其他采用伸顶通气管系统。住院楼病房层西侧污水在二层顶板下、东侧污水在一层顶板下汇集后集中排至室外；住院楼病房层西侧一层至二层污水单独排出；住院楼病房层东侧一层污水单独排出；门诊医技楼一层至五层污水单独排出；地下一层污水接至集水坑由污水提升泵或污水提升设备提升排出，消防电梯底排水均由污水提升泵提升排出。地下一层低放射性污水经排水管排至集水坑，由潜污泵提升排至室外衰变池，经检测达标后方能排放。低放射性污水排水管均按规定在管壁外做铅板保护，集水坑做密闭防护。污水提升泵、污水提升设备均自动控制。

（2）本工程污废水排水量为 1026.0m³/d，其中需经污水处理站处理的污废水排水量为 825.0m³/d。

（3）院区新建污水处理站位于院区东南侧，处理能力能容纳本工程污水、废水水量。本工程不含有放射性物质的污水、废水经室外化粪池处理后直接排至院区污水处理站；餐饮含油污水经隔油处理后排至院区污水处理站；含有放射性物质的污水、废水单独排至室外经衰变处理达标后经室外化粪池处理后排至院区污水处理站；含有传染病病菌、病毒类的污水，就地处理后经室外化粪池处理后排至院区污水处理站；中心供应室消毒凝结水等高温废水单独收集，经室外降温池降温后排至室外排水管网。本工程污水、废水经处理达标后排至院区南侧市政排水管网。需特殊处理的腐蚀性物质、试剂等应单独收集。

（4）下列场所应采用独立的排水系统或间接排放，并应符合下列要求：中心（消毒）供应室的消毒凝结水等，应单独收集并设置降温池或降温井；分析化验采用的有腐蚀性的化学试剂宜单独收集，并应综合处理后再排入院区污水管道或回收利用；其他医疗设备或设施的排水管道应采用间接排水。

7. 雨水系统

本工程雨水暴雨强度公式为：$q=2186.085(1+0.997 \lg P)/(t+10.328)^{0.791}$。本工程屋面降雨重现期按 10 年计，下沉广场、地下汽车库坡道部位降雨重现期按 50 年计，5min 暴雨强度为 $2.52 L/(s \cdot 100 m^2)$，降雨厚度为 91mm/h。屋面女儿墙设置溢流口，尺寸为 350mm×50mm（h），溢流口底高出屋面 150mm，雨水排水工程与溢流设施的总排水能力不小于 50 年重现期的雨水量。屋面雨水采用内排水系统，屋顶设 87 型雨水斗，规格为 $DN100$，由立管接至地下室后排至室外。雨水管网接至院区雨水集蓄回用装置，溢流部分排至院区南侧市政雨水管网。

8. 开水系统

（1）病人、医务人员、工作人员用水定额按 $3L/(人 \cdot 班)$ 计，病房区每个护理单元各设电加热开水器（70L，9kW）1 台。

（2）每个电加热开水器外部均设置防护箱体，仅可由医护人员开启后使用。

（3）自来水进电加热开水器前设置过滤器和止回阀。

9. 消防系统

（1）消防设计流量，见表 19-3。

（2）室外消火栓系统

在本工程室外设 $DN200$ 环状消防给水管网，管网上设地上式室外消火栓，供消防车取水及向水泵接合器供水，间距不大于 120m。有 2 条引入管分别接自本工程三区病房楼 B 座地下一层消防水泵房内室外消火栓给水泵组（泵组型号：XBD5/40-125-200；2 台，1 用 1 备；流量：40L/s；扬程：$50 mH_2O$；电机功率：37kW）出水管。

（3）室内消火栓系统

1）室内消火栓系统由本工程三区病房楼 B 座地下一层消防水泵房内的室内消火栓给水泵组（泵组型号：XBD10.9/40-125-315A；2 台，1 用 1 备；流量：40L/s；扬程：$109 mH_2O$；电机功率：75kW）和室外地下消防水池联合供水。消防水池贮存火灾延续时间内室内消防用水量，有效容积 $1008 m^3$。在本工程三区病房楼 B 座屋顶消防水箱间内设 $36 m^3$ 消防水箱及稳压装置。消防水池、消防水箱均需定期加氯片消毒。

2）本工程室内消火栓系统的设计工作压力为 1.05MPa，系统工作压力为 1.40MPa。

3）本工程室内消火栓系统采用临时高压系统。系统竖向为一个区。室内消火栓系统为环状供水，竖向均连成环状，横向在十二层、一层、地下一层连成环状。

4）八层至十二层室内消火栓选用 SN65 型消火栓（19mm 水枪，$L=25m$ 水龙带）；地下一层至七层室内消火栓选用 SNJ65 型减压稳压消火栓（19mm 水枪，$L=25m$ 水龙带）。消火栓栓口动压不小于 0.35MPa，水枪充实水柱为 13m，消火栓要求有两股水柱同时到达室内任何部位。栓口距地面为 1.1m。试验消火栓（自带压力显示装置）设在本建筑机房层。室内消火栓箱体采用薄型，箱内设有消防卷盘，箱体内上部设置消火栓，下部设置灭火器。

5）消火栓给水泵由消火栓给水泵出水干管上设置的压力开关、屋顶水箱间消防水箱出水管上流量开关、消防值班室启泵按钮直接启动。

6）本工程室内消火栓系统采用湿式消火栓系统。室外设 3 个 $DN150$ 消防水泵接合器，水泵接合器应设永久性标志铭牌，额定压力为 1.6MPa。

7) 消火栓给水泵控制：消火栓给水泵 2 台，互为备用。消火栓给水泵由屋顶消防水箱间消防水箱出水管上流量开关、消防控制室启泵按钮直接启动。火灾时消防控制室、消防水泵房设手动应急启泵按钮启动该泵并报警。水泵启动后，反馈信号至消火栓处和消防控制室。

(4) 自动喷水灭火系统

1) 本工程地下车库按中危险级 II 级设计，设计喷水强度为 8L/(min·m²)，作用面积 160m²；库房按仓库危险级 I 级设计，设计喷水强度为 8L/(min·m²)，作用面积 160m²；其他场所按中危险级 I 级设计，设计喷水强度为 6L/(min·m²)，作用面积 160m²。本工程自动喷水灭火系统设计用水量为 40L/s。自动喷水灭火系统由本工程三区病房楼 B 座地下一层消防水泵房内的自动喷水灭火给水泵组（泵组型号：XBD10.9/40-125-315A；2 台，1 用 1 备；流量：40L/s；扬程：109mH₂O；电机功率：75kW）和室外地下消防水池联合供水，由本工程三区病房楼 B 座屋顶水箱间内消防水箱及稳压设备维持压力。

2) 本工程自动喷水灭火系统的设计工作压力为 1.05MPa，系统工作压力为 1.40MPa。

3) 系统采用临时高压系统。从消防水泵房内自动喷水灭火给水泵组出水管上接出 2 条给水管，经本工程地下一层消防水泵房、报警阀室内的预作用/湿式报警阀组，接至自动喷水灭火系统管网。

4) 本工程地下车库采用预作用自动喷水灭火系统，其他场所采用湿式自动喷水灭火系统，预作用报警阀、湿式报警阀设置在本工程三区病房楼 B 座地下一层消防水泵房、一区门诊医技楼地下一层报警阀室内，水力警铃设在消防水泵房、报警阀室墙外，报警阀前的管道为环状管网。室外设 3 个 DN150 消防水泵接合器，水泵接合器应设永久性标志铭牌，额定压力为 1.6MPa。

5) 本工程病房、诊室、办公室等设有吊顶的部位设吊顶型快速响应喷头；手术室设隐蔽型快速响应喷头；无吊顶房间设直立型快速响应喷头。

6) 本工程设置 7 套预作用报警阀、31 套湿式报警阀。报警阀承压不低于 2.00MPa。

7) 喷头公称动作温度：厨房灶间、中心供应消毒间为 93℃，集中淋浴间为 79℃，其他场所为 68℃。最不利点处喷头工作压力为 0.10MPa，喷头流量系数（K）为 80。

8) 自动喷水灭火给水泵由屋顶消防水箱间消防水箱出水管上流量开关、自动喷水灭火给水泵出水干管上设置的压力开关、报警阀压力开关和消防控制室自动启动。

9) 自动喷水灭火系统为一个供水区，平时管网压力由屋顶消防水箱维持；火灾时喷头动作，水流指示器动作向消防控制中心显示着火区域位置，此时预作用/湿式报警阀处压力开关动作自动启动喷水泵，并向消防控制中心报警。

10) 净空高度大于 800mm 的闷顶和技术夹层内应设置洒水喷头。

(5) 灭火器配置

1) 本建筑车库为 B 类火灾中危险级，最低灭火级别 55B，最大保护距离为 12m；厨房为 B 类火灾严重危险级，最低灭火级别 89B，最大保护距离为 9m；变配电室等电气用房按 E 类火灾中危险级，最低灭火级别 2A，最大保护距离为 12m；其他场所为 A 类火灾严重危险级，最低灭火级别 3A，最大保护距离为 15m。

2) 每一消火栓箱处设 2 具手提式磷酸铵盐干粉灭火器，规格为 MF/ABC5。单独设置的灭火器详见图纸，手提式灭火器宜设置在灭火器箱内，顶部离地面高度不应大于 1.5m，底部离地面高度不宜小于 0.08m。灭火器箱不得上锁。

3) 在地下一层强电间、弱电间、机房层电梯机房等场所每个房间内各设 2 具手提式磷酸铵盐干粉灭火器，单具最小配置级别为 3A。洁净手术部每处各设 2 具手提式 1211 卤代烷灭火器，单具最小配置级别为 1A；计算机房、消防控制室、配电室等场所每个房间内各设 2 具手提式二氧化碳灭火器，单具最小配置级别为 55B。

(6) 高压细水雾灭火系统

在本工程地下一层变配电室、低压变配电室、弱电机房、控制室、计算机房、X 光机房、战时配电室、箱式物流集中控制中心、高压配电室、PET/CT、ECT、加速器机房、后装机、CT 模拟定位机房；一层 CT、DR、钼靶、钡餐胸透、骨密度、碎石、拍片、口腔 CT、乳腺机、数字胃肠、信息机房、网络信息灾备机房、应急响应中心、BA 控制室；二层 UPS；三层配电室；五层 UPS、信息机房；七层、八层、九层 UPS 等房间设置高压细水雾灭火系统。详见高压细水雾灭火系统专项说明。

(7) 七氟丙烷气体灭火系统（HFC-227ea）

1) 在本工程机房层低压变配电室、消防风机房、排烟机房、水箱间、空调水泵房等房间设置 HR 型无管网七氟丙烷（HFC-227ea）灭火装置。本设计采用全淹没灭火方式，即在规定的时间内，向防护区喷射一定浓度的灭火剂，并使其均匀地充满整个防护区，此时能将其区域内任一部位发生的火灾扑灭。灭火器设计灭火浓度为 7.6%，灭火剂喷放时间：通信机房、电子计算机房不应大于 8s，其他防护区不应大于 10s。喷口温度不应高于 180℃。以上场所均应设泄压口。该灭火系统具有自动和手动两种控制方式。

2) 防护区应有保证人员在 30s 内疏散完毕的通道和出口。

3) 防护区的门应向疏散方向开启，并能自行关闭；用于疏散的门必须能从防护区内打开。

4) 灭火后的防护区应通风换气，地下防护区和无窗或设固定窗扇的地上防护区，应设置机械排风装置，排风口宜设在防护区的下部并应直通室外。通信机房、电子计算机房等场所的通风换气次数应不少于 $5h^{-1}$。

(8) 全自动跟踪定位射流灭火系统

1) 本工程一区门诊医技楼一层至四层间门诊医技共享大厅、三区病房楼 B 座一层至二层间住院部大厅各设置 2 套全自动跟踪定位射流灭火装置。

2) 全自动跟踪定位射流灭火装置主要由水泵、水流指示器、电磁阀、灭火装置组成，灭火装置与探测器一体设计，当装置探测器探测到火灾信号后发出指令联动，打开相应的电磁阀，驱动消防泵进行灭火，并打开声光报警。系统设自动和手动两种控制方式。

3) 本系统设计用水量为 7L/s，设计工作压力为 0.95MPa，系统工作压力为 1.25MPa。

4) 本系统采用临时高压系统。自三区病房楼 B 座地下一层消防水泵房内自动喷水灭火给水泵组出水管上接出一条给水管至全自动跟踪定位射流灭火系统管网。

(9) 消防水池与消防水泵房

1) 室外新建地下消防水池有效贮水容积 1008m³，可以保证 3h 室内外消火栓和 1h 自动喷水灭火用水。

2）新建消防水泵房位于三区病房楼 B 座地下一层。消防水池与消防水泵房标高关系满足消防水泵自灌要求。

3）消防水泵房地面高出周围地面 300mm，消防水泵房、屋顶消防水箱间均设有供暖设施。

4）水泵接合器处应设置永久性标志铭牌，并应标明供水系统、供水范围和额定压力。

5）消防给水系统的室内外消火栓、阀门等设置位置，应设置永久性固定标识。

6）消防水池应设置就地水位显示装置，并应在消防控制中心或值班室等地点设置显示消防水池水位的装置，同时应有最高和最低报警水位。

7）消防水池应设置溢流水管和排水设施，并应采用间接排水。

8）消防水泵吸水管穿越消防水池时应设柔性防水套管。消防水泵出水管上设水锤消除器。

9）消防水泵吸水管和出水管上应设置压力表。消防水泵和控制柜应采取安全保护措施。

10）消防水泵控制柜在平时应使消防水泵处于自动启泵状态。

11）消防水泵不应设置自动停泵的控制功能，停泵应由具有管理权限的工作人员根据火灾扑救情况确定。

12）消防水泵应确保从接到启泵信号到水泵正常运转的自动启动时间不大于 2min。消防水泵应由消防水泵出水干管上设置的压力开关、高位消防水箱出水管上的流量开关或报警阀压力开关等开关信号直接自动启动。消防水泵房内的压力开关宜引入消防水泵控制柜内。消防水泵应能手动启停和自动启动。

13）稳压泵应由气压水罐上设置的稳压泵自动启停泵压力开关或压力变送器控制。消防水泵控制柜应设置专用线路连接的手动直接启泵按钮；消防水泵控制柜应能显示消防水泵和稳压泵的运行状态；消防水泵控制柜应能显示消防水池、高位消防水箱等的高水位、低水位报警信号，以及正常水位。消防水泵、稳压泵应设置就地强制启停泵按钮，并应有保护装置。消防水泵控制柜防护等级不应低于 IP55。消防水泵控制柜应设置机械应急启泵功能，并应保证在控制柜内的控制线路发生故障时由有管理权限的人员在紧急时启动消防水泵。机械应急启动时，应确保消防水泵在报警后 5.0min 内正常工作。

10. 节能（水）与环保

（1）本设计所选用的卫生洁具及用水设施均为节水节能型，见表 19-5。

卫生器具冲洗水量/流量　　　　　　　　　　　　　　　　　　　　表 19-5

卫生器具	水嘴	小便器	淋浴器	坐便器	大便器冲洗阀
冲洗水量/流量	0.125L/s	3.0L	0.12L/s	双档冲水，大档 5.0L，小档 3.5L	5.0L

（2）本工程给水、热水实行计量设计。建筑给水引入管装入户水表。病房区给水、热水按护理单元单独计量，其他区域给水、热水按层单独计量。

（3）所有污水均进化粪池，病区污废水均经医院污水处理站处理后排入市政污水管网。

（4）生活给水泵组均采用变频供水泵组。

（5）本工程生活热水系统主要热源来自屋顶太阳能供水设备，辅助热源来自屋顶空气能热泵热水机组。

（6）绿化浇灌采用喷灌和微灌等高效节水措施。

（7）生活贮水采用 304 食品级不锈钢板水箱，水箱采用水箱消毒机消毒处理，水箱检修口设密闭防污上盖，并高出水箱顶 50mm 以上，水箱周围 2m 内不得有污水管和污染物。水箱通气管管口设防虫网罩。

（8）洗手盆龙头均采用感应式，蹲便器冲洗阀均采用脚踏式，除卫生间地漏外均采用可开式密闭地漏。

（9）生活热水管道均保温，减少热量损失。

11. 管材

（1）生活给水管、生活热水管

本工程室内生活给水管、生活热水管均采用外镀锌内衬不锈钢复合钢管（工作压力小于或等于 1.6MPa），管径≤DN65 采用丝扣连接，管径≥DN80 采用沟槽连接。外镀锌内衬不锈钢复合钢管管材及管件执行标准《内衬不锈钢复合钢管》CJ/T 192—2017。

（2）排水管道

1）本工程污水管、通气管、雨水管均采用法兰承插锁紧闭合式玻纤增强聚丙烯（YT-FRPP）静音管，管材与管件连接方式为法兰压盖锁紧（锁紧环）闭合式柔性承插连接。

2）与潜水排污泵连接的管道，均采用焊接钢管，焊接。管道工作压力为 1.6MPa。

3）开水器、开水炉排水管道应采用机制铸铁管，承插柔性连接。

（3）消火栓给水系统管道采用内外壁热浸镀锌无缝钢管，管径≤DN50 采用螺纹连接，管径＞DN50 采用沟槽连接件（卡箍）连接。管道工作压力为 2.5MPa。

（4）自动喷水灭火给水系统管道干管及管径＞DN80 的配水干管、地下车库（中危险级Ⅱ级）管道干管及支管均采用内外壁热浸镀锌无缝钢管，管径≤DN50 采用螺纹连接，管径＞DN50 采用沟槽连接件（卡箍）连接，管道工作压力为 2.5MPa；地下车库（中危险级Ⅱ级）以外场所（中危险级Ⅰ级）自动喷水灭火给水系统管道管径≤DN80 的配水干管、支管采用氯化聚氯乙烯（PVC-C）喷淋专用管材粘接连接，应符合现行国家标准《自动喷水灭火系统 第 19 部分：塑料管道及管件》GB/T 5135.19 的规定。

（5）水箱溢水管、泄水管均采用内外壁热镀锌钢管，法兰连接。

12. 阀门及附件

（1）阀门

1）生活给水管、生活热水管：管径≤DN50 采用全铜质截止阀或球阀；管径＞DN50 采用全铜质闸阀或铸钢蝶阀，阀门工作压力与管道工作压力一致。

2）消防给水管上采用蝶阀、明杆闸阀或带启闭刻度的暗杆闸阀，工作压力为 2.5MPa；阀门采用球墨铸铁或不锈钢阀门。

3）压力排水管上的阀门采用铜芯球墨铸铁外壳闸阀，工作压力为 1.6MPa。

（2）止回阀

止回阀均采用快速止回阀。生活给水泵、消防水泵出水管上的止回阀均采用防水锤微阻缓闭消声止回阀。高位消防水箱出水管上应选用旋启式等在阀前水压很低时容易开启的低阻力止回阀。排水泵出水管上安装旋启式（水平管）或升降式（（立管上）止回阀。止回阀的工作压力与同位置阀门的工作压力一致。

（3）减压阀

1）减压阀均采用减压稳压阀。高位消防水箱重力流出水管上应选用低阻力减压阀。

2）安装减压阀前全部管道必须冲洗干净。减压阀安装应在供水管网试压、冲洗合格后进行。

3）减压阀的进口处应设置过滤器，过滤器的孔网直径不宜小于 $4\sim5$ 目$/cm^2$，过流面积不应小于管道截面积的 4 倍。过滤器需定期清洗和去除杂物。过滤器和减压阀前后应设压力表，压力表的表盘直径不应小于 100mm，最大量程宜为设计压力的 2 倍。过滤器前和减压阀后应设置控制阀门；减压阀后应设置压力试验排水阀；减压阀应设置流量检测测试接口或流量计。

4）比例式减压阀宜垂直安装，可调式减压阀宜水平安装；垂直安装的减压阀，水流方向宜向下。

5）减压阀和控制阀门宜有保护或锁定调节配件的装置；接减压阀的管段不宜有气堵、气阻。

（4）防护阀门

1）给水排水、消防管道穿越人防需在人防围护墙的内侧和防护单元隔墙的两侧设防护阀门。自动喷水灭火给水管道穿越人防时，应设置带信号装置的防护阀门。

2）防护阀门应采用阀芯为不锈钢或铜材质的闸阀或者截止阀，防护阀门的公称压力不应小于 1.0MPa，并应同时满足平时使用压力等级的要求。

3）人防围护结构内侧距离阀门的近端面不大于 200mm，阀门应有明显的启闭标志。

4）消防阀门必须有"公安部消防产品合格评定中心"出具的 CCCF 认证。

（5）附件

1）地漏采用带过滤网的无水封直通型地漏加存水弯，材质采用铝合金或铜，箅子均为镀铬制品，空调机房、需要排放地面冲洗废水的医疗用房等采用可开启式密封地漏。严禁采用钟罩（扣碗）式地漏；严禁采用活动机械密封替代水封。公共浴室等处的地漏采用网框式地漏，如本体构造内无水封，则应加设存水弯。地漏及其他水封高度不小于 50mm，且不得大于 75mm。当地漏附近有洗手盆时，宜采用洗手盆排水给地漏水封补水。卫生器具排水管段上不得重复设置水封。本工程坐便器均自带水封，蹲便器均另设水封。厨房排水预留管受水口应设置水封装置。

2）地面清扫口采用铜制品，清扫口表面与地面平齐。

3）屋面采用 87 型雨水斗。

4）全部给水配件均采用节水型产品，不得采用淘汰产品。

13. 卫生洁具

（1）本工程所用卫生洁具均采用陶瓷制品，颜色由业主和装修设计确定。

（2）低水箱坐式大便器水箱容积为 5L/3.5L。

（3）卫生洁具给水及排水五金配件应采用与卫生洁具配套的节水型产品。

（4）构造内无水封的卫生洁具，必须在其排水口以下设存水弯，存水弯的水封高度不得小于 50mm。

14. 管道敷设

（1）所有管道的横干管均设于吊顶内。

（2）给水立管穿楼板时，应设套管。安装在楼板内的套管，其顶部应高出装饰地面20mm；安装在卫生间、淋浴间的套管，其顶部应高出装饰地面50mm，底部与楼板底面相平。套管与管道之间的缝隙应用阻燃密实材料和防水油膏填实，端面光滑。消防给水管穿墙体或楼板时应加设套管，套管长度不应小于墙体厚度，或应高出楼面或地面50mm；套管与管道之间的缝隙应采用不燃材料填塞，管道的接口不应位于套管内。

（3）排水管穿楼板时应预留孔洞，管道安装完后将孔洞严密捣实，立管周围应设高出楼板面设计标高10～20mm的阻水圈。管径大于或等于 $DN100$ 的排水立管穿楼板处应设阻火圈。

（4）管道穿钢筋混凝土墙和楼板时，应根据图中所注管道标高、位置配合土建工种预留孔洞或预埋套管。管道穿地下室外墙时，应预留刚性防水套管，套管管径比管道大1～2号。套管与管道之间的缝隙应采用柔性防火材料封堵。

（5）建筑物给水引入管和排水出户管穿越地下室外墙时，应设防水套管。穿越基础时，基础与管道之间应留有一定空隙，并宜在管道穿越地下室外墙或基础处的室外部位设置波纹管伸缩节。

（6）生活给水管、消防给水管均按 0.002 的坡度坡向立管或泄水装置；通气管以0.01 的上升坡度坡向通气立管；排水管道除图中注明者外，均按表 19-6 安装。

排水管道坡度　　　　　　　　　　　　　　　　　表 19-6

管径(mm)	污水管	雨水管
$DN50$	0.035	
$DN75$	0.025	
$DN100$	0.02	0.02
$DN150$	0.01	0.01
$DN200$	0.008	0.008
$DN300$		0.006

（7）管道支架或管卡应固定在楼板上或承重结构上。钢管水平安装支架间距，按《建筑给水排水及采暖工程施工质量验收规范》GB 50242—2002 的规定施工；铜管支架间距，按《建筑给水铜管管道工程技术规程》DBJ/T 01-67—2002 的规定施工；立管每层装一管卡，安装高度为距地面1.5m；排水管上的吊钩或卡箍应固定在承重结构上，固定件间距横管不得大于2m，立管不得大于3m。层高小于或等于4m时，立管中部可安一个固定件。水泵房内采用减震吊架及支架。

（8）自动喷水灭火给水管道的吊架与喷头之间的距离应不小于300mm，距末端喷头的距离不大于750mm，吊架应位于相邻喷头间的管段上，当喷头间距不大于3.6m时，可设一个，小于1.8m时允许隔段设置。

（9）排水立管检查口距地面或楼板面1.00m。消火栓栓口距地面或楼板面1.10m。

（10）不锈钢管与阀门、水嘴等连接应采用转换接头。污水横管与横管的连接，不得采用正三通和正四通。污水立管偏置时，应采用乙字管或2个45°弯头。污水立管与横管及排出管连接时采用2个45°弯头，且立管底部弯管处应设支墩。自动喷水灭火系统管道变径时，应采用异径管连接，不得采用补芯。

（11）阀门安装时应将手柄留在易于操作处。暗装在管井、吊顶内的管道，凡设阀门及检查口处均应设检修门，检修门做法详见建施图。

（12）除吊顶型喷头及吊顶下安装的喷头外，直立型、下垂型标准喷头的溅水盘与顶板的距离不应小于 75mm，且不应大于 150mm。当在梁或其他障碍物底面下方时不应大于 300mm；在梁间时，不应大于 550mm。溅水盘与底面的垂直距离，在密肋梁板或梁等障碍物下方时不应小于 25mm，且不应大于 100mm。

（13）自动喷水灭火系统水平安装的管道坡度为 0.002，并应坡向泄水阀。

（14）自动喷水灭火系统连接喷头的短立管管径均为 $DN25$。

（15）自动喷水灭火系统末端试水装置试水接头出水口的流量系数为 80。

（16）自动喷水灭火系统试验装置处应设置专用排水设施，末端试水装置处的排水立管管径为 $DN100$；报警阀处的排水立管管径为 $DN100$；减压阀处的压力试验排水管管径为 $DN150$。

（17）净空高度大于 800mm 的闷顶和技术夹层内有可燃物时，应设置喷头。

（18）当梁、通风管道、成排布置的管道、桥架等障碍物的宽度大于 1.2m 时，其下方应增设喷头。

（19）喷头安装应在系统试压、冲洗合格后进行。

（20）建筑物的生活水箱、消防水箱的配水管、水泵吸水管应设软管接头。

（21）生活热水供水管、回水管干管长度超过 50m 时应设置波纹伸缩节。

（22）连接 4 个及 4 个以上卫生器具且横支管长度大于 12m 的排水横支管；连接 6 个及 6 个以上大便器的污水横支管均设置环形通气管。

（23）室内设自动喷水灭火系统的建筑外墙上下层开口之间的实体墙高度不应小于 0.8m。当上下层之间设置实体墙确有困难时，可设置防火玻璃墙，高层建筑的防火玻璃墙的耐火完整性不应低于 1.00h，多层建筑的防火玻璃墙的耐火完整性不应低于 0.50h。外窗的耐火完整性不应低于防火玻璃墙的耐火完整性要求。

（24）（半）暗装在防火墙上的消火栓箱，其背面应采用实体墙封堵，耐火极限应满足《建筑设计防火规范》GB 50016—2014（2018 年版）表 5.1.2 的规定。

（25）穿过防火墙处的管道保温材料，应采用不燃材料。消防给水管穿过墙体或楼板时，其套管与管道的间隙应采用不燃材料填塞。其他部位的保温材料及其外保护层的耐火等级应选用难燃 B1 级。保温材料的外保护层耐火等级应与保温材料一致。

15. 设备基础

（1）水泵、设备等基础的螺栓孔位置，以到货的实际尺寸为准。

（2）给水泵等设备应设防振基础，且应在基础周围设限位器固定，限位器应经计算确定。

16. 水压试压

（1）生活给水管试验压力为：低区 0.60MPa，中区 0.80MPa，高区 1.10MPa；生活热水管试验压力为：低区 0.85MPa，中区 0.60MPa，高区 0.60MPa；试压方法应按《建筑给水排水及采暖工程施工质量验收规范》GB 50242—2002 的规定执行。

（2）消火栓给水管道的试验压力为 1.80MPa，试压方法应按照《消防给水及消火栓系统技术规范》GB 50974—2014 的规定执行。

（3）自动喷水灭火给水管道的试验压力为 1.80MPa，试压方法应按《自动喷水灭火系统施工及验收规范》GB 50261—2017 的规定执行。

（4）消防给水及消火栓系统管网安装完毕后，应对其进行强度试验、冲洗和严密性试验。

（5）隐蔽或埋地污水管在隐蔽前需做灌水试验，其他应做通水试验。做法按《建筑给水排水及采暖工程施工质量验收规范》GB 50242—2002 的规定执行。

（6）室内雨水管注水至最上部雨水斗，持续 1h 后以液面不下降为合格。

（7）污水及雨水的立管、横干管，还应按《建筑给水排水及采暖工程施工质量验收规范》GB 50242—2002 的要求做通球试验。

（8）钢板水箱满水试验，应按国家标准图集《矩形给水箱》12S101 中的要求进行；钢筋混凝土水池满水试验 24h，渗漏率应小于 1/1000，具体应按《给水排水构筑物施工及验收规范》GB 50141—2008 中的要求执行。

（9）压力排水管道按排水泵扬程的 2 倍进行水压试验，保持 30min，无渗漏为合格。

（10）水压试验的试验压力表应位于系统或试验部分的最低部位。

（11）室内消火栓系统安装完后应取屋顶试验消火栓和一层 2 处消火栓做试射试验，达到设计要求为合格。

17. 管道和设备保温

（1）生活热水管道、屋顶水箱间所有管道、生活热水箱、消防水箱均需做保温，其中屋顶水箱间内水箱及管道需设置电伴热；所有给水横管及管井内的给水立管、吊顶内的排水管道、雨水管道，均做防结露。室内满足防冻要求的管道可不设防结露。

（2）需要保温的管道均采用橡塑保温材料，厚度为：$DN15\sim DN20$，25mm；$DN25\sim DN50$，30mm；$DN70\sim DN80$，35mm；$DN100\sim DN200$，40mm。需要防结露的管道均采用橡塑保温材料，厚度为 20mm。生活热水箱、消防水箱保温采用橡塑保温板，厚度为 40mm。

（3）橡塑保温材料应符合《建筑材料及制品燃烧性能分级》GB 8624—2012 中 B1 级防火标准，并达到 S_2、d_0、t_1 指标；氧指数≥39%；导热系数≤0.033W/(m·K)；湿阻因子≥10000；真空吸水率≤5%。

（4）保温应在试压合格及除锈防腐处理后进行。

18. 防腐及油漆

（1）在涂刷底漆前，应清除表面灰尘、污垢、锈斑、焊渣等物。涂刷油漆厚度应均匀，不得有脱皮、起泡、流淌和漏涂现象。

（2）溢流管、泄水管外壁刷蓝色调合漆两道。

（3）雨水管外壁刷白色调合漆两道。

（4）压力排水管外壁刷灰色调合漆两道。

（5）消火栓管刷樟丹两道，红色调合漆两道。自动喷水管刷樟丹两道，红色黄环调合漆两道。消火栓管、自动喷水管均应标明管道名称和水流方向标识。

（6）保温管道：进行保温后，外壳再刷防火漆两道。给水管外刷蓝色环，排水管外刷黑色环。

（7）管道支架除锈后刷樟丹两道，灰色调合漆两道。但铜管、不锈钢管应在管道与支架之间加橡胶垫隔绝。

(8) 埋地消防金属钢管采用加强级防腐，做法应为四油三布。

19. 管道冲洗

(1) 给水管道在系统运行前须用水冲洗和消毒，要求以不小于 1.5m/s 的流速进行冲洗，并符合《建筑给水排水及采暖工程施工质量验收规范》GB 50242—2002 中第 4.2.3 条的规定。

(2) 生活水箱在使用前应冲洗消毒。

(3) 雨水管和污水管冲洗以管道通畅为合格。

(4) 室内消火栓系统及自动喷水灭火系统在与室外给水管连接前，必须将室外给水管冲洗干净，其冲洗强度应达到消防时最大设计流量。

(5) 室内消火栓系统在交付使用前，必须冲洗干净，其冲洗强度应达到消防时的最大设计流量。

(6) 自动喷水灭火系统应按照《自动喷水灭火系统施工及验收规范》GB 50261—2017 的有关要求进行冲洗。

20. 其他

(1) 图中所注尺寸除管长、标高以 m 计外，其余以 mm 计。

(2) 本图所注管道标高，给水、消防等压力管道为管道中心标高，污水、雨水、溢流、泄水等重力流管道为管内底标高。

(3) 本设计施工说明与图纸具有同等效力，二者有矛盾时，业主及施工单位应及时提出，并以设计单位解释为准。

(4) 施工中应与土建公司和其他专业公司密切合作，合理安排施工进度，及时预留孔洞及预埋套管，以防碰撞和返工。如有矛盾总的原则是：小管让大管、有压管让无压管等。污水管道、合流管道与生活给水管道相交时，应敷设在生活给水管道的下面。

(5) 自动喷水灭火系统应设泄水阀和排污口。

(6) 消防系统管网安装完毕在试压、冲洗合格后应进行严密性试验。

(7) 所有给水排水、消防管道在穿越防火卷帘时应绕行。

(8) 生活水泵房、消防水泵房、热水机房、消防水箱间内各泵组均应采取减振降噪措施。

(9) 本工程室外检查井、阀门井应有防坠落措施。

(10) 室内暗设消火栓应在土建预留洞口内安装。

(11) 消防给水及消火栓系统的施工必须由具有相应等级资质的施工队伍承担。系统竣工后，必须进行工程验收，验收应由建设单位组织质检、设计、施工、监理参加，验收不合格不应投入使用。

(12) 建筑物内的生活水泵房、消防水泵房、热水机房、消防水箱间、热水水箱间等采用下列减振防噪措施：选用低噪声水泵机组；吸水管和出水管上设置橡胶软接头等减振装置；水泵机组的基础设置减振垫等减振装置；管道支架、吊架和管道穿墙、楼板处采取防止固体传声措施。

(13) 消防车登高操作场地及其下面的建筑结构、管道和暗沟等，应能承受重型消防车的压力。

(14) 未尽事宜按照国家和山东省现行有关规范、标准及标准图集的要求执行。

第 20 章
传染病医院建筑给水排水设计

2013 年，严重急性呼吸综合征（SARS）病毒在全球造成严重人员伤亡；2019 年底，新型冠状病毒（COVID-19）在全球肆虐，引发了全世界公共卫生健康危机，造成更大人员伤亡。传染病尤其是严重呼吸发热传染病对人类生命健康的危害愈发巨大。严峻复杂形势一方面对医疗卫生系统救治传染病病人提出了苛刻要求，另一方面对医院尤其是传染病医院设计提出了更大挑战。为了达到防止交叉感染、保证救治安全、提高救治效果的要求，给水排水专业在传染病医院建筑设计中应与时俱进，强化设计标准，提高设计水平。

传染病医院建筑布局根据工艺要求分为清洁区、半清洁区、污染区（隔离区）。清洁区为医护人员工作、活动区域，包括医生办公室、休息、更衣、淋浴等场所，包括医护人员进入污染区前的洗手消毒→穿工作服（帽子、口罩）→穿防护服区域等。半清洁区为医护人员与病人之间缓冲过渡区域，包括护士站、缓冲间、医护人员离开污染区前的缓冲风淋区→脱防护服→脱工作服（帽子、口罩）→洗手消毒区域等。污染区又称为隔离区，为病人隔离、治疗区域，包括病房、卫生间等，隔离区内含有大量传播感染能力强的致病病毒、细菌。

传染病医院给水排水设计的特点和核心是确保生活给水和生活热水供水安全，避免通过排水、通气系统传播病菌、病毒，以保证人员生命健康安全、周边环境安全。

20.1　生活给水系统

20.1.1　水质及用水定额

传染病医院生活给水水质，应符合现行国家标准《生活饮用水卫生标准》GB 5749 的有关规定。

传染病医院生活用水定额应符合表 20-1 的规定。

传染病医院生活用水定额　　　　　　　　　表 20-1

序号	设施标准	单位	最高日用水量(L)	小时变化系数
1	设集中卫生间、盥洗间	每床位每日	100～200	2.5～2.0
2	设集中浴室、卫生间、盥洗间	每床位每日	150～250	2.5～2.0
3	设集中浴室、病房设卫生间、盥洗间	每床位每日	250～300	2.5～2.0
4	病房设浴室、卫生间、盥洗间	每床位每日	250～400	2.0
5	贵宾病房	每床位每日	400～600	2.0

续表

序号	设施标准	单位	最高日用水量(L)	小时变化系数
6	门(急)诊病人	每人每次	25~50	2.5
7	医护人员	每人每班	150~300	2.0~1.5
8	医院后勤职工	每人每班	30~50	2.5~2.0
9	职工浴室	每人每次	80~150	1.0
10	食堂	每人每次	25~50	2.5~1.5
11	洗衣	每千克干衣	80~150	1.5~1.0

注：1. 医护人员的用水量包括手术室、中心供应室等医院常规医疗用水；

　　2. 道路和绿化用水应根据当地气候条件确定。

20.1.2　生活给水泵房（站）

对于新建传染病医院建筑，其生活给水泵房（站）包括其内设置的生活水箱等均属于医护人员、病人重要的生活资源，属于传染病医院建筑给水设计的心脏区域，严禁任何病毒、细菌污染，因此应设置在清洁区内，严禁设置在污染区。对于改建传染病医院建筑，其生活给水泵房等亦应设置在清洁区内，当设置在清洁区确有困难时，可设置在半清洁区内，但应采取严格的安全防护措施，如泵房严禁无关人员入内、泵房采取正压通风系统、防止污染生活给水设施等。

当一座医院综合建筑内部分区域设计为或改造为传染病区域时，传染病区域所需要的生活给水泵房等应设置在非传染病区域内，且不应毗邻传染病区域，应保证足够的安全距离（不宜小于 50m）。

20.1.3　生活给水供水模式

当前市政给水管网向医院建筑供水通常采用 3 种模式。模式一为市政给水管网直接供水，模式二为市政给水管网直供加设置防回流阀门供水，模式三为断流水箱加给水泵组供水。模式二、模式三均采取了防止污染市政给水管网的措施：模式二在市政给水管网引入管上设置防回流阀门（按照防回流效能自高至低依次为减压型倒流防止器→低阻力倒流防止器→双止回阀倒流防止器→止回阀）防止户内给水管网回流污染市政给水管网，考虑到阻力和成本，通常采用低阻力倒流防止器；模式三采用市政给水管网接至生活水箱，由生活给水泵组自生活水箱吸水向建筑内各用水点供水，通过生活水箱实现断流，防止户内给水管网回流污染市政给水管网。显然按照供水安全可靠性要求，模式三＞模式二＞模式一。

医院建筑常规生活给水供水分为直供区和加压区，具体模式为：低楼层区域采用市政给水管网供水，自市政给水管网引入管阀门井内设置倒流防止器（模式二）；高楼层区域采用生活水箱加变频给水泵组供水（模式三）。模式二和模式三均采取了措施防止当市政给水管网出现压力下降时，医院建筑给水管道内水回流进市政给水管网，造成市政给水管网污染。

对于传染病医院建筑生活供水，应绝对保证市政给水管网安全，严禁传染病医院建筑生活给水管网内水回流污染市政给水管网。因此断流水箱加给水泵组供水（模式三）为传染病医院建筑首选推荐供水模式。

在既有传染病医院建筑改造时，现场存在无建筑空间设置生活水箱和生活水泵房的情况。当采用的户内生活给水系统无自身回流可能性，且市政给水管网供水安全可靠性高、发生突发供水事故概率低时，根据《水标》和《建筑与工业给水排水系统安全评价标准》GB/T 51188—2016 判定该既有建筑生活给水系统回流风险较低时，亦可采用模式二，即设置减压型倒流防止器防止回流的供水模式。

当一座医院综合建筑内部分区域设计为或改造为传染病区域时，传染病区域生活供水宜独立设置，即独立设置供水设施，包括独立生活给水引入管、独立生活断流水箱、独立生活给水泵组、独立户内生活给水管网等。当因条件所限，独立设置有困难时，可以独立设置部分生活供水设施，按照供水安全可靠性要求，可参照下列顺序：独立生活断流水箱＞独立生活给水引入管＞独立生活给水泵组＞独立户内生活给水管网。工程设计时，应根据工程实际情况具体分析确定合理的生活给水供水模式。

20.1.4　生活给水设备及管道

生活给水设备（如生活水箱）等应采取防污染措施，具体要求及措施参见第 1.2 节。生活水箱应设置消毒设施。

室内生活给水管道不应穿越无菌室；当必须穿越时，应采取防漏措施。

室内外生活给水系统配水干管、支管应设置检修阀门，检修阀门宜设在工作人员的清洁区内。

接至负压隔离病房区域的生活给水干管上应设置倒流防止器。非负压隔离病房区域的生活给水管若确须穿越负压隔离病房区域时，管道应采用焊接连接或不带接头的法兰、丝扣连接。

为避免交叉感染，污染区和半污染区的卫生器具必须采用非接触式（感应式阀门等）或非手动开关（脚踏阀门等）。清洁区的卫生器具宜采用非接触式或非手动开关。

下列场所的用水点应采用非接触式或非手动开关，并应防止污水外溅：（1）公共卫生间的洗手盆、小便斗、大便器；（2）护士站、治疗室、中心（消毒）供应室、监护病房、诊室、检验科等房间的洗手盆；（3）其他有无菌要求或需要防止院内感染场所的卫生器具。

采用非手动开关的用水点应符合下列要求：（1）医护人员使用的洗手盆，以及细菌检验科设置的洗涤池、化验盆等，应采用感应水龙头或膝动开关水龙头；（2）公共卫生间的洗手盆应采用感应自动水龙头，小便斗应采用自动冲洗阀，坐便器应采用感应冲洗阀，蹲式大便器宜采用脚踏式自闭冲洗阀或感应冲洗阀。

从卫生角度出发，生活给水管道宜选择薄壁不锈钢管，亦可选择铜管、给水塑料管，其中给水塑料管只能用于给水支管。给水管件宜与管材材质统一。

为避免生活给水管道破坏泄漏造成传染病病毒、病菌蔓延，生活给水管道应严格根据《建筑给水排水及采暖工程施工质量验收规范》GB 50242—2002 的要求做水压试验（给水管道试验压力均为设计工作压力的 1.5 倍且不得小于 0.6MPa）、阀门安装前的强度试验和严密性试验。

20.2 生活热水系统

20.2.1 用水定额

传染病医院热水用水定额应符合表 20-2 的规定。

传染病医院热水用水定额

表 20-2

序号	设施标准	单位	最高日用水量(L)	小时变化系数
1	设集中卫生间、病房设卫生间、盥洗间	每床位每日	60～100	2.5～2.0
2	设集中浴室、病房设卫生间、盥洗间	每床位每日	70～130	2.5～2.0
3	病房设浴室、卫生间、盥洗间	每床位每日	130～200	2.0
4	贵宾病房	每床位每日	150～300	2.0
5	门(急)诊病人	每人每次	10～15	2.5
6	医护人员	每人每班	60～100	2.5～2.0
7	医院后勤职工	每人每班	10～15	2.5～2.0
8	职工浴室	每人每次	40～60	1.0
9	食堂	每人每次	7～10	2.5～1.5
10	洗衣	每千克干衣	20～35	1.5～1.0

生活热水加热设备出水温度不应低于 60℃。手术室等处的盥洗池水龙头应采用恒温供水，供水温度宜为 30℃。

20.2.2 生活热水机房（换热机房、换热站）

对于新建传染病医院建筑，其生活热水机房（换热机房、换热站）也属于医护人员、病人重要的生活资源，属于传染病医院建筑热水设计的心脏区域，严禁任何病毒、细菌污染，因此应设置在清洁区内，严禁设置在污染区。对于改建传染病医院建筑，其生活热水机房亦应设置在清洁区内，当设置在清洁区确有困难时，可设置在半清洁区内，但应采取严格的安全防护措施，如机房严禁无关人员入内、机房采取正压通风系统、防止污染生活热水设施等。

当一座医院综合建筑内一部分区域设计为或改造为传染病区域时，传染病区域所需要的生活热水机房应设置在非传染病区域内，且不应毗邻传染病区域，应保证足够的安全距离（不宜小于 50m）。

20.2.3 生活热水系统热源

传染病医院建筑生活热水系统应有稳定、安全、可靠的热源。院区设有热水锅炉房（锅炉房宜独立设置，远离传染病建筑或病区）时，高温热水锅炉提供稳定可靠的热媒，经生活热水机房（换热机房、换热站）换热后产生稳定可靠的热源。其他热源方式应结合传染病医院所在地理条件、能源环境、自身条件等综合确定。

当一座医院综合建筑内一部分区域设计为或改造为传染病区域时，该传染病区域的热源宜独立设置。热源宜由燃气热水炉或电热水炉提供，根据生活热水系统耗热量合理确定2台或多台热水炉组合使用。热水炉的优点：不属于锅炉，设置场所限制较少；机房占地面积小；配置灵活；安装方便。热水炉机房同样应设置在清洁区内。

20.2.4　生活热水系统形式

为减少传染病污染区内热水设备数量，降低设备安装、维修工作人员感染风险，缩短设备安装工期，传染病医院建筑生活热水系统宜采用集中热水供应系统。集中热水供应系统包括热水热源、热水供水管网、热水循环管网、热水用水末端、热水循环泵组等，其中热水热源、热水循环泵组等设备设置在清洁区热水机房内，半清洁区、污染区内主要敷设热水供水、回水管道。

对于改建的传染病医院建筑，当因系统造价、热水机房设置确有困难时，亦可采用单元式电热水器提供生活热水系统热源。为了降低设备维护、维修、调试、管理人员感染风险，单元式电热水器宜具备下列条件：产品质量有保证；具有较大的热水贮水容积；出水温度稳定；具备水温调节功能。

传染病医院建筑生活热水系统供水体制应采用24h全日制供水。

20.2.5　生活热水系统管网

传染病医院建筑生活热水系统使用人员包括医护人员、病人；使用区域包括清洁区淋浴区、污染区病房卫生间。

传染病医院建筑生活热水系统宜根据楼层、护理单元、区域分别设置：不同楼层的热水系统宜各自成独立管网系统；每个楼层不同护理单元的热水系统宜各自成独立管网系统；每个护理单元内清洁区与污染区的热水系统宜各自成独立管网系统。每个独立热水管网系统热水供水干管上设置检修阀门、热水表（需要的话），热水回水干管上设置检修阀门、热水表（需要的话）、止回阀。

传染病医院建筑生活热水系统宜做成同程系统；若做成异程系统，各分支系统热水回水干管上应设置生活热水多功能阀以调节水量、热量平衡，保证热水正常循环。

20.2.6　生活热水系统其他设计要点

热水系统与冷水系统的供水压力应平衡。传染病医院热水系统的供热设备、换热设备不应少于2台，当一台检修时，其余设备应能供应60%的设计用水量。

热水进行再循环时，对于在严重传染区下游的不带水阀门的结构，在使循环水回到蓄水设备（箱）后，应在箱内以80℃加热10min以上进行杀菌，然后再以供给时所需的温度进行循环。

室内生活热水系统配水干管、支管应设置检修阀门，检修阀门宜设在工作人员的清洁区内。

生活热水系统末端淋浴器宜采用恒温阀。

非负压隔离病房区域的生活热水管若确须穿越负压隔离病房区域时，管道应采用焊接连接或不带接头的法兰、丝扣连接。

20.3　饮用水系统

传染病医院建筑每个护理单元均应单独设置饮用水供水点。当传染病医院开水系统采用蒸汽间接加热时，宜集中设置蒸汽开水炉，并应通过开水管道向各护理单元供应；当采用电加热时，每护理单元应单独设置电加热开水器。蒸汽开水炉、电加热开水器均应采取安全防护措施。

传染病医院开水系统亦可采用瓶装水饮水机。

传染病医院建筑生活饮用水管道宜避开污染区，当条件限制不能避开时，应采取防护措施。

20.4　排水系统

20.4.1　室外排水系统

传染病医院院区室外排水体制应采用雨污分流制。当院区周边无市政雨水管网可以接入时，院区也应根据建筑、道路布置设置单独的雨水管道排水系统，不宜采用地面径流散流或明沟排放雨水。

为了防止交叉感染，新建传染病医院建筑病区污水、废水与非病区污水、废水应采取分流排放。现有传染病医院建筑改建、扩建时，其污水、废水应与其他污水、废水分别收集。

在传染病医院院区内车辆停放处，宜设置冲洗和消毒设施。

室外污水检查井应采用密封井盖。对于严重呼吸道发热传染病医院建筑，其室外污水检查井若密封性不好，存在产生呼吸系统疾病病毒、细菌随着污水通过检查井蔓延的风险时，室外污水排水系统应采用无检查井的管道进行连接。为保证排水系统畅通，应设置通气管，通气管的间距不应大于50m，通气管应沿建筑物墙体敷设，并在建筑物屋面以上（宜出屋面不小于2.0m）高空排放。污水管应每隔一定间距设置清扫口，清扫口的间距应符合现行国家标准《室外排水设计规范》GB 50014 的有关规定。

20.4.2　室内排水系统

传染病医院建筑排水系统设计应遵循以下原则：污染区排水系统与清洁区排水系统应严格分开设置；污染区不同类型传染病病区排水系统应严格分开设置。"分开设置"要求排水管（包括排水干管、排水立管、排水支管）、卫生器具、地漏等均分开。

呼吸道发热门（急）诊内应设独立卫生间，排水管及通气管均不应与其他区域的管道连接，其排水管应单独排出。

污染区（隔离区）病房卫生间排水根据楼层数、建筑高度、设计排水量等因素确定排水形式：单层或少数多层病房（2≤楼层数≤3）宜采用伸顶通气排水形式；多层病房（4≤楼层数≤6）宜采用伸顶通气排水形式，亦可采用专用通气排水形式；高层病房（楼层数≥7）宜采用专用通气排水形式。污洗间等场所排水通常采用伸顶通气排水形式。

排水系统水封破坏是造成传染病病毒、细菌通过空气传播的主要因素之一。高层建筑排水系统易产生负压从而导致排水系统水封破坏，其中排水立管通水量过大很可能导致排水系统产生负压致使水封破坏。对于高层传染病医院建筑，排水立管的最大设计排水能力取值不应大于《水标》规定值的 0.7 倍。

清洁区医护人员公共卫生间排水形式：对于多层建筑宜采用伸顶通气排水形式；对于高层建筑宜采用专用通气排水形式。淋浴间、诊室、处置室、换药室等场所排水通常采用伸顶通气排水形式。

20.4.3　室内通气管系统

无论是伸顶通气管系统，还是专用通气管系统，都是控制病毒、细菌等通过空气、气溶胶等途径传播造成感染的重要环节。

传染病医院建筑通气管系统设计亦应遵循以下原则：污染区、半污染区、清洁区各区域通气管系统必须严格独立设置，严禁与其他区域共用通气管系统（包括通气立管、通气汇集管等）。污染区通气管系统与清洁区通气管系统应严格分开设置；污染区不同类型传染病病区通气管系统应严格分开设置，污染区内负压隔离病房区通气管系统必须独立设置。

当一座医院综合建筑内一部分区域设计为或改造为传染病区域时，传染病区域通气管系统应自成体系，应严格与该建筑内非传染病区域通气管系统分开设置。

通气管宜独立通至建筑屋顶，亦可几根通气管汇集后通至建筑屋顶。通气管在建筑屋顶应高空排放，通气管帽应高于屋面不小于 2.0m。通至建筑屋顶的通气管四周应有良好的通风，严重传染病区宜将通气管中废气集中收集进行处理。

污染区排水系统的通气管出口会排出含有病毒的气溶胶。为消除致病病毒、细菌对室外环境的污染，污染区（隔离区）排水系统的通气管出口应设置耐湿、耐腐蚀的高效过滤器过滤或采取消毒处理。过滤器维修时应就地消毒后按医疗垃圾处理；消毒处理宜采用紫外线消毒或臭氧消毒。

20.4.4　地漏

设置场所：传染病医院建筑内的准备间、污洗间、卫生间、浴室、空调机房等房间应设置地漏，护士室、治疗室、处置室、诊室、检验科、医生办公室等房间不宜设置地漏。

地漏形式：手术室、急救抢救室等处的地漏应采用不锈钢密封地漏。污染区、半污染区内的地漏宜采用带过滤网的密封不锈钢地漏，安装后使用前应密闭。负压隔离病房内的地漏应采用可开启的不锈钢密封地漏，地漏安装应平整、牢固、无渗漏，地漏顶标高应低于周边地面。地漏应采用无水封地漏加存水弯保证水封的方式，水封高度不得小于50mm，且不得大于 75mm。可采用洗手盆的排水给地漏水封补水。

地漏水封破坏亦是造成传染病病毒、细菌通过空气传播的主要因素之一。地漏内的水很容易因蒸发、缺少补水等造成水封高度内水干涸而导致地漏水封破坏。为防止此类情形的发生，地漏应采取水封补水措施，并宜采取洗手盆排水给地漏水封补水的措施。

20.4.5　排水管道与卫生器具

为避免室内排水管道泄漏导致病毒、细菌蔓延污染室内环境，室内排水管道应选用高质量排水管材、排水连接管件。排水管道应严格按要求施工，验收时应做闭水试验以确保排水系统的严密性。室外排水管道亦应选用高质量排水管材、排水连接管件，敷设时宜采用稳定可靠的素混凝土基础。检验科、实验室等场所的排水管道宜采用聚丙烯排水管、聚氯乙烯排水管。核医学科排放含有放射性污水的排水管通常采用含铅机制铸铁排水管，排水立管应安装在壁厚不小于 150mm 的混凝土管道井内。

细菌、病毒检验科应设专用洗涤设施，并应在消毒灭毒、灭菌后通过防腐蚀排水管道排至室外排水管网，进入医院污水处理站集中处理。

室内排水管道不应穿越无菌室；当必须穿越时，应采取防漏措施。

用于收集具有严重传染病病毒的排水管，在穿越的地方应采用不收缩、不燃烧、不起尘材料密封。

传染病医院建筑内卫生间大便器宜选用冲洗效果好、污物不宜粘附在便槽内且回流少的器具。

污洗间内污物洗涤池和污水盆的排水管管径不得小于 75mm。

传染病医院建筑内空调冷凝水应集中收集，不应接入地漏排放。冷凝水应排入院区污水处理站处理。

排水立管上检查口应每隔一层设置，检查口宜避开污染区，尤其是负压隔离病房区域。

为避免排水管道破坏泄漏，排水管道应严格根据现行验收规范要求做通球试验。

传染病医院建筑给水排水管道穿过墙壁和楼板处应设置金属套管，楼板处套管顶部应高出装饰地面 50mm 以上，底部与楼板地面平齐，套管与管道之间的缝隙应用不燃密实材料、防水油膏填实。

20.4.6　污水处理

污水处理是传染病医院防止传染极为重要的环节，也是防止对周边水环境污染的最后环节，污水处理站是传染病医院必备设施。

传染病医院污水处理后的水质，应符合现行国家标准《医疗机构水污染物排放标准》GB 18466 的有关规定。

传染病医院内含有病原体的固体废弃物应进行焚烧处理。手术中产生的医疗污物应就地或集中消毒处理。

放射性污水的排放应符合现行国家标准《电离辐射防护与辐射源安全基本标准》GB 18871 的有关规定。

传染病医院和综合医院的传染病门诊、病房的污水、废水应单独收集，污水应先排入化粪池，灭活消毒后与废水一同进入医院污水处理站，并应采用二级生化处理后再排入城市污水管道。对于严重传染病尤其是严重呼吸道发热传染病医院病区污水、废水，污水处理应采用强化消毒处理工艺以提高灭毒杀菌效能，具体措施为：污水处理应在化粪池前设置预消毒工艺，预消毒池的水力停留时间不宜小于 1h；污水处理站的二级消毒池水力停留时间不应小于 2h。污水处理从预消毒池至二级消毒池的水力停留总时间不应小于 48h。化粪池和污水处理后的污泥回流至化粪池后总的清掏周期不应小于 360d。消毒剂的投加应根据具体情况确定，但 pH 值不应大于 6.5。

污水处理池应密闭，污水处理池通气应统一收集消毒后排放。

20.5 医用气体系统

医用气体系统是传染病医院救治病人的重要生命保障系统。做好医用气体系统的安全使用，防止废气、废液污染，是传染病医院医用气体系统设计的重点。

20.5.1 医用气体机房

医用氧气、医用压缩空气和其他医用气体（医用氮气、医用笑气、医用二氧化碳）机房不应设在污染区（隔离区）内。医用氧气机房不应设置在建筑物内部，通常在医院院区内独立设置；医用压缩空气机房可以在院区独立设置，亦可设置在建筑物内部；其他医用气体机房通常采用汇流排方式供气，一般设置在建筑物内部，靠近手术部等使用区域。

医用氧气、医用压缩空气和其他医用气体的供气管道进入污染区（隔离区）前，应在供气总管上设置防回流装置。

传染病医院建筑内真空吸引系统直接服务污染区（隔离区）内病人。医用真空泵房内的真空泵、真空罐、真空吸引管道内均含有致病病毒、细菌，因此医用真空泵房为集中传染源，存在安全隐患，应将其设置在污染区（隔离区）内，并应加强安全防护。

20.5.2 废气及废液处理

医用真空汇排放的气体应经消毒处理后方可排入大气，排放口应远离空调通风系统进风口（间距不应小于20m）和人群聚集区域。

废液应集中收集并经消毒后处置。

20.5.3 设备及医用气体终端

医用真空泵宜采用安全可靠性高的油润滑旋片式真空泵。

为保证救治效果，严重呼吸发热传染病病区病房内每个床位的医用氧气终端宜设置2个以保证连续供氧，医用真空终端、医用空气终端不宜少于1个，其他医用气体终端根据医疗需要设置。

20.5.4 医用气体计算

严重呼吸发热传染病病区医用氧气、医用压缩空气、医用真空和其他医用气体设计流量计算宜按手术部救治要求确定，即按床位数同时使用率100%计算。

20.5.5 医用气体施工

传染病医院医用废气应严格处理达标后方可排放，废气排放管应设置高性能过滤除菌器处理。排放标准可参照现行行业标准《医院中心吸引系统通用技术条件》YY/T 0186。

医用气体管道和管件应进行气密性试验。医用气体管道强度试验和严密性试验方法可参照现行国家标准《氧气站设计规范》GB 50030。废气排放管道和负压吸引管道气密性试验做法可参照现行行业标准《医院中心吸引系统通用技术条件》YY/T 0186。

医用氧气管道等与病人之间接触的医用气体管道应采用纯铜管或不锈钢管等质量要求

高的管材。负压吸引管道和废气排放管道可采用镀锌钢管或非金属管。

从安全角度出发，吸引装置应有自封条件；医用氧气供应应在值班室设置事故报警；空气压缩机和负压吸引泵组应设备用，且能自动切换；真空吸引系统、麻醉废气排放系统应设置高性能过滤除菌器；进入污染区、半污染区的医用气体管道应设套管，套管内管材不应有焊缝与接头，管材与套管之间应采用不燃材料填充密封，套管两端应有封盖；负压隔离病房内供病人使用的医用气体支管上应设置防止气体回流装置。

20.6　消防系统

传染病医院建筑应根据《建筑设计防火规范》GB 50016—2014（2018 年版）确定该建筑是否设置消防系统（室内消火栓系统、自动喷水灭火系统、灭火器系统、气体灭火系统等）、具体设置场所等，再根据各系统对应消防规范进行深度设计。《传染病医院建筑施工及验收规范》GB 50686—2011 对水消防系统也做出了一些针对性的规定。

1. 消防泵组要求

从消防供水可靠性出发，消防水泵的工作能力应始终得到保证。《传染病医院建筑施工及验收规范》第 9.2.3 条：**传染病医院建筑消防水泵备用泵的工作能力不应小于其中最大一台消防工作泵的工作能力。**在消防设计时，消防水泵通常设置 2 台，1 用 1 备，可以满足规范要求。

2. 自动喷水灭火系统设置要求

传染病医院建筑自动喷水灭火系统宜采用湿式系统，喷头应采用快速响应洒水喷头。传染病医院建筑内宜采用隐蔽型洒水喷头。

负压隔离病房内病人通常为危重病人，紧急情况下会进行抢救，因此负压隔离病房消防要求可按照"手术室"设置，即负压隔离病房内不应安装各类灭火用喷头。但在负压隔离病房外区域设置的室内消火栓系统应能保证 2 股充实水柱保护到病房内区域，灭火器系统的配置应使病房内区域在保护距离内。

3. 消防管道设置要求

从防止传染病病毒通过各种缝隙扩散至清洁区的安全角度出发，穿越污染区和半污染区墙和楼板的消防管道应做套管，套管与墙和楼板之间、套管与管道之间应采用不燃的密封材料进行密封。

消防管道泄漏会造成围护结构破坏，造成传染病病毒扩散，非负压隔离病房区消防管道应避开负压隔离病房区，不能避开时，应采取防护措施；在负压隔离病房区内消防管道应尽可能不产生管道弯头，产生的弯头应强化密封、不应渗漏。为防止维修人员进入污染区，非负压隔离病房区消防管道的阀门不应设置在负压隔离病房区。

消防供水管道和气体灭火剂输送管道应进行强度试验和严密性试验。其中消火栓系统供水管道按照《消防给水及消火栓系统技术规范》GB 50974—2014 的有关规定进行试验，自动喷水灭火系统供水管道按照《自动喷水灭火系统施工及验收规范》GB 50261—2017 的有关规定进行试验，七氟丙烷气体灭火系统按照《气体灭火系统施工及验收规范》GB 50263—2007 的有关规定进行试验。

第 21 章
医养建筑给水排水设计

21.1　医养结合

21.1.1　医养结合概念

随着我国人口老龄化现象愈加明显，老年人的养老及就医需求也愈加强大。我国康养产业发展潜力巨大，而"医养结合"是康养产业的核心和突破口。医养结合最大特点是为老年人提供全面、及时、便利、高效、权威的医疗服务。通过医疗资源和养老资源的有机结合，使老人有病及时治疗、无病康复养老，使医养设施成为有病老人、高龄失能（半失能）老人最佳去处，有效解决老人养老及就医问题，实现老人"老有所依"、"老有所医"，提高老人的生活质量。

医养结合主要指将医疗资源和养老资源有机结合，实现各种社会资源利用效率最大化。"医"指医疗康复保健服务，包括医疗救治服务、健康咨询服务、健康检查服务、疾病诊治和护理服务、大病康复服务及临终关怀服务等；"养"指物质精神服务，包括生活照护服务、精神心理服务、文化活动服务等。

21.1.2　医养结合模式

医养结合实施有多种模式。第一种是将医疗设施、养老设施、生活设施等集中配置，各种设施邻近设置，既各自独立成体系，又互相有机结合，无缝高效对接。第二种是以医疗机构为主体，增加养老服务，主要针对就诊人数较少、医疗资源闲置的城市二级医院，医院利用自身医疗设备、人员优势，吸引老年病人，保证医院可持续经营。第三种是医疗机构部分科室提供养老服务，成立老年病专科，建立专门的老年医护病房，设立老年人康复护理中心。第四种是将医疗机构转型成为提供医疗养老服务一体化的康复机构。第一种模式是新建康养项目、医养项目的主要发展模式，也是本章重点介绍的模式。

21.1.3　医养结合项目核心功能

1. 医养结合项目医疗功能

医养结合项目的第一个核心功能是医疗功能。体现医疗功能的医疗建筑主要为老年人提供医疗服务，其功能主要按老年病诊疗需要配置。医养医疗建筑服务的老人群体主要包括介护老年人（失能老年人）、介助老年人（半失能老年人）。

2. 医养医疗建筑配置要求

医养医疗建筑配置可参照老年病医院配置要求。

三级老年病医院配置要求：住院床位总数 300 张以上；临床科室应包括呼吸内科、消化内科、神经内科、心血管内科、肾内科、内分泌科、肿瘤科、神经外科、骨科、泌尿外科、妇科、眼科、耳鼻喉科、口腔科、精神心理科、急诊医学科、重症医学科、康复医学科、麻醉科、中医科、临终关怀科、长期照护病房，有条件时可设卒中中心、胸痛中心等科室；医技科室应包括医学检验科、病理科、医学影像科、药剂科、输血科、理疗科、手术室、消毒供应室、营养科和相应的临床功能检查部门；职能科室应包括医务部、护理部、医院感染管理科、后勤保障部、病案（统计）室、信息科、社区卫生服务指导中心；医疗设施应配置适合老年病的磁共振、计算机 X 线断层摄影机（CT）、彩超（含移动）、经颅多普勒、视频脑电图、心电图机、动态心电图仪、动态血压仪、移动 X 线机、骨密度检测仪等。

二级老年病医院配置要求：住院床位总数 100 张以上，300 床以下；临床科室应包括内科、外科、妇科、眼科、耳鼻喉科、口腔科（眼科、耳鼻喉科、口腔科可合并设置）、肿瘤科、精神心理科、急诊医学科、康复医学科、麻醉科、中医科、临终关怀科、长期照护病房；医技科室应包括医学检验科、病理科、医学影像科、药剂科、输血科、理疗科、手术室、消毒供应室、营养科和相应的临床功能检查部门；职能科室应包括医务部、护理部、医院感染管理科、后勤保障部、病案（统计）室、信息科、社区卫生服务指导中心；医疗设施应配置适合老年病的计算机 X 线断层摄影机（CT）、彩超（含移动）、心电图机、动态心电图仪、动态血压仪、移动 X 线机、骨密度检测仪等。

3. 医养结合项目养老功能

医养结合项目的第二个核心功能是养老功能。体现养老功能的养老设施主要为老年人提供居住、生活照料、保健、文化娱乐等服务，包括老年养护院、养老院、老年日间照料中心。养老设施服务的老人群体包括介护老年人（失能老年人、特殊护理型老年人）、介助老年人（半失能老年人、半自理型老年人）、自理老年人。

21.2　给水排水设计要点

21.2.1　安全性要求

1. 水源

医养建筑给水系统供水水质应符合现行国家标准的规定。对于非传统水源的中水，不应回用于医养建筑内卫生间冲厕，亦不宜用于室外绿化及道路浇洒。对于非传统水源的雨水，可以回用于室外绿化及道路浇洒，用于绿化时可采用滴灌、微喷灌、涌流灌和地下渗灌等微灌形式，不应采用喷灌形式。

2. 系统

医养建筑给水系统供水压力应满足给水配件最低工作压力需求以保证使用效果，且最低配水点静水压力不宜大于 0.45MPa，静水压力大于 0.35MPa 的配水横管应设减压措施。

医养建筑生活热水系统宜采用集中热水供应系统。为防止军团菌产生，热水贮水温度不宜低于 60℃，或定期将温度提高至 70℃系统循环 10～20min。为防止需照料群体烫伤，热水供应应有控温、稳压装置，宜采用恒温阀或恒温龙头；明装热水管道应设有保温措施；如采用太阳能热水系统应采取防过热措施。

3. 设备

医养建筑的公用卫生间宜采用光电感应式、触摸式等便于操作的水嘴和水冲式坐便器冲洗装置。

为符合无障碍要求，方便腿脚不便人员和轮椅通行，门口部位截水用地漏宜设为条形地漏且与地面平齐。由于地漏附近易积水，为避免需照料群体滑倒，卫生间地漏宜设在靠近角部最低处不宜被踩踏的部位。所选用地漏性能应保证水封要求，防止污水管内的臭味外溢而影响室内环境。

为防止磕碰和抓扶热水管道烫伤，医养建筑居室卫生间、浴室、盥洗室等给水排水管道宜采用暗装敷设，可选用悬挂式洁具。

医养建筑内需照料群体所经过的路径内不应设置裸放的开水器等高温加热设备；易与人体接触的热水明管应有安全防护措施。

21.2.2 功能舒适性要求

为提高需照料群体的舒适性，医养建筑宜供应生活热水，尤其在寒冷、严寒、夏热冬冷地区。为方便使用，通常采用集中热水供应系统，并保证集中热水供应系统出水温度合适、操作简单、安全。生活热水配水点水温宜为 $40\sim50℃$。采用非传统能源作为生活热水系统热源时，当不满足使用要求时，应采用辅助加热方式保证基本热水供水温度。

为减小噪声对需照料群体的不利影响，医养建筑应选用流速小、流量控制方便的低噪声卫生洁具和给水排水产品、配件、管材。给水、热水管道设计流速不宜大于 $1.00m/s$，选用大曲率、无缩径管件消除管道噪声。排水水流对排水横支管的冲击噪声较大，宜采用隔声性能好的管材，排水立管的降噪措施包括设置土建管井，要求管井壁有一定厚度或管道外包覆具有一定隔声性能的材料。

医养建筑内自用卫生间、公用卫生间、公用淋浴间、专用浴室等处应选用方便无障碍使用与通行的洁具，宜采用光电感应式、触摸式等便于操作的水龙头和水冲式坐便器冲洗装置。

医养建筑室内排水系统应畅通便捷，并保证有效水封要求。

21.2.3 绿色节能要求

为防止超压出流，节约用水，并减少用水噪声，医养建筑给水系统用水点出水压力不应大于 0.2MPa，需满足现行国家标准《民用建筑节水设计标准》GB 50555 的相关要求。医养建筑生活热水系统宜优先采用热泵或太阳能等非传统热源制备生活热水。

医养建筑内生活给水系统应设置冷水计量水表。设有集中热水供应系统时，采用全循环或干管循环，应设置热水计量水表，且应在热水供水、循环回水管上同时设置。

医养建筑应选用节水型的卫生洁具和给水排水配件、管材。

21.3 医养建筑给水排水系统设计

21.3.1 医养项目分类

新建医养项目通常包括门诊医技病房综合楼、全失能养护楼、半失能养护楼、自理养护楼、综合服务楼等主要建筑，高端项目可包括 VIP 养护楼。该种类型的养老项目形式常见于大型康养类地产项目。

医养项目的医疗救治功能以门诊楼、病房楼、医技楼或以其他组合形式医院建筑体现，大型医养项目通常以门诊医技病房综合楼形式出现。门诊医技病房综合楼给水、热水、排水及消防系统设计参见本书相应章节内容。

全失能养护楼服务于生活行为依赖他人护理的老年人，建筑内功能主要包括病房、门诊、体检等功能。全失能养护楼给水排水工程可参照病房楼设计。

半失能养护楼服务于生活行为依赖扶手、拐杖、轮椅和升降设施等帮助的老年人，建筑内功能主要包括公寓（配置卧室、客厅、卫生间、厨房等）、休闲娱乐、活动室等功能。半失能养护楼给水排水工程可参照公寓设计。

自理养护楼服务于生活行为完全自理，不依赖他人帮助的老年人，建筑内功能主要包括住宅或公寓（配置卧室、客厅、卫生间、厨房等）等功能。自理养护楼给水排水工程可参照住宅或公寓设计。本章节暂不论述。

21.3.2　半失能养护楼给水排水系统设计

1. 生活给水系统

生活给水采用分户计量，计量装置设置在专用管井或辅助房间（如新风机房）内，生活给水管通常沿楼层吊顶内敷设，较少沿楼层地面垫层内敷设。每间公寓通常设置 1 个卫生间（内设 1 个淋浴器、1 个坐便器、1 个洗脸盆）、1 个开放式厨房（内设 1 个洗菜池），接至每间公寓的进户给水管管径采用 $DN20$ 即可。

2. 排水系统

厨房排水管（包括排水支管、排水立管、排出管）与卫生间排水管应严格分开设置；高层建筑卫生间排水形式采用专用通气管系统，厨房排水形式采用伸顶通气管系统。

3. 生活热水系统

生活热水系统宜采用集中热水供应系统。当采用集中热水供应系统且需要或要求分户计量时，生活热水系统宜采用分布嵌入式热水系统，嵌入式模块热水机组设置在每户卫生间内，热媒供水管、回水管均沿楼层吊顶内敷设。当采用集中热水供应系统且不需要或不要求分户计量时，生活热水系统可采用医院病房楼传统热水系统或分布式热水系统，热水供水管、回水管均沿楼层吊顶内敷设，热水表设置在楼层水管井内，分布式热水系统区域热水机组设置在楼层辅助房间（库房或新风机房等）或水管井内；传统热水系统每层应做成同程式，分布式热水系统可做成异程式从而节省热水管道；传统热水系统接至单个带淋浴卫生间的热水供水支管管径采用 $DN20$，分布式热水系统热水供水管管径宜采用 $DN20$。分布式热水系统设计详见第 2 章。当生活热水系统根据业主要求采用分散热水供应系统时，电加热热水器设置在每户卫生间内，户内热水管通常沿每户吊顶内敷设。

21.3.3　分布嵌入式热水系统设计

1. 分布嵌入式热水系统概念

分布嵌入式热水系统热媒侧包括热媒锅炉、热水箱（罐）、热媒供水管道、热媒回水管道（上设静态平衡阀，并经专业调试）；热水侧包括热水供水管道、热水回水管道（上设热水温控循环阀）、热水用水末端；热媒侧与热水侧之间设置嵌入式模块热水机组。分布嵌入式热水系统原理图见图 21-1。

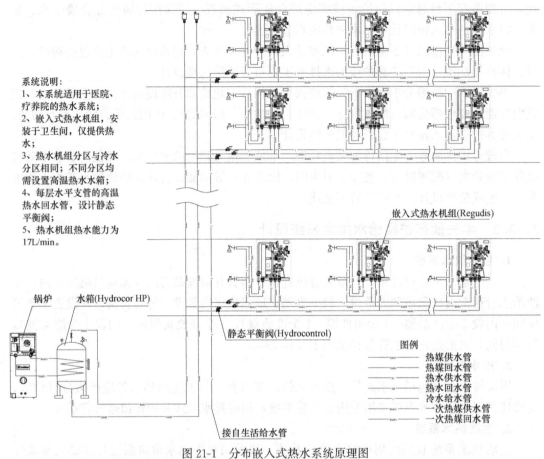

系统说明：
1、本系统适用于医院、疗养院的热水系统；
2、嵌入式热水机组，安装于卫生间，仅提供供热水；
3、热水机组分区与冷水分区相同，不同分区均需设置高温热水水箱；
4、每层水平支管的高温热水回水管，设计静态平衡阀；
5、热水机组热水能力为 17L/min。

嵌入式热水机组(Regudis)

锅炉
水箱(Hydrocor HP)

静态平衡阀(Hydrocontrol)

接自生活给水管

图例
热媒供水管
热媒回水管
热水供水管
热水回水管
冷水给水管
一次热媒供水管
一次热媒回水管

图 21-1　分布嵌入式热水系统原理图

2. 嵌入式模块热水机组

嵌入式模块热水机组系列，分单热水机组和水暖两用机组，不同型号换热能力不同，最大热水能力为 25L/min，可以满足 2 个淋浴器或 1 个淋浴器加 1 个洗脸盆的生活热水量，尤其适合于每户 1~2 个淋浴器的户型建筑，如疗养院、养老院、公寓等建筑类型。

嵌入式模块热水机组具体细节见图 21-2。

嵌入式模块热水机组技术信息见表 21-1。

嵌入式模块热水机组具有以下特点、优势：产品为即热型，无贮水，无污染；满足DVGW 标准，流动过程无污染；机组挂墙或嵌入安装于卫生间，位置灵活，节约安装空间；机组自带温控、循环、传感器，匹配性好，无需外购配件；预留热量表、水表位置，便于统一计量收费管理。

3. 分布嵌入式热水系统设计方法

根据各户生活热水用水末端热水用水流量确定嵌入式模块热水机组型号、数量；计算确定各户热媒水流量，确定各户热媒供水、回水支管管径，通常管径按 DN20 配置；根

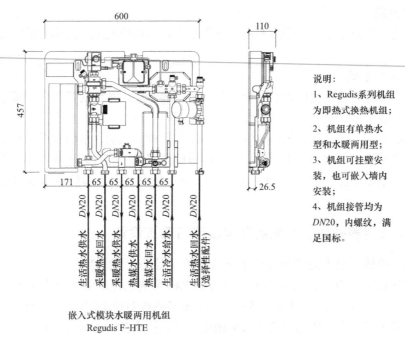

说明：

1、Regudis系列机组为即热式换热机组；

2、机组有单热水型和水暖两用型；

3、机组可挂壁安装，也可嵌入墙内安装；

4、机组接管均为DN20，内螺纹，满足国标。

嵌入式模块水暖两用机组
Regudis F-HTE

图 21-2　嵌入式模块热水机组详图

嵌入式模块热水机组技术信息　　　　　　　　　　　　　表 21-1

产品型号	高度（mm）	宽度（mm）	厚度（mm）	接管尺寸（mm）	工作压力（MPa）	热水最大流量（L/min）	热水温度（℃）	一次侧热水最高温度（℃）
Regudis F-HTE	455	600	110	DN20	1.0	25	40～70	90

据热媒供水干管负责的下游各户热媒水流量确定该管段热媒供水干管管径，该管段热媒回水干管管径同热媒供水干管管径；根据热媒供水立管负责的下游各楼层热媒水流量确定该管段热媒供水立管管径，该管段热媒回水立管管径同热媒供水立管管径；根据热媒供水总干管负责的下游各区域热媒水流量确定该管段热媒供水总干管管径，该管段热媒回水总干管管径同热媒供水总干管管径；根据小时热媒水量确定热媒水箱规格（贮水容积）；根据热媒水总流量确定一次热媒水供水、回水干管管径。

4. 分布嵌入式热水系统机房

一次热媒水热水设备、热媒水箱宜结合其负责的区域内各单体建筑、各热媒水系统集中设置在热媒水机房，热媒水机房可以在项目基地内独立设置，亦可在热媒水负荷最大的单体建筑地下室内设置。热媒水机房具体设置要求参照热水机房、换热机房、生活水泵房要求。

21.3.4　全失能养护楼给水排水系统设计

1. 生活给水系统

生活给水采用分楼层、分护理单元计量，计量装置设置在专用管井内，生活给水管沿楼层吊顶内敷设。每间养护病房内通常设置 1 个卫生间（内设 1 个淋浴器、1 个坐便器、1 个洗脸盆），接至每个卫生间的给水支管管径采用 DN20 即可。

2. 排水系统

高层建筑卫生间排水形式采用专用通气管系统，多层建筑卫生间排水形式采用伸顶通气管系统。

3. 生活热水系统

生活热水系统宜采用集中热水供应系统。集中热水供应系统通常采用分楼层、分护理单元计量，计量水表设置在各楼层水管井内，该楼层、该护理单元热水供水管、回水管上均需设置热水表。生活热水系统热水供水管、回水管均沿楼层吊顶内敷设。整个建筑各分区生活热水系统热水供水、回水干管、立管可做成同程式，亦可做成异程式（需要在回水干管上设置热水多功能平衡阀）。热水系统接至单个带淋浴卫生间的热水供水支管管径采用 $DN20$。

21.3.5 半失能养护楼、全失能养护楼消防系统设计

半失能养护楼、全失能养护楼应根据《建筑设计防火规范》GB 50016—2014（2018年版）确定该建筑是否设置消防系统（室内消火栓系统、自动喷水灭火系统、灭火器系统、气体灭火系统等）、具体设置场所等，再根据各系统对应消防规范进行深度设计。

半失能养护楼、全失能养护楼内人员密集，且养护人员均为需要保护、自我防护能力弱的群体，该种建筑自动喷水灭火系统宜采用湿式系统，喷头应采用快速响应洒水喷头。

21.4 疗养建筑给水排水系统设计

21.4.1 疗养建筑概念

新建医养项目在工程实践中具有多种组合模式：医疗建筑、全失能养护建筑、半失能养护建筑、疗养建筑等可以独立设置，也可以根据需要组合设置。给水排水专业应根据各种建筑的功能需要合理确定设计方案。

疗养建筑是医养项目中的一种典型类型。疗养建筑指利用自然疗养因子、人工疗养因子，结合自然和人文景观，以传统和现代医疗康复手段对疗养人员进行疾病防治、康复保健和健康管理的医疗建筑。疗养建筑的服务人群相当一部分为老年人群体，其设施应符合现行行业标准的规定。

疗养建筑用房包括疗养用房、理疗用房、医技门诊用房、公共活动用房、管理及后勤保障用房等。其中疗养用房设置单间、套间、家庭单元式等多种类型疗养室，医技门诊用房设置检验室、X光室、心电图室、超声波室、消毒供应室、化验室及多种专业门诊用房等。

21.4.2 疗养建筑生活给水系统

疗养建筑应根据建筑功能要求设置统一完善的生活给水系统，生活给水系统设计应有可靠的水源，用水水质应符合现行国家标准《生活饮用水卫生标准》GB 5749 的规定。

生活给水供水方式：低区宜采用市政给水管网直接供水；高区宜采用不锈钢生活水箱＋变频给水泵组联合供水。

疗养单元生活给水系统宜参照病房楼护理单元生活给水系统设计，各楼层、各疗养单元生活给水系统相对独立、单独计量，生活给水干管宜沿本楼层公共走道吊顶内敷设。

21.4.3 疗养建筑生活热水系统

疗养建筑应根据建筑功能、健康舒适性要求设置统一完善的生活热水系统。疗养建筑应有热水供应系统，宜采用集中热水供应系统。生活热水系统应有可靠的热源，根据地理位置、气候条件、自然资源等综合因素，宜采用太阳能、空气源热泵、地热能、热水锅炉高温热水等热水供应系统，亦可采用上述热源组合方式。

疗养单元生活热水系统宜参照病房楼护理单元生活热水系统设计，各楼层、各疗养单元生活热水系统相对独立、单独计量，生活热水供水、回水干管宜沿本楼层公共走道吊顶内敷设。

疗养单元生活热水系统宜采用分布嵌入式生活热水系统。

21.4.4 疗养建筑饮用水系统

疗养建筑应根据建筑功能需求，供应开水或直饮水。当采用开水时，宜采用电加热开水器；每个电加热开水器外部均应设置防护箱体，仅可由专门管理人员开启后使用；自来水进电加热开水器前应设置过滤器和止回阀。当采用管道直饮水时，应符合现行行业标准《建筑与小区管道直饮水系统技术规程》CJJ/T 110 的有关规定，管道直饮水应设置循环管道。

21.4.5 疗养建筑排水系统

疗养建筑应根据建筑功能要求设置统一完善的排水系统，排水系统应采用分质分流的排水系统。

医技门诊用房的给水排水设计应符合现行国家标准《综合医院建筑设计规范》GB 51039 的规定。

疗养建筑医疗区污水应进入污水处理装置处理，处理后应进行消毒处理，消毒处理后的水质应符合现行国家标准《医疗机构水污染物排放标准》GB 18466 的规定。

21.4.6 疗养建筑消防系统

疗养建筑应根据《建筑设计防火规范》GB 50016—2014（2018 年版）确定该建筑是否设置消防系统（室内消火栓系统、自动喷水灭火系统、灭火器系统、气体灭火系统等）、具体设置场所等，再根据各系统对应消防规范进行深度设计。

疗养建筑自动喷水灭火系统宜采用湿式系统，喷头应采用快速响应洒水喷头。

参 考 文 献

[1] 中国建筑设计研究院. 建筑给水排水设计手册 [M]. 第二版. 北京：中国建筑工业出版社，2008.

[2] 中国建筑标准设计研究所. 全国民用建筑工程设计技术措施：给水排水 [M]. 北京：中国计划出版社，2003.

[3] 朱敏生，许云松. 医院水系统规划与管理 [M]. 南京：东南大学出版社，2019.

[4] 住房和城乡建设部强制性条文协调委员会. 工程建设标准强制性条文：房屋建筑部分 [M]. 北京：中国建筑工业出版社，2013.

[5] 周建昌，勇俊宝. 高压细水雾灭火系统在某医院建筑中的应用探讨 [J]. 给水排水，2012，38（12）：84-88.

[6] 周建昌，刘洪令. 医院手术室消防设计探讨 [J]. 给水排水，2012，38（S2）：180-182.

[7] 周建昌. 医院建筑生活给水方式探讨 [J]. 中国医院建筑与装备，2012，9（9）：93-95.

[8] 朱韬. 医用放射性废水衰变池设计 [DB/OL]. [2019-01-23]（2020-07-15）. https：//max. book118. com/html/2019/0121/8105034014002003. shtm.

[9] 华东建筑集团股份有限公司. 《建筑给水排水设计标准》GB 50015—2019 [S]. 北京：中国计划出版社，2019.

[10] 公安部天津消防研究所. 《建筑设计防火规范》GB 50016—2014（2018 年版）[S]. 北京：中国计划出版社，2018.

[11] 中国中元国际工程公司. 《消防给水及消火栓系统技术规范》GB 50974—2014 [S]. 北京：中国计划出版社，2014.

[12] 公安部上海消防研究所. 《建筑灭火器配置设计规范》GB 50140—2005 [S]. 北京：中国计划出版社，2005.

[13] 公安部天津消防研究所. 《自动喷水灭火系统设计规范》GB 50084—2017 [S]. 北京：中国计划出版社，2017.

[14] 公安部天津消防研究所. 《气体灭火系统设计规范》GB 50370—2005 [S]. 北京：中国计划出版社，2006.

[15] 公安部天津消防研究所. 《细水雾灭火系统技术规范》GB 50898—2013 [S]. 北京：中国计划出版社，2013.

[16] 国家卫生和计划生育委员会规划与信息司，中国医院协会医院建筑系统研究分会. 《综合医院建筑设计规范》GB 51039—2014 [S]. 北京：中国计划出版社，2014.

[17] 上海市政工程设计研究总院（集团）有限公司. 《室外给水设计标准》GB 50013—2018 [S]. 北京：中国建筑工业出版社，2018.

[18] 上海市政工程设计研究总院（集团）有限公司. 《室外排水设计规范》GB 50014—2006（2016 年版）[S]. 北京：中国计划出版社，2016.

[19] 中国建筑科学研究院. 《医院洁净手术部建筑技术规范》GB 50333—2013 [S]. 北京：中国计划出版社，2013.

[20] 北京市建筑设计研究院，北京市医院污水污物处理技术协会. 《医院污水处理设计规范》CECS 07—2004 [S]. 北京：中国计划出版社，2004.

[21] 北京市环境保护科学研究院. 《医院污水处理工程技术规范》HJ 2029—2013 [S]. 北京：中国环境科学出版社，2013.

[22] 北京市环境保护科学研究院，中国疾病预防控制中心. 《医疗机构水污染物排放标准》GB

18466—2005 [S]. 北京：中国环境科学出版社，2005.

[23] 沈阳市城乡建设委员会. 《建筑给水排水及采暖工程施工质量验收规范》GB 50242—2002 [S]. 北京：中国建筑工业出版社，2002.

[24] 公安部四川消防研究所. 《自动喷水灭火系统施工及验收规范》GB 50261—2017 [S]. 北京：中国计划出版社，2017.

[25] 公安部上海消防研究所. 《自动跟踪定位射流灭火系统》GB 25204—2010 [S]. 北京：中国标准出版社，2010.

[26] 中国建筑设计院有限公司. 《建筑机电工程抗震设计规范》GB 50981—2014 [S]. 北京：中国建筑工业出版社，2014.

[27] 中国建筑设计研究院. 《民用建筑节水设计标准》GB 50555—2010 [S]. 北京：中国建筑工业出版社，2010.

[28] 中国建筑科学研究院，深圳市建筑科学研究院有限公司. 《民用建筑绿色设计规范》JGJ/T 229—2010 [S]. 北京：中国建筑工业出版社，2010.

[29] 中国建筑科学研究院有限公司，上海市建筑科学研究院（集团）有限公司. 《绿色建筑评价标准》GB/T 50378—2019 [S]. 北京：中国建筑工业出版社，2019.

[30] 中国建筑科学研究院，住房和城乡建设部科技与产业化发展中心. 《绿色医院建筑评价标准》GB/T 51153—2015 [S]. 北京：中国计划出版社，2015.

[31] 天津市供水管理处. 《二次供水工程技术规程》CJJ 140—2010 [S]. 北京：中国建筑工业出版社，2010.

[32] 北京市卫生防疫站. 《二次供水设施卫生规范》GB 17051—1997 [S]. 北京：中国标准出版社，1998.

[33] 国建筑科学研究院. 《公共建筑节能设计标准》GB 50189—2015 [S]. 北京：中国建筑工业出版社，2015.

[34] 住房和城乡建设部标准定额研究所，城市建设研究院. 《城镇给水排水技术规范》GB 50788—2012 [S]. 北京：中国建筑工业出版社，2012.

[35] 中国建筑设计研究院，深圳市建工集团股份有限公司. 《建筑屋面雨水排水系统技术规程》CJJ 142—2014 [S]. 北京：中国建筑工业出版社，2014.

[36] 上海市公安消防总队. 《汽车库、修车库、停车场设计防火规范》GB 50067—2014 [S]. 北京：中国计划出版社，2014.

[37] 北京建筑大学. 《车库建筑设计规范》JGJ 100—2015 [S]. 北京：中国建筑工业出版社，2015.

[38] 中国建筑标准设计研究院有限公司. 《民用建筑太阳能热水系统应用技术标准》GB 50364—2018 [S]. 北京：中国建筑工业出版社，2018.

[39] 中国中元国际工程有限公司. 《传染病医院建筑设计规范》GB 50849—2014 [S]. 北京：中国计划出版社，2014.

[40] 中国建筑科学研究院. 《传染病医院建筑施工及验收规范》GB 50686—2011 [S]. 北京：中国标准出版社，2011.

[41] 欧文托普（中国）暖通空调系统技术有限公司产品资料.

[42] 山东庆达管业有限公司产品资料.

[43] 上海逸通科技股份有限公司产品资料.

[44] 山东金力特管业有限公司产品资料.

[45] 金品冠科技集团有限公司产品资料.

[46] 江苏蓝天沛尔膜业有限公司产品资料.

[47] 青岛三利中德美水设备有限公司产品资料.

[48] 洪恩流体科技有限公司产品资料.

[49] 上海同泰火安科技有限公司产品资料.

[50] 宁波铭扬不锈钢管业有限公司产品资料.

[51] 中德亚科环境科技（上海）有限公司产品资料.

[52] 湖北大洋塑胶有限公司产品资料.

[53] 北京安启信安装工程有限公司产品资料.

[54] 上海瑞好管业有限公司产品资料.

[55] 艾欧环境技术（天津）有限公司产品资料.

[56] 广州市艾生维医药科技有限公司资料.